DUOMEITI TONGXIN JISHU

JI YINGYONG YANJIU

多媒体通信技术

及应用研究

主　编　马少斌　梁　晔

副主编　黄寿孟　孙玉轩　李　慧

　　　　马莲姑　杨婷婷　李筱锋

中国水利水电出版社

www.waterpub.com.cn

内 容 提 要

本书对多媒体通信技术的基本概念、技术及应用做了全面的介绍。全书共13章,在介绍多媒体通信技术相关概念的基础上,重点对多媒体通信中的信息处理技术、通信网络、同步技术、通信终端以及流媒体技术做了比较系统的阐述,最后对一些典型的多媒体通信应用系统做了分析和探讨。本书注重基础理论和基本技术的讲述,同时也对相关标准和前沿技术进行了研究。书中内容丰富、新颖,叙述深入浅出,注重理论与实际应用的结合,更易于读者理解和掌握。

本书可作为高等学校通信工程、计算机通信等相关专业本科生的教材或研究生的教学参考书,也可供从事多媒体通信技术研究和开发的工程技术人员参考使用。

图书在版编目(CIP)数据

多媒体通信技术及应用研究/马少斌,梁晔主编.
--北京:中国水利水电出版社,2014.6(2022.10重印)
ISBN 978-7-5170-1983-1

Ⅰ.①多…　Ⅱ.①马…②梁…　Ⅲ.①多媒体通信—通信技术　Ⅳ.①TN919.85

中国版本图书馆 CIP 数据核字(2014)第 096107 号

策划编辑:杨庆川　责任编辑:杨元泓　封面设计:崔　蕾

书　　名	多媒体通信技术及应用研究
作　　者	主　编　马少斌　梁　晔
	副主编　黄寿孟　孙玉轩　李　慧
	马莲姑　杨婷婷　李筱锋
出版发行	中国水利水电出版社
	(北京市海淀区玉渊潭南路 1 号 D 座 100038)
	网址:www.waterpub.com.cn
	E-mail:mchannel@263.net(万水)
	sales@mwr.gov.cn
	电话:(010)68545888(营销中心)、82562819(万水)
经　　售	北京科水图书销售有限公司
	电话:(010)63202643、68545874
	全国各地新华书店和相关出版物销售网点
排　　版	北京鑫海胜蓝数码科技有限公司
印　　刷	三河市人民印务有限公司
规　　格	184mm×260mm　16 开本　27.5 印张　704 千字
版　　次	2014 年 8 月第 1 版　2022年10月第2次印刷
印　　数	3001—4001册
定　　价	89.00 元

前　言

多媒体通信技术是一门综合的、跨学科的交叉技术，它是计算机技术、通信技术以及广播电视技术长期相互融合、渗透的产物。多媒体通信技术的蓬勃发展开始于 20 世纪 90 年代，即使在今天，仍然在不断发展和完善。实践证明，多媒体通信技术的广泛应用极大地提高了人们的工作效率，减轻了社会的交通负担，并且已经对人们传统的教育和娱乐方式产生了革命性的影响。同时，人们仍然在不断开发它的新的、更多的应用领域。可以预见，在未来的应用中，多媒体通信技术必将影响我们生活的方方面面，使人类的生活更丰富多彩。

多媒体通信主要研究多媒体数据的表示、存储、恢复和传输。多媒体数据是由在内容上相互关联的文本、图像、图形、音频、视频和动画等多种媒体数据构成的一种复合信息实体。其中，有着严格时间关系的音频、视频等类型的数据称为连续媒体数据，其他类型的数据称为离散媒体数据。一般来说，多媒体数据至少包含两种媒体数据，其中一种必须为连续媒体数据。

在本书编写过程中，编者注重难易结合，对涉及的难点、重点和新知识的部分增加了相关的基础知识的叙述。如图像信号和语音信号压缩编码、图像处理技术有一定的难度，本书加入了图像与语音技术基础方面的内容，帮助读者掌握相关知识。读者可根据不同要求进行取舍。

本书共分 13 章，全书主要内容包括绪论、多媒体数据压缩编码技术、多媒体数据压缩编码标准、多媒体信息处理技术、多媒体数据库与检索技术、分布式多媒体系统、多媒体通信网络技术、多媒体通信用户接入技术、多媒体通信同步技术、多媒体通信终端技术、超媒体与流媒体技术、多媒体数字水印技术、多媒体通信应用系统研究等。

本书是编者根据近年来从事多媒体通信技术教学和实践的体会，并参考了国内外相关文献，在原有讲义的基础上编写而成。全书力求对基础技术做到系统深入的介绍，对新技术做到文献材料翔实可靠，对具体应用做到具体分析。

由于受理论水平、实践经验及资料所限，虽然多次修改，书中疏漏与缺点一定存在。热忱欢迎同行和广大读者朋友批评指正。

编　者
2014 年 3 月

目　　录

第1章 绪论

多媒体通信是计算机、通信和多媒体技术相结合的产物,目前它已经成为通信的主要方式之一。现在的社会已进入信息时代,各种信息以极快的速度出现,人们对信息的需求日趋增加,这个增加不仅表现为数量的剧增,同时还表现在信息种类的不断增加上。一方面,这个巨大的社会需求(或者说是市场需求)就是多媒体通信技术发展的内在动力;另一方面,电子技术、计算机技术、电视技术及半导体集成技术的飞速发展为多媒体通信技术的发展提供了切实的外部保证。由于这两个方面的因素,多媒体通信技术在短短的时间里得到了迅速的发展。

1.1 基本概念

1. 媒体

媒体(Medium)是信息表示和传输的载体。Medium 源于拉丁文,本身具有中介、中间的含义。在日常生活中被称为"媒体"的东西很多,如报纸广播是传播新闻的媒体,蜜蜂是传播花粉的媒体。准确地说,这些所谓的"媒体"指的是传播媒体。

计算机领域中的媒体包含有两种含义:一是,用以存储信息的实体,如磁盘、磁带、光盘和半导体存储器;二是,信息的载体,如数字、文字、声音、图形、图像和视频等。这里可以将就是计算机领域中的媒体分为感觉媒体、表示媒体、显示媒体、存储媒体和传输媒体 5 种形式。

(1)感觉媒体(Perception Medium)

能直接作用于人的感官,使人直接产生感觉的一类媒体。感觉媒体包括:

· 视觉媒体,文字、景象。

· 听觉媒体,语言、音乐、自然界的各种声音。

· 触觉媒体,力、运动、温度。

· 味觉媒体,滋味。

· 嗅觉媒体,气味。

(2)表示媒体(Representation Medium)

为了加工、处理和传输感觉媒体而人为地研究、构造出的一种媒体,它能够将感觉媒体从一个地方向另一个地方传输,以便加工和处理。

表示媒体有各种编码方式,如语音编码、文本编码、静止图像编码和运动图像编码等。根据属性的不同,表示媒体可进行如下分类:

· 按照时间属性划分,可以分为离散媒体和连续媒体。离散媒体是指不随时间变化而变化的媒体,如图形、静态图像、文本等。连续媒体则是指随时间变化而变化的媒体,如声音、视频、动画等。

· 按照空间属性划分,可以分为一维媒体、二维媒体和三维媒体。如单声道的音乐信号被称为一维媒体。二维媒体则指立体声、文本、图形等。三维图形、全景图像和空间立体声则被称为三维媒体。

·按照生成属性划分,可以分为自然媒体和合成媒体。自然媒体是指采用数字化方法从自然界获取的媒体,如图像、视频等。合成媒体则是指通过计算机创建的媒体,如合成语音、图形、动画等。

（3）显示媒体（Presentation Medium）

一种对感觉媒体的抽象描述形成的媒体。通过表示媒体,人类的感觉媒体转换成能够利用计算机进行处理、保存、传输的信息载体形式。

（4）存储媒体（Storage Medium）

一种用于存储表示媒体的物理设备,主要指与计算机相关的外部存储设备。

（5）传输媒体（Transmission medium）

指的是将媒体从一个地方传输到另一个地方的物理载体。传输媒体是通信的信息载体,如双绞线、同轴电缆、光纤等。

2. 多媒体

多媒体（Multimedia）可以理解为直接作用于人感官的文字、图形、图像、动画、声音和视频等各种媒体的统称。多媒体包括许多东西,是文字、图形、图像、动画、声音和视频等各种媒体的组合。需要注意的是,用户也包括在多媒体内。对于多媒体而言,用户不仅仅是一个被动的观众,还是可以控制,可以交互作用,可以让它按用户的需要去做。

计算机领域内所指的多媒体一般是融合了两种以上媒体的人—机交互式信息交流和传播媒体。多媒体是信息交流和传播媒体,从这个意义上说,多媒体与电视、报纸、杂志等媒体具有相同的功能。

3. 多媒体通信

多媒体通信中的"多媒体"一词指的是在内容上相互关联的文本、图形、图像、音频和视频等媒体数据构成的一种复合信息实体。在多媒体通信过程中所传输和交换的是一个既有声音,又有图像,也可能还有文字、符号等多种信息类型的综合体,而且这些不同的媒体信息是相互联系、相互协调的。多媒体通信技术具有良好的人机界面,并可以在时间轴上和空间域内进行随意加工处理,给人们提供了综合的信息服务多媒体通信是多媒体技术和通信技术结合的产物,它将计算机的交互性、通信的分布性和广播、电视的真实性融为一体。

由于多媒体技术的介入使原来泾渭分明的各通信领域逐渐变得互相介入、互相融合,传统的电话将发展成为可见对方活动影像的可视电话;传统的单向广播型电视通信发展成双向选择型系统,即交互式影视节目自选型;在有线电视通信网络上传输计算机信息,在计算机通信网络上传电视信号。由于采用了多媒体技术,使多媒体计算机变成了录音电话机、可视电话、图文传真机、立体声音响设备、电视机和录像机等综合设备,特别是 Internet 的广泛应用,使我们真正进入了信息时代。

1.2 多媒体通信的体系结构

图 1-1 为国际电联 ITU-TI.211 建议为 B-ISDN 提出的一种适用于多媒体通信的体系结构模式。

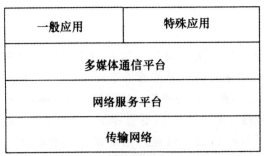

图 1-1 多媒体通信的体系结构

多媒体通信体系结构模式主要包括下列 5 个方面的内容。

1. 传输网络

它是体系结构的最底层,包括 LAN(局域网)、WAN(广域网)、MAN(城域网)、ISDN、B-IS-DN(ATM)、FDDI(光纤分布数据接口)等高速数据网络。该层为多媒体通信的实现提供了最基本的物理环境。在选用多媒体通信网络时应视具体应用环境或系统开发目标而定,可选择该层中的某一种网络,也可组合使用不同的网络。

2. 网络服务平台

该层主要提供各类网络服务,使用户能直接使用这些服务内容,而无须知道底层传输网络是怎样提供这些服务的,即网络服务平台的创建使传输网络对用户来说是透明的。

3. 多媒体通信平台

该层主要以不同媒体(正文、图形、图像、语音等)的信息结构为基础,提供其通信支援(如多媒体文本信息处理),并支持各类多媒体应用。

4. 一般应用

该应用层指人们常见的一些多媒体应用,如多媒体文本检索、宽带单向传输、联合编辑以及各种形式的远程协同工作等。

5. 特殊应用

该应用层所支持的应用是指业务性较强的某些多媒体应用,如电子邮购、远程培训、远程维护、远程医疗等。

1.3 多媒体通信的特征

多媒体通信技术是多媒体技术、计算机技术、通信技术和网络技术等相互结合和发展的产物。在物理结构上,由若干个多媒体通信终端、多媒体服务器经过通信网络连接在一起构成的系统,就是多媒体通信系统。在计算机领域,人们也将该系统称为分布式多媒体系统。多媒体通信系统必须同时兼有多媒体的集成性、计算机的交互性、通信的同步性 3 个主要特征。

1. 集成性

多媒体通信系统能够处理、存储和传输多种表示媒体,并能捕获并显示多种感觉媒体,因此多媒体通信系统集成了多种编译码器和多种感觉媒体的显示方式,能与多种传输媒体接口,并且能与多种存储媒体进行通信。

2. 交互性

多媒体通信终端的用户在与系统通信的全过程中具有完备的交互控制能力,这是多媒体通信系统的一个重要特征,也是区别多媒体通信系统与非多媒体通信系统的一个主要准则。例如,在数字电视广播系统中,数字电视机能够处理与传输多种表示媒体,也能够显示多种感觉媒体,但用户只能通过切换频道来选择节目,不能对播放的全过程进行有效的选择控制,不能做到想看就看、想暂停就暂停,因此数字电视广播系统不是多媒体通信系统。而在视频点播(VOD)中,用户可以根据需要收看节目,可以对播放的全过程进行控制,所以视频点播属于多媒体通信系统。

3. 同步性

同步性是指在多媒体通信终端上所显示的文字、声音和图像是以在时空上的同步方式工作的。同步性决定了一个系统是多媒体系统还是多种媒体系统,二者的含义完全不同,多种媒体是各种媒体的总称,例如图像、文本和声音等,它们中的任何一种都不是多媒体,只有将它们融合为一体,使它们具有时空上的同步关系,这才是多媒体。同步性也是在多媒体通信系统中最难解决的技术问题之一。

1.4　多媒体系统的基本类型和相关业务

多媒体计算机是多媒体技术的最直接、最简单的表现形式。因其本身具有存储、运算、处理和显示的能力,具有独立的功能,如动画显示、播放 VCD 节目等,因此,多媒体计算机一出现便立即在家庭、教育和娱乐方面得到广泛的应用。但是,多媒体技术真正的意义在于与网络的结合,在于通过网络(局域网和广域网)为用户以多媒体的方式提供信息服务。

基本的多媒体系统除了以多媒体计算机为基础的独立(Stand-Alone)商亭式系统之外,通过网络提供业务的系统可以分为两大类:一类是人与人之间交互的系统,如多媒体会议与协同工作、多媒体即时通信等;另一类是人机交互的系统,如多媒信息检索与查询、点播电视等,本节中将分别对这些系统进行介绍。

1.4.1　独立商亭式系统

在多媒体技术问世不久,便出现了用于导购、导游和教学等方面的商亭(Kiosk)系统。例如,商亭放置在大商场的入口处,将商场的主要产品拍成电视录像,并配之以介绍产品性能、价格、位于商场的什么位置等信息的伴音。将这些录像数字化、压缩编码以后存放到商亭内。顾客一进商场的大门,就可以从计算机屏幕上挑选自己中意的项目;屏幕上将按照要求,显示出你所感兴趣的诸如电视机、电冰箱、家具等商品的图像、价钱,以及售货员向你介绍商品性能的配音等。

凡是以一台多媒体计算机为核心的应用系统,我们都称为独立商亭式系统。在这类系统中,除了各种媒体的采集、表示、压缩存储和解压缩播放之外,如何组织素材,并运用多媒体手段将信息有效地、具有感染力(或艺术性)和方便地提供给用户是制作应用软件时应考虑的重要问题。这里涉及的不仅有技术、有艺术,甚至还有社会、心理学等方面的问题。多媒体制作软件(如 Authoring Tool、Authorware 等），或者原有操作系统的多媒体扩展（如 Video for Windows），是为制作应用软件而提供开发环境的软件。它不仅向应用程序的开发者提供多媒体输入/输出设备的接口，更重要的是，还提供建立媒体数据之间的空间布局和播放时间顺序等关系的手段。因此，开发优秀的创作软件本身远比开发应用软件困难。

在这类系统中，操作系统的实时性是值得重视的另一个问题。在嵌入式系统或工业控制机中常常涉及实时操作系统，在那里强调的是对事件中断的实时响应。而在多媒体系统中，由于视频和音频数据需要在一定时间约束条件下（如每秒 25 幅图像）连续不断地送到输出设备上供用户聆听和观看，因此这里操作系统的实时性强调的是，处理这些有时间要求的连续媒体流的能力。

提供更友好的人机接口是商亭式系统技术发展的一个方向。除了使用键盘和鼠标，人们还试图通过触摸、声音、手势，甚至表情等多种模态的接口对系统进行控制，从而构成更人性化的多媒体交互环境。

1.4.2 多媒体信息检索与查询

通过因特网进行信息查询已是当前十分普及的应用。多媒体信息检索与查询 MIS（Multimedia Information Service）系统在根据关键字等对文本资料的查询之外，也同时具有活动图像和声音的查询能力。从通信方式而言，MIS 是点对点（信息中心对一个用户），或一点对多点（信息中心对多个用户）的双向非对称系统。从用户到信息源只传送查询命令，要求的传输带宽较小，而从信息源传送到用户的信息则是大量的、宽带的。

MIS 所涉及的两个重要技术问题是：首先，如何向用户提供丰富的信息和如何让用户快速、有效地查询与浏览这些信息；其次，如何合理、有效地组织多媒体数据的存储和检索。

为了对第一个问题有所认识，首先让我们回顾一下人人都熟悉的读书过程。对于阅读一本小说来说，人们通常是从头至尾逐页阅读的，或者说是按顺序阅读的。但在有些情况下，特别是在技术或社会科学领域，在阅读某本书的过程中，经常需要从另一本书或论文查找某个论点，或者说，在几本书之间需要交叉参考的情况常常发生。图 1-2 表示出用电子的方法来实现交叉参考的情况，这实际上已经是大家在因特网的查询中十分熟悉的过程：用鼠标点击黑框所标的地方，就会显示出箭头所示的有关参考信息，看完该信息后可以回到原来的页面，或者再进入其他页面……。箭头指向的页面（信息单元）可能与原来的页面在同一个文件中，也可能在其他文件

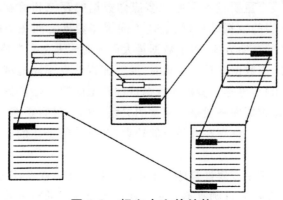

图 1-2 超文本文件结构

里。这种信息的非顺序(或称为非线性)的组织结构称为超文本(**Hypertext**),超文本中信息单元之间的链接称为超链(Hyper Link)。当上述信息组织方式不仅用于文本,还包括其他媒体数据、特别是音频和视频数据时则称为超媒体(Hypermedia)。超文本和超媒体这两个词在很多文献中也常常被混用。

超媒体为用户提供了一种在文件内部和文件之间迅速查找和浏览多媒体信息的方法,但是人们希望在更大的范围内迅速、有效地获取信息,这就不能不提到近年来推动因特网突飞猛进发展的 WWW 技术。WWW(WorldWide Web)最初是 1989 年在日内瓦 CERN 启动的一个研究项目的名称,由于它的巨大成功,现在 WWW 已经意味着在超媒体原理下发展起来的一系列概念和通信协议。Web 这个词也代表了世界范围内由因特网相互连接起来的众多的信息服务器所构成的巨大的数字化的信息空间,也有的学者将之称为超空间(Hyperspace)。

WWW 的基本思想和它所解决的问题主要体现在如下几个方面:

①在超空间中没有一个统一的管理者。任何人都可以创建超文本文件、将其与其他文件链接,并放入超空间中去。标准的超文本文件采用 HTML(Hyper Text Markup Language)格式。

②定义了一种在超空间中寻找所需要的文件的机制,称为统一资源定位器 URL(Uni versal Resource Locator)。通过 URL 可以知道每个文件处于哪一台机器,叫什么名字,以及以何种机制可以将该文件传输到需要链接它的地方去。

③具有一个统一的、简单的用户界面,无论查询到的信息来自本机,还是来自远方的服务器,用户从界面上看起来都是一样的。实现 WWW 用户端功能的软件称为游览器(Browser)。通过游览器不仅能够调取 HTML 格式的文件,还可以调取以任何形式存储在已有的数据库、或信息库中的信息(虽然此时不具备超链接功能)。

以上 3 个问题的解决,使得世界上使用不同硬件和软件的分离的信息系统,通过因特网构成了一个庞大的统一的信息系统,从而为用户打开了通往一个大得难以想象的信息库的大门。这正是 WWW 取得巨大成功的原因。为了使用户不至于面对浩瀚的信息而不知所措,人们又进一步设计了帮助用户过滤掉无用信息、尽快找到所需要的信息的专门软件,这就是所谓的搜索引擎。

随着声音和活动图像等实时信息的逐步增加,因特网正在演变成世界范围内最大的 MIS 系统。以上所介绍的如何向用户有效地提供和查找信息的技术也广泛地应用在其他的 MIS 系统中。由于关于这些技术的书籍已经很多,本书将不准备进一步讨论这方面的内容。

MIS 系统涉及的第 2 个重要技术问题是多媒体数据的存储和检索。与存储传统的数据不同,多媒体数据需要有适当的数据结构,以表达不同媒体数据之间在空间上与时间上的相互关系;对不同媒体要有合理的存储方式;对于数据量大而在时间上又有严格要求的音频和视频数据流,要有实时的提取算法;当数据库是分布式时,要能够将处在不同地域的服务器所提供的信息协调起来同步地提供给用户,等等。多媒体数据这种新型的数据给数据库的设计带来了一系列的新问题。目前的多媒体数据库一般是对通常的关系数据库进行扩充,或者采用面向对象的数据库来实现。但是这两种方法都存在着各自的缺点,多媒体数据库的成熟仍需要相当长的一段时间。

此外,传统的、利用关键字或属性描述等来进行信息查询的方式,比较适用于文字信息,用来对声音、图像等多媒体信息的查询则有不方便之处。基于内容的检索是伴随着视频和音频查询而发展起来的技术。利用这种技术,给出(或从查找对象中自动提取出)所要求的特征,例如图像中物体的形状、颜色等,就能找出具有同样、或类似特征的物体的图像来。更高级的查询方式则是给出"概念"或"事件",如国旗、山脉、骑自行车的人等,找出具有同样概念或事件的图像或视频来。这种方式也称为基于语义的检索。基于内容和基于语义的检索涉及图像和视频的分析与理解、语义提取、模式识别与人工智能等,是当前多媒体领域中的一个重要研究方向。由于本书侧重于多媒体通信,因此将不准备讨论这方面的内容。

最后需要指出,信息检索与查询业务的发展引发了网上交易的商机。既然查询到了某种合意的商品,为什么不可以订货、交钱,然后等着商品送货上门呢?这就是当前令人瞩目的电子商务。虽然电子商务所涉及的主要技术,如身份认证、安全保障、网上货币交易等,并不属于多媒体技术,但是电子商务的发展无疑将是推动 MIS,系统和业务发展的强大动力。

1.4.3　多媒体会议与协同工作

可视电话和会议电视是早在多媒体出现之前就已经存在的人与人之间进行通信的手段。计算机支持的协同工作 CSCW(Computer Supported Cooperative Work)也是早在 20 世纪 80 年代初在计算机领域内提出的概念。它是指用来支持多个用户共同参与一件工作(如共同编辑文件、修改设计图等)的计算机系统及其相关的技术,但合作者之间不能"见面"与交谈。多媒体的出现为这两种交流形式提供了结合的基础,合作者既能看得见、听得到,又能一起处理事务,使他们真正象聚集在同一个房间里面对面地交流与工作。这种通信系统和业务称为多媒体协同工作 MMC(Multimedia Collabration)。近几年出现的多媒体远程医疗诊断系统、多媒体远程教育系统等都是 MMC 的典型应用。

多媒体一词出现以后,电视会议系统在概念上变得有些混乱,在这方面简要地叙述一下它的发展过程,对于理清概念是有帮助的。

1. 直接利用广播电视的电视会议

直接利用广播电视系统达到会议的目的的想法出现于 1956 年。其方式是将讲话人的形像和声音由电视台直接广播出去,听众则通过电视机收看。这种电视广播讲话的会议形式一直沿用至今。这是一种"一言堂"的会议方式:一个人(如国家领导人)讲,其余的人都是观众。

在 20 世纪 80 年代,这种直接利用广播电视"开会"的方式又增加了新的内容。例如,电视台邀请某些政治家或学者对最近发生的重大事件发表看法,进行辩论。辩论时各参与者处在各自所在城市的电视演播室内,电视信号通过双向的电视信道与主持会议的电视台相互传送,如图 1-3 所示。图中 A、B、C、D 是 4 个位于不同城市或国家的 4 个电视台的演播室,主持人(主席)在

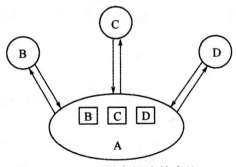

图 1-3　广播电视式的会议

A，参加辩论的 3 个人分别坐在 B、C、D 内，B、C、D 的电视信号经卫星信道送到 A，分别在 B、C、D 3 个电视显示屏上显示出来。A 演播室的信号向电视观众播放的同时，也送给 B、C 和 D，使辩论者也能看到、听到其他 3 方面的情况。位于 A 的导演还可以将几路信号进行组合向广大观众广播。

2. 可视电话

1964 年 AT&T 公司提出可视电话的通信方式，通话的人相互能看得见，不过这只能是两个人之间的会议系统。在汉语中，两个人谈话算不上会议，但是按英语的含意，两个人相见、交谈就是会议或会见（Meeting）。可视电话从一出现就遇到了普通百姓家"用不起"的问题，此问题伴随着它经历了从模拟信号至数字信号的发展。

"用不起"的问题很容易理解。以模拟信号为例，1 路模拟电话信号所占的带宽是 4 kHz，模拟可视电话信号约为 1 MHz 带宽，是前者的 250 倍，因此，通话的费用大体上也应该是这个比例。以图像压缩编码技术现在所达到的水平，可视电话的图像信号用 64 kb/s（或更低一些）传送时，其图像质量已经能够为用户所接受，这是一个巨大的进步。但是，数字的可视电话机（终端）必须具备压缩编码器（将图像信号压缩后传送出去）和解码器（将收到的编码信号还原为可以显示的模拟图像信号），因此，可视电话终端的造价要比普通电话机高得多。这就是为什么可视电话作为一个独立的业务在相当长的时间内发展不起来的主要原因。近年来，随着集成电路技术的发展和终端集成的业务增多，可视电话只是终端（如手机）能够实现的多种业务中的一种，这个问题才得到了缓解。

虽然上述两种系统广义地讲可以叫做会议电视系统，但是它们毕竟不是以通常意义上的会议为主要目的的。在人们传统概念中的会议电视系统，是下述专用的会议系统。

3. 会议室会议电视系统

这是传统的会议电视系统，是专门为会议的目的而设计的。其原理与广播电视系统类似，由电视摄像机对着主会场、主席等拍摄，通过电缆、光缆、微波或卫星信道送到分会场收看。如果系统再复杂一些，要求主会场也能看到、听到分会场发言的情况，传输信道则是双向的，分会场也要有摄像机，将分会场的信号送到主会场。主会场（或者通信网的某个节点上）有信号切换设备，用来选取某一分会场的信号，并将该信号送至其他分会场；或者将几个分会场的信号"综合起来，以分画面的形式送给各个会场。在有的系统中，主会场还可以对分会场摄像机的摄取方向等进行控制。图 1-4 是会议室会议电视系统会场的示意图。

这类系统的一个重要特点是，需要像电视台的演播室一样，对被拍摄的景物（人、黑板、会场的全景等）给以专门的照明（普通室内照明设施不能满足要求）。正是由于这个原因，在近年来出现不需要有特殊照明要求的会议电视系统以后，上述系统则被称为会议室会议电视系统（Meeting Room Video Conference System），以强调其必需满足的照明要求。它既包括早期的模拟信号系统，也包括目前的数字化系统。

由于会议电视系统拍摄的景物没有什么剧烈的运动，主要的动作是讲话人嘴唇、眼睛或头部的运动，所以摄像机、信道设备等相对于广播电视所用设备而言比较简单。对于模拟系统，传送 1 MHz 的视频信号就可以了；而广播电视要传送包括诸如运动员的快速动作在内的高速运动的图像，因而需要 6 MHz 带宽。同样，对于数字系统，由于会议电视图像的相对静止或者说运动缓慢，因此在同样的图像分辨率下，会议电视的数据率可以被压缩更大的倍数。另外，还是由于同样的原因,为了保证动作的连续,电视图像每秒钟需要传送 25 帧,而在会议电视中每秒传送 10～15 帧即可以被接受。而且,会议电视的情况与人们看电视不同,看电视是一种艺术欣赏,人们对图像的分辨率要求高,而会议则是在较长时间看一个固定的面貌,与会者在心理上对图像分辨率的要求大为降低。数据率为 384 kb/s 的系统所给出的图像质量已经可以令人足够满意了。

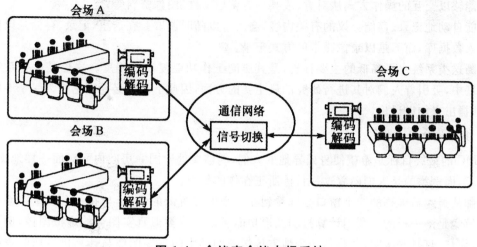

图 1-4　会议室会议电视系统

4. 桌面会议电视系统

用计算机取代传统的会议电视系统中的解码设备和电视机或者电视显示器,这是桌面会议电视系统的基本特征。

开会时,演讲的人往往需要写字、画图、作曲线,以表述其演讲的内容。在传统的会议电视中,这些操作通常要在真实的黑板上进行。此时,电视摄像机不仅要拍摄讲话者上半身的像、他的来回的走动,还要能够对整个黑板进行拍照,这要求摄像机有较大的视野和较高的灵敏度,因此其照明条件必须达到演播室的标准。

用计算机取代电视机以后,这些操作可以通过键盘、鼠标在计算机上进行,直接得到代表文字、图形的数据,传送到其他与会者的计算机上显示。这就是最简单的"白板"的概念。这时,讲话的人只需要坐在摄像机前面讲话即可(无需走动)。这不仅降低了照明要求,也降低了对摄像机的视野和灵敏度要求,摄像机大为简化。

在桌面电视会议系统中,计算机的引入导致了系统功能上的变化,便于增加与会各方进行协同工作的模式,以向多媒体协同工作的方向发展。

5. 视听会议系统

这一名称在汉语中没有多少新的含义,因为"电视会议"一词已经标明了"又看"、"又听"的特点。Audiovisual 会议系统一词主要出现在与国际标准有关的文件中,它既包括传统的会议室会议电视系统,也包括桌面会议电视系统。

6. 多媒体会议电视系统

在多媒体出现之后,无论是会议室系统还是桌面系统,都在一定程度上开始融入计算机协同工作的功能,因此要给多媒体会议电视系统下一个严格的定义比较困难,但是下面所叙述的衡量准则是值得借鉴的。

如果说一个系统已经超出了电视会议的范围,进入多媒体会议系统的范畴,该系统应该在比较高的水平上具备了下述功能:

①具有比较复杂的协同工作功能,使得身处异地的人员可以同时使用同一种软件工作,例如用同一文字处理软件修改文件,用同一CAD软件修改设计图,等等;

②能够以交互的操作方式从对方、或某一方调取文件、图像资料等;

③能自动地记录、存储会议的有关内容,会后可以随时调取。在这里,记录、存储是以数字的方式存入数据库,而不是以录像磁带的方式记录。

判断这类系统水平高低的主要标志,是其协同工作功能复杂的程度。这也是此类系统在未来的发展中,吸引着人们对其进行研究的最主要的方面,因此下面有必要把它作为一个专门的问题,单独提出来加以讨论。

7. 多媒体协同工作

MMC的最终目标是希望使身处异地的人们,能够像处于同一房间内面对面一样地交谈、协商工作,下面例举的是人们向着这一目标所正在作的努力。

教师从显示器屏幕的3个窗口分别看到在3个地方听课的学生,与在一个教室中面对全体学生的感觉是不一样的。利用计算机的图形功能可以生成类似真实图像的虚拟图像,例如具有天花板、窗户、灯具的教室,并将从3个地方传送来的学生的现场图像与计算机生成的虚拟教室图像结合在一起,构成一个全体学生在内的完整的教室全貌,将会给人以更真实的感觉。

在现实生活中举行会议时,除了主席和与会人的公开讨论外,某个与会者有时需要和邻座说一些不愿意让别人听到的悄悄话,或暗中递个条子;有时某个与会者会从文件包中拿出一份文件递给另一个人,然后两人根据文件内容小声商量一下,再正式在会议上发言;如此,等等。在多媒体会议中,要实现类似现实生活中的这些简单的行为要涉及许多技术问题。

显示器的屏幕是平面的,无论屏幕上显示的景像是多么地有立体感,人们仍然是身在其外,而不是身在其中。如何将虚拟现实(Virtual Reality)与协同工作结合起来,使人们在虚拟的三维环境之中协同工作是一个值得研究的课题。

人们会面时的第一个动作往往是一边握手,一边说"你好"。如果MMC终端可以用语言(不是键盘)输入、并配有机器手,可能使你感受到远方合作者向你握手问好的真实感觉。除了听觉和视觉之外,将其他的感觉,如触觉、嗅觉等结合进协同工作环境;或者将多媒体协同工作与机器人技术结合起来,使合作者能够共同进行除了屏幕上的工作(如编辑文件之类)以外的事情,这些都是研究者在探索的问题。

总之,多媒体协同工作将从各种不同的方面,向着能够使得被空间距离分开的人,在必要的时候可以像已经聚在一起,有面对面地一起工作的条件与自我感觉的方向发展。但要真正达到这一目标,要走的路途还相当遥远。这里包括的不仅是技术问题,还有许多为社会学和心理学家们所感兴趣和值得研究的问题。

从通信的角度来看,MMC系统是对通信系统要求最高的应用。它要求一点对多点,或者多点对多点的实时的不间断的信息传输。在复杂的协同工作系统中,要实现"开小会"、"说悄悄话"、"传条子"等,还要能够随时建立、撤销某些私有信道。当涉及视、听之外的其他形式的传感器时,通信机制的复杂程度则会更高。

1.4.4　多媒体即时通信

即时通信系统更完整的表述是出席与即时消息系统（Present and Instant Messaging System，IM 系统）。它允许用户相互之间了解各自的状态和状态的改变，如在线、离线、繁忙、隐身等，并允许用户相互之间传递即时的短消息。第一个即时通信系统于 1996 年在以色列诞生。人们通过 IM 系统发送文本型的短消息，由于消息传送的即时性，对方可以立即给予回应，一来一往如同"聊天"；可以多个人一起聊，仿佛在一个聊天室，也可以两个人进行"私聊"，等等。由于这种交流方式的方便和快捷，IM 在世界范围内得到了迅速的发展，成为最流行的网络应用之一。仅我国腾讯公司推出的即时通信软件 QQ，到 2006 年 5 月注册用户已在 5 亿以上。现在，IM 从最初的个人聊天应用，逐步扩展到成为企业内部进行工作交流的有力工具，企业可以随时查看各部门在线人员情况，沟通各分支机构等。同时，IM 从原来支持简单的文本短消息交流，发展到加入文件传输、视/音频信息的即时传送，使聊天者相互可以看得见、听得着，等等。因此我们在本节标题中将它称为多媒体即时通信，它是一个未来极具潜力的业务。

加入了视、音频的 IM 系统从功能上讲与可视电话或会议系统类似，但实现方法并不相同。可视电话系统由通话双方通过呼叫协议直接建立双向的连接；而经典的 IM 系统采用客户端/服务器（C/S）结构，"聊天"双方的信息需要通过服务器进行中间转接。当传输视、音频信息时，由于数据量大，服务器中转可能引起响应的不及时，此时可以在"聊天"双方建立直接连接，但这个连接的建立通常也需要在服务器的帮助下完成。由于服务器是 IM 系统的核心，用户必须先登录服务器才能接受各种服务，因此服务器了解各用户的状态及状态的变化，从而能够向一个用户提供其他用户的状态信息，让他了解其他人的在线情况。这就是"出席"（Present）服务。而在可视电话系统中，主叫方事先并不知道被叫方是否"出席"，他必须通过一定的通信协议呼叫对方（如振铃），对方应答则接通；对方未出席，则不能接通。

如上所述，一个典型 IM 系统包含两种基本服务：出席服务和即时消息服务。图 1-5(a) 为出席服务的基本框图。出席服务有两类客户，一类称为出席者（Presentity），另一类称为观察者（Watcher）。出席者向出席服务提供自己的出席信息。观察者可以定期或不定期地向出席服务请求得到某些出席者的当前出席信息；也可以订阅（Subscribe）出席信息，此时出席服务会在出席者的出席信息发生变动时主动告知订阅者。

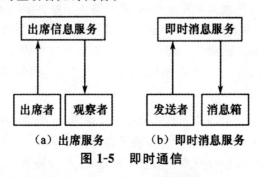

（a）出席服务　（b）即时消息服务

图 1-5　即时通信

图 1-5(b) 为即时消息服务的基本框图，其中发送消息的一方称为发送者，接收消息的一方称为即时消息箱。发送者向即时消息服务发送消息，消息中包含目的即时消息箱的地址；即时消息服务则根据目的地址向该即时消息箱转发消息。当用户之间需要交换视、音频消息时，发送者从服务器获得接收方的地址和状态信息，并通过一定的协议在服务器的帮助下建立起二者之间

的直接连接。然后在此连接上视、音频数据可以采用与可视电话和会议系统中相同的方式进行传输。

1.5 多媒体通信的关键技术

多媒体通信技术是一门跨学科的交叉技术，它涉及的关键技术有多种，下面分别对这些技术作简单介绍，其中某些内容也是本书部分章节讨论的主题。

1. 多媒体数据压缩技术

多媒体信息数字化后的数据量非常巨大，尤其是视频信号，数据量更大。例如，一路以分量编码的数字电视信号，数据率可达 216 Mb/s，存储 1 小时这样的电视节目需要近 80 GB 的存储空间，而要实现远距离传送，则需要占用 108～216 MHz 的信道带宽。显然，对于现有的传输信道和存储媒体来说，其成本十分昂贵。为节省存储空间，充分利用有限的信道容量传输更多的多媒体信息，必须对多媒体数据进行压缩。

目前，在视频图像信息的压缩方面已经取得了很大的进展，这主要归功于计算机处理能力的增强和图像压缩算法的改善。有关图像压缩编码的国际标准主要有 JPEG、H. 261、H. 263、MPEG-1、MPEG-2、MPEG-4 等。JPEG 标准是由 ISO 联合图像专家组（Joint Picture Expert Group）于 1991 年提出的用于压缩单帧彩色图像的静止图像压缩编码标准。H. 261 是由 ITU-T 第 15 研究组为在窄带综合业务数字网（N-1SDN）上开展的双向声像业务（如可视电话、视频会议）而制定的全彩色实时视频图像压缩标准。H. 263 是由 ITU-T 制定的低比特率视频图像编码标准，用于提供在 30 kb/s 左右速率下的可接受质量的视频信号。MPEG 标准是由 ISO 活动图像专家组（MPEG）制定的一系列运动图像压缩标准。有关音频信号的压缩编码技术基本上与图像压缩编码技术相同，不同之处在于图像信号是二维信号，而音频信号是一维信号。相比较而言，其数据压缩难度较低。在多媒体技术中涉及的声音压缩编码的国际标准主要有 ITU-T 的 G. 711、G. 721、G. 722、G. 728、G. 729、G. 723. 1 以及 MPEG-1 音频编码标准（ISO11172-3）、MPEG-2 音频编码标准（ISO13818-3）和 AC3 音频编码等。

2. 多媒体通信终端技术

多媒体通信终端是能够集成多种媒体数据，通过同步机制将多媒体数据呈现给用户，具有交互功能的新型通信终端，是多媒体通信系统的重要组成部分。随着多媒体通信技术的发展，已经开发出一系列多媒体通信终端的相关标准和设备，它们又反过来促进多媒体通信的发展。目前多媒体终端有 H. 320 终端、H. 323 终端、SIP 终端以及基于 PC 的软终端等。

3. 多媒体通信网络技术

能够满足多媒体应用需要的通信网络必须具有高带宽、可提供服务质量的保证、实现媒体同步等特点。首先，网络必须有足够高的带宽以满足多媒体通信中的海量数据，并确保用户与网络之间交互的实时性；其次，网络应提供服务质量的保证，从而能够满足多媒体通信的实时性和可靠性的要求；最后，网络必须满足媒体同步的要求，包括媒体间同步和媒体内同步。由于多媒体信息具有时空上的约束关系，例如图像及其伴音的同步，因此要求多媒体通信网络应能正确反映媒体之间的这种约束关系。

在多媒体通信发展初期，人们尝试着用已有的各种通信网络（包括 PSTN、ISDN、B-IS- DN、有线电视网、Internet)作为多媒体通信的支撑网络。每一种网络均是为传送特定的媒体而建设的,在提供多媒体通信业务上各具特点,同时也存在一些问题。随着大量的多媒体业务的涌现,已有的各种网络显然无法满足人们的需求。为了满足人们对多媒体通信业务不断发展的要求,世界各国均在研究如何建立一个适合多媒体通信的综合网络以及如何从现有的网络演进,实现多业务网络,为人们提供服务。

以软交换为核心的 NGN 网络为多媒体通信开辟了更广阔的天地。NGN 网络所涉及的内容十分广泛,几乎涵盖了所有新一代的网络技术,形成了基于统一协议的由业务驱动的分组网络。它采用开放式体系结构来实现分布式的通信和管理。电信网络向 NGN 过渡将成为必然趋势,这是众多标准化组织研究的重点,也是各大运营商和设备厂商讨论的热点。

4. 多媒体信息存储技术

多媒体信息对存储设备提出了很高的要求,既要保证存储设备的存储容量足够大,还要保证存储设备的速度要足够快,带宽要足够宽。通常使用的存储设备包括磁带、光盘、硬盘等。

磁带是以磁记录方式来存储数据的,它适用于需要大容量的数据存储,但对数据读取速度要求不是很高的某些应用,主要用于对重要数据的备份。光盘则是以光学介质来存储信息,光盘的种类有很多,例如 CD-ROM、CD-R、CD-WR、DVD、DVD-RAM 等。硬盘及磁盘阵列则具有更快速的数据读取速度。虽然硬盘的存取速度已经得到了很大提高,但仍然满足不了处理器的要求。

5. 多媒体数据库及其检索技术

随着多媒体数据在 Internet、计算机辅助设计(Computer Aided Design,CAD)系统和各种企事业信息系统中被越来越多地使用,用户不仅要存取常规的数字、文本数据,还包括声音、图形、图像等多媒体数据。传统的常规关系型数据库管理系统可以管理多媒体数据。但从 20 世纪 70 年代开始,人们将目光集中在基于图像内容的查询上,即通过人工输入图像的各种属性建立图像的元数据库来支持查询,由此开展图像数据库的研究。但是随着多媒体技术的发展,由于图像和其他多媒体数据越来越多,对数据库容量要求也越来越大,此时以传统的数据库管理系统管理多媒体数据的方法逐渐暴露出了它的局限性,基于内容的多媒体信息检索研究方案也应运而生。

目前,基于内容的多媒体检索在国内外尚处于研究、探索阶段,诸如算法处理速度慢、漏检误检率高、检索效果无评价标准等都是未来需要研究的问题。毫无疑问,随着多媒体内容的增多和存储技术的提高,对基于内容的多媒体检索的需求将更加迫切。

6. 多媒体数据的分布式处理技术

随着多媒体应用在 Internet 上的广泛开展,其应用环境由原来的单机系统转变为地理上和功能上分散的系统,需要由网络将它们互联起来共同完成对数据的一系列处理过程,从而构成了分布式多媒体系统。分布式多媒体系统涉及了计算机领域和通信领域的多种技术,包括数据压缩技术、通信网络技术、多媒体同步技术等,并需考虑如何实现分布式多媒体系统的 QoS 保证,在分布式环境下的操作系统如何处理多媒体数据,媒体服务器如何存储、捕获并发布多媒体信息等问题,与这些问题相关的技术复杂而多样,目前仍存在大量技术问题亟待解决。

流媒体技术也是一种分布式多媒体技术,它主要解决了在多媒体数据流传输过程中所 Array of Inexpensive Disks,RAID)。RAID 将普通 SCSI 硬盘组成一个磁盘阵列,采用并行读写操作来提高存储系统的存取速度,并且通过镜像、奇偶校验等措施提高系统的可靠性。为了进一步提高数据的读取速度,同时获得大容量的存储,存储区域网络(Storage Area Network,SAN)技术应运而生。SAN 是一种新型网络,由磁盘阵列连接光纤通道组成,以数据存储为中心,采用可伸缩的网络拓扑结构,利用光纤通道有效地传送数据,将数据存储管理集中在相对独立的存储区域网内。SAN 极大地扩展了服务器和存储设备之间的距离,拥有几乎无限的存储容量以及高速的存储,真正实现了高速共享存储的目标,满足了多媒体应用的需求。占带宽较宽,用户下载数据等待时间长的问题。为了提高流媒体系统的效率,提出了流媒体的调度技术、流媒体的拥塞控制技术、代理服务器及缓存技术等。在互联网迅速发展的时代,流媒体技术也日新月异,它的发展必然将给人们的生活带来深远影响。

第2章 多媒体数据压缩编码技术

多媒体计算机技术是面向三维图形、立体声和彩色全屏幕运动画面的处理技术。多媒体计算机面临多种媒体承载的由模拟量转换为数字星的吞吐、存储和传输问题。数字化的视频和音频信号的数据量是非常大的。例如，一幅分辨率为 640×480 的真彩色图像，它的数据量约为 7.37 MB。若要达到每秒 25 帧的全动态显示要求，每秒所需的数据量为 184 MB，而且要求系统的数据传输率必须达到每秒 184 MB。可见，数字化信息的数据量非常大，对数据的存储、信息的传输以及计算机的运行速度都提出的很高的要求。这也是多媒体技术发展中首要解决的问题。为了较好地解决这一问题，不能单纯用扩大存储量、增加通信的传输率来解决。通过数据压缩手段把信息数据量降下来也是解决问题的重要方面，这样可以以压缩形式存储和传输，既节约了存储空间，又提高了传输效率。本章主要对多媒体数据压缩编码技术进行讨论，如预测编码、变换编码、统计编码及其他编码等。

2.1 概述

2.1.1 多媒体数据压缩的必要性

在多媒体产生过程中，数字化充当了极为重要的角色。由于媒体元素种类繁多、构成复杂，使得数字计算机面临的是数值、文字、语言、音乐、图形、动画、静态图像和电视视频图像等多种媒体元素，并且要将它们在模拟量和数字量之间进行自由转换、信息吞吐、存储和传输。目前，虚拟现实技术还要实现逼真的三维空间、3D 立体声效果和在实境中进行仿真交互，带来的突出问题就是媒体元素数字化后数据量大得惊人。不妨用下面几个例子来说明这一问题。

①一页印在 B5(约 180 mm×255 mm)纸上的文件，若以中等分辨率(300 d/i 约 12 像素点/毫米)的扫描仪进行采样，其数据量约 6.61 MB/页。一片 650 MB 的 CD-ROM，可存 98 页。

②双通道立体声激光唱盘(CD-A)，采样频率为 44.1 kHz，采样精度 16 位/样本，其一秒钟时间内的采样位数为 $44.1 \times 10^3 \times 16 \times 2 = 1.41$ Mb/s。一个 650 MB 的 CD-ROM，可存约 1h 的音乐。

③数字音频磁带(DAT)，采样频率 48 kHz，采样精度 16 位/样本，1 s 内采样位数为 $48 \times 10^3 \times 16 = 768$ kb/s，一个 650 MB 的 CD-ROM 可存储近 2h 的节目。

④数字电视图像：

· 源输入格式(Source Input Format，SIF)，NTSC 制、彩色、4∶4∶4 采样每帧数据量 352×240×3=253 KB。

每秒数据量(位率)253×30=7.603 MB/s

一片 CD-ROM 可存帧数 650÷0.253=1.226 千帧/片

一片 CD-ROM 节目时间(650÷7.603)/60=1.42 分/片

· 国际无线电咨询委员会(International Consultative Committee for Radio，ICCR)格式，

PAL 制、4：4：4 采样。

每帧数据量 720×576×3＝1.24 MB

每秒数据量 1.24×25＝31.3 MB/s

一片 CD-ROM 可存帧数 650÷1.24＝0.524 千帧/片

一片 CD-ROM 可存节目时间 650÷31.1＝20.9 s/片

我们再举一个陆地卫星(LandSat-3)的例子(其水平、垂直分辨率分别为 2340 和 3240,四波段、采样精度 7 位),它的一幅图像的数据量为 2340×3240×7×4＝212 Mb,按每天 30 幅计,每天数据量为 212×30＝6.36 Gb,每年的数据量高达 2300 Gb。

以上例子说明,多媒体信息的数据量确实大得惊人,这对存储器容量、网络带宽和计算机的处理速度都是巨大的挑战。这个问题也是多媒体技术发展和应用中的瓶颈。而靠增加存储器的容量和网络带宽是不现实的。所以,需要使用压缩方法降低多媒体信息的数据量,使得有限的空间可存储更多的信息,使用很少的带宽就可以在网上传输多媒体数据。

2.1.2 多媒体数据压缩的可能性

实际上,多媒体数据之间存在着很大的相关性,利用数据之间的相关性,可以只记录它们之间的差异,而不必每次都保存它们的共同点,这样就可以减少数据文件的数据量。在信息论中,将信息存在的各种性质的多余度称为冗余。多媒体数据中,存在多种类型的冗余。

1. 空间冗余

空间冗余是在图像数据中经常存在的一种冗余。在任何一幅图像中,均有许多灰度或颜色都相同的邻近像素组成的局部区域,它们形成了性质相同的集合块,即它们之间具有空间(或空域)上的强相关性,在图像中就表现为空间冗余。图 2-1 给出了测试图像 Mother&Daughter、中一个 16×16 像素局部区域的灰度值,可以看出,相邻像素的灰度值非常接近,即存在有空间冗余。基于空间冗余的编码技术主要有变换编码、帧内预测编码等。

```
115 117 118 117 118 118 118 120 120 120 120 119 118 120 121 119
117 117 118 118 119 119 119 119 120 120 121 120 119 121 122 120
118 119 119 118 119 121 120 119 122 122 121 121 122 121 121 123
118 119 122 120 119 122 123 121 123 124 123 122 123 123 123 124
120 120 123 123 122 123 123 122 124 125 123 123 124 123 125 125
121 123 123 123 123 124 123 123 123 124 123 125 125 124 126 127
121 124 125 124 124 124 126 124 124 124 127 127 126 127 126 127
122 124 125 126 124 124 126 127 125 126 128 128 127 127 127 128
123 124 124 126 124 125 124 126 126 126 127 126 128 127 128 127
123 125 125 128 126 127 127 126 127 127 126 127 125 128 129 126 127
125 126 126 129 127 127 129 129 127 128 128 126 127 129 127 126
125 127 127 127 126 126 129 128 126 128 128 128 128 128 127 127
124 128 127 126 126 126 128 127 127 127 128 129 129 128 128 128
125 128 127 127 127 127 128 128 128 128 129 128 128 129 129
125 125 127 127 127 128 128 128 127 128 129 128 128 129 129
123 124 128 128 126 126 127 128 129 129 129 128 129 128 127 127
```

图 2-1 图像数据的空间冗余

2. 时间冗余

时间冗余也是视频和音频数据中经常存在的冗余。视频中的两幅相邻的图像有较大的相关性,这反映为时间冗余。同理,在语音中,由于人在说话时发出的音频是一个连续和渐变的过程,而不是一个完全的时间上独立的过程,因而存在着时间冗余。在编码过程中可以充分利用这种相关性,采用相应的编码策略实现多媒体数据压缩。图 2-2 中,F1 帧图像中有一辆汽车和一个路标 P,在经过时间 T 后的图像 F2 仍包含以上两个物体,只是小车向前行驶了一段路程。此时,F1 和 F2 是时间相关的,后一幅图像 F2 在参照图像 F1 的基础上只需很少数据量即可表示出来,从而减少了存储空间,实现了数据压缩。这种压缩对视频数据往往能得到很高的压缩比,这也称为时间压缩或帧间压缩,针对时间冗余的编码技术主要有帧间预测编码(运动估计与补偿)。

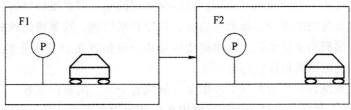

图 2-2　时间冗余示例

3. 信息熵冗余

数据是信息的载体,是信息的一种表示方法。表示信息的方法不同,可能获得不同的数据量。信息熵是一组数据所携带的信息量。它定义为

$$E = -\sum_{i=0}^{N-1} p_i \log_2 p_i \tag{2-1}$$

其中,N 为表示信息的符号个数,或叫码元个数,p_i 为第 i 个码元出现的概率。

实际上,信息熵说明了用来表示信息的符号平均最少占多少二进制位。例如,有 0～7 共 8 个符号,它们出现的概率相同,均为 1/8,则

$$E = -\sum_{i=0}^{8-1} \frac{1}{8} \log_2 \left(\frac{1}{8}\right) = 3$$

这刚好是通常表示 8 种符号使用的二进制位数。当码元出现的概率不同时,信息熵会比等概率时小,这说明可以采用某种办法使数据占用更少的空间。实际上,无论字符出现的概率大小,ASCII 码字符均使用 8 位二进制数表示。这种由于码元编码长度不经济带来的冗余称为信息熵冗余或编码冗余。

4. 结构冗余

在有些图像的纹理区,图像的像素值存在着明显的分布模式。例如,方格状的地板图案等。我们称此为结构冗余。如已知分布模式,就可以通过某一过程生成图像。

5. 知识冗余

数据的理解与先验知识有相当大的关系。例如,如果我们知道收到的是两句唐诗,但只能识别上句是"独在异乡为异客",那么我们不必看到下面的文字,就知道下句是"每逢佳节倍思亲"。这种基于先验知识的对数据的理解,就是知识冗余。在图像中这种冗余也很多,实际上,我们能够根据部分图像,结合个人的知识积累,恢复出整个图像。

6. 视觉冗余

事实表明,人类的视觉系统对图像场的敏感性是非均匀和非线性的。然而,在记录原始的图

像数据时,通常假定视觉系统是线性的和均匀的,对视觉敏感和不敏感的部分同等对待,从而产生了比理想编码(即把视觉敏感和不敏感的部分区分开来编码)更多的数据,这就是视觉冗余。通过对人类视觉进行的大量实验,发现了以下的视觉非均匀特性。

①视觉系统对图像的亮度和色彩度的敏感性相差很大。当把 RGB 颜色空间转化成 NTSC 制的 YIQ 坐标系后,经实验发现,视觉系统对亮度 Y 的敏感度远远高于对色彩度(I 和 Q)的敏感度。因此,对色彩度(I 和 Q)允许的误差可大于对亮度 Y 所允许的误差。

②随着亮度的增加,视觉系统对量化误差的敏感度降低。这是由于人眼的辨别能力与物体周围的背景亮度成反比。由此说明:在高亮度区,灰度值的量化可以更粗糙些。

③人眼的视觉系统把图像的边缘和非边缘区域分开来处理。这是将图像分成非边缘区域和边缘区域分别进行编码的主要依据。这里的边缘是指灰度值发生剧烈变化的地方,而非边缘区域是指除边缘之外的图像其他任何部分。

④人类的视觉系统总是把视网膜上的图像分解成若干个空间有向的频率通道后再进一步处理。在编码时,若把图像分解成符合这一视觉内在特性的频率通道,则可能获得较大的压缩比。

7. 听觉冗余

人耳对不同频率的声音的敏感性是不同的,不能察觉所有频率的变化,对某些频率不必特别关注,因此存在听觉冗余。例如,大的声音可以掩盖小的声音,低频声音可以掩盖高频声音,被掩蔽的声音信号实际上没有必要存储或传输。

8. 图像区域的相同性冗余

它是指在图像中的两个或多个区域所对应的所有像素值相同或相近,从而产生的数据重复性存储,这就是图像区域的相似性冗余。在以上的情况下,记录了一个区域中各像素的颜色值,则与其相同或相近的其他区域就不需记录其中各像素的值。向量量化(Vector Quantization)方法就是针对这种冗余性的图像压缩编码方法。

由于大量的数据存在冗余,因此,可以采用某种算法对数据进行重新整理,以减小数据量而不损失或少损失其中的信息,达到数据压缩的目的,这些算法就是压缩算法,也叫编码方法。

2.1.3 多媒体数据压缩方法的分类

多媒体数据中存在着各种各样的冗余,所以多媒体数据可以被压缩。针对冗余类型的不同,可以产生压缩的各种方法。

1. 按解码后的数据与原始数据一致性分类

(1)可逆编码方法

用可逆编码方法压缩的图像,其解码图像与原始图像严格相同,即压缩是完全可恢复的或没有偏差的。多媒体应用中经常使用的无损压缩方法主要是基于统计的编码方案,例如,行程编码、哈夫曼编码、算术编码和 LZW 编码等。

(2)不可逆编码方法

压缩的图像还原后与原始图像比较,存在一定的误差(有损),但其视觉效果一般是可以为人们所接受的。常用的有损压缩方法有:脉冲编码调制 PCM、预测编码、变换编码、插值法和外推法等。

新一代数据压缩方法。如矢量量化和子带编码,基于模型的压缩,分形压缩和小波变换压缩等,已经接近实用水平。

2. 按压缩算法的压缩原理分类

(1)统计编码(熵编码)

熵编码的基本原理是给出现概率较大的符号赋予一个短码字,而给出现概率较小的符号赋予一个长码字,从而使得最终的平均码长很小。常见的熵编码方法有哈夫曼编码、算术编码和行程编码。

(2)预测编码

根据某一模型进行预测,如果模型选取足够好的话,只需存储或传输起始像素和模型参数就可以代替很多像素。预测编码是基于图像数据的空间或时间冗余特性,用相邻的已知像素(或像素块)来预测当前像素(或像素块)的取值,然后再对预测误差进行量化和编码。预测编码可分为帧内预测和帧间预测,常用的预测编码有差分脉码编码调制(DPCM)、自适应差分脉冲编码调制(ADPCM)、运动估计和补偿等。

(3)变换编码

变换编码是将多媒体数据(空域/时域)变换到频域空间上进行处理,在空域/时域空间上具有强相关的信号,反映在频域上是某些特定的区域内能量常常被集中在一起,因此,更便于压缩处理。采用的正交变换有:离散余弦变换(DCT)、离散傅里叶变换(DFT)、Walsh-Hadamard 变换(WHT)和小波变换(WT)等。

(4)量化与向量量化编码

量化是模拟量进行数字化时必然要经历的过程,如果要量化的数据在其动态范围内的概率密度服从某分布(如高斯分布、均匀分布等),为使整体的量化失真最小,就必须依据统计和概率分布设计最优的量化器(一般是非线性的)。对图像的像素点进行量化时,一般可每次量化一个像素点,但也可量化一组像素点。量化一组像素点的方法称为"向量量化"。

(5)模型编码

模型编码是根据数据特点设计一种模型来模拟数据的产生过程,其编码过程就是估计模型参数的过程,压缩后的数据就是模型参数。解码过程则把模型参数输入到模型中,由模型产生对应的数据。模型编码是一种有损编码方法,压缩率很高,其关键是设计一种准确的模型来模拟多媒体数据的产生。此种方法较成功的应用就是音频编码中的参数编码方法。

(6)多分辨率编码

多分辨率编码主要应用于图像和视频编码中,它是利用人类的视觉特性而提出的。常见的编码算法有:子带编码、塔形编码和基于小波变换的编码方法等。这类方法使用不同类型的一维或二维线性数字滤波器,对图像和视频进行整体分解,然后根据人类视觉特性对不同频段的数据进行粗细不同的量化处理,以达到更好的压缩效果。

数据压缩编码的具体方法虽然还有很多,但大多是以这些基本思想为基础。

2.1.4　多媒体数据压缩的性能指标

评价一种数据压缩技术的性能好坏主要有 3 个关键指标,即压缩比、重现质量、压缩/解压缩速度。此外,还要考虑压缩算法所需要的软件和硬件。

1. 压缩比

压缩性能常常用压缩比来定义,也就是压缩过程中输入数据量和输出数据量之比。压缩比越大,说明数据压缩程度越高。在实际应用中,压缩比可以定义为比特流中每个样点所需的比特数。例如,图像分辨率为 512×480 像素,位深度为 24 位,则输入＝(512×480×24)/8 B＝737280 B,若输出 15000 B,则压缩比为 737280/15000＝49。

2. 重现质量

重现质量是指比较重现时的图像、声音信号与原始图像、声音信号之间有多少失真,这与压缩的类型有关。无损压缩是指压缩和解压缩过程中没有损失原始图像和声音的信息,因此,对无损系统不必担心重现质量。有损压缩虽然可获得较大的压缩比,但若压缩比过高,还原后的图像、声音质量就可能降低。图像和声音质量的评估常采用主观评估和客观评估两种方法。

以图像数据压缩为例。图像的主观评价采用 5 分制,其分值在 1~5 分情况下的主观评价如表 2-1 所示。

表 2-1　图像主观评价表

主观评价分	质量尺度	妨碍观看尺度
5	非常好	丝毫看不出图像质量变坏
4	好	能看出图像质量变化,但不妨碍观看
3	一般	能清楚的看出图像质量变坏,对观看又有妨碍
2	差	对观看有妨碍
1	非常差	非常严重地妨碍观看

而客观尺度通常有均方误差、信噪比和峰值信噪比等,如下所示。

均方误差:

$$E_n = \frac{1}{n} \sum_{i=1}^{n} (x(i) - \hat{x}(i))^2 \qquad (2\text{-}2)$$

信噪比:

$$SNR(\mathrm{dB}) = 10 \lg \frac{\sigma_x^2}{\sigma_r^2} \qquad (2\text{-}3)$$

峰值信噪比:

$$PSNR(\mathrm{dB}) = 10 \lg \frac{x_{\max}^2}{\sigma_r^2} \qquad (2\text{-}4)$$

其中,$x(i)$ 为原始图像信号,$\hat{x}(i)$ 为重建图像信号,$x_{\max}$ 为 $x(i)$ 的峰值,σ_x^2 为信号的方差,σ_r^2 为噪声方差,$\sigma_x^2 = E[x^2(i)]$,$\sigma_r^2 = E\{[\hat{x}(i) - x(i)]^2\}$。

3. 压缩/解压缩速度

多媒体数据的压缩/解压缩是在一定压缩算法的基础上,通过一系列的数学运算实现的。压缩算法的好坏直接影响压缩和解压缩的速度。因此,实现压缩的算法要简单,压缩/解压缩速度要快,尽可能做到实时压缩/解压缩。

此外,还要考虑软件和硬件的开销。有些数据的压缩和解压缩可以在标准的 PC 硬件上用软件实现,有些则因为算法太复杂或者质量要求太高而必须采用专门的硬件。这就需要在占用 PC 上的计算资源或者另外使用专门硬件的问题上做出选择。

2.2　预测编码

预测编码的基本思想是分析信号的相关性，利用已处理的信号预测待处理的信号，得到预测值；然后仅对真实值与预测值之间的差值信号进行编码处理和传输，以达到压缩的目的，并能够正确恢复原信号。

预测编码的方法易于实现，编码效率高，应用广泛，可以达到大比例压缩数据的目的。预测编码有线性预测和非线性预测两类，目前应用较多的是线性预测。线性预测法通常称为差分脉冲编码调制（Differential Pulse Code Modulation，DPCM）。

2.2.1　差分脉冲编码调制

差分脉冲编码调制（Differential Pulse Code Modulation，DPCM）主要用于对图像的像素进行预测，并进行压缩处理。差分脉冲编码的基本工作原理如下：

首先比较相邻的两个像素，如果两个像素之间存在差异，将差异之处的差值传送出去，若比较的像素之间没有差异，则不传送差值。由于图像中相邻像素通常是类似的，即具有一定的相关性，像素之间的差异很小，因此，传送出去的差值总是少于整个图像的像素值，达到了减少数据量的目的。DPCM 系统原理框图如图 2-3 所示。

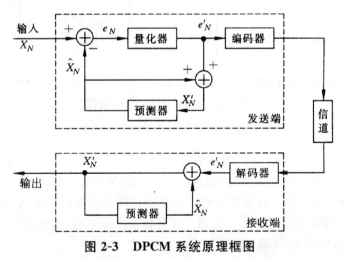

图 2-3　DPCM 系统原理框图

图 2-3 中，X_N 为 t_N 时刻前的样本值；$\hat{X}_N$ 为根据 t_N 时刻前的样本值 $X_1, X_2, \cdots, X_{N-1}$ 对 X_N 所作的预测值；$e_N = X_N - \hat{X}_N$（差值信号）；e'_N 为经过量化器后输出的信号，其量化误差 $q_N = e_N - e'_N$。

由 DPCM 编码原理可见：

①编解码误差为 $q_N = X_N - X'_N = X_N - (\hat{X}_N + e'_N)$，说明误差来自于量化器，若不使用量化器，$q_N = 0$，即无损编码。

②在均方误差最小的准则下，使误差最小的方法称为最佳预测编码。

③当使用线性方程计算预测值 $\hat{X}_N$ 的编码方法时为线性预测编码；若是非线性方程计算预测值 $\hat{X}_N$ 的编码时称为非线性预测编码。

④若 $X_1, X_2, \cdots, X_N$ 取自同一帧内，则为帧内预测编码。如果 $X_1, X_2, \cdots, X_N$ 是取自不同帧

的样本值,则称为帧间预测编码。

⑤预测器和量化器参数按图像局部特性进行调整的方法,称为自适应预测编码(ADPCM)。

⑥在帧间预测编码中,若帧间对应像素样本值超过某一域值就保留,否则不传或不存,恢复时就用上一帧对应像素样本值来代替,这种方法被称为条件补充帧间预测编码。

⑦在活动图像预测编码中,根据画面运动情况,对图像加以补偿后再进行帧间预测的方法,称为运动补偿预测编码方法。

2.2.2 自适应预测编码

为了进一步提高编码性能,人们将自适应量化技术和自适应预测技术结合在一起,用于差分脉冲编码调制中,从而实现了自适应差分脉冲编码调制(Adaptive Differential Pulse Code Modulation,ADPCM)。ADPCM 的简化编码原理如图 2-4 所示。

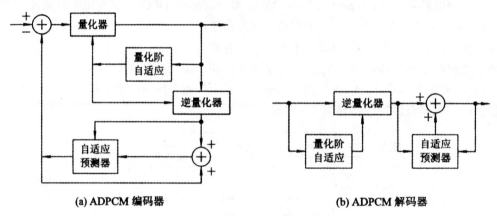

(a) ADPCM 编码器   (b) ADPCM 解码器

图 2-4　ADPCM 的编码原理

1. 自适应量化

在一定的量化级数下,减少量化误差或在相同误差情况下压缩数据,并且根据信号分布不均匀的特点,随输入信号的变化而改变量化区间的大小,以保证输入量化器的信号比较均匀,这种输入信号的自动调节能力就是自适应量化。自适应量化必须具有对输入信号幅度值的估算能力,否则无法确定信号改变量的大小。若估算在量化输入端进行,则称为"前馈自适应";若估算在量化输出端进行,则称为"反馈自适应"。

2. 自适应预测

自适应预测是根据常见的信息源求得多组固定的预测参数,再将预测参数提供给编码使用。在实际编码时,根据信息源的特性,以实际值与预测值的均方差最小为原则,自适应地选择其中一组固定的预测参数进行编码。这样,既增加了预测的准确度,又降低了计算的复杂程度,提高了编码效率。ADPCM 编码是 DPCM 编码的发展,通过调整量化的步长,使不同频段内的量化字长发生改变,进而使数据得到进一步的压缩。

2.2.3 运动补偿预测编码

帧间预测编码处理的对象是序列图像(也称为运动图像)。随着大规模集成电路的迅速发展,已有可能把几帧的图像存储起来作实时处理,利用帧间的时间相关性进一步消除图像信号的冗余度,提高压缩比。其预测编码原理如图 2-5 所示。

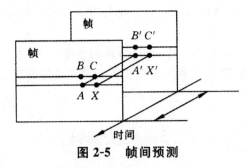

图 2-5　帧间预测

对于狭义差值预测:设 $\hat{X}=X'$,则预测误差为

$$\varepsilon = X - \hat{X} \tag{2-4}$$

对于复合差值预测:设 $\hat{X}=X'-(A-A')$,则预测误差为

$$\varepsilon = X - \hat{X} = (X - X') - (A - A') \tag{2-5}$$

对于图像来说,若后一帧与前一帧亮度变化相同,相当于 $\varepsilon=0$,那么,式(2-5)中的 A 可以用任意帧内预测函数 $f(A,B,\cdots)$ 代替。

常用的两种帧间编码技术是条件补充法和运动补偿技术。下面介绍一下运动补偿技术。

运动补偿预测编码方法是跟踪画面内的运动情况对其加以补偿之后再进行帧间预测。该项技术的关键是运动向量的计算。

运动补偿预测编码目前有三种方法:块匹配算法、梯度法和傅立叶变换。这里仅讨论块匹配算法。

块匹配算法是把图像分成若干子块图像,设子图像是 $M \times N$ 的矩形块。设当前帧图像亮度信号为 $f_K(m,n)$,前一次传送的图像为 $f_{K-N_s}(m,n)$,这里 N_s 为帧差数目。通常帧差 N_s 可能是 $l,3$ 或 7。假定当前帧中的一个 $M \times N$ 子块是从第 $K-N_s$ 帧平行移动而来,并设 $M \times N$ 子块内所有像素都具有同一个位移值 (i,j),而在 N_s 帧差时间内水平和垂直最大位移均为 L,$(M+2L,N+2L)$ 作为帧搜索区 SR,那么可以在 $K-N_s$ 帧搜索区 SR 内进行搜索,如图 2-6 所示。

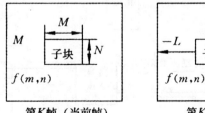

第 K 帧(当前帧)　　　　第 $K-N_s$ 帧

图 2-6　块匹配位移估计算法

两帧中子块的相关函数如下式所示:

$$\text{NCCF}(i,j) = \frac{\sum_{m=1}^{M} \sum_{n=1}^{N} f_K(m,n) f_{K-N_s}(m+i,n+j)}{\left[\sum_{m=1}^{M} \sum_{n=1}^{N} f_K^2(m,n)\right]^{1/2} \left[\sum_{m=1}^{M} \sum_{n=1}^{N} f_{K-N_s}^2(m+i,n+j)\right]^{1/2}} \tag{2-6}$$

当相关函数 $\text{NCCF}(i,j)$ 达到最小值时,式(2-6)中的 i 和 j 值就被认定为子块的水平和垂

直位移值。

在 SR 内搜索一块与其匹配的块的差平方或绝对值最小的块,而获得水平和垂直位移 (i,j),那么当前帧的 $M \times N$ 子块的任意位置 (m,n) 的像素完全可以用 $K - N_i$ 帧的位置的像素来预测,取得很好的效果。

这里需要说明的是,式(2-6)计算工作量很大,影响速度,往往用一些经验公式简化计算。另外,块匹配算法恢复图像时会产生"方块效应",需要预处理或进行运动补偿方法以后进行其他处理修正。

2.3　变换编码

2.3.1　变换编码原理

变换编码不是直接对空域图像信号编码,而是首先在数据压缩前对原始输入数据作某种正交变换,把图像信号映射变换到另外一个正交向量空间,产生一批变换系数,然后再对这些变换系数进行编码处理。它首先在发送端将原始图像分割成 n 个子图像块,每个子图像块经过正交变换、滤波、量化和编码后经信道传输到达接收端,接收端做解码、逆变换、综合拼接,恢复出空域图像。图 2-7 给出了其过程示意图。

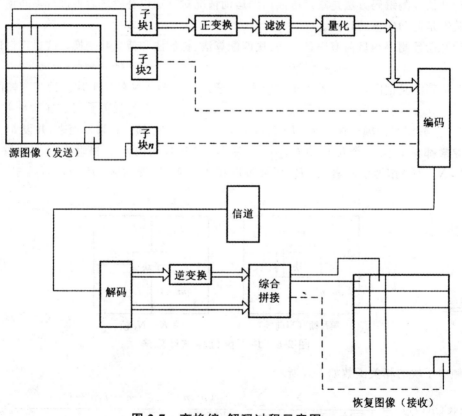

图 2-7　变换编、解码过程示意图

数字图像信号经过正交变换为什么能够压缩数据量呢?先让我们看一个最简单的时域三角

函数 $y(t)=A\sin2\pi ft$ 的例子，当 t 从 $-\infty$ 到 $+\infty$ 改变时，$y(t)$ 是一个正弦波。假如将其变换到频域表示，只需幅值 A 和频率 f 两个参数就足够了，可见 $y(t)$ 在时域描述，数据之间的相关性大，数据冗余度大；而转换到频域描述，数据相关性大大减少，数据冗余量减少，参数独立，数据量减少。

下面再举一个例子来说明。设有两个相邻的数据样本 x_1 与 x_2，每样本采用 3 bit 编码，因此，各有 $2^3=8$ 个幅度等级。而两个样本的联合事件，共有 $8\times8=64$ 种可能性，可用图 2-8 的二维平面坐标表示。

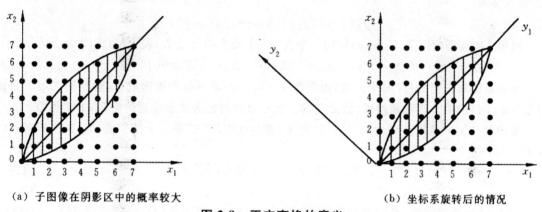

（a）子图像在阴影区中的概率较大　　　　　　　　（b）坐标系旋转后的情况

图 2-8　正交变换的意义

其中，x_1 轴与 x_2 轴分别表示相邻两样本可能的幅度等级。对于慢变信号，相邻两样本 x_1 与 x_2 同时出现相近幅度等级的可能性较大。因此，如图 2-8(a)阴影区内 45° 斜线附近的联合事件，其出现概率也就较大，不妨将此阴影区之边界称为相关圈。信源的相关性越强，则相关圈越加扁长。或者形象地说，x_1 与 x_2 呈现出"水涨船高"的紧密关联特性。为了要对圈内各点的位置进行编码，就要对两个差不多大的坐标值分别进行编码。当相关性越弱时，此相关圈就越显方圆形状，说明 x_1 处于某一幅度等级时，x_2 可能出现在不相同的任意幅度等级上。

现在如果对该数据对进行正交变换，从几何上相当于坐标系旋转 45°，变成 y_1、y_2 坐标系，如图 2-8(b)所示。那么此时该相关圈正好处在 y_1 坐标轴上下，且该圈越扁长，其在 y_1 上的投影就越大，而在 y_2 上的投影就越小。因而从 y_1、y_2 坐标来看，任凭 y_1 在较大范围内变化，而 y_2 始终只在相当小的范围内变化。这就意味着变量 y_1 和 y_2 之间在统计上更加相互独立。因此，通过这种坐标系旋转变换，就能得到一组去除掉大部分甚至全部统计相关性的另一种输出样本。

由此可知，正交变换实现数据压缩的本质在于：经过坐标系适当的旋转和变换，能够把散布在各个坐标轴上的原始数据，在新的、适当的坐标系中集中到少数坐标轴上，因此，可用较少的编码位数来表示一组信号样本，实现高效率的压缩编码。

变换编码技术已有近 30 年的历史，技术上比较成熟，理论也较完备，广泛应用于各种图像数据压缩，诸如单色图像、彩色图像、静止图像、运动图像，以及多媒体计算机技术中的电视帧内图像压缩和帧间图像压缩等。

正交变换的种类很多，如傅里叶（Fouries）变换、沃尔什（Walsh）变换、哈尔（Haar）变换、斜（slant）变换、余弦变换、正弦变换、K-L（Karhunen-Loeve）变换等。

2.3.2　K-L 变换

离散 Karhunen-Loeve 变换(简称 K-L 变换)是以图像的统计特性为基础的一种正交变换,也称为特征向量变换或主分量变换,相关性好,是均方误差 MSE(Mean Square Error)意义上的最佳变换,它在数据压缩技术中占有重要的地位。

假定一幅 $N \times N$ 的数字图像 $f(x,y)(x,y=0,1,\cdots,N-1)$ 通过某一信号通道传输 M 次,由于受随机噪音干扰和环境条件影响,接收到的图像实际上是一个受干扰的数字图像集合,用(2-7)式表示。

$$\{f_1(x,y),f_2(x,y),\cdots,f_M(x,y)\} \tag{2-7}$$

对第 i 次获得的图像 $f_i(x,y)$ 可用一个含 N^2 个元素的向量 X_i 表示,如式(2-8)所示。

$$X_i=[X_{i1} \quad X_{i2}\cdots \quad X_{iN} \quad \cdots \quad X_{ij}\cdots \quad X_{iN^2}\cdots]^{\mathrm{T}} \tag{2-8}$$

该向量的第一组分量(N 个元素)由图像 $f_i(x,y)$ 的第一行像素组成,向量的第二组分量由图像 $f_i(x,y)$ 的第二行像素组成,依此类推。也可以按列的方式形成这种向量,方法类似。

X 向量的协方差矩阵 C_f 由式(2-12)定义,表达式中的"E"表示求期望值,m_f 则由式(2-10)定义。

$$C_f=E\{(X-m_f)(X-m_f)^{\mathrm{T}}\} \tag{2-9}$$

$$m_f=E\{X\} \tag{2-10}$$

对于 M 幅数字图像,平均值向量 m_f 和协方差矩阵 C_f 可由式(2-44)和式(2-12)近似求得。

$$m_f = E\{X\} \approx \frac{1}{M}\sum_{i=1}^{M} X_i \tag{2-11}$$

$$C_f \approx \frac{1}{M}\sum_{i=1}^{M}(X-m_f)(X-m_f)^{\mathrm{T}} \approx \frac{1}{M}\Big[\sum_{i=1}^{M} X_i X_i^{\mathrm{T}}\Big]-m_f m_f^{\mathrm{T}} \tag{2-12}$$

可见,m_f 是 N^2 个元素的向量,C_f 是 $N^2 \times N^2$ 的方阵。

根据线性代数理论,可以求出协方差矩阵的 N^2 个特征向量和对应的特征值。假定 λ_i ($i=1,2,\cdots,N^2$)是按递减顺序排列的特征值,对应的特征向量由式(2-13)表示,则 K-L 变换矩阵 A 定义为式(2-14),从而可得 K-L 变换的变换表达式为式(2-15)。

$$e_i=[e_{i1},e_{i2},\cdots,e_{iN^2}]^{\mathrm{T}} \quad (i=1,2,\cdots,N^2) \tag{2-13}$$

$$A=\begin{bmatrix} e_{11} & e_{12} & \cdots & e_{1N^2} \\ e_{21} & e_{22} & \cdots & e_{2N^2} \\ \vdots & \vdots & \vdots & \vdots \\ e_{i1} & e_{i2} & \cdots & e_{iN^2} \\ \vdots & \vdots & \vdots & \vdots \\ e_{N^2 1} & e_{N^2 2} & \cdots & e_{N^2 N^2} \end{bmatrix} \tag{2-14}$$

$$Y=A(X-m_f) \tag{2-15}$$

该变换表达式可理解为:由中心化图像向量 $X-m_f$ 与变换矩阵 A 相乘,得到变换后的图像向量 Y,Y 的组成方式与向量 X 相同。

K-L 变换具有 MSE 意义上的最佳性能,但需要先知道信源的协方差矩阵并求出特征值,而且 K-L 变换在工程实践中难以广泛使用。因此,人们继续寻求解特征值与特征向量的快速算法,即寻找一些虽不是"最佳",但也有较好的去相关与能量集中的性能,且容易实现的一些变换方法。K-L 变换常作为对这些变换性能的评价标准。

2.3.3　离散傅里叶变换 DET

给定 N 个均匀间隔信号样本 $\{f(x)\,|\,x=0,1,\cdots,N-1\}$ 组成的信号序列,离散傅里叶变换 DFT(Discrete Fourier Transform)可表示为

$$F(u)=\frac{1}{N}\sum_{x=0}^{N-1}f(x)\mathrm{e}^{\frac{-j2\pi ux}{N}}\quad u=0,1,2,\cdots,N-1 \tag{2-16}$$

DFT 的逆变换可表示为

$$f(x)=\frac{1}{N}\sum_{u=0}^{N-1}F(u)\mathrm{e}^{\frac{j2\pi ux}{N}}\quad x=0,1,2,\cdots,N-1 \tag{2-17}$$

DFT 变换可扩展到二维,应用到图像处理过程中。给定一个二维信号的样本序列 $\{f(x,y)\,|\,x,y=0,1,\cdots,N-1\}$,二维 DFT(2D-DFT) 可表示为

$$F(u,v)=\frac{1}{N^2}\sum_{x=0}^{N-1}\sum_{y=0}^{N-1}f(x,y)\mathrm{e}^{\frac{-j2\pi(ux+vy)}{N}}\quad u,v=0,1,2,\cdots,N-1 \tag{2-18}$$

2D-DFT 的逆变换可表示为

$$f(x,y)=\frac{1}{N^2}\sum_{u=0}^{N-1}\sum_{v=0}^{N-1}F(u,v)\mathrm{e}^{\frac{j2\pi(ux+vy)}{N}}\quad x,y=0,1,2,\cdots,N-1 \tag{2-19}$$

傅里叶变换有明确的物理意义,即时一空域与频域的映射关系。快速傅里叶变换 FFT (Fast Fourier Transform)的计算机算法,促进了 FFT 在信号处理中的应用,特别是语音处理的应用。图像处理中,离散余弦变换 DCT 效果比 DFT 好些,因此更多地应用 DCT。

2.3.4　离散余弦变换 DCT

余弦变换是傅里叶变换的一种特殊情况。在傅里叶级数展开式中,如果被展开的函数是实偶函数,那么,其傅里叶级数中只包含余弦项,再将其离散化由此可导出余弦变换,或称之为离散余弦变换(Discrete Cosine Transform,DCT)。

设有 N 个信号样本 $\{f(x)\,|\,x=0,1,\cdots,N-1\}$ 组成的信号序列,其离散余弦变换 DCT 表示为

$$F(u)=\sqrt{\frac{2}{N}}C(u)\sum_{x=0}^{N-1}f(x)\cos\frac{(2x+1)\pi u}{2N}\quad u=0,1,2,\cdots,N-1 \tag{2-20}$$

DCT 逆变换表示为

$$f(x)=\sqrt{\frac{2}{N}}\sum_{u=0}^{N-1}C(u)F(u)\cos\frac{(2x+1)\pi u}{2N}\quad x=0,1,2,\cdots,N-1 \tag{2-21}$$

式中

$$C(u)=\begin{cases}\dfrac{1}{\sqrt{2}} & u=0\\[2mm] 1 & u>0\end{cases} \tag{2-22}$$

将 DCT 变换推广到二维可用于图像处理。设有二维信号样本 $\{f(x,y)\,|\,x,y=0,1,\cdots,N-1\}$ 序列,其二维 DCT 变换表示为

$$F(u,v)=\frac{2}{N}C(u)C(v)\sum_{x=0}^{N-1}\sum_{y=0}^{N-1}f(x,y)\cos\left[\frac{(2x+1)\pi u}{2N}\right]\cos\left[\frac{(2y+1)\pi v}{2N}\right] \tag{2-23}$$

$$u,v = 0,1,2,\cdots,N-1$$

二维 DCT 逆变换表示为

$$f(x,y) = \frac{2}{N}\sum_{u=0}^{N-1}\sum_{v=0}^{N-1}C(u)C(v)F(u,v)\cos\left[\frac{(2x+1)\pi u}{2N}\right]\cos\left[\frac{(2y+1)\pi v}{2N}\right] \qquad (2\text{-}24)$$

$$x,y = 0,1,2,\cdots,N-1$$

式中

$$C(u),C(v) = \begin{cases} \dfrac{1}{\sqrt{2}} & u,v = 0 \\ 1 & u,v > 0 \end{cases} \qquad (2\text{-}25)$$

2.4 统计编码

2.4.1 统计编码原理

统计编码技术的基石是 Shannon 于 1948 年创立的信息论。Shannon 认为，信源中或多或少都含有一定的冗余性，这些冗余来自信源自身的相关性，也来自信源符号概率分布的不均衡性，因此，可以采用编码方式去除这种冗余。

Shannon 第一定律（率失真定律）确定了在编码过程中不损失任何信息，即在无损编码条件下，数据压缩的理论极限是信息的熵，并指出了如何建立最优数据压缩编码方法。这类保存信息熵的编码方法通称为熵编码（Entropy Coding），熵编码结果经解码后可无失真地恢复出原始信息。

假设信源能从一个有限或无穷可数的符号集合中产生一个随机符号序列，即信源的输出是一个离散随机变量。这个集合 $\{a_j,a_j,\cdots,a_j\}$ 称为信源符号集 A，其中，每个元素 a_j 为信源符号。设信源产生符号 a_j 这个事件的概率是 $P(a_j)$，则产生单个信源符号 a_j 时的自信息量为

$$I(a_j) = -\log P(a_j) \qquad (2\text{-}26)$$

式中，如果取 2 为底的对数，则单位为 bit（比特）；取 e 为底的对数，则单位为奈特。从信息量的定义可以看出，信息是事件 a_j 的不确定因素的度量。事件发生的概率越大，事件的自信息量越小；反之，一个发生可能性很小的事件，携带的自信息量就很大，甚致使人们"震惊"。

对每个信源输出的平均自信息量可以表示为

$$H(u) = -\sum_{j=1}^{J}P(a_j)\log P(a_j) \qquad (2\text{-}27)$$

$H(u)$ 就是信源的熵。在符号出现之前，熵表示符号集中的符号出现的平均不肯定性；在符号出现之后，熵代表接收一个符号所获得的平均信息量。因此，熵是在平均意义上表征信源总体特性的一个物理量。可以证明，如果信源各符号的出现概率相等，则熵值达到最大。熵的范围是 $0 \leqslant H(u) \leqslant \log_2 J$。

熵编码的基本思想就是用较少的比特数表示出现概率较大的灰度级，而用较多的比特数表示出现概率小的灰度级，就能达到数据压缩的效果。常用的熵编码算法主要包括哈夫曼编码（Huffman Coding）、算术编码（Arithmetic Coding）和行程编码（Run Length Coding）三类，下面将分别进行讨论。

2.4.2 哈夫曼编码

哈夫曼(Huffman)编码是统计编码的一种,属于无损压缩编码。该编码方法早在 1952 年为文本文件而建立,现在已经派生出很多变体。哈夫曼编码的码长是变化的,对于出现频率高的信息,编码的长度较短;而对于出现频率低的信息,编码长度较长。这样,处理全部信息的总码长一定小于实际信息的符号长度。根据这一原理,哈夫曼编码的实际编码过程按照如下步骤进行:

①将信号源的符号按照出现概率递减的顺序排列。

②将两个最小出现概率进行相加,得到的结果作为新符号的出现概率。

③重复进行步骤①和②,直到概率相加的结果等于 1 为止。

④在合并运算时,概率大的符号用编码 0 表示,概率小的符号用编码 1 表示。

⑤记录下概率为 1 处到当前信号源符号之间的 0、1 序列,从而得到每个符号的编码。

下面举例说明哈夫曼编码过程。设信号源为 $s = \{s1, s2, s3, s4, s5\}$。对应的概率为 $p = \{0.25, 0.22, 0.20, 0.18, 0.15\}$。则编码过程如图 2-9 所示。

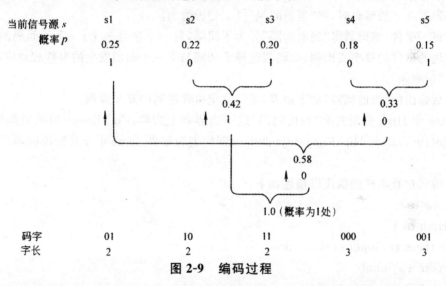

图 2-9 编码过程

当信号源符号的概率为 2 的负幂次方时,编码效率最高。若信号源符号的概率相等,则编码效率最低。哈夫曼编码成功与否,取决于是否能精确统计原始文件的字符值。为了保证精确度,哈夫曼编码通常采用两次扫描的办法,第一次扫描得到统计结果,第二次扫描进行编码。

在数据压缩领域,哈夫曼编码具有一些明显的特点:

①编码不唯一,但其编码效率是唯一的。由于在编码过程中,分配码字时对 0、1 分配的原则可以不同,而且当出现相同概率时,排序不固定,因此,哈夫曼编码不唯一。但对于同一信源而言,其平均码长不会因为上述原因改变,因此,编码效率是唯一的。

②编码效率高,但是硬件实现复杂,抗误码力较差。哈夫曼编码是一种变长码,因此,硬件实现复杂,并且在存储、传输过程中,一旦出现误码,易引起误码的连续传播。

③编码效率与信源符号概率分布相关。当信源各符号出现的概率相等时,哈夫曼编码编码效率最低。当信源各符号出现的概率为 2^{-n}(n 为正整数)时,哈夫曼编码效率最高,可达 100%。由此可知,只有当信源各符号出现的概率很不均匀时,哈夫曼编码的编码效果才显著。因此,编码前必须有信源的先验知识,这往往限制了哈夫曼编码的应用。

④只能用近似的整数位来表示单个符号。哈夫曼编码只能用近似的整数位来表示单个符号而不是理想的小数,因此,无法达到最理想的压缩效果。

2.4.3 算术编码

算术编码在图像数据压缩标准(如 JPEG、JBIG)中扮演了重要的角色。算术编码方法比 Huffman 和将要介绍的行程编码等熵编码方法都复杂,但是它不需要传送像 Huffman 编码的编码表,同时算术编码还有自适应能力的优点。

算术编码的基本原理是将编码的信息表示成实数 0 和 1 之间的一个间隔,信息越长,编码表示它的间隔就越小,表示这一间隔所需的二进制位就越多。

算术编码用到两个基本的参数:符号的概率和编码间隔。信源符号的概率决定压缩编码的效率,也决定编码过程中信源符号的间隔,这些间隔包含在 0 到 1 之间。编码过程的间隔决定了符号压缩后的输出。

给定事件序列的算术编码步骤如下:

①编码器在开始编码时,将"当前间隔"[L,H]设置为[0,1]。

②对每一事件,编码器将"当前间隔"分为子间隔,每一个事件一个;一个子间隔的大小与下一个将出现的事件的概率成比例,编码器选择子间隔与下一个确切发生的事件相对应,并使它成为新的"当前间隔"。

③最后输出的"当前间隔"的下边界,是该给定事件序列的算术编码。

设 Low 和 High 分别表示"当前间隔"的下边界和上边界,CodeRange 为编码间隔的长度,LowRange(symbol)和 HighRange(symbol)分别代表为事件 symbol 分配初始间隔的下边界和上边界。

算术编码过程实现的伪代码描述如下:

```
set Low to 0
set High to 1
while there are input symbols do
    take a symbol
    CodeRange＝High－Low
    High＝Low＋CodeRange * HighRange(symbol)
    Low＝Low＋CodeRange * LowRange(symbol)
end of while
output Low
```

算术译码过程用伪代码描述如下:

```
get encoded number
do
    find symbol whose range straddles the encoded number
    output the symbol
    range＝symbol. LowValue－symbol. HighValue
    substracti symbol. LowValue from encoded number
    divide encoded number by range
```

until no more symbols

下面举例说明算术编码译码过程。假设信源符号为{00,01,10,11}，这些符号的概率分别为{0.1,0.4,0.2,0.3}，根据这些概率可把间隔[0,1)分成 4 个子间隔：[0,0.1),[0.1,0.5),[0.5,0.7),[0.7,1)，其中[x,y)表示半开放间隔，即包含 x 不包含 y。上面的信息可综合在表 2-2 中。

表 2-2　信源符号、概率和初始编码间隔

符号	00	01	10	11
概率	0.1	0.4	0.2	0.3
初始编码间隔	[0,0.1)	[0.1,0.5)	[0.5,0.7)	[0.7,1)

如果二进制消息序列的输入为：10 00 11 00 10 11 01。编码时首先输入的符号是 10，找到它的编码范围是[0.5,0.7)。由于消息中第二个符号 00 的编码范围是[0,0.1)，因此它的间隔就取[0.5,0.7)的第一个 1/10 作为新间隔[0.5,0.52)。依此类推，编码第 3 个符号 11 时取新间隔为[0.514,0.52)，编码第 4 个符号 00 时，取新间隔为[0.514,0.5146)，…。消息的编码输出可以是最后一个间隔中的任意数。整个编码过程如图 2-10 所示。

编码间隔

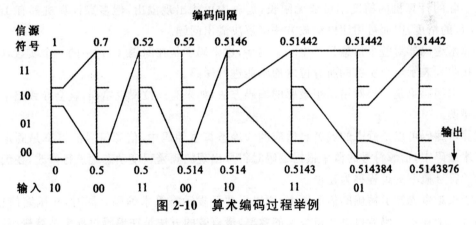

图 2-10　算术编码过程举例

表 2-3、表 2-4 为这个例子的编码、译码过程分解。

表 2-3　编码过程

步骤	输入符号	编码间隔	编码判决
1	10	[0.5,0.7)	符号的间隔范围[0.5,0.7]
2	00	[0.5,0.52)	[0.5,0.7]间隔的第一个 1/10
3	11	[0.514,0.52)	[0.5,0.52]间隔的最后三个 1/10
4	00	[0.514,0.5146)	[0.514,0.52]间隔的第一个 1/10
5	10	[0.5143,0.51442)	[0.514,0.5146)间隔的第五个 1/10，从第二个 1/10 开始
6	11	[0.514384,0.51442]	[0.5143,0.51442]间隔的最后三个 1/10
7	01	[0.5143836,0.514402)	[0.514384,0.51442)间隔的四个 1/10，从第一个 1/10 开始
8		从[0.5143876,0.514402)中选择一个数作为输出：0.5143876	

表 2-4　译码过程

步骤	间隔	译码符号	译码判决
1	[0.5,0.7)	10	0.51439 在间隔[0.5,0.7]
2	[0.5,0.52)	00	0.51439 在间隔[0.5,0.7)的第一个 1/10
3	[0.514,0.52)	11	0.51439 在间隔[0.5,0.52)的第七个 1/10
4	[0.514,0.5146)	00	0.51439 在间隔[0.514,0.52)的第一个 1/10
5	[0.5143,0.51442)	10	0.51439 在间隔[0.514,0.5146)的第五个 1/10
6	[0.514384,0.51442)	11	0.51439 在间隔[0.5143,0.51442)的第七个 1/10
7	[0.51439,0.5143948)	01	0.51439 在间隔[0.51439,0.5143948]的第一个 1/10
8	译码的信息:10 00 11 00 10 11 01		

实际上在译码器中需要添加一个专门的终止符,当译码器看到终止符时就停止译码。在算术编码中需要注意的几个问题:

①实际的计算机的精度不可能无限长,运算中可能出现溢出,但多数计算机都有 16 位、32 位或 64 位的精度,因而可用比例放缩方法来解决溢出问题。

②算术编码器对整个信息只产生一个码字,这个码字是在间隔[0,1]中的一个实数,因此,译码器在接收到表示这个实数的所有位之前不能进行译码。

③算术编码也是一种对错误很敏感的编码方法,如果有一位发生错误,就会导致整个信息产生译码错误。

④算术编码可以是静态的或者自适应的。静态算术编码中,信源符号的概率是固定的。自适应算术编码中,信源符号的概率根据编码时符号出现的频繁程度动态地进行修改,在编码期间估算信源符号概率的过程称为建模。

由于很难事先知道精确的信源概率,所以需要开发动态算术编码。同时,在压缩信息时,也不能期待一个算术编码器可以获得最大的效率,最有效的方法是在编码过程中估算概率。因此,动态建模成为确定编码器压缩效率的关键。

2.4.4　行程编码

行程编码(Run Length Coding)又称"运行长度编码"或"游程编码",是一种统计编码,该编码属于无损压缩编码。行程编码的基本原理是:用一个符号值或串长代替具有相同值的连续符号(连续符号构成了一段连续的"行程",行程编码因此而得名,使符号长度少于原始数据的长度。

例如,字符串:AAAAAARRRRTSSSDEEEEEEEEE

行程编码表示为:∗6A∗4RT∗3SD∗9E

其中,控制符采用字符"∗"指出一个行程编码的开始,后面的数字表示重复的次数,数字后的单个字符是被重复的字符。对比编码前后的字符长度可见,连续相同的字符数越多,压缩比越高。

在对图像数据进行编码时,沿一定方向排列的具有相同灰度值的像素可看成是连续符号,用字串代替这些连续符号,可大幅度减少数据量。

行程编码分为定长行程编码和不定长行程编码两种类型。定长行程编码使用的编码位数固定,当行程长度超过能够表达的编码位数后,用下一个行程对超出部分进行编码;不定长行程编码的位数由行程的长短确定,是不固定的。

行程编码是连续精确的编码,在传输过程中,如果其中一位符号发生错误,即可影响整个编码序列,使行程编码无法还原回原始数据。解决的办法是:编码的行和列均分别采取同步措施,错误一旦发生,只存在出错的行或列中,不会扩散到其他编码序列中,限制了错误的作用范围。

2.5　其他编码

2.5.1　子带编码

子带编码(Sub-Band Coding,SBC)利用带通滤波器组把信号频带分割成若干子频带,然后对每个子带分别进行编码,并根据每个子带的重要性分配不同的位数来表示数据。语言和图像信息都有较宽的频带,信息的能量集中于低频区域,细节和边缘信息则集中于高频区域。子带编码采取保留低频系数舍去高频系数的方法进行编码,操作时对低频区域取较多的比特数来编码,以牺牲边缘细节为代价来换取比特数的下降,恢复后的图像比原图模糊。

子带编码把原始图像分割成不同频段的频段子带,对不同的频段子带设计独立的预测编码器,分别进行编码和解码。子带编码的结构原理如图 2-11 所示。

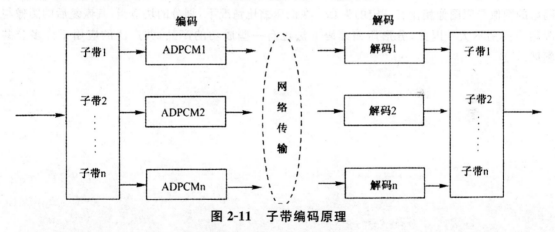

图 2-11　子带编码原理

子带编码的特点为:子带滤波器是子带编码技术的核心,通常由高、低通滤波器组成正交镜像滤波器组。采用复频移子带滤波方法,将不同频段的信号移到低频段,再逐次采用低通滤波器过滤;子带滤波编码压缩比高,信噪比高,图像质量优良。

2.5.2　分形编码

分形编码是一种将分形理论应用于图像压缩领域的编码方法。分形的概念是由数学家B. Mandelbrot 于 1975 年提出的,他把分形定义为"一种由许多个与整体有某种相似性的局部所构成的形体",其研究对象为自然界和社会活动中广泛存在的无序而具有自相似性的系统。

分形方法的原理是把一幅数字图像通过一些图像处理技术如颜色分割,边缘检测,频谱分析,纹理分析等将原始图像划分成若干子图像,如风景图像的子图像可以是一棵树、一片树叶,也可以是建筑物、石块等,然后在分形集中查找这些子图像,分形集并不是存储所有可能的子图像,而是存储迭代函数,当需要恢复时,通过迭代函数的反复迭代恢复子图像。

分形图像压缩编码方法可分为以下两类:

(1)交互式分形图像编码方法

针对给定图像的形状,采用边缘检测、频谱分析、纹理分析、分维方法等传统的图像处理技术进行图像分割,要求被分开的每部分都有比较直观的自相似特征。然后寻找迭代函数系统,确定各个变换系统。再由图像中灰度分布求得各个变换的伴随概率。解码过程是采用随机迭代法来生成近似图像。

(2)自适应块状分形编码方法

先将图像分割成若干不重叠的值域块 R_i 和可以重叠的定义域块 D_j,接着对每个 R_i 寻找某个 D_j,使 D_j 经过某个指定的变换映射到 R_i 达到规定的最小误差,记录下确定 R_i 和 D_j 的参数及变换 W_i,得到一个迭代函数系统。最后对这些参数进行编码。编码过程包括对图像的分割、搜索最佳匹配、最后记录相关的系数三个步骤。

分形编码的优点是压缩比取决于图像分割后所产生的子块的大小,子块取得越大,压缩比越高;由于分形变换可以把图像划分成各种块,形状复杂的与简单的不划在同一分区内,故压缩比不受分辨率的影响;分形编码的解码简单、速度快。缺点是分形压缩编码是非对称性的,压缩时计算量较大,随着被压缩图像增大和复杂,运算量增长过快,所需时间较长。

由于自然图像并不是严格遵循自相似的,因此,分形压缩编码是一种有损压缩编码方法。解码后的图像与原图像相比有一定的失真。在低压缩比情况下,划分的块适当,其恢复后的图像与源图像差别不大。因此,分形压缩编码方法也有一些成功的产品,并广泛的应用于许多公共领域。

第 3 章　多媒体数据压缩编码标准

前一章探讨了多媒体数据压缩编码技术,本章则对多媒体数据压缩编码标准(静止图像压缩编码标准、视频压缩编码标准和音频压缩编码标准)进行研究。

3.1　静止图像压缩编码标准

3.1.1　JPEG 压缩标准

不同的压缩方法需要用相应的解压缩软件才能正确还原,因此应当有一个通用的压缩标准,JPEG 就是一个图像压缩的国际通用标准。这个标准是由 JPEG 即联合图像图形专家组在 1991年 3 月制定出来的,它提出了全称为"多灰度静止图像数字压缩编码"的你准。该标准包括无损压缩标准和有损压缩标准两部分。它适用于彩色和单色多灰度或连续静止数字图像的压缩。它包括空间方式的无损压缩和基于离散余弦变换(DCT)和 Huffman 编码的有损压缩两部分。空间方式是以二维空间差分脉冲编码调制(DPCM)为基础的空间预测法,它的压缩率低,但可以处理较大范围的像素,解压缩后可以完全复原。

JPEG 在审议图像压缩的标准化方案时,委员会接纳了更多的具有不同要求的应用,从而拓宽了标准的应用范围,使得 JPEG 标准能支持多种色彩空间和大范围空间分辨率的各类图像。JPEG 标准是从 12 个方案中,经过几轮测试和评价,最后选定了 ADCT 作为静态图像压缩的标准化算法。

静止图像压缩编码标准 JPEG(ISO/IEC 1918)是由 ISO 和 ITU-T 组织的联合摄影专家组为单帧彩色图像的压缩编码而制定的,图像尺寸可以在 1～655 行/帧、1～65535 像素/行的范围之内。采用这一标准可以将每像素 24 比特的彩色图像压缩至每像素 1～2 比特仍具有很好的质量。

1. JPEG 模式

(1)顺序模式

其基本算法是将图像分成 8×8 的块,然后进行 DCT、量化和熵编码(Huffman 编码或算术编码)。

(2)渐进模式

所采用的算法与顺序方式相类似,不同的是,先传送部分 DCT 系数信息,使收端尽快获得一个"粗略"的图像,然后再将剩余频带的系数渐次传送,最终形成清晰的图像。

(3)无损模式

采用一维或二维的空间域 DPCM 和熵编码,由于输入图像已经是数字化的,经空间域的DPCM 之后,预测误差也是一个离散量,因此可以不再量化而实现无损编码。

(4)分层模式

在此方式中,首先将输入图像的分辨率逐层降低,形成一系列分辨率递减的图像。现对分辨率最低的底层图像进行编码,然后,将经过内插的低底层图像作为上一层图像的预测值,在对预测误差进行编码,以此类推,直至顶层。

2. JPEG 标准

(1)JPEG 的基本要素

JPEG 中共定义了三个基本要素。

1)编码器

编码器是编码处理的实体。输入是数字原图像,以及各种定义的表格,输出是根据一组指定过程产生的压缩图像数据。

JPEG 要求一个编码器必须至少满足以下两个要求之一:

①以合适的精度将输入图像数据转换为符合交换格式的压缩图像数据。

②以合适的精度将输入图像数据转换为符合简约格式的压缩图像数据。

2)解码器

解码器是解码处理的实体。输入是压缩图像数据,以及各种定义的表格,输出是根据一组指定过程产生的重建图像数据。

JPEG 要求一个解码器必须满足所有以下三个要求:

①以合适的精度在应用支持的范围内将压缩的图像数据和参数转换成重建图像;

②接受和准确地存贮符合简约格式的表格数据;

③在解码器已经得到解码所需的表格数据的情况下,以合适的精度由简约的压缩图像格式的数据重建图像。

此外,任何基于 DCT 的解码器,如果它支持任何基本的顺序解码模式以外的处理,则也必须支持基本的顺序解码模式。也就是说,任何基于 DCT 的解码系统,必须支持 JPEG 的基本系统功能。

3)交换格式

交换格式是压缩图像数据的表示,包括了编码中使用的所有表格。交换格式用于不同应用环境之间。

(2)JPEG 主要内容

ISO/IEC 10918 号标准"多灰度连续色调静态图像压缩编码"即 JPEG 标准选定 ADCT 作为静态图像压缩的标准化算法。

本标准有两大分类:第一类方式以 DCT 为基础;第二类方式以二维空间 DPCM 为基础。虽然 DCT 和 FFT 变换类似,是一种包含有量化过程的不能完全复原的非可逆编码,但它可以用较少的变换系数来表示,逆变换还原之后恢复的图像数据与变换前的数据更接近,故作为本标准的基础。另一方面,空间方式虽然压缩率低,但却是一种可完全复原的可逆编码,为了实现此特性,故追加到标准中。

在 DCT 方式中,又分为基本系统和扩展系统两类。基本系统是实现 DCT 编码与解码所需的最小功能集,是必须保证的功能,大多数的应用系统只要用此标准,就能基本上满足要求。扩展系统是为了满足更为广阔领域的应用要求而设置的。另一方面,空间方式对于基本系统和扩展系统来说,被称为独立功能。它们的详细功能如下。

①基本系统。输入图像精度 8 位/像素/色,顺序模式,Huffman 编码(编码表 DC/AC 分别有两个)。

②扩展系统。输入图像精度 12 位/像素/色,累进模式,Huffman 编码(编码表 DC/AC 分别有 4 个),算术编码。

③独立功能。输入图像精度 2~16 位/像素/色,序列模式,Huffman 编码(编码表 4 个),算术编码。

(3)JPEG 图像压缩的主要步骤

我们已经知道,数字图像 $f(i,j)$ 并不像一维音频信号一样定义在时间域上,它定义在空间(spatial domain)上。图像是两维变量 i 和 j 的函数(或者表示为 x,y)。2D DCT 作为 JPEG 中的一步得到空间频率域的频率响应,用函数 $F(u,v)$ 表示。

JPEG 是有损的图像压缩方法。在]PEG 中,DCT 变换的编码效率基于下述 3 个特性:

特性 1。在图像区域内,有用的图像内容变化相对缓慢,也就是说,在一个小区域内(例如,在一个 8×8 的图像块内)亮度值的变换不会太频繁。空间频率表示在一个图像块内像素值的变化次数。DCT 形式化地表明了这一变化,它把对图像内容的变化度量和每一个块的余弦波周期数对应起来。

特性 2。心理学实验表明,在空间域内,人类对高频分量损失的感知能力远远低于对低频分量损失的感知能力。

在 JPEG 中应用 DCT 主要是为了在减少高频内容,同时更有效地将结果编码为位串。我们用空间冗余来说明在一张图像里很多信息是重复的。例如,如果一个像素是红色,那么与它临近的像素也很有可能是红色。正如特性 2 所表明的,DCT 的低频分量系数非常重要。因此,随着频率的增加,准确表示 DCT 系数的重要性随之降低。我们甚至可以把它置零,也不会感知到很多信息的丢失。

显然,一个零串可以表示为零的长度数,用这种方式,比特的压缩成为可能。我们可以用很少的数来表示一个块中的像素,摒弃一些和位置相关的信息,达到摒弃空间冗余的目的。

JPEG 可用于彩色和灰度图像。在彩色图像的情况下(如在 YIQ 或 YUV 中),编码器在各自的分量上工作,但使用相同的例程。如果源图像是其他的格式,编码器会执行颜色空间转换,将其转换为 YIQ 或 YUV 空间。

特性 3。人类对灰度(黑和白)的视觉敏感度(区分相近空间线的准确度)要远远高于对彩色的敏感度。如果彩色发生很接近的变化,那么我们很难区分出来(设想在漫画中使用的斑点状的墨水)。这是因为我们的眼睛对黑色的线最敏感,并且我们的大脑总是把这种颜色推广开来。实际上,普通的电视就是利用这个原理,总是传播较多的灰度信息,较少的颜色信息。

3.JPEG 标准的算法

JPEG 静态图像编码建议线性预测编码(DPCM)作为无损编码算法,自适应块离散余弦变换编码作为有损编码算法,并且推荐编码方法,下面分别介绍。

(1)无损的预测编码

JPEG 建议的无损的预测编码采用最近邻三个像素中的一个或几个作一维或二维预测,得到的预测误差作 Huffman 编码或算术编码的熵编码,于中等复杂度的彩色图像约可得到 2 倍的压缩。

(2)自适应块离散余弦变换编码

编码基本参数为每幅图像 828 kb。亮度信号 720×575 像素,8 b;色度信号水平方向分辨率减半。在 ISDN64 kb/s 信道中传输时间小于 10 s,要求编码率为 1 比特/像素,即压缩比包括彩色部分分量在内为 16∶1。

JPEG 建议的以 ADCT 为基础的算法共分四步：变换、信息有损的量化以及两种信息无损的熵编码。在基本系统和扩展系统中都采用这个算法结构，而在扩展系统中才能提供附加的性能，如逐渐浮现和算术编码。基本系统中，每个标准解码器都能够解释用基本系统编码的数据。扩展系统中，只有当编码器和解码器都配置相应的选择项时才具有所选的附加性能。

基本系统提供顺序建立方式的高效率信息有损压缩，输入图像每个像素的精度为 8b。

首先将整个图像分成若干(8×8)像素的方块，接着对各方块进行 DCT 变换，二维的方块 DCT 变换分解成为行和列的一维余弦变换，变换后每个方块得到一个 DC 系数和 63 个 AC 系数。然后对所有 DCT 系数分别线性量化，量化步距 $F_Q(u,v)$ 取决于一个视觉阈值矩阵，其元素为 $Q(u,v)$。DCT 系数为 $F(u,v)$，量化后成为

$$FQ(u,v) = Int[F(u,v)/Q(u,v)]$$

此步距随系数的位置而改变。还能对每种彩色分量作调整，以保证这种量化对人类视觉是最佳的。

其次，将当前方块的直流 DC 系数与上一方块的 DC 系数之差值，利用特殊的一维 VL-CHuffman 编码以降低其余度。

量化后，量化的方块是稀疏的，仅少数 AC 系数为非零值。AC 系数的编码模型为：将原 AC 系数方阵排列，并在编码之前检测零系数的游程(或称为行程)，把零系数的游程和紧跟的非零系数组成为一个字。如果非零系数前没有零系数作为零游程非零系数组合的一个字，根据许多图像对于各种游程系数值字出现概率做成 Huffman 码表。基本系统有规定的两组 Huffman 码表，一个用于亮度分量，一个用于色度分量。每组码表中又分成两个码表，一个用于 DC 系数，一个用于 AC 系数。基本系统的编码有两种工作模式：单次通过编码方式，即采用约定的 Huffman 码表，或事先计算好的 Huffman 码表；双次通过编码方式，即在第一次通过时，编码器对图像确定其最佳的 Huffman 码表。

(3)扩展功能系统

附加功能包括算术编码和逐渐浮现。

算术编码可用以代替 Huffman 编码，使压缩比增加 5%～10%。

逐渐浮现的图像显示方式在静止图像通信中应用较多。这是由于静止图像以低码率传送时需要一定的传输时间(例如每帧几十秒)，需要等待较长时间才能看到发送过来的图像。逐渐浮现方式是先以较少比特数较快地传送粗略图像，然后分阶段一步一步根据传送到的数据使图像清晰起来，到最后阶段达到所要求清晰度的图像。这种分阶段显示可以在接收时首先看到粗略图像，然后图像逐渐清晰，易为人们所接受。逐渐浮现有两种模形式：第一种是将逐步近似法和频谱选择法结合，有选择地传输量化后的 DCT 系数的数据；第二种是基于空间或间隔抽取的分层次方法模式。

逐渐浮现的第一阶段，压缩到 0.25 比特/像素，压缩比 64∶1，传输时间小于 2 s。第二阶段，压缩到 0.75 比特/像素，压缩比 21∶1，传输时间小于 10 s。第三阶段，压缩到 4 比特/像素，压缩比 4∶1，传输时间小于 10 s，图像质量应与原始图像难以区分。

3.1.2　JPEG 2000 标准

JPEG 2000 是 JPEG 工作组制定的一个新的静止图像压缩编码的国际标准，标准号为 IS0/

IEC15444|ITU-TT.800,该标准和以往的其他标准一样,由多个部分组成。其中,第一部分在 2000 年 12 月正式公布,而其他部分则在之后被陆续公布。

在 JPEG 2000 工作之前,前面一个(连续色调)静止图像的压缩编码标准 JPEG 已经颁布了多年。特别是它的基本系统,已经被广泛应用,并且取得了巨大的成功。其主要原因包括技术上和实现上的优点,标准的开放性(无需付版税),以及独立 JPEG 小组 IJG 提供的免费软件等因素。然而,随着它在医学图像、数字图书馆、多媒体应用、Internet 和移动网络的推广,它的一些缺点也日益明显。虽然 JPEG 的扩展系统解决了某些缺陷,但也仅仅是在非常有限的范围内,而且有时还受到专利等知识产权 IPR 的限制。为了能够用单一的压缩码流提供多种性能、满足更为广泛的应用需要,JPEG 工作组于 1996 年开始探索一种新的静止图像压缩编码标准,计划在 2000 年正式颁布,并且将它称为 JPEG 2000。

1. JPEG 2000 的组成

JPEG 2000 主要由 6 个部分组成。其中,第一部分为编码的核心部分,具有相对而言最小的复杂性,可以满足约 80% 的应用需要,其地位相当于 JPEG 标准的基本系统,也是公开并可免费使用的(无需付版税)。它对于连续色调、二值的、灰度或彩色静止图像的编码定义了一组无损和有损的方法。具体地说,它有以下规定:

- 规定了解码过程,以便于将压缩的图像数据转换成重建图像数据。
- 规定了码流的语法,由此包含了对压缩图像数据的解释信息。
- 规定了 JP2 文件格式。
- 提供了编码过程的指导,由此可以将原图像数据转变为压缩图像数据。
- 提供了在实际进行编码处理的实现的指导。

第二至第六部分则定义了压缩技术和文件格式的扩展部分,以便满足一些特殊的应用,或者提供一些复杂的功能,但计算的复杂度大大增加。其中包括:编码扩展(第二部分);Motion JPEG 2000(MJP2,第三部分);一致性测试(第四部分);参考软件(第五部分);混合图像文件格式(第六部分)。

2. JPEG 2000 的优点

(1)高压缩率

JPEG2000 作为 JPEG 家族的继承者,就不能不追求很高的压缩比。在具有和传统 JPEG 类似质量的前提下,JPEG2000 的压缩率比 JPEG 高 20%~40% 左右。由于在离散小波变换算法中,图像可以转换成一系列可更加有效存储像素模块的“小波”,因此,JPEG2000 格式的图片压缩比比现在的 JPEG 高,而且压缩后的图像显得更加细腻平滑。也就是说,我们以后在网上看采用 JPEG2000 压缩的图像时,不仅下载速率比采用 JPEG 格式的快近 30%,而且品质也将更好。在同样的网络带宽下,对于图片下载的等待时间将大大缩短。

(2)无损压缩

预测法作为对图像进行无损编码的成熟方法被集成到 JPEG2000 中,因此 JPEG2000 能实现无损压缩。这样,我们以后需要保存一些非常重要或需要保留详细细节的图像时,就不需要再将图像转换成其他格式了,非常方便。此外,JPEG2000 也有比较好的抗误码的鲁棒性(Robu st-ness to Bit Error),能更好地保证图像的质量。JPEG2000 既支持有损压缩,也支持无损压缩方式,因此 JPEG2000 在保存不可丢失原始信息,而又强调较小的图像文档大小的情况下能扮演很重要的角色。

（3）渐进传输

现在网络上的 JPEG 图像下载时是按"块"传输的，因此只能一行一行地显示，而采用 JPEG2000 格式的图像支持渐进传输（Progressive Transmission）。所谓的渐进传输就是先传输图像轮廓的数据，然后再逐步传输其他数据来不断提高图像质量（也就是不断地向图像中插入像素，以便不断提高图像的分辨率），这样就不需要像以前那样等图像全部下载后才决定是否需要，有助于快速地浏览和选择大量图片，从而提高了上网效率。JPEG2000 可以方便地实现渐进式传输，这是 JPEG2000 的重要特征之一。看到这种特性，我们就会联想到 GIF 格式的图像可以做到在 Web 上实现"渐现"效果，也就是说，它先传输图像的大体轮廓，然后逐步传输其他数据，不断地提高图像质量，这样图像就由朦胧到清晰显示出来，从而充分利用有限的带宽。而传统的 JPEG 无法做到这一点，只能是从上到下逐行显示。

（4）感兴趣区域压缩

JPEG2000 的另一个非常有趣而又实用的特征就是 ROI（Region of Interest，感兴趣区域）。可以指定图片上感兴趣区域，然后在压缩时对这些区域指定压缩质量，或在恢复时指定某些区域的解压缩要求。这是因为小波在空间和频率域上具有局部性（即一个变换系数牵涉到的图像空间范围是局部的），要完全恢复图像中的某个局部，并不需要所有编码都被精确保留，只要对应它的一部分编码没有误差就可以了，这在大大降低图像尺寸方面起到很大作用。

在实际应用中，我们就可以对一幅图像中感兴趣的部分采用低压缩比以获取较好的图像效果，而对其他部分采用高压缩比以节省存储空间。这样就能在保证不丢失重要信息的同时又有效地压缩了数据量，实现了真正的"交互式"压缩，而不仅仅是像原来那样只能对整个图片定义一个压缩比。

结合渐进传输和感兴趣区域压缩这两个特点，以后在网络上浏览 JPEG 2000 格式的图片时就可以从传输的码流中解压出逐步清晰的图像，在传输过程中即可判断是否需要。在图像显示的过程中还可以多次指定新的感兴趣区域，编码过程将在已经发送的数据基础上继续编码，而不需要重新开始。

（5）色彩模式

JPEG 2000 在颜色处理上，具有更优秀的内涵。与 JPEG 相比，JPEG2000 同样可以用来处理多达 256 个通道的信息。而 JPEG 仅局限于 RGB 数据，也就是说，JPEG2000 可以用单一的文件格式来描述另外一种色彩模式，比如 CMYK 模式。

（6）图像处理简单

JPEG2000 能使基于 Web 方式多用途图像简单化。由于 JPEG2000 图像文件在从服务器上下载到用户的 Web 页面时，能平滑地提供一定数量的分辨率基准，Web 设计师们处理图像的任务就简单了。例如，我们经常会看到一些提供图片欣赏的站点，在一个页面上用缩略图来代表较大的图像，浏览者只需点击该图像，就可以看到较大分辨率的图像，不过这样 Web 设计师们的任务就在无形中加重了，因为缩略图与它链接的图像并不是同一个图像，需要另外制作与存储，而 JPEG2000 只需一个图像就可以了。用户可以自由地缩放、平移、剪切该图像，从而得到他们所需要的分辨率与细节。

3. JPEG 2000 的工作原理

JPEG 2000 的基本模块组成，其中包括预处理、DWT、量化、自适应算术编码以及码流组织等五个模块,下面将对此分别进行简要介绍。

(1)输入

输入图像可以包含多个分量。通常的彩色图像包含三个分量(RGB 或 Y、C_b、C_r),但为了适应多频段图像的压缩,JPEG 2000 允许一个输入图像最高有 $16384(2^{14})$ 个分量。每个分量的采样值可以是无符号数或有符号数,比特深度为 $1\sim38$。每个分量的分辨率、采样值符号以及比特深度可以不同。

(2)处理

在预处理中,首先是把图像分成大小相同、互不重叠的矩形叠块。叠块的尺寸是任意的,它们可以大到整幅图像、小到单个像素。每个叠块使用自己的参数单独进行编码。

第二步是对每个分量进行采样值的电平位移,使值的范围关于 0 电平对称。设比特深度为 B,当采样值为无符号数时,则每个采样值减去 2^{B-1},当采样值是有符号数时则无需处理。

第三步是进行采样点分量间的变换,以便除去彩色分量之间的相关性,要求是分量的尺寸、比特深度相同。JPEG 2000 的第一部分中有两种变换可供选择,它们假设图像的前面三个分量为 RGB,并且只对这三个分量进行变换。一种是不可逆彩色变换 ICT,它即为 RGB 到 Y、C_b、C_r 的变换:

$$\begin{bmatrix} Y \\ C_b \\ C_r \end{bmatrix} = \begin{bmatrix} 0.299 & 0.587 & 0.114 \\ -0.16875 & -0.33126 & 0.500 \\ 0.500 & -0.41869 & -0.08131 \end{bmatrix} \cdot \begin{bmatrix} R \\ G \\ B \end{bmatrix}$$

反变换为:

$$\begin{bmatrix} R \\ G \\ B \end{bmatrix} = \begin{bmatrix} 1.0 & 0 & 1.402 \\ 1.0 & -0.34413 & 0.71414 \\ 1.0 & 1.772 & 0 \end{bmatrix} \cdot \begin{bmatrix} Y \\ C_b \\ C_r \end{bmatrix}$$

另一种是可逆彩色变换 RCT,它是对 ICT 的整数近似,既可用于有损编码也可用于无损编码。前向 RCT 为:

$$Y = \left[\frac{R+2G+B}{4} \right], U = R - G, V = B - G$$

(3)量化

JPEG 2000 第一部分采用中央有"死区"的均匀量化器,其区间宽度是量化步长的两倍。对于每个子带 b,首先由用户选择一个基本量化步长 Δ_b,它可以根据子带的视觉特性或者码率控制的要求决定。量化将子带 b 的小波系数 $y_b(u,v)$ 量化为量化系数 $q_b(u,v)$:

$$q_b(u,v) = \text{sign}(y_b(u,v)) \cdot \left[\frac{|y_b(u,v)|}{\Delta_b} \right]$$

量化步长 Δ_b 被表示为一个 2 字节的数,其中 11 比特为尾数 μ_b,5 比特为指数 ε_b:

$$\Delta_b = 2^{R_b - \varepsilon_b} \left(1 + \frac{\mu_b}{2^{11}} \right)$$

其中,R_b 为子带 b 的标称动态范围的比特数。由此保证最大可能的量化步长被限制在输入样值动态范围的两倍左右。

(4)熵编码

为了达到抗干扰和任意水平的逐渐显示,JPEG 2000 对小波变换系数的量化值按不同的子带分别进行编码。它把子带分成小的矩形块——编码子块,每个编码子块单独进行编码。编码子块的大小由编码器设定,它必须是 2 的整数幂,高不小于 4,系数的总数不大于 4096。对于每个编码子块的各比特面分别进行三次扫描通过:重要性传播、细化以及清除。对于每次扫描输出,使用 MQ 算法进行基于上下文的自适应算术编码。最后将压缩的各子比特面组织成数据包的形式输出。

3.2 视频压缩编码标准

3.2.1 MPEG-1 标准视频部分

最初的视频的标准化工作是由中国国际电话电报咨询委员会(CCITT)开始的,对象是可视电话和电视会议。国际标准化组织 ISO 建立了专门制定视频编码压缩标准的国际组织 MPEG (Moving Picture Expert Group),美国的 AT&T、IBM 和日本的 Sony、NEC、JVC 等公司都是该组织成员,经过两年的工作,比较了 14 个不同的方案,兼顾了 JPEG 静态图像压缩标准和 CCITT 专家组的 H.261 标准,于 1990 年 9 月通过了 MPEG-1 标准,1993 年 11 月通过了 MPEG-2 标准。

MPEG-1 的数据传输速率为 1 Mb/s～1.5 Mb/s。实现普通电视质量(VHS)的全视频及 CD 质量立体声伴音的压缩。MPEG-Ⅱ数据传输速率为 10 Mb/s,实现对每秒 30 帧的 720×572 分辨率的视频信号进行压缩或更高清晰度的视频摄像标准。

MPEG 对视频和音频压缩的方法,压缩后数据的存储和传输的格式等方面均作了详细的规定,其基本思想不外乎前面所介绍的那些方法,例如,在视频压缩方面,采用运动补偿来减少帧序列间的时间冗余信息;用 DCT 技术来减少帧序列间的空间冗余信息。为解决高压缩比和随机播放的要求,还采用了预测和插补等帧间技术。

1991 年 11 月底由活动图像专家小组提出了用于数字存储媒介的活动图像及伴音约 1.5 Mb/s 的编码方案,作为 ISO11172 号建议于 1992 年通过,习惯上简称 MPEC-1 标准。

MPEG-1 是 MPEG 的小画面模式,具有 352×240 的分辨率,每秒可达 30 帧图像,在 6:1 的压缩比时具有高质量的压缩效果。MPEG-1 音频数据压缩以 MUSICAM 为基础,可获得 CD 质量的声音。MPEG-1 对于较低传输速率、窄带宽的应用(如单速 CD-ROM、Video-CD、商业销售演示、远程教育和培训、远程医疗服务、可视会议系统等方面)还是较满意的。它可针对 SIF 标准分辨率(对于 NTSC 制为 352×240;对于 PAL 制为 352×288)的图像进行压缩,传输速率为 1.5 Mb/s,每秒播放 30 帧,具有 CD(激光唱盘)音质,质量级别基本与 VHS 相当。MPEG 的编码速率最高可达 4～5 Mb/s。

MPEG-1 也被用于数字电话网络上的视频传输,如非对称数字用户线(ADSL)、视频点播 (VOD)以及教育网络等,同时,MPEG-1 也可被用做记录媒体或是在 Internet 上传输音频。

由 MPEG-1 开发出来的视频压缩技术的应用范围很广,包括从 CD-ROM 上的交互系统,到电信网络上的视频传送,MPEG-1 视频编码标准被认为是一个通用标准。为了支持多种应用,可由用户来规定多种多样的输入参数,包括灵活的图像尺寸和帧频。MPEG 推荐了一组系统规定的参数:每一个 MPEG-1 兼容解码器至少必须能够支持视频源参数,最佳可达电视标准,包括每行最小应用 720 个像素,每幅图像起码应用 576 行,每秒最少不低于 30 帧,及最低比特率为

1.86 Mb/s,标准视频输入应包括非隔行扫描视频图像格式。应该指出,并不是说 MPEG-1 的应用就限制于这一个系统规定的参数组。根据 JPEG 和 H.261 标准,已开发出 MPEG-1 视频算法。当时的想法是,尽量保持与 ITU-TH.261 标准的共同性,这样,支持两个标准的做法就似乎可能。当然,MPEG-1 的主要目标在于多媒体 CD-ROM 的应用,这里需要由编码器和解码器支持的附加函数。由 MPEG-1 提供的重要特性包括:基于帧的视频随机存取,通过压缩比特流的快进/快退搜索,视频的反向重放及压缩比特流的编码能力。

(1)MPEG-1 视频压缩的原理

MPEG-1 视频标准使用了四种关键技术:运动估计与补偿、离散余弦变换、量化和熵编码。运动估计工作对于 16×16 像素大小的宏块层,可使用前向预测、后向预测或双向预测。由于运动表示是基于像素宏块,因而运动预测常使用块匹配技术。将 8×8 大小的源像块或预测误差块进行离散余弦变换,得到的频域系数被进一步量化和熵编码(即 RLC 和 VLC)。为了给运动估计提供参考帧,在编码方案中包含一个由逆量化(Q^{-1})、逆离散余弦变换(DCT^{-1})、运动补偿和参考帧缓冲器所组成的解码通道。

(2)MPEG-1 标准采用的技术

MPEG-1 编码的视频由连续的单个图像来表示,每幅图像可作为一个二维的像素矩阵处理,每一个彩色像素表示成三个颜色分量,即 Y(亮度)和两个色度分量 C_b 和 C_r。数字化视频的压缩来源于几项技术,如与人类视觉系统灵敏度相匹配的色度亚取样、量化、减少时间冗余的运动补偿(MC)、通过离散余弦变换(DCT)来减少空间冗余的频率变换、变长编码(VLC)以及图像插值。

1)色度信息的亚取样

人类视觉系统对图像亮度成分的分辨率非常敏感,对色度信息不敏感性稍差,因此,对亮度做全分辨率编码,对色度做亚取样后编码。标准中每 2×2 的相邻亮度块保留一个色度信号。

2)量化

量化是对一个范围内的值用一个值来表示,如 3 到 5 的所有值都用 4 来表示。实际值和量化之间的差叫做量化噪声。在有些情况下,人类视觉系统对量化噪声不太敏感,由于允许这种量化噪声的存在,因而可以提高编码效率。

3)预测编码

用过去已编码的值来预测当前的值,可以降低相邻值之间的冗度,对预测的误差进行编码,可以校正预测值。由于图像空间上相邻像素值变化不大,其预测误差非常小,并集中在 0 的附近,概率分布相对集中,这样可以进行更有效的压缩。MPEG-1 标准中,预测编码用于相邻亮度或色度经 DCT 编码后的直流系数(DC)以及运动矢量的编码。

4)运动补偿和帧间编码

运动估计是为了降低时间域的冗余度,把当前帧要编码的块用已编码帧的某一块来代替,两个块空间的位置关系用运动矢量表示,实际编码的是运动矢量和块之间的误差值。运动补偿是运动估计的逆过程,它从解码的角度出发。解码当前帧的某一块图像时,根据运动矢量找到前面已解码帧的对应块,再加上误差值即恢复出当前块的图像。由于编码运动矢量和误差值需要的比特数较少,从而进一步压缩帧间图像的冗余。

5)DCT 变换

把一个 8×8 的像素块变换成一个水平和垂直空间频率系数为 8×8 的矩阵,这些系数通过反变换可以重构 8×8 的像素值。由于通过变换后,能量主要集中在低频分量的系数上,而高频分量的系数值很小,丢掉这些高频分量对视觉影响不大,因此通过对 DCT 系数的量化,去掉对人眼不敏感的一些频率成分,从而降低编码需要的比特数,提高编码效率。经过变换后的 8×8 的系数块中,(0,0)位置的系数表示水平和垂直零频率,称为直流(DC)系数。由于相邻 8×8 块的 DC 系数变化较小,用预测编码可以进一步降低编码比特数,标准中对 DC 系数的编码就采用这种方法。其他代表一个或多个非零水平或垂直的频率系数称交流(AC)系数。交流系数经过量化之后,用 Zig−Zag 的方式排成一维的矢量,用游程的方式表示并被编码。

6)变长编码

变长编码是一种统计编码技术,它将每个不同的值用另一个码字代替,对出现概率高的值编码一个短的码字,出现概率低的值编一个长的码字,平均起来码率得到降低。这是熵保持编码,压缩比不高。

3.2.2　MPEG-2 标准视频部分

MPEG-2 标准是 MPEG 工作组制定的第二个国际标准,正式名称为 ISO/IEC 13818,通用的活动图像及其伴音的编码。MPEG-2 设计的主要目标是作为一个通用的音视频编码标准,具有高级工业标准的图像质量和更高的传输率,适应更广阔的应用范围,如各种形式的数字存储,标准数字电视,高清晰度电视,以及高质量视频通信。MPEG-2 码流从 4～8 Mb/s 的电视质量到 10～15 Mb/s 的高质量数字电视。视频源格式支持逐行扫描格式,同时也支持隔行扫描格式。

MPEG-2 标准包括以下九个部分:

第一部分:MPEG-2 系统(1994 年),描述多个视频,音频和数据基本码流合成传输码流和节目码流的方式。

第二部分:MPEG-2 视频(1994 年),描述视频编码方法。

第三部分:MPEG-2 音频(1994 年),描述与 MPEG-1 音频标准向下兼容的音频编码方法。

第四部分:一致性(1995 年),描述测试一个编码码流是否符合 MPEG-2 码流的方法。

第五部分:参考软件(1996 年),描述了 MPEG-2 标准的第一、二、三部分的软件实现方法。

第六部分:数字存储媒体的命令和控制 DSM-CC。描述交互式多媒体网络中服务器与用户间的会话信令集。

第七部分:高级音频编码 AAC(1997 年),规定不与 MPEG-1 音频向下兼容的多通道音频编码。

第八部分:DSM-CC 一致性。

第九部分:实时接口。规定了传送码流的实时接口规范。

本节着重介绍 MPEG-2 视频部分相对于 MPEG-1 而言增加的主要特征。

MPEG-2 与 MPEG-1 相比,除了对 MPEG-1 有向下的兼容性之外,还增加了许多新特征,主要体现在以下几个方面:

(1)支持多种采样格式

我们知道,MPEG-1 处理的对象是逐行扫描视频,图像格式为 4∶2∶0。对于隔行扫描的视频图像源则必须先转换为非隔行扫描的输入格式,即将两场合并成一帧进行编码。而 MPEG-2 既可处理逐行扫描视频,也可以是隔行扫描视频。图像格式除了 4∶2∶0 之外,在高档次和后增加的 MPEG422 档次上支持 4∶2∶2 图像格式。但是 MPEG-2 在逐行扫描时色度信号的采用位置相对于 MPEG-1 的色度采样点要偏移半个像素。

当 MPEG-2 处理隔行扫描视频时,一帧图像由顶场和底场组成,每一场图像的亮度采样点只有相应的逐行扫描亮度样点的一半。此时,为了能使采用两幅场图表示的图像与逐行扫描的一帧图像相同,色度采样点不是位于顶场或底场亮度样点的正中,而是靠近某一行亮度采样点。

MPEG-2 允许支持 4∶2∶0、4∶2∶2、4∶4∶4 三种图像格式,因此编码宏块结构也有三种不同格式。

(2)档次和级别

为适应不同场合的需要,MPEG-2 扩展了 MPEG-1 限制参数集的思想,引进档次和级别的概念,在国内的一些翻译文献中也称为型和级。所谓档次就是 MPEG-2 标准所定义的完整比特流语法的一个子集,每一种档次对应于一种不同复杂度的压缩编码算法。MPEG-2 的档次分为简单档次(SP,Simple Profile)、主档次(MP,Main Profile)、MPEG-2 4∶2∶2 档次(后增加的)、信噪比可分级档次(SNRP,SNR Scalable Profile)、空间域可分级档次(SSP,Spatial Scalable Profile)、高档次(HP,High Profile)共 6 种。

在每个档次所规定的语法范围内,比特流参数的各种不同取值仍然可使编码和解码过程发生很大变化。如图像尺寸、帧率、码率的不同,图像的质量有着很大区别。为了解决这个问题,MPEG-2 在每个档次中又定义了多个级别。因此,级别实际上就是 MPEG-2 比特流各编码参数进行限定的集合。MPEG-2 共有低级别(LL,Lower Level)、主级别(ML,Main Level)、高 1440 级别(H14L,High 1440 Level)和高级别(HL,High Level)共 4 个级别。

由此可见,MPEG-2 的档次和级别构成了各种不同应用的语法和语义子集,即档次定义了比特流可分级性;级别定义了图像分辨率和每个档次编码的最大码率。每个档次定义了一组新的算法,如采用何种图像格式、是否具有分级性等,不同的组合有不同的算法。在同一档次内的每个级别定义了了参加运算的参数的取值范围,如每帧图像行数、每行像素数、帧率、码率。

MPEG-2 所给出档次和级别的组合,使得解码器的实现变得简单。因为 MPEG-2 标准具有广泛的通用性,为了满足多种不同应用的需要,将多种不同的视频编码算法综合于单个句法之中。但是,对于接收端解码器,若要求全部满足句法中规定的视频编码算法,解码器的设计将变得复杂而耗费,作为一个普通编码器不可能也无必要实现 MPEC-2 的全部功能。因此,只需要根据所对应的档次和级别组合,实现特定应用的解码器。

(3)编码可分级性

MPEG.2 引入了三种视频编码的可分级性,即时间域可分级性、空间域可分级性和信噪比可分级性。可分级性编码的特点是整个码流被分成基本层码流和增强层码流两部分,基本层码流提供一般质量的重建图像,如果解码器还具有解码分级句法能力,则进一步解码增强层的码流,并“叠加”在基本层解码的重建图像上,就可得到更高质量的重建图像。可分级编码的优点是同时提供不同质量的视频服务,例如在一个公共的电视信道上同时实现 I-IDTV 和 SDTV 的同播,用户根据终端解码器的能力和交费情况获取不同质量的服务。

除此之外,MPEG-2 还允许混合分级编码,即采用两种不同分级的组合,从而构成多层次的分级编码,常见的组合情况如图 3-1 所示。对于在增强层 1 和增强层 2 的分级,增强层 1 是底层,增强层 2 是它的增强层。解码时,需要对三个比特流进行解码。对于情况(a),首先对基本层进行解码,然后可对两个增强层同时解码。对于情况(b),可同时对基本层和增强层 1 解码,然后对增强层 2 解码。而情况(c),则首先对基本层解码,然后对增强层 1 解码,最后对增强层 2 解码。

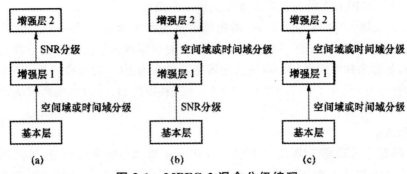

图 3-1　MPEG-2 混合分级编码

(1)时间域可分级性编码

时间域可分级性编码主要是其基本层提供较低的时间分辨率,即编码器由较低的帧率形成基本层码流。增强层增强基本层的时间分辨率,当同时解码基本层和增强层码流时,便得到完整的时域速率。时间域分级编码所选择的图像帧,基本层隔帧进行编码,帧率只有所有帧全部编码时的一半。增强层编码另外一半图像帧,增强层的预测图像由基本层图像预测得到。显然,在这种情况下,增强层出现误码,不会继续往后扩散。

当然,增强层的图像可能包含 I 帧、P 帧或 B 帧,对增强层的图像预测可以有多种方式。MPEG-2 分别定义了编码 P 帧和 B 帧图像时可选用的预测参考帧。如最近增强层解码的图像、按显示顺序的最近基本层图像和按显示顺序的下一个基本层图像都可以作为 P 帧的预测参考帧。

(2)空间域可分级性编码

空间域可分级编码所对应的基本层是低空间分辨率的图像,采用类似于 H. 261、H. 263、MPEG-1 或 MPEG-2 的基于运动补偿的 DCT 变换进行编码。基本层的低空间分辨率图像是从输入视频下采样得到的。而增强层的编码图像则来自于原始输入图像与基本层解码重建图像并作空间域插值之后图像的差值信号。因此,增强层编码图像包含更多高频信息,同样采用基于运动补偿的 DCT 变换进行编码。

增强层运动补偿的“时域”预测由以前增强层中的解码图像形成,而“空域”预测则由基本层解码图像的上采样形成。因此在编码时,可以单独或将这些预测组合起来形成实际的预测。也就是说,在增强层中的预测图像是由增强层解码得到的时域预测图像和由基本层解码得到的上采样空域预测图像的加权和。

(3)信噪声比可分级性编码

信噪比可分级编码提供了对 DCT 系数采用不同量化步长解码的可能性,它是一种基于频率域的分级编码方法。基本层图像是原始输入图像,只是对 DCT 变换后的系数使用较大量化步长的粗量化器。因此,解码基本层码流只会得到较差的图像质量,其高频信息被较大的量化步长量化后丢失了。

增强层的信息来自于原始图像的 DCT 系数和基本层 DCT 系数反量化后的差值信号。SNR 增强层编码器则使用较小量化步长的量化器。量化之后的系数采用 VLC 编码输出增强层码流。由于量化步长小,量化后丢失的频率分量要少,使得增强层中包含更多的高频信息,因此,在解码基本层码流的基础上,再解码增强层码流便可得到高质量的重建图像。

（4）隔行扫描视频的图类型

MPEG-2 既允许逐行扫描的视频也允许隔行扫描的视频作为输入。当输入是逐行扫描的视频信号时，除了色差采样点偏移 0.5 个像素之外，其处理方法与 MPEG-1 相同。当输入是隔行扫描的视频信号时，MPEG-2 定义了两种新的类型图：帧图（Frame Pictures）和场图（Field Pictures）。

帧图是将隔行扫描的顶场（或称奇场）和底场（或称偶场）合并成一幅图像，在帧图中两场的扫描线相互交替。帧图编码时可以作为 I、P 或 B 类型的图像进行编码。

场图是指将隔行扫描的顶场或底场单独作为一幅编码图像。两个场图总是成对出现来构成一个编码帧。每个场图编码时都可以作为 I、P 或 B 类型的图像进行编码。如果顶场是 P 或 B 类型图，则底场也是 P 或 B 类型图。如果顶场是 I 类型图，则底场可以是 I 或 P 类型图。一对场图编码的顺序与输出端解码显示出现的顺序总是一致的。

当使用隔行扫描视频时，MPEG-2 的图组（Group of Pictures）要比逐行扫描视频的图组显得复杂，因为帧图和场图都可以单独作为编码的图像。

（5）基于场和基于帧的 DCT

MPEG-2 在把宏块数据分割为块的时候有所谓按帧分割和按场分割之分，相应地就可以在帧或场的模式下进行 DCT 编码，以便在不同的情况下适当地对子块的空间冗余度加以利用，得到最佳的压缩效果。当视频序列是逐行时，或者图像是场方式时，采用的分割方式与 MPEG-1 相同；但对隔行扫描的帧图像，既可以采用上述按帧的分割方式，也可以采用所谓按场的隔行分割方式。

宏块按帧方式分割为四个块，如图 3-2（a）所示。与帧图结构类似，每个宏块、块结构都是由两场的扫描行交替组成。此时，对每个块进行 DCT 变换，便是基于帧的 DCT 变换。

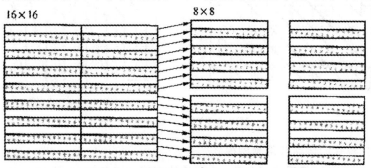

（a）帧图中16×16宏块按帧方式分割成四个8×8块

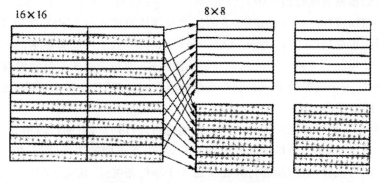

（b）帧图中16×16宏块按场方式分割成四个8×8块

图 3-2　基于帧或场 DCT 编码中亮度块结构

宏块按场方式分割为四个块,如图 3-2(b)所示。每个块结构与场图结构类似,都是单独由两场中之一个场的扫描行组成。此时,对每个块进行 DCT 变换,便是基于场的 DCT 变换。

就色度块来说,与所选择的图像格式有关。对于 4:2:2 和 4:4:4 格式来说,一个宏块的色度块在垂直方向有两个块。因此色度块与亮度块一样处理。然而在 4:2:0 格式中,为了避免出现 8×4 的 DCT/IDCT 变换,色度块将一直按帧结构进行组织,以满足 8×8 DCT 变换编码的要求。

如何选择 DCT 变换是基于帧结构还是基于场结构的变换呢?这取决于帧结构/场结构的扫描行间相关系数。一般而言,对于静止或缓变图像和区域,帧结构中的各行间相关性较大,宜采用基于帧的 DCT 编码;反之,对于运动大的图像和区域,场结构中的各行间相关性较大,宜采用按场的 DCT 编码。

针对隔行扫描视频,MPEG-2 对 DCT 系数在原有 Zig-Zag 扫描的基础上,增加了一种新的扫描方式,称为交错扫描(Alternate Scan)。这种扫描方式将更加注重空间垂直方向的频率变化,或者说更加关注水平方向的相关性。这正是因为对于相同的图像内容其隔行扫描块的水平方向相关性要比垂直方向的相关性强(与逐行扫描块相比),所以采用交错扫描方式比 Zig-Zag 扫描方式有效。Zig-Zag 和 Alternate 扫描方式分别如图 3-3(a)、(b)所示。

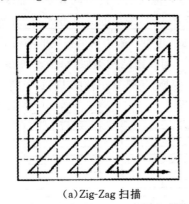 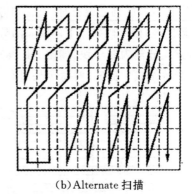

（a）Zig-Zag 扫描　　　　　　　　　（b）Alternate 扫描

图 3-3　MPEG-2 DCF 系数的两种扫描方式

(6)隔行扫描视频的运动补偿预测模式

为了提高压缩比及图像质量,MPEG-2 与其他国际编码标准如 H.261、H.263、MPEG-1 类似采用了运动补偿预测消除时间冗余。

当编码逐行扫描视频序列时,MPEG-2 的运动补偿预测模式与 MPEG-1 完全相同。

当编码隔行扫描视频序列时,由于 COP 中既可能有帧图,也可能有场图,运动补偿预测要复杂得多。MPEG-2 规定了 4 种不同的运动补偿预测模式,即用于帧图的帧预测模式、用于帧图和场图的场预测模式、用于场图的 16×8 运动补偿预测模式、帧图和场图都可采用的 P 类型图的双场(Dual Prime)预测模式。

因此,MPEG-2 编码时首先对输入的隔行扫描视频进行判断,根据行间相关性决定采用何种预测模式。一般情况下,在编码运动较少的场景时,采用基于帧的图像预测,因为基于帧的图像两相邻行间几乎没有位移,帧内相邻行间相关性大于场内相关性,从整个帧中去除的空间冗余度比从个别场中去除得多;在编码剧烈运动的场景时,采用基于场的图像预测,因为基于帧的相邻两行间存在一场的延迟时间,相邻行像素间位移较大,帧内相邻行间相关性会有较大下降,基于场的图像两相邻行间相关性大于帧内相邻行间相关性。

（1）帧预测模式

帧预测模式主要是针对 P 类型或 B 类型的帧图而言的。对 P 类型帧图，它从最近的重建参考帧中作预测。而参考帧本身可以作为两个场图或一个单一帧图进行编码。

（2）场预测模式

场预测模式分为对场图进行的场预测和对帧图进行的场预测两种。

对场图进行的场预测模式是指预测场图中的一个宏块，参考图像是最近解码重建的顶场或底场作出的。

对于 P 类型场图，预测来自于最近解码重建的两个场图中之一。

对于 B 类型场图，预测来自于最近解码重建的两个参考帧的两场。

对帧图进行的场预测模式是指将帧图中的一个宏块重新按照顶场和底场分开，导致一个帧结构类型的宏块分成两个场结构类型的 16×8 场。然后，类似于对场图的场预测模式进行。

（3）16×8 运动补偿测模式

在一个宏块内，属于不同场的像素进行运动补偿所采用的运动向量是不同的。对于前向预测 P 类型宏块，每个宏块使用 2 个运动矢量，一个运动矢量用于上面（顶场）的 16×8 区域，另一个运动矢量用于下面（底场）的 16×8 区域。对于双向预测 B 类型宏块，共需要使用 4 个运动矢量，两个用于前向预测，两个用于后向预测。16×8 运动补偿预测模式只适用于场图。

（4）用于 P 类型宏块的双基（Dual Prime）预测模式

我们知道，每个 P 类型的宏块都可以从先前解码重建的 I 或 P 类型的帧图或场图作运动补偿后进行预测。当采用这种预测模式时，首先将编码宏块表示成两个场块（除非编码宏块已经是基于场图表示的），然后对每个场块做以下两种预测，并将两种预测的平均值作为每一个场块的实际预测值。如图 3-4 中的 F2 表示被预测宏块，T2 和 B2 分别表示 F2 所对应的两个场块，T2 为顶场，B2 为底场。F1、T1、B1 所表示的意义相似，它们作为参考图像。

第一种预测是根据比特流所解码的运动矢量 MV′ 对参考场图进行运动补偿后预测，此时参考场图必须与编码的场块奇偶性相同。所谓奇偶性相同是指编码块图像来自顶场，则预测参考图像也必须是顶场；如编码块图像来自底场，则预测参考图像也必须是底场。因此，图 3-4 中第一种预测其顶场 T2 对应的预测参考场图是顶场 T1，底场 B2 对应的预测参考场图是底场 B1。

第二种预测是利用校正运动矢量（CMV，Corrected MV）和参考场图进行运动补偿预测，此时参考场图与编码的场块奇偶性相反。即编码块是顶场 T2，则预测参考场图是底场 B1，当编码块是底场 B2 时，预测参考场图是顶场 T1。校正运动矢量求法如下：首先对

解码的运动矢量 MV′ 乘以预测场和参考场之间的场距；然后，对垂直分量进行修改以反映顶场和底场的行间垂直位移；最后加上比特流中传递得到的小差分运动矢量 DMV 便得到校正运动矢量 CMV。

由此可知，图 3-4 中 P 类型的顶场 T2 的预测来自两个部分，一个是来自参考场图 T1 和运动矢量 MV′ 补偿后的预测，另一个是来自参考场图 B1 和校正运动矢量 CMV 补偿后的预测，这两部分预测的平均值形成顶场 T2 最终的预测。对底场 B2 的预测与此类似。

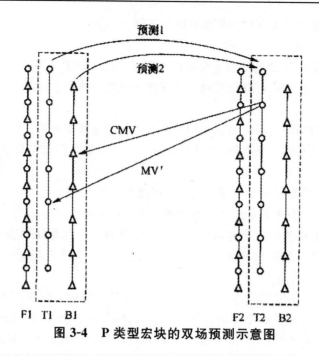

图 3-4　P 类型宏块的双场预测示意图

3.2.3　MPEG-4 标准视频部分

　　MPEG-4 标准首次引入了基于视听对象（Audio-Visual Object，AVO）的编码，大大提高了视频通信的交互能力和编码效率。MPEG-4 中还采用了一些新的技术，如形状编码、自适应 DCT、任意形状视频对象编码等。

　　1. MPEG-4 的层次结构和组成

　　MPEG-4 标准于 1991 年首次提出，1993 年正式启动。最初的目标是制定低传输码率下的远程视频音频数据的编码方案。MPEG 在 1994 年改变了 MPEG-4 的研究方向，由单纯的提高压缩效率转向制定基于内容的通用的多媒体编码标准，开始制定全新的 MPEG-4 标准。1999 年 MPEG 制定了 MPEG-4 Stand and Version 1，包括：系统、视频、音频、一致性检验、参考软件和多媒体传输集成框架。此后，MPEG 标准组织一直在进行新的研究，制定新的标准。在 1999 年 12 月公布了该标准的第二版。MPEG-4 是一个开放的标准，新的技术可以不断加入其中，如 H. 264 标准后来就成为 MPEG-4 的第 10 部分。

　　MPEG-4 标准是对运动图像中的内容进行编码，编码对象为运动图像中的音频和视频，称为 AV 对象（Audio/Video Objects）。AV 对象的基本单位可以是静态图像、视频对象（没有背景的说话的人），也可以是这个人的语音或一段背景音乐（语音对象）等。MPEG-4 可以采用 AV 对象来表示听觉、视觉或者视听组合内容；允许组合已有的 AV 对象来生成复合的 AV 对象，并由此生成 AV 场景；允许对 AV 对象的数据灵活地多路合成与同步，以便选择合适的网络来传输这些 AV 对象数据；允许接收端的用户在 AV 场景中对 AV 对象进行交互操作。AV 对象以分层的方式组织，同时，MPEG-4 提供了一系列工具，用于组织场景中的一些媒体对象，一些必要的合成信息就组成了场景描述（Scene Description）。场景描述主要用于描述各 AV 对象在一个具体 AV 场景坐标下，如何组织与同步等问题，以及 AV 对象与 AV 场景的知识产权保护等问题。场景描述采用二进制格式（The Binary Format for Scenes，BIFS）进行表示。此外，MPEG-4 还扩充了编码的数据类型,由自然数据对象扩展到计算机生成的合成数据对象,采用合成对象/自然对象混合编码算法,在实现交互功能和重用对象中引入了组合、合成和编排等重要概念。因此,MPEG-4 标准就是围绕着 AV 对象的编码、存储、传输和组合而制定的,高效率地编码、组织、存储、传输 AV 对象是 MPEG-4 标准的基本内容。

MPEG-4 的系统层次结构模型如图 3-5 所示。MPEG-4 层次模型包括压缩层、同步层(Sync Layer,SL)、DMIF(Delivery Multimedia Integration Framework)层、传输复用层。压缩层完成基本流(Elementary Stream,ES)的编解码;同步层同步 ES 和控制 ES 层次关系;DMIF 层确保内容的透明访问;传输复用层确保数据能在通信媒质中传输。

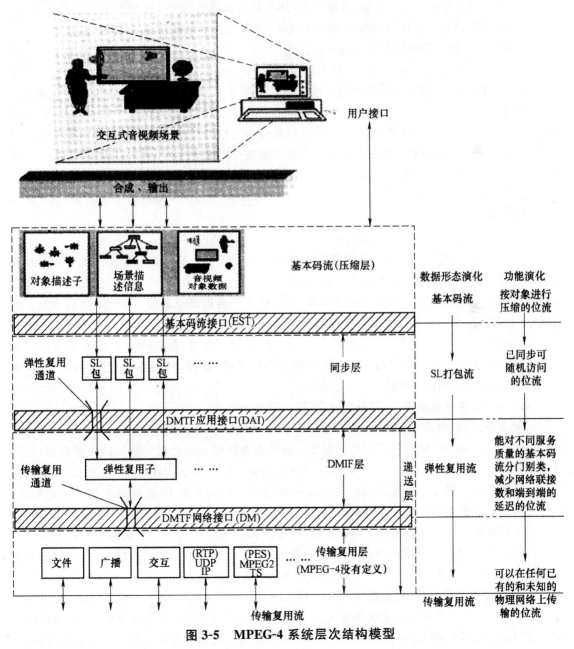

图 3-5　MPEG-4 系统层次结构模型

（1）压缩层

是一个个已经编码压缩好的对象码流。各个对象码流是由一组对象描述子（OD：Object Descriptor）来标识和配置各自的信息。

（2）同步层

把 ES 打包成访问单元 AU（Access Unit）或 AU 的一部分，称为 SL（同步层）数据包，一系列 SL 数据包称为同步层打包流（SL-Packetized Stream，SPS）。ES 与同步层打包数据之间的转换是由这两层之间的抽象接 ElESI（Elementary Stream Interface）完成的。其同步过程如下：

①ES 在 ESI 处以 SPS 的方式传输；

②同步层对数据进行打包成帧，并附加上时间、同步和随机访问等信息。

③SPS 通过 DAI（DMIF Application Interface）中描述的传输机制送入 DMIF 层。

（3）多媒体传输框架层（DMIF Layer）

DMIF 层通过 DAI 中定义好的弹性复用通道将 SPS 接收下来，然后送入弹性复用子（Flex-Mux）处理。FlexMux 算子是用以识别数据流 AU 的最小工具，能够容纳瞬时位率变化的多个 SPS。每个 SPS 都被映射到一个弹性复用通道（FlexMux Channel）以区分不同基本码流的 SL 数据包，因此，来自不同 SPS 数据的 FlexMux 数据包就可以任意交织成弹性复用流且能根据不同服务要求解开。这样，不同服务质量的基本数据流被分门别类，从而减少了网络连接数和端到端的延迟。FlexMux 层不能抗差错，但可以置于具有抗差错性能的 Trans Mux 层之上。Flex-Mux 复用工具的使用是可选的，如果下层的 Trans Mux 实例提供了所有要求的功能，该层必须为空，而同步层总是存在的。

（4）传输复用层（Trans Mux Layer）

传输复用层是底层复用层，与 DMIF 层合起来称为递送层。这层的作用是交织数据并确保数据能在通讯媒质中传输。它通过接口 DNI（DMIF Network Interface）中的传输复用通道接受弹性复用流。Trans Mux 层搭建了提供匹配需求 QoS 的传输服务的层。MPEG-4 仅确定了该层的接口，具体的数据包和控制信号的规划必须与各传输协议上有权的实体进行协商。任何现存的合适的传输协议栈，例如，（RTP）/UDP/IP、（AAL5）/ATM 或者 MPEG.2TS 都可能成为 Trans Mux 的实例。选择权留给了最终用户和服务提供商，这样，MPEG.4 做到与传送技术无关，能在任意结构的网络上传输。

MPEG-4 标准目前由 16 个部分组成，其核心部分如下：

·第 1 部分：MPEG-4 系统标准（ISO/IECDIS 14496-1 Very. low bitrate audio-visual coding. Part 1：Systems）。MPEG-4 的系统部分主要解决连续场景的音视频之间的关系描述，这些场景描述以二进制格式（The Binary Format for Scenes，BIFS）表示，BIFS 与 AV 对象一同传输、编码。场景描述主要用于描述各 AV 对象在一具体 AV 场景坐标下，如何组织与同步等问题。同时还有 AV 对象与 AV 场景的知识产权保护等问题。场景描述为我们提供了丰富的 2D 和 3D 图像的制作方法。此部分还定义了对象描述（Object Description，OD）。它是在比较低速率的环境下进行工作，为每个对象的相关原始流进行说明。同时，还提供了附加的信息，如访问原始流的 URL 等。此外，系统部分还定义了交互性操作和 MP4 文件格式等。

·第 2 部分：MPEG-4 视频标准（ISO/IECDIS 14496-2 Very low bitrate audio-visual coding-Part 2：Video）。主要规定了图像编码的方法，如静态文本编码、任意图像编码、视频编码以及综合编码工具（Meshes、Face 和 Body）。MPEG-4 支持对自然和合成的视觉对象进行编码，合成的视觉对象包括 2D 图像、3D 图像、自然物体、人脸、背景等不同特性的物件。将在后面的章节对视频及编码进行详细的说明。

　　• 第 3 部分：MPEG-4 音频标准（ISO/IECDIS 14496-3 Very low bitrate audio-visual coding-Part 3：Audio）。MPEG-4 不仅支持自然声音，而且支持合成声音。MPEG-4 的音频部分将音频的合成编码和自然声音的编码相结合，针对不同发声原理采用不同算法。支持音频的对象特征，可以进行文本到语音的转换；可以根据对音质的要求，速率可以在 2～64 kbits/s 之间进行选择。

　　• 第 4 部分：MPEG-4 一致性测试标准（ISO/IECDIS 14496-4 Very. low bitrate audio-Visual co ding-P art 4：Conformance Testing）。

　　• 第 5 部分：MPEG-4 参考软件（ISO/IECDIS 14496-5 Very. low bitrate audio-visual coding-Part 5：Reference software）。包括第 1 和第 3 部分所有的编码器和工具。

　　• 第 6 部分：MPEG-4 传输多媒体集成框架（ISO/IECDIS 14496-6 Very-low bitrate audio-visual coding-Part6：Deli very Multimedia Integration Framework，DMIF）。传输多媒体集成框架 DMIF，主要用来解决交互网络中、广播环境下以及磁盘应用中多媒体应用的操作问题，进行多媒体数据流的管理。该协议通过传输多路合成比特信息来建立客户端和服务器端的连接和数据的传输。利用该协议，MPEG-4 可以建立起具有特殊品质服务（QoS）的信道和面向每个基本流的带宽。DMIF 覆盖了三种主要技术：广播技术，交互网络技术和光盘技术。DMIF 既是框架又是协议，DMIF 提供的功能是由 DMIF 应用接口（DAI，DMIF Application Interface）表达，并转换为协议消息。开发的多媒体应用通过 DMIF 应用接 HDAI 访问数据，无论该数据来自广播源、本地存储器或远端服务器，只通过统一接口（DAI）交互。DAI 允许 DMIF 用户对需要的数据流指定要求。

　　• 第 10 部分：MPEG-4 高级视频编码标准（Advanced Video Coding，AVC），即 H.264 标准，将在本章后面详细介绍。

　　MPEG-4 的出现对计算机网络、广播电视网络和电信网络通信等各个方面的应用产生了巨大的推进作用。MPEG-4 可以应用于多媒体应用、交互式视频游戏、多媒体邮件、基于面部动画技术的虚拟会议、远程视频监控、远程数据业务等与网络有关的业务上；它也可以应用于演播电视、电视后期制作等电视领域；MPEG-4 还可以应用于低比特率的多媒体通信，如视频电话、视频电子邮件、移动多媒体通信、电子新闻等。此外，MPEG-4 可以大量的应用于基于内容存储和检索的多媒体系统以及 DVD 上的交互多媒体应用上。

　　MPEG-4 具有很高的编码效率，为我们提供了前所未有的交互性、灵活性和鲁棒性。随着数字技术和网络技术的不断发展，数字化越来越深入人们的生活，MPEG-4 将会发挥更大的作用，拥有更广阔的应用前景。

　　2. MPEG-4 视频编码

　　MPEG-4 中的场景采用层次化的树型结构，如图 3-6 所示。基本的组成单位是各个视频对象（VO）和音频对象（AO），多个 AVO 组合成复合 AVO，多个复合 AVO 按照场景描述中的时空关系组合成场景。AVO 在发送端编码后生成码流，码流经同步和复用后通过传输网络传送到接收端。在接收端对 AVO 数据去复用，再经过相应的解码器解码后得到各个 AVO，最后按照场景描述中的时空关系在接收端加以显示。用户的交互信息通过类似的过程由上行通道传送到发送端。

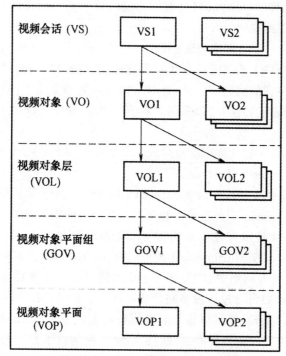

图 3-6   MPEG-4 视频流的逻辑结构

• VS(Video Session)：是视频码流中最高层次的句法结构，与完整的 MPEG-4 可视场景相对应，可以包含一个或多个 VO。

• VO(Vision Object)：视频对象，与场景中一个特定的对象相对应，可以是矩形帧，也可以是任意形状，例如一辆汽车。每个 VO 可包括一个或多个 VOL。

• VOL(Video Object Layer)：可以采用多个 VOL 以实现可分级编码。

• GOV(Group of Video Object Planes)：是多个 Video Object Plane 的组合，每个 GOV 独立编码，从而提供随机访问点，可用于快进、快退和搜索，在 MPEG-4 中 GOV 是可选的。

• VOP(Video Object Plane)：它是和某个时刻的 VO 相对应，与 MPEG-1 和 MPEG-2 类似，MPEG-4 中包括三种 VOP：Intra VOP(I-VOP)、Predicted VOP(P-VOP)和 Bidire ction. al Interpolated VOP(B-VOP)。

为了支持基于内容的功能，编码器可对图像序列中具有任意形状的 VOP 进行编码。由于编码器内的机制都是基于 16×16 宏块(Macrob lock)来设计的，主要是出于与现有标准兼容以及便于对编码器进行更好的扩展，所以 VOP 被限定在一个矩形窗口内(VOP 窗口)，窗口的长、宽均为 16 的整数倍，同时保证 VOP 窗口中非 VOP 的宏块数目最少。标准的矩形帧可认为是 VOP 的特例，在编码过程中其形状编码模块可以被屏蔽。系统依据不同的应用场合，对各种形状的 VOP 输入序列采用固定的或可变的帧频。图 3-7 给出了 MPEG-4 视频的解码过程。

视频编码主要分为三部分：形状编码、运动编码和纹理编码，其中，运动编码、运动估计和运动补偿部分和原有的标准 MPEG-2 一致，但是第一次在图像编码标准中引入了形状编码。此外，在 MPEG-4 视频编码中，对特殊的 VO，例如静止纹理、网格、人脸以及 Sprite 对象，采用的编码算法不同，而且还支持可分级编码，下面将对 MPEG-4 中的这几种新的编码技术作详细介绍。

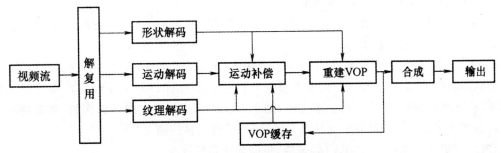

图 3-7　MPEG-4 视频的解码过程

（1）纹理编码

纹理编码的对象可以是帧内编码模式的 I-VOP，也可以是帧间编码模式 B-VOP 或 P-VOP 运动补偿后的预测误差。编码方法基本上仍采用基于 8×8 像素块的 DCT 方法。

在帧内编码模式中，对于完全位于 VOP 内的像素块，采用经典的 DCT 方法；对于完全位于 VOP 之外的像素块则不进行编码；对于部分在 VOP 内，部分在 VOP 外的像素块，则首先采用图像填充技术来获取 VOP 之外的像素值，之后再进行 DCT 编码。帧内编码模式中还将对 DCT 变换的 DC 及 AC 因子进行有效的预测。

在帧间编码模式中，为了对 B-VOP 和 P-VOP 运动补偿后的预测误差进行编码，可将那些位于 VOP 活跃区域之外的像素值设为 128。此外，还可采用 SADCT（Shape-adaptive DCT）方法对 VOP 内的像素进行编码，该方法可在相同码率下获得较高的编码质量，但运算的复杂程度稍高。变换之后的 DCT 系数还需经过量化（采用单一量化因子或量化矩阵）、扫描及变长编码，这些过程与现有标准基本相同。其具体的过程如图 3-8 所示。

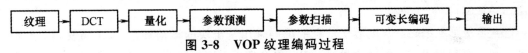

图 3-8　VOP 纹理编码过程

MPEG-4 支持 4：2：0 的色差格式，每个宏块包括 4 个亮度块 Y、一个色差块 C_b 和一个色差块 C_r。对于任意形状的 VOP，首先确定它的包块（Bounding Box），所谓包块是指包围 VOP 的一个矩形区域，它在水平方向和垂直方向上的像素都是 16 的整数倍，包块的选择以总宏块数目最小为原则。为了提高编码的效率，在进行 DCT 之前对包块内不属于 VOP 的部分要进行填充，填充过程分为两步：

①根据式 3-1 计算出所有属于 VOP 的像素的均值，用该值填充包块中所有不属于 VOP 的像素。式 3-1 中 N 表示属于 VOP 的像素的总数。

$$f_{r,c}\big|_{(r,c)\notin \text{VOP}} = \frac{1}{N}\sum_{(x,y)\notin \text{VOP}} f_{x,y} \tag{3-1}$$

②从包块左上角开始，根据方程（3-2）对不属于 VOP 的像素值进行修改，方程（3-2）中等号右边分子部分的各项必须是属于 VOP 的像素，否则去掉该项并对分母作相应的调整。

$$f_{r,c}\big|_{(r,c)\notin \text{VOP}} = \frac{f_{r,c-1} + f_{r-1,c} + f_{r,c+1} + f_{r+1,c}}{4} \tag{3-2}$$

经过 DCT 变换后，对所得到的系数要进行量化以提高压缩比。MPEG-4 提供了两种量化方法，第一种量化方法对帧内宏块（Intra-Macroblock）和非帧内宏块（Non-Intra-Macroblock）采用不同的量化矩阵修改量化步长，第二种方法对所有的系数采用相同的量化步长。对于 DC 系数,MPEG-4 也可以采用非线性量化方法。

量化后的系数还要进行预测,预测宏块可以用当前宏块上方或者正前方的宏块,如何选择取决于水平梯度和垂直梯度的大小。

然后再经过扫描将二维的系数变为一维,MPEG-4 中有三种扫描方法:Zig-Zag 扫描、交替水平扫描(Alternate-horizontal Scan)和交替垂直扫描(Alternate. vertical Scan)。如果宏块没有进行 DC 系数预测,则采用第一种扫描方法;如果 DC 系数的预测方向是垂直的,则采用第二种扫描方法;如果 DC 系数的预测方向是水平的,则采用第三种扫描方法。

MPEG-4 提供了两个不同的 VLC 表格,根据量化步长选取。

(2)形状编码

MPEG-4 引入了形状信息的编码,尽管形状编码在计算机图形学、计算机视觉和图像压缩领域不算新技术,但这是第一次将形状编码纳入完整的视频编码标准内。

VO 的形状信息有两类:二值形状信息和灰度形状信息。二值形状信息用 0、1 来表示 VOP 的形状,0 表示非 VOP 区域,1 表示 VOP 区域。灰度形状信息用 0-255 之间的数值来表示 VOP 的透明程度,其中 0 表示完全透明(相当于二值形状信息中的 0),255 表示完全不透明(相当于二值形状信息中的 1)。因此,形状编码也分为两种二值形状编码和灰度级形状编码。

①二值形状编码。二值形状信息的编码采用基于运动补偿块的技术,可以是无损或有损编码。二值形状编码以二维矩阵的形式用 255 和 0 表示各个像素是否属于某个 VOP,矩阵的大小与 VOP 的包块相同。将矩阵划分为 16×16 的 Binary Alpha Blocks(BAB),每个 BAB 独立编码。如果某个 BAB 中所有的数值均为 255,则称为不透明块(Opaque Block),如果均为 0,则称为透明块(Transparent Block)。BAB 编码的基本工具是基于上下文的算术编码算法(Context based Arithmetic Encoding algorithm,CAE),如果用到运动补偿,则称为 InterCAE,否则称为 Intra. CAE。

②灰度级形状编码。灰度形状信息的编码采用基于块的运动补偿 DCT 方法(同纹理编码相似),属于有损编码。灰度级形状编码中与每个像素对应的数值可以是 0 到 255 之间的任意整数,分别代表不同的透明度(0 表示完全透明,255 表示完全不透明)。灰度级信息的编码由两部分组成,对具体的数值采用和纹理信息相似的编码过程,同时结合二值形状编码表示 VO 的形状。

采用灰度级形状编码的好处是前景 VO 可与背景很好地融合,不至于有明显的界线,还可以表示透明的 VO,实现特殊的视觉效果。

目前的标准中采用矩阵的形式来表示二值或灰度形状信息,称之为位图(或阿尔法平面)。实验表明,位图表示法具有较高的编码效率和较低的运算复杂度。但为了能够进行更有效的操作和压缩,在最终的标准中可能出现另一种表示方法,即借用高层语义的描述,以轮廓的几何参数进行表征。

(3)静止纹理编码

MPEG-4 中对静止纹理的编码不是用 DCT,而是采用零树小波变换和算术编码方法。通过离散小波变换,将矩阵分为一个 DC 子带和三个 AC 子带,然后再对 DC 子带重复进行离散小波变换。

(4)运动信息编码

和原有的视频编码标准类似,MPEG-4 采用运动预测和运动补偿技术来消除图像信息中的时间冗余,这些运动信息的编码技术可视为现有标准向任意形状的 VOP 的延伸。该技术可以基于 16×16 像素或 8×8 像素块进行编码。为了能适应任意形状的 VOP,MPEG-4 引入了图像填充(Image Padding)技术和多边形匹配(Polygon Matching)技术。图像填充技术利用 VOP 内部的像素值来推出 VOP 外的像素值,以此获得运动预测的参考值。多边形匹配技术则将 VOP 的轮廓宏块的活跃部分包含在多边形之内,以此来增加运动估值的有效性。此外,MPEG-4 采用 8 参数仿射运动变换来进行全局运动补偿;支持静态或动态的 SPRITE 全局运动预测。对于连续图像序列,可由 VOP 全景存储器预测得到描述摄像机运动的 8 个全局运动参数,利用这些参数来重建视频序列。

(5)人脸对象编码

人脸对象主要包括两类参数:FDP(Face Defination Parameters,人脸定义参数)和 FAP(Face Animation Parameter,人脸动画参数)。FDP 参数包括特征点坐标、纹理坐标、网格的标度、面部纹理和动画定义表等人脸的特征参数。在解码端有默认的人脸模型,为了获得更好的效果,也可以下载特定人的 FDP 参数。FAP 参数分为 10 组,描述人面部的 68 种基本运动和 7 种基本表情,通过 FAP 可以用 2～3 kb/s 的码率实现人脸动画效果。FAP 参数有两种编码方法:基于帧的编码和基于 DCT 的编码。基于帧的编码是先进行量化,再进行算术编码。基于 DCT 的编码是采用 DCT 变换和变长编码相结合,如图 3-9 所示。后者压缩比较高,计算量也较大。

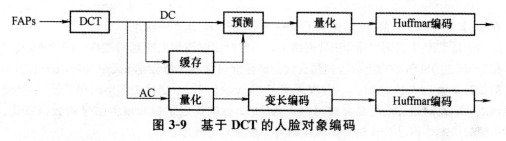

图 3-9　基于 DCT 的人脸对象编码

(6)网格对象编码

MPEG-4 中的网格对象由三角形构成,三角形完全填充整个网格区域,并且没有重叠。网格对象的编码过程如图 3-10 所示,网格对象面(MOP,Mesh Object Plane)分为两种,对 Intra-MOP 直接用几何编码,而对 Inter-MOP 则采用运动编码。MPEG-4 中的初始网格分为两种:Uniform Mesh 和 Delaunay Mesh,两种网格都隐含了网格的拓扑结构,所以网格的拓扑结构不用编码。

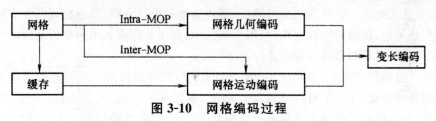

图 3-10　网格编码过程

Uniform Mesh 共有 4 种类型,由 5 个参数具体指定,前两个参数指定水平方向和垂直方向上的节点数目,接着用两个参数指定水平方向和垂直方向上节点之间的距离,最后一个参数指定 Uniform Mesh 的类型,由这些参数就可以唯一地确定网格的结构。对 Delaunay Mesh 的编码要复杂一些,包括如下参数:总的节点数 N、网格边缘的节点数 N_b 以及所有节点的坐标。节点坐标编码的具体过程为:首先对左上角的边缘节点编码,然后按逆时针方向对 N_{b-1} 个边缘节点进行编码,最后对 $N-N_b$ 个内部节点编码。这些节点按照 Delaunay 算法唯一确定地构成三角形,而且这些三角形编号顺序也是唯一确定的,三角形的编号顺序也就确定了运动编码时各节点运动向量的编码顺序。在几何编码和运动编码时,除了第一个节点外,都是采用临近节点的预测和变长编码。将网格对象和纹理相结合,可以用很低的码率实现动画效果。

(7)Sprite 对象编码

许多图像序列中的背景本身实际上是静止的,由于摄像机的运动才造成了它们的改变,可以通过图像的嵌入技术将整个序列的背景图像拼接成一个大的完整的背景,这就是 Sprite 图像。Sprite 也可以指图像序列中保持不变的比较小的 VO,例如,电视台的台标。由于 Sprite 图像本身是不变的,所以只需传输一次,然后根据摄像机的运动参数在接收端重建背景,这样可以大大减少传输的数据量。由于 Sprite 对象的数据量往往很大,如果在传送的开始阶段就全部传送到接收端,可能造成很大的延迟,为了解决这个问题,Sprite 编码分为三种:Basic Sprite Coding、Low-latency Sprite Coding 和 Scalable Sprite Coding。Sprite 的形状和纹理信息都按照 I-VOP 进行编码。在 Low-Latency Sprite Coding 模式下,整个 Sprite 分为不同的片,先将必要的片传送到接收端显示,其余的片在必需时或者带宽允许时再传送。在 Scalable Sprite Coding 模式下,先传送低分辨率的图像,然后不断进行细化。

3.2.4 H.264 标准

在讲 H.264 标准之前,我们先来了解一下 H.261 和 H.263 标准。

H.261 是 ITU-T 针对窄带 ISDN 网络上要求实时编解码和低时延的视频编码标准,其主要应用是在 1~30 的 ISDN 信道上召开视频会议。该标准包含的比特流是 p×64 kb/s,p=1,2,…,30,对应的比特率为 64~1920 kb/s。首次采用了 8×8 块的 DCT 变换去除空间相关性,以帧间运动补偿预测去除时间相关性的混合编码模式,H.261 标准规定了视频输入信号的数据格式、编码输出码流的层次结构以及开放的编码控制与实现策略等技术。

在 1995 年,ITU-T 总结了当时国际上视频图像编码的新进展,针对低比特率视频应用制定了 H.263 标准,该标准被公认为是以像素为基础的第一代混合编码技术方案所能达到的最佳结果。

首先,H.263 标准是一个开放的标准,只规定了编码后的码流格式,对编码过程中所采用的算法(如运动矢量的估计、码流控制、差错控制、图像的后处理等)没有进行限制,因此可以让标准使用者有更多的余地进一步从理论上对算法、编码效果等进行分析,从而出现了许多运动估计新算法、码率控制策略、传输差错控制策略、编码新技术(如小波压缩技术和模型基编码等),这些新的研究成果对视频质量的提高有着重要的意义。

其次,H.263 标准的实现,使得在 DDN、ISDN、PSTN 等通信网络进行视频通信实际应用成为可能,其图像质量比 H.261 有许多改善。因此,视频编码标准 H.263 被广泛应用在会议电视、可视电话、远程视频监控等众多领域。设备制造厂商、运营商纷纷投入人力、财力进行与视频编码有关产品的设计与生产。

第三,带动了很多芯片制造厂商设计基于多媒体通信、存储的通用或专用芯片,以便应用者更加方便对视频信号进行处理。如 Philips 公司的 TriMedia/Nexperia 系列芯片,Winbond 公司的视频编解码芯片 W9960F,AD 公司的 Blackfin™DSP、SHARC 和 Tiger-SHARC 系列处理器,

Equator 公司的 MAP-CA 系列 DSP,TI 公司的 TMS320C6XX 系列,Cradle 公司的 CT3400 等多媒体处理芯片。

第四,视频编码国际标准 H.263 仍然采用类似于 H.261 的混合编码器,尤其是在信源编码器中,DCT、量化以及对量化系数的"Zig-Zag"字形扫描和二维 VLC 等处理与 H.261 建议是一致的,但为了适应极低码率的传输要求,去掉了信道编码部分,并在许多方面作了改进,增加了无限制的运动矢量模式、基于语法的算术编码、先进的预测模式、PB-帧模式这四个高级选项。这些改进的措施和高级选项的使用进一步提高了编码效率,在低码率下获得了较好的图像质量。

H.264 是 ITU 的 VCEG(视频编码专家组)和 ISO/IEC 的 MPEG(活动图像编码专家组)的联合视频组(Joint Video Team,JVT)开发的一个新的数字视频编码标准,它既是 ITU 的 H.264,又是 ISO/IEC 的 MPEG-4 的第 10 部分。1998 年 1 月份开始草案征集,1999 年 9 月完成第一个草案,2001 年 5 月制定了其测试模式 TML-8,2002 年 6 月的 JVT 第 5 次会议通过了 H.264 的 FCD 版。2003 年 3 月正式发布。

H.264 和以前的标准一样,也是 DPCM 加变换编码的混合编码模式。但它采用"回归基本"的简洁设计,不用众多的选项,获得比 H.263++好得多的压缩性能;加强了对各种信道的适应能力,采用"网络友好"的结构和语法,有利于对误码和丢包的处理;应用目标范围较宽,以满足不同速率、不同解析度以及不同传输(存储)场合的需求;它的基本系统是开放的,使用无需版权。

(1)H.264 基本概念

H.264 规定了三种档次,每个档次支持一组特定的编码功能,并支持一类特定的应用。

①基本档次

基本档次包含除了下述两部分之外的所有 H.264 标准所规定的内容。这两部分是:

·B 帧、加权预测、自适应算术编码、场编码及其视频图像宏块自适应切换场和帧编码。

·SP/SI 片和片的数据分割。

即利用 I 片和 P 片支持帧内和帧间编码,支持利用基于上下文的自适应的变长编码进行的熵编码。主要用于可视电话、会议电视、无线通信等实时视频通信。

②主要档次

首先主档次包含了基本档次中不包括的上述第一个部分,同时主档次不包含基本档次中所包括的灵活宏块顺序、任意片顺序和可冗余的图片数据这些内容。

即支持隔行视频,采用 B 片的帧间编码和采用加权预测的帧内编码;支持利用基于上下文的自适应的算术编码。主要用于数字广播电视与数字视频存储。

③扩展档次

扩展档次包含了除自适应算术编码之外的所有 H.264 标准所规定的内容。

支持码流之间有效的切换(SP 和 SI 片)、改进误码性能(数据分割),但不支持隔行视频和 CABAC,主要应用于流媒体中。

(2)H.264 标准的特点

H.264 与以前国际标准相比,保留了以往压缩标准的长处又具有新的特点。

①低码流

与 MPEG-2 和 MPEG-4 ASP 等压缩技术相比,在同等图像质量下,采用 H.264 技术压缩后的数据量只有 MPEG-2 的 1/8,MPEG-4 的 1/3。显然,H.264 压缩技术的采用将大大节省用户的下载时间和数据流量费用。

②高质量的图像。

H.264能提供连续、流畅的高质量图像。

③容错能力强

H.264提供了解决在不稳定网络环境下容易发生的丢包等错误的必要工具。

④网络适应性强

H.264提供了网络抽象层,使得H.264编码的数据能容易地在不同网络(如互联网、CDMA、GPRS、WCDMA、CDMA2000等网络)上传输。

(3)H.264标准的主要技术

①将每个视频图像分成16×16的像素宏块

使得视频图像能以像素宏块为单位进行处理。

②利用时域相关性

时域上的相关性存在于那些连续图像的块之间,这就使得在编码的时候只需要编码那些差值即可。一般我们是通过运动估值和运动补偿来利用时域相关性的。对于一个像素块来说,在已经编好码的前一帧或前几帧图像中搜索其相关像素块,从而获得其运动矢量,而该运动矢量就在编码端和解码端被用来预测当前像素块。

③利用残差的空域冗余度

在运动估值后,编码端只需要编码残差即可,也就是对当前块与其相应的预测块的差进行编码。编码过程还是采用变换、量化、扫描输出和熵编码等步骤。

④其他技术

还包括传统的4:2:0的色度数据与亮度数据的采样关系;块运动矢量;超越图像边界的运动矢量;变换块大小的划分;可分级的量化;I、P和B图像类型等。

(4)H.264编码的主要特征

①参考图像的管理

H.264中,已编码图像存储在编码器和解码器的参考缓冲区(即解码图像缓冲区,DPB)中,并有相应的参考图像列表list 0,以供帧间宏块的运动补偿预测使用。对B片预测而言,list 0包含当前图像的前面和后面两个方向的图像,并以显示次序排列;也可同时包含短期和长期参考图像。这里,已编码图像为编码器重建的标为短期图像或刚刚编码的图像,并由其帧号标定;长期参考图像是较早的图像,由LongTermPicNum标定,保存在DPB中,直到被代替或删除。

由编码器发送的自适应内存控制命令用来管理短期和长期参考图像索引。这样,短期图像才可能被指定长期帧索引,短期或长期图像才可能标定为"非参考"。编码器从list 0中选择参考图像,进行帧间宏块编码。而该参考图像的选择由索引号标志,索引0对应于短期部分的第一帧,长期帧索引开始于最后一个短期帧。

参考图像缓冲区通常由编码器发送的IDR(瞬时解码器刷新)编码图像刷新,IDR图像一般为I片或SI片。当接受到IDR图像时,解码器立即将缓冲区中的图像标为"非参考"。后继的片进行无图像参考编码。通常,编码视频序列的第一幅图像都是IDR图像。

②隔行视频

效率高的隔行视频编码工具应该能优化场宏块的压缩。如果支持场编码图像的类型(场或帧)应在片头中表示。H.264采用宏块自适应帧场编码(MB-AFF)模式,帧场编码的选择在宏块级中指定,且当前片通常由16亮度像素宽和32亮度像素高的单元组成,并以宏块对的形式编码。编码器可按两个帧宏块或者两个场宏块来对每个宏块对进行编码,也可根据图像的每个区域选择最佳的编码模式。

显然,以场模式对片或宏块对进行编码需对编解码的一些步骤进行调整。比如,P 片和 B 片预测中,每个编码场作为一个独立的参考图像;帧内宏块编码模式和帧间宏块 MV 的预测需根据宏块类型(帧还是场)进行调整。

③数据分割片

组成片的编码数据存放在 3 个独立的 DP(数据分割,A、B、C)中,各自包含一个编码片的子集。分割 A 包含片头和片中每个宏块头的数据。分割 B 包含帧内和 SI 片宏块的编码残差数据。分割 C 包含帧间宏块的编码残差数据。每个分割可放在独立的 NAL 单元并独立传输。

如果分割 A 数据丢失,便很难或者不能重建片,因此分割 A 对传输误差很敏感。解码器可根据要求只解 A 和 B 或者 A 和 C,以降低在一定传输条件下的复杂度。

④H.264 传输

H.264 的编码视频序列包括一系列的 NAL 单元,每个 NAL 单元包含一个 RBSP。编码片(包括数据分割片和 IDR 片)和序列 RBSP 结束符被定义为 VCL NAL 单元,其余的为 NAL 单元。每个单元都按独立的 NAL 单元传送。NAL 单元的头信息(一个字节)定义了 RBSP 单元的类型,NAL 单元的其余部分则为 RBSP 数据。

3.3　音频压缩编码标准

国际电信联盟(ITU)主要负责研究和制定与通信相关的标准,作为主要通信业务的电话通信业务中使用的"语音"编码标准均是由 ITU 负责完成的。其中用于固定网络电话业务使用的语音编码标准主要由 ITU—T 的第十五研究组完成,相应的标准为 G 系列标准,如 ITU-TC.711、G.721 等,这些标准广泛应用于全球的电话通信系统之中。在欧洲、北美、中国和日本的电话网络中通用的语音编码器是 8 位对数量化器(相应于 64 kb/s 的比特率)。该量化器所采用的技术在 1972 年由 CCITT(ITU-T 的前身)标准化为 G.711。在 1984 年,又公布了 32 kb/s 的语音编码标准 G.721 标准(1986 年修订为 G.726),它采用的是自适应差分脉冲编码(AD-PCM),其目标是在通用电话网络上的应用。针对宽带语音(50 Hz~7 kHz),又制定了 64 kb/s 的语音编码标准 G.722 编码标准,目标是在综合业务数据网(ISDN)的 B 通道上传输音频数据。之后公布的 G.723 编码标准中码率为 40 kb/s 和 24 kb/s,G.726 编码标准的码率为 16 kb/s。在 1990 年,公布了 16~40 kb/s 嵌入式 ADPCM 编码标准 G.727。在 1992 年和 1993 年,又分别公布了浮点和定点算法的 G.728 编码标准。在 1996 年 3 月,又公布了 G.729 编码标准,其码率为 8 kb/s。G.729 标准采用的算法是共轭结构代数码本激励线性预测编码(CS-ACELP),能达到 32 kb/s 的 ADPCM 语音质量。

国际标准化组织(ISO)的 MPEG 组主要负责研究和制定用于存储和回放的音频编码标准,MPEG-1 标准中的音频编码部分是世界上第一个高保真音频数据压缩标准,MPEG-1 的音频编码标准是针对最多两声道的音频而开发的。在三维声音技术中最具代表性的就是多声道环绕声技术。目前有两种主要的多声道编码方案:MUSICAM 环绕声和杜比 AC-3。MPEG-2 标准中的音频编码部分采用的就是 MUSICAM 环绕声方案,它是 MPEG-2 音频编码的核心,是基于人耳听觉感知特性的子带编码算法。而美国的 HDTV 伴音则采用的是杜 AC-3 方案。MPEG-2 规定了两种音频压缩编码算法,一种称为 MPEG-2 后向兼容多声道音频编码标准,简称 MPEG-2BC;另一种是称为高级音频编码标准,简称 MPEG-2AAC,它与 MPEG-1 不兼容。MPEG-4 标准中的音频部分中增加了许多新的关于合成内容及场景描述等领域的工作。MPEG-4 将以前发展良好但相互独立的高质量音频编码、计算机音乐及合成语音等第一次合并在一起,并在诸多领域内给予高度的灵活性。

3.3.1　G.711

G.711 标准公布于 1972 年,使用的是脉冲码调制(PCM)算法,主要用于公用交换电话网络(PSTN)和互联网中的语音通信,G.711 标准的语音采样率为 8 kHz,每个样值采用 8 位二进制编码,推荐使用 A 律和 μ 律编码,产生 64 kb/s 的输出。在 G.711 中,μ 律编码用于北美和日本,而 A 律编码在世界其他地区广泛使用。

3.3.2　G.721

G.721 标准公布于 1984 年,并在 1986 年作了进一步修订(称为 G.726 标准),使用的是自适应差分脉冲编码调制(ADPCM)算法。它用于 64 kb/s 的 A 律或 μ 律 PCM 到 32 kb/s 的 ADPCM 之间的转换,实现了对 PCM 信道的扩容。编码器的输入信号是 64 kb/sA 律或 μ 律 PCM 编码,输出是利用 ADPCM 编码的 32 kb/s 的音频码流。

3.3.3　G.722

G.722 标准的目标是在综合业务数据网(ISDN)的 B 通道上传输音频数据,使用的是基于子带-自适应差分脉冲编码(SB-ADPCM)算法。G.722 标准把信号分为高低两个子带,并且采用 ADPCM 技术对两个子带的样本进行编码,高低子带的划分以 4 kHz 为界。

3.3.4　G.728

在 1992 年,ITU-T 又制定了 16 kb/s LD-CELP(低延时—码激励线性预测)语音编码标准,即 G.728 标准,它是由美国 AT&T 公司和 BELL 实验室提出的,该算法较为复杂,运算量很大。G.728 编码器被广泛应用于 IP 电话,尤其是在要求延迟较小的电缆语音传输和 VoIP 中。

G.728 标准的编码器中用五个连续语音样点形成一个 5 维语音矢量,激励码本中共有 1024 个 5 维的码矢量,对于每个输入语音矢量,编码器利用合成分析法从码本中搜索出最佳码矢,然后将其标号选出,线性预测系数和增益均由后向自适应算法提取和更新。解码器操作也是逐个矢量地进行。根据接收到的码本标号,从激励码本中找到相应的激励矢量,经过增益调整后得到激励信号,将其输入综合滤波器合成语音信号,再经自适应后滤波处理,以增强语音的主观感觉质量。由于编码器只缓冲 5 个样点(一个语音矢量),延迟很小,加上处理延迟和传输延迟,一般总的单向编码延迟小于 2 ms。

3.3.5　G.729

在 1996 年,ITU-T 制定了 8 kb/s 的语音编码标准 G.729,它也是 H.323 协议中有关音频编码的标准。在 IP 电话网关中,G.729 协议被用来实现实时语音编码处理。G.729 协议采用的是 CS-ACELP 算法,即共轭结构算术码激励线性预测的算法。编码过程是首先将速率为

64 kb/s 的 PCM 语音信号转化成均匀量化的 PCM 信号,通过高通滤波器后,把语音分成帧,每帧 10 ms,即 80 个样点。对于每个语音帧,编码器利用合成—分析方法从中分析出 CELP 模型参数,然后把这些参数传送到解码端,解码器利用这些参数构成激励源和合成滤波器,从而重现原始语音。

3.3.6　MPEG 中的音频编码

国际标准化组织/国际电工委员会所属 WGll 工作组制定推荐了 MPEG 标准。下面将介绍与音频编码相关的标准,包括 MPEG-1 音频、MPEG-2 音频和 MPEG-4 音频。

1. MPEG-1 音频

MPEG-1 音频编码标准的基础是量化,要求量化失真对于人耳来说是感觉不到的。经过 MPEG-Audio 委员会大量的主观测试实验表明,采样频率为 48 kHz、样本精度为 16 位的声音数据压缩到 256 kb/s 时,即在 6:1 的压缩比下,即使是专业测试员也很难分辨出是原始声音还是编码压缩后的声音。

MPEG-1 音频编码标准提供三个独立的压缩层次:层 1(Layer 1)、层 2(Layer 2)和层 3(Layer 3),缩写分别为 MP1、MP2 和 MP3,用户对层次的选择是一个在算法复杂性和声音质量之间进行平衡的过程。层 1 是最基础的,层 2 和层 3 都是在层 1 的基础上有所提高。每个后继的层次都有更高的压缩比,但需要更复杂的编码/解码器。各个层次的压缩后码率和主要应用如下:

· 层 1 的编码器最简单,编码器的输出数据率为 384 kb/s,主要用于小型数字盒式磁带(Digital Compact Cassette,DCC)。

· 层 2 的编码器的复杂程度属中等,编码器的输出数据率为 256～192 kb/s,其应用包括数字广播声音(Digital Broadcast Audio,DBA)、数字音乐、CD.I(Compact Disc.Interactive)和 VCD(Video Compact Disc)等。

· 层 3 的编码器最复杂,编码器的输出数据率为 8～128 kb/s,主要应用于 ISDN 上的声音传输及音乐文件存储。

MPEG-1 层 3 在不同数据率下的性能如表 3-1 所示。

表 3-1　MPEG-1 层 3 在不同数据率下的性能

音质要求	声音带宽/kHz	方式	数据率(kb/s)	压缩比
电话	2.5	单声道	8	96:1
优于短波	5.5	单声道	16	48:1
优于调幅广播	7.5	单声道	32	24:1
类似于调频广播	11	立体声	56～64	26～24:1
接近 CD	15	立体声	96	16:1
CD	>15	立体声	112～128	12～10:1

MPEG-1 的音频数据分为帧,层 1 每帧包含 384 个样本数据,每帧由 32 个子带分别输出的 12 个样本组成。层 2 和层 3 每帧为 1152 个样本,如图 3-11 所示。

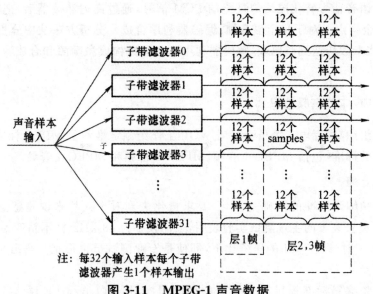

注：每32个输入样本每个子带
滤波器产生1个样本输出

图 3-11　MPEG-1 声音数据

MPEG-1 音频编码标准的三个层次都使用的是感知音频编码方法,声音数据压缩算法的根据是心理声学模型,其中一个最基本的概念是听觉系统中存在一个听觉阈值电平,低于这个电平的声音信号就听不到。听觉阈值的大小随声音频率的改变而改变,各个人的听觉阈值也不同。大多数人的听觉系统对 2~5 kHz 之间的声音最敏感。一个人是否能听到声音,取决于声音的频率,以及声音的幅度是否高于这种频率下的听觉阈值。心理声学模型中的另一个概念是听觉掩饰特性,即听觉阈值电平是自适应的,听觉阈值电平会随听到的频率不同的声音而发生变化。声音压缩算法也同样可以确立这种特性的模型,根据这个模型,可取消冗余的声音数据。MPEG-1 音频编码标准的压缩算法如图 3-12 所示。

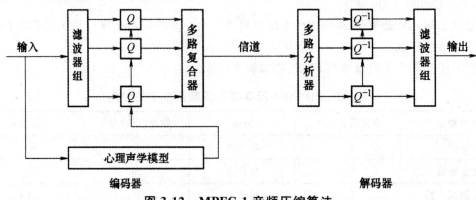

图 3-12　MPEG-1 音频压缩算法

MPEG-1 音频编码标准的每一个层都有子带编码器(SBC),其中包含时间频率多相滤波器组、心理声学模型(计算掩蔽特性)、量化和编码和数据流帧包装,而高层 SBC 可使用低层 SBC编码的声音数据。前两层压缩编码的方法大致相同,主要就是量化。第三层依然采用听觉掩蔽原理,但是方法比较复杂。主要的不同是:采用了 MDCT(Modified DCT,修正的 DCT),对每个子带增加了 6 或 18 个频率成分,这样可以将 32 个子带作更深一步的分解。

2. MPEG-2 音频

MPEG-2 保持了对 MPEG-1 音频兼容并进行了扩充,提高低采样率下的声音质量,支持多通道环绕立体声和多语言技术。MPEG-2 标准定义了两种音频压缩算法,即 MPEG-2 BC 和 MPEG-2 AAC。MPEG-2 BC 是 MPEG-2 向后兼容多声道音频编码标准,它保持了对 MPEG-1 音频的兼容,增加了声道数,支持多声道环绕立体声,并为适应某些低码率应用需求(如体育比赛解说)增加了 16 kHz、22.05 kHz、24 kHz 三种较低的采样频率。此外,为了在低码率下进一步提高声音质量,MPEG-2 BC 还采用了许多新技术,如动态传输声道切换、动态串音、自适应多声道预测、中央声道部分编码等。但它为了与 MPEG-1 兼容,不得不以牺牲码率的代价来换取较高的音质。这一缺憾制约了它在世界范围内的推广和应用。

MPEG-2 AAC(Advanced Audio Coding)即高级音频编码标准,于 1997 年 4 月完成。AAC 音频标准的发展标志着标准化工作向新的模块化方向演变的趋势。AAC 与 MPEG-2 的低取样率及多声道编码标准不同,它并不提供对 MPEG-1 标准的后向兼容性。AAC 采用了能提供更高频域分辨率的滤波器组,因而能够实现更好的信号压缩;AAC 还利用了许多新的工具,如:暂态噪声整形、后向自适应性预测、联合立体声编码技术以及对量化成分的霍夫曼(Huffman)编码等。以上各工具都能提供附加的音频压缩能力,所以,它具有更高的压缩效果,如经过测试,AAC 标准以 320 kb/s 的数码率传送 5 声道多频带的音频信号比 MPEG-2 以 640 kb/s 的数码率传送的音质还略好些。

(1)AAC 要求

AAC 的基本要求类似于 MPEG-2,只是不要求后向兼容性。其主要要求为:

①必须支持 48 kHz、44.1 kHz、32 kHz 的采样频率。

②应该支持输入声道配置 1/0(单声)、2/0(双通道立体声),直到 3/2+1(左/中/右,左环绕/右环绕、低频增强声道)的各种多声道配置。

③在系统句法中应为更大数目的重放做好准备;同时也应为更小数目的声道做好准备。

④在 38 kb/s 的数据率的 3/2 声道配置中,要求达到符合 EBU"不可区分的质量"的音频质量。

⑤为了利于编辑的目的具有最小的声音粗糙度,必须定义一个预定义音频接入单元。

⑥为了得到更好的误码恢复能力,应该支持在存在误码的情况下维持码流同步的机制和某种误码掩蔽机制。

(2)档次(Profile)

依据应用的不同,AAC 在质量与复杂性之间提供不同的折中。为此,定义了以下三个档次:

①主要档次:该档次包含除了增益控制工具之外的全部工具。它适合于所需内存容量不太大并具有较强处理能力的应用,它可以提供最大的数据压缩能力。

②低复杂性(LC)档次:当规定了 RAM 容量、处理能力及压缩要求时采用 LC 档次。该档次中预测工具和增益控制工具不起作用,TNS 滤波器次序也有一定限制。

③采样率可分级(SSR)档次:该档次要求使用增益控制工具,但 4 个 PQF 子带的最低子带不应用增益控制。该档次不采用预测和耦合声道,TNS(暂态噪声整形)的次序和带宽也有一定限制。在音频带宽较窄的情况下应用 SSR 档次可以相应地降低复杂度。

当某档次的主音频声道数、LFE 声道数、独立耦合声道数及从属耦合声道数不超过相同档次解码器所支持的各声道数时,其码流可被该解码器解码。

MPEG-2 AAC 是真正的第二代通用音频编码,它放弃了对 MPEG-1 音频的兼容性,扩大了编码范围,支持 1-48 个通道和 8～96 kHz 采样率的编码,每个通道可以获得 8～160 kb/s 高质量的声音,能够实现多通道、多语种、多节目编码。AAC 即先进音频编码,是一种灵活的声音感知编码,是 MPEG-2 和 MPEG-4 的重要组成部分。在 AAC 中使用了强度编码和 MS 编码两种立体声编码技术,可根据信号频谱选择使用,也可混合使用。

MPEG-2 可提供较大的可变压缩比,以适应不同的画面质量、存储容量以及带宽的应用要求。MPEG-2 特别适用于广播级的数字电视编码和传送,被认定为 SDTV 和 HDTV 的编码标准。MPEG-2 音频在数字音频广播、多声道数字电视声音以及 ISDN 传输等系统被广泛使用。

3. MPEG-4 音频

MPEG-4 音频标准可集成从话音到高质量的多通道声音,对语音、音乐等自然声音对象和具有回响、空间方位感的合成声音对象进行音频编码。音频编码不仅支持自然声音(如演讲、音乐),而且支持合成声音。音频编码方法包括参数编码(Parametric Coding)、码激励线性预测(Code Excited Linear Predictive,CELP)编码、时间/频率(Time/Frequency,T/F)编码、结构化声音(Structured Audio,SA)编码以及文本．语音(Text-To-Speech,TTS)系统的合成声音等。它们工作在不同的频带,而且各自的比特率也不相同。如图 3-13 所示。

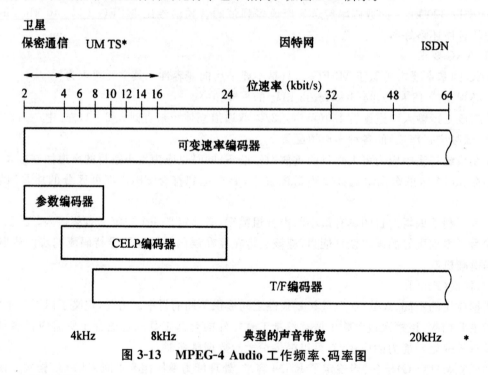

图 3-13　MPEG-4 Audio 工作频率、码率图

(1)参数编码器

使用声音参数编码技术。对于采样率为 8 kHz 的话音,编码器的输出数据率为 2～4 kb/s;对于采样频率为 8 kHz 或者 16 kHz 的声音,编码器的输出数据率为 4～16 kb/s。

(2)CELP 编码器:使用 CELP 技术。编码器的输出数据率在 6～24 kb/s 之间,它用于采样频率为 8 kHz 的窄带话音或者采样频率为 16 kHz 的宽带话音。

(3)T/F 编码器:使用时间．频率(Time-to-Frequency,T/F)技术。这是一种使用矢量量化

(Vector Quantization,VQ)和线性预测的编码器,压缩之后输出的数据率大于 16 kb/s,用于采样频率为 8 kHz 的声音信号。

　　MPEG-4 的音频编码工具的速率为 6～24 kb/s。MPEG-4 的系统结构让多媒体数字信号解码器依照已经存在的 MPEG 标准(如 MPEG.2AAC)进行工作。每一个编码器独立利用它自己的数据流语法进行工作。针对于不同的声音信号,使用以下不同的编码方法:

　　• 自然声音:MPEG-4 声音编码器支持数据率在 2～64 kb/s 之间的自然声音。为了获得高质量的声音,MPEG-4 采用了参数编码器、CELP 编码器和 T/F 编码器三种类型的声音编码器分别用于不同类型的声音。

　　• 合成声音:MPEG-4 的译码器支持合成乐音 MIDI(Musical Instrument Data Interface)和 TTS 声音。合成乐音是在乐谱文件或者描述文件控制下生成的声音。

　　• 文本:语音转换(TTS)声音:TTS 编码器输入的是文本或者带有韵律参数的文本,输出的是语音。编码器的输出数据率可以在 200 b/s～1.2 kb/s 范围之间。TTS 是一个十分复杂的系统,涉及到语言学、语音学、信号处理、人工智能等诸多的学科。目前的 TTS 系统一般能够较准确、清晰地朗读文本,但是不太自然。

第4章　多媒体信息处理技术研究

本章主要讨论几种多媒体信息处理技术,主要包括图像处理技术、音频处理技术、视频处理技术和动画处理技术等。

4.1　图像处理技术

4.1.1　图像处理技术概述

1. 图像的概念

图像是自然界中的景物通过视觉感官在大脑中留下的印记。随着计算机技术的发展,图像经过数字化后保存在计算机中,并被计算机处理。通常也将计算机处理的数字化图像简称为图像。图像是对客观存在物的一种相似性的生动模仿与描述,是物体的一种不完全的、不精确的描述,但是在某种意义下是适当的表示。

图像由像素点构成。每个像素点的颜色信息采用一组二进制数描述,因此图像又称为位图。图像的数据量较大,适合表现自然景观、人物、动植物等引起人类视觉感受的事物。

图像又可以被分为物理图像和虚拟图像。

物理图像是指物质或能量的实际分布。例如,光学图像的光强度的空间分布,就能够被人的肉眼所看见,因此也称为可见图像。可见图像是我们所接触的、与人类的视觉特性相吻合的通常意义下的图像。不可见的物理图像有如温度、压力、高度等的分布图,以及在医学诊断中所使用的以超声波、放射线手段成像得到的医学影像等。这类图像是将不可见的物理量通过可视化的手段将其转换成人眼可非常方便地进行识别的图像形式。物理图像信号的好坏,很大程度地依赖于物理信号的检测设备的性能。以光学图像为例,光感应特性好的设备可以得到效果好的图像;同时,光感应器件的适应范围(即可以感知的最大、最小光强度的范围)不同,所使用的目的也不同。

虚拟图像是指采用数学的方法,将由概念形成的物体(不是实物)进行表示的图像。虚拟图像从想象中的物体到想象中的光照、想象中的摄像机等,都是采用数学建模的方式,利用成像几何原理,在计算机上制作的。例如,在现在电影中,所合成的灾难场面、历史场面等,给提升电影的感染力发挥了很好的作用。虚拟图像的一个最大问题是,因为是在数学模型下生成的图像,所以在与实际拍摄的图像进行合成时。其真实感是否可以得到很好的保持,是一个比较关键的问题。例如,实际拍摄的图像,一定存在尘埃对画面的影响,存在摄像设备本身的固有噪声等,而虚拟图像是仿佛在真空中拍摄的图像,所有实际的干扰都不存在。这种现象会导致一定程度地降低了图像的真实感。

数字图像是用一个数字阵列来表示的图像。数字阵列中的每个数字,表示数字图像的一个最小单位,称为像素。通过对每个像素点的颜色,或者是亮度等进行数字化的描述,就可以得到在计算机上进行处理的数字图像。显然,数字图像可以是物理图像,也可以是虚拟图像。

2. 矢量图与位图

计算机中显示的图像一般可分为矢量图和位图两大类。

(1)矢量图

矢量图使用由线连接的点来描述图像,图像的元素是点和线。矢量图首先被分解为单个的线条、文字、圆形、矩形等图形元素,再利用代数表达式分别表示每个元素。这些图形元素都具有各自的颜色、形状、大小等属性,在图像中是相对独立的实体。由于矢量图形可通过数学公式计算获得,所以矢量图形文件体积一般较小。矢量图形的元素是以代数式的形式记录的,例如一个圆形图案只需记录圆心的坐标位置和半径长度以及圆形边线和内部的颜色。因此矢量图的显示与分辨率无关,无论被放大、缩小或旋转都不会出现显示失真的现象,这意味着矢量图能够以显示设备的最高分辨率显示。但这种类型图像的缺点是显示时往往耗费大量的系统资源和时间做复杂的分析演算工作,而且图像难以表现色彩层次丰富的逼真效果。使用 Flash 软件制作的动画就是矢量图形动画。

矢量图形特点是:精度高、灵活性大,并且用它们设计出来的作品可以任意放大、缩小而不变形失真。它不会像一些位图处理软件那样,在进行高倍放大后图像会不可避免地方块化。用矢量图制作的作品可以在任意输出设备上输出而不用考虑其分辨率。矢量图在计算机中的存储格式大都不固定,要视各个软件的特点由开发者自定。相对于位图来讲,矢量图占用的存储空间较小。但在屏幕每次显示时,它都需要经过重新计算,故显示速度没有图像快。

矢量图通常是采用特别的绘图软件生成,如 AutoCAD、FreeHand、CorelDRAW 以及三维动画软件 3D Studio 等。在形成矢量图时,涉及的主要内容有几何造型(如:二维、三维几何模型的构造、曲线和曲面的表示和处理)、图形的生成技术(如线段、圆弧等的生成算法、线与面的消隐、光照模型、浓淡处理、纹理、阴影、灰度和色彩等真实感图形的表示)、图形的操作与处理(如二三维几何变换、开窗、裁剪;图形信息的存储、检索与变换)、人机交互与多用户接口等。

(2)位图

位图亦称为点阵图像,是由无数个像素点组成的。位图图像的信息实际上是由一个数字矩阵组成,阵列中的各项数字用来描述构成图像的各个像素点的亮度与颜色等信息。位图图像适合表现细致、层次和色彩丰富、包含大量细节的图像。

当放大位图时,由于构成图像的像素个数并没有增加,只能是像素本身进行放大,所以可以看见构成整个图像的无数个方块,从而使线条和形状显得参差不齐。在位图处理方式下,影响作品质量的关键因素是颜色的数目和图像的分辨率。例如颜色量化位数为 24 位的真彩色图像,在一幅图中可以同时拥有 16 万多种颜色,这么多的颜色数可以较完美地表现出自然界中的实景。

一般来说,在计算机上显示位图文件要比矢量图文件要快,因为前者在显示时无需进行复杂的运算过程。但位图文件所需要的存储空间却比矢量文件大得多。图像分辨率越高,颜色量化位数越大,位图文件就越大。

位图文件可以利用软件提供的各种工具进行创作或处理,但如果要绘制复杂的图像(如人物、风景),不仅难度太大且精度也不高。这时可以将一些现成的素材(如照片、图片)直接进行扫描,或者用视频采集设备截取摄像机、录像机、电视以及 VCD 中的画面,然后输入到计算机中,用图像处理软件进行处理。

早期的计算机图形学主要集中于二维图形技术的研究,现在的研究重点集中于三维真实感图形技术的研究,图像处理是指将客观世界中实际存在的物体映射成数字化图像,也有采用特殊方法和手段(如手工绘制)取得数字化图像然后在计算机上用数学的方法对数字化图像进行处理的科学。随着计算机技术的发展和图形、图像技术的成熟,图形、图像的内涵日益接近,以至于在某些情况下图形、图像两者已融合得无法区分。利用真实感图形绘制技术可以将图形数据变成图像;利用模式识别技术可以从图像数据中提取几何数据,把图像转换成图形。

(3)矢量图与位图的区别与转换

矢量图与位图不同点如表 4-1 所示。

表 4-1　矢量图和位图的不同点

类型	文件内容	存储量	显示速度	几何变换	应用特点
矢量图	表达式	与图的复杂度有关	图越复杂,需执行的指令越多,显示越慢	不失真	易于编辑
位图	点阵	与图的尺寸有关	与组成图的元素数量有关	失真	视觉效果好,编辑较麻烦

一般的矢量图软件有 Illustrator,CorldRAW,Freehand 等,这些软件制作出的矢量图都可以直接在 Photoshop(位图编辑软件)里打开或者导入,打开位图文档的时候会提示你设定图形大小、图形的分辨率等,设定完毕会自动会生成位图档,之后再保存即得到完全的位图格式。反过来位图是不可以转换得到完整的矢量图的,会损失很多图像信息。矢量图如何转换成位图,只需把矢量图打开(相对应的软件)再导出位图就行了。

3. 色彩的基本知识

(1)色彩的三要素

色彩可用色调、明度和饱和度三个特征来综合描述。人眼看到的任一色彩都是这三个特性的综合效果,这三个特性就是色彩的三要素。

色调也称色相,指色彩的相貌和特征。自然界中色彩的种类很多,色相就是色彩的种类和名称,例如红、橙、黄、绿、青、蓝、紫等颜色。色相与光的波长直接相关,例如,波长 687 nm 的光为红色,658 nm 的光为橙红色,589 nm 的光为黄色,587 nm 的光为纯黄色等,眼睛通过对不同波长的光的感受来区分不同的颜色。

颜色有深浅、明暗的变化,这些颜色的变化就是明度。明度是指光作用于人眼时引起的明亮程度的感觉。色彩的明度变化包括三种情况:一是不同色相之间的明度变化,例如,白比黄亮、黄比橙亮、橙比红亮、红比紫亮、紫比黑亮;二是在某种颜色中添加白色,亮度会逐渐提高,饱和度也增加,而添加黑色,亮度就变暗,饱和度也降低;三是相同的颜色,因光线照射的强弱不同也会产生不同的明暗变化。

饱和度是指颜色的纯度,也就是鲜艳程度。原色是纯度最高的色彩。颜色混合的次数越多,纯度越低,反之,纯度越高。亮度和饱和度与光的幅度有关。饱和度还和明度相关,例如在明度太大或太小时,颜色就越接近白色或黑色,饱和度就偏低。

(2)色彩模型

自然界中的色彩千变万化,要准确地表示某一种颜色就要使用色彩模型。常用的色彩模型有 HSB、RGB、CMYK 以及 CIE Lab 等。针对不同的应用可以选择不同的色彩模型,例如,RGB色彩模型用于数码设计,CMYK 色彩模型用于 m 版印刷。了解各种色彩模型有助于人们在图像素材处理中准确把握色彩。

1）HSB 色彩模型

HSB 指色相（hue）、饱和度（saturation）、明度（brightness），也就是说 HSB 色彩模型用色彩的三要素来描述颜色。由于 HSB 色彩模型能直接体现色彩之间的关系，所以非常适合于色彩设计，绝大部分的图像处理软件都提供 HSB 色彩模型。

2）RGB 色彩模型

RGB 指红（red）、绿（green）、蓝（blue）三基色。根据色彩的三刺激理论，人眼的视网膜中假设存在三种锥体视觉细胞，它们分别对红、绿、蓝三种色光最敏感。RGB 色彩模型分别记录 R、G、B 三种颜色的数值并将它们混合产生各种颜色。

RGB 色彩模型的混色方式是加色方式，这种方式运用于光照、视频和显示器。在计算机中，每种基色都用一个数值表示，数值越高，色彩越明亮。R、G、B 都为 0 时是黑色，都为 255 时是白色。

RGB 是使用计算机进行图像设计中最直接的色彩表示方法。计算机中的 24 位真彩图像，就是采用 RGB 色彩模型，24 位表示图像中每个像素点颜色使用 3 个字节记录，每个字节分别记录红、绿、蓝中的一种颜色值。在计算机中利用 R、G、B 数值可以精确取得某种颜色。RGB 虽然表示直接，但是 R、G、B 数值和色彩的三要素没有直接的联系，不能揭示色彩之间的关系，在进行配色设计时，不适合使用 RGB 色彩模型。现在的大多数图像处理软件的调色板都提供 RGB 和 HSB 两种色彩模型选择色彩。

3）CMYK 色彩模型

CMYK 色彩模型包括青（cyan）、品红（magenta）、黄（yellow）和黑（black），为避免与蓝色混淆，黑色用 K 表示。青、品红、黄分别是红、绿、蓝三基色的互补色。彩色打印、印刷等应用领域采用打印墨水、彩色涂料的反射光来显现颜色，是一种减色方式。CMYK 色彩模型包括青、品红和黄三色，使用时从白色光中减去某种颜色，产生颜色效果。理论上，纯青色、品红和黄色在合成后可以吸收所有光并产生黑色。但在实际应用中，由于彩色墨水、油墨的化学特性，色光反射和纸张对颜料的吸附程度等因素，用等量的青、品红、黄三色得不到真正的黑色。因此，印刷行业使用黑色油墨产生黑色，CMYK 色彩模型中增加了黑色。

4）CIE Lab 色彩模型

CIE Lab 色彩模型基于人对颜色的感觉。CIE Lab 颜色理论认为，在一个物体中，红色和绿色两种基色不能同时并存，黄色和蓝色两种基色也不能同时并存。因此 CIE Lab 色彩模型用三组数值表示色彩。

L：Lightness 亮度数值，1～100。

a：红色和绿色两种基色之间的变化区域，数值为 −120～+120。

b：黄色和蓝色两种基色之间的变化区域，数值为 −120～+120。

RGB 和 CMYK 色彩模型都依赖于设备而存在，设备变化了，这些色彩也会跟着改变。CIE Lab 色彩模型描述的是颜色的显示方式，而不是设备生成颜色时需要的特定色料的数量，所以 CIE Lab 是一种与设备无关的色彩模型。CIE Lab 色彩模型的色域更加宽阔。它不仅包含了 RGB 和 CMYK 色彩模型的所有色域，还能表现它们不能表现的色彩。人眼能感知的色彩，都能通过 CIE Lab 色彩模型表现出来。另外，CIE Lab 色彩模型还能弥补 RGB 色彩模型在蓝色到绿色之间的过渡色彩过多、在绿色到红色之间缺少黄色和其他色彩，色彩分布不均的不足。目前在很多专业的设计软件中，都提供 CIE Lab 色彩模型。

如果要在图像处理过程中保留尽量宽的色域和丰富的色彩,最好选择 CIE Lab 色彩模型进行工作,图像处理完成后,再根据输出的需要转换为 RGB 色彩模型进行显示或转换为 CMYK 色.彩模型进行打印或印刷。

(3)影响图像质量的因素

图像由像素组成,影响图像质量的因素主要包括分辨率和颜色深度。分辨率表示图像中像素的密度,单位是 dpi(dot per inch),表示每英寸长度上像素的数量。

图像分辨率越高,包含的像素越多,表现细节就越清楚。但分辨率高的图像占用存储空间大,传送和显示速度慢,所以应该根据实际情况选择合适的图像分辨率。

数字化图像中每个像素的颜色都要用二进制数表示,表示颜色的二进制数的位数是有限的,所以图像中可以使用的颜色数量也是有限的。表示一个像素需要的二进制数的位数称为颜色深度。彩色或灰度图像的颜色可以使用 4 位、8 位、16 位、24 位和 32 位二进制数来表示。颜色深度是图像的另一个重要指标,颜色深度越高,可以描述的颜色数量就越多,图像的质量越好。

图像在计算机中保存需要占用一定的存储空间,图像包含像素越多、颜色深度越大,包含的数据量越大,图像质量就越好,占用的存储空间也越大。

一幅未经压缩的图像占用的存储空间可以使用以下公式计算:

$$(长度×分辨率)×(宽度×分辨率)×颜色深度÷8$$

例如,一幅长 10 cm、宽 8 cm,分辨率为 300 dpi 的 24 位颜色深度的图像占用的存储空间为:

$$(10×0.3937×300)×(8×0.3937×300)×24\ b÷8≈3.19\ MB$$

4.1.2 图像的点处理

数字图像处理是指将图像信号转换为数字信号并利用计算机对其进行处理。数字图像处理的手段非常丰富,所有处理手段均建立在对数据进行数学运算的基础上。

图像的处理需要通过图像处理软件来完成。图像处理软件是一种实施各种算法的平台,通过各种运算实现对图像的处理。例如,图像尺寸的放大与缩小、翻转、旋转以及亮度的调整、对比度的调整等。如果采用稍微复杂的特殊算法,还可以生成很多特殊图像效果,例如水纹涟漪效果、油画效果、扭曲效果等。

点处理的处理对象是像素点。点处理是图像处理中最基本的算法,简单且有效主要用于图像亮度的调整、图像对比度的调整以及图像亮度的反置处理等。

1. 亮度调整

图像的亮度对图像的显示效果有很大影响,亮度不足或者过高,都将影响图像的清晰度和视觉效果。

亮度调整是点处理算法的一种应用。为了增加图像的亮度或者降低图像的亮度,通常采用对图像中的每个像素点加上一个常数或者减少一个常数的方法。其亮度调整公式为:

$$L'=L+\lambda$$

其中,L' 代表像素点亮度,λ 代表亮度调节常数。当 λ 为正数时,亮度增加;若其为负数,则亮度降低。如图 4-1 所示,两幅亮度不同的图像,有明显差别。

（a）高亮度　　　　　　　　　　　　　　　　（b）低亮度

图 4-1　亮度不同的图像

在运用亮度调整公式时，如果某像素点的亮度已达到最大值，若再加上一个常数而继续增加亮度的话，此时就会超出最大亮度允许值，从而产生高端溢出。这时，点处理算法将采用最大允许值代替溢出的亮度值，以避免图像数据错误。如果某像素点的亮度已达到最小值，若再继续降低亮度，减去一个常数的话，亮度值就会为负数，从而产生低端溢出。点处理算法在此时将采用最小允许值 0 来代替溢出值。

2. 对比度调整

点处理算法的另一种应用就是图像对比度的调整。对比度低的图像看起来不清晰，图像细节也较难分辨。对图像对比度进行调整时，首先找到像素点亮度的阈值，然后对阈值以上的像素点增加亮度，对阈值以下的像素点降低亮度，造成像素点的亮度向极端方向变化的趋势，使像素点的亮度产生较大的差异，从而达到增加对比度的目的。如图 4-2 所示，为两幅对比度不同的图像。

（a）高对比度　　　　　　　　　　　　　　　　（b）低对比度

图 4-2　对比度不同的图像

3. 图像亮度反置

亮度反置处理也是一种点处理算法的应用。基本原理是：用最大允许亮度值减去当前像点的亮度值，并用得到的差值作为该像点的新值。其计算公式如下：

$$L_{new} = L_{max} - L$$

其中，L_{new} 是像点的新亮度值；L_{max} 是像点的最大允许亮度值；L 是像点的当前亮度值。

通俗地说，点处理算法把亮度高的像点变暗，亮度低的像点变亮，形成类似照片负片的效果。如图 4-3 所示，是亮度反置处理前后的图像。

点处理算法还可对图像进行其他形式的处理,如把图像转变成只有黑门两色的形式,或对图像进行伪彩色处理,以便人们分析和观察不可见的自然现象等。

(a)普通图像　　　　　　　　　　　　　　(b)经过处理的图像

图 4-3　亮度反置处理

4.1.3　图像的组处理

图像的组处理对象是一组像素点,又叫"区处理"或"块处理"。在图像处理中的应用主要表现在:图像锐化和柔化、检测图像边缘并增强边缘、增加或减少图像随机噪声等。

1. 图像锐化处理

图像锐化处理是指通过运算适当地增加像素点之间亮度差异的过程。图像锐化处理使图像原本柔和的亮度变化和色彩变化变得尖锐,从而提高图像的清晰度。在对图像进行锐化处理的过程中,首先通过低通空间滤波器滤掉图像的高频成分,保留图像的低频成分,得到低频成分相对较多的图像;之后再在原图像中减去低通空间滤波器处理过的图像,使高频成分相对增强,从而得到锐化程度较高的图像。

采用高通空间滤波器同样可以锐化图像。高通空间滤波器可直接增强图像的高频成分,滤掉低频成分,从而提高图像的锐化程度。但是需要注意的是,高通空间滤波器在增强高频成分的同时,也将高频噪声增强,使图像的质量受到到一定影响。

就视觉效果而言,经过锐化处理的图像内容清晰、轮廓分明。图像锐化处理通常用于增强扫描图像和数码照片的清晰度,尤其对于细节的显示起到一定的增强作用。但是,在实际的图像处理过程中,对整幅图像进行锐化处理的情况并不多见,通常是根据需要对限定区域内的像素进行锐化处理,使该局部图像更加清晰可辨,以此达到最佳视觉效果。

2. 图像柔化处理

图像柔化处理与图像锐化处理正好相反,柔化处理追求图像柔和的过渡和朦胧的效果,采用计算相邻像素平均值的运算方法。图像柔化处理的应用十分广泛,可对数字照片的远景进行柔化,形成大光圈景深的效果;对文字背景进行柔化,形成阴影效果;对人像作品进行柔化,产生朦胧感等。

3. 图像边缘处理

图像边缘处理通常是指增强边缘影像,使图像轮廓变得清晰。在制作特殊的艺术效果时,经常使用图像边缘处理手段。在增强图像边缘的处理过程中,一般采用 3 种算法:拉普拉斯(Laplace)变换、平移和差分运算、梯度边缘运算。

4.1.4　图像的几何处理

图像的几何处理是指经过运算,改变图像的像素位置和排列顺序,从而实现图像的放大与缩小、图像旋转、图像镜像以及图像平移等效果的处理过程。图像经过几何处理后,其像素的排列和位置与原图像一般没有映射关系,通常采用差值算法进行补偿。在对图像进行几何处理时,计算出来的像素坐标值会产生小数,而像素的实际坐标值只能是整数,不可能是小数。这时,需要用线性差值来代替带有小数的坐标值,从而确保图像的像素排列保持完整和顺畅。

1. 图像的放大与缩小

图像放大时,原图像的一个像素点变成若干个像素点,使被放大的图像像素点数量大于原图像,而像素点排列密度是固定不变的,因此图像的几何尺寸就会增加,从而达到放大图像的目的。

图像缩小时,原图像的多个像素点变成一个像素点,使呗缩小的图像像素点数量小于原图像,使图像的几何尺寸缩小。缩小的图像与原图像相比,像素点的对应关系发生很大变化,像素点的大量丢失,使图像的细节难以辨认。

无论图像进行放大还是缩小,其缩放比例很重要。对图像进行整比放大时,如放大 1 倍、2 倍、3 倍,像素点增加的数目为 1 个、2 个、3 个,不存在小数,放大的图像就不会产生畸变。如果图像放大不是整数倍,例如 1.35 倍、1.75 倍,则像素点增加的个数不是整数,为了使图像不产生畸变,此时需要计算线性差值,以整数个像素点作为图像数据。在图像缩小时,若干个像素点合并成一个像素点,计算也是必不可少的。

由于图像在缩放时不能保证像素之间的映射关系,如果多次进行图像缩放的话,将会产生非常大的图像畸变。因此,在图像处理过程中,为了保证图像的质量,一般不进行一次以上的缩放操作。

2. 图像旋转

图像旋转是指图像在平面上绕垂直于平面的轴进行旋转,其算法如下:

$$x' = x_0 + (x - x_0)\cos\alpha - (y - y_0)\sin\alpha$$
$$y' = y_0 + (y - y_0)\cos\alpha + (x - x_0)\sin\alpha$$

其中,旋转轴坐标为 (x_0, y_0);旋转前的像素点坐标为 (x_0, y_0);旋转后的像素点坐标为 (x', y');旋转角度为 α。在实际应用中,经过计算得到的像素点坐标 (x', y') 还要经过差值运算才能产生实际的像素点坐标。

由于图像在旋转时存在运算误差和差值误差,如果进行多次旋转操作,则运算误差和差值误差会累积增大,造成较大的畸变失真。因此,在进行图像处理时,为尽量减少图像失真,旋转操作应该尽可能一次完成。

3. 图像镜像

把图像进行水平翻转或者垂直翻转,是几何处理的又一种应用形式。该处理能够形成图像的镜像。镜像的形成原理十分简单,只需改变像素点的排列顺序即可。若把对称于横向中轴线的像素点的位置对调,即可形成垂直镜像;若对称于纵向中轴线的像素点的位置对调,就能形成图像的水平镜像。图像镜像处理常被用于形成对称格局的平面效果。

4. 图像平移

图像平移也是几何处理的一种形式,可以整体平移,也能够局部平移。图像在平移时,其像素点之间的相对位置保持不变,而像素点的绝对坐标发生变化。图像的平移不存在差值问题,像素点之间的映射关系是固定不变的。图像在平移后,其坐标对应关系如下:

$$x' = x + m$$
$$y' = y + n$$

其中,m 和 n 分别是横向平移和纵向平移的像素点个数;(x, y) 是平移前的像素点坐标;(x', y') 是平移后的像素点坐标。

4.1.5 图像帧处理

图像帧的处理是将一幅以上的图像以某种特定的形式合成在一起的过程。所谓特定的形式是指以下几个方面。

(1)经过"逻辑与"运算进行图像的合成。

(2)按照"逻辑或"运算关系合成。

(3)以"异或"逻辑运算关系进行合成。

(4)图像按照相加、相减以及有条件的复合算法进行合成。

(5)图像覆盖、取平均值进行合成。

通常,大部分图像处理软件都具有图像帧的处理功能,并且可以以多种特定的形式合成图像。由于多种形式的图像合成使成品图像的色彩更加绚丽、内容更加丰富、艺术感染力更强,因此,图像帧的处理被广泛用于平面广告制作、美术作品创造、多媒体产品制作等领域。

4.1.6 图像处理软件

图像处理软件所实现的功能和操作各不相同,各自适用于不同的领域。但对于处理图像而言,只要我们熟练掌握其中的一个软件,其他软件也就不显得陌生了。常用的图像处理软件主要有以下几种。

1. ACDSee

图像浏览与管理工具 ACDSee 是一种比较常用的图像处理软件,广泛应用于图片的获取、管理、浏览、优化等。它提供了良好的操作界面、简单且人性化的操作方式、快速的图形解码方式、支持丰富的图形图像文件格式、具有强大的图像文件管理功能,所以实际上我们更经常把它作为一种图像浏览软件。

(1)ACDSee 的工作界面

制作多媒体作品时需要采集很多图像素材。这些图像素材应该按用途分文件夹存放,便于以后查找使用。对图像文件的浏览、管理可以使用 ACDSee、Ember 等软件。

ACDSee 是一个专业的图像浏览软件,它功能非常强大,几乎支持目前所有的图像格式,是目前最流行的图像浏览、管理工具。使用 ACDSee 浏览图像方便、操作简单、效率高,可以同时浏览多幅图像,能实现调整图像亮度、对比度、颜色、大小及图像格式转换等功能。

安装 ACDSee 后,系统会自动建立与图像文件之间的关联。关联建立后,双击图片就可以打开"ACDSee 查看器"窗口。"ACDSee 查看器"窗口由标题栏、菜单栏、主工具栏、编辑任务工具栏、状态栏、图像预览区域组成,如图 4-4 所示。

图 4-4　"ACDSee 查看器"窗口

单击主工具栏中的"浏览器"按钮，可以切换到"缩略图列表预览"窗口，如图 4-5 所示。"缩略图列表预览"窗口由菜单栏、主工具栏、文件夹面板、预览面板、文件查看窗口、任务面板组成。

图 4-5　"缩略图列表预览"窗口

菜单栏包括"文件"、"编辑"、"查看"、"建立"、"工具"、"数据库"、"帮助"等菜单。

主工具栏包括"后退"、"前进"、"向上"、"获取"、"发送"、"建立"、"更改"、"幻灯片"、"打印"、"编辑"等对文件进行管理的常用按钮。

文件夹面板采用树状结构显示文件夹的层次关系，与 Windows 资源管理器类似。

预览面板显示当前选定图像文件的内容。

文件查看窗口显示选定文件夹中的所有文件，如果是图像文件，可以用缩略图显示图像内容。

任务面板包括"文件和文件夹任务"、"获取相片"、"修理和增强相片"、"共享和打印相片"等任务组。可以对选定文件执行具体操作。

(2)图像浏览

ACDSee 的最基本用途是浏览图像。在"ACDSee 查看器"窗口和"缩略图列表预览"窗口都可以预览图像。"缩略图列表预览"窗口适合查看文件夹下的多个文件,预览图像较小,"ACD-See 查看器"窗口只查看选定的一个文件,预览效果较好。

2. Photoshop

Photoshop 最初是由美国密歇根大学一位研究生 Thomas Knoll 编制的,后来被 Adobe 公司收购。主要用于位图图像的设计与处理,是集图像创作、扫描、编辑、修改、合成及高品质分色输出等功能于一体的图像处理软件,目前流行的版本是 Photoshop CS 版本系列。

在平面设计领域,Adobe 公司的 Photoshop 软件可谓独树一帜,它在平面图形图像处理方面的强大功能,使其他软件相形见绌。Photoshop 主要用于平面设计,在工艺美术、服装、工业产品设计和出版印刷等行业得到了非常广泛的应用。它着重于对原始图像的效果进行艺术加工和处理,也包括一定的绘制功能,可将通过扫描、摄像等手段获得的基本图像素材进行重新创作,产生图像或书刊封面设计等方面的作品。

3. Fireworks

Fireworks 是 Macromedia 公司推出的专门针对网络图形设计的工具软件,它可以编辑 Web 图像和 Web 动画,制作按钮的导航条、菜单等,甚至能直接制作网页。它具有多种传统图形制作软件的功能,而且能把位图处理和矢量处理完美地结合在一起,使得网页图形设计不必在多种图形设计软件之间频繁切换。

4. CorelDraw

CorelDraw 是加拿大 Corel 公司研发的矢量图形制作工具软件,主要功能为绘图与排版。它给设计师提供了矢量动画、页面设计、网站制作、位图编辑和网页动画等多种功能,并且拥有强大的交互式工具,使用户可创作出多种富于动感的特殊效果或点阵图像的即时效果。而这些工作利用简单的操作就可实现。CorelDraw 提供的智慧型绘图工具以及新的动态向导可以充分降低用户的操控难度,允许用户精确地创建物体的尺寸和位置,减少操作步骤,节省设计时间。它广泛地应用于商标设计、标志制作、模型绘制、插图描画、排版及分色输出等诸多领域。

5. Ulead PhotoImpact

Ulead PhotoImpact 是一个功能强大的图像编辑处理软件,具有图像制作和编修功能,可制作出各种网页和专业质量的图像,专业性较强。

4.2　音频处理技术

4.2.1　音频处理概述

多媒体信息处理领域,人类能够听到的所有声音都称之为音频。音频信息是由于物体振动而产生的一种波动现象的具体表现,人类依靠自身的听觉器官来感知这些音频信息。音频信息是表达思想和情感必不可少的信息表现形式之一,是多媒体信息的重要组成部分。音频信息的种类很多,譬如人类语言、音乐、风声、雨声等。多媒体应用中涉及的音频信息主要有:背景音乐、解说词、电影或动画配音、按钮交互反馈声以及其他特殊效果等。

1. 声音的基本物理属性

声音是一种波动现象。当声源振动时,振动体对周围相邻媒质产生扰动,而被扰动的媒质又会对它的外围相邻媒质产生扰动,这种扰动的不断传递就是声波产生与传播的基本机理。声音本质上既然是波,那么声音就具有以下基本的物理属性。

(1)频率

声源在 1s 内振动的次数,记作 f,单位为 Hz。

(2)周期

声源振动一次所经历的时间,记作 T,单位为 s。

(3)波长

沿声波传播方向,振动一个周期所传播的距离,或在波形上相位相同的相邻两点间的距离,记为 λ,单位为 m。

(4)振幅

声源振动时最大的位移距离,即声源振动的幅度。记作 A,单位为 m。

2. 声场与声波的能量

存在着声波的空间称为声场。声场中能够传递上述扰动的媒质称为声场媒质。声波的性质不仅决定于声源特性,还与声场媒质有很大关系。这里,我们以空气声场媒质为例研究其基本参量。

未被扰动的空气媒质是静态的。设媒质密度为 ρ_0,媒质压强为大气压强 P_0,媒质质点振动速度为 0。但是,空气媒质一旦受到扰动并以波的形式传播时,上述参量将随之变化。

(1)媒质密度 ρ

由于空气媒质具有弹性,当扰动在其中传播时,媒质中每一小区都处于"压缩—舒张—压缩—舒张"的变化状态中。当媒质某区被压缩时,其密度 ρ 将大于静态时的 ρ_0,或者说,此时密度增量 $\Delta\rho > 0$;反之,当媒质处于舒张状态时,其密度 ρ 将小于静态密度 ρ_0,即 $\Delta\rho < 0$。

(2)声压 p

根据气体状态方程,当媒质被压缩时,媒质压强 P 将大于静态时的大气压强 P_0,压强增量 $\Delta P > 0$;反之,当媒质处于舒张状态时,媒质压强 P 将小于 P_0,此时,$\Delta P > 0$。媒质的这一压强增量定义为声压,即 $p = \Delta P$ 单位为 Pa。

(3)质点振速钞

声波传播过程中,媒质质点均在各自的平衡位置附近振动。通常,质点位移是时间的正弦(或余弦)函数。当媒质质点的运动方向与波的传播方向同向时,质点的振速规定为正,反之则为负。

声波传播过程中,声场媒质均在各自平衡位置附近振动,因此,媒质质点既具有动能又具有弹性势能。相邻媒质间的扰动传递,实际上也就是"动能—势能"及"势能—动能"的能量传递。

(4)声能量

单位体积内由于质点的振动而产生的动能和势能的总和称为声能量,单位是 W。

(5)声功率

声功率是指单位时间内,声波通过垂直于传播方向某指定面积的声能量,单位是 W。

(6)声强

声强是指单位时间内,声波通过垂直于传播方向单位面积的声能量,用 I 表示,单位是 W/m^2。

3. 人耳的听觉特性

人是通过耳朵来感知声音信息的。人耳是一个非常精细的物理器官,它只有在大脑的配合下才能发挥作用。正常人的听觉系统是极为灵敏的,人耳所能感觉的最低声压接近空气分子热运动产生的声压。人的左耳和右耳在生理结构上并不存在对声音判断的差异,它们之间的差异是由分别与其相连的右脑和左脑之间的差异造成的。人的右耳连接至左脑,而左耳连接至右脑。一般来说,声音从右耳传递速度比较快,声音从左耳传至大脑的速度比较慢,即两耳传递速度不同。或者说,左大脑接收右耳传来的声音要快些,右大脑接收左耳传来的声音要慢些。正常人可听声音的频率范围为 20～20 kHz,年轻人可听到 20 kHz 的声音,而老年人可听到的高频声音要减少到 10 kHz 左右。

从人类感知声音的角度讲,声音具有音调、音色和响度三个要素。

(1)音调

人耳对声音频率高低的主观感受称为声音的音调,有时也称为音高或音准。一种基音音调对应一种频率。频率越高,音调就越高;频率越低,音调就越低。频率低的声音给人以低沉、厚实、粗犷的感觉,而频率高的声音则给人以亮丽、明快、尖锐的感觉。客观上用频率来表示音调,主观上感觉音调的单位则采用美(mel)来标度。这是两个概念上不同却有联系的计量单位。一般对于频率低的声音,听起来觉得它的音调低,而频率高的声音,听起来感觉它的音调高。但是,音调和频率并不是成正比的关系,它还与声音强度及波形有关。

(2)响度

只有一种频率的声音叫做纯音(如音叉发出的声音就是纯音),而一般的声音是由几种频率的波组成的复合音,它由包含了很多频率成分的谐波组成。对频率不同的纯音,人耳具有不同的听辨灵敏度。响度就是反映一个人主观感觉不同频率成分的声音强弱的物理量,单位为方(phone)。在数值上 1 方等于 1 kHz 的纯音的声强级,而 0 方对应人耳的听阈。所谓正常人的听阈是指声音小到人耳刚刚能听见时的大小。听阈值及响度的大小是随着频率的变化而变化的。例如,在 1 kHz 的纯音下,响度为 10 方时相当于 10 dB 的声压级;而对于 100 Hz 的纯音,为了使它听起来与 10 方的 1 kHz 的纯音同样响,则声压级应该为 30 dB。这说明人耳对不同频率的声音的响应是不一样的。这样,人耳感知的声音响度是频率和声压级的函数,通过比较不同频率和幅度的声音可以得到主观等响度曲线,如图 4-6 所示。在该图中,最上面那根等响度曲线是痛阈,最下面那根等响度曲线是听阈。该曲线组在 3～4 kHz 附近稍有下降,意味着感知灵敏度有提高,这是由于外耳的共振引起的。

(3)音色

人耳在主观感觉上区别相同响度和音高的两类不同声音的主观听觉特性称为音色。音色是由混入基音的泛音决定的,每个人讲话的声音以及钢琴、提琴、笛子等各种乐器所发出的不同的声音,都是由于音色不同造成的。

人耳对音色的听觉反应非常灵敏,并具有很强的记忆与辨别能力。譬如,当熟人跟你谈话时,即使你未见到他(她)的面也会知道是谁在跟你谈话。甚至连熟人的走路声,你都可以辨认出来。这说明人耳对经常听到的音色具有很强的记忆力。又如,熟知乐器者,只要听到音乐声就能迅速指出是何种乐器演奏的。仅就中国弦乐器而言,就有拉弦乐器和拨弦乐器,拉弦乐器有二胡、京胡、板胡、椰胡、马头琴等;拨弦乐器有古筝、古琴、三弦、琵琶、柳琴、月琴等。即使在同一频段内演奏,人们仍能分辨出是哪一种弦乐器演奏的。这说明每种乐器都有其独特的音色,人耳对

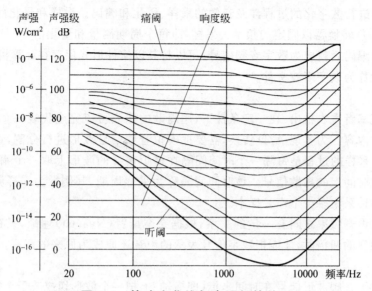

图 4-6　等响度曲线与声强级的关系

各种音色的分辨能力非常强。

　　除此之外,人类对声音音色的感知还有一种特殊的综合性感受,称为音色感。它是由声场(无论是自由声场还是混响声场)内的纵深感,方向、距离、定位、反射、衍射、扩散、指向性与质感等多种因素综合构成的。譬如,即使选用世界上最先进的电子合成器模拟出各种乐器,如小号、钢琴或其他乐器,虽然频谱、音色可以做到完全一样,但对于音乐师或资深的发烧友来讲,仍可清晰地分辨出来。这说明频谱、音色虽然一样,但复杂的音色感却不相同,以至人耳听到的音乐效果不同。这也说明音色感是人耳特有的一种复杂的听觉上的综合性感受,是无法模拟的。

　　4. 模拟音频和数字音频

　　自然界中声音信号是典型的连续信号,它不仅在时间上是连续的,而且在幅度上也是连续的。在时间上连续是指在一个指定的时间范围内声音信号的幅值有无穷多个,在幅度上连续是指幅度的数值有无穷多个。一般来说,人们将在时间和幅度上都是连续的信号称为模拟信号,也称为模拟音频。模拟音频技术中以模拟电压的幅度表示声音强弱。模拟声音在时间上是连续的,而数字音频是一个数据序列,在时间上是断续的。数字音频是通过采样和量化,把模拟量表示的音频信号转换成由许多二进制数 1 和 0 组成的数字音频信号。如图 4-7 所示。

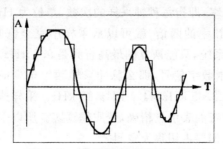

图 4-7　模拟音频和数字音频

(1)首频信号的数字化

数字化的声音易于用计算机软件处理,现在几乎所有的专业化声音录制、编辑器都是数字方式。对模拟音频进行数字化的过程涉及音频的采样、量化和编码。采样和量化的过程可由 A/D 转换器实现。A/D 转换器以固定的频率去采样,即每个周期测量和量化信号一次。经采样和量化后声音信号经编码后就成为数字音频信号,可以将其以文件形式保存在计算机的存储介质中,这样的文件一般称为数字声波文件。

1)采样

信息论的奠基者香农指出:在一定条件下,用离散的序列可以完全代表一个连续函数,这是采样定理的基本内容。为实现 A/D 转换,需要把模拟音频信号波形进行分割,这种方法称为采样(Sampling)。采样的过程是每隔一个时间间隔在模拟声音的波形上取一个幅度值,把时间上的连续信号变成时间上的离散信号。该时间间隔称为采样周期,其倒数为采样频率。采样频率是指计算机每秒钟采集多少个声音样本。

采样频率与声音频率之间有一定的关系,根据奈奎斯特(Nyauist)理论,只有采样频率高于声音信号最高频率的两倍时,才能把数字信号表示的声音还原成为原来的声音。

2)量化

采样只解决了音频波形信号在时间坐标(即横轴)上把一个波形切成若干个等分的数字化问题,但是还需要用某种数字化的方法来反映某一瞬间声波幅度的电压值大小。该值的大小影响音量的高低。人们把对声波波形幅度的数字化表示称之为"量化"。

量化的过程是先将采样后的信号按整个声波的幅度划分成有限个区段的集合,把落入某个区段内的样值归为一类,并赋予相同的量化值。

3)编码

模拟信号经过采样和量化以后,形成一系列的离散信号——脉冲数字信号。这种脉冲数字信号可以按一定的方式进行编码,形成计算机内部运行的数据。所谓编码,就是按照一定的格式把经过采样和量化得到的离散数据记录下来,并在有用的数据中加入一些用于纠错、同步和控制的数据。在数据回放时,可以根据所记录的纠错数据判别读出的声音数据是否有错,如在一定范围内有错,可以纠正。编码的形式比较多,常用的编码方式是 PCM——脉冲调制。脉冲编码调制是把模拟信号变换为数字信号的一种调制方式,即把连续输入的模拟信号变换为在时域和振幅上都离散的量,然后将其转化为代码形式传输或存储。

(2)影响数字音频质量的主要因素

影响数字音频质量的因素主要有三个,即采样频率、采样精度和通道个数。

1)采样频率

采样频率,也称为采样速率,即指每秒钟采样的次数,单位为 Hz(赫兹)。奈奎斯特采样定理指出采样频率高于信号最高频率的两倍,就可以从采样中完全恢复原始信号的波形。对于以 11 kHz 作为采样频率的采样系统,只能恢复的最高音频是 5.5 kHz。如果要把 $20\sim20$ kHz 范围的模拟音频信号变换为二进制数字信号,那么脉冲采样频率至少应为 40 kHz,其周期为 $25~\mu s$。目前流行的采样频率主要为 22.05 kHz,44.1 kHz,48 kHz。采样速率越高,采样周期越短,单位时间内得到的数据越多,对声音的表示越精确,音质越真实。所以采样频率决定音质清晰、悦耳、噪音的程度,但高采样率的数据要占用很大空间。

2)采样精度

采样精度,也称为采样位数,即采样位数或采样分辨率,指表示声波采样点幅度值的二进制数的位数。换句话说,采样位数可表示采样点的等级数,若用 8 b 二进制描述采样点的幅值,则可以将幅值等量分割为 256 个区,若用 16 b 二进制分割,则分为 65536 个区。可见,采样位数越多,可分出的幅度级别越多,则分辨率越高,失真度越小,录制和回放的声音就越真实。但是位数越多,声音质量越高,所占的空间就越大。常用的采样精度分别是 8 位、16 位和 32 位。国际标准的语音采用 8 位二进制位编码。根据抽样理论可知,一个数字信源的信噪比大约等于采样精度乘以 6dB。8 位的数字系统其信噪比只有 48dB,16 位的数字系统的信噪比可达 96dB,信噪比低会出现背景噪声以及失真。因此采样位数越多,保真度越好。

3)通道个数

声音的采样数据还与声道数有关。单声道只有一个数据流,立体声的数据流至少在两个以上。由于立体声声音具有多声道、多方向的特征,因此,声音的播放在时间和空间性能方面都能显示更好的效果,但相应数据量将成倍增加。

要从模拟声音中获得高质量的数字音频,必须提高采样的分辨率和频率,以采集更多的信号样本。而能够进一步进行处理的首要问题,那就是大量采样数据文件的存储。采样数据的存储容量计算公式如下:

存储容量(字节)=采样频率×采样精度/8×声道数×时间

例如,采用 44.1 kHz 采样频率和 16 位采样精度时,将 1min 的双声道声音数字化后需要的存储容量为:44.1×16/8×2×60=10584 B

5. 音频文件格式

目前,在微机中常见的声音文件格式主要有以下四种:WAV 格式、VOC 格式、MP3 格式和 MIDI 格式。

(1)WAV 格式

WAV 格式的声音文件,存放的是对模拟声音波形经数字化采样、量化和编码后得到的音频数据。原本由声音波形而来,所以,WAV 文件又称波形文件。WAV 文件是 Windows 环境中使用的标准波形声音文件格式,一般也用 .wav 作为文件扩展名。WAV 文件对声源类型的包容性强,只要是声音波形,不管是语音、乐音,还是各种各样的声响,甚至于噪音都可以用 WAV 格式记录并重放。当采样频率达到 44.1 kHz,量化采用 16 位并采用双通道记录时,就可获得 CD 品质的声音。

(2)VOC 格式

VOC 格式的声音文件,与 WAV 文件同属波形音频数字文件,主要适用于 DOS 操作系统。它是由音频卡制造公司的龙头老大——Creative Labs 公司设计的,因此,Sound Blaster 就用它作为音频文件格式。声霸卡也提供 VOC 格式与 WAV 格式的相互转换软件。

(3)MP3 格式

MP3 格式的文件,从本质上讲,仍是波形文件。它是对已经数字化的波形声音文件采用 MP3 压缩编码后得到的文件。MP3 压缩编码是运动图像压缩编码国际标准 MPEG-1 所包含的音频信号压缩编码方案的第 3 层。与一般声音压缩编码方案不同,MP3 主要是从人类听觉心理和生理学模型出发,研究出的一套压缩比高,而声音压缩品质又能保持很好的压缩编码方案。所以,MP3 现在得到了广泛的应用,并受到电脑音乐爱好者的青睐。

(4)MIDI 格式

MIDI 的含义是乐器数字接口(Musical Instrument Digital Interface),它本来是由全球的数字电子乐器制造商建立起来的一个通信标准,以规定计算机音乐程序、电子合成器和其他电子设备之间交换信息与控制信号的方法。按照 MIDI 标准,可用音序器软件编写或由电子乐器生成 MIDI 文件。

MIDI 文件记录的是 MIDI 消息,它不是数字化后得到的波形声音数据,而是一系列指令。在 MIDI 文件中,包含着音符、定时和多达 16 个通道的演奏定义。每个通道的演奏音符又包括键、通道号、音长、音量和力度等信息。显然,MIDI 文件记录的是一些描述乐曲如何演奏的指令而非乐曲本身。

与波形声音文件相比,同样演奏时长的 MIDI 音乐文件比波形音乐文件所需的存储空间要少很多。例如,同样 30 分钟的立体声音乐,MIDI 文件只需 200 KB 左右,而波形文件则要大约 300 MB。MIDI 格式的文件一般用 .mid 作为文件扩展名。

MIDI 文件有几个变通格式,一是以 .cmf 为扩展名,另一个以 .rmi 为扩展名。和 VOC 文件一样,CMF 文件也是随声霸卡一起诞生的;有所不同的是,CMF 文件是用于记录 FM 音乐参数和模拟信息的音乐文件,它与 MIDI 文件十分相似。而 RMI 则是 Microsoft 公司的 MIDI 文件格式。除此之外,不同音序器软件通常还有自定义的 MIDI 文件格式,它们之间虽然互不兼容,但有些可以相互转换。

4.2.2 音频的数字化

数字音频系统是通过将声波波形转换成一连串的二进制数据来再现原始声音的,实现这种转换所用的设备是模数转换器(Analog-to-digital Converter),它以上万次每秒的速率对声波进行采样,每一次采样都记录了原始模拟声波在某一时刻的状态,称之为样本。将一串串的样本连接起来,就可以描述一段声波了。

在多媒体技术中,计算机必须先将采样的声音数字化,然后再进行后期处理。数字音频数据量很大,如果不进行处理,计算机系统几乎无法对它进行存取和转换。因此,必须对数字音频进行压缩,它是数字音频处理技术中一项十分关键的技术。

1. 音频采样基本原理

声音信号是典型的连续信号,不仅在时间上是连续的,而且在幅度上也是连续的。在时间上"连续"是指在一个指定的时间范围内声音信号的幅值有无穷多个,在幅度上"连续"是指幅度的数值有无穷多个。模拟信号就是这种在时间和幅度上都连续的信号。在某些特定的时刻对这种模拟信号进行测量,叫做采样,由这些特定时刻采样得到的信号称为离散时间信号。采样得到的幅值是无穷多个实数值中的一个,因此幅度还是连续的。如果把信号幅度取值的数目加以限定,这种由有限个数值组成的信号就称为离散幅度信号。例如,假设输入电压的范围是 $0.0 \sim 0.7$ V,并假设它的取值限定为 0、0.1、0.2、…、0.7 共 8 个值。如果采样得到的幅度值是 0.123 V,它的取值就应该算作 0.1 V,如果采样得到的幅度值是 0.26 V,它的取值就应该算作 0.3 V,这种数值就称为离散数值。把时间和幅度都用离散的数字表示的信号就称为数字信号。

因此,截取模拟声音信号振幅值的过程叫做"采样",得到的振幅值叫做"采样值"。采样值用二进制数的形式表示,该表示形式叫做"量化编码"。

声音采样的基本原理是:首先输入模拟声音信号,然后按照固定的时间间隔截取该信号的振幅值,每个波形周期内截取两次,以取得正、负相的振幅值,该振幅值采用若干位二进制数表示,从而将模拟声音信号变成数字音频信号。模拟声音信号是连续的,而数字音频信号是离散的。

每一秒钟所采样的数目称为采样频率或采率,单位为 Hz。采样频率越高,所能描述的声波频率就越高。采样频率的高低是根据奈奎斯特理论(Nyquist Theory)和声音信号本身的最高频率来决定的。奈奎斯特理论指出:采样频率不应该低于声音信号最高频率的两倍,这样就能把以数字表达的声音还原为原来的声音,这叫做无损数字化(lossless Digitization)。

可以这样来理解奈奎斯特理论:声音信号可以看成由许许多多正弦波组成,一个振幅为 A、频率为 f 的正弦波至少需要两个采样样本表示,因此,如果一个信号中的最高频率为 f,采样频率最低要选择 $2f$。例如,电话话音的信号频率约为 3.4 KHz,采样频率就选为 8 kHz。

2. 音频数据处理

音频数据处理是指对模拟音频数据的数字化,以及利用音频处理软件对数字音频进行后期合成、多媒体音效制作、视频声音处理等工作的总称。

(1)音频数据数字化

在电视机、收音机等许多会发出声音的设备中,声音信号都是模拟信号。但是,在多媒体技术中,计算机不能直接处理模拟信号,必须先把模拟信号转换成数字信号,计算机才能对其进行处理。把模拟信号转换成数字信号的过程称为数字化。

在模拟音频信号数字化的过程中,关键的问题有两个,即采样和量化。其中,采样前面已经介绍过,这里不再赘述;而量化就是音频信号在幅值方面的数字化。量化的具体方法是:把模拟音频信号的每次采样值进行"整数化"。例如,如果把每次采样的幅值用一个 8 位的二进制数来表示,则采样值的可能取值范围是 0~255,实际采样值若不是这一范围内的某个整数值,就按"四舍五入"法则将其整数化,数值 255 与该模拟音频信号的最大音量相对应;当模拟音频信号的采样数值用一个 16 位的二进制数表示时,那么,音频的可能取值范围是 0~65535,数值 65535 与该音频信号的最大音量相对应。把模拟音频信号的幅值划分为一小份、一小份,如果幅度的划分是等间隔的,称为线性量化;如果幅度的划分不是等间隔的,称为非线性量化。可以简单地说,对采样值整数化称为量化,所得的值称为量化值,采样值与量化值之间的差值称为量化误差。音频信号的量化值位数可以采用 8 位、16 位、32 位、64 位、128 位中的一种。量化位数越大,量化精度越高,声音的逼真程度就越好。

选用合适的量化位数,量化误差所引起的噪声就不会被人的耳朵觉察出来,声音的逼真程度才好。当量化位数为 8 位时,每个采样值可以用一个 8 位的二进制整数表示,即用一个字节表示;当量化位数为 16 位时,则需要用两个字节表示。可见量化位数越多,量化后声音的数据量越大,即声音文件越大。

(2)音频数据压缩

音频数据压缩指的是对原始数字音频数据流运用适当的数字信号处理技术,在不损失有用的信息量或所引入损失可忽略的条件下,降低(:压缩)其码率,也称为压缩编码。它必须具有相应的逆变换,称为解压缩或解码。音频信号在通过一个编解码系统后可能引入大量的噪声和一定程度的失真。

音频信号量化位数越多,声音的存储容量也就越大。例如,一张 CD,其采样率为 44.1 kHz,量化精度为 16 位,则 1 min 的立体声音频信号需要占用约 10 MB 的存储容量。也就是说,一张 CD 唱盘的播放时间只有 1 h 左右。研究发现,这样的音频文件存在非常大的冗余度。事实上,在无损的条件下对声音至少可进行 4:1 压缩,即只用 25% 的数据量就可以保存所有的信息。

一般来讲,可以将音频压缩技术分为无损(lossless)压缩及有损(lossy)压缩两大类,而按照压缩方案的不同,又可将其划分为时域压缩、变换压缩、子带压缩以及多种技术相互融合的混合压缩等。各种不同的压缩技术,其算法的复杂程度(包括时间复杂度和空间复杂度)、音频质量、算法效率(即压缩比)以及编解码延时等都有很大的不同,各种压缩技术的应用场合也因此而各不相同。

有很多专业的音频编辑软件,如 Audition、Sound Forge 和 SOX 等可以对声音文件进行压缩和转换。常用的最简单的方法是在 Windows 系统中,使用系统自带的"录音机"程序,具体的操作步骤如下。

①在 Windows 系统任务栏中,单击"开始"→"程序"→"附件"→"娱乐"→"录音机"命令。

②打开一个 WAV 文件,再打开"另存为"对话框,其下方的"格式"一栏显示当前 WAV 文件的音频格式。

③单击此对话框右下方的"更改"按钮,弹出一个"声音选定"对话框,如图 4-8 所示。在"属性"下拉列表框中有许多音频格式的组合可供选择,在"格式"下拉列表框中则有许多压缩格式可供选择。如果选择系统默认的 PCM 格式中的"8.000 kHz,8 位,单声道 7 KB/秒"属性组合,则所获得的压缩比最大,可压缩至原来的 1/10,而音质并不会发生多大变化。

图 4-8　"声音选定"对话框

④选择完成后,单击"确定"按钮即可。

3. 音质标准与评价

无论是模拟音频还是数字音频,均需要制定明确的音质标准等级,以满足不同用途的音频信号处理要求,经编码压缩和传输后的声音质量,更需要进行科学的评价,以评判编码系统或传输系统对声音信号的保真度(或失真度)。音质评价就是通过对音频信号相应技术指标的测量以及人对再现声音的主观感觉,给出声音质量优劣的认定。目前,声音质量的评价方法有客观评价和主观评价两种。由于声音特征和音质要求的不同,具体评价时,把声音分成语音和乐音两类来分别评价,适用的主、客观指标也有差异。

(1)音质等级标准

音质是指音频信号经传输、处理后所再现的声音质量(保真度)。目前,业界公认的声音质量标准分为电话、AM 广播、FM 广播、CD-DA、标准 DVD 和高端 DVD 等 6 个音质等级,具体参数见表 4-2。很明显,高端 DVD 等级的声音质量最高,电话音质等级的声音质量最低。

表 4-2　业界公认的音质等级标准

等级	频率范围	音质
高端 DVD	0~48 kHz	顶级
标准 DVD	0~24 kHz	
CD-DA 音质	10~20 kHz	高

续表

等级	频率范围	音质
FM 广播音质	20～15 kHz	较高
AM 广播音质	50～7 kHz	中
电话音质	200～3.4 kHz	低

除了频率范围外,人们还用其他方法和指标来进一步描述不同用途的音质标准。对于模拟音频来说,经过放大处理或传输,会影响到声音信号的频率成分和信噪比,再现声音的频率成分越多,失真与干扰就越小,声音保真度就越高,音质也越好。对于数字音频来说,单个声道音频信号的保真度与采样频率和量化位数密切相关,若采样频率高,相应的量化比特位数多,音频信号的保真度就高。如果是多个声道,再现出来的声音效果会更好,当然,随之而来的是数据量的成倍增加。

事实上,数字音频再现出来的声音质量还与所采用的数据压缩算法有关,由于用途不同,人们对声音质量的要求也不同,不同音质要求的音频信号可采用不同的数据压缩算法,从而获得音质与处理、传输开销之间的平衡。

(2)音质客观评价

客观评价是指通过检测仪器测量音频信号的技术指标来进行声音质量评价,主要技术指标有频带宽度、动态范围和信噪比等。

理论上,声音信号是由许多频率不同的分量信号组合而成的复合信号,因此,声音的频带宽度特指复合声音信号的频率范围,范围越大,频带越宽,可包含的音频信号(谐波)越丰富,因而声音质量就越高;音频信号的最大音强与最小音强之比称为声音的动态范围。动态范围越大,说明音频信号振幅的相对变化范围越大,则音响效果越好;音频信号中有用声音信号 S 与噪声信号 N 之比称为信噪比,用 S/N 或 SNR(dB)来表示,信噪比越大,说明有用声音信号越强,因而声音质量也就越好。事实上,噪声频率的高低和信号的强弱对人耳的影响是不一样的,通常,人耳对 4～8 kHz 的噪声最灵敏,弱信号比强信号受噪声影响更明显。

实际上,再现声音(特别是乐音)的质量与所用的播放设备和场地条件有关。高质量的音频信号要通过高品质的音响设备在较好的音响环境中,才能再现出高质量的音响效果。对于音响设备而言,主要关注失真度、频响、瞬态响应、信噪比、声道分离度、声道平衡度等指标。失真度包括谐波失真和相位失真两个方面,如果谐波失真,会引起声音发硬、发炸、毛糙、浑浊等,如果相位失真,会使 1 kHz 以下的低频声音模糊,同时影响中频声音层次和声像定位,通常音响系统的音箱失真度最大,一般最小的失真度也要超过 1%,若失真度超过 3%,则音质明显劣化。频响是指音响设备的增益或灵敏度随信号频率变化的情况,反映出设备对音频信号频带宽度和带内不均匀度的支持能力,设备的带宽越宽,高、低频响应越好,不均匀度越小,频率均衡性能越好,优质音响功放设备的频响一般在 1～200 kHz±1 dB 之间,并且具有较细致的频段均衡调节能力,具体应用中,可根据听感,定量调节音响系统的频响效果。瞬态响应是指音响系统对突变信号的跟随能力,它反映了脉冲信号的高次谐波失真大小,严重时影响音质的透明度和层次感。瞬态响应常用转换速率 V/μs 表示,指标越高,谐波失真越小,一般音响设备的转换速率大于 10 V/μs。不同类型的设备,其信噪比指标也不同,如 Hi-Fi 音响要求 SNR>70 dB,CD 播放机则要求 SNR>90 dB。音响设备的声道分离度,是指不同声道间立体声的隔离程度,用一个声道的信号电平与串入另一声道的信号电平差来表示,差值越大说明隔离越好,一般要求 Hi-Fi 音响声道分离度大于 50 dB。音响设备的声道平衡度是指两个声道的增益、频响等特性的一致性,一致性好,则相应各声道声像位置协调;反之,将造成声道声像的偏移。

(3)音质主观评价

主观评价是指通过人聆听各种声音而产生的好恶感觉来进行声音质量评价。

1)语音质量评价方法

常用的主观评价方法有平均主观分法(Mean Opinion Score,MOS)、失真平均主观分法(Degradation Mean Opinion Score,DMOS)、判断满意度测量法(Diagnostic Acceptability Measure,DAM)等。平均主观评分通常采用 5 级评定标准,即优、良、中、差和劣,可用数字 1～5 表示这 5 个等级。参加测试的实验者,在听完所测语音后,从这 5 个等级中选择一级作为他的评测得分,全体测试者的平均分就是所测语音的 MOS 分。由于主观和客观上的种种原因,每次试听所得的评分会有波动。为了减小波动的误差,除了试听者人数要足够多之外,所测语音材料也要足够丰富,试听环境也应尽量保持相同。

在这里要特别需要说明的是,试听者对音频质量的主观感觉往往是和其注意力集中程度相联系的,因而,对应于主观评定等级,还有一个收听注意力等级(Listening Effect Scale)。表 4-3 给出主观评定等级的质量等级、分数和相应的收听注意力等级。

表 4-3　语音质量主观评价等级

质量等级	MOS 评分	收听注意力等级	是真描述
优	5	可完全放松,不需要注意力	没察觉
良	4	需要注意,但不需明显集中注意力	刚有察觉
中	3	中等程度的注意力	有察觉且稍觉讨厌
差	2	需要集中注意力	有明显察觉并且觉可厌但能忍受
劣	1	即使努力听,也很难听懂	不可忍受

在数字语音通信中,通常认为 MOS 分在 4.0～4.5 分时为高质量数字语音,达到长途电话网的质量要求。MOS 分在 3.5 分左右时称作通信质量,这时听者能感觉到重建语音质量有所下降,但不影响正常的通话,可以满足多数语音通信系统的使用要求。MOS 分在 3.0 分以下时常称为合成语音质量,这是指一些声码器合成的语音所能达到的质量,它一般具有足够高的可懂度,但是自然度较差,不容易识别讲话者。高质量语音的频带应达到 7 kHz 以上,这时 MOS 分可达 5 分。

2)乐音质量评价

乐音音质的优劣取决于多种因素,如声源特性(声压、频率、频谱等)、音响器材的信号特性(如失真度、频响、动态范围、信噪比、瞬态特性、立体声分离度等)、声场特性(如直达声、前期反射声、混响声、两耳间互相关系数、基准振动、吸声率等)、听觉特性(如响度曲线、可听范围、各种听感)等。因此,对音响设备再现的乐音音质的准确评价难度较大。

主观评价乐音音质,一般是通过再现乐音的响度、音调和音色的变化及其组合来评价音质的,如低频响亮为声音丰满,高频响亮为声音明亮,低频微弱为声音平滑,高频微弱为声音清澈等。下面结合声源、声场及信号特性介绍几种典型的听感。

①定位感。

若声源是以左右、上下、前后不同方位录音后发送，则接收重放的声音应能将原声场中声源的方位重现出来，这就是定位感。根据人耳的生理特点，由同一声源首先到达两耳的直达声的最大时间差为 0.44～0.5 ms，同时还有一定的声压差、相位差。生理心理学证明：20～200 Hz 低音主要靠人两耳的相位差定位，300～4 kHz 中音主要靠声压差定位，更高的高音主要靠时间差定位。可见，定位感主要由首先到达两耳的直达声决定，而滞后到达两耳的一次反射声和经四面八方多次反射的混响声主要模拟声像的空间环绕感。

②空间感。

一次反射声和多次反射混响声虽然滞后直达声，对声音方向感影响不大，但反射声总是从四面八方到达两耳，对听觉判断周围空间大小有重要影响，使人耳有被环绕包围的感觉，这就是空间感。空间感比定位感更重要。

③层次感。

声音高、中、低频频响均衡，高音谐音丰富，清澈纤细而不刺耳，中音明亮突出，丰满充实而不生硬，低音厚实而无鼻音。

④厚度感。

低音沉稳有力，重厚而不浑浊，高音不缺，音量适中，有一定亮度，混响合适，失真小。

⑤立体感。

主要指声音的空间感（环绕感）、定位感（方向感）、层次感（厚度感）等构成的综合听感。根据人耳的生理特点，只要通过对乐音的强度、延时、混响、空间效应等进行适当控制和处理，在两耳人为的制造具有一定的时间差、相位差、声压差的声波状态，并使这种状态和原声源在双耳处产生的声波状态完全相同，人就能真实、完整地感受到重现乐音的立体感。

除此之外，还有力度感、亮度感、临场感、软硬感、松紧感、宽窄感等许多评价音质的听感。更多乐音听感描述，详见本教材附录二。

4. 语音识别技术

语音识别以语音为研究对象，是语音信号处理的一个重要研究方向，是模式识别的一个分支，其目的就是让机器具有人的听觉功能，在人机语音通信中"听懂"人类口述的语言。根据不同的需求，语音识别的识别内容可分为狭义的语音识别（Speech Recognition）和说话人语音识别（Speaker Recognition）。前者指的是排除不同人的发音差异（如发声频率、说话习惯、口音等），力求提取代表语意的共性特征，"理解"发音人所说的话；后者又称为话者识别，是寻求不同说话人的个性特征，以辨认出说话人的身份。

虽然语音识别系统因语种、功能的不同而呈现出不同的特点，但基本的工作原理可以用图 4-9 所示的框图说明。

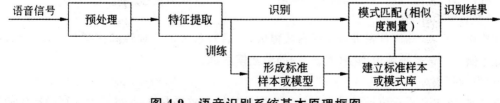

图 4-9　语音识别系统基本原理框图

其中,预处理包括语音信号采样、反混叠带通滤波、去除个体发音差异、设备、环境引起的噪声影响等,并涉及语音识别基元的选取和端点检测问题。特征提取部分用于提取语音中反映本质特征的声学参数,如平均能量、平均跨零率、共振峰等。训练在识别之前进行,通过让讲话者多次重复语音,从原始语音样本中去除冗余信息,保留关键数据,再按照一定规则对数据加以聚类,形成模式库。模式匹配部分是整个语音识别系统的核心,它根据一定的准则(如某种距离测度)以及专家知识(如构词规则、语法规则、语义规则等),计算输入特征与库存模式之间的相似度,判断出输入语音的语意信息。

在这一过程中处理的方法如下。

(1)连续语音流的预处理

①波形硬件采样率的确定、分帧大小与帧移策略的确定;

②剔除噪声的带通滤波、高频预加重处理、各种变换策略;

③波形的自动切分(依赖于识别基元的选择方案)。

对模拟语音信号采样,将其数字化。采样频率的选取根据模拟语音信号的带宽依采样定理确定,以避免信号的频域混叠失真。

连续语音流切分也被称为语音端点检测,它在连续语音识别的预处理中,是极其重要的环节,其目的是找出语音信号中的各种识别基元(如音素、音节、半音节、声韵母、单词、意群等)的始点和终点的位置,将对连续语音的处理变为对各个语音单元的处理,从而大大降低系统的复杂度,提高系统的性能。

识别基元分点的准确确定,不仅可以使得解码出的状态序列具有很高的准确性,而且对于树搜索方式的解码、帧同步搜索等算法来说,大大增加了直接剪枝的机会,进而降低识别系统的时空复杂度,极大地提高系统总体性能。

语音流的切分引擎分为如下两个层次。

数据积累与粗略切分的有限状态自动机:它用来对连续采集的语音流进行积累,当达到适当的长度后,就可靠地分离出语音段与静音段。其功能是靠一个具有 5 个状态的有限自动机来实现的。它所用到的特征主要是时域的,如帧绝对能量、过零率等。

细节切分扫描过程:对上面状态机输出的语音段进行细节切分,其最终的输出单位为上层语音识别系统所需要的基元(如音节、半音节、声韵母)或特定的段(如词或意群),并提供足够的附加信息(如全音节的音调候选,词内所含音节个数范围、停顿时间等韵律信息)。它所用到的特征有时域的,也有频域的和变换域的,如基音周期的变化轨迹、FFT 等。

(2)特征参数提取

识别语音的过程,实际上是对语音特征参数模式的比较和匹配的过程。语音特征参数的选取对系统识别结果起着重要的作用。因此,必须寻找一个既能充分表达语音特征又能彼此区别的特征参数,这是语音识别中一个最基本的问题。语音识别系统常用的特征参数有线性预测系数、倒频谱系数、平均过零率、能量、短时频谱、共振峰频率、带宽等。

(3)参数模板存储

在建立识别系统时,首先进行特征参数提取,然后对系统进行训练和聚类。通过训练,系统建立并存储一个该系统须识别字(或音节)的参数模板库。

(4)识别判决

识别时,待识别语音信号经过与训练时相同的特征参数提取后,与模式模板存储器中的模式进行匹配计算和比较,并根据一定的规则进行识别判决,最后输出识别结果。

4.2.3　MIDI 音乐

1. MIDI 设备的配置与连接

一件乐器只要包含了能处 MIDI 信息的微处理器及相关的硬件接口,就可以认为是一台 MIDI 设备。两台 MIDI 设备之间可以通过接口发送信息而进行相互通信。

一台 MIDI 设备可以有 1～3 个端口。

- MIDI In 接口:接收来自其他 MIDI 设备上的 MIDI 信息。
- MIDI Out 接口:用来输出本设备生成的 MIDI 信息。
- MIDI Thru 接口:将从 MIDI In 端口传来的信息发送到另一台相连的 MIDI 设备上。

接收设备的 MIDI In 连接器内常采用光电耦合器实现收、发设备之间的电气隔离。MIDI 信息采用异步串行方式传输,传输速率为 31.25 kb/s。在进行 MIDI 通信时,用户可以通过标准的 MIDI 电缆来相互连接各端口。MIDI 电缆由一根屏蔽双绞线和两端带有插入式的 5 针 D 型插头组成,如图 4-10 所示。

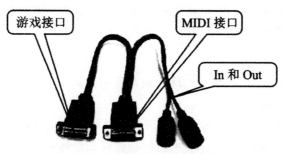

图 4-10　MIDI 与游戏接口电缆

另外,MIDI 设备还可以配备电子键盘、合成器、音序器(MIDI 软件)及扬声器或音箱等。多媒体计算机与 MIDI 设备的连接方法如图 4-11 所示。

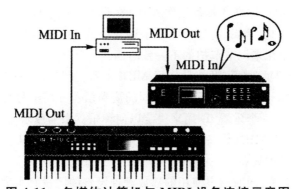

图 4-11　多媒体计算机与 MIDI 设备连接示意图

MIDI 键盘主要用于产生 MIDI 信息。可以将一个 MIDI 的输出接口用 MIDI 电缆连接到 MIDI 声音合成器的输入端口,这样,便可以在 MIDI 键盘上演奏或编曲,而计算机则可以把乐曲演奏或编辑的信息记录下来。

MIDI 合成器是一种电子设备,使用数字信号处理器或其他类型的芯片产生音乐或声音。

当一组 MIDI 音乐通过音乐合成器芯片进行演奏时,音乐合成器负责对这些指令符号进行解释,产生声音波形并通过声音发生器送至扬声器。标准的多媒体计算机平台能通过内部的合成器或者与计算机的 MIDI 端口相连的外部合成器把 MIDI 文件播放成音乐。

MIDI 软件(音序器)是用于记录、编辑和播放 MIDI 文件的一种软件,其作用相当于 MIDI 乐器的一台多轨磁带录音机。大多数音序器都可以输入和输出 MIDI 文件。MIDI 软件可以帮助专业音乐工作者和音乐爱好者通过 MIDI 文件进行多种乐器的合成、乐曲的修改和播放等。综上所述,一个 MIDI 创作系统大致应具备电子键盘、合成器(或音序器)、MIDI 控制器、扬声器及连接这些设备的 MIDI 电缆。

2. 播放 MIDI 音乐

声卡播放 MIDI 音乐最常用的方法有两种,即 FM 合成与波表合成。FM 是运用声音振荡的原理对 MIDI 进行合成处理的,但由于其技术本身的局限,加上这类声卡大多采用廉价的 YAMAHA OPI 系列芯片,因此效果较差。

另一种是波表(WaveTable)合成,效果较好。波表合成是将各种真实乐器所能发出的所有声音(包括各个音域、声调)录制下来,存储在声卡的 ROM 中,称为硬波表。播放时,根据 MIDI 文件记录的乐曲信息向波表发出指令,从表格中逐一找出对应的声音信息,经过合成、加工后回放出来。由于它采用的是真实乐器的采样,所以效果好于 FM。

3. 制作 MIDI 音乐

MIDI 是制作原创音乐时最快捷、最方便、最灵活的工具。但是制作一段原创的 MIDI 乐谱还需要对音乐有一定的了解。

从技术上讲,创作 MIDI 音乐的过程与将现有的音频数字化的过程完全不同。如果把数字化音频比成位图图像(两者都利用采样技术将原始的模拟媒体转换为数字信息),那么 MIDI 就可以类比为矢量图形(两者都利用给定的指令在运行时重建)。对于数字化音频,只需要利用声卡录制或播放音频文件。但是为了制作 MIDI 音乐(乐谱),还需要按图 4-11 所示的示意构成系统,即多媒体计算机中的声卡需要带一个声音合成器(Sound Synthe sizer)。此外,还要有一个作曲软件及一个 MIDI 键盘,这样才具备创作 MIDI 乐谱的基础条件。

乐谱创作软件能够录制、编辑、打印 MIDI 乐谱并播放 MIDI 音乐。另外,一些乐谱创作软件还能通过对乐谱进行量化来调节节拍的不一致问题。

MIDI 编辑中的一个很重要的问题就是选择 MIDI 乐器。例如,同一首乐曲,可选择钢琴或萨克斯等不同的乐器来演奏。MIDI 标准规定了不同的演奏乐器并用编号加以区分,范围在 0~127 之间。在 MIDI 乐谱中,有一个乐器 ID 用来决定以何种乐器来播放乐曲,为了改变乐器,只需改变该数值即可。注意,有些 MIDI 设备对编号增加一个单位的偏移,即采用 1~128,大多数软件内部都有开关来适应这样的设备。

由于 MIDI 与设备有关,同时用户使用的播放硬件设备的质量有很大差异,因此它在多媒体工作中的主要角色与其说是发布媒体,不如说是制作工具。目前,MIDI 是为多媒体项目创建原始音乐素材的最佳途径,使用 MIDI 能够带来所希望得到的灵活性和创新。当 MIDI 音乐创作完成且能够用于多媒体项目时,应该将其转换成数字音频数据来准备发布。

市面上能创作 MIDI 乐谱的软件产品很多,较专业的是 Cakewalk,目前国内流行的是 Cakewalk 9.0x 版。

4. 乐谱的扫描与识别

除了通过 MIDI 方法创作乐谱（MIDI 音乐）以外，还可以利用扫描—识别技术，快速将印刷乐谱数字化，保存为 MIDI 乐谱。

Musitek 公司开发的 Smartscore 软件不仅是一款乐谱创作软件，而且可以用来扫描识别乐谱，其基本思想与文字的 OCR 技术类似。首先，通过扫描仪将乐谱以图像的方式扫描成数字图像（注意扫描参数的选择与设置），分辨率一般选择 150～300 dpi，图像类型为黑白二值或 OCR，扫描后的图片以 TIF 格式存储；然后，通过乐谱识别功能识别出可编辑的数字乐谱并进行校对、编辑。SmartScore 不仅能对当前扫描的图片进行识别，也可以打开事先存储好的乐谱图片并进行识别，识别完成后会提示将识别的结果保存为 SmartScore 专用格式的 .anf 文件。为了编辑、校对方便，该软件将窗口分为上、下两个部分：上半部分显示扫描到的图像原稿，下半部分是识别的结果，使用者可对照原稿检查、试听识别的准确性，并利用不同的编辑工具进行修改；最后，将编辑结果保存为多音轨的 MIDI 文件。

5. MIDI 与数字音频的比较

MIDI 是 20 世纪 80 年代为电子音乐设备和计算机之间进行通信而开发的通信标准，它允许不同制造商生产的音乐和声音合成器通过在彼此之间连接的电缆上发送消息来实现相互的通信。MIDI 提供了用于传递音乐乐谱的具体描述协议，它能够描述音符、音符序列及播放这些音符采用的设备。但是，MIDI 数据本身并非数字化的声音，它只是利用数字形式对乐谱进行速记的符号。数字音频是一段录音，而 MIDI 只是乐谱，前者取决于音响系统的性能，后者取决于音乐设备的质量和音响系统的性能。

一个 MIDI 文件是一组带有时间戳的命令，这些命令记录了音乐的动作（如按下钢琴的一个键或者控制盘的一次移动）。当 MIDI 文件被送到 MIDI 回放设备时，这些动作就形成了声音。一个简单的 MIDI 消息能够导致乐器或者电子合成器产生复杂的声音或者声音序列，因此 MIDI 文件通常比相当的数字化波形文件要小。

与 MIDI 数据不同，数字音频是以成千上百个实际的数值（称为样本）形式存储的声音，这些数字化的数据描述了一个声音在离散空间的瞬时值。由于数字音频与播放设备无关，因此无论在什么时候回放，总能听到同样的声音。但是，这种一致性需要较大的数据存储空间。数字音频多用于 CD 和 MP3 文件。

MIDI 数据相对于数字音频的数据而言，正如矢量图形相对于位图图形一样，即 MIDI 数据与设备有关，而数字音频数据与设备无关。矢量图形会根据打印设备和显示设备的不同而呈现不同外观，同样，MIDI 音乐文件制作的声音也依赖于特定的回放设备。而数字化的音频数据与回放的设备关系不大，播放效果几乎一样。

相对于数字音频来说，MIDI 具有以下几个优点：

①MIDI 文件比数字音频文件尺寸更小，MIDI 文件的大小与播放质量完全无关。通靓一个 MIDI 文件的大小比具有 CD 音质的数字音频文件要小 200～1000 倍。由于 MIDI 文件非小，因此它们不用占据很大的 RAM 存储器、磁盘空间和 CPU 资源。

②由于 MIDI 文件非常小，可以嵌入到网页中，因此下载和播放要比数字音频速度快。

③在有些情况下，如果使用的 MIDI 声源质量很高，MIDI 音乐听起来将会比相当的数字音频文件更好。

④MIDI 数据是完全可编辑的,可对 MIDI 音乐的音符、音高、输出设备等很小的乐谱单元(通常精确度可以达到几分之一毫秒)做精确的编辑和修改;而对于数字音频来说这是不可能的。

另外,MIDI 也有以下几个方面的不足:

①由于 MIDI 数据并不表示实际的声音,而是音乐设备的声音,因此只要 MIDI,的播放设备与制作 MIDI 时使用的设备不一样(播放设备的电子特性及采用的声音合成方法不同),就无法保证播放的最佳效果。

②采用 MIDI 无法表示语音信号。

采用数字音频还有两个额外的,而且经常是起决定性作用的原因:

· Macintosh 和 Windows 平台为数字音频提供了更多的应用软件和系统支持。

· 创建数字音频的准备和编程工作并不需要具备音乐理论的专业知识,但是处 MIDI 数据不但需要了解音频制作,而且还需要对音乐乐谱、键盘和音符有所了解。

4.2.4 音频处理软件

目前,常用的音频处理软件有 Sound Forge、Cool Edit Pro、GoldWave 和 Adobe Audition,可以进行 MIDI 制作的有 Sonar(原 Cake-Walk)、Cubase SX 和 Nuendo 等。

1. Sound Forge

Sound Forge 是一个非常专业的音频处理软件,功能强大而复杂,可以处理大量的音效转换的工作,并且包括全套的音频处理工具和效果制作等功能,需要一定的专业知识才能使用。

2. Cool Edit Pro

Cool Edit Pro 音频文件处理软件主要用于对 MIDI 信号的加工和处理,它具有声音录制、混音合成、编辑特效等功能,该软件支持多音轨录音,操作简单,使用方便。

3. GoldWave

GoldWave 是运行在 Windows 环境下的典型的音频处理软件,功能非常强大,所支持的音频文件有 WAV、OGG、VO C、AIFF、AIF、AFC、AU、SND、MP3、MAT、SMP、VOX、SDS、AVI 等多种格式,可以从 CD、VCD、DVD 或其他视频文件中提取声音。GoldWave 内含丰富的音频处理特效,从一般特效(如多普勒、回声、混响、降噪)到高级的公式计算,而利用公式在理论上可以产生想要的任何声音。

4. Adobe Audition

Adobe Audition 是一个专业音频编辑和混合环境软件,提供专业化音频编辑环境。它专门为音频和视频专业人员设计,可提供先进的音频混音、编辑和效果处理功能。Adobe Audition 具有灵活的工作流程,使用起来非常简单,并配有绝佳的工具,使用它可以制作出音质饱满、细致人微的最高品质音效。

5. Sonar

Sonar 是在计算机上创作声音和音乐的专业工具软件,专为音乐家、作曲家、编曲者、音频和制作工程师、多媒体和游戏开发者以及录音工程师而设计。Sonar 支持 WAV、MP3、AC ID 音频、WMA、AIFF 和其他流行的音频格式,并提供所需的所有处理工具,可以高效地完成专业质量的工作。

6. Cubase SX

Cubase SX 是集音乐创作、音乐制作、音频录音、音频混音于一身的工作站软件系统。使用 Cubase SX，用户不再需要其他昂贵的音频硬件设备，不再需要频繁更新音频硬件设备就能获得非常强大的音频工作站。Cubase SX 不仅是一种系统，它远比单一的系统更全面且更灵活，比如由 Cubase SX 所支持的 VST System Link 技术，能够使得用户通过多台计算机相互连接而形成庞大的系统工程，从而完成海量数据的项目任务。

7. Nuendo

Nuendo 是音乐创作和制作软件工具的最新产品，它将音乐家的所有需要和最新技术都浓缩在其中。有了 Nuendo，用户不再需要其他昂贵的音频硬件设备就能获得非常强大的音频工作站。

4.3　视频处理技术

4.3.1　视频处理技术概述

视频是多媒体中携带信息最丰富、表现力最强的一种媒体，它同时作用于人的视觉器官和听觉器官6随着多媒体技术的发展，计算机不但可以播放视频信息，而且还可以准确地编辑处理视频信息。

1. 模拟视频与数字视频

视频（Video）是由一幅幅单独的画面（称为帧 Frame）序列组成，这些画面以一定的速率（帧率 fps，即每秒播放帧的数目）连续地投射在屏幕上，与连续的音频信息在时间上同步，使观察者具有对象或场景在运动的感觉。

视频可用形式化的时空模式 $v(x, y, t)$ 来表示，其中 (z, y) 是空间变量，表示图像颜色的变化，t 是时间变量。$v(x, y, t)$ 反映了视频信息在音频同步下画面内容随时间变化的特点。

按照视频的存储与处理方式不同，视频可分为模拟视频和数字视频两大类。

（1）模拟视频

模拟视频（Analog Video）属于传统的电视视频信号的范畴。模拟视频信号是基于模拟技术以及图像显示的国际标准来产生视频画面的。

电视信号是视频处理的重要信息源。电视信号的标准也称为电视的制式。目前各国的电视制式不尽相同，不同制式之间的主要区别在于不同的刷新速度、颜色编码系统、传送频率等。目前世界上最常用的模拟广播视频标准（制式）有中国、欧洲使用的 PAL 制，美国、日本使用的 NTSC 制及法国等国使用的 SECAM 制。

NTSC 标准是 1952 年美国国家电视标准委员会（National Television Standard Committee）制定的一项标准。其基本内容为：视频信号的帧由 525 条水平扫描线构成，水平扫描线每隔 1/30 s 在显像管表面刷新一次，采用隔行扫描方式，每一帧画面由两次扫描完成，每一次扫描画出一个场需要 1/60 s，两个场构成一帧。美国、加拿大、墨西哥、日本和其他许多国家都采用该标准。

PAL（Phase Alternate Lock）标准是联邦德国 1962 年制定的一种兼容电视制式。PAL 意指"相位逐行交变"，主要用于欧洲大部分国家、澳大利亚、南非、中国和南美洲。屏幕分辨率增加到

625 条线,扫描速率降到了每秒 25 帧。采用隔行扫描。

SECAM 标准是 Sequential Color and Memory 的缩写,该标准主要用于法国、东欧、前苏联和其他一些国家,是一种 625 线、50 Hz 的系统。

模拟视频信号主要包括亮度信号、色度信号、复合同步信号和伴音信号。在 PAL 彩色电视制式中采用 YUV 模型来表示彩色图像。其中 Y 表示亮度,U、V 用来表示色差,是构成彩色的两个分量。与此类似,在 NTSC 彩色电视制式中使用 YIQ 模型,其中的 Y 表示亮度,I、Q 是两个彩色分量。YUV 表示法的重要性是它的亮度信号(Y)和色度信号(U、V)是相互独立的,也就是 Y 信号分量构成的黑白灰度图与用 U、V 信号构成的另外两幅单色图是相互独立的。由于 Y、U、V 是相互独立的,所以可以对这些单色图分别进行编码。

模拟视频一般使用模拟摄录像机将视频作为模拟信号存放在磁带上,用模拟设备进行编辑处理,输出时用隔行扫描方式在输出设备(如电视机)上还原图像。模拟视频信号具有成本低、还原性好等优点。但它的最大缺点是不论被记录的图像信号有多好,经过长时间的存放之后,信号和画面的质量将大大降低;经过多次复制之后,画面会有很明显的失真。

(2)DTV 数字电视标准

数字电视 DTV(Digital Television)是继黑白电视和彩色电视之后的第三代电视,是在拍摄、编辑、制作、播出、传输、接收等电视信号处理的全过程中都使用数字技术的电视系统。可大幅度提高收视质量和频道数量,实现双向交互式服务。

数字电视标准支持 4∶3 和 16∶9 两种宽高比的显示屏幕。其中 4∶3 一般用在普通显像管电视机上,而 16∶9 多用在高清晰电视机上。

数字电视标准把电视图像的清晰度分为普通清晰度电视(Pure Digital Television,PDTV)、标准清晰度电视(Standard Definition Television,SDTV)、高清晰度电视(High Digital Television,HDTV)3 个等级,支持隔行和逐行两种场扫描方式。

(3)数字视频

数字视频(Digital Video)是对模拟视频信号进行数字化后的产物,它是基于数字技术记录视频信息的。模拟视频可以通过视频采集卡将模拟视频信号进行 A/D(模/数)转换,这个转换过程就是视频捕捉(或采集过程),将转换后的信号采用数字压缩技术存入计算机磁盘中就成为数字视频。

数字视频具有如下特点。

①数字视频可以不失真地进行无数次复制。

②数字视频便于长时间的存放而不会有任何的质量降低。

③可以对数字视频进行非线性编辑,并可增加特技效果等。

④数字视频数据量大,在存储与传输的过程中必须进行压缩编码。

2. 线性编辑与非线性编辑

(1)线性编辑

线性编辑是视频的传统编辑方式。视频信号顺序记录在磁带上,在进行视频编辑时,编辑人员通过放像机播放磁带选择一段合适的素材,然后把它记录到录像机中的一个磁带上,再顺序寻找所需要的视频画面,接着进行记录工作,如此反复操作,直至把所有合适的素材按照节目要求全部顺序记录下来。这种依顺序进行视频编辑的方式称为线性编辑。

(2)非线性编辑

非线性编辑在电影胶片剪辑上早已应用,拍摄的电影胶片素材在剪辑时可以按任何顺序将不同素材的胶片粘接在一起,也可以随意改变顺序、剪短或加长其中的某一段。"非线性"在这里的含义是指使用素材的长短和顺序可以不按摄制的长短和先后而进行任意编排和剪辑。

非线性视频编辑是对数字视频文件的编辑,在计算机的软件编辑环境中进行视频后期编辑制作,能实现对原素材任意部分的随机存取、修改和处理。这种非顺序结构的编辑方式称为非线性编辑。

非线性编辑的功能要远远超过线性编辑的功能,总结起来非线性编辑具有如下的特点:非线性编辑系统可替代传统的切换台、编辑机、特技机、字幕机、调音台等制作设备,调取节目容易,可即时完成快速搜索、精确定位,可使编辑序列任意更换、安排,利用预演功能随时观看节目效果,使工作效率大为提高。

非线性视频节目的后期制作包括视频图像编辑、音频编辑、特技及声像合成等工序,是根据前期摄制的节目素材按要求进行的再创造过程。制作完成后的电视画面,其表现力除了单个画面的自身作用外,更取决于画面组接的作用,即由镜头组接所产生的感染力与表现力。

非线性视频编辑由于其信号质量高、编辑方便高效、制作水平高、投资相对较少等特点,目前已经成为电视节目编辑的主要方式。

(3)数字视频编辑的基本流程

制作一个满意的视频作品,需要制作者完成导演、摄影师、后期编辑等许多人的工作,数字视频编辑的过程如下。

首先要准备大量的视频素材、图像素材以及声音、文字素材等,在把视频素材捕捉到计算机时,所花去的时间和视频的长度相同;其次需要组接这些以时间线为基础的素材,进行特殊效果处理、添加字幕等渲染以达到希望看到的效果;最后进行视频的压缩输出。大量的数据处理工作需要数十分钟甚至几个小时。

4.3.2　视频信号数字化

1. 数字视频的采集

(1)数字视频的获取

获取数字视频信息主要有两种方式:一种是利用数码摄像机拍摄的景物,从而直接获得无失真的数字视频;另一种是通过视频采集卡把模拟视频转换成数字视频,并按数字视频文件的格式保存下来。

(2)数字视频的采集

一个数字视频采集系统由三部分组成:一台配置较高的多媒体计算机系统,一块视频采集卡和视频信号源,如图 4-12 所示。

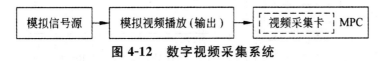

图 4-12　数字视频采集系统

1)视频采集卡的功能

在计算机上通过视频采集卡可以接收来自视频输入端(录像机、摄像机和其他视频信号源)

的模拟视频信号,对该信号进行采集、量化成数字信号,然后压缩编码成数字视频序列。大多数视频采集卡都具备硬件压缩的功能,在采集视频信号时首先在卡上对视频信号进行压缩,然后才通过 PCI 接口把压缩的视频数据传送到主机上。一般的视频采集卡采用帧内压缩的算法把数字化的视频存储成 AVI 文件,高档一些的视频采集卡还能直接把采集到的数字视频数据实时压缩成 MPEG-1 格式的文件。

模拟视频输入端可以提供不间断的信息源,视频采集卡要采集模拟视频序列中的每帧图像,并在采集下一帧图像之前把这些数据传入计算机系统。因此,实现实时采集的关键是每一帧所需的处理时间。如果每帧视频图像的处理时间超过相邻两帧之间的相隔时间,则要出现数据的丢失,也即丢帧现象。采集卡都是把获取的视频序列先进行压缩处理,然后再存入硬盘,也就是说视频序列的获取和压缩是在一起完成的,避免了再次进行压缩处理的不便。

2)视频采集卡的工作原理

视频采集卡的结构如图 4-13 所示。

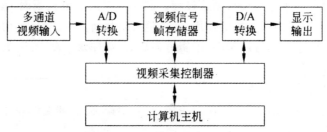

图 4-13　视频采集卡的结构

多通道的视频输入用来接收视频输入信号,视频源信号首先经 A/D(模/数)转换器将模拟信号转换成数字信号,然后由视频采集控制器对其进行剪裁、改变比例后压缩存入帧存储器。输出模拟视频时,帧存储器的内容经 D/A(数/模)转换器把数字信号转换成模拟信号输出到电视机或录像机中。

3)视频采集卡与外部设备的连接

视频采集卡一般不具备电视天线接口和音频输入接口,不能用视频采集卡直接采集电视视频信号,也不能直接采集模拟视频中的伴音信号。要采集伴音,计算机必须装有声卡,视频采集卡通过计算机上的声卡获取数字化的伴音并把伴音与采集到的数字视频同步到一起。

外部设备与视频采集卡的连接包括模拟设备视频输出端口与采集卡视频输入端口的连接,以及模拟设备的音频输出端口与多媒体计算机声卡的音频输入端口的连接。利用录像机(摄像机)来提供模拟信号源,用电视机来监视录像机输出信号,连接关系如图 4-14 所示。

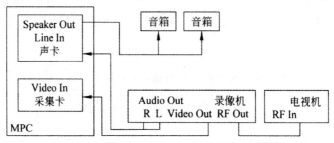

图 4-14　视频采集卡与外部设备的连接

设 VHS 录像机具有 Video Out、Audio Out(R、L)和 RF Out 输出端口,则把录像机的 Video Out 与采集卡的 Video In 相连;录像机的 Audio Out 与声卡的 Line In 相连;录像机的 RF Out 与电视机的 RF In 相连;声卡的 Speaker Out 与音箱相连。按照这种连接关系,如果软件设置正确,则通过多媒体计算机的音箱可以监视采集的伴音情况,而采集的视像序列直接显示在多媒体计算机显示器上。

2. 数字视频的输出

数字视频的输出是数字视频采集的逆过程,即把数字视频文件转换成模拟视频信号输出到电视机上进行显示,或输出到录像机记录到磁带上。与视频采集类似,这需要专门的设备把数字视频进行解压缩及 D/A 变换完成数字数据到模拟信号的转换。根据不同的应用和需要,这种转换设备也有多种。集模拟视频采集与输出于一体的高档视频采集卡插在 PC 的扩充槽中,可以与较专业的录像机相连,提供高质量的模拟视频信号采集和输出。这种设备可以用于专业级的视频采集、编辑及输出。

另外还有一种称为 TV 编码器(TV Coder)的设备,它的功能是把计算机显示器上显示的所有内容转换为模拟视频信号并输出到电视机或录像机上。这种设备的功能较低,适合于普通的多媒体应用。

4.3.3　数字视频节目制作

1. 线性编辑和非线性编辑

在讲解具体的数字视频节目制作过程之前,我们先来了解一下视频编辑方式的有关概念。视频编辑方式有线性编辑与非线性编辑之分。

(1)线性编辑

线性编辑是视频的传统编辑方式。视频信号顺序记录在磁带上,在进行视频编辑时,编辑人员通过放像机播放磁带选择一段合适的素材,然后把它记录到录像机中的一个磁带上,再顺序寻找所需的视频画面,接着进行记录工作,如此反复操作,直至把所有合适的素材按照节目要求全部顺序记录下来。这种依顺序进行视频编辑的方式称为线性编辑。

线性编辑的优点及不足:

①线性编辑的技术比较成熟、操作相对于非线性编辑来讲比较简单。线性编辑是使用编放机、编录机,直接对录像带的素材进行操作,操作直观、简洁、简单。使用组合编辑插入编辑,图像和声音可分别进行编辑,再配上字幕机、特技器、时基校正器等,能满足制作需要。

②线性编辑素材的搜索和录制都必须按时间顺序进行,节目制作相对麻烦。因为素材的搜索和录制都必须按时间顺序进行,在录制过程中就要反复地前卷、后卷寻找素材,这样不但浪费时间,而且对磁头、磁带也造成相应的磨损。编辑工作只能按顺序进行,先编前一段,再编下一段。这样,如果要在原来编辑好的节目中插入、修改、删除素材,就要严格受到预留时间、长度的限制,无形中给节目的编辑增加了许多麻烦,同时还会形成资金的浪费。如果不花很长的工作时间,则很难制作出艺术性强,加工精美的电视节目来。

③线性编辑系统的连线比较多、投资较高、故障率较高。线性编辑系统主要包括编辑录像机、编辑放像机、遥控器、字幕机、特技台、时基校正器等设备。这一系统的投资比同功能的非线性设备高,且连接用的导线如视频线、音频线、控制线等较多,比较容易出现故障,维修量较大。

（2）非线性编辑

非线性编辑在电影胶片剪辑上早已应用，拍摄的电影胶片素材在剪辑时可以按任何顺序将不同素材的胶片粘接在一起，也可以随意改变顺序、剪短或加长其中的某一段。"非线性"在这里的含义是指使用素材的长短和顺序可以不按摄制的长短和先后而进行任意编排和剪辑。

非线性视频编辑是对数字视频文件的编辑，在计算机的软件编辑环境中进行视频后期编辑制作，能实现对原素材任意部分的随机存取、修改和处理。这种非顺序结构的编辑方式称为非线性编辑。

非线性编辑的功能要远远超过线性编辑的功能，总结起来非线性编辑具有如下的特点：非线性编辑系统可替代传统的切换台、编辑机、特技机、字幕机、调音台等制作设备，调取节目容易，可即时完成快速搜索、精确定位，可使编辑序列任意更换、安排，利用预演功能随时观看节目效果，使工作效率大为提高。

非线性视频节目的后期制作包括视频图像编辑、音频编辑、特技及声像合成等工序，是根据前期摄制的节目素材按要求进行的再创造过程。制作完成后的电视画面，其表现力除了单个画面的自身作用外，更取决于画面组接的作用，即由镜头组接所产生的感染力与表现力。

非线性视频编辑由于其信号质量高、编辑方便高效、制作水平高、投资相对较少等特点，目前已经成为电视节目编辑的主要方式。

非线性编辑的特点及优势：

①利用非线性编辑在素材采集时能获得高质量的信号。非线性编辑的素材是以数字信号的形式存入到计算机硬盘中的，可以随调随用，采集的时候，一般用分量采入，或用 SDI 采入，信号基本上没有衰减。非线性编辑的素材采集采用的是数字压缩技术，采用不同的压缩比，可以得到相应不同质量的图像信号，即图像信号的质量是可以控制的。

②非线性编辑具有的强大编辑功能是线性编辑所不可比拟的。一套完整的非线性编辑的功能往往有录制、编辑、特技、字幕、动画等多种功能，在编辑时工作流程比较灵活，可以不按照时间顺序编辑，它可以非常方便地对素材进行预览、查找、定位、设置出点、入点；具有丰富的特技功能，字幕功能和音频处理功能，可以充分发挥编辑人员的创造力和想象力。编辑同时还可以进行"预视"，即随时可以看到编辑的结果，预视是随时为编辑人员提供最终结果的工具。编辑节目的精度高，可以做到不失帧。便于节目内容的交换与交流。同时，只要是存储在计算机里的其他影视素材同样可以调出来使用，和传统的线性编辑相比较，改变了传统的串行为并行的制作工具，而且还能直观的浏览所有画面编辑组合的效果，实现了资源共享且大大提高了工作效率。一般非线性编辑系统可以兼容各种视频、音频设备，也便于输出录制成各种格式的资料。

③非线性编辑系统的投入资金比较少，设备维护、维修和工作运行成本费用大大降低。传统的一套线性编辑设备价格不菲，而非线性编辑系统只要一个能支持它运行的硬件平台（计算机），一块视频卡和一个非线性编辑软件就行了，这些设备的费用相对于传统设备来讲是非常便宜的。如果传统设备出现了故障，必修专业人员才能解决，而非线性编辑的设备硬件方面只要是对计算机懂得基本维修的人员就可以进行维修，软件坏了可以及时重新安装，这就大大减少了维修费用和维修时间。

常用的非线性编辑软件有 Adobe Premiere、Sony Vegas、Campus Edius、Ulead Media Studio、会声会影等。Adobe Premiere 是比较专业的非线性编辑软件，该软件具有丰富的转场特技和视频滤镜，并有多种插件以及增强功能，但操作较复杂。Sony Vegas 和 Campus Edius 也是专业的视频编辑软件,它们各具特色。Ulead Media Studio 是一款准专业的视频编辑软件,而会声会影功能则比较简单、运行速度比较慢,但界面友好、操作容易,并且一般都能满足制作教学节目的需要,适合要求不高的场合。每一款编辑软件都有其优点和缺点,必要时可以互相取长补短。

2. 节目制作过程

视频转换可以用视频编辑软件重新生成所需要的格式,也可以用专门的视频转换软件来实现,如豪杰视频通等,可以进行常见视频格式的相互转换,并可以批量转换。

视频处理是一项技术性非常强的工作,要求工作人员熟练掌握各种视音频格式的技术特点,并关注新的视频技术发展动态,熟悉各种常见视频处理软件的使用,这样处理起视频来才能得心应手。视频节目制作过程一般包括选题、编写稿本、准备素材、节目编辑、节目输出、试用修改等过程,但主要是编写稿本、准备素材、节目编辑、节目输出这 4 个过程。

(1)编写稿本

编写稿本是指根据教学大纲或教学要求编写文字稿本,编写可供拍摄录制的讲稿,或者制定拍摄制作提纲等,供讲课教师和拍摄技术人员参考。

(2)准备素材

准备素材是指在视频拍摄完成进行编辑之前需要进行的准备工作,在编辑之前,需要向非线性编辑系统中输入素材,通过视频采集卡或 IEEE-1394 卡将摄录像设备中的音/视频信号传输并存储到计算机中。

在准备素材时,除了采集视频素材之外,还应将需要用到的其他素材如图像、动画、声音等也通过适当的方法存储到计算机中,以便编辑时调用。

(3)节目编辑

节目编辑是将准备的视频、音频、图像、动画等素材经过加工整理成需要的节目形式,根据镜头编辑时间顺序的不同,可分为线性编辑和非线性编辑。前面已经讲到了,线性编辑是指传统的磁带录像编辑,是用磁带作为记录媒体,视音频信号以线性方式一个镜头接一个镜头记录在磁带上,镜头的重放必须按照先后顺序线性进行,中间的某一镜头只能等长度替换,但不能变长、变短或删除。非线性编辑以计算机的硬盘作为记录媒体,记录的是数字化音视频信息,这些信息可以随机存储或播放,可以以任意顺序调出任何镜头,可以插入、删除、变长、变短任意镜头。

节目编辑通常包括以下内容。

①浏览素材:通过编辑系统的播放器可以播放浏览素材,可以用正常速度播放,也可以快放、慢放和单帧播放,播放速度可无级调节,也可以反向播放。

②编辑点定位:在确定编辑入点和编辑出点时,可以用浏览的方式进行粗略定位,也可以用输入时间码值的方法精确定位编辑点,时间码值用"时:分:秒:帧"的方式显示,可以精确到每一帧。

③剪辑素材:可以对选中的素材进行剪切、变长或变短操作。

④组接素材:非线性编辑系统中的各段素材的相对位置可以随意调整。编辑过程中,也可以在任何时候删除节目中的一个或多个镜头,或向节目中的任意位置插入一段素材。

⑤制作特技:在非线性编辑系统中制作特技时,一般可以在调整特技参数的同时观察特技的实际效果,直到满意为止。

⑥编排字幕:字幕就是在视频画面上叠加文字。

⑦编辑声音:对音频信号进行剪切、变长或变短,或者插入其他的音频信号。

（4）节目输出

根据制作需要，编辑好的节目可以用 4 种方式输出成品。

①可以直接输出到计算机的硬盘上，保存为指定的音视频文件格式。

②可以通过 IEEE-1394 卡输出到 DV 磁带上。

③可以制作成 VCD 或者 DVD 等光盘。

④可以发布在 Internet 上。

4.3.4　视频编辑和播放软件

1. 视频编辑器

视频信息的处理主要体现在数字视频的编辑处理上，包括视频画面的剪辑、合成、叠加、转换和配音等。具有视频文件编辑功能的应用程序称为数字视频编辑器或视频编辑器。目前常见的视频编辑器有 Premiere、Video For Windows 和 Digital Video Productor 等。下面简单介绍 Premiere。

Adobe 是美国著名的生产图形图像处理软件的公司，其代表作 Photoshop 图像处理软件，几乎可以说是家喻户晓，该公司的另一代表性软件便是处理和制作数字化影视作品的软件 Adobe Premiere。

Adobe Premiere 能够十分方便地对影视作品进行编辑、裁剪、过渡、特技、配音等处理，能够轻而易举地进行各种复杂的多媒体设计。Adobe Premiere 把影视创作普及给了拥有 PC 的家庭或机构，它也是专业人士进行影视创作的可选软件工具。

Adobe Premiere 6.0 相对于以前的版本，在创作和编辑视音频节目上有不少改进，在质量和处理速度方面也有很大提高。Premiere 的主要窗口如下。

Project 素材集成窗口用来存放制作素材，相当于一个素材库。它可以存放纯文本文件，存放 BMP、PSD、JPG、TIF 等图像文件，存放 AVI、MOV、MPEG 等视频文件，还可存放 WAV 音频文件。

用 Timeline 窗口作为视、音频编辑园地，可对视频进行各种编辑，实现各种特技效果，对音频进行混合编辑。

可在 Monitor 窗口中进行预览及编辑、裁剪，具有滚动（垂直移动）和爬行字幕（水平移动）效果。

"Transitions"过渡窗口提供 75 种预定义效果，双击打开"Transitions"过渡图标窗口，还可对过渡效果进行参数设置，获得更多的变化。

Adobe Premiere 是一个集视频、音频等多媒体信息于一体的应用程序。在程序中，Premiere 要对大量的视频、音频、图像和动画等对像进行处理，并加入过渡、滤镜和动画等效果，还要在编辑前后进行素材采集，作品压缩输出等工作。这些工作都要花费计算机大量的运行时间和空间，所以，Premiere 对用户的计算机提出了较高的系统配置要求。

Premiere 是视频编辑器中功能较强的一种，在多媒体应用和电子出版领域应用较广。Premiere 的主要功能包括如下：

①编辑和组接各种视频片断。

②各种特技处理。

③各种过渡效果。

④各种字幕、图标和其他视频效果。

⑤配音并对音频片断进行编辑调整。

⑥改变视频特性参数，如图像深度、视频帧率和音频采样等。

⑦设置音频、视像编码及压缩参数。

⑧输出生成 AVI 或 MOV 格式的数字视频文件。

⑨转换成 NTSC 或 PAL 的兼容色彩，以便换成模拟视频信号。

⑩其他一些高级视频编辑功能。

2．视频播放器

现在的视频文件格式很多，如前面介绍的 AVI、MPEG、MOV、RM 等等。不同格式的视频需要不同的播放器，一般情况下，都是用功能比较多的播放器，像暴风影音等。

（1）Windows Media Player

Windows Media Player 播放器可以播放和组织计算机及 Internet 上的数字媒体文件。此外，还可以使用播放机播放、翻录和刻录 CD，播放 VCD 和 DVD，将音乐、视频和录制的电视节目同步到便携设备。

（2）RealOne Player

RealOne Player 是一种全新的支持媒体格式更多、网络功能更强的播放器。它不仅是纯粹的播放器，而且还内置了全新的 Web 浏览、曲库管理和大量线上广播电视频道等网络功能，实现了用户和互联网的更直接接触。其对各种媒体格式的支持让用户不必安装其他媒体播放器软件。RealOne Player 是一个免费软件，用户可以从 Internet 上自由下载。

（3）暴风影音

作为对 Windows Media Player 的补充和完善，用于播放当前众多音视频文件。暴风影音可以配合 Windows Media Player 完成当前大多数流行影音文件、流媒体、影碟等的播放而无需其他任何专用软件，目前支持多达 189 种媒体格式。现在的暴风影音 2009 版具有多播放核心、多种媒体输出方式，可适应各种媒体文件，播放效果稳定清晰。此外，在一些细节上也更符合用户的功能需求，如支持字幕嵌入、多声道调节、屏幕抓图等功能。此外，随着 Vista 系统的发布，暴风影音 2009 也加入了对其的支持。

（4）Kmplayer

Kmplayer 是一款功能超强的影音播放器，用于播放各种影音文件，以及 DVD、VCD 等影碟。你无需在安装各种解码器，就可以用其播放一些原本需要专用程序来能播放的影片格式。除了支持各种 Codes 之外，KMPlayer 还拥有许多优异功能，如能够播放 DVD、VCD 影碟，可以外挂多种格式的字幕，能使用目前有极大普及率的 Winamp 音效插件（输入、常规、DSP、视觉效果、媒体库等插件），以及支持多种影片效果调整等等。

（5）PPStream

PPStream 能观看各种免费网络电视，以及点播自己喜欢的精彩电影，是基于 P2P 技术的流媒体应用解决方案，可以为广大宽带用户提供稳定和流畅的视频节目，能够在线收看海内外电影、电视剧、体育直播、游戏竞技、动漫、综艺、新闻、财经资讯等众多类型的影视节目。与传统的流媒体相比，由于 PPStream 采用了 P2P-Streaming 技术，具有用户越多播放越稳定，支持数万人同时在线的大规模访问等特点。同时，PPStream 也是目前唯一一款能同时提供网络电视直播和点播功能的 P2P 网络电视。在一些细节功能上，与其他网络电视相比，PPStream 也有相当多的独到之处，如画中画、支持换肤、解除 ISP 限制、完善的频道功能、热点资讯、DVD 播放、网络电视分享、节目点播（支持拖放）等等众多人性化功能。

（6）终极解码

终极解码是一款全能型、高度集成的解码包，自带三种流行播放器（MPC/KMP/BSP）并对WMP 提供良好支持，可在简、繁、英 3 种语言平台下实现各种流行视频音频的完美回放及编码功能。仅需要简单的操作即可播放 HDTV，是目前最省心的 HDTV 播放套件。终极解码对比别的解码包优势在于对 HDTV 的超强支持（其它常见的音、视频格式也可以很好的支持）。软件预设了各种解码模式，一般情况下，选取适宜的解码模式即可获得良好的播放效果；如果你是有经验的用户可在高级设置中自行调整，可以方便的通过解码设置中心切换分离器/解码器，某些特殊功能如 DTS-CD 播放、DVD 软倍线、HDTV 硬件加速等都能简单实现；同时兼容编码，配合压制工具可把常见媒体（AVI/MPG/VOB/MKV/OGM 等）转为 RMVB/WMV/AVI 等等格式。

（7）超级解霸

金山公司开发的"超级解霸"由"影视解霸"、"声音解霸"和"VCD 自动播放监测器"等 3 部分组成，适用于 Windows 环境。它的 VCD 自动播放监测器具有自动识别 VCD 的功能。只要把VCD 碟片放入 CD-ROM 驱动器，即可自动识别并开始播放，播放完毕能自动弹出碟片。"影视解霸"部分具有播放 MPV、MPG 等文件视频图像的功能，"声音解霸"可支持播放 MP1、MP2、MP3 等不同压缩比的音频压缩文件（MPEG audio，MPA）。当"超级解霸"运行时，屏幕上将显示出一个简单明了的运行窗口，无论用鼠标或键盘操作均很方便。在以上提到的文件中，MP 均代表 MPEG，V 或 G 代表视频或图形，A 代表声音。由于该软件采用了全新的 VBV（video buffer verify）算法，可保证播放时声音与图像同步；"声音解霸"中采用的浮点算法又使解码的速度与音质得到改善，可达到很高的声音保真度。因此用它播出 VCD 时画面清晰、声音悦耳、运行平滑，在许多方面都比 XingPlayer 播放器更强，从而深受国内用户的推崇。

豪杰超级解霸 9 是豪杰公司为 IPTV 领域服务而精心打造的一款集 IPTV 娱乐、媒体文件制作、多种格式相互转换、媒体资源下载与媒体搜索、IP 通信、电子商务等于一体的多功能 IPTV服务系统，主要包含了纵横宽频，视频解霸，音频解霸，DAB/DVB 即时播放，豪杰 DAC 提取、制作、专辑，辅助工具，音视频转换工具等几大部分，为用户提供全方位的 IPTV 娱乐解决方案，使用户的生活从此更加精彩。

豪杰超级解霸具有很多功能，主要归纳为以下几个方面：

1）精湛的 DAC 音频技术

DAC 音频格式依据自然声学模型进行音频编码，压缩和解压时 CPU 的占用率低，系统资源消耗少，且其音效几乎和 CD 没有区别。用户可以使用系统提供的 DAC 工具集制作出高品质的DAC 音乐。

2）豪杰超级影吧

豪杰超级影吧提供影音欣赏、互动游戏、网络电话、IVR 点歌、网上商城、媒体社区、网络游戏等多种互联网服务。社区论坛、在线影评、娱乐花絮应有尽有，互动又有趣。用豪杰独创的媒体网络传输技术，可以让多个用户同时在线播放或下载影片，而使用户的正常操作不受影响。

3）豪杰网络电话

豪杰网络电话搭载 VOIP 运营商平台，可以实现个人电脑与座机、手机、小灵通之间的通话，语音清晰，流畅，售后服务成熟完善。使用豪杰网络电话拨打国内长途，没有市话费、月租费及其他隐含费用,时尚方便又省钱。

4)专业的音视频技术

豪杰专业的音视频技术具有以下特点:

①系统可自动识别并播放 MPA,AVI,ASF,WMV,RM,RMVB,MOV,SWF,VQF,DAC,MP3PRO 以及 WMA 等格式的音频、视频文件。

②支持 RM,RMVB,AVI,ASF,WMV,MOV,MPG,VCD,DVD 等主流格式的亮度、色度和声道调节,使播放时的图象更加清晰。

③强大的记忆播放功能,支持光盘播放的书签记录及断点续播。

④随心所欲完全控制 DVD 字幕位置、颜色。

⑤JMV 文件加密技术,保护个人隐私。

⑥独特背景视频播放方式,工作娱乐两不误。

⑦支持多种音视频的抓取,帮助用户建立个人的电脑数字媒体库。

5)强大的音视频转换工具

豪杰提供的音视频转换工具具有以下特点:

①从影音文件分离声音数据,轻松把卡拉 OK 制成 CD 或 MP3,还可以随意提取电视、电影中的主题曲。

②独创两声道环绕技术,用一对普通音箱就可以实现 7.1 环绕音场效果。

③SPDIF 输出技术,支持 AC-3 硬解码系统。

④多种视频格式的自由声道控制。

4.4　动画处理技术

4.4.1　动画概述

1. 多媒体动画的发展过程

多媒体动画的发展经历了一个复杂的过程,从二维到三维,从线框图到真实感图像,从逐帧动画到实时动画,可以说多媒体动画技术是一门综合运用计算机科学、艺术、数学、物理学、生命科学及人工智能等许多学科和技术的综合学科。多媒体动画技术在数字媒体内容领域同样有着大量和广泛的应用。

早在 1963 年至 1967 年期间,Bell 实验室的 Ken. Knowlton 等人就着手于用计算机制作动画片。一些美国公司、研究机构和大学也相继开发动画系统,这些早期的动画系统属于二维辅助动画系统,利用计算机实现中间画面制作和自动上色。20 世纪 70 年代开始开发研制三维辅助动画系统,如美国 Ohio 州立大学的 D. Zelter 等人完成的可明暗着色的系统。与此同时,一些公司开展了动画经营活动,如 Disney 公司出品的动画片"TRON"就是 MAGI 等四家公司合作的。

从 20 世纪 70 年代到 80 年代初开始研制的三维动画系统,采用的运动控制方式一般是关键参数插值法和运动学算法。20 世纪 80 年代后期发展到动力学算法以及反向运动学和反向动力学算法,还有一些更复杂的运动控制算法,从而使链接物的动画技术日渐趋于精确和成熟。目前正在把机器人学和人工智能中的一些最新成就引入多媒体动画,提高运动控制的自动化水平。

此外,加拿大蒙特利尔大学 MIRA 实验室的 N. M. Thalmamn 夫妇在动画制作和高质量图像生成方面的研究也是卓有成效的。他们于1986年出版的著作《多媒体动画的理论和实践》是迄今为止关于动画原理论述较为系统和全面的一部专著。他们还开发了3D演员系统,在系统中引入了面向对象的动画语言。

随着计算机技术的迅猛发展,多媒体动画系统也日益复杂和完善。一个三维多媒体动画系统应包括实体造型、真实感图形图像绘制、运动控制方法、存储和重放、图形图像管理和编辑等功能模块。进一步完善还应配置专用动画语言、各种软硬件接口和友善的人机界面。早期的多媒体动画系统有的甚至采用模拟计算机。随着高性能工程工作站的推出,配置有RISC结构的CPU芯片,采用并行运算和固化算法的专用图形处理器以及高分辨率的光栅扫描显示器和海量光盘存储器的推出,为实时动画的制作提供了硬件基础。开发相应的接口,连接摄像机、图像扫描仪、录音录像设备等相应外设,组成多媒体动画系统,并且和多媒体技术结合起来共同发展。Evan&Sutherland公司耗资数百万美元,开发了实时飞机模拟训练系统。SGI公司基于RISC结构的并行处理工作站适于开发三维动画系统。

目前国内在工作站和一些小型机CAD系统中配套引进了一些动画软件,如机械CAD中的机构运动模拟、加工过程模拟、建筑CAD中的全景观察系统等。在微机的动画软件有Mac机的Video Work、IBM-PC机上的Animator及3D Studio,都具有图形图像编辑、动画存储及重放功能,普遍采用了关键帧技术。三维动画系统如美国爱迪生公司在SGI工作站上开发的EX-PLORE系统,包括造型、绘制、动画、图像编辑、纹理和映射、记录等六大功能模块,它的造型功能通过CAD系统接口提供,对三维链接物动画采用反向运动学算法。类似软件还有美国加州WAVEFRONT公司的三维动态视觉软件Wavefront,该软件广泛应用于众多领域的造型、设计、动态仿真模拟和科学数据的分析上,可在不同档次的UNIX工作站上运行。这些软件基本上代表了国际上20世纪80年代中期水平。国内一些高校、科研机构和工业部门也在开展这方面的研究工作,主要集中在一些应用领域,如模拟机械手取物、模拟飞机飞过的场景变化、人体运动模拟等。这些动画多数属于二维动画,从总体水平看与国外还存在较大差距。对引进系统的开发应用处于起步阶段,目前取得了一定发展,如亚运动会的片头设计、商品广告设计等。由于多媒体动画应用十分广泛,效益甚佳,前景迷人,必将吸收更多的人加入这一研究应用领域。

2. 从传统动画到多媒体动画

当观看电影、电视或动画片时,画面中的人物和场景是连续、流畅和自然的。但当仔细观看一段电影或动画胶片时,看到的画面却一点也不连续。只有以一定的速率把胶片投影到银幕上才能有运动的视觉效果,这种现象是由视觉滞留造成的。动画和电影是利用了人的眼睛的视觉滞留特性。人的眼睛具有"视觉滞留效应",当被观察的物体消失后,物体仍在大脑视觉神经中停留短暂的时间。人类的视觉停留时间约为1/24 s,如果每秒快速更换24幅或24幅以上的画面,当前一个画面在大脑中消失以前,下一个面面进入眼帘,大脑感觉的影像就是连续的。动画就是利用这一视觉原理,将多幅画面快速、连续播放,产生动画效果。动画制作就是采用各种技术为静止的图形或图像添加运动特征的过程。

传统的动画制作是在纸上一页一页地绘制静态图像,再将纸上的画面拍摄制作成胶片。计算机动画是根据传统的动画设计原理,由计算机完成全部动画制作过程。

动画与运动是分不开的。可以说运动是动画的本质,动画是运动的艺术。从传统意义上说,动画是一门通过在连续的多格的胶片上拍摄一系列单个画面,从而产生动态视觉的技术和艺术,这种视觉是通过将胶片以一定的速率放映的形式体现出来的。一般来说,动画是一种动态地生成一系列相关画面的处理方法,其中的每一幅与前一幅略有不同。

实践证明,当动画或电影的画面刷新率为每秒 24 帧左右,人眼看到的是连续的画面效果。但是,每秒 24 帧的刷新率仍会使人眼感到画面的闪烁,要消除闪烁感画面刷新率还需要提高一倍。因此,每秒 24 帧的速率是电影放映的标准,它能最有效地使运动的画面连续流畅。但是,在电影的放映过程中有一个不透明的遮挡板每秒遮挡 24 次,因此电影画面的刷新率实际上是每秒 48 次。这样就能有效地消除闪烁,同时又节省了一半的胶片。

(1)传统动画

传统动画片的生产过程主要包括编剧、设计关键帧、绘制中间帧、拍摄合成等方面。关键帧就是定义动画的起始点和终结点的一幅图像,它是一个独立的状态,它记录动画的变化。在起始和终结关键帧之内的帧被称为过渡帧。在早期的 Walt Disney 卡通制作室,由熟练的动画师设计卡通片中的关键画面,即所谓的关键帧,而由一般的动画师设计中间帧。由此可以看出,这个动画片的制作过程相当复杂:从设计规划开始,经过设计具体场景;设计关键帧;制作关键帧之间的中间帧;复制到透明胶片上;上墨涂色;检查编辑;最后到逐帧拍摄。整个制作所消耗的人力、物力、财力以及时间都是巨大的。因此,当计算机技术发展起来以后,人们开始尝试用计算机进行动画创作。

(2)多媒体动画

多媒体动画是采用连续播放静止图像的方法产生景物运动的效果,即使用计算机产生图形、图像运动的技术。多媒体动画的原理与传统动画基本相同,只是在传统动画的基础上把计算机技术用于动画的处理和应用,并可以达到传统动画所达不到的效果。例如,在三维多媒体动画中,中间帧的生成可以由计算机来完成,用插值算法计算生成中间帧代替了设计中间帧的动画师,所有影响画面图像的参数都可成为关键帧的参数,如位置、旋转角、纹理的参数等。由于采用数字处理方式,动画的运动效果、画面色调、纹理、光影效果等可以不断改变,输出方式也多种多样。

多媒体动画区别于计算机图形、图像的重要标志是:动画使静态图形、图像产生了运动效果。小到一个多媒体软件中某个对象、物体或字幕的运动,大到一段动画演示;光盘出版物片头、片尾的设计制作;甚至到电视片的片头、片尾,电视广告,多媒体动画片等。

从制作的角度看,多媒体动画有可能相对较简单,如一行字幕从屏幕的左边移入,然后从屏幕的右边移出,这一功能通过简单的编程就能实现。多媒体动画也有可能相当复杂,如动画片《侏罗纪公园》,需要大量专业计算机软硬件的支持。从另一方面看,动画的创作本身是一种艺术实践:动画的编剧、角色造型、构图、色彩等的设计都需要高素质的美术专业人员才能较好地完成。总之,多媒体动画制作是一种高技术、高智力和高艺术的创造性工作。

通过动画设计实践,动画的构成应该遵循一定的构成规则,主要有以下 3 点:

①动画由多画面组成,并且画面必须是连续的。

②画面之间的内容必须存在差异。

③画面表现的动作必须是连贯的,即后一幅画面是前一幅画面的继续。

此外,在动画的变现手法上也要遵循一定的原则。

①在严格遵循运动规律的前提下,可进行适度的夸张和发展。夸张与拟人,是动画制作中常用的艺术手法。许多优秀的作品,无不在这方面有所建树。因此,发挥你的想象力,赋予非生命以生命,化抽象为形象,把人们的幻想与现实紧密交织在一起,创造出强烈、奇妙和出人意料的视

觉形象,才能引起共鸣、认可。实际上,这也是动画艺术区别于其他影视艺术的重要特征。

②动画节奏的掌握以符合自然规律为主要标准。适度调节节奏的快慢,以控制动画的夸张与否。

③动画的节奏通过画面之间物体相对位移量进行控制。相对位移量大,物体移动的距离长,视觉速度快,节奏也就快;相对位移量小,节奏就慢。

3. 多媒体动画的分类

多媒体动画可以按照控制方式和视觉空间加以分类。

根据运动的控制方式,可将多媒体动画分为实时动画和逐帧动画两种。

(1)实时动画

实时动画也称为算法动画,它是采用各种算法来实现运动物体的运动控制。实时动画一般不包含大量的动画数据,而是对有限的数据进行快速处理,并将结果随时显示出来。实时动画的响应时间与许多因素有关,如计算机的运算速度、软硬件处理能力、景物的复杂程度、画面的大小等。游戏软件以实时动画居多。

在实时动画中,一种最简单的运动形式是对象的移动,它是指屏幕上一个局部图像或对象在二维平面上沿着某一固定轨迹运动。运动的对象或物体本身在运动时的大小、形状、色彩等效果是不变的。具有对象移动功能的软件有许多,如 Authorware、Flash 等都具有这种功能,这种功能也被称作多种数据媒体的综合显示。由于对象的移动相对简单,容易实现,又无需生成动画文件,所以应用广泛。但是,对于复杂的动画效果,则需要使用二维帧动画预先将数据处理和保存好,然后通过播放软件进行动画播放。

算法动画是采用算法实现对物体的运动控制或模拟摄像机的运动控制,一般适用于三维情形。

算法动画根据不同的算法可分为以下几种:

①运动学算法:由运动学方程确定物体的运动轨迹和速率。

②动力学算法:从运动的动因出发,由力学方程确定物体的运动形式。

③反向运动学算法:已知链接物末端的位置和状态,反求运动方程以确定运动形式。

④反向动力学算法:已知链接物末端的位置和状态,反求动力学方程以确定运动形式。

⑤随机运动算法:在某些场合下加进运动控制的随机因素。

算法动画是指按照物理或化学等自然规律对运动进行控制的方法。针对不同类型物体的运动方式(从简单的质点运动到复杂的涡流、有机分子碰撞等),一般按物体运动的复杂程度将物体分为质点、刚体、可变软组织、链接物、变化物等类型,也可以按解析式定义物体。

用算法控制运动的过程包括:给定环境描述、环境中的物体造型、运动规律、计算机通过算法生成动画帧。目前针对刚体和链接物运动已开发了不少较成熟算法,对软组织和群体运动控制方面也做了不少工作。

模拟摄影机实际上是按照观察系统的变化来控制运动,从运动学的相对性原理来看是等价的,但也有其独特的控制方式,例如可在二维平面定义摄影机运动,然后增设纵向运动控制。还可以模拟摄影机变焦,其镜头方向由观察坐标系中的视点和观察点确定,镜头绕此轴线旋转,用来模拟上下游动、缩放的效果。

目前对多媒体动画的运动控制方法已经作了较深入的研究,技术也日渐成熟,然而使运行控制自动化的探索仍在继续。对复杂物体设计三维运动需要确定的状态信息量太大,加上环境变化,物体问的相互作用等因素,就会使得确定状态信息变得十分困难。因此探求一种简便的运动控制途径,力图使用户界面友好,提高系统的层次就显得十分迫切。

高层次界面采用更接近于自然语言的方式描述运动,并按计算机内部解释方式控制运动,虽然用户描述运动变得自然和简捷,但对运动描述的准确性却带来了不利,甚至可能出现模糊性、二义性问题。解决这个问题的途径是借鉴机器人学、人工智能中发展成熟的反向运动学、路径设计和碰撞避免等理论方法。在高度智能化的系统中物体能响应环境的变化,甚至司以从经验中学习。

常用的运动控制人机界面有交互式和命令文件式两种。交互式界面主要适用于关键帧方法,复杂运动控制一般采用命令文件方式。在命令文件方式中文件命令可用动画专用语言编制,文件由动画系统准确加以解释和实现。在机器解释系统中采用如下几种技术。

①参数法:设定那些定义运动对象及其运动规律的参数值,对参数赋以适当值即可产生各种动作。

②有限状态法:将有限状态运动加以存储,根据需要随时调用。

③命令库:提供逐条命令的解释库,按命令文件的编程解释执行。

④层次化方法:分层次地解释高级命令。

(2)逐帧动画

逐帧动画也称为帧动画或关键帧动画,它通过一组关键帧或关键参数值而得到中间的动画帧序列,可以是插值关键图像帧本身而获得中间动画帧,或是插值物体模型的关键参数值来获得中间动画帧,分别称之为形状插值和关键位插值。

早期制作动画采用二维插值的关键帧方法。当两幅二维关键帧形状变化很大时不宜采用参数插值法,解决的办法是对两幅拓扑结构相差很大的画面进行预处理,将它们变换为相同的拓扑结构再进行插值。对于线图形即是变换成相同数目的段,每段具有相同的变换点,再对这些点进行线性插值或移动点控制插值。

关键参数值常采用样条曲线进行拟合,分别实现运动位置和运动速率的样条控制。对运动位置的控制常采用三次样条进行计算,用累积弦长作为逼近控制点参数,以求得中间帧的位置,也可以采用 Bezeir 样条方法。对运动速度的控制常采用速率—时间曲线函数的方法,也有的用曲率—时间函数的方法。

根据视觉空间的不同,多媒体动画又有二维动画与三维动画之分。

二维动画沿用传统动画的原理,将一系列画面连续显示,使物体产生在平面上运动的效果。二维画面是平面上的画面,如纸张、照片或计算机屏幕显示,无论画面的立体感有多强,终究只是在二维空间上模拟真实的三维空间效果。一个真正的三维画面,画中的景物有正面,也有侧面和反面,调整三维空间的视点,可以看到不同的内容。二维画面则不然,无论怎么看,画面的深度是不变的。

二维与三维动画的区别主要在于采用不同的方法获得动画中的景物运动效果。如果说二维动画对应于传统卡通片的话,那么三维动画则对应于木偶动画。三维动画之所以被称作计算机生成动画,是因为参加动画的对象不是简单地由外部输入的,而是根据三维数据在计算机内部生成的,运动轨迹和动作的设计也是在三维空间中考虑的。

此外,变形动画能将物体从一种形态过渡到另一种形态,需要进行复杂计算,主要用于影视人物、场景变换、特技处理等场合。

4. 多媒体动画系统的组成

多媒体动画系统是一种交互式的计算机图形系统。通常的工作方式是操作者通过输入设备发给计算机一个指令，然后由计算机显示相应的图形或是做出相应变换动作，然后等待下一个操作指令。多媒体动画系统涉及硬件和软件两部分平台。硬件平台大致可分为以 PC 机为基础组成的小型图形工作站以及专业的大中型图形工作站。软件平台不单单指动画制作软件，还包括完成一部动画片的制作所需要的其他类别的软件。

(1) 硬件

输入设备包括对动画软件输入操作指令的设备和为动画制作采集素材的设备。2D/3D 鼠标是最常见的输入设备。3D 鼠标则可以离开桌面在空中移动，用于三维图形信息的输入。图形输入板则是一种更专业的输入设备，它为操作者提供了一个更加类似于传统绘画。

的直观的工作模式。使用时配备特制的压感笔，靠压感笔上的压力敏感开关电路在输入板上为计算机输入笔所在的位置以及某项操作的强度。图形扫描仪为动画系统提供所需要的纹理贴图等各类素材。三维扫描仪则可以通过激光技术扫描一个实际的物体，然后生成表面线框网格，通常用来生成高精度的复杂物体或人体形状。

刻录机和编辑录像机是常用的动画视频输出设备。刻录机对硬件没有特殊的要求，它可以把动画以数据或数字影片 (VCD/DVD) 的方式记录在光盘上。编辑录像机可以将动画记录在磁带上用于播出，但需要专门的视频输出板卡的支持。

主机是完成所有动画制作和生成的设备。为满足多媒体动画制作对图形图像处理的要求，其硬件结构和系统软件都有许多特别设计，用户使用的是不同于普通台式机的图形工作站。针对小型动画工作室和大中型制作公司的不同使用要求，有不同级别的图形工作站。图形工作站是一种以个人计算机和分布式网络计算为基础，具备强大的数据运算与图形图像处理能力，为满足工程设计、动画制作、科学仿真、虚拟现实等专业领域对计算机图形处理应用的要求而设计开发的高性能计算机。根据软、硬件平台的不同，图形工作站一般分为基于 RISC (精简指令集) 架构 CPU、UNIX 操作系统的专业工作站和基于 CISC (复杂指令集) 架构 CPU 和 Windows 操作系统的 PC 工作站。

(2) 软件

动画制作系统的软件分为系统软件和应用软件。

系统软件包括操作系统、高级语言、诊断程序、开发工具、网络通信软件等。目前可用于动画制作的系统软件平台有 Windows NT 系统、Windows XP 系统、Linux 系统、UNIX 系统以及 Mac OSX 系统。

应用软件包括图形设计软件、二维动画软件、三维动画软件和特效与合成软件等。

① 图形设计软件一般提供丰富的绘画工具，让用户可以直接在屏幕上绘制出自己想要的图片。另外，这类软件都具有强大的图像处理功能，如图像扫描、色彩校正、颜色分离、画面润色、图像编辑、特殊效果生成等。

② 二维动画软件一般都具有较完善的平面绘画功能，还包括中间画面生成、着色、画面编辑合成、特效、预演等功能。如 Animator studio、Flash 等。

③ 三维动画软件采用计算机来模拟真实的三维场景和物体，在计算机中构造立体的几何造型，并赋予其表面颜色和纹理，然后设计三维形体的运动、变形，确定场景中灯光的强度、位置及移动，最后生成一系列可动态实时播放的连续图像。软件一般包括三维建模、材质纹理贴图，运

动控制、画面渲染和系列生成等功能模块。如 MAYA、3ds max、Softimage 等。

④特效制作与合成软件，可将手绘画面、实拍镜头、静态图像、二维动画和三维动画影视文件的多层画面合成或组合起来，加入各种各样的特技处理手段，达到前期拍摄难以实现的特殊画面效果，如 Combustion、MAYA Fusion、Shake、AfterEffects 等。

4.4.2　多媒体动画的应用及发展

1. 多媒体动画的应用

随着计算机图形技术的迅速发展，从 20 世纪 60 年代起，计算机动画技术也得到了快速的成长。目前，计算机动画的应用小到一个多媒体软件中某个对象、物体或字幕的运动，大到一段动画演示、光盘出版物片头片尾的制作、影视特技，甚至电影电视的片头片尾及商业广告、MTV、游戏等的创作。

比起传统动画，多媒体动画的应用更加广泛，更有特色，这里列出一些典型的应用领域。

(1)电影电视动画片制作

电脑动画应用最早、发展最快的领域是电影业。虽然电影中仍采用人工制作的模型或传统动画实现特技效果，但计算机技术正在逐渐替代它们。计算机生成的动画特别适合用于科幻片的制作。使用计算机动画的方式可免去大量模型、布景、道具的制作，节省大量的色片和动画师的手工劳动，提高效率，缩短制作周期，降低成本，这是技术上的一场革命。

(2)商品电视广告片的制作

电视片头和电视广告也是动画使用的主要场所之一。计算机动画能制作出一些神奇的视觉效果，便于产生夸张、嬉戏和各种特技镜头，营造出一种奇妙无比、超越现实的夸张浪漫色彩，可取得特殊的宣传效果和艺术感染力。

(3)辅助教学演示

计算机动画在教育中的应用前景非常宽阔，教育中的有些概念、原理性的知识点比较抽象，这时借助计算机动画把各种现象和实际内容进行直观演示和形象教学，大到宇宙，小到基因结构，都可以淋漓尽致地表现出来。利用计算机动画进行辅助教学演示可以免去制作大量的教学模型、挂图，便于采用交互式启发教学方式，教员可根据需要选择和切换画面，使得教学过程更加直观生动，增加趣味性，提高教学效果。

(4)科学计算和工业设计

利用动画技术，可以将计算过程及事物很难呈现的一面完全地暴露在人们面前，以便于进一步地观察分析和交互处理。同时，计算机动画也可以为工业设计创造更好的虚拟环境。借助动画技术，可以将产品的风格、功能仿真、力学分析、性能实验以及最终的产品都呈现出来，并以不同的角度观察它，还可以模拟真实环境将材质、灯光等赋上去。

(5)飞行员的模拟训练

可以再现飞行过程中看到的山、水、云雾等自然景象。飞行员的每个操作杆动作，便显示出相应的情景，并在仪表板上动态地显示数字，以便对飞行员进行全面训练，节约大量培训费用。

(6)指挥调度演习

根据指挥员、调度员的不同判断和决策，显示不同的结果状态图，可以迅速准确地调整格局，不断吸收经验、改进方法，提高指挥调度能力。

(7)工业过程的实时监测仿真

在生产过程监控中,模拟各种系统的运动状态,出现临界或危险征兆时及时显示。模拟加工过程中的刀具轨迹,减少试制工作。通过状态和数据的实时显示,便于及时进行人工或自动反馈控制。

(8)模拟产品的检验

可免去实物或模型试验,如汽车的碰撞检验,船舱内货物的装载试验等,节省产品和模型的研制费用,避免一些危险性的试验。

(9)医疗诊断

可配合超声波、X光片检测,CT成像等,显示人体内脏的横切面,模拟各种器官的运动状态和生理过程,建立三维成像结果,为疾病的诊断治疗提供有效的辅助手段。

(10)开发游戏机的游戏软件

大量生动有趣的游戏软件,都是采用各种动画技巧开发的。

目前,计算机动画在娱乐上的广泛应用也充分展示了其无穷的价值空间。计算机动画创设的真实的场景、逼真的人物形象以及事件处理,受到了娱乐界的极力推崇。

(11)Web 3D和虚拟现实

Web 3D可以认为是一种非沉浸式的虚拟现实技术,这种技术的出现把多媒体动画带入了网络,使得计算机网络演化成为了一种全新的三维空间界面,人们可以通过浏览器在网络上身临其境地观察三维场景或全方位地、立体地观察某样产品。

虚拟现实是利用多媒体动画技术模拟产生一个三维空间的虚拟环境系统。在动画制作的基础上,人们凭借系统提供的视觉、听觉甚至触觉设备,身临其境地置身于这个虚拟环境中,随心所欲地活动,就像在真实世界中一样。

2. 多媒体动画的研究内容

在目前的多媒体动画软件中,包括几何造型、真实感图形生成(渲染)和运动设计3个基本方面,由于前两个方面已形成独立的研究领域,因而多媒体动画的研究内容很自然地集中在对物体运动控制方法的研究上。近年来提出的基于物理方法建模的思想,试图以统一的方式解决这种"分离"性,而实现更加符合客观实际的运动过程。多媒体动画研究的宗旨主要表现在两个方面:其一是能够真实地刻画所表现对象的运动行为;第二方面是使对象的运动行为充分符合用户的意愿。对后者的研究主要是为了满足在影视制作和广告设计上的需求。

从目前国外对多媒体动画的研究来看,多媒体动画研究的具体内容可分为以下方面:

①关键帧动画。

②基于机械学的动画和工业过程动画仿真。

③运动和路径的控制。

④动画语言与语义。

⑤基于智能的动画,机械人与动画。

⑥动画系统用户界面。

⑦科学可视化多媒体动画表现。

⑧特技效果,合成演员。

⑨语言、音响合成,录制技术。

由上面的研究内容不难看出,运动主体的控制方法仍是整个动画系统研究的核心,尤其是以智能机器人理论为基础的动画系统研究是近几年来研究的重点与难点。

3. 多媒体动画的发展前景

多媒体动画技术在众多的领域都有着应用发展前景,它能够为科学理论研究、工业生产、影视制作、广告设计、文化教育、航空航天、体育训练等提供有效的表现方法和研究工具。例如,利用仿真人体就可以进行多种工业产品设计的人机工程研究,还可进行服装设计、体育训练等与人体相关的多领域的研究工作。即使是对于传统的动画领域,也正如 Walt Disney 公司 Price 所说:"它改变了传统动画制作的观点以及开发过程等"。

多媒体动画与其他计算机应用技术的结合,将会更加充分发挥各自的优越性,从而更进一步拓宽计算机的应用范围及深度。下面分别讨论多媒体动画与多媒体技术和虚拟现实技术等的结合应用。

(1)多媒体动画与多媒体技术

众所周知,多媒体技术的一个关键性技术问题,是图像压缩方法的问题。由于目前多媒体应用大多是将录像机(或图形扫描仪)采集到的大量图像数据,经过数据压缩,存放在磁盘(光盘)中,尽管目前的磁盘容量有了很大的提高,但对于大型项目来说,仍有相形见拙的感觉;此外,这种图像储存方式给网络环境下的多媒体应用增加了沉重的负担(当然,提高网络的传输速度与容量是解决方法之一),但另外一个缺点是无法克服的,即系统所采集到的图像数据受采样数据点以及采样时摄像机的方向限制,无法向用户提供一个充分连续的动画和任意的观察角度。

运用多媒体动画技术可在很大程度上解决上述问题。首先是物体的几何信息及其拓扑信息等所需的储存空间与传输速度都要比整幅图像的存储和传输要小、要快得多,同时不存在缩小与放大时的失真;其次由于具有完整的几何信息,所以用户可在任意位置、任意角度来观察;最后,运用这种方法可制作出无法采用录像机摄制的或是抽象世界的多媒体应用系统。这些无疑对多媒体应用的广泛化和深入化起到推动作用。在目前,这种方法受到硬件环境及实时的高度真实感图形算法的限制,但在网络环境下采用 Client/Server 结构,配置上性能的图形服务器,这是能够在一定程度上得以解决的。

(2)多媒体动画与虚拟现实技术

虚拟现实技术(又称临境技术,Virtual Reality,VR),目前被认为是新一代的人机交互技术。尽管目前对 VR 尚无一个统一明确的概念,但其基本思想是实现人与计算机在三维空间进行多种形式的信息交互,使用户进入计算机所创造的立体环境中,通过感受到的视觉、听觉、触觉、嗅觉等来操作计算机应用系统。

在虚拟现实中,多媒体动画是计算机系统对人的操作行为作出相应表现的主要方法之一,这不仅单纯表现为提供动态的立体视觉信息,而且由于 VR 提供了以往的人机交互方法中不具备的触觉及视力的输入信息,系统必须根据用户在三维空间输入的力及方向作出正确的动态行为响应。如果说窗口图形界面系统是二维形式下的人机交互的主要手段,那么三维多媒体动画则是虚拟现实环境下人机信息沟通的桥梁。

(3)多媒体动画与人工生命

人工生命是 20 世纪 80 年代后期由美国 Los Alamos 的 C. Lanton 提出的新的学科领域,被认为是继人工智能之后的新的计算机模型和智能模型。多媒体动画成为人工生命研究的主要表现方法之一,同时,人工生命研究的理论方法,为多媒体动画中行为控制的研究又开辟了新的途径,来实现 Bottom-Up 的智能行为。在 SIGGRAPH'94 上,Sime 采用遗传算法构造了一个新颖的虚拟生物进化过程,运用进化函数来仿真虚拟生物的特定行为进化,如行走、跳跃等行为。

此外,三维动画形式的用户界面已引起许多研究者的兴趣,它具有比现今流行的图形窗口形式的人机交互方法更为直观,并具有显示信息量大等优点,被称为是下一代的人机界面。作为用户界面研究的先锋,Xero 公司的研究中心已向人们展示了其基于"Cone Tree"结构的三维动画形式的用户界面。

4.4.3 动画的文件格式

动画文件指由相互关联的若干帧静止图像所组成的图像序列,这些静止图像连续播放便形成一组动画,通常用来完成简单的动态过程演示。常用的动画文件格式有 GIF 格式、FLI/FLC (FLIC)格式和 SWF 格式等。

1. GIF 格式

GIF 是 Graphics Interchange Format(图形交换格式)的英文缩写,由 CompuServe 公司于 20 世纪 80 年代推出的一种高压缩比的彩色图像文件格式。CompuServe 公司是一家著名的美国在线信息服务机构,针对当时网络传输带宽的限制,它采用无损数据压缩方法中压缩效率较高的 LZW(lempel-ziv-welch)算法,推出了 GIF 图像格式,主要用于图像文件的网络传输。

GIF 动画文件格式是多帧 GIF 图像的合成。GIF 格式的特点是压缩比高,文件比较小,所以现在网页中大部分的动画采用 GIF 格式。考虑到网络传输中的实际情况,GIF 图像格式除了一般的逐行显示方式之外,还增加了渐显方式,也就是说,在图像传输过程中,用户可以先看到图像的大致轮廓,然后随着传输过程的继续而逐渐看清图像的细节部分,从而适应了用户的观赏心理,这种方式以后也被其他图像格式所采用,如 JPEG 和 JPG 等。最初,GIF 只是用来存储单幅静止图像,称做 GIF87a,后来,又进一步发展成为 GIF89a,可以同时存储若干幅静止图像并进而形成连续的动画。目前因特网上大量采用的彩色动画文件多是这种格式的 GIF 文件。

GIF 动画简单易学,适合制作小巧的动画及广告横幅,在多媒体课件中经常使用这种格式,常用的 GIF 动画生成软件是 Ulead GIF Animator。

2. FLIC 格式

FLIC 文件是 Autodesk 公司在其出品的 Autodesk Animator/Animator Pro/3D Studio 等 2D/3D 动画制作软件中采用的彩色动画文件格式,FLIC 是 FLC 和 FLI 的统称。其中,FLI 是最初的基于 320×200 分辨率的动画文件格式,而 FLC 则是 FLI 的进一步扩展,采用了更高效的数据压缩技术,所以具有比 FLI 更高的压缩比,分辨率也有所提高,其分辨率不再局限于 320×200。FLIC 文件采用行程编码(RLE)算法和 Delta 算法进行无损的数据压缩。首先压缩并保存整个动画序列中的第一幅图像,然后逐帧计算前后两幅相邻图像的差异或改变部分,并对这部分数据进行 RLE 压缩,由于动画序列中前后相邻图像的差别通常不大,因此采用行程编码可以得到相当高的数据压缩率。

目前用得比较多的是 FLC 格式,它每帧采用 256 色,画面分辨率从 320×200 到 1600×1280 不等。FLIC 格式代码效率高、通用性好,被大量地运用到多媒体产品中。

GIF 和 FLIC 文件,通常用来表示由计算机生成的动画序列,其图像相对而言比较简单,因此可以得到比较高的无损压缩率,文件尺寸也不大。然而,对于来自外部世界的真实而复杂的影像信息而言,无损压缩便显得无能为力,而且即使采用了高效的有损压缩算法,影像文件的尺寸也仍然相当庞大。

3.SWF 格式

SWF 文件是基于 Macromedia 公司 Shockwave 技术的流式动画格式。在观看 SWF 动画时,可以一边下载一边观看,而不必等到动画文件下载到本地再观看。SWF 文件的动画能用比较小的体积来表现丰富的多媒体形式,并能方便地嵌入到 HTML 网页。SWF 文件的动画是利用矢量技术制作的,不管画面放大多少倍,画面仍然清晰流畅,质量不会因此而降低。SWF 文件动画体积小、功能强、交互能力好、支持多个层和时间线程等特点,越来越多地应用到多媒体产品和网络动画中。

4.4.4　多媒体动画制作

1. 多媒体动画制作方法

为了使计算机显示的动画连续、平稳、美观,就像看电影、电视一样,人们使用各种方法来生成图形,这些方法基本上可归为以下两大类。

第一类:合成图形(图形动画)

先产生图形库,然后对库中图形进行合成处理,生成一幅幅画面。很多游戏和简单的应用都采用这种方法。但这种方法必须先画好图片,程序设计者必须为它准备相应的图片。这种方法占用的计算机存储空间较大。

第二类:形态图形(形态动画)

图形按照一系列原则由程序生成,而不是从一套事先存储的图形生成。就是说,先在程序中定下图形生成原则,然后让计算机根据需要来安排与调整每幅图形,达到获得动画的目的。

平时大量使用的是形态动画,有时候也交叉使用这两类方法,下面介绍几种常用的动画生成方法。

(1)画—擦—画方法

这种方法的主要过程是,先在屏幕上画出某一瞬间的图形,然后将需要运动的部分用背景色再画一遍。这样就将屏幕上这一部分的图形擦去。接着再画出下一个瞬间的这一部分的图形,这样反复地画—擦—画,屏幕上就出现了一幅"动"起来的图形。

这种实现方法,原理比较简单。但其动画效果,将与图形的复杂程度有很大的关系。对于不太复杂的图形,这种方法尚能适用。图形越复杂,计算量越大;则每一幅图所需时间就越长。"动"的效果就越差。另一个缺点是,在擦除前一幅图上运动部分的图形时,往往会将重叠在其上的不动的那一部分图形也擦去,影响动画显示效果。

(2)异或运算法

异或运算法也称为 XOR 动画法。XOR 运算的一个重要特性就是它的"还原"作用。对屏幕进行第一次 XOR 操作可以使像素值发生改变,显示一幅图像;第一次 XOR 操作可以清除前一幅图像,把像素值还原回来。利用 XOR 运算的"还原"特性可以在屏幕上对一个运动物体连续作 XOR 运算,而不必担心背景图形的储存与还原问题。如果将此特性运用到动画技术上,即在动态物体的同一显示位置上连续进行两次 XOR 运算,然后在下一显示位置作同样操作,如此反复进行,就使前景运动图形产生了动画效果。这种方法的优点是前景动画图形的涂抹不影响背景图形。

（3）块动画法

当我们观察或设计多媒体动画显示时会发现，很多情况下，产生动画效果只需改变屏幕中前景运动物体在画面中的位置，而其背景和动画物体的形状一般是保持不变的。

例如，设计这样一个动画程序：首先在繁星闪烁的夜色背景上绘出一个由轨道环绕的蔚蓝色地球造型，然后一颗人造卫星由左至右不断从屏幕上掠过。这样，每次改变的只是人造卫星的位置，而其大小和背景都是不变的。

这时，可采用块动画法（也称图形阵列动画法、部分屏幕动画法、快照动画法、软件精灵动画法）。这种方法是将动画物体的图像保存在存储区中，内存中拷贝到屏幕进行重显，并通过对该图像像素与背景像素进行 XOR 运算，可使被前景所遮盖的背景图像部分还原。

（4）多页面切换动画方法

这种方法在有的图形学书中称为"页面共振"技术。对于某些显示系统，显示模式允许有一个以上的显示页面，其中一页被定义成主显示页，其余页面作为图形工作页。在主显示页显示的同时，下一幅图形可放置在工作页上，然后再把工作页切换成主显示页，如此反复进行，每次用新图案代替旧图案，从而形成动画效果。这种方法很直观、简单，但必须解决新图案的生成改动时间，才能满足动画要求。

多页面技术也可以采用存储画面重放技术，将所定义的动画图形（每一幅进行少量的修改）存储在内存缓冲区中，然后根据需要和动画显示顺序将它们一一调出，送入指定位置显示。由于每一幅图都有差别，所以快速的重放，就形成动画效果。这种方法动画显示速度快，可显示复杂动画图形，然而内存消耗太大，鉴于机器的存储容量有限，所存储的画面数也不可能太多，对观察物体的精细运动是不利的。

（5）图形变换动画方法

图形的二维变换、图形的三维变换，这些变换只需要对要运动的图形对象乘上各种变换矩阵，就可以逐步形成图形动作。如果变换矩阵设计得很好，图形变换的失真度也很低，在变换中图形表面的平滑性也能得以保证。

例如，将一个三维立方体连续地、无间断地变换成一个三维三棱锥体，如果变换矩阵设计得很好，整个变换过程在屏幕上逐渐显示出来，就产生了一种立方体逐渐拉开并压制成一个三棱锥的动画过程。在此过程中，要注意立方体的各个顶点如何逐个对应地逼近三棱锥的顶点，多余的顶点又如何逐渐接近和合并成一个顶点。如果计算机计算速度足够陕，这种方法可以构成很有趣的图形动画。

（6）逐帧动画法

逐帧动画法的基本原理有点类似于幻灯片的制作与播放过程，即把整个动画过程划分为一个个片段，将每一片段作为一幅画像在屏幕上一定的区域显示出来，然后把屏幕上的图像存在一个文件中。在动态显示时，按顺序不断地读取与播放这些画面，就可以产生动画效果。

可见，这种动画法编程时的要点，就是屏幕图像的存储及画面的重放。所以也称为"画面存储、重放"动画技术。

（7）函数式动画技术

函数式动画技术是利用数学函数和数学方程式，根据自变量和因变量的关系，让自变量在一个允许的值变化域中以某一步长逐渐增值或者减值，进行连续的循环，从而获得图形连续变化。例如，利用圆的绘制方程，可以获得以下几种不同的简单函数动画效果。

1）水波和电波发射

固定圆心,让半径以一个特定步长增值,以一个循环绘制出圆的图形,此时,水波将从圆心开始逐渐向四周扩散,形成最简单的函数动画效果。圆周线的颜色和灰度可以由程序设置,圆发射的速度快慢,每个圆圈间的间隔均可由程序参数选择控制。

2）气球和气泡

利用圆的方程构成球体。加上明暗效果和透明体光照效果,就可以形成气球和气泡的动作,可以随机地在任何位置,以任意点作起始圆心,以一个随机值(或者给定值)作为半径,绘制出一个个的透明或者不透明的球体,然后每个球体根据自身大小(半径值大小)决定其上升速度,球体本身也逐渐增大其半径,到上升的球体接触到屏幕顶部或半径增大到一定程度,该球体消失(爆裂),形成球体混合碰撞动画效果。

3）旋转球体

利用图形的旋转变换,可以让圆型图形在三维空间中沿各个方向、绕各种旋转轴进行旋转变化,加上球体的色彩、条纹、明暗等,也形成一种简单函数动画。借助图形变换,还可以形成地球仪旋转效果,让多个小球体各自绕自己的轨道(圆心和半径)旋转,就可以构成简单的天体运行动画效果。

2. 多媒体动画制作技术

（1）关键帧动画

关键帧的概念来源于传统的卡通片制作示,先使用一系列关键帧来描述每个物体的各个时刻的位置、形状以及其他有关的参数,然后让计算机根据插值规律计算并生成中间各帧,在动画系统中,提交给计算机插值计算的是三维数据和模型。所有影响画面图像的参数都可成为关键帧的参数,如位置、旋转角、纹理的参数等。关键帧技术是多媒体动画中最基本并且运用最广泛的方法。另外一种动画设置方法是样条驱动动画。在这种方法中,用户采用交互方式指定物体运动的轨迹样条。几乎所有的动画软件如 Alias、Softimage、Wavefront、TDI、3ds max 等都提供这两种基本的动画设置方法。

关键帧动画按原理分为两种,即形状插值动画和参数插值动画。基于形状的关键帧动画就是通过对关键帧的三维形状进行插值而得到中间各帧,参与动画的对象是由顶点来定义的,通过对两个关键帧中每一对应点使用一个插值公式从而计算出中间画的对应点,要求在两个关键帧时物体的拓扑关系完全对应才可以进行插值,插值可以是线性的也可以是非线性的。基于参数的关键帧动画是通过对关键帧中构成物体模型的参数进行计算的一种方法,这种方法也叫关键帧变换动画。使用的参数有移动的距离、旋转的角度、比例的数值以及填充的颜色等。在使用参数表示的模型中,动画设计者通过规定参数值的方法来生成关键帧,这些参数可以用来做插值计算,最终根据插值计算的参数生成中间的各个画面。

（2）变形动画

变形动画把一种形状或物体变成另一种不同的形状或物体,而中间过程则通过形状或物体的起始状态和结束状态进行插值计算。大部分变形方法与物体的表示有密切的关系,如通过移动物体的顶点或控制顶点来对物体进行变形。为了使变形方法能很好地结合到造型和动画系统中,近十年来,人们提出了许多与物体表示无关的变形方法。

对于由多边形表示的物体,物体的变形可通过移动其多边形顶点来达到。但是,多边形的顶点以某种内在的一致性相关连,不恰当的移动很容易导致三维走样,比如原来共面的多边形变成了不共面的。参数曲面表示的物体可较好地克服上述问题。移动控制顶点仅仅改变了基函数的系数,曲面仍然是光滑的,所以参数曲面表示的物体可处理任意复杂的变形。但是,参数曲面表示的物体也会带来三维走样问题,由于控制顶点的分布一般比较稀疏,物体的变形不一定是所期望的;对于由多个面拼接而成的物体,变形的另一个约束条件是需保持相邻曲面间的连续性。多边形和参数曲面表示各有其优缺点。参数曲面不能表示拓扑结构比较复杂的形体,对于非矩形域的拓扑结构,参数曲面表示起来较为困难;而多边形则可以表示拓扑复杂的物体。

与物体表示无关的变形方法既可作用于多边形表示的物体,又可作用于参数曲面表示的物体。自由格式变形(FFD)方法是与物体表示无关的一种变形方法,其适用面广,是物体变形中最实用的方法之一。FFD方法不对物体直接进行变形,而是对物体所嵌入的空间进行变形。目前的许多商用动画软件如 Softimage、3ds max、Maya 等都有类似于 FFD 的功能。

(3)过程动画

过程动画指的是动画中物体的运动或变形由一个过程来描述。过程动画经常牵涉到物体的变形,但与前面所讨论的柔性物体的动画不一样。在柔性物体的动画中,物体的形变是任意的,可由动画师任意控制的;在过程动画中,物体的变形则基于一定的数学模型或物理规律。最简单的过程动画是用一个数学模型去控制物体的几何形状和运动,如水波随风的运动。较复杂的如包括物体的变形、弹性理论、动力学、碰撞检测在内的物体的运动。另一类过程动画为粒子系统动画和群体动画。

粒子系统动画是一种模拟不规则模糊物体的景物生成系统。一个粒子系统动画中一帧画面产生的五个步骤是:第一步,产生新粒子引入当前系统;第二步,每个新粒子被赋予特定的属性;第三步,将死亡的任何粒子分离出去;第四步,将存活的粒子按动画要求移位;第五步,将当前粒子成像。粒子系统动画不仅可控制粒子的位置和速度,还可控制粒子的外形参数如颜色、大小、透明度等。由于粒子系统是一个有"生命"的系统,它充分体现了不规则物体的动态性和随机性,因而可产生一系列运动进化的画面。这使得模拟动态的自然景色如火、云、水等成为可能。

在生物界,许多动物如鸟、鱼等以某种群体的方式运动。这种运动既有随机性,又有一定的规律性。在粒子系统基础上提出的群体动画成功地解决了这一问题。群体动画与粒子系统所不同的主要反映在两点:一是粒子不独立,但彼此交互;二是个体粒子在空间中具有特定方向和特征。群体的行为包含两个对立的因素,即既要相互靠近又要避免碰撞。可用三条按优先级递减的原则来控制群体的行为:

①碰撞避免,避免与相邻的群体成员冲突。

②速度匹配,企图与相邻的群体速度匹配。

③群体合群,群体成员尽量靠近。

最近几年,布料动画成了人们感兴趣的研究课题。布料动画不仅包括人体衣服的动画,还包括旗帜、窗帘、桌布等的动画。一种是基于几何的布料物体造型方法,把布料悬挂在一些约束点上,基于悬链线计算出布料自由悬挂时的形状。显然,该方法不能模拟衣服的皱褶。基于几何的方法不考虑布料的质量、弹性系数等物理因素,因而很难逼真地生成布料的动画。近几年,研究者们更多地用基于物理的方法去模拟,比如基于弹性理论的一种描述曲面的运动变形方法,模拟了旗帜的飘动和地毯的坠落过程。

(4)关节动画与人体动画

在多媒体动画中,把人体的造型与动作模拟在一起是最困难、最具挑战性的问题。人体具有

200 个以上的自由度和非常复杂的运动,人的形状不规则,人的肌肉随着人体的运动而变形,人的个性、表情等千变万化。另外,由于人类对自身的运动非常熟悉,不协调的运动很容易被观察者所察觉。

运动学是物理学中研究物体位置和运动的一个学科分支,动画系统在使用运动学描述运动时通过参数曲线来指定动画,而并不涉及引起运动的力。正向或逆向运动学方法是一种设置关节动画的有效方法。通过对关节旋转角设置关键帧,得到相关连的各个肢体的位置,这种方法一般称为正向运动学方法。对于一个缺乏经验的动画师来说,通过设置各个关节的关键帧来产生逼真的运动是非常困难的。一种实用的解决方法是通过实时输入设备记录真人各关节的空间运动数据,即运动捕捉法。由于生成的运动基本上是真人运动的复制品,因而效果非常逼真,且能生成许多复杂的运动。逆运动学方法在一定程度上减轻了正运动学方法的繁琐工作,用户通过指定末端关节的位置,计算机自动计算出各中间关节的位置。逆运动学分析求解方法虽然能求得所有解,但随着关节复杂度的增加,逆运动学的复杂度急剧增加,分析求解的代价也越来越大。

动力学是描述物体运动状态的另一个物理学分支,在动画系统使用动力学系统控制运动的时候不仅要说明物体的质量和形状,还要说明引起速度和加速度的力。动力学动画使用物体的质量、质心、体积等物理性质,也使用物体所处的环境特性,如重力、阻力、摩擦力等。物体的运动由力学定律来描述,如牛顿定律、流体运动的欧拉公式等。把运动学和动力学相结合能够产生更加逼真的动画。与运动学相比,动力学方法能生成更复杂和逼真的运动,并且需指定的参数相对较少。但动力学方法的计算量相当大,且很难控制。动力学方法中另一重要问题是运动的控制,若没有有效的控制手段,用户就必须提供具体的如力和力矩这样的控制指令,而这几乎是不太可能的。因而,有必要提供高层的控制和协调手段。在动作设计中,可以采用表演动画技术,即用动作传感器将演示的每个动作姿势传送到计算机的图像中,来实现理想的动作姿势,也可以用关键帧方法或任务骨骼造型动画法来实现一连串的动作。

人脸动画也一直是计算机图形学中的一个难题,涉及人脸面部多个器官的协调运动,而且由于人脸肌肉结构复杂,导致表情非常丰富。在脸部表情的动画模拟方面,一种方法是用数字化仪将人脸的各种表情输入到计算机中,然后用这些表情的线性组合来产生新的脸部表情,其缺点是缺乏灵活性,不能模拟表情的细微变化,并且与表情库有很大关系。另一种方法是基于面部动作编码系统的脸部表情动画模拟方法,它由一个参数肌肉模型组成,人的脸用多边形网格来表示,并用肌肉向量来控制人脸的变形,其特点在于可用一定数量的参数对模型的特征肌肉进行控制,并且不针对特定的脸部拓扑结构。还有一种方法是根据真人脸部表情捕获人脸三维几何信息、颜色和绘制信息的系统,然后由捕获的数据重建出非常逼真的三维动态表情。表演驱动的人脸动画技术,它能实现真实感三维人脸合成的。

(5)基于物理特征的动画

基于物理模型的动画也称运动动画,其运动对象要符合物理规律。基于物理模型的动画技术结合了计算机图形学中现有的建模、绘制和动画技术,并将其统一成为一个整体。运用这项技术,用户只要明确物体运动的物理参数或者约束条件就能生成动画,更适合对自然现象的模拟。

基于物理模型的动画技术则考虑了物体在真实世界中的属性,如它具有质量、转动惯矩、弹性、摩擦力等,并采用动力学原理来自动产生物体的运动。当场景中的物体受到外力作用时,牛顿力学中的标准动力学方程可用来自动生成物体在各个时间点的位置、方向及其形状。此时,用户不必关心物体运动过程的细节,只需确定物体运动所需的一些物理属性及一些约束关系,如质量、外力等。

最近几年,已有许多研究者对动力学方程在多媒体动画中的应用进行了深入广泛的研究,提出了许多有效的运动生成方法。现有的方法多数是控制微分方程的初值,利用能量约束条件,用反向动力学求解约束力,通过几何约束来建立模型,及结合运动学控制等方法,实现对物理模型的控制。此外还有很多基于弹性力学、塑性力学、热学和几何光学等理论的方法,结合不同的几何模型和约束条件模拟了各种物体的变形与运动。

物理模型中的物体在运动过程中很有可能会发生碰撞、接触及其他形式的相互作用。基于物理模型的动画系统必须能够检测物体之间的这种相互作用,并作出适当的响应,否则就会出现物体之间相互穿透和彼此重叠等不真实现象。在物理模型中检测运动物体是否相互碰撞的过程称为碰撞检测,目前已有很多碰撞检测方法,如半径法、包围盒法和标准平面方程法等。

(6)对象动画

在多媒体制作中,对象动画可以算是最基础最有效的一种动画技术。Flash 是典型的基于对象的动画软件。在用 Flash 制作动画的过程中,最基本的元素就是对象,在编辑区内创建的任何元素都是矢量的对象。为了使用方便,可以将这些对象保存为元件的形式,以方便重复使用。

(7)动画语言

最初开发的多媒体动画系统都是基于程序语言的或只有有经验的计算机专家才能使用的交互式系统。多媒体动画制作程序语言的开发与使用,使多媒体动画系统更易为一般用户所接受。这些专用的动画语言通常包括图形编辑器、关键帧生成器、插值帧生成器以及标准的图形子程序。图形编辑器让用户使用样条曲面、结构实体几何方法或其他表示框架来设计和修改对象形状。

运动描述中的一个重要任务是场景描述,包含对象和光源的定位、光度参数的定义以及虚拟照相参数(位置、方向和镜头特性)的设定。另一标准功能是动作描述,包括对象和虚拟照相机的运动路径安排。还需要一般的图形子程序:观察和投影变换、生成对象的运动的几何变换、可见面识别以及表面绘制操作。

关键帧系统最初是专用的动画子程序,用来从用户描述的关键帧简单地生成插值帧。现在,这些程序通常是作为更为通用的动画软件包的一个组件。

参数系统将对象运动特征作为对象定义的一部分进行描述。可调整的参数控制某些对象特征,如自由度、运动限制和允许的形体的变换等。

脚本系统允许通过用户输入的脚本来定义对象描述和运动。各种对象和运动的库,按脚本进行构造。

4.4.5 动画处理软件

1. 二维动画处理软件

(1)TOONZ

TOONZ 是世界上最优秀的卡通动画制作软件系统,它可以运行于 SGI 超级工作站的 IRIX 平台和 PC 的 Windows NT 平台上,被广泛应用于卡通动画系列片、音乐片、教育片、商业广告片等中的卡通动画制作。

TOONZ 利用扫描仪将动画师所绘的铅笔稿以数字方式输入到计算机中,然后对画稿进行线条处理、检测画稿、拼接背景图配置调色板、画稿上色、建立摄影表、上色的画稿与背景合成、增加特殊效果、合成预演以及最终图像生成。利用不同的输出设备将结果输出到录象带、电影胶片、高清晰度电视以及其他视觉媒体上。

TOONZ 的使用使动画工作者既保持了原来所熟悉的工作流程，又保持了具有个性的艺术风格，同时扔掉了上万张人工上色的繁重劳动，扔掉了用照相机进行重拍的重复劳动和胶片的浪费，获得了实时的预演效果，流畅的合作方式以及快速达到你所需的高质量水准。

（2）RETAS PRO

RETAS PRO 是日本 Celsys 株式会社开发的一套应用于普通 PC 和苹果机的专业二维动画制作系统，它的出现，迅速填补了 PC 机和苹果机上没有专业二维动画制作系统的空白。从 1993 年 10 月 RETAS 1.0 版在日本问世以来，直至现在 RETAS 4.1 Window 95,98 & NT、Mac 版的制作成功，RETAS PRO 已占领了日本动画界 80% 以上的市场份额，雄踞近四年日本动画软件销售额之冠。

RETAS PRO 的制作过程与传统的动画制作过程十分相近，它主要由四大模块组成，替代了传统动画制作中描线、上色、制作摄影表、特效处理、拍摄合成的全部过程。同时 RETAS PRO 不仅可以制作二维动画，而且还可以合成实景以及计算机三维图象。RETAS PRO 可广泛应用于：电影、电视、游戏、光盘等多种领域。

RETAS PRO 的英、日本版已在日、欧、美、东南亚地区享有盛誉，如今中文版的问世将为中国动画界带来电脑制作动画的新时代。

（3）USAnimation

USAnimation 世界第一的 2D 卡通制作系统 。应用 USAnimation 将得到业界最强大的武器库服务来轻松地组合二维动画和三维图像 。利用多位面拍摄，旋转聚焦以级镜头的推、拉、摇、移，无限多种颜调色板和无限多个层。USAnimation 唯一绝对创新的相互连接合成系统能够在任何一层进行修改后，即时显示所有层的模拟效果；最快的生产速度阴影色，特效和高光都均为自动着色，使整个上色过程节省 30%～40% 时间的同时，不会损失任何的图像质量。USAnimation系统产生最完美的"手绘"线，保持艺术家所有的笔触和线条。在时间表由于某种原因停滞的时候，非平行的合成速度和生产速度将给予您最大的自由度。应用 USAnimation 使动画师自由地创造传统的卡通技法无法想象的效果。并轻松地组合二维动画和三维图像。

（4）AXA

AXA 可算是目前唯一一套 PC 级的全彩动画软件，它可以在 WIN 95 及 NT 上执行，简易的操作界面可以让卡通制作人员或新人很快上手，而动画线条处理与著色品质，亦具专业水准。

AXA 包含了制作电脑卡通所须要的所有元件，像是扫图、铅笔稿检查、镜头运作、定色、著色、合成、检查、录影等模组，完全针对卡通制作者设计使用介面，使传统制作人员可以轻易的跨入数位制作的行列。

它的特色是以电脑律表为主要操作主干，因为卡通这种高成本、耗时费力之工作，靠的就是用律表来连结制作流程进而提高制作效率，所以电脑律表对动画创作人来说相当熟悉。

（5）Flash

说起动画当然不能不提 Flash，它是近年来发展最为强劲的一款网络动画制作软件。Flash 是 Macromedia 公司所推出的软件，目前最新的版本为 MX 2004 版，并即将发布其 MX 2005 版（又称 8.0 版）。Flash 是专门用来设计网页及多媒体动画的软件，它可以为网页加入专业且漂亮的交互式按钮及向量式的动画图案特效，它是目前制作网页动画最热门的软件。

Flash 的动画绘图方式是采向量方式处理,这样图案在网页中放大或缩小时,不会因此而失真,而且可依颜色或区块做部份的选择来进行编辑,这是与其它绘图软件所不同的地方且,再加上兼容 MP3 格式的音乐,不但音质直逼音乐 CD,容量却只有 CD 的十分之一,非常适合应用于网络上。

Flash 具有以下特点:

①使用矢量图形和流式播放技术。与位图图形不同的是,矢量图形可以任意缩放尺寸而不影响图形的质量。流式播放技术使得动画在因特网上传输时,可以边播放边下载,从而缓解了网页浏览者焦急等待的情绪。

②交互性是 Flash 动画的迷人之处。用户可以通过单击按钮、选择菜单来控制动画的播放。

③通过使用关键帧和图符使得所生成的动画(swf)文件非常小,很小的动画文件已经可以实现许多令人心动的动画效果,用在网页设计上不仅可以使网页更加生动,而且下载迅速,使得动画可以在打开网页很短的时间里就得以播放。

④把音乐、动画、声效、交互方式融合在一起,越来越多的人已经把 Flash 作为网页动画设计的首选工具,并且创作出了许多令人叹为观止的动画(电影)效果。而且自从 Flash4.0 及其以上的版本中可以支持 MP3 的音乐格式后,这使得加入音乐的动画文件也能保持小巧的"身材"。

⑤强大的动画编辑功能使得设计者可以随心所欲地设计出高品质的动画,通过 ACTION 和 FSCOMMAND 可以实现交互性,使 Flash 具有更大的设计自由度。另外,它与当今最流行的网页设计工具 Dreamweaver 配合默契,可以直接嵌入网页的任一位置,非常方便。

总之,Flash 已经慢慢成为网页动画的标准,成为一种新兴的技术发展方向。

2. 三维动画处理软件

(1)Softimage 3D

Softimage 3D 是 Softimage 公司出品的三维动画软件。Softimage 3D 最新版是 3.8 版,3.8 又分为普通版和 Extreme 版,Extreme 版增加了 mental ray 渲染器和粒子系统,还有一些增强的功能模块。但普通版在动画能力上同 Extereme 版一样,丝毫没有遗漏。

Softimage 3D 最知名的部分之一是它的 mental ray 超级渲染器。mental ray 渲染器可以着色出具有照片品质的图像。许多插件厂商专门为 mental ray 设计的各种特殊效果则大大扩充了 mental ray 的功能,mental ray 还具有很快的渲染速度。mental ray manager 还可以轻松地制作出各种光晕、光斑的效果。

Softimage 3D 的另一个重要特点就是超强的动画能力,它支持各种制作动画的方法,可以产生非常逼真的运动,它所独有的 functioncurve 功能可以让我们轻松地调整动画,而且具有良好的实时反馈能力,使创作人员可以快速地看到将要产生的结果。

Softimage 3D 的设计界面由 5 个部分组成,分别提供不同的功能。而它提供的方便快捷键可以使用户很方便地在建模、动画、渲染等部分之间进行切换。据说它的界面设计采用直觉式,可以避免复杂的操作界面对用户造成的干扰。

(2)MAYA

MAYA 是 Alias/Wavefront 公司出品的最新三维动画软件。虽然还是个新生儿,但发展的步伐却有超过 Softimage 3D 的势头。实际上 Alias/Wavefront 原来并不是一个公司,Wavefront 公司被 Alias 公司所收购,而 Alias 公司却被 Silicon Graphics 公司所收购,最终组成了现在的 Alias/Wavefront 公司。Alias 公司和 Wavefront 公司原来在 3D 领域都有着自己的强项,如

Wavefront 公司的 Dynamation 和 3Design 等。而 Alais 公司的 Power animator 和 Power Modle 等也是闻名于世。Alias/Wavefront 推出的 MAYA 可以说是当前电脑动画业所关注的焦点之一。它是新一代的具有全新架构的动画软件。

(3)3ds max

3ds max 是由 Autodesk 公司推出的，应用于 PC 平台的三维动画软件从 1996 年开始就一直在三维动画领域叱咤风云。它的前身就是 3ds，可能是依靠 3ds 在 PC 平台中的优势，3ds max 一推出就受到了瞩目。它支持 Windows 95、Windows NT，具有优良的多线程运算能力，支持多处理器的并行运算，丰富的建模和动画能力，出色的材质编辑系统，这些优秀的特点一下就吸引了大批的三维动画制作者和公司。现在在国内，3ds max 的使用人数大大超过了其他三维软件。可以说是一枝独秀。

3ds max 从 1.0 版发展到现在的 2.5 版，可以说是经历了一个由不成熟到成熟的过程。现在的 2.5 版已经具有了各种专业的建模和动画功能。nurbs、dispace modify、camer tracker、motion capture 这些原来只在专业软件中才有的功能，现在也被引入到 3ds max 中。可以说今天的 3ds max 给人的印象绝不是一个运行在 PC 平台的业余软件了，从电视到电影，都可以找到 3ds max 的身影。3ds max 的成功在很大的程度上要归功于它的插件。全世界有许多的专业技术公司在为 3ds max 设计各种插件，他们都有自己的专长，所以各种插件也非常专业。

第5章　多媒体数据库与检索技术

在多媒体计算机系统中，人们普遍关心的一个关键问题就是如何对多媒体数据进行有效管理。目前，多媒体应用项目开发费用非常高，其主要原因是用于获取、整理、转换、传输、存储和输出多媒体数据信息的硬件设备和软件产品费用都很高。对多媒体数据的有效管理能尽量减少开发费用。有效管理多媒体数据的另一重要意义是便于综合利用、数据共享，这也是降低成本、提高效益的重要途径。同时，有效管理多媒体数据对提高多媒体应用程序的执行效率和运行质量也具有十分重要的意义，因为多媒体系统信息量大、不对数据进行先进的管理和合理的组织，系统就无法正常的工作。

5.1　多媒体数据库概述

5.1.1　多媒体数据及其特点分析

1. 多媒体数据类型

多媒体数据库中，常用的多媒体数据有字符、数值、文本、图像、图形等类型的静态数据，也有像声音、视频、动画等基于时间的时基类型的动态数据。

（1）字符数值

字符数值型数据记录事件的属性（如人的性别、数量、职业等），结构简单、规范，易于管理，多媒体中仍然有大量的此类数据，传统关系型数据库系统可以较好地处理这类数据。

（2）文本数据

此类数据如书籍、文献、档案等。文本数据由特定字符串表示，长短不一，存储和检索有一定困难，常用关键字检索和全文检索方法。

（3）声音数据

声音数据如音乐和语音数据，单、双声道声音数据。MIDI 数据用符号表示，语音数据以数字化波形数据为主，要求存储空间大。声音数据有两种检索方法，一是在声音数据上附加属性或文本描述，检索属性字符或文本数据即可；另一种方法是浏览、播放声音数据从中找出需要的语音数据。后一种方法速度慢，一般与第一种方法配合使用。

（4）图像数据

图像数据是指位图式图像。图像数据在实际应用中出现的频率很高，也很有实用价值。图像数据库经过多年的研究，提出了许多方法，包括：描述属性方法，特征提取、分割、纹理识别、颜色检索等。已经成功开发出许多特定的图像数据库系统，例如，指纹数据库、头像数据库等，但在多媒体数据库中更强调通用的图像数据的管理和查询。

（5）图形数据

图形数据可以分解为点、线、弧等基本图形元素。描述图形数据的关键是要有可以描述层次结构的数据模型。对于图形数据的最大问题是如何对数据进行表示，这和应用密切相关，对图形检索同样也是如此。通常来说,图形是用符号或特定的数据结构来表示,计算机还是比较容易管理的。目前,图形数据的数据库管理已经比较成熟,例如,工业图纸管理、地理信息系统等。

（6）视频数据

动态视频很复杂,管理上也存在新的问题。特别是引入了时间属性,视频的管理还要在时间上进行管理。检索和查询的内容可以包括镜头、场景、内容等许多方面。对基于时间的媒体,为了真实地再现就必须做到实时,而且需要考虑和动画与其他媒体的合成与同步。合成和同步不仅是多媒体数据管理的问题,它还涉及通信、媒体表现、数据压缩等许多方面。

2. 多媒体数据特点

多媒体数据具有如下几个特点:

（1）数据量大

无论是声音信息还是图像信息,数据量都非常大且媒体之间量的差异十分明显,而引数据在库中的组织方式和存储方法变得复杂。只有组织好多媒体数据并在数据库中选择合理的物理结构和逻辑结构,才能保证应用系统的快速存取。

（2）数据种类繁多

媒体种类的繁多使得数据处理变得复杂。虽然前面只介绍了 6 类多媒体数据,但在具体实现时,常常根据系统定义、标准转换而演变成几十种媒体形式。从理论上讲,多媒体系统应能接受任何形式的数字化媒体形式,但却很难了解并且正确处理这些媒体的语义信息。这些基于内容的语义在有些媒体中是易于确定的,但对另外一些媒体来说却不易于确定,甚至会因为应用的不同和观察者的不同而有差异,也不能仅用人工输入的方法加以限定。面向对象的数据模型使异质数据类型的统一处理问题得到了缓解,但尚未完全解决。

（3）数据操纵复杂

多媒体不仅改变了数据库和应用系统的界面,使其声、图、文并茂,而且改变了数据库的操纵形式,其中最重要的便是查询机制和查询方法。媒体的复合、分散、时序性质及其形象化的特点,使得查询不再只通过字符查询,查询的结果也不仅仅是一张表,而是多媒体的一组"表现"。数据库接口的多媒体化将对查询提出更复杂也是更友好的设计要求。

5.1.2 多媒体数据对数据库的影响

在传统的数据库中引入多媒体数据和操作,是一个极大的挑战。这不只是把多媒体数据引入到数据库中就可以完成的问题。传统的字符、数值型的数据虽然可以对很多的信息进行管理,但由于这一类数据具有抽象特性,应用范围十分有限。为了构造出符合应用需要的多媒体数据库,必须解决从体系结构到用户接口等一系列的问题。多媒体对数据库的影响主要表现在以下几个方面。

1. 数据存储

多媒体数据量巨大,且媒体之间数据量的差异也极大,从而影响数据库的组织和存储方法。如动态视频压缩后每秒仍达上百千字节的数据量,而字符、数值等数据可能仅有几个字节。只有组织好多媒体数据库中的数据,选择设计好合适的物理结构和逻辑结构,才能保证磁盘的充分利用和应用的快速存取。数据量的巨大还反映在支持信息系统的范围的扩大、应用范围的扩大上,显然不能指望在一个站点上就存储上万兆的数据,而必须通过网络加以分布,这对数据库在分布环境下进行存取也是一种挑战。

2. 数据处理

媒体种类的繁多，增加了数据处理的困难。每一种多媒体数据类型都有自己的一组操作和功能、数据结构和存取方法以及高性能的实现。除此之外，也需要一些标准的操作，如各种多媒体数据通用的操作及多种新类型的集成等。虽然前面列出了几种主要的媒体类型，但事实上，在具体实现时往往根据系统定义、标准转换等演变成几十种媒体格式。不同媒体类型对应不同数据处理的方法。随着新的媒体类型的不断出现，要求多媒体多媒体数据库管理系统必须不断扩充，以便增加相应的操作方法。

3. 数据库的多解查询

传统的数据查询只处理精确的概念和查询。但在多媒体数据库中非精确匹配和相似性查询将占相当大的比重。即使是同一个对象，若用不同的媒体表示，对计算机来说也肯定是不同的；若用同一种媒体表示，如果有误差，在计算机看来也是不同的。与之相类似的还有诸如纹理、颜色和形状等本身就是不易精确描述的概念。如果在对图像、视频进行查询时用到它们，很显然是一种模糊的、非精确的匹配方式。

媒体的复合、分散、时序性质及形象化的特点，使数据库不能只通过字符进行查询，而应通过媒体的语义进行查询。然而，我们很难了解并且正确处理许多媒体的语义信息。这些基于内容的语义对某些媒体是不易于确定的，甚至会因为应用的不同和观察者的不同而不同。

4. 用户接口的支持

多媒体数据库的用户接口不能只用一个表格来描述，对于媒体的公共性质和每一种媒体的特殊性质，表现在用户接口上，只有在查询的过程中才能体现。例如，对媒体内容的描述、对空间的描述以及对时间的描述。在大多数情况下，面对多媒体的数据，用户有时甚至不知道自己要查找什么，不知道如何描述自己的查询需求。因此，多媒体数据库对用户的接口要求不仅仅是接受用户的描述，而是要协助用户描述出他的想法，找到他所要的内容，并在用户接口上表现出来。

5. 多媒体信息的分布

多媒体信息的分布对多媒体数据库体系带来了巨大的影响。这里所说的分布，主要是指以WWW 全球网络为基础的分布。随着 Internet 的迅速发展，网络上的资源日益丰富，使用传统的固定模式的数据库形式已经很难满足要求。多媒体数据库系统必须考虑如何从 WWW 网络信息空间中寻找信息，查询所要的数据。

6. 长事务处理能力

事务是数据库管理系统完成一项完整工作的逻辑单位，数据库管理系统应保证一个事务要么被完整地执行，要么被彻底地取消。传统数据库中的事务一般都较短小，在多媒体数据管理系统中也应尽可能采用短事务。但有些场合，特别是多媒体应用场合，短事务不能满足需要，如从视频库中取出并播放一部数字化电影，数据库应保证播放过程不中断，这就不得不处理长事务。

7. 服务质量要求

许多应用对多媒体数据的传输、表现和存储的质量要求是不同的，系统所能提供的资源也要根据系统运行的情况进行控制。因此，对每一类媒体数据都必须考虑如何按所需要的形式及时、正确的表现数据；当系统不能满足全部的服务要求时，如何合理的降低服务质量；能否插入和预测一些数据;能否拒绝新的服务请求或撤消旧的请求等一系列的问题。

8. 版本控制的问题

在具体的应用中,常常会涉及记录和处理某个处理对象的不同版本。版本包括两个概念,一是历史版本,同一处理对象在不同的时间有不同的内容;二是选择版本,同一处理对象有不同的表述,因此,需要解决多版本的标识、存储、更新和查询等。多媒体数据库系统应提供很强的版本管理能力。

由此可见,多媒体对数据库的影响涉及数据库的用户接口、数据模型、体系结构、数据操纵以及应用等许多方面。

5.2　多媒体数据库的数据模型

多媒体系统的数据模型主要由 3 种基本要素组成:数据对象类型的集合、操作的集合和通用完整性规则的集合。数据对象类型的集合描述了数据库的构造,如关系数据库的关系和域;操作的集合给出了对数据库的运算体系,如关系数据库中的对关系的查询、修改、定义视图和权限等;通用完整性规则给出了一般性的语义约束。多媒体数据库的数据模型是很复杂的,不同的媒体有不同的要求,不同的结构有不同的建模方法。现有的图像数据库、全文数据库等建模办法都是以专有媒体的特性为基础,超媒体数据库等又与其具体的信息结构有关。下面我们就介绍部分的数据模型。

5.2.1　面向对象的数据模型

随着面向对象技术的兴起,面向对象方法在数据库领域也日益的强大起来,其中主要的原因就在于对象模型能够更好地描述对象,更好地维护对象语义信息。由于多媒体数据的特殊性,面向对象数据库的这种机制刚好满足了多媒体数据库在建模方面的要求。但是,面向对象数据库并不等于多媒体数据库,因为它们在许多方面研究的侧重点是不同的。

1. 对象、属性、方法、消息

(1)对象

在面向对象的系统中,所有概念实体被模型化为对象。对象是由实体所包含的数据和定义在这些数据上的操作所组成的。

(2)属性

组成对象的数据称为对象的属性。它可以是系统或用户定义的数据类型,也可以是一个抽象数据类型。即组成对象的某个属性本身可能仍是一个对象,具有自己的属性和定义在属性上的操作。属性的这种本身仍可以是对象的性质,可以用来描述不同对象间的"聚合"联系,也称为"part-of"的层次结构联系。

(3)方法

定义在对象属性上的一组操作就是对象的办法。方法体现了对象的行为能力,它与属性一样是对象的重要组成部分。在对象这个抽象层次上,用户只需了解对象的外部特征,也就是对象要具备哪些处理能力,而不需了解其内部构成,包括数据和处理能力的实现方法。

(4)消息

在面向对象的系统中,对象间的通信和请求对象完成某种处理工作是通过消息传送实现的。

消息传送卡相当于一个间接调用的过程。对象对它能接受的每一个消息有一个相应的方法解释消息的内容，来执行消息指示的处理操作。一个对象可以同时向多个对象发送消息，也可以接受多个对象发送的消息。由于消息内容由接受消息的对象解释，所以相投的消息可能被不同对象解释成不同的含义。

2. 对象类、类层次和继承性

如果系统中每个对象拥有自己的属性名和方法，将会出现许多冗余的信息，因此在面向对象系统中，将类似的对象组合在一起，形成一个对象类。属于同一类的对象具有相同的属性名和定义在这些属性上的方法。有了对象类就可以定义系统中同类所有对象的属性和方法。

系统中的对象除了具有上面描述的关系外，还有一种概括关系。若用结点表示对象类，用连接两结点的边表示两个对象类的概括关系，则具有概括关系的对象类形成一个层次结构，称为类层次。其中高层结点是对低层结点的概括，称为低层结点的超类；低层结点是对其高层结点的特殊化，称为高层结点的子类。

子类不仅可以继承其超类对像的部分或全部属性和方法，而且可以有自己的属性和方法。在许多面向对象的系统中，虽然规定了一个子类只可以继承它的直接超类的属性和方法，但因超类仍可以具有超类和相应的继承性，事实上一个子类可以继承它的超类链上所有对象类的方法和属性。类的层次和继承性描述了对象间"概括"联系，减少了系统中的冗余信息和由此产生的更新异常。

现有的许多面向对象系统都允许一个子类具有多个超类，即将类层次由树结构推广为格。由于类格中每个子类可继承所有超类的属性和方法，我们就说子类具有多继承性。例如，"飞机"是机动运输工和空中运输工具的子类，可以同时继承这两个超类的所有属性和方法。又如因机动运输工具是运输工具的子类，进而它也可以进一步继承运输工具的所有属性和方法。

3. 语义关联的描述

在多媒体数据模型中，语义关联主要有以下几个，但它们并不是标准的，在不同的系统中，可能会有不同的定义。

（1）概括关联（Generalization association，G 关联）：表示实体之间的子类与超类的继承性关系。当一个子类又同时是另一类的超类时，就形成了 G 关联层次结构。当允许有一个或一个以上的超类时，就形成了 G 关联网格结构。

（2）聚集关联（Aggregation association，A 关联）：定义一个实体类的一组属性，这些属性的域既可以是实体类也可以是域类。

（3）相互作用关联（Interaction association，I 关联）：类似于 E.R 模型中的实体间的 relation 关系，用来表示两个实体类之间的相互作用或关系。I 关联定义的类之间的关系可以是一对一、一对多或多对多的关系。I 关联可以由用户自己来命名，也可以带有自己的属性、操作与约束规则。

（4）hasmethod 和 hasrule 关联：为表示一个实体类（包括广义实体类）具有数据类型为 METHOD 或 RULE 的属性而引入的比较特殊的聚集关联。

（5）示例关联（Instance association）：用 ISINSTOF 来表示一个具体对象与所述实体类之间的关系，以对具体对象建模。

4. 运算体系

在数据库系统中运算主要有 3 种:定义、查询和操纵。对多媒体数据库而言,应对类和对象分别定义这 3 种运算。定义包括类的创建和对象的创建两部分。类的创建需具备 5 个方面的信息:类标识、一组相关属性(包括实例属性和类属性)、一组操作程序、一组语义完整的约束条件和可以继承的超类集合。对象创建时,对象内容与对象所属类的属性必须相互匹配并符合类定义的约束条件。

查询是数据库的基本方法,主要有通过类名查询类结构,通过对象名或对象标识查询对象或对象的属性值,通过类名查询该类中满足某些约束条件的对象或对象的属性,以及对对象操作的查询等。在多媒体数据库中,查询还应包括基于内容或概念的检索等。

操纵运算主要有插入、删除和修改,其中每种都有类和对象两个操纵对象。类的修改包括对类描述中属性集合、操作集合、约束条件集合、超类集合中元素的更新以及整个类的删除等。类内属性的增加应将类内的所有对象增加此属性域并设其值为空或某一默认值;类内的属性删除需将类内所有对象的相应属性域删除,类内属性的修改须看具体情况再对其对象作相应的改变。所有属性的更新都将影响到其所有的子类。类内约束条件的更新需使涉及到的所有对象满足新的约束条件。超类中元素的更新应做到:检查类层次结构不出现环路或断路,以及类层次中属性、操作和约束条件的继承性的检查、更新和相应对象的改变。对象的修改必须满足其所属类的约束条件,对象的删除也将其所有的属性删除,而当属性是一个对象时,这个对象也被删除。

用面向对象的方法对多媒体数据库进行建模时,对多媒体数据的管理具有明显的好处。封装允许多媒体类型通过一个公共的界面进行访问和操纵,因此即使系统发生演变,媒体的操纵仍能保持一致;继承能够有效地减少媒体数据的冗余存储,而且它也是聚集分层和特性传播的基本方法;对象类与实例的概念维护了多媒体数据的语义信息,也为聚集抽象提供了一种可行的方案;复合对象根据复合引用的语义,对象间的引用只是被引用对象的标志符放在引用对象的属性中,以便实现共享引用、依赖引用和独立引用,为多媒体数据的关系表示提供了良好的机制。

5.2.2　NF^2 数据模型

在传统的关系数据库基本关系理论中,所有的关系数据库中的关系必须满足最低的要求,这个要求就是第一范式,简称 1NF。这个要求就是在表中不能有表。但由于多媒体数据库中具有多种多样的媒体数据,这些媒体数据又要统一地在关系表中加以表现和处理,就不得不打破关系数据库中对范式的要求,要允许在表中可以有表,这就是 NF^2(Non First Normal Form)方法。

NF^2 数据模型是在关系模型的基础上通过更一般的扩展来提高关系数据库处理多媒体数据的能力。主要是在关系数据库中引入抽象数据类型,使用户能够定义和表示多媒体信息对象。数据类型定义所必需的数据表示和操作,既可以用关系数据库语言也可以用通用的程序语言来描述。简单地说,这种数据模型还是建立在关系数据库的基础之上的,这样就可以继承关系数据库的许多成果,比较容易实现。现在的许多关系数据库都是通过对关系属性字段进行说明和扩展,并且在处理这些特殊的字段时自动地与相应的处理过程相联系,这样就解决了一部分多媒体数据扩展的需求。

例如,给人员档案增加人员的照片、声音,就要在关系的相应地方增加描述,在处理时给出显示这些照片的方法和位置。现在采用的办法都是利用标准的扩展字段,如 FoxPro 的 General 字段,Paradox for Windows 的动态注释、格式注释、图形和人二进制对象(BLOB)等,对它们的处理也都是采用应用程序处理、专门的新技术(如 OLE)等方法。由于这此字段利注释中所描述的数据可以具有一定的格式、可以进行专门的解释,因此就打破了 1NF 的限制,但解决了问题,如图 5-1 所示。

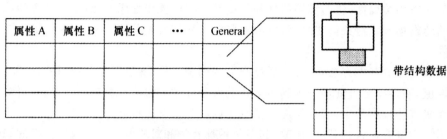

图 5-1 对关系进行扩展

这种办法虽然可以利用关系数据库的优点,继承许多市场上的成果,但是它的缺点也是很明显的,具有很大的局限性。这主要是有于建模能力不够强,虽然 NF² 数据模型相对于传统的关系数据模型具有描述更复杂信息结构的能力,但在定义抽象数据类型、反映多媒体数据各成分间的空间关系、时间关系和媒体对象的处理方法方面还有困难。在特殊媒体的基于内容查询、存储效率方面等都有较大的困难。这是与它的数据模型的特性是密切相关的。

5.2.3 其他数据模型

下面介绍的数据模型严格地说,虽然它们不是完整的、通用的数据库的数据模型,但它们的出现确实又使数据库的数据模型受到很大的影响。

1. 文献数据模型

文献数据模型的基本结构是层次状的,主结构是树形的。这种结构符合一般的文献或文章的组织结构。如一篇技术性论文由标题、作者、摘要和若干章节构成,而每一节又由节的标题和若干段落构成等。这种组织可以很方便地用一个树形的图表表示。对于一棵树来说,总有中间节点和叶节点,定义不同叶节点的媒体属性,就可以使一组叶节点的双亲节点是一个多媒体化的中间节点。对树的每一层各个节点不同的布局安排,亦即对应同一逻辑结构的文献/文章,可以定义多种不同的布局结构,使之有不同的表现形式。文献并不是一种数据库,它更像一个实际的应用,例如一本书、一篇文章等。

2. 超媒体数据模型

超媒体模型的基本结构是网状的,是由节点和链组成的有向图,相似于传统数据库中的网状数据模型,但又截然不同。节点和链是超媒体模型中的两个主要的概念。节点是信息单位(信息元),链用来组织信息,表达信息间的关系,把节点连成网状结构。由于超媒体节点和链的形式可以比较容易地推广到多媒体的形式,可以基于包括不同媒体的节点,链也可用来表示媒体问的时空关系,因此超媒体模型就成了一种很普遍的多媒体数据模型。

超媒体数据模型通常来说是比数据库数据模型还要高一个层次,它承担着建立超媒体超链联系的任务。存多媒体数据库中使用超媒体数据模型是为了建立多媒体数据之间的联系,包括时间、空间、位置和内容的关联,支持信息节点网的开放性,支持对信息结构的建模,支持浏览和搜索等新的操作。

3．专有媒体数据模型

像图像数据库、视频数据库、全文数据库等针对特定领域的数据库，一般都是根据自己的需要建立符合自己特性的体系结构和数据模型，以完成特定的任务。例如，图像数据库建立的五级模式和四级映射的体系结构，就是由图像媒体的特点所决定的。它的数据模型根据应用的不同，采用的数据模型有扩展关系数据模型、面向对象数据模型，以及广义图数据模型等。其他的专有媒体数据库也是这样。

5.3　多媒体数据库管理系统

5.3.1　多媒体数据管理

1．概述

在信息技术的社会，随着信息量和信息媒体种类的不断增加，对信息的管理和检索变得越来越困难。信息的洪水会继续泛滥，我们要做的就是将成灾的信息洪水转变为灌溉思想田野的水源，使得广大的用户能够获取到更多的信息，探索日益增长的信息空间。这里，多媒体数据库和基于内容检索技术将扮演一个非常重要的角色。

从计算机技术的角度来看，数据管理的方法已经经历了许多不同的阶段。在早期，数据是用文件直接存储的，并且曾持续了很长一段时间，这与当时计算机应用水平有关。随着计算机技术的不断发展，计算机越来越多地用于信息处理，如财务管理、办公自动化、工业流程控制等。这些系统所使用的数据量大、内容复杂，而且面临数据共享、数据保密等方面的需求，于是便产生了数据库系统。数据库系统的一个重要概念是数据独立性。用户对数据的任何操纵（如查询、修改）不再是通过应用程序直接进行，而必须通过向数据库管理系统（DBMS）发送请求来实现。DBMS 对数据的管理，包括存储、查询、处理和故障恢复等，同时也保证在不同用户之间进行数据共享。若是分布数据库，这些内容将扩大到网络范围之上。

DBMS 按层次划分为 3 种模式：物理模式、概念模式和外部模式（也叫视图）。物理模式的主要是定义数据的存储组织方法，如数据库文件的格式、索引文件组织方法、数据库在网络上的分布方法等。概念模式定义抽象现实世界的方法。外部模式又称子模式，是概念模式对用户有用的那一部分。概念模式通过数据模型来描述，数据库系统的性能与数据模型有着直接的关系。数据库数据模型先后经历了网状模型、层次模型、关系模型等阶段。其中，关系模型因为有比较完整的理论基础，"表格"一类的概念也易于被用户理解，因而逐渐取代网状、层次模型，在数据库中起着主导作用。关系模型把现实世界事物的特性抽象成数字或字符串表示的属性，每一种属性都有同定的取值范围。于是，每一个事物都有一个属性集及对应其属性的值集合。

随着技术的发展，产生了许多可以对多媒体数据进行管理和使用的技术。例如，面向对象数据库、基于内容检索技术和超媒体技术等。

2．多媒体带来的问题

在传统的数据库中引入多媒体的数据和操作，是一个很大的挑战。因为这不是一个只要把多媒体数据加入到数据库中就可以完成的问题。传统的字符数值型数据虽然可以对很多的信息进行管理，但由于这一类数据的十分抽象，应用范围就十分有限。为了构造出符合应用需要的多媒体数据库,必须解决从体系结构到用户接口一系列的问题。多媒体对数据库设计的影响主要有以下几个方面。

①媒体种类的增多,增加了数据处理的困难。每一种多媒体数据类型都要有自己的一组最基本的概念(操作和功能)、适当的数据结构和存取方法以及高性能的实现。但除此之外也要有一些标准的操作,包括多媒体数据通用的操作及多种新类型数据的集成。不同的媒体类型对应着不同的数据处理方法,这就要求多媒体 DBMS 能不断扩充新的媒体类型及其相应的操作方法。新增加的媒体类型对用户来说应该是透明的。

②数据量大且媒体之间量的差异也非常大,从而影响数据库的组织和存储方法。如动态视频压缩后每秒仍达上百 KB 的数据量,而字符数值等数据可能仅有几个 Byte。只有组织好多媒体数据库中的数据,选择设计好合适的物理结构和逻辑结构,才能保证磁盘的充分利用和应用的快速存取。数据量的巨大还表现在支持信息系统的范围的扩大,应用范围的扩大,显然不能只在一个站点上就存储上万兆的数据,而必须通过网络加以分布,这对数据库在这种环境下进行存取也是一种挑战。

③数据库的多解查询。传统的数据库查询只处理精确的概念和查询。但在多媒体数据库中非精确匹配和相似性查询将占很大的比重。因为即使是同一个对象如果用不同的媒体进行表示,对计算机来说也是不同的;如果用同一种媒体表示,若有误差,在计算机看来也是不同的。与之相类似地还有如纹理、颜色和形状等本身就不易于精确描述的概念,如果在对图像、视频进行查询时用到它们,很显然是一种模糊的、非精确的匹配方式。对其他媒体来说也是一样。媒体的复合、分散、时序性质及其形象化的特点,注定要使数据库不再是只能通过字符进行查询,而应是可以通过媒体的语义进行查询。但是,我们却很难了解并且正确处理许多媒体的语义信息。这些基于内容的语义在有些媒体中是很容易确定的(如字符、数值等),但对另一些媒体却不容易确定,甚至会因为应用的不同和观察者的不同而不同。

④用户接口的支持。多媒体数据库的用户接口一般不能用一个表格来描述,对于媒体的公共性质和每一种媒体的特殊性质,都要在用户的接口上和查询的过程中体现出来。例如对媒体内容的描述、对空间的描述以及对时间的描述。多媒体要求开发浏览、查找和表现多媒体数据库内容的新方法,使得用户可以很方便地描述他的查询需求,以便得到相应的数据。在大多数的情况下,面对多媒体的数据,用户有时甚至不知道自己要查找的是什么,不知道如何描述自己的查询。因此,多媒体数据库对用户的接口要求不仅是要对接收用户进行描述,而是要协助用户描述出他的想法,找到他所要的内容,并在用户接口上表现出来。多媒体数据库的查询结果将不仅仅是传统的表格形式,而是丰富的多媒体信息的表现,甚至是由计算机组合出来的结果"故事"。

⑤传统的事务一般都是简短的,在多媒体数据库管理系统(MDBMS)中也应尽可能采用短事务。但在有些场合,短事务不能满足需要,如从动态视频库中提取并播放一部影片,往往需要几个小时的时间,作为良好的 DBMS 应保证播放过程不会被中断,因此不得不增加处理长事务的能力。

⑥多媒体信息的分布对多媒体数据库体系带来了很大的影响。这里我们所说的分布,主要是指以 WWW 全球网络为基础的分布。随着 Internet 的迅速发展,网络资源日益丰富,使传统的那种固定模式的数据库形式已经显得力不从心。多媒体数据库系统将来肯定要考虑如何从 WWW 网络信息空间中寻找信息,查询所要的数据。

⑦多媒体数据管理还有考虑版本控制的问题。在具体的应用中,往往涉及对某个处理对象

（如一个 CAD 设计或一份多媒体文献）的不同版本的记录和处理。版本有两种概念，一是历史版本，同一个处理对象在不同的时间有不同的内容，如 CAD 设计图纸，有草图和正式图之分；二是选择版本，同一处理对象有不同的表述或处理，一份合同文献可以包含英文和中文两种版本。需解决多版本的标识和存储、更新和查询，尽可能减少各版本所占存储空间，而且控制版本访问权限。现有通用型 DBMS 一般不提供这种功能，而由应用程序编制版本控制程序，这显然是不合适的。

由此可见，多媒体对数据库的影响涉及到数据库的用户接口、数据模型，体系结构、数据操纵以及应用等许多的方面。

5.3.2　MDBMS 的特点与功能

1. 多媒体数据库管理系统的特点

数据库是按一定的方式组织在一起的可以共享的相关数据的集合。数据库系统中一个重要的概念是数据独立性。根据独立性原则，DBMS 一般按层次可划分为 3 种模式：物理模式、概念模式和外部模式，如图 5-2 所示。

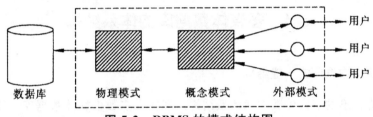

图 5-2　DBMS 的模式结构图

物理模式也称内部模式，其主要功能是定义数据存储组织方法，如数据库文件的格式、索引文件组织方法、数据库在网络上的分布方法等，有时该模式还称为存储模式，对于用户来说它是透明的。概念模式描述了数据库的逻辑结构而隐藏了数据库的物理存储细节，借助数据模型来描述，它定义抽象现实世界的方法。概念模式服务于一个数据库全部用户，数据库性能与数据模型密切相关，数据库模型经历了网状模型、关系模型和面向对象模型等阶段。外部模式又称为视图，它是概念模式对用户有用的那一部分。外部模式描述了一个特定用户组用户所关心的数据的结构，这些数据可以是数据库所存数据的一个子集，也可以是数据库所存数据经过加工整理后所得到的数据。总之，这 3 种模式含义不同，层次不同，服务对象也是各不相同的。

当前，以关系模型为基础的关系数据库在商业数据库中占有主导地位。关系模型主要针对的是整数、实数、定长字符等规范数据，关系数据库的设计者必须把真实世界抽象为规范数据。声音、图像、视频等信息引入计算机之后，可以表达的信息范围增大，但带来的新问题有数据不规则，没有统一的取值范围，没有相同的数据量级，也没有相似的属性集。

2. MDBMS 的功能

根据多媒体数据管理的特点，MDBMS 应包括以下几个功能。

①MDBMS 必须能表示和处理各种媒体的数据，主要有不规则数据如图形、图像、声音等。

②MDBMS 必须能反映和管理各种媒体数据的特性，或各种媒体数据之间的空间或时间的关联。

③MDBMS 除必须满足物理数据独立性和逻辑数据独立性外，还应满足媒体数据独立性。

物理数据独立性是指当物理数据组织(存储模式)改变时,不影响概念数据组织(逻辑模式)。逻辑数据独立性是指概念数据组织改变时,不影响用户程序使用的视图。媒体数据独立性是指在MDBMS的设计和实现时,要求系统能保持各种媒体的独立性和透明性,即用户的操作可最大限度地忽略各种媒体的差别,而不受具体媒体的影响和约束;同时要求它不受媒体变换的影响,从而实现复杂数据的统一管理。

④MDBMS的网络功能。当前的多媒体应用一般以网络为中心,应解决分布在网络上的多媒体数据库中数据的定义、存储、操作等问题,并对数据一致性、安全性、并发性进行管理。

⑤MDBMS的数据操作功能。除了与传统数据库系统相同的操作外,还提供许多新功能:提供比传统DBMS更强的适合非规则数据查询搜索功能、提供浏览功能、提供演绎和推理功能。对非规则数据,不同媒体的提供了不同的操作,如图形数据编辑操作和声音数据剪辑操作等。

⑥MDBMS应具有开放功能,提供MDB的应用程序接口API,并提供独立于外设和格式的接口。

⑦MDBMS还应提供事务和版本管理功能。

5.4 多媒体数据库的体系结构

5.4.1 多媒体数据库的一般结构

目前,尚没有标准的多媒体数据库体系结构。现在大多数多媒体数据库系统还局限在专门的应用上,如图像数据库、文本数据库等,只对那些专门的应用结构进行了设计。在这里仅对一般的多媒体数据库的结构形式进行介绍。

1. 松散型多媒体数据库的体系结构

针对各种媒体单独建立数据库,每一种媒体的数据库都有自己独立的数据库管理系统。虽然它们是相互独立的,但可以通过相互通信来进行协调和执行相应的操作。用户既可以对单一的媒体数据库进行访问,也可以对多个媒体数据库进行访问以达到对多媒体数据进行存取的目的。这种多媒体数据库系统的体系结构如图5-3所示。

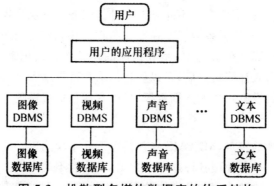

图5-3 松散型多媒体数据库的体系结构

在这种数据库体系结构中,对多媒体数据的管理是分开进行的,可以利用现有的研究成果直接进行组装,每一种媒体数据库的设计也不必考虑与其他媒体的匹配和协调。但是,由于这种多媒体数据库对多媒体的联合操作实际上是交给用户去完成的,给用户带来灵活性的同时,也为用户增加了负担。该体系结构对多种媒体的联合操作、合成处理和概念查询等都比较难于实现。如果各种媒体数据库设计时没有按照标准化的原则进行,它们之间的通信和使用都会产生问题。

2. 集中统一型多媒体数据库的体系结构

在集中统一型结构中,只存在一个单一的多媒体数据库和单一的多媒体数据库管理系统,其体系结构如图 5-4 所示。

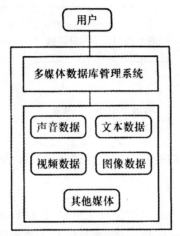

图 5-4　集中统一型多媒体数据库的体系结构

在这种体系结构中,各种媒体被统一地建模,对各种媒体的管理与操纵被集中到一个数据库管理系统之中,各种用户的需求被统一到一个多媒体用户接口上,多媒体的查询检索结果可以统一地表现。

由于这种多媒体管理系统是统一设计和研制的,所以在理论上能够充分地做到对多媒体数据进行有效的管理和使用。但实际上,这种多媒体数据库系统是很难实现的,目前还没有一个比较恰当而且效率很高的方法来管理所有的多媒体数据。虽然面向对象的方法为建立这样的系统带来了一线曙光,但要真正做到还有相当长的距离。如果把问题再放大到计算机网络上,这个问题就会更加复杂。

3. 客户/服务器型多媒体数据库的体系结构

减少集中统一型多媒体数据库系统复杂性的一个很有效的办法是采用客户/服务器结构。在这种结构中,各种单媒体数据仍然相对独立,系统将每一种媒体的管理与操纵各用一个服务器来实现,所有服务器的综合和操纵也用一个服务器来完成,与用户的接口采用客户进程实现,其体系结构如图 5-5 所示。

客户与服务器之间通过特定的中件系统连接。使用这种类型的体系结构,设计者可以针对不同的需求采用不同的服务器、客户进程组合,因此,很容易符合应用的需要,对每一种媒体也可以采用与这种媒体相适合的处理方法。同时,这种体系结构也很容易扩展到网络环境下工作。但采用这种体系结构必须对服务器和客户进行仔细的规划和统一的考虑,采用标准化的和开放的接口界面,否则会遇到与联邦型结构相近的问题。

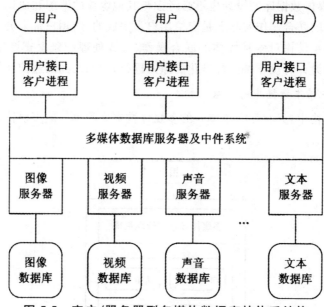

图 5-5　客户/服务器型多媒体数据库的体系结构

4. 超媒体型多媒体数据库的体系结构

这种多媒体数据库体系结构强调对数据时空索引的组织,在它看来,世界上所有计算机中的信息和其他系统中的信息都应该连接成一体,而且信息也要能够随意扩展和访问。因此,也就没有必要建立一个统一的多媒体数据库系统,而是把数据库分散到网络上,把它看成一个信息空间,只要设计好访问工具就能够访问和使用这些信息。

此外,在多媒体的数据模型上,要通过超链建立起各种数据的时空关系,使得不仅可以访问抽象的数据形式,还可以去访问形象化的、真实的或虚拟的空间和时间。目前的 WWW 已经使我们看到了这种数据库的雏形。

5.4.2　多媒体数据库的层次结构

1. 传统数据库的层次

传统的数据库系统分为 3 个层次,按 ANSI 的定义分别为物理模式、概念模式和外部模式,如图 5-6 所示。

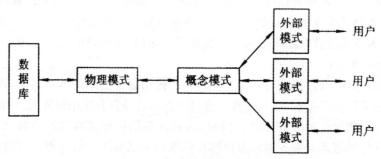

图 5-6　传统数据库的层次

传统的数据库采用这种层次结构是由它所管理的数据而决定的。在这种数据库中,数据主要是抽象化的字符和数值,管理和操纵的技术也是简单的比较、排序、查找和增删改等操作,处理起来容易,也比较好管理。

由于数据种类单一,数据模型比较简单,对数据的处理也可以相对采取统一的方法,用户除了表格之外没有更复杂的数据表现工作。因此,如果要引入多媒体的数据,这种系统分层肯定不能满足要求,就必须寻找恰当的结构分层形式。

2. 多媒体数据库的层次

已经有许多人提出过多媒体数据库的层次划分,包括对传统数据库的扩展、对面向对象数据库的扩展、超媒体层次扩展等。虽然各有所不同,但总的思路是很相近的,大都是从最低层增加对多媒体数据的控制与支持,在最高层支持多媒体的综合表现和用户的查询描述,在中间增加对多媒体数据的关联和超链接的处理。在这里,综合各种多媒体数据库的层次结构的合理成分,我们提出一种多媒体数据库层次划分的概念结构图,如图 5-7 所示。

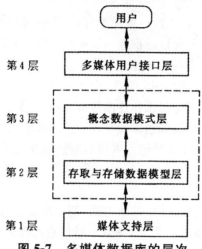

图 5-7　多媒体数据库的层次

在图 5-7 中,第 1 层,称为媒体支持层,建立在多媒体操作系统之上。针对各种媒体的特殊性质,在该层中要对媒体进行相应的分割、识别、变换等操作,并确定物理存储的位置和方法,以实现对各种媒体的最基本数据的管理和操纵。由于媒体的性质差别很大,对于媒体的支持一般都分别对待,在操作系统的辅助下对不同的媒体实施不同的处理,完成数据库的基本操作。

第 2 层称为存取与存储数据模型层,完成多媒体数据的逻辑存储与存取。在该层中,各种媒体数据的逻辑位置安排、相互的内容关联、特征与数据的关系以及超链接的建立等都需要通过合适的存取与存储数据模型进行描述。

第 3 层称为概念数据模型层,是对现实世界用多媒体数据信息进行的描述,也是多媒体数据库中在全局概念下的一个整体视图。在该层中,通过概念数据模型将为上层的用户接口、下层的多媒体数据存储和存取建立起一个在逻辑上统一的通道。第 3 和第 2 层也可以通称为数据模型层。

第 4 层称为多媒体用户接口层,完成用户对多媒体信息的查询描述和得到多媒体信息的查询结果。很显然,这一层在传统数据库中是非常简单的,但在多媒体数据库中这一层成了最重要的环节之一。首先,用户要能够把他的思想通过恰当的方法描述出来,并能使多媒体系统所接受,这在多媒体数据库系统中本身就是一个非常困难的问题,不是用某一种类似于 SQL 之类的语言所能描述的。其次,查询和检索到的结果需要按用户的需求进行多媒体化的表现,甚至构造出"叙事"效果,这也是表格一类描述方式所不能做到的。

上面的多媒体数据库的层次划分是非常概念化的,也是很初步的。多媒体数据库的结构应该能够包含像图像数据库、视频数据库、全文数据库等一系列的专业数据库类型,并能统一地管理和使用,但目前的状况离这一目标还很远。

5.5 基于内容的检索技术

5.5.1 基于内容的图像分析及检索

1. 图像特征的提取与表达

(1)颜色特征的原理及性质

颜色特征是图像检索中应用最为广泛的视觉特征,主要原因在于颜色往往和图像中所包含的物体或场景十分相关。此外,与其他的视觉特征相比,颜色特征对图像本身的尺寸、方向和视角的依赖性比较小,从而具有较高的稳健性。

图像颜色特征的表达涉及若干问题。首先,由于存在许多不同的颜色色彩空间,对不同的具体应用,需要选择合适的颜色色彩空间来描述图像颜色特征;其次,需要采用一定的量化方法将颜色特征表达为向量的形式,在将图像色彩特征表示为向量形式后,才能进行相似度比较。

颜色特征的表示方法有很多,如颜色直方图、颜色矩、颜色集、颜色聚合向量以及颜色相关图等。

1)颜色直方图原理及性质

假设一幅图像 G 的颜色(或灰度)由 N 级组成,每一种颜色值用 $q_i(i=1,2,\cdots,N)$ 表示。在整幅图像中,具有 q_i 颜色值的像素数为 h_i,则这一组像素统计值 $h_1,h_2,\cdots,h_N$ 就是该图像的颜色直方图,可用 $H(h_1,h_2,\cdots,h_N)$ 表示。如果用 $H(h_1,h_2,\cdots,h_N)$ 来描述一幅图像的颜色特征,则该直方图具有以下性质。

①直方图中的值都是统计而来,描述了该图像关于颜色的数量特征,可以反映图像的部分内容。举例来说,如果是一幅"蓝色的海洋"的图像,"篮色"将是像素的主要成分,在数量上将占很大的比例。

②直方图丢失了颜色的位置特征。因此,不同的图像可能具有相同的颜色分布,从而也就具有相同的颜色直方图。

③如果将图像划分为若干子区域,这所有子区域的直方图之和等于全图直方图。

④一般情况下,由于图像上的背景和前景物体颜色分布明显不同,从而在直方图上会出现双峰特性,但前景和背景颜色较为接近的图像不具备该性质。

2)颜色矩

颜色矩方法的数学基础在于图像中任何的颜色分布均可以用它的矩来表示,此外,由于颜色分布信息主要集中在低阶矩中,因此仅采用颜色的一阶矩、二阶矩和三阶矩就足以表达图像的颜色分布。与直方图相比,该方法的另一个好处在于无需对特征进行向量化。颜色的 3 个低次矩的数学表达形式为

$$\mu_i = \frac{1}{N}\sum_{j=1}^{N} p_{ij}$$

$$\sigma_i = \left(\frac{1}{N}\sum_{j=1}^{N}(p_{ij}-\mu_i)^2\right)^{\frac{1}{2}}$$

$$s_i = \left(\frac{1}{N}\sum_{j=1}^{N}(p_{ij}-\mu_i)^3\right)^{\frac{1}{3}}$$

其中,p_{ij}是图像中第j个像素的第i个颜色分量。因此,图像的颜色矩一共只需要 9 个分量(3 个颜色分量,每个分量上 3 个低阶矩),与其他的颜色特征相比是非常简洁的。

3)颜色集

颜色集方法作为颜色直方图的一种近似,可支持大规模图像库中的快速查找。这种方法首先将图像从 RGB 颜色窄间转化成视觉均衡的颜色空间(如 HSV 空间)中的图像,并将颜色空间进行量化,然后用色彩自动分割技术将图像分为若干区域,每个区域用量化颜色空间的某个颜色分量来索引,从而将图像表达为一个二进制的颜色索引集。在图像匹配中,比较不同图像颜色集之间的距离和色彩区域的空间关系。因为颜色集表达为二进制的特征向量,可以构造二分查找树来加快检索速度,这对于大规模的图像集合十分有利。

4)颜色相关图

颜色相关图是图像颜色分布的另一种表达方式。这种特征不但刻画了某一种颜色的像素数量占整个图像的比例,还反映了不同颜色对之间的空间相关性。

假设 l 表示整张图像的全部像素,$I_{c(i)}$ 则表示颜色为 $c(i)$ 的所有像素。颜色相关图可以表达为

$$\gamma_{i,j}^{(k)} = \Pr_{p_1 \in I_{c(i)},\, p_2 \in I}\left[p_1 \in I_{c(i)} \mid |p_1 - p_2| = k\right]$$

其中,$I,j \in \{1,2,\cdots,d\}$,$k \in \{1,2,\cdots,d\}$,$|p_1 - p_2|$ 表示像素 p_1 和 p_2 之间的距离。颜色相关图可以看作是一张用颜色对$<i,j>$索引的表。如果考虑到任何颜色之间的相关性,颜色相关图会变得非常复杂和庞大。一种简化的变种是颜色自动相关图上它仅仅考察具有相同颜色的像素间的空间关系。

(2)图像纹理特征

纹理也是图像中重要而又难以描述的特征。很多图像在局部区域内呈现不规则性,但在整体上表现出规律性,习惯上把图像这种局部不规则而宏观有规律的特性称为纹理。纹理特征是一种不依赖于颜色或亮度的、反映图像中同质现象的视觉特征。它是所有物体表面共有的内在特性,例如,云彩、树木、砖和织物等都有各自的纹理特征。纹理特征包含了物体表面结构组织排列的重要信息以及它们与周围环境的联系。Tamura 等人基于人类对纹理的视觉感知心理学的研究,提出了 6 个分量的纹理特征表达,分别是粗糙性、方向性、对比度、线似性、规整度和粗略度,这也就是纹理检索的主要特征。其中前 3 个分量对于图像检索尤为重要。除了 Tamura 纹理特征,纹理特征还有其他表示形式,如自回归纹理模型、方向性特征、小波变换和共生矩阵等。

纹理的分析方法已有不少,大致上可分为统计方法和结构方法。统计方法被用于分析像小纹、沙地和草坪等细密而规则的对象,并根据像素间灰度韵统计性质对纹理规定出特征,以及特征与参数的关系。结构方法适于像布料的印刷图案或砖瓦等排列较规则对象的纹理,可以根据纹理基元及其排列规则来描述纹理的结构及特征,以及特征与参数间的关系。

由于纹理难以描述,因此对纹理的检索都是 QBE 方式的。另外,为缩小查找纹理的范围,纹

理颜色也作为一个检索特征。通过对纹理颜色的定性描述，把检索空间缩小到某个颜色范围内，再以 QBE 为基础，调整粗糙度、方向性和对比度 3 个特征，逐步逼近检索目标。

检索时首先将一些大致的图像纹理以小图像形式全部一显示给用户，一旦用户选中其中某个和查询要求最接近的纹理形式，则以查询表的形式让用户适当调整纹理特征，如"方向再往左一点"、"再细密一点"、"对比度再强一点"等。通过将这些概念转化为参数值进行调整，并逐步返回越来越精确的结果。

（3）图像形状特征

图像中的物体和区域形状是图像表达和图像检索中要用到的另一类重要特征。但不同于颜色或纹理特征，形状特征的表达必须以图像中的物体或区域的分割为基础。由于当前的技术无法做到准确而稳健的自动图像分割，图像检索中的形状特征只能在某些特殊应用场合使用，在这些应用中图像包含的物体或区域可以直接获得。另一方面，由于人们对物体形状的变换、旋转和缩放主观上不太敏感，合适的形状特征必须满足对变换、旋转和缩放无关，这对形状相似度的计算也带来了难度。

通常来说，形状特征有两种表示方法，一种是轮廓特征，一种是区域特征。图像轮廓特征用到物体的外边界，而图像区域特征则关系到整个形状区域。基于骨架或轮廓的检索能使用户通过勾勒图像的大致轮廓，从数据库中检索出轮廓相似的图像。

取图像的轮廓线是一个困难的任务，一般的图像分割和边缘检测提取很难得到理想的结果。目前较好的方法是采用图像的自动分割方法结合识别目标的前景和背景模型来得到比较精确的轮廓。由于用户的勾画只是对整个图像目标的大体描述，如果用整个轮廓线来作为匹配特征并不合适，必须用一些轮廓的简化特征作为检索的依据。一般以轮廓的中心为基准，计算中心到边界点的最长轴和最短轴、长轴与短轴之比、周长与面积之比，以及拐点等作为轮廓检索的特征。事实上，要识别目标的轮廓是很困难的，在有些情况下，也直接采用轮廓追踪方法进行轮廓检索。

对轮廓进行检索的过程是交互完成的。首先对图像进行轮廓提取，并计算轮廓特征，存于特征库小。为方便用户描绘轮廓，一般检索接口应给出基本的绘画工具，用户可以用工具来手绘查询的要求。检索时，通过计算手绘轮廓的特征与特征库中的图像轮廓特征的相似距离来决定匹配程度。轮廓特征检索也可以结合颜色进行描述，例如，用户可用绘图工具在一个绿色的背景上画一个红色的圆，系统将与圆形轮廓相似的目标图像都从数据库中找出来，然后用户再在这些图像中选择需要的内容。

（4）图像空间关系特征

上述的颜色、纹理和形状等多种特征反映的都是图像的整体特征，而无法体现图像中所包含的对象或物体。事实上，图像中对象所在的位置和对象之间的空间关系同样是图像检索中非常重要的特征。提取图像空间关系特征可以有两种方法：一种方法是首先对图像进行自动分割，划分出图像中所包含的对象或颜色区域，然后根据这些区域对象索引；另一种方法则简单地将图像均匀划分为若干规则子块，对每个图像子块提取特征建立索引。

1）基于图像分割的方法

这类方法中的图像空间关系特征主要包括二维符号串、空间四叉树和符号图像。二维符号串方法的基本思想是将图像沿 x 轴和 y 轴方向进行投影，然后按二维子串匹配进行图像空间关系的检索。符号图像方法是基于图像中全部有意义的对象已经被预先分割出来的假设，将每个对象用质心坐标和一个符号名字代表，从而构成整幅图像的索引。

这些特征都是在图像分割的基础上的,然而对于通用领域内没有经过预处理的图像,自动图像分割技术的效果就不太好。通常分割算法所划分的仅仅是区域而不是对象。如果想在图像检索中获得高层语义上的对象,就需要人工或领域知识的辅助。

2)基于图像子块的方法

为了克服图像准确自动分割的困难,同时又要提供有关图像区域空间关系的基本信息,一种折中的方法是将图像预先等分成若干子块,然后分别提取每个子块的各种特征。在检索中首先根据特征计算图像的相应子块之间的相似度,然后通过加权计算总的相似度。

(5)图像高维特征缩减和索引

1)图像高维特征缩减

存图像检索中,有时为了增加检索精确度,不得不提取更多的图像特征,通常情况下,图像特征向量的维数数量级可以达到 10^2。特征维数多对于图像精确检索并不是好事,一方面特征信息中存在冗余信息,会导致检索精度下降,同时维数过多也降低了检索的效率。因此需要降低所提取特征维数之间的相关性,进行高维特征缩减。常用的两种高维特征缩减方法是 Karhunen-Loeve 变换(KLT)和按列聚类。

2)图像高维特征索引

如果经过维数缩减,除去了图像特征之间的相关性,图像特征向量的维度仍然较高,那么就需要选择一个合适的多维索引算法来为特征向量建立索引。

有 3 个研究领域对多维索引技术做出了贡献,它们分别是计算几何、数据库管理系统和模式识别。较为流行的多维索引技术包括 Bucketing 成组算法、k-d 树、优先级 k-d 树、四叉树、K-D-B 树、HB 树、R 树以及它的变种 R＋树和 R＊树等。除了上述几种方法,在模式识别领域有广泛应用的聚类和神经网络技术也可以对高维特征数据进行索引。

2. 图像相似性．检索与匹配方法

我们以颜色直方图表示方法为例说明图像相似性检索与匹配方法。

(1)利用颜色直方图进行检索

对颜色直方图方法来说,采用 QBE 方法,示例可以用以下方法给出。

1)指明颜色组成

例如,查询"大约 30％红色、50％蓝色的图像",查询"穿深红色衣服的人的头像"等。系统将把这些查询转换为对颜色直方图匹配的模式,前者实际上是限定了"红色"和"蓝色"在直方图中所占总颜色数的比例范围;而后者指明了在颜色直方图中应具有"深红色"和"肉色"这两种重要成分。所以,在这些查询中,所获得的结果是很宽的,对于第二个图像来说,查到的也可能不是人的头像,而是其他什么图像,只是它的颜色分布恰好符合罢了。但这毕竟缩小了查询空间。一般说来,对颜色的指定也不能用文字,而是用一个"调色盘",以挑选方式进行颜色组合可能会更实际一些。

2)指明一幅图像

在浏览过程中确定一个示例图像,自然也就得到了它的颜色直方图。然后,用该颜色直方图与数据库中的图像颜色直方图进行匹配,最后确定所要找的图像集合。严格地要求精确匹配实际上是没有多大意义的,但通过色调、颜色组合的相似性找到类似的图像,就可以缩小查找的范围。这种示例方法可以免去组合颜色之苦,因为经实验研究证实,恰恰是组合颜色对用户来说是最难以接受的。

3)指明图像中的一个子图

这个子图可以是图像分割后的一个子块(区域),也可以是利用对象轮廓方法确定的一个对象。利用这个子图确定相应的颜色直方图,再从图像数据库中寻找出具有类似子图颜色特征的目标图像集合。当然,仅用一般的颜色直方图是难以做到的,必须建立更为复杂的颜色关系,才能描述出其颜色特征。

利用颜色直方图必须确定颜色的级数。当颜色级很大时(例如真彩色),对每一种颜色都要计算与处理显然不合适。一个可行的办法是减少颜色样点数,将其限定在一个较小的范围内(例如 256 色、16 色甚至 RGB 3 色)。另外,也可以利用主成分变换(如 K-L 变换)将其变换到一个较为集中的范围之内。在匹配时,采用模糊的匹配方式,也将收到良好的效果。前面所举的例子中,"红色"、"蓝色"也只能看作是"各种各样的红色"、"各种各样的蓝色",只是所占的权重随着颜色的偏离而减弱而已。

值得注意的是,认知科学及视觉心理学证明,人类不能像通常计算机显示器那样只使用RGB(红、绿、蓝)成分感知颜色。一个恰当的颜色空间是实现颜色直方图方法的基础。同时,这个颜色空间中两种颜色的差别应与人类的感觉差别相对应,才能使颜色值间的距离转变为人眼感觉上的不同。现已知道,用 CIEL×U×V 颜色空间可以较好的解决这个问题,并且也易于从RGB 颜色向 CIEL×U×V 颜色转换。

(2)颜色直方图的相似性匹配

假设示例图像直方图用 $G(g_1, g_2, \cdots, g_N)$ 表示,数据库中的目标图像直方图用 $S(s_1, s_2, \cdots, s_N)$ 表示,这两个直方图是否相似可以通过欧氏距离来描述,即将它们看作欧氏空间中两点间的距离:

$$Ed(G,S) = \sqrt{\left(\sum_{i=1}^{N}(g_i - s_i)^2\right)}$$

将其规范化并简化,并按"1"为完全相似,"0"为完全不相似来确定两个图像的相似性,则可以用下式描述:

$$Sim(G,S) = \frac{1}{N}\sum_{i=1}^{N}\left(1 - \frac{|g_i - s_i|}{Max(g_i, s_i)}\right)$$

其中 N 为颜色级数,$g_i \geq 0$,$s_i \geq 0$。

从式中可以看出,如果 Sim 靠近 1,则说明两幅图像在颜色上相似;否则,则不相似。直方图中可能有许多颜色的统计值很小,其中就包含那些"噪声"的点。为了消除这些外来的影响,一般采用一个阈值加以限制,对不超过这个阈值的颜色不进行比较,以减少"噪声"对图像相似程度的影响。这个阈值要根据颜色数和实验结果进行调整,一般在 10 左右。

如果对其中某些颜色要有重要程度的区别,可以用权重因子 $W_j(0 \leq W_j \leq 1, j = 1, 2, \cdots, N)$ 来描述,这样上式就变换为

$$Sim(G,S) = \frac{1}{N}\sum_{i=1}^{N}\left\{W_i - \left(1 - \frac{|g_i - s_i|}{Max(g_i, s_i)}\right)\right\}$$

由于 $0 \leq W_j \leq 1$,它的引入反而会导致 $Sim(E,S)$ 的值下降,没有反映出直方图中重要成分在相似性中的地位。为此,将其做一调整,从 N 个颜色值中选取上个最大的单元值进行求和平均,即

$$Sim(E,S) = \frac{1}{L}\sum_{i=1}^{N}W_k\left(1 - \frac{|e_k - s_k|}{Max(e_k, s_k)}\right)$$

这样,利用这个权重公式,再利用直方图性质 4 的双峰特性,结合相似性方法,可以确定重要特征或特征的组合。例如,可以做"寻找某一背景"、"寻找某一前景"、"A 图像的背景,B 图像的前景之组合的图像"等查询。

3. 图像检索中的相关反馈机制

如上所述,基于内容的图像检索技术中所抽取的图像特征基本上是图像的底层视觉特征,它们与图像的实际语义是脱离的,底层视觉特征目前尚无能力辨别出图像中所包含的物体。因此,无论采用何种特征,无论使用何种距离测度,最终决定两幅图像是否相似还取决于实际用户。因此基于内容的图像检索系统应该尽可能地做到以用户为中心,而不是以计算机为中心。另外,由于侧重点的不同,不同的用户对图像的相似性的判断也存在不同的标准。为此需要研究如何使系统自动适应这种特定的需求,从而实现更好的查询效果。相关反馈是提高系统查询效果的一种强有力的方法。

在基于内容的图像检索中,查询得到的结果应该是一组和用户提交的查询请求相似的图像集合,然而由于基于内容的图像检索还无法达到非常精确的匹配,结果中必然含有非用户想要查询的图像。因而,用户在结果中再次选择与其检索目标最接近的图像作为示例图像进行二次查询,系统将根据用户的反馈信息对图像库进行相应的修改,并重新返回一组结果,这样的过程就是图像检索中的用户相关反馈问题。

相关反馈可以让用户的个性化反映到结果中,并提高系统的适应性。在一组结果中,用户对其满意的图像赋予正反馈,对其不满意的图像赋予负反馈,使得系统能够逐步细化其检索结果,从而提高检索精度。系统还可以从示例图像的语义特征中推导出检索结果中正反馈和负反馈图像的语义信息。

基于内容的图像检索的相关反馈研究可以分成两类:查询点移动和重新计算权重。

查询点移动方法本质上是试着提高查询点的估计,向正例点移动,而远离反例。提高这种估计常用的是 Rocchio 的公式:

$$Q' = \alpha Q + \beta \left(\frac{1}{N_{R'}} \sum_{i \in D'_R} D_i \right) - \gamma \left(\frac{1}{N_{N'}} \sum_{i \in D'_N} D_i \right)$$

反馈集文档 D'_R 和非反馈文档 D'_N 用户给定。其中 α, β, γ 是常量,$N_{R'}$,$N_{N'}$ 是反馈集文档 D'_R 和非反馈文档 D'_N 的个数。

权重计算方法的中心思想非常简单和盲观。每个图像用 N 维特征向量来表示,可以把它看成 N 维空间的一个点。如果正例的变化主要沿着主轴 j 则可以推导出在这个轴上的值对于输入奄询不是非常相关,故赋予它一个小的权重 w_j。然后用特征矩阵的第 j 个特征值的标准偏著的倒数来作为更新权重 w_j。

5.5.2　基于内容的音频处理及检索

1. 概述

在多媒体信息中音频是一类重要媒体,目前互联网上的音频数据(如 MP3)比比皆是。另外,视频节目总是伴随有音频流,只有知道了多媒体数据流中的视频(图像)和音频各自特征的性质,最终才能顺利将它们合成在一起,完成多媒体完整语义的表达、识别和检索任务。

在一段多媒体信息流中,往往视频信息剧烈变化时,音频信息却保持稳定,始终表示着同一语义。例如，"音乐之声"电影的片头，尽管视频在高山、雪峰、平原和森林等之间不断变换，其伴奏音乐一直和谐平缓。如果只是按照视觉特征对这些视频分类，这些多媒体数据流就会被分割成不同的语义场景。但是如果提取出音频特征，按照音频特征对上述多媒体数据流进行识别标注，就可以用"和谐平缓"这样的语义去表述这些视频信号变化剧烈、但是音频信号保持稳定的多媒体数据流，把它们归为一类语义场景。还有像"枪声"、"警笛声"或"鼓掌声"等环境背景音，这些环境背景音的出现往往暗示着重要场景或者重要人物的出现，蕴涵了丰富的语义，成为用户感兴趣的检索目标。这些环境背景音的共同特点是：与它们相连的视频信号特征变化剧烈，但是音频信号特征保持稳定，可以用音频去表述语义，从而不至于使表示同一语义的视频场景被分割开来。

除了用音频去标注视频信息外，对于互联网上音频数据，研究对"相似"音频数据实现检索（如查找相似音乐、歌曲和讲话等）的方法，将会给用户查找信息带来极大方便。

无论是对相似音频进行检索，即查找出听觉上相似的同类音频数据流；还是实现音频到视频检索，即用含有极大语义的音频信号去索引视觉变换剧烈、但是属于同一语义的视频数据流，这些都是基于内容的音频检索正在研究的方向。

所谓基于内容的音频检索，是指通过音频特征分析，对不同音频数据赋以不同的语义，使具有相同语义的音频在听觉上保持相似。音频检索和语音识别的目标是不同的。语音识别指从话者语音信号中识别出字、单词和短语等基本元素，然后对这些语言符号进行分析和理解，提取里面所蕴涵的语义。基于内容的音频检索可以分为以下两个方面。

①由于在多媒体数据流中，音频信号同样包含了丰富的语义信息，正确识别出音频信号所蕴涵的语义后，从而用音频来索引其相应的多媒体视频信息。

②音频数据自己也可以成为检索对象，如寻找相似的音乐和在电影中寻找某个"爆炸"的声音等。

与视频检索类似，在音频检索中，也需要经过特征提取、音频分割、音频分类识别和音频检索这几个关键步骤，如图 5-8 所示。

图 5-8　基于内容的音频检索步骤

2．音频结构化的概念模型

音频结构化包括两个彼此相关的内容：音频语义内容分析和音频结构分析。音频语义内容是通过对音频数据的分析获得音频中的一些特定语义内容。原始音频是非结构化的数据流，无法直接从中提取有意义的语义内容，这就需要对原始音频按一定语义内容进行时域上的分割，即音频结构分析。

音频结构分析的目标是将组成音频的音频帧序列分割成时间上连续的几个集合，每个集合是一个内容上相对独立、稳定和连续的结构单元，这些结构单元是音频内容语义提取的对象。时间粒度较小的结构单元，虽然技术处理更为方便，但由于时间粒度过小，很难从中提取有价值的内容语义；时间粒度过大的结构单元，虽然可以从中提取较完整的语义内容，但根据现有的技术对这样的结构单元直接处理是难于实现的。因此，音频结构分析应该集成不同时间粒度的结构单元，从低到高分层实现。

分类是音频结构分析的一种主要方法,类别信息包含了音频数据的重要语义内容,它能够让用户对音频内容有一个全局概念上的认识,所以它通常是用户检索和浏览的首要依据。在音频处理领域,获取音频信息的渠道和手段多种多样,音频内容也千差万别,但不同内容的音频信息含有的音频类别相对固定。根据音频的作用和特点一般可将音频分为如图 5-9 所示的类别层次。

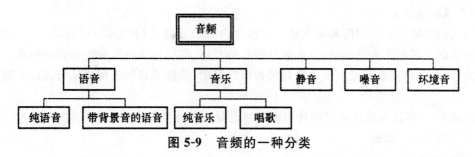

图 5-9　音频的一种分类

另一种结构化模型类似视频的结构化,如图 5-10 所示,定义了如下不同时间粒度的音频结构单元。

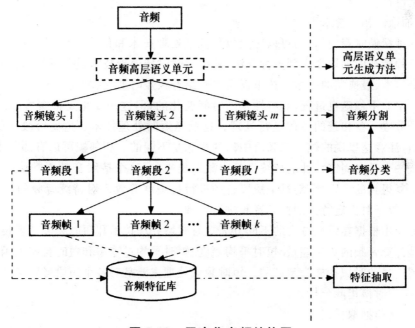

图 5-10　层次化音频结构图

(1)音频帧(Frame)

音频是一个非平稳随机过程,其特性是随时间变化的,但这种变化是很缓慢的。鉴于此,可以将音频信号分成一些相继的短段进行处理。这些短段一般长为 20～30 ms,称为音频帧,是音频处理中的最小单元。

(2)音频段(Clip)

由于音频帧的时间粒度太小,很难从中提取有意义的语义内容,所以需要在帧的基础上定义时间粒度更大的音频结构单元(通常比帧长大若干个数量级),本文称之为音频段(clip)。clip 由若干帧组成,时间长度一定,是本文中音频分类的基本对象,具有一定语义,如语音 clip、音乐 clip

等。clip 的特征在音频帧特征的基础上计算得到。

（3）音频镜头（Shot）

这是从视频镜头引申过来的概念。由于 clip 太短，不适合进行语义内容分析。本文中定义含有同种音频类别的音频结构单元为音频镜头，音频镜头由若干相同类别的 clip 组成，时间粒度更大，时间长度不定，是音频分割的结果，具有一定的语义，如环境音镜头，音乐镜头等。

（4）音频高层语义单元

由镜头的不同组合形成的具有完整丰富语义内容的音频结构单元。根据需要可以有多层。它的分析是以下层单元为基础的，是音频结构化的目标（高层语义单元的生成方法不在本文研究范围之内）。这些结构单元是层次化音频结构组成要素，描述了音频结构化从低到高不断提升的过程。

从图 5-10 中可以看出这种结构化模型最终也是通过分类和分割来实现的，与基于分类的结构化模型本质上是一致的。

3. 音频特征提取

音频特征的分析与抽取是音频分类的基础，所选取的特征应该能够充分表示音频频域和时域的重要分类特性。

（1）特征抽取的相关技术

音频是一种缓慢时变的信号，可以应用数字信号处理技术和信号系统理论来抽取音频的物理特征。对音频特征的抽取要用到多种方法，其中短时时域处理技术、短时频域处理技术和同态处理技术是最基本、最典型的技术。这里仅简单介绍音频短时处理技术。

音频是一个非平稳随机过程，其特性是随时间变化的，但这种变化是很缓慢的。鉴于此，可以将音频信号分成一些相继的短段进行处理。这就是短时处理技术。这些短段一般长为 20～30 ms，称为帧，注意这里说的帧与视频流中帧的概念是不同的。相邻帧可以有部分重叠，每一帧可以看成是从一个具有固定特性的持续音频中截取出来的，这个持续音频通常认为是由该短段音频周期性重复得到的。因此，对每个短段音频进行处理就等效于对持续音频的一个周期进行处理，或者说等效于对固定特性的持续音频进行处理。

短时处理技术根据在研究域上的不同分为短时时域处理技术和短时频域处理技术。短时时域处理主要是计算音频的短时能量、短时平均幅度、短时平均过零率和短时自相关函数。这些计算都是以音频信号的时域抽样为基础的。短时频域处理主要是对各个短段音频信号进行频谱分析，因而又叫作短时傅里叶分析。

（2）特征分析与抽取描述

根据短时处理技术的理论，音频帧是处理音频的最小单位，通常的音频处理中帧的长度一般取为 20～30 ms，过短的话将得到粒度过细的信息而不能反映各类音频的区别特性，而过长则容易导致音频特征平均化以后不能反映特征的时序变化特性。例如，针对如图 5-10 所示的音频层次化结构，可以采用 clip 和帧结合的音频特征分析与抽取方法。这种方法首先将音频流切分成 clip 序列，一对每一个 clip 再加窗成帧，并计算基于帧的音频特征，在此基础上再计算基于 clip 的音频特征。具体的做法可以参见其他文献。

（3）特征抽取

特征抽取的基础是数字信号处理技术和信号系统理论，实际应用中特征抽取包括 3 个步骤：原始音频预处理，特征抽取和特征集的构造。

1）原始音频预处理

原始音频往往含有尖锐噪音，会影响处理效果。同时音频处理的单位是帧，所以特征提取前，需要对原始音频数据做预处理，包括预加重、切分和加窗成帧。

2）特征抽取

根据特征分析和抽取描述的结论，首先计算帧层次上的特征，然后在此基础上抽取子带能量比均值、带宽均值、频率中心均值、基音频率标准方差、和谐度、平滑基音比、High ZCR 比率、Low Frequency Energy 比率和频谱流量等 clip 层次上的特征来构造特征集。

3）特征集构造

在特征抽取的基础上构造音频分类的特征集合。上述基于 clip 的一至七类特征共 13 维，由于不同音频特征的值有很大的差别，所以要对特征集合进行归一化处理。

4. 音频分类

音频类别特征可以通过低层特征来表达，即它们之间存在着一定的映射关系，而事实上它们之间是存在距离的。因此，在特征抽取的基础上如何构造一个性能良好的分类器以便更好地建立低层特征与高层类别特征之间的映射关系是音频分类工作的技术难点与核心。

（1）基于规则的静音与噪音分类器

静音和噪音是识别相对简单的声音类别，特征与其他音频类别区别明显，所以采用基于规则的方法识别这两类音频类别。

1）静音的识别规则

静音是指人耳听不到的声音，它与音强有关；由人的听觉特性可知，静音还与音长有关。这些特性表现在能量谱上，就是在一定的时间内音频流的能量较低。如图 5-11 所示，段 a～b, e～f, k～l 是静音段，虽然 c,d,g,h,i,j 等点处的能量也很小，但其持续的时间较短，一般不能将其判为静音。

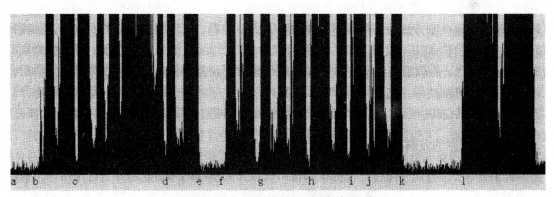

图 5-11　一段连续语音的能量谱

2）噪音的识别规则

噪音是指不包含任何语义内容的音频 clip，主要考虑宽带噪声。宽带噪声是比较普遍的一类噪声，其来源很多，包括热噪声、气流（如风、呼吸等）噪声及各种随机噪声源。其在频域上与语音中的辅音频谱相似，宽带噪声的 ZCR 很高，这是因为其高频分量的能量较大，在时域上表现为信号比较杂乱、无规律。

（2）多类分类器的构造

我们需要将非静音噪音 clip 分为纯语音、含背景音的语音、音乐和环境音 4 类。根据 SVM 决策树方法来构建多类分类器，则需要构建 3 个 SVM。SVM 1 区分出语音 clip 和非语音 clip；SVM2 对语音 clip 识别，区分出纯语音和带有背景音的语音；SVM3 将非语音 clip 分为音乐和环境音。基于 SVM 决策树方法的多级分类器结构图如图 5-12 所示。

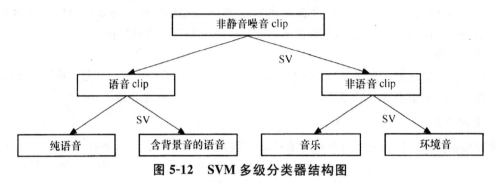

图 5-12　SVM 多级分类器结构图

5. 音频分割

音频分割是音频镜头切分的技术基础，它直接关系到音频镜头切分的精度，进一步会影响到音频语音内容提取的准确性。音频分割实际完成两个方面的工作：一是根据音频连续特性对分类结果进行平滑，修正违背音频连续性的误分类；二是合并类别相同的音频 clip，对音频流按类别在时间轴上进行分割，生成音频镜头。本节介绍 3 种音频分割的方法：滑窗法、基于规则的分割方法，以及基于熵与动态规划算法的分割方法。

（1）滑窗法

传统的音频分割方法通常是采用简单的滑动窗口技术，即用固定长度的滑窗对音频流简单分割，在滑窗内部按"投票规则"（Vote Rule）将音频流平滑为一个类别，即哪个类别的 clip 数最多，就认为改滑窗内所有的 clip 都属于该类别。然后将具有相同音频类别的滑窗合并得到最终的分割结果。这种方法忽略了滑窗外部的音频流对分割的影响，是一种静态分割方法；而平滑过程本身就是带有一定误差的简单处理，同时，滑窗大小的确定也是一个难点。

（2）基于规则的分割方法

该方法基于音频连续特性，根据该特性可以设计分割准则对 clip 序列进行平滑，然后再将具有相同类别的 clip 合并得到最终的分割。不同的分割工作中根据需要和具体音频分类的类别可以采用不同的分割准则。下面是一组分割的准则。

1）准则 1

假设 $c1$、$c2$、$c3$ 是 3 个相邻的 clip，如果 $c1$ 和 $c3$ 属于同一个音频类别，而 $c2$ 与 $c1$、$c3$ 类别不同，则认为 $c2$ 的类别判断错误，$c2$ 应与 $c1$、$c3$ 类别相同。例如，$c1$、$c3$ 是音乐，$c2$ 是语音，则 $c2$ 分类错误，应该是音乐。

2）准则 2

假设 $c1$、$c2$、$c3$ 是 3 个相邻的 clip，如果他们的类别各不相同，则认为 $c2$ 的分类应该与 $c1$ 相同。例如，$c1$ 是纯语音，$c2$ 是音乐，$c3$ 是带背景音的语音，则 $c2$ 应与 $c1$ 分类一致，$c2$ 应为纯语音。

3）准则 3

上述两条准则对静音和噪音不适用，因为静噪音可能突然或频繁出现。例如，如果三个相邻 clip 分别为语音、静音和语音，则认为这种情况是合理的，不应用上述两个准则。

该方法基于音频流的自身特性，具有一定的合理性，比滑窗法具有更好的分割性能和准确率，但也是一种静态方法。

（3）基于熵和动态规划算法的分割方法

滑窗法和基于规则的分割方法本质上都是静态方法，也就是说它们只考虑了音频流局部的分割情况，而忽略了局部的平滑处理对于相邻的分割以及整个音频流的影响。某分割局部的 clip 类别修正从该分割内部看来可能是合理的，但是从整个音频流看可能并不是最优的选择。如何量化这种分割的好坏程度呢？从本质上讲，分割的准确度表现为一个分割中某个类别的 clip 数多于其他类别的程度，程度越高说明该分割越准确合理，我们定义这种"程度"为该分割的同质度（Homogeneity）。那么最优分割就是所有分割选择中同质度之和最大的那种分割。这就是基于熵和动态规划算法的分割方法的基本思想。该方法解决了最优分割的量化问题，充分考虑了相邻 clip 之间的影响，以及不同分割选择的整体最优情况，是一个动态寻优过程，从本质上区别于上述两种静态方法。

6. 基于内容的音频检索

目前在互联网上主要的音频信息有音乐、语音和广播等，音频基于内容的检索也主要是针对这些音频信息。

人们总是想从互联网上找到自己喜欢旋律的音乐。这种寻找相似旋律和相似风格音乐的方式在网上购买音乐方面用途较大，譬如，人们并不知道某首歌曲的名字和主唱，但是对某些歌曲的旋律和风格非常熟悉，于是人们可以通过嘴巴将他熟悉的旋律"哼"出来。这些旋律通过麦克风数字化输入给计算机，计算机就可以使用搜索引擎去寻找一些歌曲，使反馈给用户的歌曲中包含用户所"哼"的旋律或风格，这种方式称为使用"哼"进行音乐检索（Audio Retrieval by Humming）。

对于广播等音频数据，由于广播中包含了广告、天气预报、主持人主题新闻和新闻详细报告等不同部分，而这些部分往往是混合在一起的。不同的人对这些不同部分偏好不同，例如，有些人只关心"新闻摘要"，那么他只需要听主持人主题新闻就可以了；有些人对新闻详细分析也感兴趣，那么他需要听主持人主题新闻和新闻详细报告两部分；可以说，很少有人喜欢广告，所以广告可以尽可能从新闻中去除。如果能够将新闻分成如上几个部分，可以很方便人们对广播新闻不同层次的需要。

最后，与图像和视频一样，人们对相似音频示例的检索需求也很大，总是想从互联网中找到自己需要的音频示例。例如，有些人想找相似的"枪声"，有些人想找相似的"鼓掌声"等，这就是相似音频示例的检索。

在实现相似风格"歌曲"和相似音频示例检索时候，人们所提交的检索信息是什么？

当然，最直接的是提交一个语义描述，如"爵士音乐"和"爆炸声"等这样的文字后，然后把蕴涵了这些语义标注音频示例或歌曲寻找出来，反馈给用户。但是，要自动完成这样的任务，是相当困难的。因为音频低级听觉特征和其蕴涵的高级语义之间存在很大的鸿沟，不可能自动从"歌曲"或"音频示例"中获取完整语义。如果实在要完成这样的检索任务，一般是对每个收集了相似音频示例或歌曲的音频库进行手工语义标注，识别之后，基于标注信息完成检索。在这里，人为手工标注因为人的主观感知不一致,很难取得一个公正的语义标注。

二是提交一个音频示例,提取这个音频示例的特征,按照前面介绍的音频示例分类识别方法判断这个音频示例属于哪一类,然后把识别出的这类所包含的若干样本按序返回给用户,这是基于示例的音频检索。

第三种是使用"哼(Humming)"作为输入。例如,用户自己哼一段想找寻的音乐,然后基于用户"哼"出来的音乐,去寻找与之相似风格和旋律的歌曲,反馈给用户。这其实也是一种基于示例的音频检索方法,不过,其示例是靠"哼"出来的。

上面第一种查询方式叫基于语义描述的音频查询方式。由于对一段音频示例可以有不同的语义描述,如何处理不同语义描述其内涵的一致性以及是否存在语义描述不一致的问题,是前一种检索方式面临的挑战。后面两种是基于听觉内容的音频示例检索(Audio Retrieval by Clip)。

基于示例的音频检索与视频检索一样,用构造的分类模型将用户提交检索的音频示例归属到某类音频,最后按照排序方法返回给用户属于这个音频类的若干相似音频示例。在这种方法中,提取音频示例特征、对音频示例进行判别和构造某类音频模板,都可以用前面介绍的技术完成,关键是如何管理和构造一个庞大的音频示例库。这种方式限制了检索手段,很难想象以后在多媒体检索时,会让检索客户提供多媒体示例才能顺利进行检索。

另外,在相似音频示例检索过程中,应该给用户提供一种机制,让用户可以对反馈结果进行在线评估,然后将评估结果反馈给检索系统,让检索系统根据用户评估,重新进行检索,直到用户满意,这叫作"音频示例相关反馈"。

5.5.3 基于内容的视频结构化与摘要

1. 视频媒体基本特性

(1)视频序列

视频数据是连续的图像序列。为了对视频序列进行分类和检索,必须对视频序列的数据结构有所了解。视频序列主要由镜头(Shot)组成,每一个镜头包含一个事件或一组连续的动作。每个镜头中的内容发生在一个场景(Scene)中,一个场景可以分散在多个镜头之中。一个故事将由一组镜头组成,这中间将会有多个场景不断地进行变化。对视频序列的分割最基本的单位就是镜头,往下就是镜头中对象的运动或图像,可以另外处理;往上是场景,将由多个镜头组成。镜头的产生和边界的示意如图 5-13 所示。

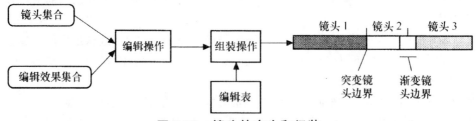

图 5-13　镜头的产生和组装

(2)镜头的切换

镜头的切换点是视频序列中两个不同镜头之间的分隔和衔接,是在导演切换台上或特技发生器上做出来的。切换的方法主要有两类。

1）直接切换

一个镜头与另一个镜头之间没有过渡,由一个镜头的瞬间直接转换为另一个镜头的方法叫做直接切换。由于画面的改变是在视频的消隐场期间进行的,所以画面的接点不会出现跳动。在实际应用中,直接切换可使画面的情节和动作直接连贯,不存在时间上的差异,给人以轻快、利索的感觉。直接切换的次数还反映了视频内容的节奏。

2）渐变切换

镜头与镜头之间的变换是缓慢过渡的,没有明显的镜头跳跃。包括淡入(Fade In)、淡出(Fade Out),慢转换(Diss)和扫换(Wipe)等。将画面逐渐关闭消失称为淡出,将画面逐渐加强称为淡入。一个画面消失的同时另一个画面逐渐出现称为慢转换。图像从画面的某一部分开始逐渐地被另一画面取而代之的方式称为扫换。扫换是由特技发生器产生出来的,方式有上百种。这些镜头切换的技巧使得镜头之间的连接更加紧密。

（3）镜头的运动

在拍摄时根据剧情的需要,可以采用多种镜头的运动方式对镜头进行处理。镜头的运动方式主要包括以下一些操作。

1）推拉镜头(Zooming)

从远处开始,逐渐推进到拍摄的对象,这种镜头运动称为"推";或者是从近处开始,逐渐地拍成全景,这种镜头运动称为"拉"。这两种方式可以用运动摄影的方式实现,也可以用变焦的方式实现。

2）摇镜头(Panning)

摄像机的拍摄位置不变,在拍摄过程中,以云台为轴心改变拍摄方位。摇摄是观察者在不改变观察位置的情况下,转动眼球或颈项观看对象方式的再现。镜头向一个方向移动,逐步地拍出更深的场景。

3）跟踪(Tracking)

镜头跟踪着被拍摄对象移动,镜头随拍摄对象的移动而移动,形成追踪的效果。

4）其他

还有一些镜头运动的方式,如水平、乖直的移动,仰视、侧视拍摄,近摄、远摄等,都取决于所要表现的内容。

（4）视频的层次化结构

视频数据从表面上看是非结构化的数据流,其最高层是整个视频流,最低层是一帧帧的图像,这种非结构化的特点阻碍了视频数据的有效管理与使用。而从它的拍摄和情节的组织上来讲,视频是有结构的,一般的视频节目都具有如图 5-14 所示的分层结构。

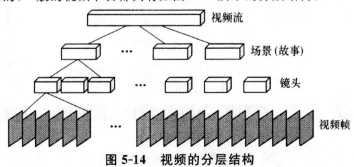

图 5-14　视频的分层结构

视频结构化工作就是要实现如图 5-14 所示的结构切分和内容提取,主要步骤包括镜头边界探测(Shot Bound Detection)、关键帧(Key Frame)提取和故事(场景)单元边界探测(Story Bound Detection),在此基础上就可以对视频的内容进行浓缩和摘要。

2. 镜头边界探测

镜头边界探测最简单的就是用人工的方式标识出来,但效率显然很低。用计算机自动地进行检测,不仅有利于快速地分割视频,而且还有利于快速地分类。

镜头边界自动探测方法可分为两种类型:一种是解压域下的镜头探测。这类方法通过对视频流数据进行解压,得到一系列的视频图像帧,再在图像帧的基础上,比较帧与帧之间的差异,进而探测到镜头边界。这类方法的主要差别在于帧与帧之间的比较方法不同,有代表性的方法包括像素匹配法、颜色与灰度直方图的比较方法、边缘变化率方法以及上述方法的结合。

另一类镜头探测方法在压缩域上进行。一方面可以节省解压时间,另一方面也充分考虑了压缩数据之间的相关信息。这类方法包括 DC 图方法、基于运动矢量的方法、基于宏块的方法以及上述方法的结合。

下面介绍直方图比较法、双重比较法和基于背景的探测方法的基本思想。

(1)直方图比较法

直方图比较法是一种简单的镜头分割方法。由于在连续的视频序列中,如果没有特殊的处理,相邻的两幅图像的差别是很小的。这样,这两幅图像的特征在很大程度上也是相差无几的。假设第 f 帧图像的直方图用 $H_t(h_1,h_2,\cdots,h_N)$ 表示,第升 1 帧的图像直方图用 $H_{t+1}(h_1,h_2,\cdots,h_N)$ 表示,N 为颜色或灰度的级,这两帧图像的直方图差值可以通过欧氏距离描述,即将它们看作欧氏空间中两点间的距离:

$$d(H_t+H_{t+1})=\sqrt{\left(\sum_{i=1}^{N}(H_t(h_i)+H_{t+1}(h_i))^2\right)}$$

也可以采用下述的简化公式,。对直方图进行比较:

$$d(H_t+H_{t+1})=\sum_{i=1}^{N}\frac{(H_t(h_i)+H_{t+1}(h_i))^2}{H_{t+1}(h_i)}$$

这样,两者的差值 d 总会限定在一个阈值以内。如果发生了镜头转换,在帧与帧的差值上就会发生大的改变,如图 5-15 所示。从图中可以看出,对于突变镜头切换来说,帧与帧之间的直

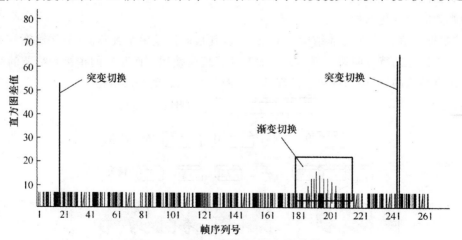

图 5-15 镜头的帧间直方图差值

方图差值是很明显的,也就很容易确定出视频序列中的镜头起点和终点。确定一个阈值,如果直方图差值超过这个阈值,就认为是镜头进行了切换。阈值的确定可以根据统计的结果得出。

（2）双重比较法

对于采用渐变类的镜头切换来说,直方图的差值虽然有,但不很明显。由于镜头是渐变的,所以相邻的两帧直方图也是逐渐改变的。这种变化在采用摇镜头、推拉镜头时都会有十分相似的结果。如果仍采用单一阈值,要么识别不出镜头的切换点,要么识别的镜头切换点就会有误。可以采用双重比较法(Twin Comparison)来解决这个问题。因为镜头的渐变是很缓慢进行的,而且变化有规律,所以通过两重比较就可以识别出这种变化的规律。在一个较大的范围内进行比较,就能确定出镜头渐变切换部分的起点和终点,从而确定出镜头的分割。

所谓双重比较法,是指采用两个阈值。首先用第一个较低的阈值来确定出潜在渐变切换序列的起始帧。一旦确定了这个帧,就将它与后续的帧进行比较,用得到的差值来取代帧间的差值。这个差值必须是单调的,应该不断地加大,直至这个单调的过程中止。这时,将这个差值与第二个较大的阈值进行比较,如果超过了这个阈值,就可以认为这个不断比较差值单调增的视频序列对应的就是一个渐变切换点。

（3）基于背景的镜头探测方法

镜头通常定义为摄像机的一次动作。通过对镜头的观察可以发现,同一镜头通常都含有相同的背景区域。摄像机在做摇动、推拉和旋转等运动时,其对象有可能移动、变化、快速运动或者消失,但是背景区域的变化相对而言却很小。基于这种观察,不妨认为具有相同背景区域的图像帧可能属于同一镜头,一旦背景区域发生了显著变化,则认为出现了镜头边界。同时,为避免出现背景相似而镜头内容完全不同的情况,即漏检某些镜头,在分析背景区域的基础上,对主要对象区域进行分析,以辅助镜头边界的准确探测。

如图 5-16 所示,为简化计算,将背景区域定义为图像帧的边缘区域,即图像帧的上部（H）、左列（V_1）与右列（V_2）3 个矩形区域,将这些区域所围成的部分中间区域称为主要对象区域（Main）。对主要对象区域进行适当的处理即可寻找合适的视频关键帧。图像帧的上部区域可包含摄像机水平方向的运动,左列与有列区域分别包含摄像机垂直方向的运动,综合考虑上部、在列与右列区域,可包含摄像机两个对角线上的运动。这样,通过对背景区域的分析,基本上可以获得摄像机的运动特征。图 5-16 中的 w 值取为图像帧宽度的 $1/10$, l 值为图像帧的宽度,h 值为图像帧的高度与 w 值之差,则图中背景区域

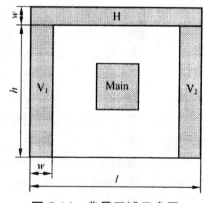

图 5-16　背景区域示意图

的面积大概占整幅图像面积的 $1/5$ 左右。接下来分别针对 3 个子背景区域 H、V_1、V_2 进行处理,将每个子区域的像素值转换为一维数组,再利用图像编码中高斯金字塔迭代的方法得到图像帧中每个子背景区域的两个特征值 Feature 和 FT。这两个特征值不仅含有背景区域的颜色信息,同时也包含有一定的空间信息。

算法的思想是首先对两幅图像 H、V_1、V_2 三个背景区域的 FT 值分别进行匹配,若至少有两个区域的 FT 值不匹配,则可能出现了镜头边界。在此基础上,对主要对象区域（Main 区域）的 FT 值进行匹配,若不匹配,则计算该区域的颜色直方图,若直方图仍不匹配,则可以判定此处一

定出现了镜头边界。若上述条件均不满足,再分别对两幅图像 H、V_1、V_2 三个背景区域的 Feature 值进行跟踪,若 3 个背景区域的 Feature 值连续匹配的像素个数均小于规定的匹配长度,则认为出现了镜头边界。

基于背景的镜头探测算法有着较好的实验结果,另外该算法仅需设定两个阈值,而且阈值的设定对算法结果的影响不大。

3. 关键帧提取

镜头边界探测虽然获得了每个镜头在视频流中的绝对起止位置,但一个镜头仍以很多帧组成,采用什么方式来描述和表示这一段镜头的内容呢?一种浓缩表示镜头内容的方法就是在镜头中选择一个或几个帧作为"代表"来描述和表示,我们称之为"关键帧"或"代表帧"(Key Frames)。关键帧表示法带来的问题就是选择哪些帧作为关键帧合适?如何选择?下面就介绍几个常用的关键帧提取算法。

(1)首尾帧法和中间帧法

在这种方法中,将切分得到镜头中的第一幅图像和最后一幅图像作为镜头关键帧。这种方法来自这样的观察和假设:既然在一组镜头中,相邻图像帧之间的特征变化很少,所以整个镜头中图像帧的特征变换也应该不大,因此选择镜头第一帧和最后一帧可以将镜头内容完全表达出来。首尾帧法对于突变镜头很有效,但对渐变镜头往往不准确,因为此时首尾帧中都包含部分上、下镜头的部分内容,很难正确"代表"。因此又提出了中间帧法,即无论镜头多长都选择在时间上居中的一幅图像作为关键帧,这种方法简单实用,适合多种类型的镜头。

首尾帧法和中间帧法虽简单,但它不考虑当前镜头视觉内容的复杂性,并且限制了镜头关键帧的个数,使长短和内容不同的视频镜头都有相同个数的关键帧,这样做并不合理,事实上首帧、尾帧和中间帧往往并非关键帧,不能精确地代表镜头信息。

(2)基于颜色特征法

在基于视频图像颜色特征提取关键帧的方法中,镜头当前帧与最后一个判断为关键帧的图像比较,如有较多特征发生改变,则当前帧为新的一个关键帧。

在实际中,可以将视频镜头第一帧作为关键帧,然后比较后面视频帧图像与关键帧的图像特征是否发生了较大变化,逐渐得到后续关键帧。

按照这个方法,对于不同的视频镜头,可以提取出数目不同的关键帧,而且每个关键帧之间的颜色差别较大。

但基于颜色特征的方法对摄像机的运动(如摄像机镜头拉伸造成焦距的变化及摄像机镜头平移的转变)很不敏感,无法量化地表示运动信息的变化,会造成关键帧提取不稳健。

(3)基于运动分析法

在视频摄影中,摄像机运动所造成的显著运动信息是产生图像变化的重要因素,也是提取关键帧的一个依据。

在这种方法中,将相机运动造成的图像变化分成两类:一类是由相机焦距变化造成的;一类是由相机角度变化造成的。对前一种,选择首、尾两帧为关键帧;对后一种,如当前帧与上一关键帧重叠小于 30%,则选其为关键帧。

(4)基于聚类的方法

聚类方法在人工智能、模式识别和语音识别等领域中有着很广泛的应用,也可以使用聚类方法来提取镜头关键帧。基于聚类的关键帧提取方法不仅计算效率高,还能有效地获取视频镜头变化显著的视觉内容。对于低活动性镜头,大多数情况一下它会提取少量的关键帧或仅仅一个关键帧。但对于高活动性镜头,它会根据镜头的视觉复杂性自动提取多个关键帧。有兴趣的读者可以参阅其他书籍,此处不详细介绍。

4. 故事单元边界探测

故事又称"故事单元"(Story Unit),一般由多个连续的镜头组成,描述一段具体的语义内容,针对的是同一环境下的同一批对象,描述的是发生在同一环境下的一段情节。在有些文献中使甩"场景"(Scene)的概念。

对于新闻视频,我们更倾向于从语义的角度去理解新闻视频的内容,故采用"故事"或"故事单元"这种称呼方法,而"场景"的概念更多地反映镜头以某种方式组织在一起的特性。下面我们以新闻视频节目播音员镜头探测为例来说明故事单元边界的探测。

新闻视频节目可以分为多种类型,这里简单地将其分为播报类新闻节目和其他类新闻节目。所谓播报类新闻,是指以播报形式为主的新闻节目,即播音员播报一段新闻的主要内容后,再对新闻故事进行详细展开。大多数电视台的新闻节目都属于这种类型,如中央电视台的新闻联播、晚间新闻节目等。而其他类新闻节目则不采用这样固定的播报风格,以评述或访谈方式为主。

不同类型的新闻节目其叙事结构也不尽棚同。所谓叙事,指的是故事情节的展开。叙事结构则是指为了表现故事情节如何组织这些故事单元,即如何安排视频结构单元在时间和空间上的关系。对于播报类新闻节目而言,其叙事结构较为固定,一般都以播音员镜头开始,接下来是详绌的新闻故事内容,包含几个到几十个镜头,以下一个播音员镜头的出现作为该则新闻故事的结束,如图 5-17 所示。从图中可以看出,播音员镜头是新闻视频叙事结构的重要特征之一,也是一般故事单元边界探测的主要方法之一。

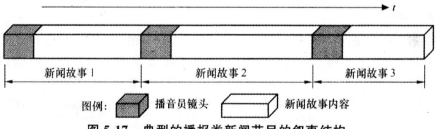

图 5-17　典型的播报类新闻节目的叙事结构

播音员镜头(简称播帧)是指在新闻视频中重复且间隔出现的含有一个(或多个)播音员的镜头,是新闻视频所特有的结构标志,它的出现通常被视为一个新的新闻故事单元的开始。广义上的播音员镜头未必一定要出现播音员,只要满足是新闻故事边界的标志即可。

对播音员镜头探测比较有代表性的方法包括模板匹配法、多特征融合法以及聚类法。

(1)模板匹配法

模板匹配法通过提取播音员镜头的特征来构造标准模板并进行匹配。如果特征提取得合适,这种方法可以获得较为准确的探测结果。这种方法的代表包括利用人脸的肤色特征来构造模板的方法;通过提取播音员半身像的边缘曲线作为模板。

(2)多特征融合法

多特征融合法是综合视频、语音和同步文本来分析新闻视频的故事单元边界,一种探测方法是采用语音信息进行定位,然后再利用同步文本信息辅助定位;另一种方法是采用特征和启发式规则相结合的方式,首先利用颜色特征对镜头聚类,得到候选播音员镜头类,再用人脸探测滤除不存在大尺度人脸的候选镜头类,然后根据镜头时间序列规则得到真正的播音员镜头。

（3）聚类法

聚类法通过将视觉相似的播音员镜头聚集到一起来实现播音员镜头探测。在一段新闻节目中,播音员镜头的出现具有一定的规律性。首先,新闻故事通常以播音员镜头作为开始和结束,播音员镜头在新闻中多次出现;其次,播音员镜头运动较小,一般只存在播音员微小的动作变化;第三,同类播音员镜头之间非常相似,播音员衣着和播音室背景等一般不会改变太大;第四,播音员镜头比一般新闻镜头时间长,并且相邻的播音员镜头之间存在一定时间间隔。根据这些规律,首先利用聚类得到候选播音员镜头类,然后提取这些镜头类的时空特征。某些非播音员镜头在新闻中也会重复出现,而且视觉相似度较高,因而被探测为候选播音员镜头。然而,播音员镜头和非播音员镜头的出现在时间和空间上的规律明显不同,可以采用统计方法提取候选播音员镜头类的时空特征,并按照合适的规则进行判断,最后得到播音员镜头类。

在新闻节目中,播音员镜头和非播音员镜头在时间和空间特征上的不同表现在:播音员镜头重复出现次数较多,而非播音员镜头重复出现次数较少;通常播音员镜头需持续一定时间,并且至少播报一条新闻,故同类播音员镜头平均持续时间较长;同类的相邻播音员镜头间存在一定的时间间隔,而同样多次重复出现的非播音员镜头则经常连续出现。

基于上述差异,我们选取类中镜头的平均时间跨度(播音员镜头的出现在时间上有较大跨度)、类中镜头平均长度(播音员镜头类镜头平均长度较长)、类中镜头数目(播音员镜头类中镜头数目较多)和类中镜头平均距离(播音员镜头类镜头平均距离较小)这 4 个特征作为判定播音员镜头类的主要特征。综合考虑这几种特征,将有效地实现播音员镜头类和非播音员镜头类的分类。

5. 视频摘要

所谓视频摘要,就是以自动或半自动的方式,通过对视频的结构和内容进行分析,从原视频中提取出有意义的部分,并将它们以某种方式合并成紧凑的、能充分表现视频语义内容的视频概要。其目标就是把原始视频流的内容用一句简单的"话"表达出来。

视频摘要有多种表现形式,它可以是一段文字、一幅图像或多幅图像的组合,也可以是一段视频或者由多种媒体组合而成的多媒体文档。

（1）文字描述（Textual Description）

这种方式是最紧凑的视频摘要形式,非常便于用户理解和建立索引,但很难由计算机自动生成能准确概括视频内容的文字描述。一般采用人工输入的方式,也可通过识别视频标题或视频中的其他注释文字获得。

（2）视频代表帧（Video Keyframes）

这是一种使用较多的视频表现形式,前面已经介绍过的镜头、场景和故事单元都可以用一幅或几幅从视频中抽取的图像来作为这段镜头、场景和故事单元的摘要。

（3）情节串连图（Storyboard/Filmstrip）

这种摘要十分类似于电影海报,它是由一组从视频中抽取的图像按照时间顺序组合而成,有些此类摘要用图像大小的不同来表示影片中相应内容的重要程度,它依据影片镜头的长度和新颖程度来计算它们的相对重要性,并通过对图像和声音的分析探测影片中的一些重要的语义事件,依据重要程度选择代表帧,并确定它们的尺寸。最终,将这些代表帧合成在一起,形成名为

"漫画书"(Comic Book)的视频摘要。此类摘要可以向用户给出视频情节的总体描述,在浏览过程中可以方便地定位到影片中感性趣的部分。但它有一个明显的弱点,就是损失了影片中十分重要的动态和声音信息。

(4)视频剪辑(Clip)

视频剪辑或称缩略视频,是由视频中的一些片段拼接而成,或者是由视频中的图像序列和声音片段合成得到。用户可以通过播放这些相对短小的视频片段了解整个视频的内容。电影预告片/宣传片(Preview/Trailer)就属于这一类。

(5)多媒体视频摘要(Multimedia Film Summary)

多媒体视频摘要是由多种媒体形式组成的视频内容表现方式。它将文字、图像、声音和视频等媒体综合集成在一起来表现视频的主要内容,例如,在一个 HTML 的页面中,可以包含文字形式的视频名称、简介;图像形式的视频中的人物、场景图;声音形式的对白;视频形式的精彩片段等。

很显然,对于文章来说摘要与原文是同一种媒体形式,即文字。而对于富含多媒体信息的视频来说,视频剪辑和多媒体摘要也应该是最具表现力的视频摘要形式。因为,表现媒体的差异,往往会带来较多的信息丢失。在以上的几种视频摘要形式中,文字描述的抽象程度最高,但往往难以用有限的文字描述清楚视频的全部内容。例如,一段某位名人与其他一些知名人士在宴会上交谈的场景,该怎样确定这段视频的标题呢?是给出这些名人的名字,还是交待这一事件,或者描述宴会的场景。图像形式的摘要也存在同样的问题。而多媒体形式的视频摘要(视频剪辑和多媒体视频摘要)与原始视频的表现形式最接近,包含的信息内容更丰富,也就最利于人理解。

第6章 分布式多媒体系统

随着科学技术的发展和国际竞争的日益激烈,大型企业、跨国公司、政府各管理部门等,对分布式的信息系统的需求日益增加。分布式多媒体系统已成为满足这种需求的员有吸引力的一种信息管理形式。另外,开发一个多媒体系统需要投入大量资金和人力,只有使其系统为更多的人所应用,才能收到好的投资效益。正是这种需求和效益的推动,分布式多媒体系统得到了广泛的重视和迅速的发展。

6.1 分布式多媒体系统概述

6.1.1 分布式多媒体系统的概念

分布式多媒体系统(Distributed Multimedia System,DMS)是由多个相互连接的处理资源组成的多媒体计算机系统,这些资源可以合作执行一个共同的任务,最少依赖于集中的程序、数据和硬件等资源。

一个分布式多媒体系统是一个对用户看起来像普通系统,然而是运行在一系列自治处理单元(Processing Element,PE)上的系统。每个PE有各自的物理存储器空间并且信息传输延迟不能忽略不计。在这些PE间有紧密的合作。系统必须支持任意数量的进程和PE的动态扩展。

一个分布式多媒体系统应有以下属性。

①任意数目的进程。每个进程也被称作一个逻辑资源。

②任意数目的PE。每个PE也被称作一个物理资源。

③消息传递的通信。这提供比主/从方式更合适的合作式消息传递方式。

④合作式进程。进程间以一种合作的方式交互,或者说多个进程用于解决一个共同的应用,而不是几个独立的应用。

⑤通信延迟。两个PE间的通信延迟不可忽略。

⑥资源故障独立。没有任何单个逻辑或物理的资源故障会导致整个系统的瘫痪。

⑦故障化解。系统必须提供在资源故障的情况下重新配置系统拓扑和资源分配的手段。

一个DMS是一个综合的通信、计算和信息系统,它能够对保证一定服务质量的同步多媒体信息进行处理、管理、传送和显示。图6-1展示出分布式多媒体计算机系统的功能和应用。

从图6-1中可以看出,系统的输入部分由三部分组成,即第一部分是与DMS相关的产业,包括远程通信、有线电视、娱乐、计算机以及电子购物等;第二部分为开发一个DMS所涉及的问题,包括相关技术、标准、规则、版权、市场、社会及人的因素;第三部分为三个子系统:信息子系统、通信子系统和计算子系统。其中信息子系统用于存储多媒体数据,通信子系统用于传输多媒体数据,而计算子系统用于处理多媒体数据。

(1)信息子系统

包括多媒体服务器、信息文档以及多媒体数据库系统。该子系统具有获取和存储多媒体信

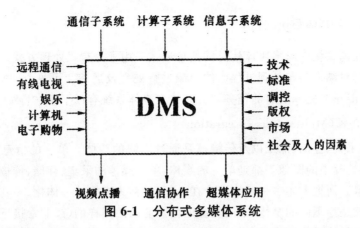

图 6-1　分布式多媒体系统

息的功能,这样能够为大量并发的用户请求提供 QoS 的保证,另外该系统还具有管理数据的能力,使数据具有连贯性、安全性以及可靠性。

(2)通信子系统

包括传输媒质和传送协议,它将用户与分布的多媒体资源相连,并在 QoS 的保证下传递多媒体资料,例如,实时传递视频、音频数据以及无差错地传递文本数据。

(3)计算子系统

包括一个多媒体平台(所述平台其范围从一个高端图形工作站到一台配有光驱、话筒、声卡、视频卡的多媒体 PC 机)、操作系统、表现和编辑工具、多媒体操作软件等,该子系统允许用户处理多媒体数据。

系统的输出部分可以划分成三种不同类型的分布式多媒体应用,分别是 ITV(电视导航)、多媒体远程协作以及超媒体。随着各种传输网络的开发和建设,可供观看的电视节目越来越多,如何在众多节目中获得感兴趣的内容,这是人们普遍关心的问题。

(1)ITV

是利用网络传输的便捷性和数据库的强大查询功能,使用户能够选择喜欢观看的视频节目,并进行交互操作。VOD(视频点播)是 ITV 提供的一种重要业务。此外,ITV 所提供的业务还包括家庭购物、互动视频游戏、财务交易、视频点播、新闻点播以及歌曲点播等。

(2)多媒体远程协作

也称为计算机支持的协同工作(CSCW),它是指通过为不同地理位置的用户提供一个共享的电子空间,使他们能够进行通信、协作和协调。可见,CSCW 能够克服时间和空间的限制,使远端用户能加入一个组的活动,所提供的业务有远程教学、远程办公、远程医疗、多媒体电子邮件、可视电话、桌面视频会议、合作编著、团体绘画等。

(3)超媒体,也称为超媒体文档

它是一种网络结构化的、非树型的结构,能够实现与其他多媒体文档的链接。用户不仅能随意从一个文本跳转到另一个文本,而且还可以激活一段声音或显示一个图形,甚至可以播放一段动画,它提供的业务有数字图书馆、电子百科书、客服中心、计算机支持的学习工具、网页浏览等。

这就是分布式多媒体系统,它给人们的生活带来了巨大变化,将人们带到一个丰富多彩的电子世界中,为人们的工作和娱乐提供了极大的方便。

6.1.2 分布式多媒体系统的特征

在分布式多媒体系统中对多媒体信息的处理形式采用了分布式处理方式。所谓分布式处理就是通过统一控制对纳入分布处理过程中的对象进行处理及通信。可见,合作活动中要求进行有效协调,这样才能正常完成所有的任务。分布式多媒体系统有以下基本特征。

1. 多媒体综合性(Multimeadia Integration)

通常,信息的采集、存储、加工以及传输都是通过不同的载体。单一的信息载体,例如,计算机中的正文,图像处理中的图像等都是单一的媒体,单一媒体的采集、存储、传输都有自己的理论和一系列专门技术。而把上述多种媒体综合在一起,就称为多媒体一体化。

所谓一体化就是指不同的媒体、不同类型的信息能采用同样的(或非常接近)的接口,进行统一管理。通常所指的统一管理就是它们能存储在一个文件中,而且不同媒体的信息能从一种形式转换为另一种形式,系统对不同媒体信息能自动的转换。因此,它将大大提高计算机应用的效率和水平,扩展其应用范围。

这种多媒体一体化的分布式系统,不仅能改善现存的各种信息系统性能,而且必将开拓更多新的应用领域,使计算机应用从科学计算、事务处理、管理和控制扩展到人们的生活、娱乐和学习。计算机和家电相结合,将使信息社会进入一个崭新的时代。

2. 资源分散性(Resource Decentralization)

资源分散性是分布式多媒体系统的一个基本特征。它不同于当前的多媒体系统,特别是多媒体个人机——MPC,MPC 是基于 CD-ROM 的单机系统,它的所有资源都是集中式的,系统是单用户的。而分布式多媒体系统则把处理功能、存储功能、传输功能分散到各个子系统,软件资源也同样分散到各子系统,通过通信网络和软件把它们连成一个整体。

3. 运行实时性(Real Time Run)

通常计算机系统中的正文)数据没有实时要求,而多媒体中,音频、视频信号是与时间相关的连续媒体,从而对计算机提出实时性要求。实时性分为硬实时和软实时。其关键问题是如何把多媒体信息与计算机的正文相匹配和组合,形成一个整体。特别是为了实现多媒体通信,要解决通信协议和运行远程过程调用等问题。例如,人们要在屏幕上严格按时间要求画一幅画,这就要求远程过程调用和窗口管理都具有实时性,以及有些实时的媒体和非实时的媒体如何同步调度组合等。由此可知,多媒体的引入要求分布式计算机系统必须解决实时性,才能应用到分布式多媒体系统中去。

4. 操作交互性(Operation Interactive)

操作交互性是指在分布式多媒体系统中发送、传播和接收各种多媒体信息,采用实时交互式的操作方式,即随时可以对多媒体信息进行处理、加工、修改、缩放和重新组合。这一特点与现有的电视、广播等系统有明显区别,接收电视、广播节目是被动的,所接收的节目依赖于电视台的安排。分布式多媒体系统可以使用户实时地选择不同服务器的各种多媒体资源,并能在接收过程中对信息修改、加工。

5. 系统透明性(System Transparency)

系统透明性是分布式系统的主要特征。分布式多媒体系统中要求透明,主要是因为系统中的资源是分散的,用户在全局范围内,使用相同的名字可以共享全局的所有资源。这种透明性分为位置透明性、名字透明、存取透明、并发透明、故障透明、迁移透明和性能透明,更高级形式即为语义透明。

6.1.3　分布式处理中的协同工作

由多媒体通信网连接起来的多个用户和系统中的各个部分,必须要进行统一地控制和协调,才能构成一个有机的整体,才能完成统一的工作。这里不是传统意义上的分布系统的建立与控制,而是建立在网络基础上的、与用户交互有关的分布式应用的控制与协调。对于这种分布式系统往往以时间和空间概念来进行分类,如表 6-1 所示。

表 6-1　分布式处理中的时空分类

	同时	不同时
同地点	面对面交互	异步交互
不同地点	同步分布式交互	异步分布式交互

①同时、同地点。这不是分布处理,属于像电化教室这样的应用。

②不同时、同地点。可以看作是一种异步式的交互方式,可以是本机留言或电子布点的交互,不属于分布处理。

③不同时、不同地点。存在着用户有目的地寻找路径和有目的地的动作,属于分布式处理的范畴。它不需实时处理,只需存储转发,多媒体处理简单。典型的应用如电子邮件。

④同时、不同地点。参与分布式处理的用户或系统分散在多个不同地方,又要求实时性操作,这不仅对通信带宽要求很高,而且对通信过程中的控制与协调也要求很高。在多媒体环境中,可能会有控制和协调多种通道中交互着不同媒体或媒体组合的信息的情况。

例如,在实时多媒体会议系统中,一个通道为双方或多方的视频图像,另一个通道为双方乃至多方的声音,还有一个通道为双方或多方处理的图表数据,这种传输、处理、控制、协调极为复杂。

在分布式系统中,应该根据合适的规则和应完成的功能来定义参与合作工作的各种角色。每一种角色根据系统赋予它的职能和处理的规则,完成整个合作任务中的一部分工作,并执行相应的控制。通过角色和规则,系统将协调整个处理过程,包括公共工作空间的现实、多方操作的确认、不同意见的表决、授权或角色的变化、信息的组织与传递、多个层次上的协议处理、多媒体信息的时间约束等问题。

6.1.4　分布式多媒体系统的实现模型

1. 开放分布处理参考模型

在分布式应用的概念模型中,一种称为"开放分布处理的参考模型"可以支持分布处理的建模。在这个模型中,多媒体系统为它的用户(应用)提供抽象的服务。这些服务是由用户代理(User Agent,UA)提供的。用户通过用户代理 UA 对系统进行存取,系统的抽象服务由操作的逻辑组合来提供。

同样,系统内也是由一组系统代理(System Agent,SA)实现的,所有的系统代理具有相同的性能,并且以相互合作的方式提供服务。因此,一个 SA 可同时与若干个 UA 交互。这样用户代理在用户和系统之间建立了逻辑接口,并从系统的内部分布中抽象出来,如图 6-2 所示。

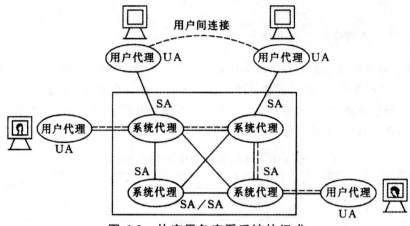

图 6-2   从应用角度看系统的组成

在功能模块之间存在两种不同的协议,即存取协议和系统协议。存取协议定义用户代理和系统代理之间的相互作用;系统协议定义两个系统代理之间的协议。用户代理可能要访问任何系统代理,以便通过存取协议对系统作存取;而系统代理则可以依次根据提供服务的系统协议访问其他系统代理。图 6-2 中实线是可能的协议,虚线是已经建立起的连接。

2. 分布式多媒体系统服务模型

20 世纪 90 年代以来,在分布式系统中行之有效的基于客户机/服务器的模型已普遍使用。分布式多媒体计算机系统从总体上来看,应采用客户机/服务器(Client/Server)模型,即把一个复杂的多媒体任务分成两个部分去完成,运行在一个完整的分布式环境中,也就是说,在前端客户机上运行应用程序,而在后端服务器上提供各种各样的特定的服务,如多媒体通信服务、多媒体数据压缩编码和解码、多媒体文件服务和多媒体数据库等。

从用户的观点来看,客户机/服务器模型就是客户机首先通过系统中的远程过程调用(RPC)向服务器提出服务请求;系统根据资源分配决定访问相应的服务器;由服务器执行所需的功能;完成这样一个远程调用过程后,将结果返回客户机。客户机和服务器是通过网络或分布式低层网络互联而实现这样一个完整的请求和服务的过程。

从本质上看,客户机/服务器的概念早在 20 世纪 80 年代初就提出过,一直作为分布式系统的基本概念受到人们的青睐。客户机/服务器实质是指分布式系统中两个进程之间的关系,更确切地说,客户机和服务器都是进程,两个进程要互相通信并建立合作关系。客户机进程首先发出请求,而服务器进程根据请求执行相应的作业和服务,完成一个调用过程后,将结果再通过 RPC 送回到客户机。可以看出,客户机进程和服务器进程都是相对的概念。两个进程可以在一台机器内并存,也可跨网络而在异地的两台机器上运行。因此,客户机/服务器这个模型和系统无直接关系,它只是分布式系统中的一种设计思想和概念模型。

目前,分布式多媒体系统正处于研究和开发中,美国的 IBM 公司正研究基于 TokenRing 上利用客户机去共享网络上的服务器资源。英国 Lancaster 大学、荷兰的 Twente 大学也都在基于上述模型开展分布式多媒体系统的研究。

6.1.5　分布式多媒体系统的层次结构

下面给出一种通用的可支持各种多媒体应用的系统层次结构模式,它支持在网络环境下各种多媒体资源的共享,支持实时的多媒体输入和输出,支持系统范围透明的存取,支持在网络环境下交互式的操作和对多媒体信息的获取、处理、存储、通信和传输等。分布式多媒体系统层次结构如图 6-3 所示。

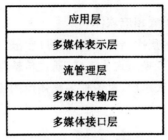

图 6-3　分布式多媒体系统层次结构

1. 多媒体接口层

多媒体接口层是系统的最低层。它是系统与各种媒体通信输入输出的接口,如摄像机、触摸屏、麦克风、VCR、光盘、扬声器等。这些连接称为物理通道。该层的基本功能是根据各种具体多媒体设备,实现模数(A/D)和数模(D/A)转换。为了实现多媒体同步,要在输入数据上加上时间标记。

在该层提供的几种数据抽象,如物理时钟可以描述现实世界中的计时,物理通道是接口与各具体物理设备的通路。

多媒体接口层提供的服务包括:实现多媒体输入的模数转换;实现多媒体输出的数模转换;对输入的数据打上时钟标记。

2. 多媒体传输层

多媒体传输层根据要传输的多媒体数据量大小而分别采用不同的传输策略。当发送简单的消息、多媒体的数据量小时,采用网络中的数据报来提供服务;当发送的数据量大时,可采用虚电路,这样才能确保多媒体数据实时传输的要求。该层根据目的地址,可确定是直接传输到本地的模拟接口层,还是通过网络发送到远程节点上的模拟接口层。同时,该层还提供接收多媒体数据的功能,这对本地和远程同样是等价的。该层可提供各种同步或异步协议,但协议必须满足实时性的要求。这点和一般网络协议不同。因此,分布式系统一般都基于高速网络和轻型协议。

多媒体传输层提供的服务包括:采用各种协议提供多媒体数据;可实现从远程发送来的数据与本地的数据具有相同的机制,并对高层提供支持。

3. 流管理层

流是对于特定媒体相关的数据的抽象。表示媒体的数据流根据合成或采样的不同可分为两类,即一是数字采样的连续媒体流,这种集成的连续媒体流不是单一媒体而是综合多个采样的连续媒体流;二是事件驱动媒体流,具有非确定的采样频率,但在数据上打上时间标记。上述媒体流的分类也可以是实时的数据流和重播数据流。

流管理层提供的服务包括:数据源通过下层传输层获取多媒体数据流;向目的地和高层提交

多媒体数据;对单一媒体如音频和视频进行压缩编码处理等;流输入的选择和分发。

4. 多媒体表示层

多媒体表示层是在多媒体流管理层之上更高的一层,它对多媒体流在空间和时间上进行协调。在多媒体表示层中,不同的媒体流被并行地同步处理、混合,以形成一个新的媒体流。

多媒体表示层提供服务包括:流间和流内的同步;综合同步多媒体数据;对特定流进行处理。

5. 应用层

应用层可根据不同应用分别配置相应软件。

通过上述分布式多媒体系统的层次结构的模式可以看出,要开发各种应用系统,首先通过接口层把各种多媒体文件通过模/数变换送入传输层,通过传输层再送到流管理层,对多媒体数据进行压缩编码和加工处理,再送到表示层,对各种多媒体流的流内和流间进行同步、综合加工一体化处理。

6.2 分布式多媒体数据库系统

6.2.1 分布式多媒体数据库概述

分布式数据库(Distributed Data Base,DDB)是数据库技术与计算机网络技术相结合的产物。由于分布式多媒体系统的资源分散性的特点,它要求各子系统之间有灵活的信息流动过程和信息的统一管理,而传统的集中式数据库无法满足这样的需求。随着计算机网络技术的日渐成熟,分布式数据库技术得到迅速发展。

目前分布式处理有两种:异步处理和同步处理。异步处理无严格的时间限制,没有公共的工作空间。用户之间的交流很受限制。同步处理则提供了能让所有用户都能存取的公共工作空间,用户间的交流极为方便。

分布式多媒体数据库管理系统泛指能通过网络进行数据通信的、位置离散的、相互独立的多媒体数据库管理系统群组。在这种系统中,一次交互可能会涉及来自处于不同物理位置上的多个信息仓库的信息,这在多媒体协作环境中是非常典型的。在一个大的多媒体网络中,数据流量大,合理地将多媒体数据分布于不同的子网中,可以减轻主干网的负载。

通常来说,分布式数据库管理系统应有如下的功能:

①通过计算机通信网络能使各结点间具有远程存取、传输、查询数据的能力。

②能跟踪分布式数据库管理系统中数据的分布和重复情况。

③对来自不同结点的数据能提供优化查询和执行策略。

④当数据具有多个副本时,应有适当的对多副本的选择策略。

⑤能够具有单个结点出故障时的恢复能力以及通信链路引起的故障恢复能力。

⑥分布式多媒体数据库的硬件特征是,系统必须有多个计算机,且必须由通信网络连接。图6-4 给出分布式多媒体数据库的管理系统结构。

1. 客户机的组成

典型的多媒体数据库管理系统的客户机包含以下部分:

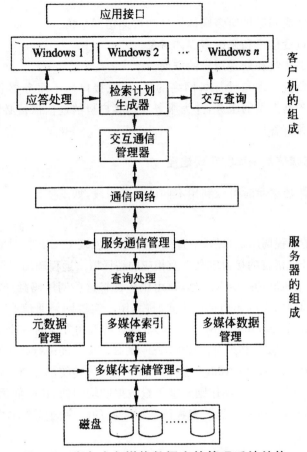

图 6-4　分布式多媒体数据库的管理系统结构

（1）通信管理器

负责管理多媒体客户机必须的通信要求，其功能与服务器中的通信管理器相同。

（2）检索计划表生成器。负责生成媒体对象的检索计划。应答处理器向检索计划表生成器提供有关对象的时间等信息，检索计划生成器根据可用的缓冲区空间和网络吞吐能力来生成对象检索计划表。通信管理器根据检索计划表，按照规定的顺序下载媒体对象。

（3）应答处理器

负责与客户机的通信管理器进行对话，以确定由服务器产生的应答包的类型。如果应答包含有关对象演示的信息，那么这些信息被送给检索计划表生成器，以确定检索的顺序。如果应答包含有关修改原查询的信息或只是一个空应答，那么这些应答将被送给用户。

（4）交互式查询生成器

负责协助用户向数据库服务器发出正确地查询。该模块通过应答处理器，从服务器处取回应答，在必要的情况下，重新生成查询请求。

2. 服务器的组成

典型的多媒体数据库管理系统的服务器包含以下部分：

①存储管理器。负责不同的数据库媒体对象的存储和检索。

②元数据管理器。负责创建和更改与多媒体对象有关的元数据。元数据管理器为查询进程

提供有关的信息。

③索引管理器。生成和维护对多媒体信息的快速访问结构。

④数据管理器。负责创建和修改多媒体对象。

⑤查询进程。负责接收和处理用户的查询。

⑥通信管理器。负责处理与计算机网络的接口,该接口用于服务器和客户机之间的交互。该模块依赖于网络服务器提供的服务,并为服务器与客户机的通信保留必要的带宽,在服务器与客户机之间传输查询和应答信息。

6.2.2 分布式多媒体数据库的实现途径

实现分布式多媒体数据库时可以利用不同的技术手段,如下所示。

1. 远程调用范型

远程调用(RPC)是进程调用最自然、最直接的扩充,是实现 C/S 结构时最原始的方法。一般在客户机含有适于各种开发语言的接口定义以及相应的编译器。远程调用语句经过编译器翻译成对服务器的调用码,由通信机制传送给服务器,再由服务器将这些调用码翻译成局部的进程调用,以完成远程服务。远程调用的实现还包括一个实时库,用于实现网络通信 OSF DCE(Open Software Foundation's Distributed Computing Environment)成为这种调用方式的一种标准。利用这种方式实现多媒体数据库的 C/S 结构时,必须对传统的 OSF DCE 定义标准进行必要的扩充:

①增加对连续媒体(Video 和 Audio)操作的调用定义。传统的 RPC 调用方式一般只适合于短消息的通信控制,而连续媒体的操作则要求批量数据的均匀的、长时间无干扰的通信控制。

②增加对多媒体同步描述的功能。多媒体数据之间的时序同步是本质性的需求,接口中应包含对同步描述的定义。

③QoS 定义功能。RPC 接口标准应该能够处理用户对服务质量的定义,以便尽可能多地增加用户数。

远程调用是所有分布式系统的核心功能,并且面临巨大的挑战。一个分布式系统,可以同时有成千个进程分布在网络上的不同的站点机上,它们通过网络提供的消息通信机制交换信息,实现高层应用的互操作。

2. 中间件技术

中间件(Middleware)的作用是为了屏蔽不同操作系统接口的差异及分布性,为用户提供一个统一的应用开发接口。这里是指为了屏蔽各数据库接口的不同及数据的分布性而提供的一个统一的接口软件层,可以通过这个软件层透明地访问异构的多媒体数据库系统,中间件在系统中的位置如图 6-5 所示。

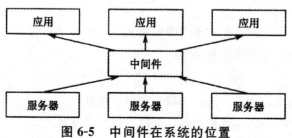

图 6-5　中间件在系统的位置

虽然中间件尚无严格的定义,但它的主要特点是比较一致的:跨越多个应用,运行于各个不同的数据库之上,具有分布特性,支持标准的接口和协议。

相对于远程调用,中间件技术主要有以下优点:

①中间件产品对各种硬件平台、操作系统、网络数据库产品以及客户端实现了兼容和开放。

②中间件保持了平台的透明性,使开发者不必考虑操作系统的问题。

③中间件实现了对交易的一致性和完整性的保护,提高了系统的可靠性。

④中间件产品可以降低开发成本,提高工作效率。

总之,中间件技术是实现分布式环境的有效方法,利用中间件屏蔽掉各数据库服务器接口的不同,向上提供统一的、分布透明的开发接口。

6.3　计算机支持的协同工作系统

传统的计算机系统,无论是单机系统还是网络系统都是以支持单独用户操作为目的的,很少考虑对多个用户合作的支持。然而现在,计算机应用的重点已从求解问题向方便人们相互交流的方向转移,信息共享和人与人之间的合作越来越重要。计算机网络、多媒体技术等为这种合作奠定了基础,CSCW 和群件应用而生。

6.3.1　CSCW 的概念

1984 年,麻省理工学院的 Irene Grief 和 DEC Paul Cashman 正式提出了 CSCW(Computer Supported Cooperative Work)的概念。CSCW 是一般性的概念,在计算机技术支持的环境中(即 CS),一个群件协同工作完成一项共同的任务(即 CW)。它的目标是利用计算机技术设计出支持协同工作的信息系统。Ellis 在 1991 年给出定义:CSCW 是支持有着共同目标或共同任务的群体性活动的计算机系统,并且该系统为共享的环境提供接口。CSCW 是指地域分散的一个群体借助计算机及其网络技术,共同协调与协作来完成一项任务。

CSCW 这一术语经常和群件视为同义使用。CSCW 是一种理论,一门学科。群件是一种技术,或者说是一个实体,是指支持和加强群体工作的应用软件及系统,或者说是一种技术性的产品标签,用于区分"面向群体"还是"面向单用户"产品,因此,也可以说 CSCW 的一个具体系统就是群件的实例。CSCW 的研究目的是推动群件的设计并使之更加有效。

群件(Groupware)是对完成某个共同任务的群体在通信、合作、协调等方面给予协助,并提供对共享环境接口的一种基于计算机的协作系统。

其中"共同任务"和"共享环境"是群件概念的关键。"共同任务"是合作者共同要完成的任务;"共享环境"是合作者所共同使用的环境,该环境实时地将各种信息传送给所有参与者,使得他们了解环境的各种工作条件,以便于合作操作。

对于不同的工作群体,共享环境和共享任务的紧密程度不同。如电子邮件系统对环境信息要求低,而实时会议系统对会议室环境现场、与会人员、讨论的主题等都要有清楚及时的提示。

共享环境和共同任务都要靠计算机来支持,这一点区别于模拟系统的电视会议、电话会议系统,因此,计算机支持是群件最重要的特征,它在群件系统中起着重要作用,处于中心的位置,可以作为协调者、存储器、通信传送控制等多种角色。进一步的技术也可以使智能、知识库等纳入到合作中来。

6.3.2 CSCW 系统的分类

CSCW 系统可以按以下几个特征进行分类：交互形式——同步或是异步；地理位置——远程或是同地；群体规模——两人或是多人。

CSCW 系统的分类如图 6-6 所示，从中可以看出目前 CSCW 活跃的领域。

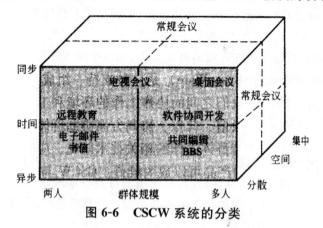

图 6-6 CSCW 系统的分类

1. 电子邮件系统

电子邮件系统可能是最早的 CSCW 应用系统，其快速及丰富的表达能力继承了传统的有纸通信和电话通信的大部分优点，为用户提供了有效的异步通信手段。初期的电子邮件格式不一，只局限于小范围使用。1984 年，CCITT 推出 MHS(Message Handling System)的 X.400 系列建议，为建立新型的世界范围电子邮件通信体系打下良好的基础。

2. 电子布告栏系统

电子布告栏系统(Bulletin Board System, BBS)是布告栏的计算机化，用户可在 BBS 上编写便条，其他用户可以阅读这些便条并留下自己的回话，许多 BBS 还支持文件的存储和险索，可当作信息服务器使用。新型的 BBS 系统能支持多个用户同时使用，而通常用户间并没有意识到彼此的存在。

3. 多用户共同编辑系统

在多用户共同编辑系统中，编辑小组的成员可以共同编写一份文档，实时共同编辑系统还允许编辑小组同时编辑同一个对象。通常被编辑的对象被划分成若干个逻辑单元，如一章划分成若干节，多个用户对同一单元的并发操作是允许的，但写操作一次只能由一个用户完成。编辑系统内部完成加锁和同步功能，用户编辑某一对象就像在编辑私人对象一样。

4. 计算机会议系统

计算机会议系统是由计算机连接各用户并且提供相应的环境提示，使之产生类似于会议的效果。例如，远程计算机会议、桌面计算机会议、实时计算机会议以及异步计算机会议等。会议系统除具备传递各种数据和现场环境等多媒体信息处理能力外，还应具有会话媒体选择、多种连接和选择、成员角色判定和控制、会议预约和记录、会议过程控制和共同编辑多媒体信息等功能。

5. 群决策支持系统和电子会议室系统

群决策支持系统(Group Decision Support Systems, GDSS)提供群体解决非结构化和半结构化问题的计算机辅助功能和设施,主要用来提高决策会议的效率和质量。会议室系统由处于同一地点的拥有特定设备的计算机系统构成,支持会议成员面对面的协作活动,会议室系统通常是实现群决策支持系统的具体形式。

6.3.3　CSCW 系统的实现方法

CSCW 系统的实现方法有很多,具体如下所示。

1. 多 Agent 方法

多 Agent 方法来源于分布式人工智能的研究。分布式人工智能的研究一般分为分布式问题求解(Distributed Problem Solving,DPS)和多 Agent 系统(Multi-Agent System,MAS)两个方面。

（1）DPS

DPS 的研究侧重于如何分解某个特定问题,并将其分配到一组拥有分布知识并相互连接的结点上分别处理。

（2）MAS

MAS 侧重于研究由多个 Agent 组成的多 Agent 系统中各 Agent 行为的协调及它们之间的协同工作。

对 MAS 的研究主要分为两个方面,即一是 Agent 的内部行为模型,如 Agent 的模板;二是 Agent 的外部模型,即 Agent 在协同、协商、竞争等活动中交互过程模型,以及通信方式、消息类型等。

CSCW 系统作为 MAS 进行研究,对高层概念的探讨有指导意义;对具体 CSCW 系统,主要作用的是人,CSCW 系统只是为完成协作任务提供服务,一般不必具有自主性和智能。

2. 群接口方法

为支持群体的协作工作,CSCW 系统必须允许多个用户同时或先后访问系统,提供方便的多用户接口,CSCW 系统的人机接口应能体现群体活动及多用户控制的特征,这种新型接口称为群接口,它能处理多用户控制的复杂性。

群接口研究的基础是用户界面管理系统(User Interface Management System,UIMS),其模型如图 6-7 所示。在基于 UIMS 应用程序中,接收用户输入及显示应用程序输出的用户接口部分与应用程序的实际运算部分,也就是应用程序的语义部分,是完全分开的。

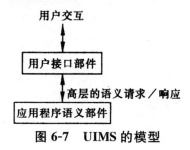

图 6-7　UIMS 的模型

群接口的设计应满足下面要求:

（1）多重显示的支持

共享信息在不同用户屏幕可见;共享信息在不同用户屏幕上处理;屏幕间用户交互的传播。

（2）支持不同的视图

不同合作者可有不同的信息表现方式，应支持共享信息实体的不同交互和表现的定义；信息改变时，表现的维护；通过与表现交互修改信息实体。

3. 通信网络及控制

（1）通信网络

组通信涉及多种传输要求，包括点到点、点到多点、多点到点、多点到多点等。对组通信的研究包括结构、管理、信息服务、通信协议、多媒体通信等方面。有效的通信网络对 CSCW 至关重要，CSCW 对网络的特定要求包括：能支持集成多媒体数据传输；能支持多点通信等。另外，数据交换格式标准化也十分重要。

（2）控制

网络资源存取控制确定 CSCW 系统的用户存取系统或其他用户数据的方式。存取控制的状态不是静态的，而是动态的。CSCW 应定义灵活有效的、快速的存取控制机制，允许用户方便地修改信息的存取控制状态。

4. 协作与通告机制

（1）协作机制

它是用户间约定的交互方式，可完成调度用户活动、分配共享资源等任务。协作机制设计和实现主要考虑：允许用户根据实际应用的需要灵活地改变协作机制；能处理协作过程中意外事件的发生；能将系统的各层协作活动集成为一个整体等。

（2）通告机制

如果说协作机制主要用于解决实时性活动中的同步问题，那么通告机制主要用于处理异步活动，好的通告机制可有效地使多用户间的协作活动顺利进行。通告在用户呈现时，一般都要求用户作相应的回应，可能情形下可弹出一些对话框引导用户输入。

第7章　多媒体通信网络技术

多媒体网络通信与计算机网络通信是类似的,主要都是解决数据通信问题。然而,多媒体网络通信与传统的计算机通信相比还是存在差异的。此外,由于多媒体元素多半具有时间上的连续性,因此,多媒体同步也十分重要。本章将就多媒体传输网络与同步的有关问题进行一番探讨。

7.1　多媒体通信对传输网络的要求

7.1.1　性能指标

1. 吞吐量

吞吐量是指网络传送二进制信息的速率,也称比特率,或带宽。带宽从严格意义上讲是指一段频带,是对应于模拟信号而言的,在一段频带上所能传送的数据率的上限由香农信道容量所确定。不过通常在讨论数据传输时也常简单地说带宽,即指比特率。有的多媒体应用所产生的数据速率是恒定的,称为恒比特率 CBR(Constant Bit Rate)应用;而有的应用则是变比特率 VBR(Variable Bit Rate)的。衡量比特率变化的量称为突发度(Burstness):

$$突发度 = \frac{PBR}{MBR}$$

式中,MBR 为整个会话(Session)期间的平均数据率,而 PBR 是在预先定义的某个暂短时间间隔内的峰值数据率。支持不同应用的网络应该满足它们在吞吐量上的不同要求。

持续的、大数据量的传输是多媒体信息传输的一个特点。从单个媒体而言,实时传输的活动图像是对网络吞吐量要求最高的媒体。更具体一些,按照图像的质量我们可以将活动图像分为 5 个级别:

(1)高清晰度电视(HDTV)

例如,分辨率为 1920×1080,帧率为 60 帧/s,当每个像素以 24 比特量化时,总数据率在 2 Gb/s的数量级。如果采用 MPEG-2 压缩,其数据率大约在 20~40 Mb/s;

(2)演播室质量的普通电视

其分辨率采用 CCIR 601 格式。对于 PAL 制式,在正程期间的像素数为 720×576,帧率为 25 帧/s(隔行扫描),每个像素以 16 比特量化,则总数据率为 166 Mb/s。经 MPEG-2 压缩之后,数据率可达 6~8 Mb/s;

(3)广播质量的电视

它相当于从模拟电视广播接收机所显示出的图像质量。从原理上讲,它应该与演播室质量的电视没有区别,但是由于种种原因(例如接收机分辨率的限制),在接收机上显示的图像质量要差一些。它对应于数据率在 3~6 Mb/s 左右的经 MPEG-2 压缩的码流;

(4)录像质量的电视

它在垂直和水平方向上的分辨率是广播质量电视的二分之一,经 MPEG-1 压缩之后,数据

率约为 1.4 Mb/s(其中伴音为 200 kb/s 左右);

(5)会议质量的电视

会议电视可以采用不同的分辨率,我们这里指的是 CIF 格式,即 352×288 的分辨率,帧率为 10 帧/秒以上,经 H.261 标准的压缩后,数据率为 128～384 kb/s(其中包括声音)。在手机等低端设备中进行可视电话或会议时,可采用 QCIF 格式,经 H.263 或 MPEG-4 压缩后,数据率为 64 kb/s 左右。

声音是另一种对吞吐量要求较高的媒体,它可以分为如下 4 个级别:

(1)话音

其带宽限制在 3.4 kHz 之内,12.18 kHz 取样、8 bit 量化后,有 64 kb/s 的数据率。经压缩后,数据率可降至 32 kb/s、16 kb/s,甚至更低,如 4 kb/s;

(2)高质量话音

相当于调频广播的质量,其带宽限制在 7 kHz,以 22 kHz 取样、16 bit 量化,数据率为 352 kb/s。经压缩后,数据率为 48～64 kb/s;

(3)CD 质量的音乐

它是双声道的立体声,带宽限制为 20 kHz,经 44.1 kHz 取样、16 bit 量化后,每个声道的数据率为 705.6 kb/s。在使用 MUSICAM(MPEG-1 中采用的一种声音压缩方式)压缩之后,两个声道的总数据率可降低到 192 kb/s。MPEG-1 的更高层次的音频压缩方法还可将其速率降到 128 kb/s,音乐质量仍可接近于 CD;而要得到演播室质量的声音时,数据率则为 CD 质量声音的 2 倍;

(4)5.1 声道立体环绕声道

5.1 声道立体环绕声道的带宽为 3～20 kHz,取样率为 48 kHz,每个样值量化到 22 bit,采用 AC-3 压缩后,总数据率为 320 kb/s。

图 7-1 综合表示出不同媒体对网络吞吐量的要求,其中高分辨率文档是指分辨率在 4096×4096 以的图像(例如某些医学图像)。图中 CD 音乐和各种电视信号都是指经过压缩之后的数据率。由图看出,文字浏览对传输速率的要求是很低的。

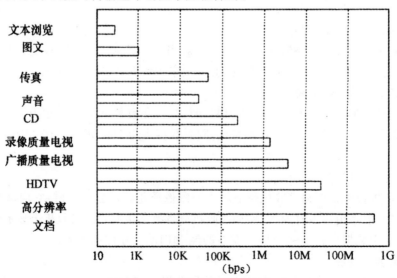

图 7-1　不同媒体对带宽的要求

2. 传输延时

网络的传输延时(Transmission Delay)定义为信源发送出第 1 个比特到信宿接收到第 1 个比特之间的时间差,它包括电(或光)信号在物理介质中的传播延时(Propogation Delay)和数据在网中的处理延时(如复用/解复用时间、在节点中的排队和切换时间等)。

另一个经常用到的参数是端到端的延时。它通常指一组数据在信源终端上准备好发送的时刻,到信宿终端接收到这组数据的时刻之间的时间差。端到端的延时,包括在发端数据准备好而等待网络接受这组数据的时间(Access Delay)、传送这组数据(从第 1 个比特到最后 1 个比特)的时间和网络的传输延时 3 个部分。在考虑到人的视觉、听觉主观效果时,端到端的延时还往往包括数据在收、发两个终端设备中的处理时间,例如,发、收终端的缓存器延时、音频和视频信号的压缩编码/解码时间、打包和拆包延时等。

对于实时的会话应用,ITU-T 规定,当网络的单程传输延时大于 24 ms 时,应该采取措施(使用方向性强的麦克风和喇叭、或设置回声抑制电路)消除可听见的回声干扰。在有回声抑制设备的情况下,从人们进行对话时自然应答的时间考虑,网络的单程传输延时允许在 100 ms 到 500 ms 之间,一般应小于 250 ms。在查询等交互式的多媒体应用中,系统对用户指令的响应时间也不应太长,一般应小于 1~2 s。如果终端是存储设备或记录设备,对传输延时就没有严格要求了。

3. 延时抖动

网络传输延时的变化称为网络的延时抖动。度量延时抖动的方法有多种,其中一种是用在一段时间内(如一次会话过程中)最长和最短的传输延时之差来表示。

产生延时抖动的原因可能有如下一些:

①传输系统引起的延时抖动,例如符号间的相互干扰、振荡器的相位噪声、金属导体中传播延时随温度的变化等。这些因素所引起的抖动称为物理抖动,其幅度一般只在微秒量级,甚至于更小。例如,在本地范围之内,ATM 工作在 155.52 Mb/s 时,最大的物理延时抖动只有 6 ns 左右(不超过传输 1 个比特的时间)。

②对于电路交换的网络(如 N-ISDN),只存在物理抖动。在本地网之内,抖动在毫微秒量级;对于远距离跨越多个传输网络的链路,抖动在微秒的量级。

③对于共享传输介质的局域网(如以太网、令牌环或 FDDI)来说,延时抖动主要来源于介质访问时间(Medium Access Time)的变化。终端准备好欲发送的信息之后,还必须等到共享的传输介质空闲时,才能真正进行信息的发送,这段等待时间就称为介质访问时间。

④对于广域的分组网(如 IP 网),延时抖动的主要来源是流量控制的等待时间(终端等待网络准备好接收数据的时间)的变化和存储转发机制中由于节点拥塞而产生的排队延时的变化。在有些情况中,后者可长达秒的数量级。

4. 错误率

在传输系统中产生的错误由以下几种方式度量:

①误码率 BER(Bit Rate Error),指在从一点到另一点的传输过程(包括网络内部可能有的纠错处理)中所残留的错误比特的频数。BRE 通常主要衡量的是传输介质的质量。对于光缆传输系统,BER 通常在 10^{-12} 到 10^{-9} 的范围。而在无线信道上,BER 可能达到 $10^{-4} \sim 10^{-3}$,甚至 10^{-2}。

②包错误率 PER(Packet Error Rate)或信元错误率 CER(Cell Error Rate),是指同一个包两次接收、包丢失、或包的次序颠倒而引起的包错误。包丢失的原因可能是由于包头信息的错误而未被接收,但更主要的原因往往是由于网络拥塞,造成包的传输延时过长、超过了应该到达的时限而被接收端舍弃,或网络节点来不及处理而被节点丢弃。

③包丢失率 PLR(Packet Loss Rate)或信元丢失率 CLR(cell Loss Rate),它与 PER 类似,但只关心包的丢失情况。

在多媒体应用中,将未压缩的声像信号直接播放给人看时,由于显示的活动图像和播放的声音是在不断更新的,错误很快被覆盖,因而人可以在一定程度上容忍错误的发生。从另一方面看,已压缩的数据中存在误码对播放质量的破坏显然比未压缩的数据中的误码要大,特别是发生在关键地方(如运动矢量)的误码要影响到前、后一段时间和/或空间范围内的数据的正确性。此外,误码对人的主观接收质量的影响程度还与压缩算法和压缩倍数有关。下面我们给出在一般情况下(即使用第 4 章讨论的典型算法和码率时)获得"好"的质量所要求的误码率指标。对于电话质量的语音,BER 一般要求低于 10^{-2}。对未压缩的 CD 质量的音乐,BER 应低于 10^{-3};对已压缩的 CD 音乐,应低于 10^{-4}。对于已压缩的会议电视,BER 应低于 10^{-8};对已压缩的广播质量的电视,应低于 10^{-9};对已压缩的 HDTV,则应低于 10^{-10}。如果对已压缩的视频码流采用前向纠错 FEC(Forward Error Correction)技术,可允许的误码率则大约为上述数据乘以 10^4。

与声音和活动图像的传输不同,数据对误码率的要求很高,例如银行转账、股市行情、科学数据和控制指令等的传输都不容许有任何差错。虽然物理的传输系统不可能绝对不出差错,但是可以通过检错、纠错机制,例如利用所谓自动重发请求 ARQ(Automatic Repeat Request)协议在检测到差错、包次序颠倒或超过规定时间限制仍未收到数据时,向发端请求进行数据重传,使错误率降为零。

7.1.2 网络功能

1. 单向网络和双向网络

单向网络指信息传输只能沿一个方向进行的网络。例如,传统的有线电视(CATV)网,信息只能从电视中心向用户传输,而不能反之。支持在两个终端之间、或终端与服务器之间互相传送信息的网络称为双向网络。当两个方向的通信信道的带宽相等时,称为双向对称信道;而带宽不同时,则称为双向不对称信道。由于多媒体应用的交互性,多媒体传输网络必须是双向的。

上述概念是从信道角度来定义的。在有关通信的书籍中,还常常遇到单工、半双工和全双工的概念,这是从传输方法的角度来定义的。单工是信号向一个方向传输的方法;半双工是信号双向传输的方法,但在某一时刻只会朝一个方向传输;全双工是同时双向传输的方法。支持半双工传输的网络,例如传统的以太网,我们也认为它是双向网络。

2. 单播、多播和广播

单播(Uniceast)是指点到点之间的通信;广播(Broadcast)是指网上一点向网上所有其他点传送信息;多播(Multicast)、或称为多点通信,则是指网上一点对网上多个指定点(同一个工作组内的成员)传送信息。

发送终端通过分别与每一个组内成员建立点到点的通信联系,能够达到多点通信的目的。但是在这种情况下,发送端需要将同一信息分别送到多个信道上(见图 7-2(a))。同一信息的多个复制版本在网上传输，无疑要加重网络的负担。多播是指网络具备这样的能力：其中间节点能够按照发端的要求将欲传送的信息在适当的节点复制，并送给指定的组内成员，这也称为多点路由功能。图 7-2(b)给出了一个多播的例子，图中灰色圆点代表网络中进行信息复制的节点，粗箭头表示多播的数据流走向。

　　不同的多媒体信息系统需要不同的网络结构来支持。简单的可视电话只需要点对点的连接，而且这一连接是双向对称的。在多媒体信息检索或 VOD 系统中，用户和中心服务器之间建立的可能是点对点的联系，也可能是点对多点的联系（服务器向多个用户传送共同感兴趣的同一信息或节目），但使用的信道都是双向不对称的。通常从用户到中心(上行)的线路只传送查询命令，所需要的带宽较窄；而从中心到用户(下行)传送大量的多媒体数据，需要占用频带较宽的线路。分配型的多媒体业务，例如数字电视广播，则需要广播型的网络。多点与一点连接的结构在有些情况下也会遇到，例如在信息检索系统中，如果数据库是分布式的，往往需要从多个库中调取信息来回答一个用户的要求。多媒体合作工作是对通信机制要求最高的应用，它要求多点对多点之间的双向对称连接。此时，多播功能是必须的。因此，支持综合多媒体业务的传输网络应当支持单播、多播和广播。

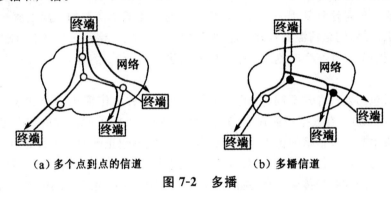

(a) 多个点到点的信道　　　　　　(b) 多播信道

图 7-2　多播

7.2　网络类别

　　在本节中将从不同的角度对现有的网络进行归类，以便对不同网络对多媒体信息传输的支持情况有一个总括的了解。

7.2.1　电路交换网络和分组交换网络

　　根据数据交换的方式，可以将现有的网络分成电路交换和分组交换两大类型。所谓交换是指在网络中给数据正确地提供从信源到信宿的路由的过程。

　　在电路交换的网络中，一旦两个终端之间建立起了通信联系，它们之间就独占了一条物理信道(见图 7-3(a))。在频分复用(FDM)的信道中，这个"物理信道"意味着一个固定的频带；而在时分复用(TDM)系统中，则意味着一个固定的时隙。即使这一对用户进行信息交换的速率低于信道提供的速率，甚至停止信息交换(如说话的间隙)、信道处于空闲状态，只要用户不通知网络撤销这个链接，该信道就不能为其他用户所使用。同时，这一对用户开始通信后，不管网络变得多么繁忙，该用户所独占的资源(传输速率)也不会被其他后来的用户所侵占。当网络不能给更多的用户提供信道时，则只能简单地不接纳后来的呼叫。普通公用电话网(PSTN)、窄带综合业务网(N-ISDN)、数字数据网(DDN)和早期的峰窝移动网等都属于电路交换网络。

从多媒体信息传输的角度考虑,电路交换网络的优点是:

①在整个会话过程中,网络所提供的固定的比特率是得到保障的。

②路由固定,传输延时短,延时抖动只限于物理抖动。这些都有利于固定比特率的连续媒体的实时传输。

电路交换网络的缺点是不支持多播,因为这些网络原来是为点到点的通信而设计的。当多媒体应用需要多播功能时,必须在网络中插入特定的设备,称为多点控制单元 MCU(Multipoint Control Unit)。

分组交换也称为包交换。在分组交换网络中,信息不是以连续的比特流的方式来传输的,而是将数据流分割成小段,每一段数据加上头和尾,构成一个包、或称为分组(在有的网络中称为帧、或信元),一次传送一个包。如果网络中有交换节点的话,节点先将整个包存储下来,然后再转发到适当的路径上,直至到达信宿,这通常称为存储一转发机制。分组交换网络的一个重要特点是,多个信源可以将各自的数据包送进同一线路,当其中一个信源停止发送时,该线路的空闲资源(带宽)可以被其他信源所占用,也就是说,其他信源可以传送更多的数据,这就提高了网络资源的使用效率。但是这种复用一般来说是统计性的。在某个信源的通信过程中,如果有过多的其他信源加入网络,则该信源的资源可能被其他信源所侵占,导致它所要求的比特率得不到保障,传输延时加长;如果在某个时刻多个信源同时送进过多的数据,还可能造成网络负荷超载的情况。

根据节点对包的处理方式不同,分组交换可以分成两种工作模式:数据报(Datagram)和虚电路(Virtual Circuit)。在数据报模式中,为了将同一线路上的不同信源的数据包区分开,每二个数据包的包头中都含有信宿的标识,网络根据标识将数据包正确地送至目的地,这同邮局按照用户写在信封上的地址送信的过程类似。由于节点为每个包独立地寻找路径,因此送往同一信宿的包可能通过不同的路径传到信宿(见图 7-3(b))。在虚电路模式中,两个终端在通信之前必须通过网络建立逻辑上的连接,连接建立后,信源发送的所有数据包均通过该路径顺序地传送到信宿,通信完成后拆除连接。这与电路交换的方式很相似,但其根本的区别是,节点对包的处理采用的仍是存储一转发机制。这个逻辑上的连接称为虚电路,在本书中也称为逻辑信道。值得指出,在通信书籍中讨论网络的交换问题时,逻辑信道这个词与虚电路有不同的含义,它代表信道的一个编号,只有占用和空闲状态,不存在建立和拆除。一条虚电路则由各段的逻辑信道(号)连接而成。在本书中由于不讨论网络层的细节,所以常将这两个词混用。

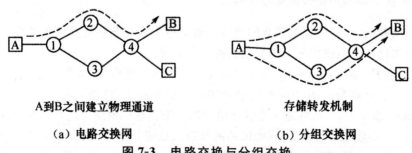

A到B之间建立物理通道   存储转发机制

(a) 电路交换网   (b) 分组交换网

图 7-3 电路交换与分组交换

以太网、无线局域网(WLAN)、帧中继和 IP 网都属于分组交换的网络。分组交换网络的最大优点是复用的效率高。此外,在有的分组交换网中允许在一次连接中建立多条逻辑通道,这对多媒体信息的传输很有利。实时媒体和静态媒体对网络性能的要求有很大的差异,用同一个通道传送,则该通道的每一项指标都必须满足各成分数据中要求最高的那一种,才能保证各种媒体的良好传输。如果采用不同的逻辑通道分别传送具有不同 QoS 要求的媒体数据,则网络资源可以得到更合理的利用。分组交换网对多媒体信息传输不利之处是网络性能的不确定性,即比特率、传输延时和延时抖动随网络负荷的变化而变动。

7.2.2　面向连接方式和无连接方式

电路交换和分组交换中讨论的是信息在网络内部如何传送的,现在要讨论的则是连接问题,即在什么条件下网络才接受数据。

在面向连接的网络中,两个终端之间必须首先建立起网络连接,即网络接纳了呼叫并给予连接,然后才能开始信息的传输。在信息传输结束后,终端还必须发出拆连请求,网络释放连接。电话是一个典型的例子,只有在网络响应了振铃并接通线路之后,通话才能开始。通话结束,用户挂机后,网络才释放这条电路。在无连接的网络中,一个终端向另一个终端传送数据包并不需要事先得到网络的许可,而网络也只是将每个数据包作为独立的个体进行传递,例如分组交换中的数据报模式。以邮件的投递作为一个理解无连接的例子:人们并不需要向邮局作任何声明就可以投信;而邮局对每一封信都独立(与其他信无关联)地进行处理,并不关注是否还有其他信件投向同一个目的地址。

电路交换网络是面向连接的。连接可以通过呼叫动态地建立,也可以是永久性、或半永久性盼专线连接。分组交换的网络则可分为面向连接的和无连接的两种。帧中继和 ATM 都属于面向连接的网络,而以太网、WLAN 和 IP 网则是无连接的。在面向连接的网络中,网络在建立连接时,有可能为该连接预留一定的资源;当资源不够的时候,还可以拒绝接纳用户的呼叫,从而使 QoS 得到一定程度的保障。在无连接的网络中,由于网络"觉察"不到连接的存在,资源的预留就显得困难。不过,"无连接"也省去了呼叫建立所产生的延时,这是它的优点。

7.2.3　资源预留、资源分配和资源独享

任何一个网络上总有许多对通信过程同时存在,它们以某种方式共享着网络的资源。资源的管理与 QoS 保障有着密切的关系,现在我们从这个角度来区分不同的网络。

网络为某个特定的通信过程预留(Reserve)资源是指它从自己的总资源(如吞吐量、节点缓存器容量等)中规划出一部分给该通信过程,但是这部分资源并没有"物理地"给予该通信过程,网络只是通过资源预留来对自己的资源进行预算,以决定是否接纳新的呼叫。由于预留的资源并不等于通信过程所实际消耗的资源,"超预算"的事情很可能发生,因而通信过程的 QoS 也只是从统计的意义上来说得到保证。这和我们用电话向航空公司预订机票类似:航空公司并未给顾客一个座位号,而只根据预约电话的多少、飞机可容纳的总人数、以及预定而不实际乘机的概率等因素给顾客一个大概的承诺。显然,顾客预订后得不到机票的可能性是存在的,但是,航空公司毕竟以某种机制在做座位预订的工作,能预订总比不预订要好。从统计的意义上来说,进行预约得到座位的可能性要比不预约大得多。

资源分配(Allocated)则比资源预留进了一步,它是把一部分资源实际分配给了某个特定的通信过程。但是,当网络发现该通信过程没有充分利用分配给它的资源,或者在网络发生严重拥塞时,可能动态地将部分已分配给它的资源重新分配给其他的通信过程。因此该通信过程的

QoS 保障可能是确定的,也可能是统计意义上的。这类似于我们在向航空公司预订机票时得到了一个确定的座位号,只要航空公司没有不小心把这个座位号给出去两次,登机时你可以放心一定会有你的座位。反之,如果你没有赶上飞机,航空公司也可能在飞机起飞前将你的座位分配给其他旅客。

网络在建立通信过程时就把一部分资源"物理地"划归该通信过程所有,并在该通信过程结束之前,不会将划归给它的资源让其他通信过程分享,也不会再重新分配给他人,这就是资源独享(Dedicated)的情况。此时,该通信过程的 QoS 是得到确定性保障的。在电路交换的网络中,分配给一对终端使用的带宽就是独享的。

如果网络既不给通信过程预留、也不给它们分配资源,只是利用自己的全部资源尽力而为地为所有的通信过程服务,那么,这些通信过程的 QoS 就与网络的负荷有关,也就是说,QoS 是没有保障的。这样的网络通常称为"尽力而为"(Best-Effort)网络,传统的共享介质的以太网和 IP网都属于这种类型。

7.3　现有网络对多媒体通信的支持情况

7.3.1　电路交换广域网对多媒体信息传输的支持

1. 电路交换网络

广域网 WAN(Wide-Area Network)是指跨越长距离、并需要使用干线传输系统和节点设备的网络。电路交换的广域网通常由电信部门运营。如前所述,电路交换网络的特点是:

①是面向连接的,且在整个会话过程中独享固定的比特率。

②传输延时由传播延时和所经过的中间设备的延时之和决定。ITU—T 规定每个同步 TDM 中间设备、或交换机的延时应小于 $450~\mu s$,因而传输延时一般在几毫秒到几十毫秒的量级,是比较小的。

③仅存在物理延时抖动,可以认为传输延时是恒定的。

④不支持多播。当需要多播时,必须加入 MCU。从前 3 个特点来看,电路交换网络适合于多媒体信息特别是连续媒体的实时传输,而且其 QoS 是得到确定性保障的。

在整个会话过程中,比特率得到保障,延时小,延时抖动小。这 3 个特征结合在一起称为等时性(Isochronism)。等时性是网络支持连续媒体流实时传输的保证。显然,电路交换网是具备等时性的。下面我们对几种电路交换广域网作一些具体分析。

公用电话网的信道带宽较窄(3.1 kHz),而且用户线是模拟的,多媒体信息需要通过调制/解调器(Modem)接入。调制/解调器的速率一般为 56 kb/s,可以支持低速率的多媒体业务,例如低质量的可视电话和多媒体会议等。近年来得到迅速发展的 xDSL 技术使用户可以通过普通电话线得到几百 kb/s 以上的传输速率,但此时它是作为 IP 网的一种宽带接入方式,并不在电路交换的模式下工作。

N-ISDN 既可以经过交换机,也可以用专线方式提供业务。它的用户速率有如下几种:

①基本速率接口 BRI(Basic Rate Interface):2 个 64 kb/s 的 B 信道和 1 个 16 kb/s 的 D 信道,总共 144 kb/s;

②一次群速率接口 PRI(Primary Rate Interface):30 个 64 kb/s 的 B 信道和 2 个 64 kb/s 的

D 信道,总共 2.048 Mb/s(E1 接口);

③ITU-T 还允许在一次链接中,将连续的 DS-0(64 kb/s)信道合并在一起提供给用户。其模式有 H0:6 个 DS-0 信道,总共 384 kb/s;H11:24 个 DS-0 信道,总共 1536 kb/s;H12:30 个 DS-0 信道,总共 1920 kb/s;

④近年来公布的 ISDN 多速率(ISDN Multirate)允许从 2 到 24 个 DS-0 信道合并的模式接入。

在 N-ISDN 上开放中等质量、或较高质量的会议电视已经是相当成熟的技术。

DDN 提供永久、或半永久连接的数字信道,传输速率较高,可为 $n\times 64$ kb/s($n=1\sim 32$)。DDN 传输通道对用户数据完全"透明",即对用户数据不经过任何协议的处理、直接传送,因此适于多媒体信息的实时传输。但是,在 DDN 网上无论开放点对点、还是多点的通信,都需要由网管中心来建立和释放连接,这就限制了它的服务对象只能是大型用户。会议室型的电视会议系统常常使用 DDN 信道。

早期的蜂窝移动网是电路交换的网络,但是发展到可以支持多媒体应用的第 2.5 代之后,已转向了分组交换的网络。

2. 多点控制单元

在只支持点到点通信的电路交换网络中,要实现 n 个用户之间的会议型服务,必须在每两个参与者之间建立一条双向的链路。如图 7-4(a)中的 4 用户系统,需要建立 6 对线路才可能将每个参与者的声音和图像传送给其他的参与者。当 n 增大时,网络资源的浪费将很大。

如果在电路交换的网络中加入多点控制单元(MCU)支持多播的功能,则如图 7-4(b)所示,一个 4 用户系统,只需建立 4 对线路。此时,各用户终端的多媒体数据传送到 MCU,经过 MCU 的处理再返回各个终端。

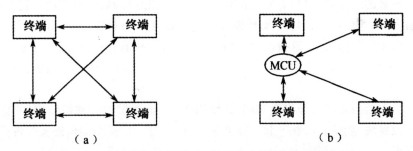

（a）　　　　　　　　　　　　（b）

图 7-4　电路交换网络中实现多点通信的两种方式

MCU 的处理功能主要包括:

①音频信号桥接。将各终端送来的音频信号混合,这通常称为桥接(Bridge),然后再送回各个终端;或者从中选择出一路信号送给其他终端,这通常称为切换(Switch)。选择的方式可以是轮流传送每一路信号(轮询)、固定只传送主会场信号,或由主席控制信号的切换等。

②视频信号切换。采取轮询、主席控制等方式将某一路视频信号送给各个终端;也可以采用声音激励的方式进行切换,将发言者的图像送给各参与者。近年来的 MCU 还可以将多路图像组合成一个多窗口画面通过一个信道送给参与者。

③数据切换。将会议中涉及的数据按与音频或视频信号类似的方法处理。

④会议控制。对发言权、共享设备(如摄像机、白板)的控制,以及有关的通信控制等。

一个 MCU 设备的输入/输出端口的个数是有限的,当与会者的数目超过端口数时,需要用多个 MCU 构成网络;图 7-5 给出一个两层结构的例子。MCU 的规模可按树形结构进行扩展。

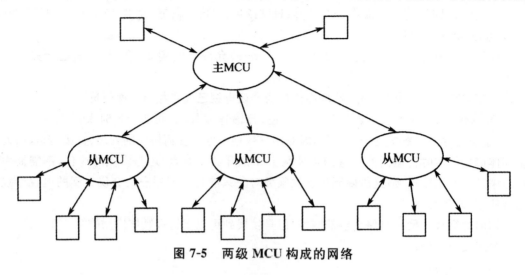

图 7-5　两级 MCU 构成的网络

7.3.2　分组交换广域网对多媒体信息传输的支持

在本节中将讨论若干电信部门运营的数据传输网络,ATM 网和 IP 网虽然也属于分组交换的广域网,但由于它们在构建多媒体传输网络中的重要性。

1. 帧中继

帧中继(Frame Relay)是早期数据传输网 X. 25 的延伸。20 世纪 70 年代产生的 X. 25 由于当时传输线路质量的限制,因而具有复杂的检错、纠错和流量控制机制,这使得它的传输速率低,延时长且抖动大。帧中继不像 X. 25 那样能够直接与终端设备相连,它是针对局域网(LAN)之间互连和多个信源的数据流(计算机数据、文件、电子邮件等)混合而设计的,带宽一般为 64 kb/s 至 2 Mb/s,在有些情况下,可能达到 140 Mb/s 左右。通常与它直接相连的设备是路由器、网关等。

帧中继是一个面向连接的分组交换网,它使用 X. 25 链路层的一种帧结构,并将不同的数据流分别分割成数据块,然后复用在一起。在其他虚电路空闲时,某个虚电路实际占用的比特率可以超过它的额定值。

图 7-6 给出了帧中继的两种模式,一种是专网连接,另一种是通过公网的虚电路连接。

帧中继是一种支持变长帧结构的快速包交换协议,它与 X. 25 的最大不同之处在于它的协议简洁。由于现今的传输线路质量比 20 世纪 70 年代已有很大的提高,帧中继在差错控制方面只采用 CRC 检测错误,一旦发现错误即丢弃该帧而并不通知发送端。帧中继网也不对每个虚电路进行流量控制,仅在网络拥塞时可能给出一个粗略的指示。协议的简化使帧中继的传输延时比 X. 25 网的要降低很多。

初期的帧中继只允许建立永久性的虚连接 PVC(Permanent Virtual Connection),而且对带宽和延时抖动没有什么保障,难以支持实时多媒体信息的传输。近年来,一些厂家在帧中继中引入了资源分配机制,以虚电路来仿真电路交换的电路,从而使带宽或延时抖动的限制得到了一定程度的保障。在帧中继中也有可能加入优先级机制,以便给予声音和图像数据流以高优先级,有

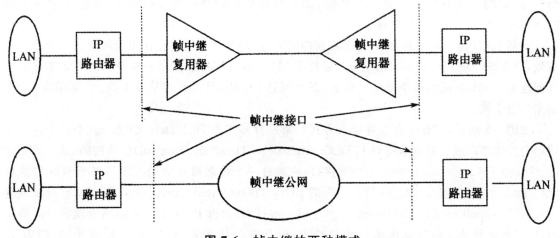

图 7-6　帧中继的两种模式

利于它们的实时传输。还有一些厂家建议将实时数据的压缩和解压缩部件集成到帧中继设备中构成所谓的帧中继交换机。其具体作法是将压缩后的实时信号分割成数据帧,再在帧中继交换机中与 LAN、或其他方面来的数据复用,这就为实时媒体直接进入帧中继网提供了途径。以上可以看出,帧中继对多媒体信息传输的支持程度主要取决于实现它的具体环境和设施。

帧中继集团(Frame Relay Consortium)曾经定义了 3 种多播标准:单向多播、双向多播和 N向多播。所谓单向多播是指信源利用单播将信息传递给一个位于网络中合适位置的多播服务器,服务器再将信息转发给组内的其他成员;而 N 向多播则允许组内每个成员都可以既是信源也是信宿。但实际上,只有个别运营商真正提供过单向多播服务。

最后指出,有一些帧中继设备将一般的同步时分复用与帧中继复用集成在一起,构成了混合复用器(见图 7-7)。在这种情况下,实时数据(声音、图像)实际经过的仍然是电路交换的电路,而非帧中继网络。

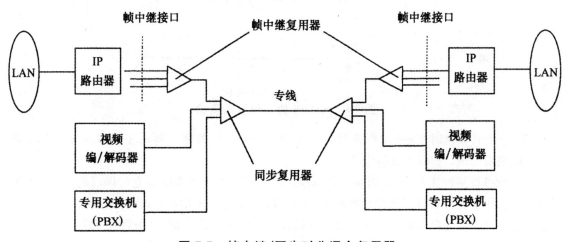

图 7-7　帧中继/同步时分混合复用器

2. SMDS

SMDS(Switched Multimegabit Data Service)是电信运营部门提供的一种高速广域数据通

信业务,它的主要目标是满足无连接的 LAN 日益增长的高性能互连要求,其接入速率可达 34 Mb/s或 4.5 Mb/s,甚至更高。

既然 LAN 是无连接的,那么用无连接的网络将 LAN 互连可能比使用面向连接的网络更为有效,这是 SMDS 设计的基本出发点。这样 LAN 可以直接将数据报送进网络而不必等待建立任何连接。SMDS 的数据单元是变长的,最大可达 9188B,足以包容从以太网、令牌环或 FDDI 送来的整个帧。

如图 7-8 所示,SMDS 有 3 种接入方式。第一种模式为 DEI(Data Exchange Interface),通过串行线传送高级数据链路控制 H DLC(High-Level Data Link Control)格式的帧;第二种模式为 SIP(SMDS Interface Protocol)中继接口,它通过一个数据服务单元(DSU)将 SMDS 数据单元(HDLC 的帧)转换成 DQDB 信元。所谓 DQDB(Distributed Queue Dual Bus)是针对城域网 MAN(Metropolitan-Area Network)而产生的一种技术,它由 IEEE 802.6 标准所规定。值得指出,DQDB 虽然是一种共享传输介质的技术,但是它的信元和 ATM 信元长度相同,均为 53 Bytes,因此,很容易与 ATM 服务相互连通。例如,将 SMDS 构架在 ATM 网络之上;或者如图 7-8 所示,用户利用第 3 种接入模式直接通过 ATM 的用户-网络接口 UNI(User Network Interface)进入 SMDS 网络。

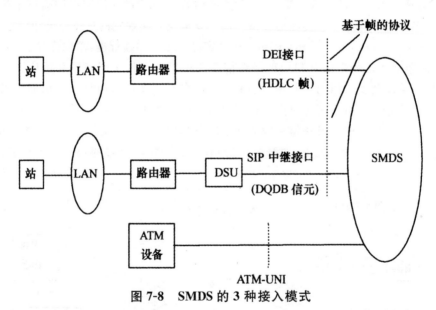

图 7-8　SMDS 的 3 种接入模式

SMDS 的传输延时很小,多数情况下不超过 10 ms。它的延时抖动主要取决于具体实现 SMDS 的底层网络。SMDS 支持多播。

用户设备以某种接入速率(如 34 Mb/s)与 SMDS 连接,并不意味着它可以以此速率进行数据的传输。用户需要预订一个吞吐量级别(例如,4、10、16 或 24 Mb/s),其传输数据的平均速率不能超过预订的吞吐量级别。若用户设备在某段时间内未发送数据,网络将在下一段时间内允许用户传送一组突发数据(短时间超过预订的吞吐量级别)。如果用户设备不遵守吞吐量级的约定,网络将丢弃超出部分的数据单元。

综上所述,就多媒体信息传输而言,SMDS 的低传输延时、高接入速率、多播功能和对吞吐量级别的一定程度的保障是有利的方面。但它与帧中继类似,延时抖动的大小在很大程度上取决于其下层网络的具体实现形式,这是在考虑使用 SMDS 作多媒体信息传输时必须仔细弄清楚的问题。由于 SMDS 速率比 ATM 慢,价格又比帧中继贵,因此应用前景并不广阔。

7.3.3　ATM 网对多媒体信息传输的支持

异步传输模式 ATM(Asynchronous Transfer Mode)是 ITU-T 为宽带综合业务数字网(B-IS-DN)所选择的传输模式。B-ISDN 是国际电联在 20 世纪 80 年代提出的概念,其目标是以一个综合的、通用的网络来承载全部现有的和未来可能出现的业务。但是,由于 B-ISDN 在许多方面,例如交换设备、终端设备、传输模式和用户接入等,与旧的通信系统有较大的不同,而整个系统的改造并非易事,因此,尽管国际电联为其制定了一系列标准,B-ISDN 并未得到预期的发展。不过 ATM 作为一种高速包交换和传输技术在构建多业务的宽带传输平台方面今天仍具有一定的位置。

ATM 的底层传输系统可以是 PDH,但一般是 SDH。PDH 是准同步数字系列(Plesiochronous Digital Hierarchy)的简称,它的各级时分复用设备的时钟不必严格同步,它可能有的比特率层次 64 kb/s 的倍数递增)由 ITU-T 的 G.703 标准所规定。同步数字系列 SDH(Synchronous Digital Hierachy)则要求传输网络是同步的,这在进行数字信号的切换时尤为重要。SDH 的比特率层次由 ITU-T 在 G.709 中规定,例如,STM-1 接口速率为 155.52 Mb/s,STM-4 为 622.080 Mb/s、以及 STM-16 和 STM-64 等。在美国,类似于 SDH 的结构称之为 SONET(Synchronous Optical Network)。

1. ATM 原理

ATM 是一种快速分组交换技术,它采用的数据包是固定长度的,称为信元。虽然选用长度固定的信元,在有些情况下(如传送几个字节的短消息时)会因信元填充不满而有所浪费,但信元长度固定有利于快速交换的实现,以及纠错编码的实施。另一方面,长度大的包由于附加信息(包头)占的比例小而效率较高,但是在节点逐级存储-转发的过程中,整个包必须完全被接收下来之后才能转发,从而导致延迟增长。此外,长度大的包如果丢失,信息损失肯定比长度小的包要多。考虑到上述种种因素的折中,ATM 确定了信元长度为 53 字节,其中 5 个字节为信元头,48 个字节为数据。图 7-9 表示出用户/网络接口和网络/网络接口两种 ATM 信元头的结构。在信元头中,VCI 和 VPI 分别是虚通道和虚路径的标识符,而虚通道(Virtual Channel)和虚路径(Virtual Path)则是 ATM 的 2 种虚连接方式;数据类型 PT 域(Payload Type)用来标识信元所携带数据的类型;信元丢失优先级域 CLP(Cell Loss Priority)标识在网络拥塞时,该信元被丢弃的优先程度;而通用流量控制 GFC(Generic Flow Control)是为了在用户网络接口 UNI 处的流量控制的需要而准备的;错误检测域 HEC(Header Error Correction)则用于对信元头误码的检测和校正。此外,信元头中还有一个预留域 RES(Reserved)。

ATM 是面向连接的网络,终端(或网关)通过 ATM 的虚通道相互连接。两个终端(或网关)之间的多个虚通道可以聚合在一起,像一个虚拟的管道,称为虚路径。图 7-10 给出了虚通道和虚路径的例子。如图所示,在连接两个终端的虚路径中包含了多个相互独立的虚通道,这就是说 ATM 允许在一个链接中建立多个逻辑通道。ATM 的虚连接可以由动态的呼叫建立,此时称为交换式虚连接 SVC(Switched Virtual Connection),也可以通过网络的运营者建立永久性或半永久性虚连接,此时称为 PVC(Permanent Virtual Connection)。

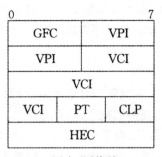

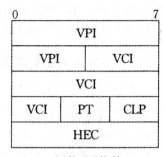

（a）用户/网络接口   （b）网络/网络接口

图 7-9   ATM 信元头

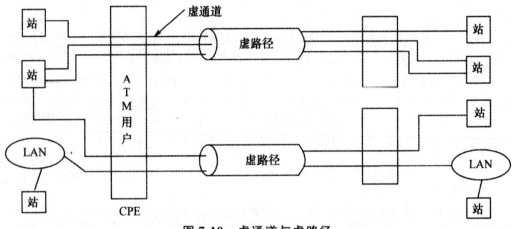

图 7-10   虚通道与虚路径

ATM 继承了电路交换网络中高速交换的优点，信元在硬件中交换。当发送端和接收端之间建立起虚通道之后，沿途的 ATM 交换机直接按虚通道传输信元，而不必像一般分组网的路由器那样，利用软件寻找每个数据包的目的地址，再寻找路由。

ATM 继承了分组交换网络中利用统计复用提高资源利用率的优点，几个信源可以被结合到一条链路上（见图 7-11），网络给该链路分配一定的带宽。当其中一个信源发送数据的速率低于它的平均速率时，它所剩余的带宽可为该链路上的其他信源享用。ATM 与一般的分组交换网络有所不同的是，它有一定的措施防止由于过多的信源复用同一链路、或信源送入过多的数据而导致网络的过负荷。换句话说，ATM 网具有对流量进行控制的功能。ATM 流量控制功能中最基本的两项为连接接纳控制（CAC）和使用参数控制 UPC（Usage Parameter Control）。CAC 根据网络资源决定接受、或者拒绝用户的呼叫；UPC 对信源输出速率是否超过约定值进行监测和管理。ATM 的流量控制对用户的 QoS 要求得到统计性的保障有着重要的意义。

ATM 正如其名称所表示的一样，是异步传输模式。所谓异步是指终端可以在任何时刻（不必等待分配给它的特定的时隙）向网络传送信元。需要指出的是，ATM 的下层（物理层）通常是同步的传输系统（SDH 或 SONET）。同步意味着信元中的每个比特必须按收、发同步的时钟所规定的时刻进行传输。换句话说，ATM 在信元层是异步的，而在物理（比特）层则是同步的（见图 7-12）。

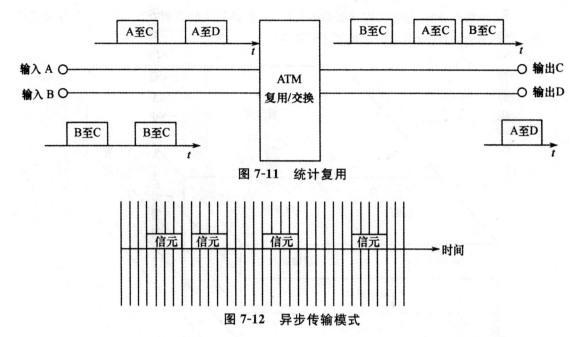

图 7-11　统计复用

图 7-12　异步传输模式

由于在 ATM 网中,允许从某个通道来的信元的到达时刻是不规则的,这就给信源以很大的灵活性,它们不必在固定时刻以固定速率产生信元,只在需要时产生信元就可以了。ATM 这种可以接收变速率信源信息的特性,特别有利于传输压缩后的变比特率(VBR)视频信号。

2. ATM 协议结构

B-ISDN 的协议结构如图 7-13 所示。虽然它与 ISO 的 OSI 参考模型很相似,但它们之间准确的对应关系并不明确。该协议结构分为用户、控制和管理 3 个层面。用户平面给出传输用户数据所涉及的协议;控制平面关系到呼叫控制和连接管理功能;而管理平面又分为层管理和面管理,层管理包括各个协议层的管理协议,面管理是对整个系统的管理。在每个平面内又分为 3 层:物理层用来传输比特流(或信元);ATM 层完成交换、路由选择和复用;ATM 适配层负责将业务信息适配成 ATM 信元流。

物理层又分为物理介质 PM(Physical Medium)子层和传输会聚 TC(Transmission Convergence)子层。PM 层规定光或电接口,负责正确的比特传输、比特位校准和线路编码等;TC 层负责信元和物理层帧之间的拆装、信元头的错误检测、序列产生/验证等。它还能够插入或去除空信元,以使比特流速率与信道速率相匹配,这称为信元速率去耦。

ITU 定义了 2 种物理层接口速率,即 155 Mb/s 和 622 Mb/s。ATM 论坛(一个由相关公司和研究单位组成的机构)又附加了 52 Mb/s、25 Mb/s(3 类双绞线)和 155 Mb/s(5 类双绞线)3种接口。

ATM 层负责 ATM 信元的复用/解复用、翻译 VPI/VCI 标志、拆装信元头和在 UNI 进行流量控制。不过,如何进行流量控制还没有明确的规定。为了实现高速交换,物理层和 ATM 层的功能在 ATM 交换机中是用硬件来实现的。

ATM 适配层 AAL(ATM Adaptation Layer)只在终端上存在,它将针对特定服务类型的协议映射到与服务类型无关的 ATM 层协议上去。AAL 也分为两个子层:拆装子层 SAR(segmentation and Reassembly)和会聚子层 CS(Convergence Sublayer)。在发送端 SAR 将应用程序所产生的高层数据分装进信元；在接收端拆开信元，重新组装好数据交给高层。CS 的功能是与业务类型有关的，它进行消息识别和时钟恢复等。

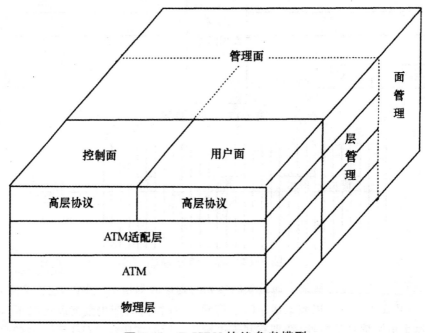

图 7-13　B-ISDN 协议参考模型

3. ATM 服务类型和 ATM 适配层

ATM 与传统分组网络最显著的区别是它有定义明确的服务等级，也就是说，它支持对定性描述 QoS 的保障。ATM 的服务类别由图 7-14 所示。第 1 类称为 CBR 服务，它提供带宽固定、延时确定的服务。由于它与电路交换信道的性能相近，因此，常称为电路仿真模式。此类服务适合于电话、以及恒定速率的实时媒体的传输。当信源要求 CBR 连接时，它必须将它的峰值速率通知网络，这个速率在整个通信过程中都为该信源使用。第 2 类称为实时 VBR（VBR-RT）服务，它提供延时确定、带宽不固定的服务，特别适合于经压缩编码后的声音或视频信号的传输。当信源要求 VBR 连接时，它需要通知网络它的平均速率、峰值速率和突发的最大长度（峰值速率的持续时间）等参数。第 3 类称为非实时 VBR 服务，它适合于没有延时要求、而突发性强的数据传输。与第 2 类服务一样，它需要通知网络它的平均速率、峰值速率和突发最大长度等参数。前 3 类服务均能提供限定信元丢失率的保障。第 4 类为 UBR（Unspecified Bit Rate）服务，它不提供带宽、延时和信元丢失率的保障，适合于对信元丢失有一定容忍程度的应用。在连接建立时可以提出、也可以不提出对峰值速率的要求。第 5 类为 ABR（Available Bit Rate）服务，它与第 4 类相似，只是网络能在拥塞时向信源反馈信息，从而使信源能够适当降低自己的输出速率。ABR 即使在拥塞时也能保障最小的带宽，但没有延时的保障。ABR 的主要目的在于将网络闲置的带宽利用起来，它仿真 LAN 的无连接方式，这使得利用 ABR 通过 ATM 的 LAN 互连变得和通过路由器互连的方式一致。

AAL 规定了几种不同的协议以支持不同的服务。每一种协议定义一种 AAL 头，AAL 头占用信元用户数据（48 B）的一部分位置。AAL 1 用于支持 CBR 业务；AAL 2 用于支持 VBR-RT

业务。AAL 3 和 AAL 4 在发展过程中逐渐趋于合并成一个,称之为 AAL 3/4。AAL 3/4 用于支持面向连接的或无连接的突发数据业务,它的最大特点是允许多用户发送的长数据包复用在同一个 ATM VC 上。但是 AAL 3/4 复用和它的复杂协议在许多应用中并不需要,从而产生了 ALL 5。AL5 是为面向连接的数据传输而设计的,它是开销较小、检错较好的 AAL。AAL 5 不需要再附加 AAL 头,只将上层传递下来的用户数据单元加上 8 B 的"尾"和一定的填充字节凑成信元用户数据 48 B 的整数倍,然后分割成信元传送。由于 AAL 5 的简单有效,它被越来越广泛地应用于 TCP/IP 数据和低造价的实时媒体的传输。

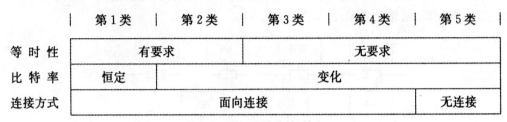

图 7-14　ATM 服务等级

4. ATM 性能

ATM 网具有高吞吐量、低延时和高速交换的能力。它所采用的统计复用能够有效地利用带宽、允许某一数据流瞬时地超过其平均速率,这对于突发度较高的多媒体数据是很有利的。此外,它具有明确定义的服务类型和同时建立多个虚通道的能力,既能满足不同媒体传输的 QoS 要求,又能有效地利用网络资源。

在 ATM 网上进行多媒体信息传输时值得注意的问题是信元丢失率。ATM 通常在误码率很低的光纤线路上运行,因此它只对信元头采取简单的检错和纠错措施。当发生在信元头的错误得不到纠正时,交换/复用设备可能为其选择错误的路由。如果错误的信元头正好与另一个连接的信元头相同,则其中一个连接丢失了信元,而另一个连接收到一个不属于它的信元;如果错误的信元头是一个不存在的信元头值,则将该信元丢弃。在 ATM 网中,丢弃信元并不通知终端,终端自己对信元的丢失情况进行检测,并决定是否要求对方重发。这种方式降低了传输延时,对有一定容错能力的实时数据的传输是有利的。值得注意,信元丢失的原因不只限于信元头出现误码,还可能是由于网络的拥塞。当若干统计复用的数据流在某个瞬间同时接近于自己的峰值速率时,信元将在节点处发生拥塞,节点来不及处理过多的信元,致使信元在节点缓存器中的等待时间加长,某些信元甚至被迫丢弃。如果由于网络拥塞,信元到达终端的延时超过了终端所能容忍的时限时,终端也认为这样的信元已经丢失。一般来说,ATM 网的信元丢失在 $10^{-10} \sim 10^{-8}$ 左右。

ATM 的标准支持多播,但是 ATM 全网的多播目前并没有实现,只有某些 ATM 交换机具有局部的复制信元的功能。

7.3.4　以太网对多媒体信息传输的支持

传统的以太网是局域网的一种。局域网 LAN(Local Area Network)是计算机网络中的概念,它是指在一个建筑物内或一个园区内的独立的计算机网。近年来计算机网络技术的迅速发展已经使得以太网成为最重要的局域网,而且成为颇具潜力的城域网、甚至广域网技术。

1. 传统的共享介质局域网

(1)局域网通信的特点

传统的局域网包括以太网(Ethernet)、令牌环(Token Ring)和 FDDI(Fiber Distributed Data Interface)。它们的共同特点是将所有的终端(在计算机领域中常称为站)都连接到一个共同的传输介质(例如一条同轴电缆、一对双绞线、或一根光缆)上。在以太网中,如图 7-15(a)所示,这个共同的传输介质构成公共总线;而在令牌环和 FDDI 中,如图 7-15(b)所示,构成一个逻辑上的环。当需要连接到一起的站数太多时,可以将共享的介质分成段,每段连接一定数目的站,称为网段,网段之间用桥、或路由器相连(见图 7-15(c))。

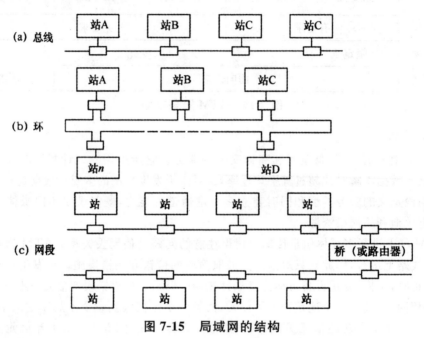

图 7-15　局域网的结构

公共介质构成了连接在它上面的多个站之间的相互通信的通道,但是由于传统 LAN 采用基带信号进行传输,当一个通信链接占有传输介质时,另一对站之间就不能进行通信。为了实现多对站之间的同时通信,发送信息的站将数据流分成段(称为帧),在各自占有传输介质的时间间隙内,逐段将数据发送出去(见图 7-16)。这实际上是一种时分复用的模式。人们熟知的电信技术中的 TDM 是一种同步的时分复用,即每一个信道占用的时隙的长短和间隔是固定的;而 LAN 的时分复用则是异步的,即各个站占有的时隙、甚至于同一个站每次占有的时隙长度可以不相等。发送站在何时取得介质的占有权取决于一套预先制定的规则,称为介质访问控制 MAC(Medium Access Control)协议,协议的不同就形成了不同类型的 LAN。

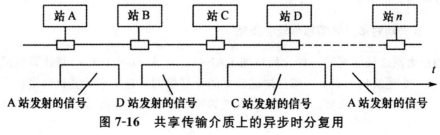

图 7-16　共享传输介质上的异步时分复用

（2）以太网

以太网的 MAC 协议称为 CSMA-CD(Carrier Sense Multiple Access with Collision Detec-tion)协议,由 IEEE 802.3 和 ISO 8802.3 标准所规定。任何一个站在欲进行数据发送之前,先通过检测总线上的信号获知总线是否空闲,如果空闲,则可发送一个数据帧(数据帧产生的电信号沿总线向两个方向传输);如果不空闲,则该站可以等待一个随机的时间,再行检测,或者一直连续不断地检测,直至总线空闲便立即发送。由于检测是各站各自分别进行的,有可能多个站同时检测到总线空闲而同时发送数据,这些数据发生"碰撞"而在总线上形成非正常的电平。首先检测到"碰撞"的站将通过总线向其他站告警。总线上所有的站都能收到告警信号,正在发送数据的站则立刻停止发送,各自等待一个随机的时间之后再重新尝试数据的发送。同时,为了避免网络负载的进一步加重,等待时间的长短随尝试次数的增加而按一个称为截断二进指数回退(Trancated binary exponential back off)的算法呈指数增长。相互"碰撞"的数据作废需要重发,在很多站都要进行数据发送时,"碰撞"可能连续发生,因此存在着数据完全发送不出去的可能性。

连接以太网网段的桥和路由器以存储-转发的方式工作。当数据需要跨越网段时,桥(或路由器)必须首先将整个数据帧接收下来,并进行某些处理后,再发送到另一个网段上,这显然要引入一定的延时。

传统以太网的总线吞吐量为 10 Mb/s,后来发展到 100 Mb/s,称为高速以太网。

（3）令牌环

令牌环的 MAC 协议由 IEEE 802.5 和 ISO 8802.5 标准所规定。与以太网中信号沿总线向两个相反的方向传播不同,在令牌环中信号只沿着环向一个方向传播。每经过一个站,该站就将数据暂存一下(无需将整个帧都暂存下来,一般引入的延时为 8 bit 左右)再转发到下一站。我们规定一个特殊的二进制数码,称之为令牌(Token),让令牌在环中旋转。假设 A 站想发送数据,它必须等待令牌到达本站,然后检测令牌的忙闲。如果令牌"忙",说明已有其他站发送的数据附在令牌之后,A 站不能发送数据,而只能将令牌及其附带的数据转发至下一站;如果令牌空闲,则 A 站将自己的数据和信宿(比如说 B 站)的地址附在令牌之后,并将令牌的标志置为"忙",然后发至下一站。经过逐站传递,B 站收到令牌,它检测到令牌

"忙"而且信宿是自己,就把令牌后面的数据复制下来,并把一个特殊的控制标志置成"已复制"。等 A 站再收到令牌时,它检测到 B 已经复制下了数据,就将自己的数据删去,将令牌的标志置为"闲"。

连接独立的环(即网段)的桥、或路由器也以存储-转发的方式工作。传统令牌环的吞吐量为4 Mb/s,或者 16 Mb/s。

（4）FDDI

FDDI 的 MAC 协议由 ANSI(American Standards Institute)X3T9.5 标准所规定。它与令牌环的协议非常类似,所不同的是,当一个站得到令牌后,需要把它从环上拿下来,发送完毕后,该站再将令牌放回环上。拿到令牌的站可以连续发送数个数据帧。为了防止一个站占有令牌的时间过长规定了一个最长令牌持有时间 THT(Token Holding Time)。为了保证令牌绕环旋转得足够快,还为环上所有的站规定了一个目标令牌旋转时间 TTRT(Target Token Rotation Time),它表示所希望的令牌绕环往返的时间。每个站记录下从本站上一次收到令牌到这一次收到令牌之间的时间间隔,即令牌实际绕环旋转的时间 TRT(Token Rotation Time)。该协议

支持两种服务:某个站得到令牌后,当本站的 TRT<TTRT 时,说明环路的传输能力还有剩余,该站可以发送非实时数据,这称为异步服务;同步服务的情况是,不管 TRT 是否小于 TTRT,只要该站获得令牌就可以发送数据。这适于实时数据的传输。

FDDI 的吞吐量为 100 Mb/s,它一般作为 LAN 的骨干网。

(5)传统局域网进行多媒体数据传输的性能

1)吞吐量

假如一个 10 Mb/s 的以太网段上只有一对站在相互进行通信,总吞吐量可达 9 Mb/s。如果在一个网段上有 100 个站同时在发送平均长度为 1 kb 的数据帧,模拟实验表明,该网段的实际总吞吐量只能达到其最大值的 36%,即 3.6 Mb/s。而对于 4 Mb/s 和 16 Mb/s 的令牌环,如果只有一对站在进行通信,其吞吐量可分别达到 3.8 Mb/s 和 15.5 Mb/s;若有 100 个站同时发送,对于 4 Mb/s 令牌环,其总吞吐量可达最大值的 90%,即 3.6 Mb/s。可以看出,发送站数增多时,以太网和令牌环的实际吞吐量都将下降,但令牌环的性能下降较少,这是因为令牌传递的机制避免了"碰撞"的结果。100 Base-T 以太网(包括 100 Base-TX 和 100 Base-T4,二者只是使用的缆线不同)将吞吐量提高了 10 倍,但由于其 MAC 协议仍然是 CSMA-CD,每个站所享有的吞吐量还是受网络负荷的影响。

减少一个网段上的站数,甚至于一个网段上只连接一个站,是提高单个站点享有带宽的一种解决方案。但是要使一定数量的站点同在一个网上工作,就需要用若干个桥(或路由器)将各网段连接在一起。此时,桥或路由器则将成为系统的瓶颈。同时,路由器上的存储-转发工作模式将增加传输延时,这对实时多媒体数据的传输也是不利的。

2)传输延时与延时抖动、

LAN 上的传输延时很大程度上取决于得到介质访问权所需要的等待时间。在以太网上,负荷增大时,"碰撞"的可能性增大,等待时间加长,多媒体数据传输所要求的对延时时间和延时抖动大小的限制难以在这样的网络上得到保障。

在令牌环和 FDDI 中,传输延时有一定的可预测性。例如对于一个连接有 N 个站的令牌环,在最坏情况下,一个站的最长等待时间可由下式计算:

$$t_{access} = (N-1)\tau_{max} + \tau_l \simeq (N-1)\tau_{max}$$

式中,τ_{max} 为允许一个站持有令牌的最长时间,τ_l 为固定的传播时延,且 $\tau_l \ll \tau_{max}$。

3)多播

所有共享介质的 LAN 支持帧一级的广播和多播。LAN 实质上是一个广播型的网络,每个站都具有从公共介质上接收所有信息的能力。如果数据帧前面所加的地址是特定的广播地址,则每一个站都知道自己应当接收这个信息。多播也可用类似的方式实现,这时加在数据帧前面的地址是"组地址",即属于该组成员的站接收这一信息。但问题是,端站的网络接口往往不能区分本站是否属于该组,它只能把信息接收下来交由 CPU 去分析、取舍,这个过程要消耗 CPU 资源,实际上与广播模式没有什么不同。因此,LAN 上的多播功能是有局限性的。

2. 以太网帧交换

LAN 共享介质的想法起源于 20 世纪 70 年代末期。当时交换机、导线、电缆的价格都很高,用一根电缆横跨整个大楼就能把许多站点连接起来,无疑是有吸引力的。到了 20 世纪 90 年代,情况发生了很大变化,共享介质的特点造成了许多缺陷,人们开始重新考虑将交换的概念引入局域网。

（1）以太网集线器

先于以太网交换机出现的是集线器。由于物理的总线结构实施起来不方便，例如在加入新端站、判断故障发生点等方面有困难，因此改用星形结构来实现逻辑的总线，如图 7-17 所示。连接各个站的双绞线都集中到一个中心设备——集线器上，从一个端口进来的数据，从另一个端口出去并传送到另一个站，再从该站回到集线器端口，向下一个站传送。通过集线器连接的所有站仍然共享一个传输介质。

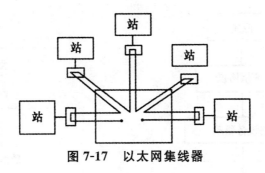

图 7-17　以太网集线器

（2）以太网交换机

既然能将端站连接到一个简单的集线器上，为什么不将它们连到交换机上呢？这样数据可以通过交换机直接到达信宿的端口，而不必像使用集线器那样需要经过每一个端站。

以太网交换机能够处理长度不固定的以太网帧。处理的方式有两种：

①开关式交换，即收到帧头之后就立即将其送至输出通道，此时帧尾可能还尚未到达。这种方式的优点是交换机引入的延时小；

②缓存式交换，即交换机必须将一帧数据完整地接收下来并缓存，然后再转送到输出通道上。这样做的好处是可以做 CRC 校验，更重要的是，在输入、输出通道的比特率不同时，便于转换。

以太网交换机的使用并不改变传统端站的网络接口，但它部分地改变了传统 LAN 共享介质的特点，它通过交叉连接可以支持多对端站间的同时通信。因此，可以在一个网段上只连少数端站、甚至于 1 个端站（通常是服务器），以保证多媒体数据传输所需要的吞吐量；同时，用以太网交换机代替桥或路由器连接各个网段，则缓解了由路由器产生的瓶颈和过长的时延。

以太网交换机支持帧一级的多播。由于交换在数据链路（MAC）层进行，因此以太网交换机也称为第 2 层交换机。

（3）吉比特以太网

吉比特以太网是以太网在不断发展过程中所达到的一个新阶段，它的传输速率达 1 Gb，甚至 10 Gb 或更高。吉比特以太网继承了传统以太网的许多特性，如帧结构、最小和最大帧长，以及高层协议等，使得原来在 10 Mb/100 Mb 以太网上开发的应用可以无需改变地在吉比特以太网上运行。但是在另一方面，吉比特以太网不是像 100 Mb 网那样在传输速率上的简单升级，它在数据链路层和物理层上的技术变革，改变了传统以太网共享传输介质所引起的传输效率低和传输距离短的局限性，使得吉比特以太网可以作为 LAN 的骨干网、城域网、甚至广域网技术而应用在更大的地域范围上。本节将着重介绍后一方面的情况。

1）系统结构

一个 1 Gb 站点的系统结构如图 7-18 所示。从图上可以看出，吉比特以太网是只涉及数据链路层和物理层的技术，只要设备驱动符合标准的网络驱动接口，如 NDIS(Network Driver Interface Standard)，高层的各种协议，如 TCP/IP、Netware 等，并不因底层网络技术的变化而受影响。吉比特以太网的网络控制器包括介质访问控制实体、线路编码/解码和驱动器/接收器 3 个部分，其中线路编码/解码的作用是将数据转换成适合于传输介质传输的形式；驱动器/接收器是传输介质所要求的发送和接收装置，例如对于铜导线来说可能是电子装置，对于光缆来说可能是激光器和光检测器。

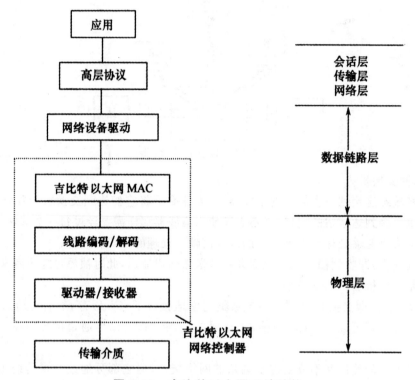

图 7-18　吉比特以太网系统结构

2)全双工工作

吉比特以太网以全双工方式工作。为了对它的特点有比较清楚的了解，让我们回顾一下传统以太网的工作方式。

我们已经知道传统以太网的传输介质(铜缆)是由多台主机共享的。对于某一对主机而言，无论数据的发送还是接收，都经过同一条铜缆传输，因此收、发不能同时进行，这称为半双工作。对于多台主机而言，当一台主机占用信道时，其他主机不能使用该信道，多台主机争用信道的冲突问题由以太网的 MAC 协议 CSMA/CD 来解决。

使用 CSMA/CD 协议使以太网的传输距离和数据帧的长度受到一定的限制，现在以图 7-19 所示的例子加以说明。假设图中 A、B 两个主机之间的单程传输延时为 τ。在 A 开始发送一个数据帧之后的 t_b($t_b < \tau$)时刻，B 欲进行发送，由于 A 所发送的数据尚未到达 B，B 通过监听认为信道是空闲的，于是进行发送。A、B 的数据帧在 C 点"碰撞"，而 A 和 B 则分别要到($t_b + \tau$)和 τ 时刻才知道已经发生"碰撞"，并各自发出"告警"信号。当 t_b 接近于 τ 时，A 监听到"碰撞"的时间约为双程传输延时 2τ。根据 CSMA/CD 协议，主机在边发送时边监听，如果监听到信道发生冲突，双方停止发送，"碰撞"的帧需要稍后再重发。假设 A 在检测到冲突时数据帧已发送完

毕,A 将无法判断是否是自己的帧受到"碰撞",也不会再重发。因此要保证冲突检测的正常进行,最短的以太网帧的传输时间必须大于最坏情况下(A、B 在网的两个最远端)的双程传输延时 2τ。这同时也说明了对传输距离的限制。

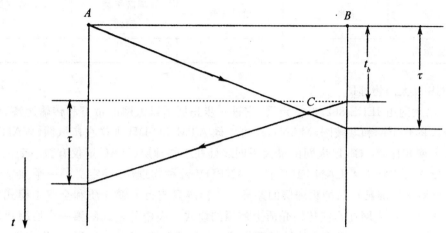

图 7-19　传统以太网信道冲突时间图

　　以太网集线器和交换机在很大程度上改变了传统以太网共享传输介质的状况。如图 7-17 所示,在 10/100 Base-T 网络中,主机通过 2 对双绞线与集线器相连,完全可以利用一对线作发送,另一对线作接收,但是问题在于集线器的工作仍是半双工的,所以仍需用以太网的 MAC 协议解决冲突问题。用以太网交换机代替集线器,并且交换机的每个端口上只连接一台主机,可以构成一个支持同时进行发送和接收的全双工信道,不过由于标准的以太网接口(网卡)是按半双工工作设计的,它将本机的边发送边接收认为是"冲突",因此必须对接口作一些改造才能实现全双工工作。所幸的是,接口无需加入任何功能,而只需要中止某些功能,如载波监听、冲突检测和收、发信道间的回路等,就可以完成这一改造。由此可以看出,全双工工作的以太网完全不需要 MAC 协议,它与半双工网相同的部分只是数据帧结构以及传输介质所需的线路编码方法,换句话说,全双工工作是半双工工作的一个子集。

　　在半双工方式下由于帧长和双程传输延时的互相制约,如果保持与 10/100 Mb 网相同的最短帧长,则 1 Gb 网的规模要缩减 1/10,即只有 10～20 m 的距离,这显然是没有现实意义的。采用载波扩展(Carrier Extension)或帧突发(Frame Bursting)加长帧的有效发送时间,可以拓展半双工以太网的传输距离。但是在绝大多数情况下,吉比特以太网还是工作在全双工方式下,此时帧长和传输延时不受 MAC 协议限制。

　　3)1 Gb 以太网物理层

　　1 Gb 以太网由 IEEE 802.3 z 定义。它最常用的传输介质是一对多模光缆,或一对单模光缆,但也可以使用铜线或双绞线。1 Gb 网不像传统以太网那样使用曼彻斯特码作为线路编码方式,而采用带宽利用率更高的 8 B/10 B,即 1 个字节的数据编码成 10 bit。8 B/10 B 原来是为一种叫做光纤通道(Fiber Channel)的高速串行链路而设计的。

　　当工作在全双工方式下,1 Gb 网的传输距离不受 MAC 协议的限制,仅由传输介质和光收发器的特性所决定。多模光缆一般在 0.5 km 左右,单模光缆可达 5 km。表 7-1 给出了 1 Gb 以太网的传输媒介。

表 7-1　1 Gb 以太网的传输媒介

	1000 Base SX	1000 Base LX	1000 Base CX	1000 Base T
传输介质	多模光缆	单模光缆	屏蔽平衡铜缆	5 号双绞线（5 UTP）
最大传输距离	550 m	5 km	25 m	100 m

4)10 Gb 以太网物理层

10 Gb 以太网由 IEEE 802.3 ae 定义,它进一步拓展了以太网的带宽和传输距离,使其不但能用于 LAN 的骨干网和城域网(MAN),还可以像 ATM 和 SDH 那样在广域网(WAN)上应用。

与 1 Gb 网相比,10 Gb 以太网的最大不同之处在于物理层(MAC 层仅有微小变化)的技术。在 IEEE 802.3ae 中定义了 LAN PHY 和 WANPHY 两种物理层,并定义了一个独立于传输介质的接口,以对上层屏蔽这两种物理层的差异。该标准只支持光缆介质和全双工模式工作。表 7-2 给出了 10 Gb 以太网在不同传输介质上使用的模式。表中各模式的第一个后缀代表传输介质及使用的波长,第二个后缀代表线路编码方式,其中 X 代表 8B10B 编码,R 代表效率更高、但复杂度也较高的 64B66B 编码,具有这两种后缀的 4 种模式是 LAN PHY 所采用的。后缀 W 代表用于 WAN PHY 的、与 SDH 兼容的编码方式,它将 64B66B 编码的数据封装进 SDH STM-64 的帧载荷中,并通过动态地微调帧间距离,使得 10 Gb 的 MAC 速率降低到 9.58464 Gb/s,以和 OC-192 C/SDHVC-4-64 C 的载荷速率相匹配,从而能够提供 10 Gb 以次网到 SDH 的接入。

表 7-2　10 Gb 以太网的传输介质

	10G Base-SR	10G Base-LR	10G Base-ER	10G Base-LX4	10G Base-SW	10G Base-LW	10G Base-EW
传输介质	多模光缆 850 nm	单模光缆 1310 nm	单模光缆 1550 nm	多模/单模光缆 1310 nm	多模光缆 850 nm	单模光缆 1310 nm	单模光缆 1550 nm
线路编码	64B66B	64B66B	64866B	8810B	SDH 兼容	SDH 兼容	SDH 兼容
最大传输距离	300 m	10 km	40 km	300 m/10 km	300 m	10 km	40 km

值得指出,利用 5 类、6 类或 7 类屏蔽双绞线支持 10 Gb 以太网(10 GBase-T)的 IEEE802.3 an 标准即将推出,这将为站点内部的服务器群提供一种价格较为低廉的短距离(100 m 以下)的互连方式。同时,更高速率(如 40 Gb 和 100 Gb)以太网的标准也正在研究之中。

7.3.5　IP 网对多媒体信息传输的支持

IP 网指使用一组称之为 Internet 协议的网络。在传统意义上,IP 网即为因特网(Internet),但其他形式的使用 IP 协议的网,如企业内部网(Intranet)等,也统称为 IP 网。因特网是由 1969 年开始的美国国防部的研究网络 ARPAnet 发展而来;20 世纪 80 年代出现的著名的 TCP/IP 协议促进了该网络的发展,使其连接范围扩展到大学、研究单位、政府机关、公司等机构;20 世纪 90 年代中期出现的 World Wide Web 技术进一步推动了因特网的迅速发展,使之演变成为一个世界范围内的、最具影响力的信息网络。近年来针对在 IP 网上提供多媒体服务所存在的问题,各国科学研究和工程技术人员进行了大量的工作,使其性能已经、并继续得到改善,再加上它固有的简单性和开放性(独立于它的上层和下层协议),IP 已经成为电信网与计算机网融合中网络层的事实上的标准。

1. 传统的 IP 网

传统的 IP 指第 4 版本的 IP,又称 IPv4。

(1)网络结构

图 7-20 给出 IP 网的结构示意图。各个子网通过网关或路由器连接在一起,网状连接的路由器是完成子网之间数据交换的节点,它采用存储-转发机制工作。子网与路由器之间、路由器与路由器之间的线路可能是电话网、DDN、专线卫星线路、帧中继、ATM、或其他干线线路。子网之间的连接要解决的重要问题是异构问题。采用不同传输协议的网络(例如以太网和令牌环)称为异构网。将异构网互连使之向用户提供一致的通信服务,不仅需要解决物理连接问题,还需要实现异构子网之间数据的交换,这涉及寻找路经和协议转换等问题。TCP/IP 体系结构和协议规范较好地解决了这些问题,这也是它具有生命力并获得今天的成功的原因。

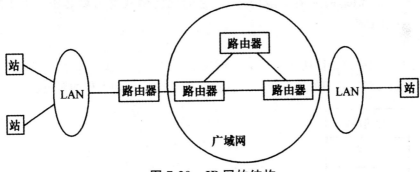

图 7-20　IP 网的结构

要跨越庞大的因特网传送数据,网上的每台机器必须有一个地址。由于每台机器在所在的子网(如 LAN)上有自己的地址,称为物理地址,这是在该子网上工作所必需的,因此 IP 网不修改物理地址,只在上层(IP 层)提供一种全网通用的地址格式,称为 IP 地址。世界范围内的因特网的 IP 地址统一地由一个名为因特网号码分配权威机构 IANA(Intenet Assigned Number Authority)的组织管理。IP 地址为 32 位,分为两个部分,一部分是网络的标识符(netid),另一部分为该网内主机的标识符(hostid)。图 7-21(a)给出了 IP 网的 3 种主类地址其中 hostid 位数多的(如 A 类)表示该类网可容纳的端机数目多。网络节点(网关或路由器)根据网络标识符寻找路径,即将数据包送至接收端所在的子网,而到接收终端的寻径则在子网内部完成。

除了 A、B、C 3 类地址外,图 7-21(b)给出了 IP 网的另 2 类地址,其中 D 类地址用于 IP 多播。为了便于表示,我们用“.”分开的 10 进数字表示 32 位 IP 地址中的 4 个字节,例如 128.10.2.30 表示地址 1 0000000 00001010 00000010 00011110。

由于用户对长串数字构成的 IP 地址记忆起来比较困难,因此在因特网的高层使用字母构成的名字。为了给众多的用户命名,因特网采用了层次化的命名机制,即将名字空间划分为若干部分,每一部分授权给某个机构管理,该机构可以将其管辖的部分再进一步划分,并授权给若干分支机构管理,如此等等。这个命名系统称为域名系统(Domain Name System)。一个典型的域名为 bupt. edu. cn,它是中国、教育系统、北京邮电大学的地址。

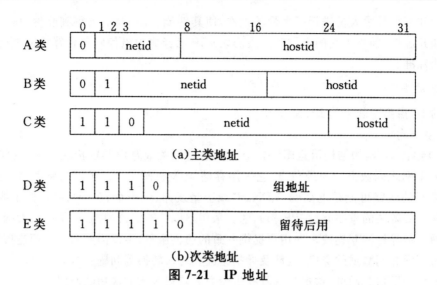

(a)主类地址

(b)次类地址

图 7-21　IP 地址

显然,域名和 IP 地址间应有对应的关系,它们之间的映射由域名服务器 DNS(Domain Name Server)自动完成。

(2)网络协议

对网络传输协议的讨论往往离不开 ISO 制定的 OSI 参考模型。尽管 TCP/IP 是先于该模型制定的,我们仍可将因特网的协议与 OSI 模型作图 7-22 所示的大概的对应。

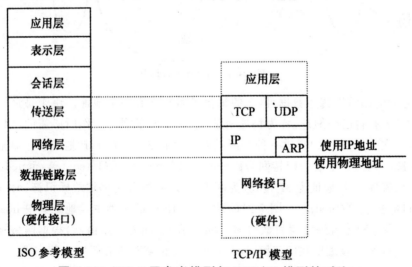

图 7-22　ISO 7 层参考模型与 TCP/IP 模型的对比

IP 协议由推动因特网技术发展的组织 IETF(Internet Engineering Task Force)提出的建议 RFC 791 所规定,它处于网络层,其主要功能是完成传输层数据包和 IP 报文之间的转换,并为 IP 报文(或称 IP 包)的传送选择路由,即为报文寻找一条从发送端到接收端的传输路径。IP 提供的是一种无连接的服务,每个 IP 报文都包含有完整的接收端 IP 地址。IP 报文在网络接口层中被封装成底层网络的"帧"通过物理介质传输。

装有 IP 协议的路由器接收 IP 报文,检查报文的地址,并为报文选择适当的路由。如果两个机器(端机或路由器)在同一物理子网中,则根据该物理网自己的路由选择方式,将数据帧送至目的地,这称为直接寻径。如果两个机器在不同的子网中,则将 IP 报文通过网关送到另一子网,直到可以进行直接寻径为止,这称为间接寻径。

IP 地址中规定了主机的标识符,但是 IP 层是与物理层的具体形式无关的,不同的物理子网有自己的地址命名方式,因此当 IP 报文跨越子网传输时,还需要解决将 IP 地址映射成适当的物理地址的问题。对于以太网而言,这种映射由地址分析协议 ARP(Address Resolution Protocol)来完成,IP 地址通过 ARP 翻译成以太网网卡的地址。需要注意的是,由于给某台机器分配哪一个 IP 地址是任意的,这台机器移动到因特网的其他部位时,IP 地址可能发生变化,因此 IP 地址和物理地址之间的对应关系不是固定的,需要通过一个表(称为 ARP 表)来维护。

(3)传统 IP 网的性能

由于 IP 网是由研究机构而非电信运营部门设计的网络,所以它着重于效率而不是可靠性。它要求协议简洁、速度快、尽可能地与底层具体传输系统的性能无关,对于传输中的差错,如丢包、包次序颠倒等,则留给终端去解决。传统 IP 网设计中也未考虑 QoS 保障和计费等问题。

IPv4 是一个无连接的、"尽力而为"的网络。由于路由器采用存储转发机制工作,又没有资源预留机制,因而传输延时会存在抖动。在网络负荷过重时,传输延时的变化可能达到秒的数量级;同时网络可能丢弃过剩的数据包并且不通知终端(有的路由器可能向信源传送一个网络暂时拥塞的指示,称为 Source-Quench)。此外,如果路由器采用静态路由协议选择路由,即只要沿途的节点不发生故障就不改变路由,则从一个终端向另一个终端连续传送的数据包的次序不会颠倒;而另一类路由协议在对每个路由的瞬时负荷进行估值的基础上,选择使各路由的负荷较为均衡的途径传送数据包,此时到达接收端的包的顺序就不能保证了。

2.IP 多播

IP 多播是 IP 的扩展功能。

(1)多播组与多播地址

在 IP 多播中,组成员的状况是动态的,也不需要有主席(Central Authority),任何终端可以在任何时间加入或退出任何一个组。这也称之为开放式的组。组内的终端可以是只发送的、只接收的、或者又发又收的(见图 7-23(a))。同一个终端还可以同时处于几个不同的组之中,图 7-23(b)给出了一个这样的例子,图中 A/V 终端向 B 组发送视频信号,同时向 A 组发送音频信号。

IP 网通过接收地址的格式来区分一般 IP 数据包和多播 IP 数据包,如果 32 位地址的前 4 位是"1101",说明它是一个多播数据包,这类地址即为 D 类地址。地址的后 28 位是某个特定组的标识。LANA 预留了一些 D 类地址(224.0.0.0 至 224.0.0.255)为本地路由、管理等协议使用。例如 224.0.0.1 是同一子网上所有主机的组地址;224.0.0.2 是所有连在同一子网上'的路由器的组地址。其余的 D 类地址又分为本地组地址和全局组地址两种,前者用于参加会议的所有主机都在同一子网上的情况,其地址的 5~8 位以 1111 标识;后者用于会议参与者分布在更广的地域范围上,其地址的 5~8 位可以从 0000 至 1110。

如果一个主机想发起一个会议,首先需要由它的应用给出一个多播地址,或者通过多播地址动态用户分配协议 MAI)CAP(Multicast Address Dynamic Client Allocation Protocol)向 MADCAP 服务器申请一个多播地址;然后通过一定方式,例如通过会话通知协议 SAP(Session Announcement Protocol),或在称之为会话目录(Session Directory)的目录下,公布这个地址以及会议的起始时间和大概的持续时间等,欲参加者则可在会议进行中随时加入。

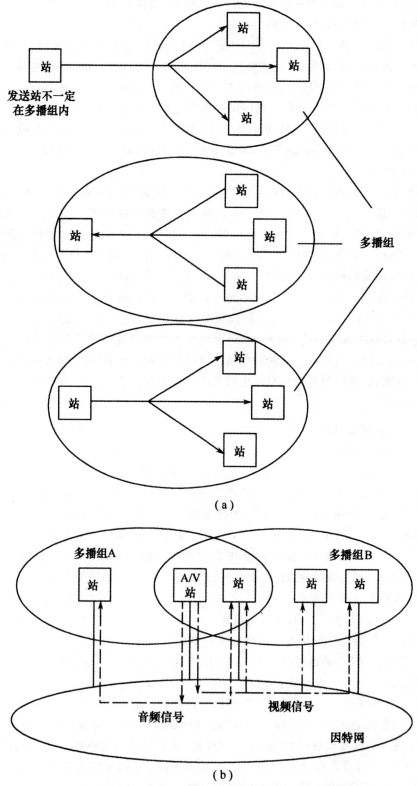

（a）

（b）

图 7-23　IP 多播组与同一终端在不同组中的例子

（2）因特网组管理协议（IGMP）

因特网组管理协议 IGMP（Internet Group Management Protocol）用于终端与距它最近的本地多播路由器间的联络（见图 7-24），它由 RFC 1112 所规定。

子网上的多播路由器，如图 7-24 中的路由器 1，周期性地向本地子网上所有主机（使用地址 224.0.0.1）发送 IGMP Query 消息，要求所有主机报告它们当前是哪个组的组成员；每个主机则必须为每个它为成员的组返回一条独立的 Report 消息。为了避免从所有参会主机同时返回的 Report 消息引起网络的拥塞，每个主机的返回时间都需加入一个随机的延时。值得注意，多播路由器并不需要详细掌握每个组的组成员名单，因为只要在它所属的子网内有一个组成员，它就需要向该子网传递这个组的数据报文。换句话说，只要有一个组成员向多播路由器返回了 Report 消息，在同一子网上的这个组的其他主机是可以不再返回有关该组的 Report 消息的。如果对于一个特定组，多播路由器没有收到任何 Report，则说明本子网上该组的所有成员都已退出会议，路由器不再转发该组的报文。

从以上过程可以看出，一个主机退出一个多播组并不需要通知多播路由器；而参加一个多播组则需要立即向本地多播路由器发送一个 Report 消息，而不是等待路由器的 Query 消息之后再发。这样可以保证当此主机为本地网上该组第一个成员时，能及时地收到该多播组的信息。不过在 IGMP 的新版本中，为了减小"退出延时"，退出的主机也要向所有（如果有 1 个以上的话）本地多播路由器（224.0.0.2）发送一条 Leave 消息，并给出退出的组地址。收到这条消息的路由器则针对该地址发送一个特定组的 Query 消息。如果没有返回相应的 Report，说明刚才退出的主机是本子网中该组的最后一个成员，路由器可以停止转发该组的报文。

（3）多播路由协议

如图 7-24 所示，路由器向分布在一个广域网上的组成员进行多播时，路由的选择遵从 DVMRP（Distance Vector Multicast Routing Protocol）、MOSPF（Multicast Open Shortest Path First Routing）、CBT（Core-Based Tree）或 PIM（Protocol Independent Multicast）等协议。DVMRP 是较早也是最广泛使用的协议，它首先得到每个组成员的最短路径，然后将这些路径简单组合为路由树。由于 DVMRP 效率低，灵活性不高，后来出现了 MOSPF 协议。该协议使用 Dijkstra 算法，在不需要剪枝的情况下产生最短路径树。但是这两个协议的扩展性都不好，因而出现了 CBT 和 PIM 协议。CBT 为每个组创建单个树，并注意到资源的有效利用；PIM 也支持单一的共享树，并能在终端请求时建立最小延时路由树。这两种协议都考虑到了扩展问题，以及与不同的寻径方案和资源预留协议的互操作性。

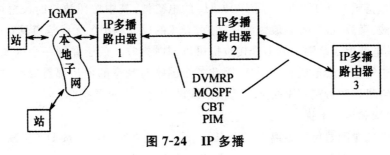

图 7-24　IP 多播

（4）MBone

由于一般的因特网路由器并不都支持多播功能，而且传统因特网的运营者也由于记费的困难对提供此项业务不甚积极，因此支持多播的局部网络形成了"孤岛"。所谓的 MBone（Virtual

Internet Backbone for Multicast IP,简称 Multicast Backbone)是一个将多个多播子网("孤岛")连接成一个大网的虚拟多播网络,两个多播子网之间通过 IP 管道技术建立逻辑链路。图 7-25 给出了 MBone 的示意图。建立管道的具体的做法是,将链路一端的含有多播地址的 IP 报文装入另一个 IP 报文的用户数据字段中,这个外层 IP 报文的目的地址设为链路另一端目的多播路由器的众所周知的 IP 单播地址。通过这种方式,多播报文就可像单播报文一样,穿过不支持多播的网络到达逻辑链路的另一端。在目的多播路由器上,报文被恢复成多播报文进入另一个多播子网。

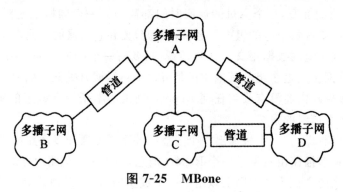

图 7-25　MBone

7.3.6　无线局域网对多媒体信息传输的支持

无线局域网,简称 WLAN(Wireless LAN),是通过无线介质(无线电波或红外波)连接的室内或园区计算机网络。IEEE 802.11 系列的 WLAN 是无线局域网的典型代表。WLAN 工业界的 Wi-Fi 联盟(Wireless fidelity Alliance)制定的 Wi-Fi 标准与 IEEE 802.11 兼容。

802.11 系列是关于 MAC 层和物理层的标准。它定义了若干不同的物理层。在各物理层之上使用同样的 MAC 子层;在 MAC 子层之上,提供以太网类型的服务。在本节中我们重点介绍 MAC 子层,因为它包含研究多媒体信息传输所关心的对 QoS 的支持。

1. 无线传输的特点

无线连接省去了布线,为组建网络带来很大的灵活性和方便性;同时允许用户终端是移动的,这包括移动到新的地点再接入和在移动的过程中持续进行通信两种情况。与有线(光缆、铜缆等)网络相比,无线传输存在着其特殊的问题。

(1)频带利用

无线电波是指频率从 100 kHz 到 100 GHz 的电磁波,其中按照波长的长短可分为长波、中波、短波、超短波、微波、红外等频段。波长越短,天线的尺寸越小。无线信道具有广播性,一个发射机发送,在其电波覆盖范围内的多个接收机可以同时接收。由于在同一个区域内两个发射机使用同一频率进行发送会形成相互干扰,因此各个国家对频率的使用都需要经过授权。这也说明频率资源的宝贵。频带利用率是无线通信系统设计的一个重要指标。

(2)信号衰减和噪声干扰

无线信号的能量随着传播距离 D 的加长而衰减。在真空中能量按 D^{-2} 衰减,在实际环境中则有可能按 $D^{-3,5}$,甚至 D^{-5} 衰减。信号衰减到一定程度,将不能正确地接收。同时,无线电波在开放的空间中传播容易受到外界噪声和干扰的影响,这导致无线信道的误码率比有线信道高得多,例如光缆传输的误码率通常在 $10^{-12} \sim 10^{-9}$,而无线信道中则达到 $10^{-4} \sim 10^{-3}$,严重时甚至

可到 10^{-2}。对于 WLAN 而言,它使用用户无需进行频率申请的频段,例如分配给工业、科学和医学应用的频段(具体频率各国规定有所不同),这就意味着一个 WLAN 不仅可能受到相邻 WLAN 的干扰,还可能受到其他设备,例如日光灯、微波炉等的干扰。

(3)多径效应

在发射机电波覆盖范围内的障碍物(如家具、建筑和山川等)都是无线电波的散射体,障碍物产生与入射波同频的、幅度畸变而相位依赖于入射角的反射波。此时用户终端除了接收到一个从发送端来的直达波外,还接收到多个不同角度到达的反射波,在不同时间从不同角度到达的反射波可能具有不同的相位,它们之和构成了在空间和时间上不断变化的干扰场,这称为多径效应。由于干扰场的影响,直达信号在很短距离上的衰落可能达到 20 dB。同时,由于各种反射波到达接收端的路径(传输延时)不同,发送一个窄脉冲,接收信号可能会是一个脉冲串,这种现象称为时间弥散,它会引起码间干扰。

(4)多普勒频移

当在通信过程中接收终端发生移动时,所有频率均产生与移动角速度成正比的频率偏移,称为多普勒频移。因此发送一个单音信号,可能接收到一个非零带宽频谱的信号。

2. 无线局域网的构成

WLAN 的基本结构单元称为基本服务集 BSS(Basic Service Set)。一个 BSS 是一组站点,它们由给定的介质接入控制(MAC)协议来解决对共享介质(无线或红外电波)的接入。由一个 BSS 所覆盖的地域称为基本服务区域 BSA(Basic Service Area),其最大直径为 100 m。IEEE 802.11 允许两个不关联的 BSS 并存。

WLAN 可以两种方式组网:自组织(Ad hoc)网络和基础设施(Infrastructure)网络。单个的 BSS 即为一个自组织网络(见图 7-26(a))。这样的网络可以随时随地组成和拆除。一组 BSS 各自通过一个接入点 AP(Access Point)连接到分配系统 DS(Distribution System)中则构成扩展服务集 ESS(Extended Service Set)。在这里 BSS 类似于移动网中的蜂窝,AP 则类似于基站。ESS 可以通过称之为门户(Portal)的设备连接到网关上,实现与有线网络的互连。这组 BSS、DS 和门户就构成了基础设施网络(见图 7-26(b))。

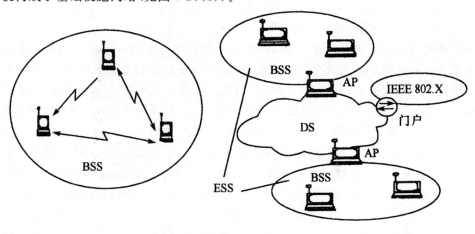

(a) Ad hoc网络　　　　　　　　(b) 基础设施网络

图 7-26　无线局域网的构成

在一个 ESS 中,DS 的功能是:

①在 AP 之间和 AP 与门户之间传递 MAC 层的服务数据单元(SDU);

②当 MAC SDU 具有多播或广播地址时,或当发送站选择使用分配服务时,负责同一 BSS 中各站之间的 MAC SDU 传送。

总之,在 ESS 中,DS 使站点主机 MAC 层以上的协议层感觉它们好像是处在同一个 BSS 中一样。IEEE 802.11 仅定义了 DS 的服务(功能),而并未规定系统本身,DS 可以通过无线、或者有线网络来实现,可以是以太网、令牌环、FDDI 或骨干 WLAN。

如果一个站点想要加入图 7-27(b)的网络,它首先需要选择一个 AP 与之建立联系,然后才能通过该 AP 收、发数据。当它欲离开网络时,需要撤销与该 AP 的联系。802.11 标准还定义了再建连(Reassociation)服务,允许站点将与一个 AP 已经建立的联系转移到另一个 AP。在信息安全方面,标准定义了鉴权服务和私密服务(选项),前者用于识别其他站的身份,后者防止信息被指定接收者之外的站阅读。

IEEE802.11 支持 3 种帧格式:管理帧、控制帧和数据帧。管理帧用于站与 AP 之间的建连与拆连、定时、同步,以及鉴权与解鉴权;控制帧用于数据交换时的握手和肯定确认信号;数据帧则用于传输数据。

3. 基本的介质接入控制方式

虽然 WLAN 在高层提供以太网类型的服务,而且和以太网一样是一个广播型的网络,但它却不能采用以太网的 MAC 协议——CSMA-CD。原因是:

①同一站点的发送信号功率通常远大于接收信号功率,因此不能像有线网那样通过检测"总线"上的异常信号电平来发现"碰撞"。

②在有些情况下,例如图 7-27(a)所示,A、C 两站同时欲向中间的 B 站发送信号,而 AC 之间的距离又大于各自的电波覆盖范围(如图中圆圈示),即二者相互侦听不到对方的发送信号,因此二者可能同时向 B 传送信号,导致在 B 站信号的碰撞。这称为隐藏站问题。在另外一些情况下,如图 7-27(b)所示,B 正在向 A 发送数据(B 不接收),而与 B 相距较近的 C 欲向 D 发送数据。由于 C 在 B 的覆盖范围之内,它侦听到 B 向 A 传送的信号而误认为通向 D 的无线信道已被占用,事实上 D 在 B 的履盖范围之外,C 是可以向 D 传送信号的。这称为暴露站问题。暴露站问题不会引起"碰撞",但降低了频带资源的利用率。

由于不能通过侦听来发现碰撞,因此在 WLAN 中使用肯定确认(ACK)的方法来通知发端发送是否成功。如果收不到 ACK,说明碰撞(或噪声)致使传送的数据丢失,需要重新发送。为了减少碰撞引起的带宽损失,WLAN 的 MAC 协议注重碰撞的回避,因而称为 CSMA-CA(Carrier Sensing Multiple Access with Collision Avoidance)。如果一个站侦听到在规定长度的时间段内,该时间段称为帧间距离 IF(Inter-frame Space),或者更长的时间内信道一直是空闲的,从原理上讲,它可以开始发送数据。但为了防止侦听到 IFS 信道空闲的多个站同时发送数据而形成碰撞,协议要求每个站还要继续侦听一段时间,这称为进入退避(Back off)状态。继续侦听的这段时间称为竞争窗,各站竞争窗的大小是随机选择的。如果在竞争窗内信道一直空闲,站点在窗结束时进行发送。由于各站竞争窗的大小不同,因此大大降低了信号发生碰撞的概率。如果此发送不成功(无 ACK),则该站须重新进入一个新的退避状态,且竞争窗加大一倍。以上过程称为物理载波侦听。

除了物理侦听外,WLAN 的 MAC 层还需要进行虚拟载波侦听。这实际上是一套握手机

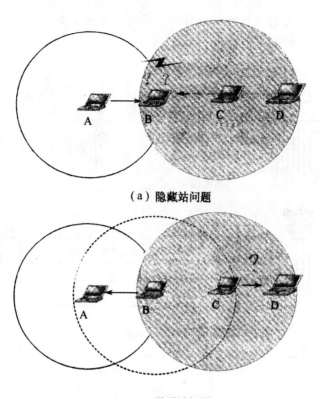

（a）隐藏站问题

（b）暴露站问题

图 7-27　相邻站之间的侦听

制：在传送数据前，发送端（如图 7-27（a）中 A）先向收端（如图中 B）发送一个 RTS（Request-to-send）帧；如果接收端 B 允许接收，则返回一个 CTS（Clear-to-send）帧。侦听到 CTS 的其他站（在 B 的覆盖范围而未必在 A 的覆盖范围之内）必须等待一段时间以让 A 完成发送，这解决了隐藏站问题。而侦听到 RTS 帧而听不到 CTS 帧的其他站，则可以尝试进行另外的发送（发送另外的 RTS），因为它们的信号可能不会对 AB 之间的通信造成影响，这解决了暴露站问题。

　　发送站或接收站在自 RTS 或 CTS 帧的帧头中给出接下来的数据传输（包括 ACK）所需要的时间，即其他站需要等待的时间。收到 RTS 和/或 CTS 的其他站根据此值将自己的一个称为网络分配矢量（Network Allocation Vector，NAV）的时间计数器置位，等到这段时间结束后再对信道重新进行侦听。收到 RTS 的站也要将 NAV 置位，是为了防止在 ACK 期间发送区域内的碰撞，这种碰撞可能由在接收站覆盖范围之外的站引起。

　　CSMA 和 RTS/CTS 握手机制构成了 WLAN 的基本接入方式，称为分布式协调功能 DCF（Distributed Coordination Function）。它既可以用于自组织网络，也可以用于基础设施网络。站点发送每一个帧都需要通过物理和虚拟载波双重侦听，才能取得介质的使用权。图 7-28 给出一个站 2 欲向站 1 和站 4 欲向站 3 进行发送的示例。图中 DIFS 表示采用 DCF 时的帧间距离，SIFS 表示较短的 IFS（short IFS），即 SIFS＜DIFS。在发送 CTS、数据和 ACK 之前只等待 SIFS，这说明这些帧具有较高的优先级。图中站 2 和站 4 的竞争窗分别为 7 个和 9 个时隙，站 2 先结束退避状态，因而获得了介质使用权。值得注意的是，站 4 在竞争窗内侦听到介质被占用，它将自己的竞争窗计数暂停，并保留剩余的窗大小（两个时隙）。在 NAV 结束后，由于剩余窗较

小,站 4 获得了介质的使用权。这种方法有利于保证各站接入的公平性。站 6 收不到站 2 的
RTS,但能收到站 1 的 CTS,它根据 CTS 置位自己的 NAV。

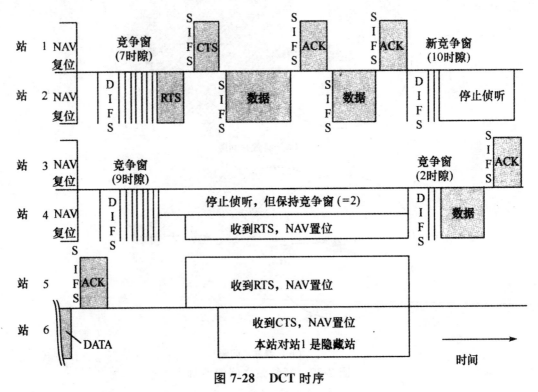

图 7-28　DCT 时序

在使用 WLAN 时,有两个参数值得注意,它们分别是 RTS-Threshold 和 Fragment Action-
Threshold。RTS/CTS 机制防止了隐藏站引起的数据帧碰撞,但是两个欲发送的站同时产生的
RTS 帧还有可能发生碰撞。由于 RTS/CTS 帧比数据帧短,例如 RTS 和 CTS 分别为 20 B 和
14 B,数据帧可能为 2300 B,因此 RTS 碰撞比数据帧碰撞损失的带宽要小得多。但在网络负载
轻(碰撞概率小)时,RTS/CTS 机制在数据传输中引入了不必要的延时。为了适应不同的应用
环境,标准允许选择使用或不使用 RTS/CTS,或者选择一个适当的阈值(RTS-Threshold),当数
据帧大于此阈值时使用 RTS/CTS。

4. 先进的介质接入控制方式

从前面的讨论可以看出,DCF 提供的是尽力而为的服务,网络上的各站点公平地竞争介质
的使用权;而下面将要介绍的 PCF、EDCF 和 HCF 则提供不同程度的 QoS 服务。PCF、ED-CF
和 HCF 建立在 DCF 之上(见图 7-29),它们与 DCF 并存,并只能在基础设施网络上应用。

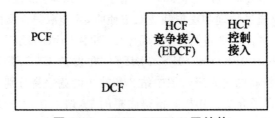

图 7-29　0820.11MAC 层结构

（1）PCF

点协调功能 PCF（Point Coordination Function）支持面向连接的非竞争性服务。在一个 BSS 中，位于 AP 内的一个点协调器 PC（Point Coordi nator）负责控制各站的介质使用权，这有利于对实时媒体流传输带宽的保障。

PC 周期性地发送一个信标（Beacon）帧，标志一个非竞争重复周期的开始（见图 7-30）。发送信标帧所等待的时间 PIFS 要小于 DIFS（但大于 SIFS），这意味着 PC 比普通站有更高的发送优先级。非竞争重复周期的长度是一个可调整的参数，它通过信标帧告知各个站。整个周期的一部分由非竞争业务使用，余下的为竞争（DCF）业务使用。在周期起始处，所有站将自己的 NAV 计数器置到最大非竞争时间（预设参数），在此期间所有站都处于等待状态。PC 在发送信标帧之后发送一个帧，它可以是非竞争授予（CF-Poll）帧、数据帧或数据＋CF-Poll，其中 CF-Poll 指定哪一个站可以发送数据。被指定发送的站返回一个帧，它可以是非竞争应答（CF-Ack）或者数据＋CF-Ack。PC 在收到应答帧后再发送一个混合帧，其中 CF-Poll 指定下一个可以发送的站，而 CF-Ack 是对前一帧的应答。当 PC 发送一个 CF-End 帧时，表示非竞争期的结束，所有站将自己的 NAV 置零，从而进入 DCF 竞争期。

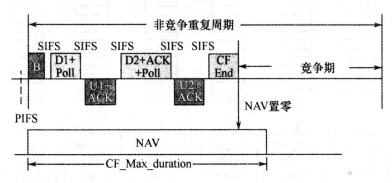

D1,D2 PC发送的帧
U1,U2 被指定站发送的帧
B 信标帧

图 7-30　PCF 帧传输

PCF 提供了一定程度的 QoS 保障，但还存在不少问题。首先，在 PC 需要发送信标帧启动下一个非竞争重复周期时，上一个周期内的竞争业务可能尚未结束传输，PC 需要等到介质空闲才能进行下一个信标的发送。每一个周期信标的延时可能不相同，造成各周期的非竞争期传输时间抖动，这对实时媒体的传输是不利的。其次，在非竞争期间，被指定发送的站所占用的发送时间（帧大小）也是不可预知的。当站在通信期间漫游产生物理层切换（速率变化）时，其发送时间 PC 更无法控制，这同样对时间敏感媒体的传输不利。另外，PC 在非竞争期采取轮巡策略轮流授予它的授予站列表中各站发送权，并不管它们当前是否有待发送的数据。显然，这造成一定的带宽浪费。同时，低延时的应用希望非竞争重复周期较短，而长的周期有利于带宽的有效利用。PCF 的非竞争重复周期不能动态地调整，难以满足不同应用情况下的折衷。值得指出，在 PCF 尚未真正进入实际应用时，更好的支持 QoS 的机制——802.11e 已经出现，因此可以预见 PCF 将不会被广泛使用。

（2）EDCF

802.11e 与 802.11a、b 和 g 不同，后者是关于物理层的标准，而 802.11e 是关于 MAC 层的标准。802.11e 规定了两种进一步支持 QoS 的接入协调功能：EDCF 和 HCF。

增强型分布式协调功能 EDCF(Enhanced DCF)支持最多 8 种服务等级(优先级)。如图 7-31 所示,具有不同优先级的包进 MAC 层后分别映射到 8 个接入类别(Access Category,AC)的队列中。这些 AC 共同竞争一个传输机会 TXOP(Transmission Opportunity),并各自独立地进行退避操作,这称为虚拟 DCF,就好像一个站包含了 8 个虚拟站一样。每一个 AC 有自己可设置的一组参数,如帧间距 AIFS(Arbitration IFS)、最小和最大竞争窗 CWman 和 CWmax、持续因子 PF(Persistence Factor)等,其中 AIFS≥DIFS,PF 决定在发送不成功时新竞争窗的大小(在 DCF 中,新竞争窗简单地扩大为旧窗的 2 倍)。PC 可以根据当前网络状态动态地调整这些参数。虽然帧间距和竞争窗越小,其对应的 AC 优先级越高,由接入而引入的延时越小,但竞争窗减小,碰撞的可能性加大。当不止一个 AC 同时结束自己的退避状态时,调度器将 TXOP 给予优先级最高的 AC,其他 AC 进入新的退避状态,从而避免了本站内部的虚拟碰撞。

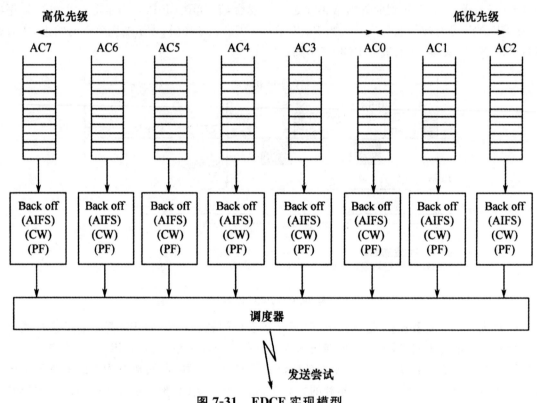

图 7-31　EDCF 实现模型

(3)HCF

混合协调功能 HCF(Hybrid Coordination Fnction)使用一个能感知 QoS 的点协调器,称为混合协调器 HC,来控制介质的接入。与 PCF 中的 PC 类似,HC 通过周期性地发送信标帧启动非竞争重复周期。整个重复周期分为非竞争期和竞争期两部分。在非竞争期内,由 HC 按照划分优先级业务或面向连接业务的 QoS 要求,通过 QoS CF-poll 帧向站授予一定长度的 TXOP。TXOP 的长短决定了该站可以发送数据的多少(可以多于一帧),这有效地提高了非竞争接入时的信道利用率。同时 HCF 提供了一个称之为控制竞争(Controlled Contention)的机制让 HC 了解各个站的 QoS 需求。控制竞争期由 HC 发起,在此期间内,各站向 HC 发送称为业务规范

TSPEC(Traffic Specification)的信令帧,告知 HC 自己期望的 QoS 参数(TXOP 大小)。在非竞争期 HC 则根据各站的报告进行调度,以保障它们的 QoS。TSPEC 的使用也避免了 HC 将发送权授予那些没有数据等待发送的站。

在重复周期的竞争期内,各站按照 EDCF 规则竞争介质的使用权。但是 HCF 的一个重要的特征是,在竞争期间 HC 也可以进行 TXOP 的授予。HC 不经退避只等待 PIFS 空闲(比一般站和 EDCF 有更高的优先级)就可直接发送 QoS CF-poll,授予特定站传输机会。EDCF 和点协调功能的混用,这是混合协调这个名称的由来。

在 HCF 中,HC 清楚地知道它所给出的每一个 TXOP 的长度,这有利于它进行 QoS 调度。同时 HCF 规定如果某个站不能在它的 TXOP 期间、或者不能在下一个信标帧期望到来的时刻之前,完成完整的传输过程(包括 ACK),则该站不能进行发送,这就避免了下一个重复周期的延时问题。

7.3.7　蜂窝移动通信网对多媒体信息传输的支持

计算机和通信技术的发展使得任何人在任何时间和任何地方以低成本互相进行通信的理想距离现实越来越接近,无线通信则由于能够提供方便的个人通信服务(Personal Communication Service,PCS)而逐渐成为其中的核心技术之一。使用无线电波作为传输介质的传输网络都称为无线网络。按照系统使用的通信体制和技术,无线网络可以划分成蜂窝移动通信、寻呼移动通信、集群移动通信、卫星通信、微波传输、无线局域网、无线城域网和无线个域网等。

1. 蜂窝的概念

蜂窝移动通信系统起源于移动电话业务。早期的移动电话网由一个大功率的基站和移动终端组成。基站的覆盖范围可达 50 km。移动终端与基站通过全双工无线连接进行通信,基站通过有线连接接入到骨干网中。终端在通信过程中不能离开基站的电波覆盖范围,即没有漫游和越区切换的功能。

蜂窝概念的提出可以说是移动通信的一次革命。它的基本思想是,试图用多个小功率发射机(小覆盖区)来代替一个大功率发射机(大覆盖范围)。如图 7-32 所示,每个小覆盖区分配一组信道,对应于使用一组无线资源(例如频率)。相邻小区使用不同的无线资源(如图中标号所示),使之相互不产生干扰,相距较远的小区可以重复使用相同的无线资源,这就形成了无线资源的空间复用,从而使系统容量大为提高。

使用不同无线资源的 N 个相邻小区构成一个簇,在图 7-32 中,$N=7$,我们称 N 为重用系数。N 越大,使用相同资源的小区距离越远,相互干扰越小,但分配给一个小区使用的资源(总资源的 $1/N$)越少。

在蜂窝小区中,移动终端之间不能直接互通,需要通过基站转接。终端向基站的发送称为上行线路,反之,称为下行线路。终端与基站之间的接口称为无线接口,也称为空中接口。基站除空中接口外,还有一个与骨干网连接的接口。

在蜂窝的概念提出来之后,由于系统的覆盖区内有多个小区而用户终端又可以任意移动,这就带来了两个问题:第一,系统如何能够确定用户当前的位置;第二,通信过程中,移动终端从一个小区进入另一个小区,提供服务的基站发生变化,如何保持通信不中断。这两个问题合起来统称为移动性管理的问题。

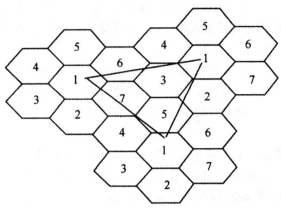

图 7-32　蜂窝的概念

此外,蜂窝系统中多个用户之间相互通信还涉及交换的问题;它们与蜂窝系统外的用户进行通信涉及与固定通信网的互通问题。因此,蜂窝系统除基站外,还有基站控制器、移动交换中心、与其他网络互通的节点(网关)、一些用于位置和身份管理的数据库,以及完成鉴权、认证功能的节点等。这些设备合起来构成了蜂窝移动系统的基础设施,或称为蜂窝系统的骨干网。

2. 多址接入

同一小区内的众多用户终端如何共同使用分配给该小区的一组无线资源,称为多址接入问题。在蜂窝网中采用的方法是:将资源划分成子信道,每一个子信道分配给一个用户终端使用。根据信道划分方法的不同,有以下 3 种接入方式。

(1)频分多址(FDMA)

在 FDMA 中,信道可利用的总带宽被分成 M 个互不重叠的子带,每一个终端可以利用分配给它的一个子带连续地传送信息。因此,FDMA 比较适合于面向连接的流式业务的传送;对于突发式的业务,其资源利用率较低。假设信道支持的总数据率为 R bits/s,在忽略各子带之间的保护频带间隔的情况下,每个终端可传输的最大数据率为 R/M bits/s。

(2)时分多址(TDMA)

在 TDMA 中,各个终端轮流使用整个信道。将信道的使用时间划分成周期,在每一个 TDMA 周期中又划分 M 个时隙。一个用户终端可以在所分配的时隙中周期性地传送信息。当一个用户的数据率较大时,可以分配给它多个时隙,在这一点上,TDMA 比 FDMA 更为灵活。但在 TDMA 中,在每个时隙之前要加入前导(Preamble)信号,以便于接收机与所接收信号的同步,这增加了一些开销。假设信道支持的总数据率为 R bits/s,在忽略时隙之间的保护间隔的情况下,每个终端可传输的最大数据率为 R/M bits/s。

(3)码分多址(CDMA)

与 FDMA 和 TDMA 中各终端在不同频段或不同时间上占用信道不同,在 CDMA 中,各个站同时占用信道的整个频带。各站发送信号的区别在于它们由不同的码所产生,接收站只有使用正确的码字,才能接收到所想要的发送端的信号。

图 7-33 为 CDMA 的原理框图。假设用户数据率为 R_1 bits/s(带宽为 W_1),在传输之前,将用户数据的每一个比特(+1 或 -1)都与 G 比特的一个特定的伪随机码字相乘。所谓伪随机码是指虽然由确定的方法(如带有反馈的移位寄存器)产生、但近似具有白噪声性质(码字在非常长

的周期后才会重复)的码,也称为片码(Chip Code)。在这里,伪随机码也由 +1 和 -1 构成,但其比特宽度比信号比特窄 G 倍,其带宽 $W \gg W_1$。与信号比特相乘后的伪随机码仍是原来的或极性相反的 G 比特,因此通过相乘信号带宽由 W_1 扩展到了 W。这称为直接序列扩频 IN(Direct Sequence Spectrum Spreading),也称为直接扩频。在接收端,如图所示,解调后的基带信号如果和一个与发端相同的伪随机码字相关(G 个比特分别相乘再求和),会得到一个幅值为 G 的正或负(取决于信号比特的正负)的峰值。如果与解调信号相关的伪随机码字与发送端的不同,则由于码的伪随机性,相关后的输出为接近于零的噪声。

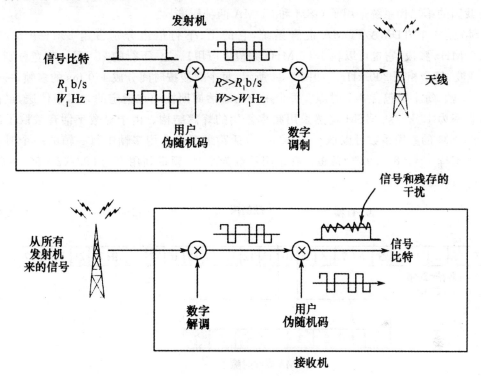

图 7-33　CDMA 原理

由上讨论可以看出,只要每一对收、发终端使用各自独特的伪随机码字,就可以若干对终端同时占用整个信道进行通信,这就是码分多址名称的由来。在 CDMA 中,当信道支持的总数据率为 R bits/s 时,每个终端可传输的最大数据率也为 R bits/s。

3. 蜂窝移动通信系统的发展

(1)模拟移动通信网

第一代移动通信系统采用模拟技术和 FDMA。在北美的标准称为 ANIPS(Advanced Mobile Phone System),在欧洲和亚洲的标准称为 TACS(Total Access Communication System)和 NMT(Nordic Mobile Telephony)。以 AMPS 为例,系统工作在 800~900 MHz,其中上行和下行线路分别占用 824~849 MHz 和 869~894 MHz 频段。这两个频段分别分成两部分,以分配给两个网络运营商。AMPS 使用模拟调制技术将一路电话调制到 30 kHz 的信道上,因此一个网络运营商总共可以支持 25 MHz/(2×30)kHz—416 个双向(上行和下行)信道。AMPS 使用重用系数 N 为 7 的频率复用蜂窝结构,每个小区支持的双向信道数为 416/7。衡量蜂窝系统的一个指标是频带利用率(Spectrum Efficiency),它代表一个小区每 MHz 带宽支持的话路数。

AMPS 的频带利用率为(416−21)/(7×25)＝2.26 话路/小区/MHz,式中减去的是 21 个控制信道,而 25 MHz 是上、下行总共占用的频带宽度。在第一代移动网上,数据传输需要使用调制解调器,其典型的数据率为 9.6 kb/s。

(2)第二代移动通信网

第二代移动通信网使用数字技术,而在接入方式上则分为 TDMA 和 CDMA 两大类 6 采用 TDMA 的欧洲标准为 GSM(Globle System for Mobile Communications),北美标准为 IS(Interin Standard)系列(IS-54/136);由美国 Qualcomm 公司首先提出的 CDMA 成为北美的 IS-95 标准。我国的第二代系统采用了 GSM 和 CDMA 两种标准。

GSM 是一个 TDMA/FDMA 混合系统,它的上、下行信道分别占用 890～915 MHz 和 935～960MHz 频段(它也可以在 1800 MHz 频段上应用)。上、下行的 25 MHz 带宽分别被分成 124 个载波,每个相距 200 kHz。如图 7-34 所示,每个载波按时间分成 120 ms 的多帧,一个多帧包含 26 个帧,每个帧包含 8 个时隙。每个用户的通话周期性地在指定的时隙中传送,最高可达到的数据率为 13 kb/s。GSM 仍然采用频率复用的蜂窝结构。由于对数字话音采取了纠错措施,因此 GSM 的重用系数可以取 3 或 4。一个话路最多可占用多帧中每一帧的一个时隙,124 个载波可支持 124×8＝992 个信道。在重用系数为 3 时,频带利用率为 992/(3×50)＝6.61 话路/小区/MHz。

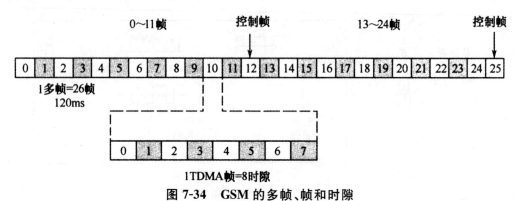

图 7-34　GSM 的多帧、帧和时隙

IS-95 是一个 CDMA 标准,它使用与 AMPS 相同的频段,可以支持 CDMA 与 AMPS 双模工作方式。IS-95 的一个信道的信号经伪随机码扩频,其频带从 30 kHz 扩展到 1.23 MHz。在 IS-95 中,所有基站通过卫星定位系统 GPS 保持同步。它所支持的单个用户的最高数据率为 14.4 kb/s。我们知道 CDMA 的重用系数可达到 1;同时,由于采用了语音静默检测技术,所以可以使用较低的发射功率,这进一步降低了相邻站的干扰,有可能支持更多的话路。IS-95 的频带利用率 B 为:12.1 话路/小区/MHz<B<45.1 话路/小区/MHz。

(3)第三代移动通信网

短信的成功和因特网无线接入的需求,推动了蜂窝网的无线接入从电路交换向分组交换的方向转化;在另一方面,多媒体业务的潜在需求对蜂窝网的传输速率提出了更高的要求。同时,新的频段也被划分给移动通信使用。因此,国际电联于 1998 年提出了 IMT-2000(International Mobile Telecommunication-2000)的需求建议书。此后,该项目被称为 3G 或 UMTS(Universal Mobile Telecommunications System)。一些地区性组织和工业联盟据此分别提出了相关的标准建议。目前国际电联已经接受的第三代移动通信标准主要有 3 种:WCDMA、CDMA 2000 和

TD-SCDMA。它们都是基于宽带 CDMA 的技术。

由日本、欧洲、韩国、北美和中国组成的 3GPP(Third Generation Partnership Project)致力于 GSM 的演进,他们定义的 WCDMA 空中接口主要在 GSM-MAP 核心网上应用。这里 MAP(Mobile Application Part)是 GSM 网所使用的识别认证用户和安排话路路由的标准。而北美的 TIA(Telecommunication Industry Association)则致力于 IS-95 的演进,他们定义的 CDMA 2000 空中接口用于 ANSI-41(或 IS-41)核心网,这里 ANSI-41 是与 MAP 作用相同的、在模拟网和 IS 系列网上使用的标准。由日本、中国、北美和韩国组成的 3GPP2 与 3GPP 一道定义了 DS(Direct Spread)、MC(Multi-Carrier)和 TDD(Time DiVision Duplex)等多种模式的空中接口,所有这些模式的空中接口都可以用于上述两种核心网络。

如前所述,GSM 是一种电路交换的网络。通用分组无线服务 GPRs(General Packet Ra-dio Service)将 GSM 扩展使之支持分组交换的数据业务。在 GPRS 中,8 个 TDMA 时隙合并在一起,组成一个统计复用的信道,为多个用户所共享。欲发送数据的用户需要利用开槽(Slotted) ALOHA 协议向基站发出请求,基站向成功申请的用户发送通知,该站即可在通知的信道上发送数据。当单个用户独占 8 个时隙时,理论上的最高传输速率为 171.2 kb/s。

EDGE(Enhanced Data Rate for GSM Evolution)采用了先进的多时隙操作和 8 PSK 调制技术,使原有的 GSM 信号空间从 2 扩展到 8,更有效地利用了现有的频率资源。EDGE 仍是基于 TDMA 的技术,它不改变 GSM 或 GPRS 网的结构,只需对部分设备进行升级。EDGE 同时支持分组交换和电路交换两种方式,最高速率达到 384 kb/s。

到 WCDMA 阶段,系统放弃 TDMA 改用扩频技术,它采用比 IS-95 更高速率(3.84 Mb/s)的伪随机码,将信号带宽扩展到更宽的频带上。WCDMA 的信道带宽为 5 MHz,支持 8 kb/s～ 2 Mb/s的比特率。WCDMA 基站采用异步的 CDMA,不像 IS-95 那样需要利用 GPS 来进行全局的时钟同步,因此基站的体积和成本都可以减小。

高速下行包接 HSDPA(High Speed Downlink Packet Access)是在下行链路上对 WCD-MA 的扩展,使下行传输速率提高到 14.4 Mb/s,并提供更短的服务响应时间和更短的延时。其主要技术为:

①根据无线链路质量的变化,自适应地调整调制和编码方法;

②将原来在基站控制器中进行的包调度和包重传改到基站中进行,并使用了更短的帧长和更少需要重传的比特数,提高了调度和重传的效率。

高速上行包接 AHSUPA 则是在上行链路上的相应扩展。它在上行包调度和包重传上采取了与 HSDPA 相类似的措施,使上行传输速率提高到 5.8 Mb/s。

针对 ANSI-41 核心网,IS-95 的演进力图保持向后的兼容性,其第一步是 CDMA One。 CDMA One仍采用窄带 CDMA 空中接口,其中 IS-95A 只支持电路交换和 14.4 kb/s 的速率;而 IS-95 B 则可以支持分组交换和最高 115 kb/s 的速率。CDMA 2000 继续按表 7-5 所示的 4 个步骤演进。CDMA 2000 1x 可支持 307 kb/s 峰值速率和 144 kb/s 平均速率。它仍然使用与 IS-95 相同速率(1.2288 Mb/s)的伪随机码,信道带宽为 1.25 MHz。由于它的信道带宽与 CDMA One 相同,所以称为 1X。在下一步的演进中,CDMA 2000 1xEV(evolution)力图不仅支持 ANSI-41核心网,也支持 GSM-MAP 核心网。其中 CDMA 2000 1xEV-DO(Data only)支持 2.4 Mb/s的数据传输,语音传输需要使用另外的信道;CDMA 2000 1xEV-DV(Data and Voice) 接口则同时支持数据和语音的传输,同时数据率也提高到.4.8 Mb/s。最后,CDMA 2000 3x,也就是 IMT-2000 推荐的 MC 模式,使用了多路载波技术,信道带宽为 CDMA One 的 3 倍,其峰值数据率达到 2～4 Mb/s。它的伪随机码速率也提高了 3 倍(3.686 Mb/s)。

TD-SCDMA(Time Division-Synchronous CDMA)是我国提出的不经过 2.5G 的 3G 标准,也是 IUT-2000 推荐的 TDD 模式。WCDMA 和 CDMA 2000 都采用频分双工 FDD(Fre-quency DiVision Duplex)模式,而 TD-SCDMA 则采用的是时分双工 TDD(Time Division Duplex)模式。所谓 FDD 是指使用分离的两个对称频带分别进行上、下行传输。对于对称业务,如电话,上下行频谱能得到充分利用;而对于非对称业务,如因特网接入,上行数据少而下行数据多,则频带利用率低。TDD 是指采用同一频带进行上、下行传输,上下行各自占有不同的时隙。由于时隙分配的灵活性,特别适合于非对称的分组交换数据业务,下行数据量大可以占用比上行更多的时隙。TDD 的频谱利用率高,但需要在基站同步和较高的峰值/平均功率比下工作。

在 3G 移动通信网中,典型的数据率对于室内静止应用可达 2 Mb/s,对于室外低速和高速应用,则分别为 384 kb/s 和 128 kb/s。因此,真正意义上的多媒体应用只有在 3G 网络上才能得以开展。

(4)下一代移动通信网

国际电联在 2005 年为下一代移动通信网提出了 IMT advanced 的需求建议书,并拟在 2008 年制定标准。目前各个国家和组织正在积极开展这方面的研究。3G PP 和 3GPP2 分别提出了 LTE(Long Term Evolution)和 AIE(Air Interface Evolution)的发展计划。可以预见,3G 之后的核心网将会继续以演进的方式发展,但空中接口则会有革命性的变化。

从支持多媒体业务的角度来看,下一代移动网的主要特点为:

①高速移动环境下峰值传输速率为 20～100 Mb/s,低速移动或静止环境下 1 Gb/s。

②无线资源管理调配方式灵活,支持用户速率动态变化(10 kb/s 到 100 Mb/s)。

③数据业务上升为主导地位,利用 IP 进行业务传输。

④支持业务分类的 QoS 机制。

⑤更高的频率利用率和功率效率等。

为了达到上述要求,许多新的技术将被引入。例如,在调制方面,将采用 OFDM(Orthogo-nal Frequency Division Multiplexing)技术;在多址接入方面,CDMA 退隐,而 OFDMA(OFDM access)和空分多址 SDMA(Spatial Division Multiple Access)受到广泛的关注。此外,多输入多输出(MIMO)的多天线技术能够利用空间复用增加数据吞吐量,利用其空间分散性扩大覆盖范围,也是极具生命力的技术。

7.4　多媒体通信协议与标准

7.4.1　多媒体通信协议

网络传输协议是在网络基础结构上提供面向连接或无连接的数据传输服务,以支持各种网络应用。目前,在实际系统中经常使用的网络传输协议有 TCP/IP、SPX/IPX 和 AppleTalk 等。其中,TCP/IP 应用最为广泛。由于这些传输协议是在 20 世纪 70 年代到 80 年代间开发的,当时还没有多媒体的概念,也就没有考虑支持多媒体通信的问题。随着多媒体技术的发展,对网络支持多媒体通信的能力提出越来越高的要求,这些传输协议便显露出明显的不足,越来越难以满足多媒体通信对服务质量的需求。于是,人们提出一些支持多媒体通信的新协议。对于新协议的研究,有两种观点:一是采用全新的网络协议,以充分支持多媒体通信,但存在着和大量已有的网络应用程序相兼容的问题,在实际中很难推广和应用;二是在原有传输协议的基础上增加新的协议,以弥补原有网络协议的缺陷。尽管这种方法在某些方面也存在一定的局限性,但可以保护用户大量已有的投资,容易得到广泛的支持。这也是目前增强网络对多媒体通信支持能力的主要方法。

由于 Internet 的核心协议是 TCP/IP,为了推动 Internet 上多媒体的应用,近几年 IETF 提出了一些基于 TCP/IP 的多媒体通信协议,对多媒体通信技术的发展产生了重要的影响。

1. IPv6 协议

IPv6 是下一代 Internet 的核心协议,是 IETF 为解决现有 IPv4 协议在地址空间、信息安全和区分服务等方面所显露出的缺陷以及未来可预测的问题而提出的。IPv6 在 IP 地址空间、路由协议、安全性、移动性及 QoS 支持等方面做了较大的改进,增强了 IPv4 协议的功能。

(1)IPv6 的数据报格式

IPv6 数据报的逻辑结构如图 7-35 所示,它由基本报头(Header,首部)和扩展报头两部分构成。基本报头包括版本号、优先级、流标识、负荷长度、后续报头、步跳限制、源 IP 地址和目标 IP地址等内容。

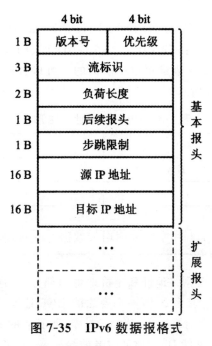

图 7-35　IPv6 数据报格式

①版本号(Version):4 bit,Internet 协议版本号。

②优先级:4 bit,指明其分组所希望的发送优先级,这里的优先级是相对于发自同一源结点的其他分组而言的。优先级的取值可分为两个范围:0～7 用于源结点对其提供拥塞控制的信息传输,像 TCP 这样在发生拥塞时做出退让的通信业务;而 8～15 用于在发生拥塞时不做退让的信息传输,如以固定传输率发送的"实时"分组。

③流标识(Flow Label)-24 bit,如果一台主机要求网络中的路由器对某些报文进行特殊处

理,若非缺省服务质量通信业务或实时服务,则可用这一字段对相关的报文分组加标识。

④负荷长度(Payload Length)-16 bits,IPv6首部之后,报文分组其余部分的长度以字节为单位。为了允许大于64 KB的负荷,若本字段的值为0,则实际的报文分组长度将存放在逐个路段(Hop-by-Hop)选项中。

⑤后续报头(Next Header)-8 bits,标识紧接在IPv6报头之后的下一个报头的类型。下一个报头字段使用与IPv4协议相同的值。

⑥步跳限制(Hop Limit)-8 bits,转发报文分组的每个结点将路径段限制字节值减一,如果该字段的值减小为零,则将此报文分组丢弃。

⑦源IP地址-128 bits,报文分组起始发送者的地址。

⑧目标IP地址-128 bits,报文分组预期接收者的地址。

扩展报头(可选)用来增强协议的功能,如果选择了扩展报头,则位于IPv6报头之后。IPv6扩展报头可有多种定义,如路由、分段、封装、安全认证及目的端选项等。一个数据报中可以包含多个扩展报头,由扩展报头的后续报头字段指出下一个扩展报头的类型。

(2)IPv6的地址格式

IPv6中的IP地址用128 bits来定义,用":"分成8段,标准地址格式为X:X:X:X:X:X:X:X,每个X为16 bits,用4位十六进制数表示。RFC2373中详细定义了IPv6地址,按照定义,一个完整的IPv6地址应表示为:

XXXX:XXXX:XXXX:XXXX:XXXX:XXXX:XXXX:XXXX

例如:2031:0000:1F1F:0000:0000:0100:11A0:ADDF就是一个符合格式要求的IP地址。为了简化其表示方法,RFC2373还规定每段中前面的0可以省略,连续的0可省略为"::"但只能出现一次,具体示例如表7-3所示。

表7-3 IPv6的地址省略形式

标准格式的IP地址(V6版)	省略格式的IP地址(V6版)
1080:0:0:0:8:800:200C:417A	1080::8:800:200C:417A
FF01:0:0:0:0:0:0:101	FF01::101
0:0:0:0:0:0:0:1	::1
0:0:0:0:0:0:0:0	::

在IPv6的地址中,仍然包含网络地址和主机地址两部分,并通过所谓的地址前缀来表示网络地址部分,具体格式为X/Y。其中X为一个合法的IPv6地址,Y为地址前缀的二进制位数。例如,2001:250:6000::/48表示前缀为48位的地址空间,其后的80位可分配给网络中的主机,共有280个主机地址。一些常见的IPv6地址或者前缀如表7-4所示。

表 7-4　常见的 IPv6 地址或前缀

IPv6 地址或前缀	使用说明
::/128	即 0:0:0:0:0:0:0:0,只能作为尚未获得正式地址的主机的源地址,不能作为目的地址,不能分配给真实的网络接口
::1/128	即 0:0:0:0:0:0:0:1,回环地址,相当于 IPv4 中的 localhost(127.0.0.1),ping localhost 可得到此地址
2001::/16	全球可聚合地址,由 IANA 按地域和 ISP 进行分配,是最常用的 IPv6 地址
2002::/16	6to4 地址,用于 6to4 自动构造隧道技术的地址
3ffe::/16	早期开始的 IPv6 6bone 试验网地址
fe80::/10	本地链路地址,用于单一链路,适于自动配置、邻机发现等,路由器不转发
ff00::/8	组播地址
::A.B.C.D	其中<A.B.C.D>代表 IPv4 地址,兼容 IPv4 的 IPv6 地址。自动将 IPv6 包以隧道方式在 IPv4 网络中传送的 IPv4/IPv6 结点将使用这些地址
::FFFF:A.B.C.D	其中<A.B.C.D>代表 IPv4 地址,例如::ffff:202.120.2.30 是 IPv4 映射过来的 IPv6 地址,它是用于在不支持 IPv6 的网上表示 IPv4 结点

(3)IPv6 的新特点

IPv6 是对 IPv4 的改进,在 IPv4 中运行良好的功能在 IPv6 中都给予保留,而在 IPv4 中不能工作或很少使用的功能则被去掉或作为选项。为适应实际应用的要求,在 IPv6 中增加了一些必要的新功能,使得 IPv6 呈现出以下主要特点:

①扩展了地址和路由选择功能。IP 地址长度由 32 位增加到 128 位,可支持数量大得多的可寻址结点、更多级的地址层次和较为简单的地址自动配置,改进了多播(Multicast)路由选择的规模可调性。

②定义了任一成员(Anycast)地址,用来标识一组接口,在不会引起混淆的情况下将简称"任一地址",发往这种地址的分组将只发给由该地址所标识的一组接口中的一个成员。

③简化的数据报格。IPv4 数据报的某些字段被取消或改为选项,以减少报文分组处理过程中常用情况的处理费用,并使得 IPv6 数据报的带宽开销尽可能低。尽管地址长度增加了(IPv6 地址长度是 IPv4 地址的 4 倍),但 IPv6 数据报的长度只有 IPv4 的 2 倍。

④支持扩展报头和选项。IPv6 的选项放在单独的数据报中,位于报文分组中 IPv6 首都和传送层首部之间。因为大多数 IPv6 选项首部不会被报文分组投递路径上的任何路由器检查和处理,直至其到达最终目的地,这种组织方式有利于改进路由器在处理包含选项的报文分组时的性能。IPv6 的另一改进是其选项与 IPv4 不同,可具有任意长度,不限于 40 B。

⑤支持验证和隐私权。IPv6 定义了一种扩展,可支持权限验证和数据完整性。这一扩展是 IPv6 的基本内容,要求所有的实现必须支持这一扩展。IPv6 还定义了一种扩展,借助于加密支持保密性要求。

⑥支持自动配置。从孤立网络结点地址的"即插即用"自动配置,到 DHCP 提供的全功能的

设施,IPv6 支持多种形式的自动配置。

⑦QoS 能力。IPv6 增加了一种新的能力,如果某些报文分组属于特定的工作流,发送者要求对其给予特殊处理,则可对这些报文分组加标号,如非缺省服务质量通信业务或"实时"服务。

(4)IPv6 的路由支持

路由器的基本功能是存储转发数据报。在转发数据报时,路由选择算法将根据数据报的地址信息查找路由选择表,选择一条可以到达目的站点的路径。路由选择表的维护和更新由路由协议完成,IPv6 的路由选择是基于地址前缀概念实现的。这样,服务提供者就可以很方便地建立层次化的路由选择关系,并根据网络规模汇聚 IP 地址,充分利用 IP 地址空间。IPv6 的路由协议尽量保持了与 IPv4 相一致,当前 Internet 的路由协议稍加修改后便可用于 IPv6 路由。此外,IETF 正在研究一些新的路由协议,如策略路由协议、多点路由协议等,研究的重点集中在支持 QoS 和优化路由等方面,这些研究成果将应用于 IPv6。

(5)IPv6 的 QoS 支持

IPv6 报头中的优先级和流标识字段提供了 QoS 支持机制。IPv6 报头的优先级字段允许发送端根据通信业务的需要设置数据报的优先级别。通常,通信业务被分为可流控业务和不可流控业务两类。前者大多数是对时间不敏感的业务,一般使用 TCP 协议作为传输协议;当网络发生拥挤时,可通过调节流量来疏导网络交通,其优先级值为 1~7。后者大多数是对时间敏感的业务,如多媒体实时通信;当网络发生拥挤时,则按照数据报优先级对数据报进行丢弃处理,疏导网络交通,其优先级值为 8~15。

数据流是指一组由源端发往目的端的数据报序列。源结点使用 IPv6 报头的流标识符,标识一个特定数据流。当数据流途经各个路由器时,如果路由器具备流标识处理能力,则为该数据流预留资源,提供 QoS 保证;如果路由器不具备这种能力,则忽略流标识,不提供任何 QoS 保证。可见,在数据流传输路径上,各个路由器都应当具备 QoS 支持能力,网络才能提供端到端的 QoS 保证。通常,IPv6 应当和 RSVP 之类的资源保留协议一起使用,才能充分发挥应有的作用。

2.RTP 协议

RTP(Real-time Transport Protocol)是 Internet 上针对多媒体数据流的一种传输协议,工作在一对一或一对多的传输模式下;RTCP(Real-time Transport Control Protocol)是与 RTP 对应的实时传输控制协议,提供媒体同步控制、流量控制和拥塞控制等功能。RTP 通常使用 UDP(User Datagram Protocol)来传送数据,但 RTP 也可以在 TCP 或 ATM 等其他协议之上工作。当应用程序开始一个 RTP 会话时将使用两个端口:一个给 RTP,一个给 RTCP。通常 RTP 算法并不作为一个独立的网络层来实现,而是作为应用程序代码的一部分。在 RTP 会话期间,各参与者周期性地传送 RTCP 包。RTCP 包中含有已发送的数据包的数量、丢失的数据包的数量等统计资料,因此服务器可以利用这些信息动态地改变传输速率,甚至改变有效载荷类型。RTP 和 RTCP 配合使用,能以有效的反馈和最小的开销使传输效率最佳化,因而特别适合传送网上的实时数据。

3.RTSP 协议

RTSP(Real Time Streaming Protocol,实时流协议)是由 Real Networks 和 Netscape 共同提出的,该协议定义了应用程序如何有效地通过 IP 网络在一对多模式下传送多媒体数据的方法。因此,RTSP 是一个应用级协议,在体系结构上位于 RTP 和 RTCP 之上,通过使用 TCP 或

RTP 完成数据传输。RTSP 提供了一个可扩展框架,可控制实时数据的发送,使实时数据(如音频、视频)的受控、点播成为可能。

RTSP 建立并控制一个或几个时间同步的连续流媒体,充当多媒体服务器的网络远程控制功能,所建立的 RTSP 连接并没有绑定到传输层连接(如 TCP),因此在 RTSP 连接期间,RTSP 用户可打开或关闭多个对服务器的可靠传输连接以发出 RTSP 请求。此外,还可使用像 UDP 这样的无连接传输协议进行传输。所以,RTSP 操作并不依赖用于携带连续媒体的传输机制。

与 HTTP 相比,RTSP 传送的是多媒体数据,而 HTTP 用于传送 HTML 信息;HTTP 请求由客户机发出,服务器作出响应;而使用 RTSP 时,客户机和服务器都可以发出请求,即 RTSP 可以是双向的。类似的,应用层传输协议还有微软的 MMS,这里不再赘述。

4. RSVP 协议

RSVP(Resource Reserve Protocol)是运行于 Internet 上的资源预订协议,通过建立连接,为特定的媒体保留资源,提供 QoS 服务,从而满足传输高质量的音频、视频信息对多媒体网络的要求。

RSVP 运行在 TCP/IP 层次中的运输层,与 ICMP 和 IGMP 相比,它是一个控制协议。RSVP 涉及发送者、接收者、主机或路由器。发送者负责让接收者知道数据将要发送及需要什么样的 QoS;接收者负责发送一个通知到主机或路由器,这样接收者就可以准备接收即将到来的数据;主机或路由器负责留出所有合适的资源。具体的资源预订过程如图 7-36 所示。

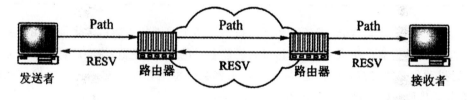

支持RSVP的网络

图 7-36　资源预订过程示意图

发送一个流前,发送者需要首先发送一个路径信息(Path)到目的接收方,这个信息包括源 IP 地址、目的 IP 地址和一个流规格。其中,流规格是由流的速率和延迟组成的,这是流的 QoS 需要的。接收者在收到路径信息后向发送者发送 RESV 预订消息,对发送者的保留请求给予确认。RESV 预订消息沿路径消息的反向路径回馈发送者,并在沿途路由器上预留资源。

流是 RSVP 协议的重要概念,反映从发送者到一个或多个接收者的连接特征,可通过 IP 包中的“流标识”来鉴别。

实现 RSVP 的关键技术是路由器对 RSVP 的支持能力,包括路由器的 QoS 编码方案、资源调度策略及可提供的 RSVP 连接数量等。

7.4.2　多媒体通信网络的服务质量

服务质量(Quality of Service,QoS)是一种抽象概念,用于说明网络服务的“好坏”程度。在开放系统互连 OSI 参考模型中,有一组 QoS 参数,描述传送速率和可靠性等特性。但这些参数大多作用于较低协议层,某些 QoS 参数是为传送时间无关的数据而设置的,因此,多媒体通信网络需要定义合适的 OoS。

1. QoS 参数

QoS 是分布式多媒体信息系统为了达到应用要求的能力所需要的一组定量的和定性的特性，它用一组参数表示，典型的有吞吐量、延迟、延迟抖动和可靠性等。QoS 参数由参数本身和参数值组成，参数作为类型变量，可以在一个给定范围内取值。例如，可以使用上述的网络性能参数来定义 QoS，即

$$QoS = \{吞吐量，差错率，端到端延迟，延迟抖动\}$$

由于不同的应用对网络性能的要求不同，因此，对网络所提供的服务质量期望值也不同。用户的这种期望值可以用一种统一的 QoS 概念来描述。在不同的多媒体应用系统中，QoS 参数集的定义方法可能是不同的，某些参数相互之间可能又有关系。表 7-5 给出了 5 种类型的 QoS 参数。

表 7-5 5 种类型的 QoS 参数

分类方法	列举参数
按性能分	端到端延迟、比特率等
按格式分	视频分辨率、帧率、存储格式、压缩方法等
按同步分	音频和视频序列起始点之间的时滞
从费用角度分	连接和数据传输的费用和版权费
从用户可接受性分	主观视觉和听觉质量

对连续媒体传输而言，端到端延迟和延迟抖动是两个关键的参数。多媒体应用，特别是交互式多媒体应用对延迟有严格限制，不能超过人所能容忍的限度；否则，将会严重地影响服务质量。同样，延迟抖动也必须维持在严格的界限内，否则将会严重地影响人对语音和图像信息的识别。表 7-6 给出了几种多媒体对象所需的 QoS。

表 7-6 QoS 参数举例

多媒体对象	最大延迟/ms	最大延迟抖动/ms	平均吞吐量/(Mb/s)	可接受的比特差错率
语音	0.25	10	0.064	$<10^{-1}$
视频（TV 质量）	0.25	10	100	$<10^{-2}$
压缩视频	0.25	1	2～10	$<10^{-6}$
数据（文件传送）	1	—	1～100	0
实时数据	0.001～1	—	<10	0
图像	1	—	2～10	$<10^{-9}$

从支持 QoS 的角度，多媒体网络系统必须提供 QoS 参数定义方法和相应的 QoS 管理机制。用户根据应用需要使用 QoS 参数定义其 QoS 需求，系统要根据可用资源容量来确定是否能满足应用的 QoS 需求。经过双方协商最终达成一致的 QoS 参数值应该在数据传输过程中得到基本保证，或者在不能履行所承诺 QoS 时应能提供必要的指示信息。因此，QoS 参数与其他系统参数的区别就在于它需要在分布系统各部件之间协商，以达成一致的 QoS 级别，而一般的系统参数则不需要这样做。

2. QoS 参数体系结构

在一个分布式多媒体信息系统中,通常采用层次化的 QoS 参数体系结构来定义 QoS 参数,如图 7-37 所示。

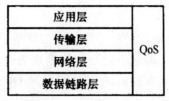

图 7-37　QoS 参数体系结构

(1)应用层

应用层 QoS 参数是面向端用户的,应当采用直观、形象的表达方式来描述不同的 QoS,供端用户选择。例如,通过播放不同演示质量的音频或视频片断作为可选择的 QoS 参数,或者将音频或视频的传输速率分成若干等级,每个等级代表不同的 QoS 参数,并通过可视化方式提供给用户选择。表 7-7 给出了一个应用层 QoS 分级的示例。

表 7-7　一个视频分级的示例

QoS 级	视频帧传输速率/帧·s⁻¹	分辨率(%)	主观评价	损害程度
5	25~30	65~100	很好	细微
4	15~24	50~64	好	可察觉
3	6~14	35~49	一般	可忍受
2	3~5	20~34	较差	很难忍受
1	1~2	1~9	差	不可忍受

(2)传输层

传输层协议主要提供端到端的、面向连接的数据传输服务。通常,这种面向连接的服务能够保证数据传输的正确性和顺序性,但以较大的网络带宽和延迟开销为代价。

传输层 QoS 必须由支持 QoS 的传输层协议提供可选择和定义的 QoS 参数。传输层 QoS 参数主要包括:吞吐量、端到端延迟、端到端延迟抖动、分组差错率和传输优先级等。

(3)网络层

网络层协议主要提供路由选择和数据报转发服务。通常,这种服务是无连接的,通过中间点(路由器)的“存储—转发”机制来实现。在数据报转发过程中,路由器将会产生延迟、延迟抖动、分组丢失及差错等。

网络层 QoS 同样也要由支持 QoS 的网络层协议提供可选择和定义的 QoS 参数。网络层 QoS 参数主要包括:吞吐量、延迟、延迟抖动、分组丢失率和差错率等。

(4)数据链路层

数据链路层协议主要实现对物理介质的访问控制功能,与网络类型密切相关,并不是所有网络都支持 QoS,即使支持 QoS 的网络其支持程度也不尽相同。例如:

①各种以太网都不支持 QoS,Token-Ring、FDDI 和 100VG-AnyLAN 等是通过介质访问优

先级定义 QoS 参数的。

②ATM 网络能够较充分地支持 QoS，它是一种面向连接的网络，在建立虚连接时可以使用一组 QoS 参数来定义 QoS。

主要的 QoS 参数有峰值信元速率、最小信元速率、信元丢失率、信元传输延迟和信元延迟变化范围等。

在 QoS 参数体系结构中，通信双方的对等层之间表现为一种对等协商关系，双方按所承诺的 QoS 参数提供相应的服务。同一端的不同层之间表现为一种映射关系，应用的 QoS 需求自顶向下地映射到各层相对应的 QoS 参数集，各层协议按其 QoS 参数提供相对应的服务，共同完成对应用的 OoS 承诺。

3. QoS 管理

QoS 管理分为静态和动态两大类。静态资源管理负责处理流建立和端到端 QoS 再协商过程，即 QoS 提供机制。动态资源管理处理媒体传递过程，即 QoS 控制和管理机制。

（1）QoS 提供机制

QoS 提供机制包括以下内容。

1）QoS 映射

QoS 映射完成不同级（如操作系统、传输层和网络）的 QoS 表示之间的自动转换，即通过映射，各层都将获得适合于本层使用的 QoS 参数，如将应用层的帧率映射成网络层的比特率等，供协商和再协尚之用，以便各层次进行相应的配置和管理。

2）Qos 协商

用户在使用服务之前应该将其特定的 QoS 要求通知系统，进行必要的协商，以便就用户可接受、系统可支持的 QoS 参数值达成一致，使这些达成一致的 QoS 参数值成为用户和系统共同遵守的"合同"。

3）接纳控制

接纳控制首先判断能否获得所需的资源，这些资源主要包括端系统以及沿途各节点上的处理机时间、缓冲时间和链路的带宽等。若判断成功，则为用户请求预约所需的资源。若系统不能按用户所申请的 QoS 接纳用户请求，则用户可以选择"再协商"较低的 QoS。

4）资源预留与分配

按照用户 QoS 规范安排合适的端系统、预留和分配网络资源，然后根据 QoS 映射，在每一个经过的资源模块（如存储器和交换机等）进行控制，分配端到端的资源。

（2）QoS 控制机制

QoS 控制是指在业务流传送过程中的实时控制机制，主要包括以下内容。

1）流调度

调度机制是向用户提供并维持所需 QoS 水平的一种基本手段，流调度是在终端以及网络节点上传送数据的策略。

2）流成型

流成型基于用户提供的流成型规范来调整流，可以给予确定的吞吐量或与吞吐量有关的统计数值。流成型的好处是允许 QoS 框架提交足够的端到端资源，并配置流安排以及网络管理业务。

3）流监管

流监管是指监视观察是否正在维护提供者同意的 QoS，同时观察是否坚持用户同意的 QoS。

4)流控制

多媒体数据,特别是连续媒体数据的生成、传送与播放具有比较严格的连续性、实时性和等时性,因此,信源应以目的地播放媒体量的速率发送。即使发收双方的速率不能完全吻合,也应该相差甚微。

为了提供 QoS 保证,有效的克服抖动现象的发生,维持播放的连续性、实时性和等时性,通常采用流控制机制,这样做不仅可以建立连续媒体数据流与速率受控传送之间的自然对应关系,使发送方的通信量平稳地进入网络,以便与接收方的处理能力相匹配,而且可以将流控和差错控制机制解耦。

5)流同步

在多媒体数据传输过程中,QoS 控制机制需要保证媒体流之间、媒体流内部的同步。

(3)QoS 管理机制

QoS 管理机制应当提供如下的 QoS 管理特性。

1)可配置性

分布式多媒体应用是多样化的,不同应用的 QoS 要求是不同的,QoS 参数及其定义方法也不同。因此,应允许用户对系统的 QoS 管理功能进行适当剪裁,以便建立与应用相适应的 QoS 级。

2)可协商性

一个应用在初始启动时,首先以适当的方式提出 QoS 请求。系统根据其可用资源容量计算和分配应用所需的资源。在该应用运行时,系统动态监测应用的资源需求和实际的 QoS。当网络负载发生变化而导致 QoS 改变时,用户与系统需要重新协商,使之在可用资源约束内自适应于该应用的 QoS 需求。

3)动态性

一个分布式多媒体应用在运行过程中,应用的资源需求和系统的可用资源都是动态变化的,只是在初始时说明 QoS 参数并要求它们在整个会话期间都保持不变是不现实的。因此,系统应具有自适应管理能力,在可用资源约束内进行动态调节,以满足该应用的 QoS 需求,或者提供一种可视化界面,允许用户在会话期间根据应用实际情况动态地改变 QoS 参数值,提供动态 QoS 控制能力。

4)端到端性

分布式多媒体应用是一种端到端的活动,源端获取多媒体数据并经过压缩后通过网络传输系统传送到目的端,目的端进行解压并播放多媒体数据。在端到端的传输路径上,任何一个中间节点未履行其 QoS 承诺都会影响多媒体播放的一致性。因此,允许用户对各个环节所支持的 QoS 进行抽象,在会话的两端来配置和控制 QoS。

5)层次化性

一个端系统的 Qos 管理任务应按 QoS 参数体系结构分解在系统的各个层次上,每个层次都承担各自的管理任务,并且应充分考虑网络链路层对 QoS 支持能力的影响。对于 QoS 主动链路层(如 ATM 或某些 LAN),高层负责与链路层协商,使链路层能够设置合适的 QoS,以充分发挥这种链路层对 QoS 的支持能力。

总之,一个良好的多媒体通信系统必须具有 QoS 支持能力,能够按照所承诺的 QoS 提供网络资源保证。最大限度地满足用户的 QoS 需求。

第8章 多媒体通信用户接入技术

近些年来,各种新业务不断涌现,为了适应其发展的需要,用户环路要向数字化、宽带化等方向发展,并要求用户环路能灵活、可靠、易于管理,由此发展了接入网。

8.1 接入网概述

8.1.1 接入网的引入

当前的通信网中还是以传统的电信网为基础,电话业务占整个电信业务的主要地位。而电话网又是以干线传输和中继传输构成多级结构,从整体结构上分为长途网和本地网。在本地网中,本地交换机到每个用户是通过双绞线来实现的,这一网路称为用户线或称为用户环路。一个交换机可以连接许多用户,对应不同用户的多条用户线就可组成树状结构的本地用户网,具体结构如图 8-1 所示。

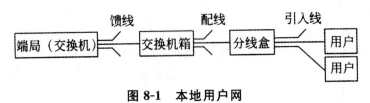

图 8-1 本地用户网

随着 20 世纪 80 年代的经济的发展和人们生活水平的提高,整个社会对通信业务的需求不断提高,传统的电话通信已不能满足人们对通信的宽带化和多样化的要求。对非话音业务,如数据、可视图文、电子信箱、会议电视等新业务的要求促进了电信网的发展,而同时传统电话网的本地用户环路却制约了这样的新业务的发展。因此,为了适应通信发展的需要,用户环路必须向数字化、宽带化、灵活可靠、易于管理等方向发展。由于复用设备、数字交叉连接设备、用户环路传播系统等新技术在用户环路中的使用,用户环路的功能和能力不断增强,接入网的概念便应运而生。

接入网是由传统的用户环路发展而来的,是用户环路的升级,它负责将电信业务透明地传送到用户,即用户通过接入网的传输,能够灵活地接入不同的电信业务。接入网在电信网中的位置如图 8-2 所示。接入网处于电信网的末端,是本地交换机与用户之间的连接部分。它包括本地交换机与用户终端设备之间的所有设备与线路,通常由用户线传输系统、复用设备、交叉连接设备等部分组成。

图 8-2 接入网在电信网中的位置

8.1.2　接入网的定义和定界

1. 定义

接入网(Access Network,AN)是指本地交换机与用户终端设备之间的实施网络,有时也称之为用户网(User Network,UN)或本地网(Local Network,LN)。接入网是由业务节点接口和相关用户网络接口之间的一系列传送实体组成的、为传送通信业务提供所需传送承载能力的实施系统,可经由 Q3 接口进行配置和管理。业务节点接口即 SNI(Service Node Interface),用户网络接口即 UNI(User Network Interface),传送实体是诸如线路设施和传递设施,可提供必要的传送承载能力,对用户信令是透明的,不作处理。

接入网处于通信网的末端,直接与用户连接,它包括本地交换机与用户端设备之间的所有实施设备与线路,它可以部分或全部替代传统的用户本地线路网,可含复用、交叉连接和传输功能,如图 8-3 所示。

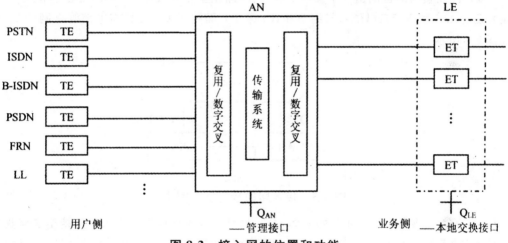

图 8-3　接入网的位置和功能

图 8-3 中,PSTN 表示公用电话网;ISDN 表示综合业务数字网;B-ISDN 表示宽带综合业务数字网;PSDN 表示分组交换网;FRN 表示帧中继网;LL 表示租用线;TE 为对应以上各种网络业务的终端设备;AN 表示接入网;LE 表示本地交换局;ET 为交换设备。

接入网的物理参考模型如图 8-4 所示,其中灵活点(FP)和分配点(DP)是非常重要的两个信号分路点,大致对应传统用户网中的交接箱和分线盒。在实际应用与配置时,可以有各种不同程度的简化,最简单的一种就是用户与端局直接相连,这对于离端局不远的用户是最为简单的连接方式。

根据上述结构,可以将接入网的概念进一步明确。接入网一般是指:端局本地交换机或远端交换模块与用户终端设备(TE)之间的实施系统。其中端局至 FP 的线路称为馈线段,FP 至 DP 的线路称为配线段,DP 至用户的线路称为引入线,SW 称为交换机,图中的远端交换模块(RSU)和远端(RT)设备可根据实际需要来决定是否设置。接入网的研究目的就是:综合考虑本地交换局、用户环路和终端设备,通过有限的标准化接口,将各种用户终端设备接入到用户网络业务节点。接入网所使用的传输介质是多种多样的,可以灵活地支持各种不同的或混合的接入类型的业务。

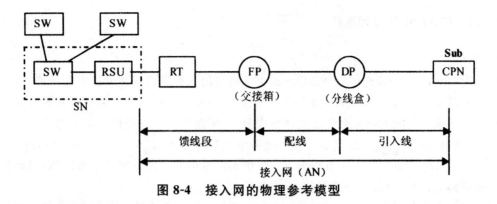

图 8-4　接入网的物理参考模型

2. 接入网的定界

接入网有三种主要接口,即用户网络接口(UNI)、业务节点接口(SNI)和维护管理接口(Q3)。接入网所覆盖的范围由 3 个接口定界,网络侧经业务节点接口(SNI)与业务节点(SN)相连;用户侧经用户网络接口(UNI)与用户相连;管理方面则经 Q3 接口与电信管理网(TMN)相连,如图 8-5 所示。

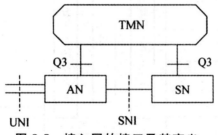

图 8-5　接入网的接口及其定义

其中业务节点 SN 是提供业务的实体,是一种可以接入交换型或半永久连接型电信业务的网元;网元;SNI 是接入网(AN)与业务节点(SN)之间的接口。SN 可以是本地交换机、租用线业务节点或特定配置情况下的点播电视和广播电视业务节点等。

用户网络接口是用户和网络之间的接口,主要包括模拟二线音频接口、64 kb/s 接口、2.048 Mb/s 接口、ISDN 基本速率接口和基群速率接口等。用户网络接口仅与一个 SNI 通过指配功能建立固定联系。业务节点接口是 AN 和一个 SN 之间的接口,一种是对交换机的模拟接口,也称 Z 接口,它对应于 UNI 的模拟二线音频接口,提供普通电话业务或模拟租用线业务;一种是数字接口,即 V5 接口,是一种提供对节点机的各种数据或各种宽带业务接口。

V5 接口是规范化的数字接口,允许用户与本地交换机直接以数字方式相连,消除了接入网在用户侧和交换机侧多余的 A/D 和 D/A 转换,提高了通信质量,使网络更加经济有效。根据连接的 PCM 链路数及 AN 具有的功能,V5 接口又分为 V5.1 接口和 V5.2 接口。V5.1 接口使用一条 PCM 基群线路连接 AN 和交换机,一般在连接小规模的 AN 时使用,所对应的 AN 不包含集成功能。V5.2 接口支持多达 16 条 PCM 基群线路,具有集成功能,用于中规模和大规模的 AN 连接。V5.1 接口可以看成是 V5.2 接口的子集,V5.1 接口可以升级为 V5.2 接口。

维护管理接口 Q3 是电信管理网与接入网的标准接口,便于 TMN 对接入网实施管理功能。

8.1.3　接入网的特点

目前国际上倾向于将长途网和中继网合在一起称为核心网(Core Network)。相对于核心网而言,余下的部分称为用户接入网,用户接入网主要完成使用户接入到核心网的任务。它具有以下特点:

①接入网主要完成复用、交叉连接和传输功能,一般不具备交换功能。它提供开放的 V5 标准接口,可实现与任何种类的交换设备的连接。

②接入网的业务需求种类繁多。接入网除接入交换业务外,还可接入数据业务、视频业务以及租用业务等。

③网络拓扑结构多样,组网能力强大。接入网的网络拓扑结构具有总线形、环形、单星形、双星形、链形、树形等多种形式,可以根据实际情况进行灵活多样的组网配置。

④业务量密度低,经济效益差。

⑤线路施工难度大,设备运行环境恶劣。

⑥网径大小不一,成本与用户有关。

8.1.4　接入网的功能结构和分层模型

1. 接入网的功能结构

接入网的功能结构如图 8-6 所示,它主要完成用户端口功能(UPF)、业务端口功能(SPF)、核心功能(CF)、传送功能(TF)和 AN 系统管理功能(SMF)。

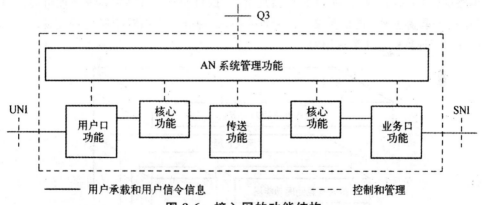

图 8-6　接入网的功能结构

(1)用户端口功能(User Port Function,UPF)

用户端口功能的主要作用是将特定的 UNI 要求与核心功能和管理功能相适配。接入网可以支持多种不同的接入业务并要求特定功能的用户网络接口。具体的 UNI 要根据相应接口规定和接入承载能力的要求,即传送信息和协议的承载来确定。具体功能包括:与 UNI 功能的终端相连接、A/D 转换、信令转换、UNI 的激活/去激活、UNI 承载通路/能力处理、UNI 的测试和控制功能。

(2)业务端口功能(Service Port Function,SPF)

业务端口功能直接与业务节点接口相连,主要作用是将特定的 SNI 要求与公用承载通路相适配,以便核心功能处理,同时还负责选择收集有关的信息,以便在 AN 系统管理功能中进行处理。具体功能包括：终结 SNI 功能、将承载通路的需要和即时的管理及操作映射进核心功能、特殊 SNI 所需的协议映射、SNI 测试和 SPF 的维护、管理和控制功能。

（3）核心功能（Core Function，CF）

核心功能处于 UPF 和 SPF 之间，主要作用是将个别用户口承载通路或业务口承载通路的要求与公用承载通路相适配，另外还负责对协议承载通路的处理。核心功能可以分散在 AN 之中。其具体的功能包括：接入的承载处理、承载通路集中、信令和分组信息的复用、对 ATM 传送承载的电路模拟、管理和控制功能。

（4）传送功能（Transport Function，TF）

传送功能的主要作用是为 AN 中不同地点之间提供网络连接和传输媒质适配。具体功能包括：复用功能、业务疏导和配置的交叉连接功能、管理功能、物理媒质功能。

（5）接入网系统管理功能（Access Network-System Management Function，AN-SMF）

接入网系统管理功能的主要作用是协调 AN 内其他 4 个功能（UPF，SPF，CF 和 TF）的指配、操作和维护，同时也负责协调用户终端（经过 UNI）和业务节点（经过 SNI）的操作功能。具体功能包括：配置和控制、指配协调、故障检测和指示、使用信息和性能数据收集、安全控制、对 UPF 及经 SNI 的 SN 的即时管理及操作请求的协调、资源管理。

AN-SMF 经 Q3 接口与 TMN 通信以便接受监视和/或接受控制，同时为了实施控制的需要也经 SNI 与 SN-SMF 进行通信。

2. 接入网的分层模型

接入网的分层模型用来定义接入网中各实体间的互连关系，该模型由接入系统处理功能（AF）、电路层（CL）、传输通道层（TP）、传输媒质层（TM）以及层管理和系统管理组成。如图 8-7 所示，其中接入承载处理功能层是接入网所特有的，这种分层模型对于简化系统设计、规定接入网 Q3 接口的管理目标是非常有用的。

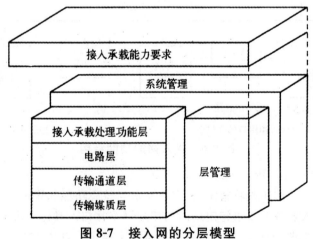

图 8-7　接入网的分层模型

接入网中各层对应的内容如下：

①接入承载处理功能层：用户承载体、用户信令、控制、管理。

②电路层：电路模式、分组模式、帧中继模式、ATM 模式。

③传输通道层：PDH、SDH、ATM 及其他。

④产生媒质层:双绞电缆系统(HDSL/ADSL 等)、同轴电缆系统、光纤接入系统、无线接入系统、混合接入系统。

8.1.5 接入网的接口及业务

1. 接口

接入网有三类主要接口,即用户网络接口、业务结点接口和维护管理接口。

(1)用户网络接口(UNI)

UNI 是用户和网络之间的接口,位于接入网的用户侧,支持多种业务的接入,如模拟电话接入(PSTN)N-ISDN 业务接入、B-ISDN 业务接入以及数字或模拟租用线业务的接入等。对不同的业务,采用不同的接入方式,对应不同的接口类型。

UNI 分为两种类型,即独立式 UNI 和共享式 UNI。独立式 UNI 指一个 UNI 仅能支持一个业务结点,共享式 UNI 是指一个 UNI 可以支持多个业务结点的接入。

共享式 UNI 的连接关系,如图 8-8 所示。由图中可以看到,一个共享式 UNI 可以支持多个逻辑接入,每个逻辑接入通过不同的 SNI 连向不同的业务结点,不同的逻辑接入由不同的用户口功能(UPF)支持。系统管理功能(SMF)控制和监视 UNI 的传输媒质层并协调各个逻辑 UPF 和相关 SN 之间的操作控制要求。

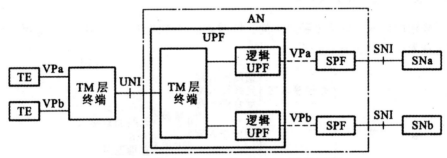

图 8-8 共享式 UNI 的 VP/VC 配置示例

(2)业务结点接口(SNI)

SNI 是 AN 和一个 SN 之间的接口,位于接入网的业务侧。如果 AN-SNI 侧和 SN-SNI 侧不在同一地方,可以通过透明传送通道实现远端连接。通常,AN 需要支持的 SN 主要有三种情况:

①仅支持一种专用接入类型。

②可支持多种接入类型,但所有接入类型支持相同的接入承载能力。

③可支持多种接入类型,且每种接入类型支持不同的接入承载能力。

不同的用户业务需要提供相对应的业务结点接口,使其能与交换机相连。从历史发展的角度来看,SNI 是由交换机的用户接口演变而来的,交换机的用户接口分模拟接口(Z 接口)和数字接口(V 接口)两大类。Z 接口对应 UNI 的模拟 2 线音频接口,可提供普通电话业务或模拟租用线业务。随着接入网的数字化和业务类型的综合化,Z 接口将逐步退出历史舞台,取而代之的是 V 接口。为了适应接入网内的多种传输媒质、多种接入配置和业务类型,V 接口经历了从 V1 接口到 V5 接口的发展,其中 V1~V4 接口的标准化程度有限,并且不支持综合业务接入。V5 接口是本地数字交换机数字用户接口的国际标准,它能同时支持多种接入业务,分为 V5.1 和

V5.2 接口以及以 ATM 为基础的 VB5.1 和 VB5.2 接口。

（3）维护管理接口（Q3）

Q3 接口是接入网（AN）与电信管理网（TMN）之间的接口。作为电信网的一部分，接入网的管理应纳入 TMN 的管理范畴。接入网通过 Q3 接口与 TMN 相连来实施 TMN 对接入网的管理与协调，从而提供用户所需的接入类型及承载能力。实际组网时，AN 往往先通过 Q3 接口连至协调设备（MD），再由 MD 通过 Q3 接口连至 TMN。

2. 接入网支持的业务

接入网为用户提供的业务是由业务节点来支持的，接入网的业务节点有两类：一类是支持单一业务的业务节点；另一类是支持一种以上业务的业务节点，即组合业务节点。业务节点提供的业务有：

①本地交换业务。PSTN 业务、N-SDN 业务、B-SDN 业务和分组数据业务。

②租用线业务。基于电路模式的租用线业务、基于 ATM 的租用线业务和基于分组模式的租用线业务。

③按需的数字视频和音频业务。

④广播的视频和音频业务，包括数字业务和模拟业务。

8.1.6　接入网的传输技术分类

接入网采用的传输手段是多种多样的。按照通信系统的点-线结构以及所采用的传输媒体，接入网传输技术的分类如图 8-9 所示。

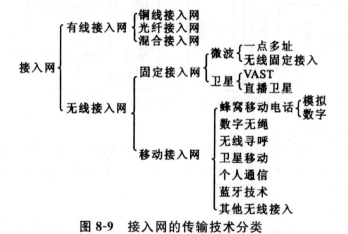

图 8-9　接入网的传输技术分类

各种方式的具体实现技术多种多样，特色各异。有线接入主要采取如下措施：

①在原有铜质导线的基础上通过采用先进的数字信号处理技术来提高双绞铜线对的传输容量，提供特色业务的接入。

②以光纤为主，实现光纤到路边、光纤到大楼和光纤到家庭等多种形式的接入。

③在原有 CATV 的基础上，以光纤为主干传输、经同轴电缆分配给用户的光纤/同轴混合接入。

无线接入技术主要采取固定接入和移动接入两种形式，涉及微波一点多址、蜂窝和卫星等多种技术。另外有线和无线相结合的综合接入方式也在研究之列。

　　总之,从目前通信网络的发展状况和社会需求可以看出,未来接入网的发展趋势是网络数字化、业务综合化和 IP 化、传输宽带化和光纤化,在此基础上,实现对网络的资源共享、灵活配置和统一管理。

8.2　铜线接入网技术

　　多年来,电信网主要采用铜线向用户提供电话业务,即从本地端局至各用户之间的传输线主要是双绞铜线对。这种设计主要是为传送 300~3400 Hz 的话音模拟信号设计的,图 8-10 画出了典型双绞线的传输特性。可以看出,其高频性能较差,在 80 kHz 的线路衰减达到 50 dB。现有的 Modem 的最高传输速率为 56 kb/s,已经接近香农定律所规定的电话线信道的理论容量。

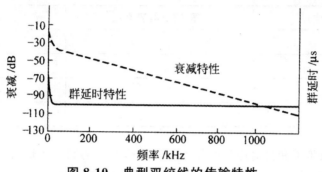

图 8-10　典型双绞线的传输特性

　　鉴于这种以铜线接入网为主的状况还将持续相当长的一段时间。因此,应该充分利用这些资源,满足用户对高速数据、视频业务日益增长的需求。想要在这些双绞铜线上提供宽带数字化接入,必须采用先进的数字信号处理技术实现非加感用户线对数字信号线路编码及二线双工数字传输的支持功能。

　　在各类铜线接入技术中,数字线对增容技术(DPG)是近年来提出并得到应用的,但其速率太低,无法满足对宽带业务的要求。因此目前对铜线接入的研究主要集中在速率较高的各种数字用户线(xDSL)技术上。xDSL 技术采用先进的数字信号自适应均衡技术、回波抵消技术和高效的编码调制技术,在不同程度上提高了双绞铜线对的传输能力。

8.2.1　高速数字技术

　　高比特率数字用户线(HDSL)是 ISDN 编码技术研究的产物。1988 年 12 月,Bellcore 首次提出了 HDSL 的概念。1990 年 4 月,电气与电子工程师协会(Institute of Electrical and Electronics Engineers,IEEE)TIEL.4 工作组就该主题展开讨论,并列为研究项目。之后,Bellcore 向400 多家厂商发出的技术支持的呼吁,从而展开了对 HDSL 的广泛研究。Bellcore 于 1991 年制定了基于 T1(1.544 Mb/s)的 HDSL 标准,欧洲电信标准学会(Europe Telecommunications Standards Institute,ETSI)也制定了基于 El(2 Mb/s)的 HDSL 标准。

1. HDSL 关键技术

　　HDSL 采用两对或三对用户线以降低线路上的传输速率,系统在无中继传输情况下可实现传输 3.6 km。针对我国传输的信号采用 E1 信号,HDSL 在 2 对线传输情况下,每对线上的传输速率为 1168 kb/s,采用 3 对线情况下,每对线上的传输速率为 784 kb/s。

HDSL 利用 2B1Q 或 CAP 编码技术来提高调制效率,使线路上的码元速率降低。2B1Q 码是无冗余的 4 电平脉冲码,它是将两个比特分为一组,然后用一个四进制的码元来表示,编码规则如表 8-1 所示。由此可见,2B1Q 码属于基带传输码,由于基带中的低频分量较多,容易造成时延失真,因此需要性能较高的自适应均衡器和回波抵消器。CAP 码采用无载波幅度相位调制方式,属于带通型传输码,它的同相分量和相位正交分量分别为 8 个幅值,每个码元含 4 bit 信息,实现时将输入码流经串并变换分为两路,分别通过两个幅频特性相同、相频特性差 90 度的数字滤波器,输出相加就可得到。由此可看出 CAP 码比 2B1Q 码带宽减少一半,传输速率提高一倍,但实现复杂、成本高。

表 8-1　2B1Q 码编码规则

第 1 位(符号位)	第 2 位(幅度位)	码元相对值
1	0	+3
1	1	+1
0	1	−1
0	0	−3

HDSL 采用回波抵消和自适应均衡技术等实现全双工的数字传输。回波抵消和自适应均衡技术可以消除传输线路中的近端串音、脉冲噪声和因线路不匹配而产生的回波对信号的干扰,均衡整个频段上的线路损耗,以便于适用于多种线路混联或有桥接、抽头的场合。

2. HDSL 系统的基本构成

HDSL 技术是一种基于现有铜线的技术,它采用了先进的数字信号自适应均衡技术和回波抵消技术,以消除传输线路中近端串音、脉冲噪声和波形噪声以及因线路阻抗不匹配而产生的回波对信号的干扰,从而能够在现有的电话双绞铜线(两对或三对)上提供准同步数字序列(PDH)一次群速率(T1 或 E1)的全双工数字连接。它的无中继传输距离可达 3~5 km(使用 0.4 mm~0.5 mm 的铜线)。

HDSL 系统构成如图 8-11 所示。图中所示规定了一个与业务和应用无关的 HDSL 接入系统的基本功能配置。它是由两台 HDSL 收发信机和两对(或三对)铜线构成。两台 HDSL 收发信机中的一台位于局端,另一台位于用户端,可提供 2 Mb/s 或 1.5 Mb/s 速率的透明传输能力。位于局端的 HDSL 收发信机通过 G.703 接口与交换机相连,提供系统网络侧与业务节点(交换机)的接口,并将来自交换机的 El(或 T1)信号转变为两路或三路并行低速信号,再通过两对(或三对)铜线的信息流透明地传送给位于远端(用户端)的 HDSL 收发信机。位于远端的 HDSL 收发信机,则将收到来自交换机的两路(或三路)并行低速信号恢复为 E1(或 T1)信号送给用户。在实际应用中,远端机可能提供分接复用、集中或交叉连接的功能。同样,该系统也能提供从用户到交换机的同样速率的反向传输。所以,HDSL 系统在用户与交换机之间,建立起 PDH 一次群信号的透明传输信道。

HDSL 系统由很多功能块组成,一个完整的系统参考配置如图 8-12 所示。信息在局端机和远端机之间的传送过程如下述。

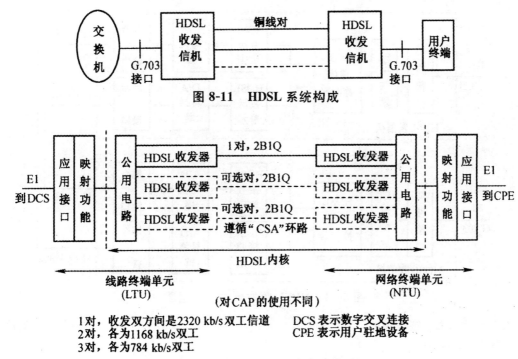

图 8-11　HDSL 系统构成

图 8-12　HDSL 系统的参考配置

从用户端发来的信息,首先进入应用接口,在应用接口,数据流集成在应用帧结构(G.704,32 时隙帧结构)中。然后进入映射功能块,映射功能块将具有应用帧结构的数据流插入 144 字节的 HDSL 帧结构中,发送端的核心帧被交给公用电路。在公用电路中,为了在 HDSL 帧中透明地传送核心帧,需加上定位、维护和开销比特。最后由 HDSL 收发器发送到线路上去。

在接收端,公用电路将 HDSL 帧数据分解为帧,并交给映射功能块;映射功能块将数据恢复成应用信息,通过应用接口传送至网络侧。

HDSL 系统的核心是 HDSL 收发信机,它是双向传输设备,图 8-13 所示的是其中一个方向的原理框图。下面以 E1 信号传送为例来说明其原理。

发送机中的线路接口单元,对接收到的 E1(2.048 Mb/s)信号进行时钟提取和整形。E1 控制器进行 HDB3 解码和帧处理。HDSL 通信控制器将速率为 2.048 Mb/s 串行信号分成两路(或三路),并加入必要的开销比特,再进行 CRC-6 编码和扰码,每路码速为 1168 kb/s(或 784 kbiffs),各形成一个新的帧结构。HDSL 发送单元进行线路编码。数/模(D/A)变换器进行滤波处理以及预均衡处理。混合电路进行收发隔离和回波抵消处理,并将信号送到铜线对上。

接收机中混合电路的作用与发送机中的相同。模/数(A/D)转换器进行自适应均衡处理和再生判决。HDSL 接收单元进行线路解码。HDSL 通信控制器进行解扰、CRC-6 解码和去除开销比特,并将两路(或三路)并行信号合并为一路串行信号。E1 控制器恢复 E1 帧结构并进行 HDB3 编码。线路接口按照 G.703 要求选出 E1 信号。

由于 HDSL 采用了高速自适应数字滤波技术和先进的信号处理器,因而,它可以自动处理环路中的近端串音、噪声对信号的干扰、桥接和其他损伤,能适应多种混合线路或桥接条件。在没有再生中继器的情况下,传输距离可达 3～5 km。而原来的 1.5 Mb/s 或 2 Mb/s 数字链路每隔 0.8～1.5 km 就需要增设一个再生中继器,而且还要严格地选择测量线对。因此,HDSL 不

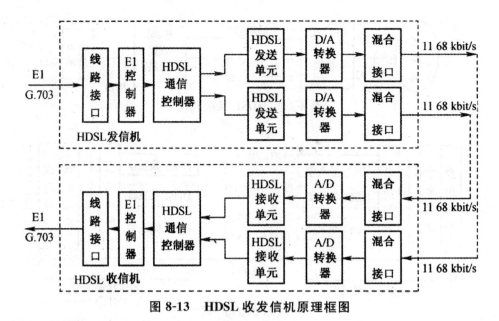

图 8-13　HDSL 收发信机原理框图

仅提供了较长的无中继传输能力,而且简化了安装维护和设计工作,也降低了维护运行成本,可适用于所有加感环路。

关于 HDSL 系统的供电问题,通常这样处理:对于局端 HDSL 收发信机,采用本地供电;对于用户端的 HDSL 收发信机,可由用户端自行供电,也可由局端进行远供。目前,不少厂家已在 HDSL 系统中引入电源远供功能,从而方便了用户使用。

3. HDSL 的应用特点

HDSL 技术能在两对双绞铜线上透明地传输 E1 信号达 3～5 km。鉴于我国大中城市用户线平均长度为 3.4 km 左右,因此,在接入网中可广泛地基于铜缆技术的 HDSL 应用。

HDSL 系统既适合点对点通信,也适合点对多点通信。其最基本的应用是构成无中继的 E1 线路,它可充当用户的主干传输部分。HDSL 的主要应用在:访问 Internet 服务器、装有铜缆设备的大学校园网、将中心 PBX(Public Branch Exchange)延伸到其他的办公场所、局域网扩展和连接光纤环、视频会议和远程教学应用、连接无线基站系统以及 ISDN 基群速率接入(Primary Rate Access,PRA)等方面。

HDSL 系统可以认为是铜线接入业务(包括话音、数据及图像)的一个通用平台。目前,HDSL系统具有多种应用接口。例如:G.703 与 G.704 平衡与不平衡接口,V.35,X.21 及 EIA503 等接口,以及会议电视视频接口。另外,HDSL 系统还有与计算机相连的 RS 232,RS449 串行口,便于用计算机进行集中监控;还有 E1/T1 基群信号监测口,便于进行在线监测。在局端和远端设备上,可以进行多级环测和状态监视。状态显示有的采用发光二极管,有的采用液晶显示屏,这给维护工作带来较大方便。在实际使用中,这种具有多种应用接口的 HDSL 传输系统更适合于业务需求多样化的商业地区及一些小型企业。当然,这种系统成本相对较高。

较经济的 HDSL 接入方式将用于现有的 PSTN 网,具有初期投资少,安装维护方便,使用灵活等特点。HDSL 局端设备放在交换局内,用户侧 HDSL 端机安放在 DP 点(用户分线盒)处,可为 30 个用户提供每户 64 kb/s 的话音业务。配线部分使用双绞引入线,不需要加装中继器及其他相应的设备,也不必拆除线对原有的桥接配线,无需进行电缆改造和大规模的工程设计工作。

但是,该接入方案由于提供的业务类型较单一,只是对于业务需求量较少的用户(如不太密集的普通住宅)较为适合。

HDSL 技术的一个重要发展是延长其传输距离和提高传输速率。例如,PalriGain 公司和 ORCKIT 公司提出另外一种增配 HDSL 再生中继器的系统。该系统利用增配的再生中继器,可以将传输距离增加 2~3 倍,这显然会增大 HDSL 系统的服务范围。根据应用需要,HDSL 系统还可用于一点对多点的星型连接,以实现对高速数据业务使用的灵活分配。在这种连接中,每一方向以单线对传输的速率最大可达 784 b/s。另外,在短距离内(百米数量级),利用 HDSL 技术还可以再提高线路的传输比特率。甚高数字用户线(VHDSL)可以在 0.5 mm 线径的线路上,能将速率为 13 Mb/s,26 Mb/s 或 52 Mb/s 的信号,甚至能将速率为 155 Mb/s 的 SDH 信号,或者 125 Mb/s 的 FDDI(Fiber Distributed Data Interface)信号传送数百米远。因此,它可以作为宽带 ATM 的传输介质,给用户开通图像业务和高速数据业务。

总之,HDSL 系统的应用在不断发展,其技术也在不断提高。在铜线接入网甚至光纤接入网中将发挥越来越重要的作用。

4. HDSL 的局限性

尽管 HDSL 具备巨大的吸引力和有益于服务提供商及用户,但仍有一些制约因素。因此,在有些情况下还不能使用。

最大的问题在于 HDSL 必须使用两对线或三对线。另外,由于各个生产商的产品之间的特性也还不兼容,使得互操作性无法实现,这就限制了 HDSL 产品的推广。Bellcore 和 ETSI 的规范中只规定了 HDSL 最基本的要点,使得许多 HDSL 产品的特性各不相同,从而导致产品之间的互操作性根本无法实现。服务提供商希望 HDSL 产品不依赖于生产商,并且保持产品之间的连续性。

另一方面的不利因素是用户无法得到更多的增值业务。HDSL 在长度超过 3.6 km 的用户线上运行时仍然需要中继器。有些 HDSL 的变种可以达到 5.49 km。但是,Bellcore 希望在这些更长的用户线上使用中继器。

8.2.2　非对称数字技术

随着基于 IP 的互联网在世界的普及应用,具有宽带特点的的各种业务,如 Web 浏览、远程教学、视频点播和电视会议等业务越来越受欢迎,这些业务除了具有宽带的特点外,还有一个特点就是上下行数据流量不对称,在这种情况下,一种采用频分复用方式实现上下行速率不对称的传输技术——非对称数字用户线(ADSL)由美国 Bellcore 提出,并在 1989 后得到迅速发展。

ADSL 系统与 HDSL 系统一样,也是采用双绞铜钱对作为传输媒介,但 ADSL 系统可以提供更高的传输速率,可向用户提供单向宽带业务、交互式综合数据业务和普通电话业务。ADSL 与 HDSL 相比,其主要的优点是它只利用一对铜双绞线对就能实现宽带业务的传输,为只具有一对普通电话线又希望具有宽带视像业务的分散用户提供服务。目前现有的一对电话双绞线上能够支持 9 Mb/s 的下行速率和 640 kb/s 的上行速率。

1. ADSL 的调制技术

ADSL 先后采用多种调制技术,如正交幅度调制(QAM)、无载波幅度相位调制(CAP)和离散多音频(DMT)调制技术,其中 DMT 是 ADSI 的标准线路编码,而 QAM 和 CAP 还处于标准化阶段,因此下面主要介绍 DMT 离散多音频调制技术。

DMT 技术是一种多载波调制技术,它利用数字信号处理技术,根据铜线回路的衰减特性,自适应的调整参数,使误码和串音达到最小,从而使回路的通信容量最大。具体应用中,它把 ADSL 分离器以外的可用带宽(10 kHz～1 MHz 以上)划分为 255 个带宽为 4 kHz 的子信道,每个子信道相互独立,通过增加子信道的数目和每个子信道中承载的比特数目可以提高传输速率,即把输入数据自适应的分配到每个子信道上。如果某个子信道无法承载数据,就简单的关闭;对于能够承载传送数据的子信道,根据其瞬时特性,在一个码元包络内传送数量不等的信息。这种动态分配数据的技术可有效提高频带平均传信率。

2. ADSL 的系统结构

(1)系统构成

ADSL 的系统构成如图 8-14 所示,它是在一对普通铜线两段,各加装一台 ADSL 局端设备和远端设备而构成。它除了向用户提供一路普通电话业务外,还能向用户提供一个中速双工数据通信通道(速率可达 576 kb/s)和一个高速单工下行数据传送通道(速率可达 6～8 Mb/s)。

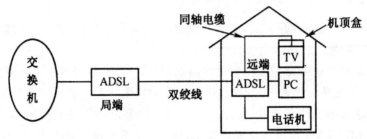

图 8-14　ADSL 系统结构

ADSL 系统的核心是 ADSL 收发信机(即局端机和远端机),其原理框图如图 8-15 所示。应当注意,局端的 ADSL 收发信机结构与用户端的不同。局端 ADSL 收发信机中的复用器(MULtiplexer,MUL)将下行高速数据与中速数据进行复接,经前向纠错(Forward Error Correction,FEC)编码后送发信单元进行调制处理,最后经线路耦合器送到铜线上;线路耦合器将来自铜线的上行数据信号分离出来,经接收单元解调和 FEC 解码处理,恢复上行中速数据;线路耦合器还完成普通电话业务(POTS)信号的收、发耦合。用户端 ADSL 收发信机中的线路耦合器将来自铜线的下行数据信号分离出来,经接收单元解调和 FEC 解码处理,送分路器(DeMULtiplexer,DMUL)进行分路处理,恢复出下行高速数据和中速数据,分别送给不同的终端设备。来自用户终端设备的上行数据经 FEC 编码和发信单元的调制处理,通过线路耦合器送到铜线上。普通电话业务经线路耦合器进、出铜线。

(2)传输带宽

ADSL 基本上是运用频分复用(FDM)或是回波抵消(EC)技术,将 ADSL 信号分割为多重信道。简单地说,一条 ADSL 线路(一条 ADSL 物理信道)可以分割为多条逻辑信道。如图 8-16 所示的为这两种技术对带宽的处理。由图 8-16(a)可知,ADSL 系统是按 FDM 方式工作的。POTS 信道占据原来 4 kHz 以下的电话频段,上行数字信道占据 25～200 kHz 的中间频段(约 175 kHz),下行数字信道占据 200 kHz～1.1 MHz 的高端频段。

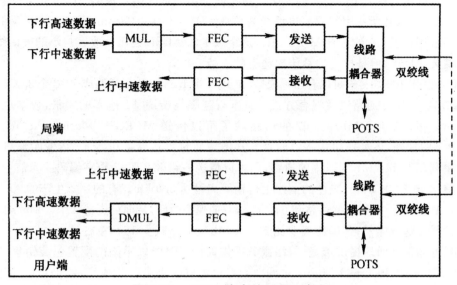

图 8-15　ADSL 收发信机原理框图

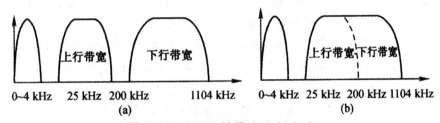

图 8-16　ADSL 的带宽分割方式

　　频分复用法将带宽分为两部分,分别分配给上行方向的数据以及下行方向的数据使用。然后,再运用时分复用(Time Division Multiplexing,TDM)技术将下载部分的带宽分为一个以上的高速次信道(AS0,AS1,AS2,AS3)和一个以上的低速次信道(LS0,LS1,LS2),上传部分的带宽分割为一个以上的低速信道(LS1,LS1,LS2,对应于下行方向),这些次信道的数目最多为 7个。FDM 方式的缺点是下行信号占据的频带较宽,而铜线的衰减随频率的升高迅速增大,所以,其传输距离有较大局限性。为了延长传输距离,需要压缩信号带宽。一种常用的方法是将高速下行数字信道与上行数字信道的频段重叠使用,两者之间的干扰用非对称回波抵消器予以消除。

　　由图 8-16(b)可见,回波抵消技术是将上行带宽与下行带宽产生重叠,再以局部回波消除的方法将两个不同方向的传输带宽分离,这种技术也用在一些模拟调制解调器上。

　　美国国家标准学会(ANSI)TI. 413-1998 规定,ADSL 的下行(载)速度须支持 32 kb/s 的倍数,从 32 kb/s～6.144 Mb/s,上行(传)速度须支持 16 kb/s 以及 32 kb/s 的倍数,从32～640 kb/s。但现实的 ADSL 最高则可提供约 1.5 Mbiffs 至 9 Mb/s 的下载传输速度,以及640 kb/s～1.536 Mb/s 的上传传输速度,视线路的长度而定,也就是从用户到网络服务提供商(Network Service Provider,NSP)距离对传输的速度有绝对的影响。ANSI TI. 413 规定,ADSL在传输距离为 2.7～3.7 km 时,下行速率为 6～8 Mb/s,上行速率为 1.5 Mbiffs(和铜线的规格有关);在传输距离为 4.5～5.5 km 时,下行数据速率降为 1.5 Mb/s,上行速率为64 kb/s。换句话说,实际传输速度需视线路的质量而定,从 ADSL 的传输速率和传输距离上看,ADSL 都能够较好地满足目前用户接入 Internet 的要求。这里所提出的数据则是根据 ADSL 论坛对传输速度与线路距离的规定,其所使用的双绞电话线为 AWG24(线径为 0.5 mm)铜线。为了降低用户的安装和使用费用,随后又制定了 ADSL Lite,这个版本的 ADSL 无需修改客户端的电话线路便可以为客户安装 ADSL,但是付出的是传输速率的下降。

ADSL 系统用于图像传输可以有多种选择,如 1～4 个 1.536 Mb/s 通路或 1～2 个 3.072 Mb/s 通路或 1 个 6.144 Mb/s 通路以及混合方式。其下行速率是传统 T1 速率的 4 倍,成本也低于 T1 接入。通常,一个 1.5/2 Mb/s 速率的通路除了可以传送 MPEG-1(Motion Picture Exoerts Group1)数字图像外,还可外加立体声信号。其图像质量可达录像机水平,传输距离可达 5 km 左右。如果利用 6.144 Mb/s 速率的通路,则可以传送一路 MPEG-2 数字编码图像信号,其质量可达演播室水准,在 0.5 mm 线径的铜线上传输距离可达 3.6 km。有的厂家生产的 ADSL 系统,还能提供 8.192 Mb/s 下行速率通路和 640 kb/s 双向速率通路,从而可支持 2 个 4 Mb/s 广播级质量的图像信号传送。当然,传输距离要比 6.144 Mb/s 通路减少 15% 左右。

ADSL 可非常灵活地提供带宽,网络服务提供商(NSP)能以不同的配置包装销售 ADSL 服务,通常为 256 kb/s 到 1.536 Mbiffs 之间。当然也可以提供更高的速率,但仍是以上述的速率为主。表 8-2 所示为某公司所推出的网易通的应用实例,总计有 5 种不同传输等级的选择方案。最低的带宽为 512 kb/s 的下载速率,以及 64 kb/s 的双工信道速率;最高为 6.144 Mb/s 的下载速率以及 640 kb/s 的双工信道速率。事实上有很多厂商开发出来的 ADSL 调制解调器都已超过 8 Mb/s 的下载速率以及 1 Mb/s 的上传速率。但无论如何,这些都是在一种理想的条件下测得的数据,实际上需要根据用户的电话线路质量而定,不过至少必须满足前面列出的标准才行。

表 8-2 　ADSL 的传输分级

传输分级	一	二	三	四	五
下载速率	512 kb/s	768 kb/s	1536 kb/s	3.072 kMb/s	6.144 kMb/s
上传速率	64 kb/s	128 kb/s	384 kb/s	512 kb/s	640 kb/s

另外,互联网络以及相配合的局域网也可改变这种接入网的结构。由于网络服务提供商(NSP)已经了解到,第 3 层(L3)网络协议的 Internet 协议(Internet Protocol,IP)掌握了现有的专用网络和互联网络,因此,它们必须建立接入网来支持 Internet 协议(IP);而网络服务提供商(NSP)同时也察觉到第 2 层(L2)网络协议的异步转移模式(Asynchronous Transfer Mode,ATM)的潜力,可支持未来包括数据、视频、音频的混合式服务,以及服务质量(Quality of Service,QoS)的管理(特别是在延迟参数和延迟变化方面)。因此,ADSL 接入网将会沿着 ATM 的多路复用和交换逐渐进化,以 ATM 为主的网络将会改进传输 IP 信息(Traffic)的效率,ADSL 论坛和 ANSI 都已经将 ATM 列入 ADSL 的标准中。

3. 影响 ADSL 性能的因素

影响 ADSL 系统性能的因素主要有以下几点。

(1)衰耗

衰耗是指在传输系统中,发射端发出的信号经过一定距离的传输后,其信号强度都会减弱。ADSL 传输信号的高频分量通过用户线时,衰减更为严重。如一个 2.5V 的发送信号到达 ADSL

接收机时,幅度仅能达到毫伏级。这种微弱信号很难保证可靠接收所需要的信噪比。因此,有必要进行附加编码。在 ADSL 系统中,信号的衰耗同样跟传输距离、传输线径以及信号所在的频率点有密切关系。传输距离越远,频率越高,其衰耗越大;线径越粗,传输距离越远,其衰耗越小,但所耗费的铜越多,投资也就越大。

现在,有些电信部门已经开始铺设 0.6 mm 或直径更大的铜线,以提供速度更高的数据传输。在 ADSL 实际应用中,衰耗值已经成为必须测试的内容,同时也是衡量线路质量好坏的重要因素。用户端设备与局端设备距离的增加而引起的衰耗加大,将直接导致传输速率的下降。在实际测量中,线间环阻无疑是衡量传输距离远近的重要参数。例如,在同等情况下,实际测得:线间环阻为 245 Ω 时,其衰耗值为 18 dB;线间环阻为 556 Ω 时,其衰耗值将增大到 33 dB。

衰耗在所难免,但是又不能一味增加发射功率来保证收端信号的强度。随着功率的增加,串音等其他干扰对传输质量的影响也会加大,而且,还有可能干扰邻近无线电通信。对于各 ADSL 生产厂家,一般其 Modem 的衰耗适应范围在 0~55 dB 之间。

(2)反射干扰

桥接抽头是一种伸向某处的短线,非终接的抽头发射能量,降低信号的强度,并成为一个噪声源。从局端设备到用户,至少有二个接头(桥节点),每个接头的线径也会相应改变,再加上电缆损失等造成阻抗的突变会引起功率反射或反射波损耗。在话音通信中其表现是回声,而在 ADSL 中复杂的调制方式很容易受到反射信号的干扰。目前大多数都采用回波抵消技术,但当信号经过多处反射后,回波抵消就变得几乎无效了。

(3)串音干扰

由于电容和电感的耦合,处于同一主干电缆中的双绞线发送器的发送信号可能会串入其他发送端或接收器,造成串音。一般分为近端串音和远端串音。串音干扰发生于缠绕在一个束群中的线对间干扰。对于 ADSL 线路来说,传输距离较长时,远端串音经过信道传输将产生较大的衰减,对线路影响较小,而近端串音一开始就干扰发送端,对线路影响较大。但传输距离较短时,远端串音造成的失真也很大,尤其是当一条电缆内的许多用户均传输这种高速信号时,干扰尤为显著,而且会限制这种系统的回波抵消设备的作用范围。此外,串音干扰作为频率的函数,随着频率升高增长很快。ADSL 使用的是高频,会产生严重后果。因而,在同一个主干上,最好不要有多条 ADSL 线路或频率差不多的线路。

(4)噪声干扰

传输线路可能受到若干形式噪声干扰的影响,为达到有效数据传输,应确保接收信号的强度、动态范围、信噪比在可接受的范围之内。噪声产生的原因很多,可能是家用电器的开关、电话摘机和挂机以及其他电动设备的运动等,这些突发的电磁波将会耦合到 ADSL 线路中,引起突发错误。由于 ADSL 是在普通电话线的低频语音上叠加高频数字信号,因而从电话公司到 ADSL 分离器这段连接中,加入任何设备都将影响数据的正常传输,故在 ADSL 分离器之前不要并接电话和加装电话防盗器等设备。目前,从电话公司接线盒到用户电话这段线很多都是平行线,这对 ADSL 传输非常不利,大大降低了上网速率。例如,在同等情况下,使用双绞线下行速率可达到 852 kb/s,而使用平行线下行速率只有 633 kb/s。

8.3 光纤接入网技术

光纤接入是指局端与用户之间完全以光纤作为传输媒质,来实现用户信息传送的应用形式。光纤接入网(OAN)就是采用光纤传输技术的接入网,泛指本地交换机或远端模块与用户之间采用光纤通信或部分采用光纤通信的系统。通常,OAN 指采用基带数字传输技术,并以传输双向交互式业务为目的的接入传输系统,将来应能以数字或模拟技术升级传输宽带广播式和交互式业务。

光纤具有频带宽(可用带宽达 50THz)、容量大、损耗小、不易受电磁干扰等突出优点,早已成为骨干网的主要传输手段。随着技术的发展和光缆、器件成本的下降,光纤技术逐渐渗透到接入网应用中,并在 IP 网络业务和各类多媒体业务需求的推动之下,得到了极为迅速的发展。

我国接入网当前发展的战略重点,已经转向能满足未来宽带多媒体需求的宽带接入领域(网络"瓶颈"之所在)。而在实现宽带接入的各种技术手段中,光纤接入网是最能适应未来发展的解决方案,特别是 ATM 无源光网络(ATM-PON)几乎是综合宽带接入的一种经济有效的方式。

8.3.1 光纤接入系统的基本配置

光纤接入网(或称光接入网)(Optical Access Network,OAN)是以光纤为传输介质,并利用光波作为光载波传送信号的接入网,泛指本地交换机或远端交换模块与用户之间采用光纤通信或部分采用光纤通信的系统。光纤接入网系统的基本配置如图 8-17 所示。光纤最重要的特点是:它可以传输很高速率的数字信号,容量很大;并可以采用波分复用(Wavelength Division Multiplexing,WDM)、频分复用(Frequency Division Multiplexing,FDM)、时分复用(Time Division Multiplexing,TDM)、空分复用(Space Division Multiplexing,SDM)和副载波复用(Sub Carrier Multiplexing,SCM)等各种光的复用技术,来进一步提高光纤的利用率。

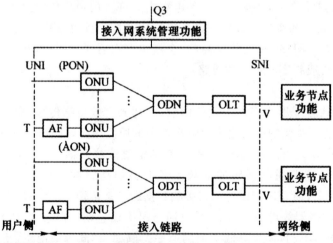

ONU:光网络单元　　PON:无源光网络　　UNI:用户网络接口　　ODN:光配线网络
OLT:光线路终端　　AON:有源光网络　　SNI:业务节点接口　　T:T接口
AF:适配功能　　　ODT:光配线终端　　V:V接口　　　　　Q3:Q3接口

图 8-17　光纤接入网系统的基本配置

从图 8-17 中可以看出,从给定网络接口(V 接口)到单个用户接口(T 接口))之间的传输手段的总和称为接入链路。利用这一概念,可以方便地进行功能和规程的描述以及规定网络需求。通常,接入链路的用户侧和网络侧是不一样的,因而是非对称的。光接入传输系统可以看作是一种使用光纤的具体实现手段,用以支持接入链路。于是,光接入网可以定义为:共享同样网络侧接口且由光接入传输系统支持的一系列接入链路,由光线路终端(Optical Line Terminal,OLT)、光配线网络/光配线终端(Optical Distributing Network/Optical Distributing Terminal,ODN/ODT)、光网络单元(Optical NetworkUnit,ONU)及相关适配功能(Adaptation Function,AF)设备组成,还可能包含若干个与同一 OLT 相连的 ODN。

OLT 的作用是为光接入网提供网络侧与本地交换机之间的接口,并经一个或多个 ODN 与用户侧的 ONU 通信。OLT 与 ONU 的关系为主从通信关系,OLT 可以分离交换和非交换业务,管理来自 ONU 的信令和监控信息,为 ONU 和本身提供维护和指配功能。OLT 可以直接设置在本地交换机接口处,也可以设置在远端,与远端集中器或复用器接口。OLT 在物理上可以是独立设备,也可以与其他功能集成在一个设备内。

ODN 为 OLT 与 ONU 之间提供光传输手段,其主要功能是完成光信号功率的分配任务。ODN 是由无源光元件(诸如光纤光缆、光连接器和光分路器等)组成的纯无源的光配线网,呈树形一分支结构。ODT 的作用与 ODN 相同,主要区别在于:ODT 是由光有源设备组成的。

ONU 的作用是为光接入网提供直接的或远端的用户侧接口,处于 ODN 的用户侧。ONU 的主要功能是终结来自 ODN 的光纤,处理光信号,并为多个小企事业用户和居民用户提供业务接口。ONU 的网络侧是光接口,而用户侧是电接口。因此,ONU 需要有光/电和电/光转换功能,还要完成对语音信号的数/模和模/数转换、复用信令处理和维护管理功能。ONU 的位置有很大灵活性,既可以设置在用户住宅处,也可设置在 DP(配线点)处,甚至 FP(灵活点)处。

AF 为 ONU 和用户设备提供适配功能,具体物理实现则既可以包含在 ONU 内,也可以完全独立。以光纤到路边(Fiber to the Curb,FTTC)为例,ONU 与基本速率 NTl(Network Termination 1,相当于 AF)在物理上就是分开的。当 ONU 与 AF 独立时,则 AF 还要提供在最后一段引入线上的业务传送功能。

随着信息传输向全数字化过渡,光接入方式必然成为宽带接入网的最终解决方法。目前,用户网光纤化主要有两个途径:一是基于现有电话铜缆用户网,引入光纤和光接入传输系统改造成光接入网;二是基于有线电视(CATV)同轴电缆网,引入光纤和光传输系统改造成光纤/同轴混合(Hybrid Fiber Coaxial,HFC)网。

8.3.2　光纤接入网的种类

根据不同的分类原则,OAN 可划分为多个不同种类。

按照接入网的网络拓扑结构划分,OAN 可分为总线型、环形、树形和星形等。

按照接入网的室外传输设备是否含有有源设备,OAN 可以分为无源光网络(PON)和有源光网络(AON)。两者的主要区别是分路方式不同,PON 采用无源光分路器,AON 采用电复用器(可以为 PDH、SDH 或 ATM)。PON 的主要特点是易于展开和扩容,维护费用较低,但对光器件的要求较高。AON 的主要特点是对光器件的要求不高,但在供电及远端电器件的运行维护和操作上有一些困难,并且网络的初期投资较大。

按照接入网能够承载的业务带宽来划分,OAN 可分为窄带 OAN 和宽带 OAN 两类。窄带和宽带的划分以 2.048 Mb/s 速率为界线,速率低于 2.048 Mb/s 的业务称为窄带业务,速率高于 2.048 Mb/s 的业务为宽带业务。

按照光网络单元(ONU)在光接入网中所处的具体位置不同,OAN 可分为光纤到路边(FT-TC)、光纤到大楼(FTTB)、光纤到家(FTTH)和光纤到办公室(FTTO)三种不同的应用类型。如图 8-18 所示。

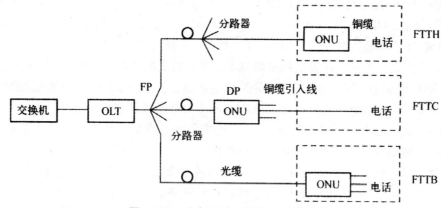

图 8-18   光纤接入网的应用类型

1. 光纤到路边(FITC)

在 FTTC 结构中,ONU 设置在路边的入孔或电线杆上的分线盒处,有时也可能设置在交接箱处。此时从 ONU 到各个用户之间的部分仍为双绞线铜缆。若要传送宽带图像业务,则除了距离很短的情况外,这一部分可能会需要同轴电缆。这样 FTTC 将比传统的数字环路载波(DLC)系统的光纤化程度更靠近用户,增加了更多的光缆共享部分。

2. 光纤到大楼(FTTB)

FTTB 也可以看作是 FTTC 的一种变形,不同之处在于将 ONU 直接放到楼内(通常为居民住宅公寓或小企事业单位办公楼),再经多对双绞线将业务分送给各个用户。FTTB 是一种点到多点结构,通常不用于点到点结构。FTTB 的光纤化程度比 FTTC 更进一步,光纤已敷到楼,因而更适用于高密度区,也更接近于长远发展目标。

3. 光纤到家(FTTH)和光纤到办公室(FITO)

在原来的 FTTC 结构中,如果将设置在路边的 ONU 换成无源光分路器,然后将 ONU 移到用户房间内即为 FITH 结构。如果将 ONU 放在办公大楼的终端设备处并能提供一定范围的灵活的业务,则构成所谓的光纤到办公室(FTTO)结构。FTTO 主要用于企事业单位的用户,业务量需求大,因而结构上适用于点到点或环型结构。而 FTTH 用于居民住宅用户,业务量较小,因而经济的结构必须是点到多点方式。总的看来 FTTH 结构是一种全光纤网,即从本地交换机到用户全部为光连接,中间没有任何铜缆,也没有有源电子设备,是真正全透明的网络。

8.3.3   无源光网络(APON)接入技术

在 PON 中采用 ATM 技术,就成为 ATM 无源光网络(ATM-PON,简称 APON)。PON 是实现宽带接入的一种常用网络形式,电信骨干网绝大部分采用 ATM 技术进行传输和交换,显然,无源光网络的 ATM 化是一种自然的做法。ATM-PON 将 ATM 的多业务、多比特速率能力和统计复用功能与无源光网络的透明宽带传送能力结合起来，从长远来看，这是解决电信接入"瓶颈"的较佳方案。APON 实现用户与四个主要类型业务节点之一的连接，即 PSTN/ISDN 窄带业务，B-ISDN 宽带业务，非 ATM 业务（数字视频付费业务）和 Internet 的 IP 业务。

ATM-PON 的模型结构如图 8-19 所示。其中 UNI 为用户网络接口，SNI 为业务节点接口，ONU 为光网络单元，OLT 为光线路终端。

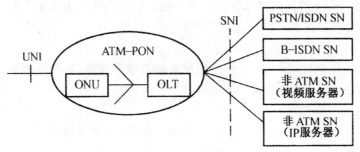

图 8-19　APON 模型结构

PON 是一种双向交互式业务传输系统，它可以在业务节点（SNI）和用户网络节点（UNI）之间以透明方式灵活地传送用户的各种不同业务。基于 ATM 的 PON 接入网主要由光线路终端 OLT（局端设备）、光分路器（Splitter）、光网络单元 ONU（用户端设备），以及光纤传输介质组成。其中 ODN 内没有有源器件。局端到用户端的下行方向，由 OLT 通过分路器以广播方式发送 ATM 信元给各个 ONU。各个 ONU 则遵循一定的上行接入规则将上行信息同样以信元方式发送给 OLT，其关键技术是突发模式的光收发机、快速比特同步和上行的接入协议（媒质访问控制）。ITU-T 于 1998 年 10 月通过了有关 ATM-PON 的 G.983.1 建议。该建议提出下行和上行通信分别采用 TDM 和 TDMA 方式来实现用户对同一光纤带宽的共享。同时，主要规定标称线路速率、光网络要求、网络分层结构、物理媒质层要求、会聚层要求、测距方法和传输性能要求等。G.983.1 对 MAC 协议并没有详细说明，只定义了上下行的帧结构，对 MAC 协议作了简要说明。

1999 年 ITU-T 又推出 G.983.2 建议，即 APON 的光网络终端（Optical Network Terminal，ONT）管理和控制接口规范，目标是实现不同 OLT 和 ONU 之间的多厂商互通，规定了与协议无关的管理信息库被管实体、OLT 和 ONU 之间信息交互模型、ONU 管理和控制通道以及协议和消息定义等。该建议主要从网络管理和信息模型上对 APON 系统进行定义，以使不同厂商的设备实现互操作。该建议在 2000 年 4 月份正式通过。

在宽带光纤接入技术中，电信运营者和设备供应商普遍认为 APON 是最有效的，它构成了既提供传统业务又提供先进多媒体业务的宽带平台。APON 主要特点有：采用点到多点式的无源网络结构，在光分配网络中没有有源器件，比有源的光网络和铜线网络简单，更加可靠，更加易于维护；如果大量使用 FTTH（光纤到家），有源器件和电源备份系统从室外转移到了室内，对器件和设备的环境要求降低，使维护周期加长；维护成本的降低使运营者和用户双方受益；由于它的标准化程度很高，可以大规模生产，从而降低了成本；另外，ATM 统计复用的特点使 ATM-PON 能比 TDM 方式的 PON 服务于更多用户，ATM 的 QoS 优势也得以继承。

根据 G.983.1 规范的 ATM 无源光网络，OLT 最多可寻址 64 个 ONU，PON 所支持的虚通路（VP）数为 4096，PON 寻址使用 ATM 信元头中的 12 位 VP 域。由于 OLT 具有 VP 交叉互连功能,所以局端 VB5 接口的 VPI 和 PON 上的 VPI(OLT 到 ONU)是不同的。限制 VP 数为 4096 使 ONU 的地址表不会很大,同时又保证了高效地利用 PON 资源。

以 ATM 技术为基础的 APON,综合了 PON 系统的透明宽带传送能力和 ATM 技术的多业务多比特率支持能力的优点,代表了接入网发展的方向。APON 系统主要有下述优点。

(1)理想的光纤接入网

无源纯介质的 ODN 对传输技术体制的透明性,使 APON 成为未来光纤到家、光纤到办公室、光纤到大楼的最佳解决方案。

(2)低成本

树型分支结构,多个 ONU 共享光纤介质使系统总成本降低;纯介质网络,彻底避免了电磁和雷电的影响,维护运营成本大为降低。

(3)高可靠性

局端至远端用户之间没有有源器件,可靠性较有源 OAN 大大提高。

(4)综合接入能力

能适应传统电信业务 PSTN/ISDN;可进行 Internet Web 浏览;同时具有分配视频和交互视频业务(CATV 和 VOD)能力。

虽然 APON 有一系列优势,但是由于 APON 树型结构和高速传输特性,还需要解决诸如测距、上行突发同步、上行突发光接收和带宽动态分配等一系列技术及理论问题,这给 APON 系统的研制带来一定的困难。目前这些问题已基本得到解决,我国的 APON 产品已经问世,APON 系统正逐步走向实用阶段。

8.4　HFC 接入网技术

混合光纤同轴接入网(HFC)是 1994 年 AT&T 公司提出的一种宽带接入方式。这种方式将光纤用于干线部分来传输高质量的信号,配线网部分基本保留原有的树型—分支型模拟同轴电缆网。HFC 接入技术是宽带接入中技术最先成熟也是最先进入市场的,由于有带宽宽,经济性较好所优点,在同轴电缆网络完善的国家和地区有着广阔的应用前景。

8.4.1　HFC 的系统结构

HFC 接入网是一种以模拟频分复用技术为基础,综合应用模拟和数字传输技术、光纤和同轴电缆技术、射频技术以及高度分布式智能技术的宽带接入网络,是 CATV 网和电信网结合的产物,也是将光纤逐渐推向用户的一种新的经济的演进策略。它实际上是将现有光纤/同轴电缆混合组成的单向模拟 CATV 网改为双向网络,除了提供原有的模拟广播电视业务外,利用频分复用技术和专用电缆调制解调技术(Cable Modem)实现语音、数据和交互式视频等宽带双向业务的接入和应用。

HFC 的系统结构如图 8-20 所示。它由馈线网、配线网和用户引入线三部分组成。

与传统 CATV 网相比,HFC 网络结构无论从物理上还是逻辑拓扑上都有重要变化。现代 HFC 网大多采用星型/总线结构。

馈线网是指前端机至服务区光纤节点之间的部分,大致相当于 CATV 的干线段。由光缆线路组成,多采用星型结构。

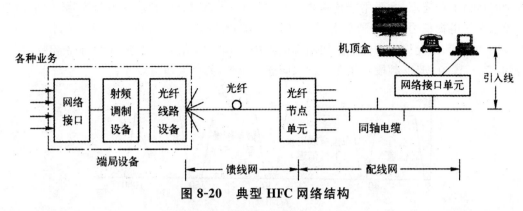

图 8-20　典型 HFC 网络结构

配线网是指服务区光纤节点与分支点之间的部分,类似于 CATV 网中的树型同轴电缆网。在一般光纤网络中服务区越小,各个用户可用的双向通信带宽越宽,通信质量也越好。但是,服务区小意味着光纤靠近用户,即成本上升。HFC 采用的是光纤和同轴电缆的混合接入,因此要选择一个最佳点。

引入线是指分支点至用户之间的部分,因而与传统的 CATV 网相同。

目前较为适宜的是在配线部分和引入线部分采用同轴电缆,光纤主要用于干线段。

HFC 采用副载波调制进行传输,以频分复用方式实现语音、数据和视频图像的一体化传输,其最大的特点是技术上比较成熟,价格比较低廉同时可实现宽带传输,能适应今后一段时间内的业务需求而逐步向 FrTH(光纤到用户)过渡。无论是数字信号还是模拟信号,只要经过适当的调制和解调,都可以在该透明通道中传输,有很好的兼容性。

8.4.2　HFC 工作原理

HFC 系统综合采用调制技术和模拟传输技术,实现多种业务信息,如话音、视频、数据等的接入。如图 8-21,当传输数字视频信号时,可用 QAM 正交幅度调制或 QPDM 正交频分复用;当传输语音或数据时,可用 QPSK 正交相移键控;当传送模拟电视信号时,可用 AMVSB 方式。调制复用后的信号经电/光转换形成调幅光信号,经光纤传送到光节点,在光节点进行光/电变换后,形成射频电信号,由同轴电缆送至分支点,利用用户终端设备中的解调器将射频信号恢复成基群信号,最后解出相应的语音或模拟视频信号或数字视频信号。

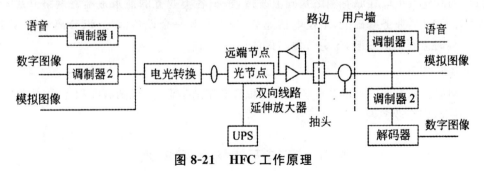

图 8-21　HFC 工作原理

HFC 采用副载波频分复用方式,将各种信号通过调制后同时在线路上传输,对其频谱必须有合理的安排。各类信号调制后的频谱安排如图 8-22 所示。从图中看出,低端的 5～42 MHz

的频带安排为上行通道,主要用于传送电话信号。45～750 MHz 频段为下行通道,用来传输现有的模拟有线电视信号,每一通路带宽为 6～8 MHz,因而总共可以传 60～80 路电视信号。582～750 MHz频段允许用来传输附加的模拟或数字 CATV 信号,支持 VOD 业务和数据业务。高端的 750～1000 MHz 频段仅用于各种双向通信业务,如个人通信业务。

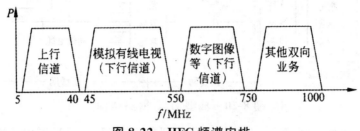

图 8-22   HFC 频谱安排

8.4.3   HFC 入网的特点

HFC 接入网可传输多种业务,具有较为广阔的应用领域,尤其是目前,绝大多数用户终端均为模拟设备(如电视机),与 HFC 的传输方式能够较好地兼容。

1. 传输频带较宽

HFC 具有双绞铜线对无法比拟的传输带宽,它的分配网络的主干部分采用光纤,其间可以用光分路器将光信号分配到各个服务区,在光节点处完成光/电变换,再用同轴电缆将信号分送到各用户家中,这种方式兼顾到提供宽带业务所需带宽及节省建立网络开支两个方面的因素。

2. 与目前的用户设备兼容

HFC 网的最后一段是同轴网,它本身就是一个 CATV 网,因而视频信号可以直接进入用户的电视机,以保证现在大量的模拟终端可以使用。

3. 支持宽带业务

HFC 网支持全部现有的和发展的窄带及宽带业务,可以很方便第将语音、高速数据及视频信号经调制后送出,从而提供了简单的、能直接过渡到 FTTH 的演变方式。

4. 成本较低

HFC 网的建设可以在原有网络基础上改造,根据各类业务的需求逐渐将网络升级。例如,若想在原有 CATV 业务基础上,增设电话业务,只需安装一个设备前端,以分离 CATV 和电话信号,而且何时需要何时安装,十分方便与简洁。

5. 全业务网

HFC 网的目标是能够提供各种类型的模拟和数字通信业务,包括有线和无线,数据和语声,多媒体业务等,即全业务网。

8.5   宽带无线接入网技术

无线接入技术是指从业务节点接口到用户终端部分全部或部分采用无线方式,即利用卫星、微波等传输手段向用户提供各种业务的一种接入技术。由于其开通方便,使用灵活,得到广泛的应用。另外,未来个人通信的目标是实现任何人在任何时候、任何地方能够以任何方式与任何人通信,而无线接入技术是实现这一目标的关键技术之一,因此越来越受到人们的重视。

无线接入技术经历了从模拟到数字,从低频到高频,从窄带到宽带的发展过程,其种类很多,应用形式多种多样。但总的来说,可大致分为固定无线接入和移动接入两大类。

8.5.1　固定无线接入技术

固定无线接入(Fixed Wireless Access,FWA)主要是为固定位置的用户(如住宅用户、企业用户)或仅在小范围区域内移动(如大楼内、厂区内,无需越区切换的区域)的用户提供通信服务,其用户终端包括电话机、传真机或计算机等。目前 FWA 连接的骨干网络主要是 PSTN,因此也可以说 FWA 是 PSTN 的无线延伸,其目的是为用户提供透明的 PSIN 业务。

1. 固定无线接入技术的应用方式

按照无线传输技术在接入网中的应用位置,FWA 主要有以下三种应用方式,馈线、配线和引入线的位置如图 8-23 所示。

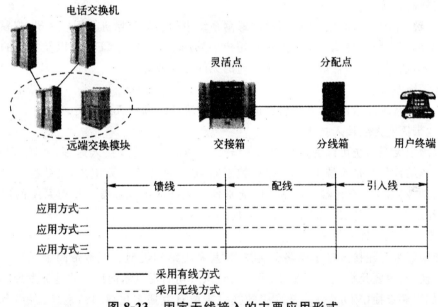

图 8-23　固定无线接入的主要应用形式

(1)全无线本地环路。

从本地交换机到用户端全部采用无线传输方式,即用无线代替了铜缆的馈线、配线和引入线。

(2)无线配引线/用入线本地环路。

从本地交换机到灵活点或分配点采用有线传输方式,再采用无线方式连接至用户,即用无线替代了配线和引入线或引入线。

(3)无线馈线/馈配线本地环路。

从本地交换机到灵活点或分配点采用无线传输方式。从灵活点到各用户使用光缆、铜缆等有线方式。

目前,我国规定固定无线接入系统可以工作在 450 MHz、1.8/1.9 GHz 和 3 GHz 等 4 个频段。

2. 固定无线接入的实现方式

按照向用户提供的传输速率来划分,固定无线接入技术的实现方式可分为窄带无线接入(小于 64 kb/s)、中宽带无线接入(64～2048 kb/s)和宽带无线接入(大于 2048 kb/s)。

(1)窄带固定无线接入技术

窄带固定无线接入以低速电路交换业务为特征,其数据传送速率一般小于或等于 64 kb/s。使用较多的技术如下:

1)微波点对点系统。

采用地面微波视距传输系统实现接入网中点到点的信号传送。这种方式主要用于将远端集中器或用户复用器与交换机相连。

2)微波点对多点系统。

以微波方式作为连接用户终端和交换机的传输手段。目前大多数实用系统采用 TDMA 多址技术实现一点到多点的连接。

3)固定蜂窝系统。

由移动蜂窝系统改造而成,去掉了移动蜂窝系统中的移动交换机和用户手机,保留其中的基站设备,并增加固定用户终端。这类系统的用户多采用 TDMA 或 CDMA 以及它们的混合方式接入到基站上,适用于在紧急情况下迅速开通的无线接入业务。

4)固定无绳系统。

由移动无绳系统改造而成,只需将全向天线改为高增益扇形天线即可。

(2)中宽带固定无线接入技术

中宽带固定无线系统可以为用户提供 64～2048 kb/s 的无线接入速率,开通 ISDN 等接入业务。其系统结构与窄带系统类似,由基站控制器、基站和用户单元组成,基站控制器和交换机的接口一般是 V5 接口,控制器与基站之间通常使用光纤或无线连接。这类系统的用户多采用 TDMA 接入方式,工作在 3.5 GHz 或 10 GHz 的频段上。

(3)宽带固定无线接入技术

窄带和中宽带无线接入基于电路交换技术,其系统结构类似。但宽带固定无线接入系统是基于分组交换的,主要是提供视频业务,目前已经从最初的提供单向广播式业务发展到提供双向视频业务,如视频点播(VOD)等。其采用的技术主要有直播卫星(DBS)系统、多路多点分配业务(MMDS)和本地多点分配业务(LWDS)三种。

①直播卫星系统。

直播卫星系统是一种单向传送系统,即目前通常使用的同步卫星广播系统,主要传送单向模拟电视广播业务。

②多路多点分配业务。

多路多点分配业务是一种单向传送技术,需要通过另一条分离的通道(如电话线路)实现与前端的通信。

③本地多点分配业务。

本地多点分配业务是一种双向传送技术,支持广播电视、VOD、数据和语音等业务。

8.5.2 无线接入技术

无线接入技术在本地网中的重要性正在日益增长,越来越多的通信厂商和电信运营部门积极地提出和使用各种各样的无线接入方案,无线通信市场上的各种蜂窝移动通信、无绳电话、移动卫星技术等,也纷纷被用于无线接入网。目前,无线接入技术正开始走向宽带化、综合化与智能化,以下介绍正在开发的一些无线接入新技术。

1. 本地多点分布业务(LMDS)技术

本地多点分布业务(Local Multipoint Distribution Service,LMDS)系统是一种宽带固定无线接入系统。它工作在微波频率的高端(20～40 GHz 频段),以点对多点的广播信号传送方式为电信运营商提供高速率、大容量、高可靠性、全双工的宽带接入手段,为运营商在"最后一公里"宽带接入和交互式多媒体应用提供了经济、简便的解决方案。

LMDS 是首先由美国开发的,其不支持移动业务。LMDS 采用小区制技术,根据各国使用频率的不同,其服务范围约为 1.6～4.8 km。运营商利用这种技术只需购买所需的网元就可以向用户提供无线宽带服务。LMDS 是面对用户服务的系统,具有高带宽和双向数据传输的特点,可以提供多种宽带交互式数据业务及话音和图像业务,特别适用于突发性数据业务和高速 Internet 接入。

LMDS 是结合高速率的无线通信和广播的交互性系统。LMDS 网络主要由网络运行中心(Network Operating Center,NOC)、光纤基础设施、基站和用户站设备组成。NOC 包括网络管理系统设备,它管理着用户网的大部分领域;多个 NOC 可以互联。光纤基础设施一般包括 SONET OC-3 和 DS-3 链路、中心局(CO)设备、ATM 和 IP 交换机系统,可与 Internet 及 PSTN 互联。基站用于进行光纤基础设施向无线基础设施的转换,基站设备包括与光纤终端的网络接口、调制解调器和微波传输与接收设备,可不含本地交换机。基站结构主要有两种:一种是含有本地交换机的基站结构,则连到基站的用户无需进入光纤基础设施即可与另一个用户通信,这就表示计费、信道接入管理、登记和认证等是在基站内进行的。另一种基站结构是只提供与光纤基础设施的简单连接,此时所有业务都接向光纤基础设施中的 ATM 交换机或 CO 设备。如果连接到同一基站的两个用户希望建立通信,那么通信以及计费、认证、登记和业务管理功能都在中心地点完成。用户站设备因供货厂商不同而相差甚远,但一般都包括安装在户外的微波设备和安装在室内的提供调制解调、控制、用户站接口功能的数字设备。用户站设备可以通过 TDMA、FDMA 及 CDMA 方式接入网络。不同用户站地点要求不同的设备结构。

如图 8-24 所示的是目前被广泛接受的 LMDS 系统。用户站由一个安装在屋顶的天线及室外收发信机和一个用户接口单元组成。而中心站是由一个安装在室外的天线及收发信机以及一个室内控制器组成,此控制器连接到一个 ATM 交换机的光纤环路中。此系统目前仍是以 4 个扇区进行匹配的,今后可能发展到 24 个扇区。

LMDS 技术特点主要有以下几个方面。

(1)可提供极高的通信带宽

LMDS 工作在 28 GHz 微波波段附近,是微波波段的高端部分,属于开放频率,可用频带为 1 GHz 以上。

(2)蜂窝式的结构配置可覆盖整个城域范围

LMDS 属无线访问的一种新形式,典型的 LMDS 系统为分散的类似蜂窝的结构配置。它由

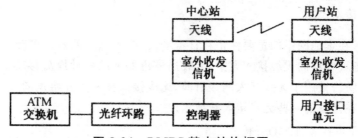

图 8-24　LMDS 基本结构框图

多个枢纽发射机(或称为基地站)管理一定范围内的用户群,每个发射机经点对多点无线链路与服务区内的固定用户通信。每个蜂窝站的覆盖区为 2~10 km,覆盖区可相互重叠。每个覆盖区又可以划分多个扇区,可根据用户远端的地理分布及容量要求而定,不同公司的单个基站的接入容量可达 200 Mb/s。LMDS 天线的极化特性用来降低同一个地点不同扇区以及不同地点相邻扇区的干扰,即假如一个扇区利用垂直极化方式,那么相邻扇区便使用水平极化方式,这样理论上能保证在同一地区使用同一频率。

(3)LMDS 可提供多种业务

LMDS 在理论上可以支持现有的各种语音和数据通信业务。LMDS 系统可提供高质量的语音服务,而且没有延迟,用户和系统之间的接口通常是 RJ.11 电话标准,与所有常用的电话接口是兼容的。LMDS 还可以提供低速、中速和高速数据业务。低速数据业务的速率为 1.2~9.6 kb/s,能处理开放协议的数据,网络允许本地接入点接到增值业务网并可以在标准话音电路上提供低速数据。中速数据业务速率为 9.6 kb/s~2 Mb/s,这样的数据通常是增值网络本地接入点。在提供高速数据业务(2~55 Mb/s)时,要用 100 Mb/s 的快速以太网和光纤分布的数据接口(Fiber Distributed Data Interface,FDDI)等,另外还要支持物理层、数据链路层和网络层的相关协议。除此之外,LMDS 还能支持高达 1Gb/s 速率的数据通信业务。

(4)LMDS 能提供模拟和数字视频业务

如远程医疗、高速会议电视、远程教育、商业及用户电视等。此外,LMDS 有完善的网管系统支持,发展较成熟的 LMDS 设备都具有自动功率控制、本地和远端软件下载、自动故障汇报、远程管理及自动性能测试等功能。这些功能可方便用户对网络的本地和远程进行监控,并可降低系统维护费用。

与传统的光纤接入、以太网接入和无线点对点接入方式相比,LMDS 有许多优势。首先,LMDS 的用户能根据自身的市场需求和建网条件等对系统设计进行选择,并且 LMDS 有多种调制方式和频段设备可选,上行链路可选择 TDMA 或 FDMA 方式,因此,LMDS 的网络配置非常灵活。其次,这种无线宽带接入方式配备多种中心站接口(如 N×E1,E3,155 Mb/s 等)和外围站接口(如 E1,帧中继,ISDN,ATM,10 MHz 以太网等)。再次,LMDS 的高速率和高可靠性,以及它便于安装的小体积低功耗外围站设备,使得这种技术极适合于市区使用。在具体应用方面,LMDS 除可以代替光纤迅速建立起宽带连接外,利用该技术还可建立无线局域网以及 IP 宽带无线本地环。

2. 蓝牙技术

蓝牙技术是由爱立信公司在 1994 年提出的一种最新的无线技术规范。其最初的目的是希望采用短距离无线技术将各种数字设备(如移动电话、计算机及 PDA 等)连接起来,以消除繁杂的电缆连线。随着研究的进一步发展,蓝牙技术可能的应用领域得到扩展。如蓝牙技术应用于汽车工业、无线网络接入、信息家电及其他所有不便于进行有线连接的地方。最典型的应用是在无线个人域网(Wireless Personal Area Network,WPAN),它可用于建立一个便于移动、连接方便、传输可靠的数字设备群,其目的是使特定的移动电话、便携式计算机以及各种便携式通信设备的主机之间在近距离内实现无缝的资源共享。蓝牙协议能使包括蜂窝电话、掌上电脑、笔记本电脑、相关外设和家庭 Hub 等包括家庭 RF 的众多设备之间进行信息交换。

蓝牙技术定位在现代通信网络的最后 10 m,是涉及网络末端的无线互连技术,是一种无线数据与语音通信的开放性全球规范。它以低成本的近距离无线连接为基础,为固定与移动设备通信环境建立一个特别连接。

蓝牙工作频段为全球通用的 2.4 GHz 工业、科学和医学(Industry Science and Medicine,ISM)频段,由于 ISM 频段是对所有无线电系统都开放的频带,因此,使用其中的某个频段都会遇到不可预测的干扰源。为此,蓝牙技术特别设计了快速确认和调频方案以确保链路稳定,并结合了极高跳频速率(1600 跳/s)和调频技术,这使它比工作在相同频段而跳频速率均为 50 跳/s的 802.11 FHSS 和 HomeRF 无线电更具抗干扰性。蓝牙的数据传输速率为 1 Mb/s。采用时分双工方案来实现全双工传输,支持物理信道中的最大带宽,其调制方式为 BT＝0.5 的 GFSK。蓝牙基带协议是电路交换与分组交换的结合。信道上信息以数据包的形式发送,即在保留的时隙中可传输同步数据包,每个数据包以不同的频率发送。蓝牙支持多个异步数据信道或多达 3个并发的同步话音信道,还可以用一个信道同时传送异步数据和同步话音。每个话音信道支持64 kb/s 同步话音链路。异步信道可支持一端最大速率为 721 kb/s 而另一端速率为57.6 kb/s的不对称连接,也可以支持 432.6 kb/s 的对称连接。

一个蓝牙网络由一台主设备和多个辅设备组成,它们之间保持时间和跳频模式同步,每个独立的同步蓝牙网络可称为一个"微微网"。由于蓝牙网络面向小功率、便携式的应用场合,在一般情况下,一个典型的"微微网"的有效范围大约在 10 m 之内。微微网结构如图 8-25 所示。当有多个辅设备时,通信拓扑即为点到多点的网络结构。在这种情况下,微微网中的所有设备共享信道及带宽。一个微微网中包含一个主设备单元和可多达 7 个激活的辅设备单元。多个微微网交迭覆盖形成一个分散网。事实上,一个微微网中的设备可以作为主设备或辅设备加入到另一个微微网中,并通过时分复用技术来完成。

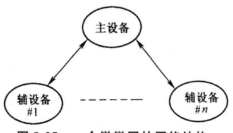

图 8-25　一个微微网的网络结构

从理论上讲,蓝牙技术可以被植入到所有的数字设备中,用于短距离无线数据传输。目前可以预计的应用场所主要是计算机、移动电话、工业控制及无线个人域网(WPAN)的连接。蓝牙接口可以直接集成到计算机主板或者通过 PC 卡或 USB 接口连接,实现计算机之间及计算机与外设之间的无线连接。这种无线连接对于便携式计算机可能更有意义。通过在便携式计算机中植入蓝牙技术,便携式计算机就可以通过蓝牙移动电话或蓝牙接入点连接远端网络,方便地进行数据交换。从目前来看,移动电话是蓝牙技术的最大应用领域。在移动电话中植入蓝牙技术,可以实现无线耳机、车载电话等功能,还能实现与便携式计算机和其他手持设备的无电缆连接,组成一个方便灵活的无线个人域网(WPAN)。无线个人域网(WPAN)将会是全球个人通信世界中的重要环节之一,所以蓝牙技术的战略含义不言而喻。蓝牙技术普及后,蓝牙移动电话还能作为一个工具,实现所有的商用卡交易。

至今已有 250 种以上各种已认证通过的蓝牙产品,而且目前蓝牙设备一般由 2～3 个芯片 (9 mm×9 mm)组成,价格较低。可以说借助蓝牙技术才可能实现"手机电话遥控一切",而其他应用模式还可以进一步开发。

虽然蓝牙在多向性传输方面上具有较大的优势,但也需防止信息的误传和被截取。如果你带一台蓝牙的设备来到一个装备 IEEE802.11 无线网卡的局域网的环境,将会引起相互干扰;蓝牙具有全方位的特性,若是设备众多,识别方法和速度会出现问题;蓝牙具有一对多点的数据交换能力,故它需要安全系统来防止未经授权的访问;蓝牙的通信速度为 750 kbits/s,而现在带 4 Mbits/s IR 端口的产品比比皆是,最近 16 Mbits/s 的扩展也已经被批准。尽管如此,蓝牙应用产品的市场前景仍然看好,蓝牙为语音、文字及影像的无线传输大开方便之门。蓝牙技术可视为一种最接近用户的短距离、微功率、微微小区型无线接入手段,将在构筑全球个人通信网络及无线连接方面发挥其独特的作用。

第9章 多媒体通信同步技术

同步是在各类通信系统中经常遇到的一个概念,它往往与统一的时间基准(或者说时钟)相关联。例如收、发端的同步表示收、发端时钟是同频率和同相位的;网同步表示全网有统一的时钟等。而本章所讨论的是媒体同步,它虽然与时钟同步有密切的关系,但是所包含的概念更为广泛。媒体同步是由多媒体数据所具有的独特特征而引发出的问题,换句说话,只有在多媒体系统中才有多媒体同步的问题。也正因为如此,本章对多媒体同步的讨论需要从介绍多媒体数据的特点开始。

9.1 概述

9.1.1 多媒体数据

1. 连续媒体数据与静态媒体数据

多媒体数据是由在内容上相互关联的文本、图形、图像、动画、语音和活动图像等媒体数据构成的一种复合信息实体。多媒体数据的形成过程,就是这些不同类型数据在计算机的控制之下合成的过程。在这一过程中,每一种媒体数据都是以数字化的方式被表示、存储、传输和处理的。其中,有着严格时间关系的音频、视频等类型的数据称为实时媒体数据或连续媒体(Continuous Medium)数据,其他类型的数据被称为非实时媒体数据、离散媒体(Discrete Medium)数据或者静态媒体数据。一般地讲,在涉及多媒体数据时,意味着这种复合数据体中至少包含一种非实时数据和一种实时数据。

数字化的表示方式是描述多媒体数据的关键之一。正是因为不同类型的媒体数据(特别是模拟的音频、视频等信号)能够以数字化的方式表示,计算机系统才能将它们构成一个有机的整体,进而完成对多媒体数据的存储、传输或其他处理。

虽然不同媒体类型的数据都可以表示为数字信号,但其特点各不相同。按数据对时间的敏感性和数据生成方式的差别,可以将不同媒体类型的数据划分为表 9-1 所示的几类。

表 9-1 媒体数据的成分

时间敏感性 生成方式	连续媒体(敏感)	静态媒体(不敏感)
获取(源自现实世界)	声音、视频信号	静止图像
合成(由计算机完成)	动画	文本、图形

声音、视频数据和静止图像数据通常是由某种采集设备(如麦克风、摄像机、扫描仪等)直接获取,经 A/D 转换后进入计算机系统的,这称为获取数据;由计算机生成的动画、文本、图形等数据则称为合成(Synthetic)数据。不过,随着语音合成技术、光字符识别技术 OCR(Optical Character Recognition)等新技术的应用,这种划分的界线变得越来越模糊。

连续数据可以看成是由逻辑数据单元 LDU(Logical Data Unit)构成的时间序列,或称为流(Stream)。LDU 的划分由具体的应用、编码方式、数据的存储方式和传输方式等因素决定。例如,对于符合 H.262 标准的视频码流,一个 LDU 可以是一个宏块、一个条、一帧图像,或者是构成一个场景的几帧图像(如图 9-1 所示)等。连续数据的各个 LDU 之间存在着固定的时间关系,例如以一帧图像为一个 LDU,则相继的 LDU 之间的时间间隔为 40 ms(见图 9-2)。这种时间关系是在数据获取时确定的,而且要在经过存储、处理、传输之后在播放过程中保持不变,否则就会损伤媒体显示时的质量,例如产生图像的停顿、跳动,或声音的间断等。在静态数据内部则不存在这种时间关系。

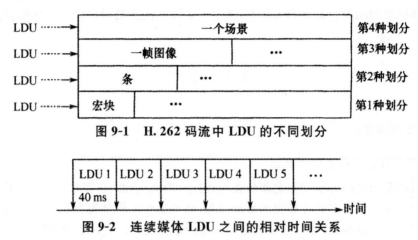

图 9-1　　H.262 码流中 LDU 的不同划分

图 9-2　　连续媒体 LDU 之间的相对时间关系

2. 多媒体数据内部的约束关系

多媒体数据所包含的各种媒体对象并不是相互独立的,它们之间存在着多种相互制约的关系(或称同步关系)。反之,毫无联系的不同媒体的数据所构成的集合不能称为多媒体数据。多媒体数据内部所固有的约束关系可以概括为基于内容的约束关系、空域约束关系和时域约束关系。

(1)基于内容的约束关系

基于内容的约束关系是指,在用不同的媒体对象代表同一内容的不同表现形式时,内容与表现形式之间所具有的约束关系。这种约束关系在数值分析中应用得比较多,例如对原始数据进行分析的结果可以用报表、图形或者动画的形式反映在最终提交给用户的多媒体文档中。由于人们对于不同类型的媒体有着不同的感受,如报表给人以精确详尽的感觉,图形显得直观,而动画则能让人更好地了解数据的演变过程,因此采用多种表现形式能够使用户对于原始数据有一个全面的认识。

为了支持这种约束关系,多媒体系统需要解决的主要问题是,在多媒体数据的更新过程中确保不同媒体对象所含信息的一致性,即在数据更新后,保证代表不同表现形式的各媒体对象都与更新后的数据对应。解决这一问题的一种办法是,定义原始数据和不同类型媒体之间的转换原则,并由系统而不是由用户来完成对多媒体文档内容的调整。

(2)空域约束关系

空域约束关系又称为布局(Layout)关系,它用来定义在多媒体数据显示过程中的某一时刻,不同媒体对象在输出设备(如显示器、纸张等)上的空间位置关系。这种约束关系是排版、电子出版物与著作等系统中要解决的首要问题。由这些系统生成的多媒体文档被称为结构化文档。

办公室文档结构 ODA(Office Document Architecture)是一种定义结构化文档的国际标准,它是由 ISO 制定的(ISO 8613 系列),后为 ITU 所支持,并更名为开放性文档结构(T.410 协议系列)。ODA 标准主要针对办公环境下常见的文档类型(如信件、报告、备忘录等),以及由文字处理程序生成的文档(可包含文本、图形、图像)而制定。早期的 ODA 标准不支持声音、活动图像等连续媒体。经扩展后的标准 HyperODA 文档可以支持声音、活动图像、超级链以及对各数据体之间时域关系的定义。

ODA 定义了逻辑文档结构和布局文档结构,并采用树状模型对这两种结构进行层次化描述。文档内容(即各媒体对象)被存放在叶子中,叶子的属性表明了数据的媒体类型。文档的逻辑结构表示内容的组织方式,如章节、标题、注解等;布局结构则描述了各数据体之间的空域关系。媒体对象和基本布局对象之间存在着确定的映射关系,而基本布局对象和输出设备的某一矩形区域相对应,其位置可以根据输出设备上的某一固定点或与其他基本布局对象的相对关系来标注。如图 9-3 所示,多个基本布局对象又可构成复合布局对象,从而形成表示媒体对象间空域关系的树状结构。

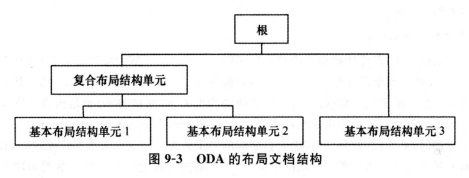

图 9-3　ODA 的布局文档结构

(3)时域约束关系

时域约束关系(或称时域特征)反映媒体对象在时间上的相对依赖关系,它主要表现在如下两个方面:

①连续媒体对象的各个 LDU 之间的相对时间关系;

②各个媒体对象(包括连续媒体对象以及静态媒体对象)之间的相对时间关系。

连续媒体对象内部 LDU 之间的时间约束关系已在图 9-2 中作了说明。图 9-4 给出了媒体对象之间的相对时间关系的例子。图中表示声音 1 和电视图像同时播放,继而播放 3 幅静止图像(P_1、P_2、P_3),然后播放一段动画,动画期间插入声音 2。

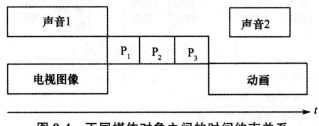

图 9-4　不同媒体对象之间的时间约束关系

媒体对象之间的时域约束关系按照确立这种关系的时间来区分,可以分为实时(Live)同步和综合(Synthetic)同步两种。实时同步是指在信息获取过程中建立的同步关系。例如,人物口形动作和声音之间的配合,通常称为口形(或唇)同步(Lip-Sync);又如,当处于不同地点的多个与会者在各自的计算机上观看同一幅图表,其中一人用箭头指着图表作解说时,出现在其他人的屏幕上的箭头必须和解说一致,这称为指针同步(Pointer-Sync)。口形同步与指针同步都属于实时同步。综合同步是指在分别获取不同的信息之后,再人为地指定的同步关系。在播放时,系统将根据指定的同步关系显示有关的信息。在图 9-4 所示的例子中,录像片断、3 幅静止图像和动画之间的串联顺序就属于综合同步关系。综合同步可以事先定义,也可以在系统的运行过程中定义。例如在一个导游系统中,根据用户即时输入的要求,系统自动地产生对某条旅游路线的解说,配合介绍该条路线的录像也同时播放。解说与录像之间的时间约束关系就是在运行过程中指定并执行的。

在上述 3 种约束关系中,时域特征是最重要的一种。当时域特征遭到破坏时,用户就可能遗漏或者误解多媒体数据所要表达的信息内容。例如在观看体育比赛的现场直播时,电视画面的暂时中断或不连贯,会妨碍观众对比赛过程的准确了解,而这种画面的中断或不连贯就是时域特征遭到破坏的具体表现。由此可以理解,时域特征是多媒体数据语义的一个重要组成部分。时域特征被破坏,也就破坏了多媒体数据语义的完整性。在本章后面的叙述中,将只讨论有关时域约束关系方面的问题。

3. 多媒体数据的构成

根据上面的讨论,多媒体数据的构成可以用图 9-5 来表示。其中主体部分是不同媒体(如文字、图形、图像、声音和活动图像)的数据,这些数据包含了所要表达的信息内容,称为构成多媒体数据的成分数据。除了成分数据之外,它们之间的约束关系(同步关系)也是构成多媒体数据的不可缺少的组成部分。这些约束关系称为同步规范(Synchronization Specifications)。在存储和传输成分数据时,必须同时存储和传输它们之间的同步关系。在对成分数据作处理时,必须维持它们之间的同步关系。当只考虑时域同步关系时,时域同步规范由同步描述数据和同步容限两部分组成。同步描述数据表示媒体内部和媒体之间的时间约束关系,同步容限则表示这些约束关系所允许的偏差范围。

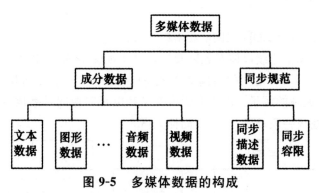

图 9-5　多媒体数据的构成

上述结构反映了多媒体数据与传统的计算机数据的本质区别,并由此产生了多媒体系统中的同步问题。多媒体同步所研究的主要问题是:

①如何表示(描述)多媒体数据的时域特征;

②在处理多媒体数据的过程中(如采集、传输、播放等),如何维持时域特征。完成第2项工作的机制称为同步机制。

9.1.2 多媒体数据时域特征的表示

1. 时域场景和时域定义方案

对多媒体数据的时域特征进行抽象、描述以及给出必要的同步容限,是在表示时域特征的过程中所要完成的任务。这里,抽象是一个忽略与时域特征不相干的细节(如数据量、压缩及编码方式等)、将多媒体数据概括为一个时域场景的过程。一个时域场景由若干时域事件构成,每一个时域事件都是与多媒体数据在时域中发生的某个行为(如开始播放、暂停、恢复以及终止播放等)相对应的。时域事件可以认为是瞬时完成的(例如在第6 s开始播放一段电视图像等),也可以认为是持续一段时间的(例如播放过程持续6 min等)。如果一个时域事件在场景中的位置可以完全地确定,称该事件为确定性时域事件,否则就是非确定性时域事件。例如,暂停播放、恢复播放等事件在时域场景中的位置不能事先确定,只有在播放多媒体对象的过程中,才能够根据用户交互的实际情况确定下来。凡是包含有非确定性时域事件的场景为非确定性时域场景,反之则为确定性时域场景。例如对图9-6所示的两个时域场景来说,场景(a)中不含有任何非确定性时域事件,因而是确定性时域场景。在场景(b)中,由于p事件和r事件的位置有待于在具体播放过程中确定,所以这两个事件为非确定性时域事件,它们使得e_4、s_5、e_5成为非确定性时域事件。这些非确定性时域事件的存在决定了(b)场景为非确定性时域场景。由于在每次播放同一个多媒体对象的过程中,非确定性时域事件在场景中的位置往往是不相同的,这就意味着表示及处理非确定性时域场景的难度要比确定性时域场景大得多。

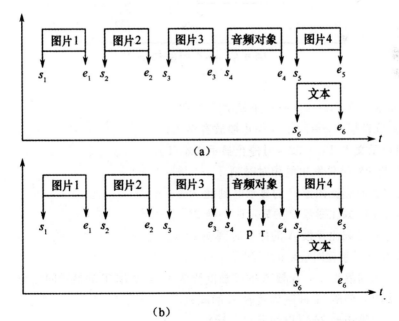

s_i:播放; e_i: 终止; P: 暂停,r: 恢复,e_4与s_5间的时间间隔固定

图9-6　确定性时域场景和非确定性时域场景

在将一个多媒体对象抽象为一个时域场景之后,需要利用某种时间模型对场景加以描述。

时间模型是一种数据模型,由若干基本部件以及部件的使用规则构成。它是在计算机系统内部为时域场景建模的依据。建模的结果通过某种形式化语言转化为形式化描述,这种形式化描述就是同步描述数据。时间模型及相应的形式化语言则合称为时域定义方案(Temporal Specification Scheme)。

为了使同步机制能够了解并维持多媒体对象的时域特征,除了同步描述数据以外,还需要向同步机制提出必要的服务质量要求,这种要求是用户和同步机制之间,在应当以何种准确程度来维持时域特征方面所达成的一种约定。这种约定就是我们在前面所说的同步容限。

同步描述数据和同步容限构成了在计算机系统内部对多媒体数据时域特征的表示。时域特征表示的过程可由图 9-7 表示。

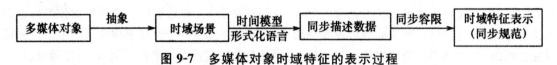

图 9-7　多媒体对象时域特征的表示过程

需要指出,在对同一时域场景进行表示(描述)的过程中,采用的时间模型不同,得到的同步描述数据也就不完全相同。如对图 9-8 所示的时域场景而言,可以得到如下 3 种同步描述数据:

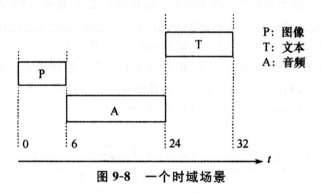

图 9-8　一个时域场景

(1)时间模型针对事件发生的时刻

$t=0$ s 时显示图像 P,$t=6$ s 时停止显示图像 P;

$t=6$ s 时播放音频 A,$t=24$ s 时停止播放音频 A;

$t=24$ s 时显示文本 T,$t=32$ s 时停止显示文本 T。

(2)时间模型针对事件发生的相对时刻

音频 A 的播放时刻比图像 P 的显示时刻晚 6 s;

文本 T 的显示时刻比图像 P 的显示时刻晚 24 s;

文本 T 的显示时刻比音频 A 的播放时刻晚 18 s。

(3)时间模型针对事件对应的时间间隔

图像 P 的显示间隔为 6 s,音频 A 的播放间隔为 18 s,文本 T 的显示间隔为 8 s;

A 间隔紧接着 P 间隔,T 间隔紧接着 A 间隔;

T 间隔与 P 间隔相差 24 s(以间隔起点计)。

模型(1)直接定义事件在场景中的位置,事件间的时域关系间接地得到体现;而模型(2)、(3)则直接对事件间的时域关系进行定义。3 种时间模型从不同的角度来表示同一时域场景,得到不同的同步描述数据。它们都能全面地反映该场景的时域特征,是等效的。但是不同的时间模型具有各自的优缺点,在实际应用中,应当根据系统所要处理的多媒体数据的特点及其应用的需要,选择恰当的时间模型来完成对其时域特征的表示。有时还需要对不同的时间模型进行综合,或提出新的时间模型。对时间模型的分析、比较、综合以及提出新的时间模型等方面的工作,需要在一个统一的基础上进行,下面要介绍的时域参考框架就是这样一个基础。

2. 时域参考框架

时域参考框架(如图 9-9 所示)是研究多媒体同步的一个很好的基础。它不仅有助于分析、比较现存的各种时间模型的优缺点,也为综合不同模型的优点并结合具体应用来定义新的时间模型提供了思路。

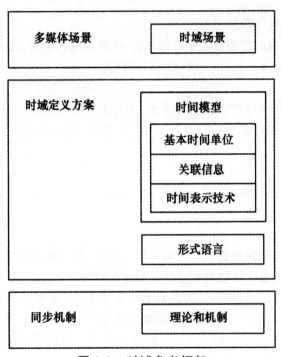

图 9-9　时域参考框架

时域参考框架由多媒体场景、时域定义方案和同步机制 3 部分构成。多媒体场景是对多媒体数据时、空等方面特征抽象的结果,反映了多媒体数据在这些方面所具备的语义,而时域场景则是多媒体场景的一个重要组成部分,是时域定义方案处理的对象。

如前所述,时域定义方案是在计算机系统内为时域场景建模并对建模结果进行形式化描述的方法,由时间模型和形式语言两部分构成。前者为时域定义方案的语义部分,而后者为其语法部分。通过时域定义方案把时域场景转化为同步描述数据。同步描述数据是同步机制处理的对象。

同步机制是一种服务过程,它能够了解同步描述数据所定义的时域特征,并根据用户所要求的同步容限,完成对该特征的维护(在运行过程中保证时域特征不遭到破坏)。时域场景、时域定义方案和同步机制三者之间的关系可由图 9-10 表示。

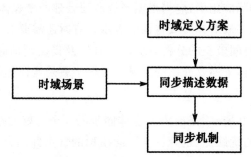

图 9-10　时域场景、时域定义方案和同步机制之间的关系

3. 描述时域特征的时间模型

如图 9-9 所示，一个时间模型由基本时间单位、关联信息（Contextual Information）和时间表示技术（Time Representation Techniques）3 部分构成。

（1）基本时间单位

基本时间单位可以分为时刻和间隔两种类型。时刻是持续时间为零的瞬间。间隔的定义如下：

令 $(S, \leqslant)$ 表示一个偏序集合，$a、b \in S$ 且 $a \leqslant b$，集合 $\{x | a \leqslant x \leqslant b\}$ 则称为间隔，由 $[a,b]$ 表示。$[a,b]$ 有如下特性：

① $[a,b] = [c,d] \Leftrightarrow a = c$ 且 $b = d$

② 若 $c、d \in [a,b]$，$e \in S$ 且 $c \leqslant e \leqslant d$，那么 $e \in [a,b]$

③ 间隔长度 $\sharp([a,b]) \geqslant 1$

（2）关联信息

时间模型在利用基本时间单位表示时域事件的同时，利用关联信息反映时域事件的组织方式。关联信息可以分为定量关联信息和定性关联信息两类。

采用定量关联信息的时间模型，认为场景中的各时域事件是相互独立的，因此可以单独地描述每一个时域事件在场景中的位置，从而间接地反映事件间的关系。通过某种计时单位将事件的位置信息表示为数量，如 $t_1 = 6$ pm，$\sharp([a,b]) = 3$ h 等。这些描述事件位置的数量则构成了定量关联信息的内容。

采用定性关联信息的时间模型，认为场景中的各时域事件彼此相关，因此在其关联信息中包含的是对时域事件约束关系的描述（如时刻 A 在时刻 B 后第 3 s，间隔 A 在间隔 B 之前 8 s 等）。定性关联信息可以是对各时域事件发生次序的描述，称为次序信息。次序信息可以分为全排序信息和部分排序信息。前者是对全部时域事件发生次序的反映，而后者只是对部分时域事件发生次序的反映。除了次序信息以外，有些时间模型的定性关联信息包含了对事件间时域关系的描述。可进一步分为：

1）两个时刻之间的基本时域关系

两个时刻之间的基本时域关系包括 before、after 和 at_the_same_time（如图 9-11 所示）。对于确定性时域场景而言，任意两个时刻之间仅存在上述 3 种基本时域关系中的 1 种。

2）两个间隔之间的基本时域关系

两个间隔之间有 13 种时域关系，其中 6 种关系可由其它关系的逆来表示，例如 after 可看成 before 的逆，表示为 before^{-1}。由于 equals 的逆与 equals 是等价的，因而我们只需要研究 13 种时域关系中的 7 种，即 before、meets、overlaps、during^{-1}、starts、finishes^{-1} 和 equals。这些时域

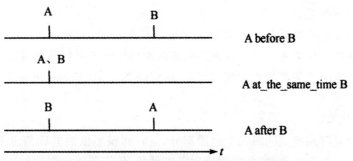

图 9-11 两个时刻之间的基本时域关系

关系可由图 9-12 表示。

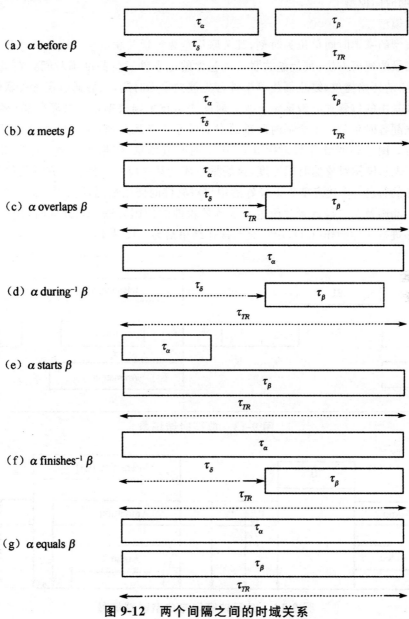

图 9-12 两个间隔之间的时域关系

3)非确定性时域关系

非确定性时域关系是指那些在基本时间单位之间存在的、不能够用 1)、2)中所讲的基本时域关系来明确描述的时域关系。它可以被用来表示非确定性时域场景的特征。这种非确定性的时域关系可以用基本时域关系的析取模式(Disjunctive Normal Form)来表示,如时刻 A{before Vafter}时刻 B 等。

(3)时间表示技术

时间表示技术是时间模型的第三个组成部分,是时间模型依照关联信息来定义场景中各事件与时间轴之间对应关系的方法,是多媒体对象的播放、传送等机制根据描述数据生成调度方案的出发点。我们将通过下面介绍的几种典型的时间模型,对时间表示技术作进一步的说明。

(4)典型的时间模型

1)时间轴模型

时间轴模型的基本时间单位为时刻,其关联信息为定量关联信息。这是一种基本的、容易理解的对时域场景的建模方法,其定量关联信息包含的是事件发生的准确时间。在具体的建模过程中,媒体对象的开始播放、终止播放等事件首先被抽象为时刻,然后通过定量关联信息,将每个时域事件在场景中的位置独立地确定下来。时间表示技术则根据定量关联信息(事件发生的时刻),直接建立起各时刻与一个全局时间轴的对应关系。在运行时,系统则按这个全局时间轴规定的动作执行。图 9-14 给出了针对图 9-13 所示的时域场景,依照时间轴模型所得到的建模结果。图中的 τ 表示媒体对象的时间宽度,该场景是演示某一应用软件。首先播放的图像/伴音片段介绍该软件的特色,RI 代表事先采录好的用户对软件的使用情况,P_1、P_2 和 P_3 三张图片反映使用的结果。动画及第二段音频片段进一步解释软件的使用方法。与此同时,允许用户在仿真环境中对软件进行实际操作(UI),用户交互操作结束后显示图片 P_4。

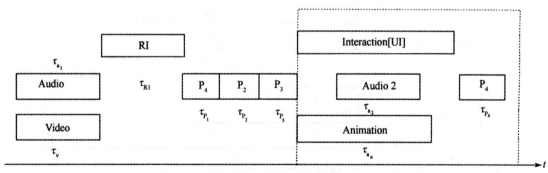

图 9-13　典型时域场景

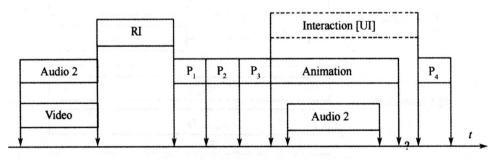

图 9-14　时间轴模型与典型时域场景

由于时间轴模型认为场景中各时域事件是相互独立的,所以向场景中添加或从场景中删除一个时域事件并不影响对其他时域事件的描述,这就大大降低了维护描述数据的复杂程度。图 9-14 中的问号"?"表明,由于时间轴模型的定量关联信息包含的是事件发生的准确时间,因而该模型难于用来表示非确定事件(如图 9-13 中的 UI)。这是时间轴模型的一个缺点。

2)虚时间轴模型

虚轴模型的基本时间单位为时刻,关联信息为定性关联信息(次序信息)。该模型是对时间轴模型的一种扩展,它一方面继承了时间轴模型简单、同步描述数据易于维护的优点,又具备了较强的表示非确定性时域场景的能力。

在具体的建模过程中,可以引入多条时间轴。时间轴的计时单位可以是物理计时单位(如毫秒、秒、时钟脉冲等),这样的时间轴称为物理时间轴;也可以是逻辑计时单位(如事件发生次序的编号等),这样的时间轴称为逻辑时间轴。时域场景中的确定性事件映射到物理时间轴上,非确定性时域事件则根据次序信息映射到逻辑时间轴上。图 9-15 给出了针对图 9-13 所示的时域场景、依据虚轴模型所得到的建模结果。在系统运行过程中,当用户操作时(UI 发生的时间确定),才将逻辑时间轴上的事件(UI,P_4)映射到物理时间轴上。

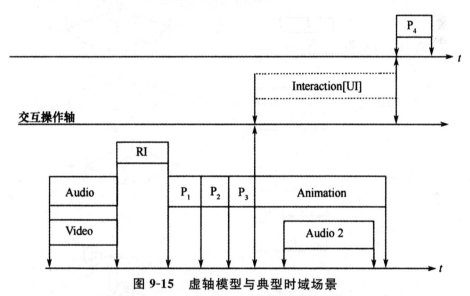

图 9-15　虚轴模型与典型时域场景

由于采用了多条时间轴,所以由虚轴模型得到的描述数据较为复杂,对其进行维护的难度要略高于时间轴模型。

3)OCPN 模型

OCPN(Object Composition Petri Net)模型的基本时间单位为间隔,关联信息为定性关联信息,其定性关联信息包含的是对两个间隔之间基本时域关系的描述,且为 τ_α、τ_β、τ_δ、τ_{TR} 等时间参数进一步限定。

实际上,OCPN 模型是对 Petri Net 模型的一种拓展,Petri Net 是一种二分有向图(Bipartite Directed Graph),可表示为 $N=(T,P,A)$。其中:
$$T=\{t_1,t_2,\cdots,t_n\},$$
$$P=\{p_1,p_2,\cdots,p_n\},$$
$$A:\{T\times P\}\cup\{P\times T\}\to I,\quad I=\{1,2,\cdots\}$$

T、P、A 分别表示转移点集、位置集和有向弧集。拓展后得到的 OCPN 模型则可表示为 $C_{OCPN} = <T,P,A,D,R,M>$,其中 T、P、A 的含义不变,而 D、R、M 为

$$D:P \rightarrow R_e^+$$
$$R:P \rightarrow \{r_1,r_2,\cdots,r_n\}$$
$$M:P \rightarrow I, \quad I = \{0,1,2,\cdots\}$$

OCPN 模型的基本时间单位(即间隔)对应于位置,而 D、R、M 则标识了位置的属性,其中 D 表示各位置的持续时间,R 表示各位置所需的资源,而 M 则表示各位置所含令牌的个数。

图 9-16 给出了根据 OCPN 模型对两个间隔之间各种基本时域关系的表示结果,其中的竖线表示转移点。针对图 9-13 所示的时域场景,图 9-17 给出了依据 OCPN 模型所得到的建模结果。图 9-17 中位置 P_δ 是为了表示 Audio 2 和 Animation 之间的 During 关系而引入的。

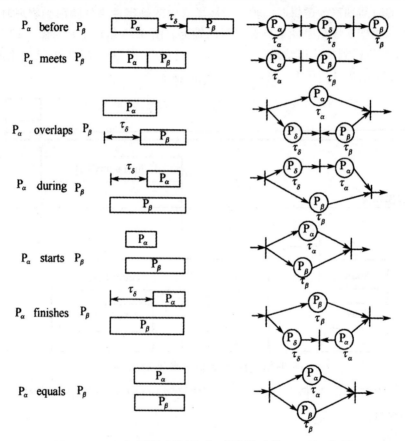

图 9-16 两个间隔之间基本时域关系的 OCPN 表示

OCPN 模型的时间表示技术称为点火原则(Firing Rules),它定义了依据建模结果恢复时域场景的方法。OCPN 模型的点火原则为:

①当转移点 τ_i 的所有输入位置都含有一个未锁定的令牌时,转移点点火;

②点火后,转移点 τ_i 从它的每个输入位置上移走一个令牌,并给它的每个输出位置加入一个令牌;

③位置 P_j 收到令牌后,在时间间隔 τ_i 内保持活跃状态(执行该时域事件),且令牌被锁定;经过时间 τ_j 后,位置 P_j 进入不活跃状态,同时令牌被解锁。

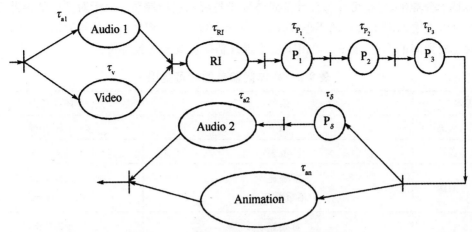

图 9-17　OCPN 模型与典型时域场景

从以上分析可以看出，基本的 OCPN 模型不具备表示非确定性时域场景的能力，但近年来对该模型的扩展已使其具备了这种能力。此外，由于 OCPN 模型直接描述媒体对象间的时域关系，由它得到的描述数据较为复杂，不宜维护，但是点火原则很方便于同步机制实施同步控制。

通常用户是通过界面友好的多媒体著作（Authoring）软件来对多媒体对象的时域（同时也包括空域上）关系进行组织的。不同的著作软件有自己的时域定义方案（包括时间模型），并基于它所采用的时间模型产生相应的同步规范。

4. 同步容限

对多媒体数据时域特征的表示包含同步描述数据和同步容限两个部分，前者决定了多媒体数据在时域中的布局，而后者则包含了对同步机制服务质量的要求。二者结合起来称为同步规范。

在一个多媒体系统的实际运作过程中，总存在着一些妨碍准确恢复时域场景的因素，例如其他进程对 CPU 的抢占、缓冲区不够大、传输带宽不足等，这些因素往往会导致在恢复后的时域场景中，时域事件间的相对位置发生变化（如图 9-18 所示）。我们将这种变化称为事件间偏差（Skew）。属于同一媒体对象的时域事件之间的偏差称为对象内偏差，不同媒体对象的时域事件之间的偏差为对象间偏差。偏差的存在必然会造成多媒体同步质量的降低。同步容限是用户与同步机制之间就偏差的许可范围所达成的协议。同步容限包含了用户对偏差许可范围的定义，同步机制则需依据同步容限，保证在恢复后的时域场景中，事件间的

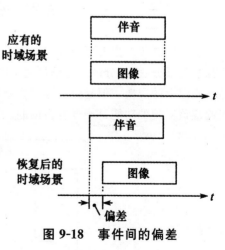

图 9-18　事件间的偏差

偏差在其许可范围之内。流内同步与流间同步是同步机制所要完成的两个主要任务，前者旨在实现对连续媒体对象内部偏差的控制，后者以对连续媒体对象间偏差的控制为目的。

对多媒体同步质量的评估方式，直接影响着用户对偏差许可范围的规定。由于很难找到定义偏差许可范围的客观标准，通常采用的办法是主观评估。虽然由主观评估所得到的偏差许可

范围并不是十分准确,但仍可作为设计多媒体同步控制机制的参照。对于对象内的偏差,人们能够察觉 30 ms 左右的图像信号的不连续性,而一个连续的单音调的声音信号间断 1 ms 便能察觉得到。对于对象间的偏差,表 9-2 给出了由主观评估所得到的大致许可。

表 9-2　媒体间偏差的许可范围

媒体		条件	许可范围
视频	动画	相关	±120 ms
	音频	Lip-syn	±80 ms
	图像	重叠显示	±240 ms
		不重叠显示	±500 ms
	文本	重叠显示	±240 ms
		不重叠显示	±500 ms
音频	音频	紧密耦合(立体声)	±11 μs
		宽松耦合 (会议中来自不同参加者的声音)	±120 ms
		宽松耦合(背景音乐)	±500 ms
	图像	紧密耦合(音乐与乐谱)	±5 ms
		宽松耦合(幻灯片)	±500 ms
	文本	字幕	±240 ms

9.2　多媒体同步参考模型

多媒体同步的参考模型如图 9-19 所示。在实际的多媒体系统中,同步机制往往不是作为一个独立的部分、而是分散在传输层之上的各个模块中存在的,因此不一定能够在实际系统中清晰地看到图示的层次。但是同步参考模型对于深入理解同步机制中各种因素之间的关系以及同步机制应该实现的功能是十分有帮助的。

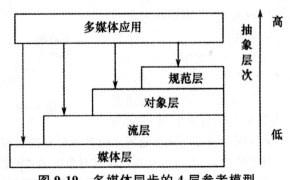

图 9-19　多媒体同步的 4 层参考模型

如前所述,时域参考框架的重要性在于它对时间模型的定义,而 4 层参考模型的意义在于它规定了同步机制所应有的层次以及各层所应完成的主要任务。在图 9-19 中，由多媒体应用生成的时域场景，是规范层的处理对象。规范层的接口为用户提供了使用时间模型描述多媒体数据时域约束关系的工具，如同步编辑器、多媒体文档编辑器和著作系统等。规范层产生的同步描述数据和同步容限，经由对象层的适当转换后进入由对象层、流层和媒体层构成的同步机制。图 9-20 给出了时域参考框架与 4 层参考模型的对应关系，以利于比较和理解。

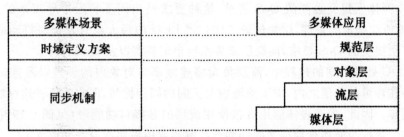

图 9-20　时域参考框架与 4 层参考模型的对应关系

为实现同步所做的规划常称为调度，同步机制首先依照同步描述数据生成某种调度方案，图 9-20 时域参考框架与 4 层参考模型的对应关系调度方案与将要进行的对多媒体数据的处理（如提取、发送、播放等）有着直接的关系，它包括何时对其中哪一个媒体对象或哪个 LDU 进行处理的安排；其次，同步机制需要要根据同步容限以及多媒体数据的特点申请必要的资源（如 CPU 时间、通信带宽、通信缓冲区等）；再次，在执行调度方案的过程中，同步机制将按照同步容限要求完成对偏差的控制，以维持多媒体数据的时域关系。

9.2.1　媒体层

媒体层的处理对象是来自于连续码流（如音频、视频数据流）的 LDU，LDU 的大小在一定程度上取决于同步容限。偏差的许可范围越小，LDU 越小；反之，LDU 越大。通常，视频信号的 LDU 为一帧图像，而音频信号的 LDU 则是由若干在时域上相邻的采样点构成的一个集合。为了保证媒体流的连续性，媒体层对 LDU 的处理通常是有时间限制的，因而需要底层服务系统（如操作系统、通信系统等）提供必要的资源预留及相应的管理措施（如 QoS 保障服务等）。

在媒体层接口，该层负责向上提供与设备无关的操作，如 Read(Devicehandle,LDU)、Write(Devicehandle,LDU) 等。其中，由 Devicehandle 所标识的设备可以是数据播放器、编解码器、文件，也可以是数据传输通道。在媒体层内主要完成两项任务，其一是申请必要的资源（如 CPU 时间、通信带宽、通信缓冲区等）和系统服务（如 QoS 保障服务等），为该层各项功能的实施提供支持；其二是访问各类设备的接口函数，获取或提交一个完整的 LDU。例如，当设备代表一条数据传输通道时，发端的媒体层负责将 LDU 进一步划分成若干适合于网络传输的数据包，而收端的媒体层则需要将相关的数据包组合成一个完整的 LDU。实际上，媒体层是同步机制与底层服务系统之间的接口，其内部不包含任何的同步控制操作。这意味着，当一个多媒体应用直接访问该层时（见图 9-19 中左面的垂直箭头），同步控制将全部由应用本身来完成。

9.2.2　流层

流层的处理对象是连续码流或码流组，其内部主要完成流内同步和流间同步两项任务，即将 LDU 按流内同步和流间同步的要求组合成连续码流和码流组。由于流内同步和流间同步是多媒体同步的关键,所以在同步机制的 3 个层次中,流层是最为重要的一层。

在接口处,流层向上层提供诸如 start(stream)、stop(stream)、creategroup(list-of-streams)、start(group)、stop(group)等功能函数。这些函数将连续码流作为一个整体来看待,即对上层来说,流层对 LDU 所作的各种处理是透明的,上层只看到连续码流而看不流层在对码流或码流组进行处理前,首先需要根据同步容限决定 LDU 的处理方案(即何时对何 LDU 作何种处理)。此外,流层还要向媒体层提交必要的 QoS 要求,这种要求是由同步容限推导而来的,是媒体层对 LDU 进行处理所应满足的条件,例如传输 LDU 时,LDU 的最大延时及延时抖动的范围等。媒体层将依照流层提交的 QoS 要求,向底层服务系统申请资源以及 QoS 保障。

在执行 LDU 处理方案的过程中,流层负责将连续媒体对象内的偏差以及连续媒体对象之间的偏差保持在许可的范围之内,即实施流内与流间的同步控制,但它不负责连续媒体和非连续媒体之间的同步。因此,当多媒体应用直接使用流层的各接口功能时(见图 9-19 中左面第 2 个垂直箭头),连续数据与非连续数据之间的同步控制则要由应用本身来完成。

9.2.3 对象层

对象层能够对不同类型的媒体对象进行统一地处理,使上层不必考虑连续媒体对象和非连续媒体对象之间的差异。对象层的主要任务是实现连续媒体对象和非连续媒体对象之间的同步,并完成对非连续媒体对象的处理。与流层相比,该层同步控制的精度较低。

对象层在处理多媒体对象之前先要完成两项工作。第一,从规范层提供的同步描述数据出发,推导出必要的调度方案(如显示调度方案、通信调度方案等)。在推导过程中,为了确保调度方案的合理性及可行性,对象层除了要以同步描述数据为根据外,还要考虑各媒体对象的统计特征(如静态媒体对象的数据量,连续媒体对象的最大码率、最小码率、统计平均码率等)以及同步容限;同时,对象层还需要从媒体层了解底层服务系统现有资源的状况。第二,进行必要的初始化工作。对象层首先将调度方案及同步容限中与连续媒体对象相关的部分提交给流层进行初始化;然后,对象层要求媒体层向底层服务系统申请必要的资源和 QoS 保障服务,并完成其他一些初始化工作,如初始化编/解码器、播放设备、通信设备等与处理连续媒体对象相关的设备。

得到调度方案并完成初始化工作以后,对象层开始执行调度方案。通过调用流层的接口函数,对象层执行调度方案中与连续媒体对象相关的部分。同时,对象层负责完成对非连续媒体对象的处理以及连续媒体对象和非连续媒体对象间的同步控制。

对象层的接口提供诸如 prepare、run、stop、destroy 等功能函数,这些函数通常以一个完整的多媒体对象为参数。显然,同步描述数据和同步容限是多媒体对象的必要组成部分。当多媒体应用直接使用对象层的功能时无需完成任何的同步控制操作,多媒体应用只需利用规范层所提供的工具,完成对同步描述数据和同步容限的定义即可。

9.3 分布式多媒体系统中的同步

我们将信息获取、处理、存储和播放都在一台多媒体计算机中进行的系统称为单机系统,而信息的提供者(信源)和接收者(信宿)相处异地、需要由网络相连接的系统称为分布式多媒体系统。虽然在单机系统中也存在媒体同步的问题,但是在分布式系统中的同步问题则更为复杂。上一节中对同步机制的简单介绍既适用于单机、也适用于分布式系统,而在本节中我们将对分布式多媒体系统中同步机制所涉及的特殊问题加以讨论。

9.3.1　分布式多媒体系统的结构

图 9-21 给出了分布式多媒体系统可能具有的结构。图(a)所示的是只有一个信源和一个信宿的情况,称为点对点结构。可视电话是这种结构的一个典型应用。(b)是一点对多点结构,由一个信源向多个信宿发送信息。远程教学、IPTV 等应用都属于这种情况。(c)为一个信宿、多个信源的结构,这可以是一个用户从分布式数据库中得到查询的结果,例如从一个数据库中得到视频信息,而从另一个库中获得相关的音频信息。图(d)表示的是上述例子可能具有的其他结构,即先将从分布式数据库中提取出的相关联的查询结果集中到一个中间点,再将复合后的多媒体信息送至用户。图(e)则是多点对多点的情况。在这里用户构成了一个组,组内的用户可以为信源,也可以为信宿,或者既是信源又是信宿,多媒体会议就是这种结构的一个典型的例子。

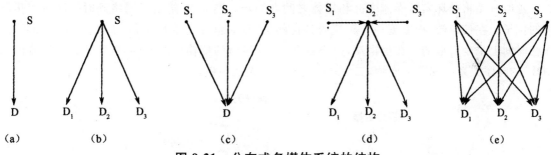

图 9-21　分布式多媒体系统的结构

在有多个信源和(或者)多个信宿的情况下,多媒体同步除了要考虑媒体内部和媒体之间的同步外,还存在一个特殊的问题,那就是从各个信源发出的信息是否同步地到达各个信宿,这通常称为组同步,或群同步。

9.3.2　同步规范的传送

由于在分布式多媒体系统中信源与信宿是分离的,而信宿在播放某个多媒体对象之前必须已知与之相关的同步规范才能进行播放,这就提出了在从信源向信宿传送多媒体数据的同时,如何传送相关的同步规范的问题。可能采用的方式有如下几种:

①在传送多媒体数据之前,将整个播放过程所需要的全部同步规范,以文件方式传送到接收端,以备播放时参照。这种方式简单易行,特别是在有 n 个信源的情况下优点更为明显。但是这种方法要引入一定的附加延时,数据的传输只能在同步规范传送之后才能进行。而且这种方式只适用于综合时域同步关系,对在通信过程中实时产生的同步关系是不可行的。

②在传送多媒体成分数据的通道之外,使用一个附加的逻辑通道专门传送同步规范。这种方法主要适用于系统中只有一个信源,而且时域同步关系是实时产生、无法预先知道的情况。使用这种方法时要注意,必须保证在多媒体数据的播放过程中,经另一个通道传送的对应的同步规范能按时、无误地到达接收端,否则播放将因缺乏相应的时域关系而中断。

③将同步规范与成分数据复接在一起,使用一个通道传送。这种方法的优点是没有附加的延时,也不需要附加另一个通道。例如在 MPEG 中,同步(时间关系)信息就是插入在视、音频数

据中经同一个通道传送的。

9.3.3 影响多媒体同步的因素

在分布式多媒体系统中,信源产生的多媒体数据需要经过一段距离的传输才能到达信宿。在传输过程中,由于受到某些因素的影响,多媒体数据的时域约束关系可能被破坏,从而导致多媒体数据不能正确地播放。下面将可能影响多媒体同步的因素,分别叙述如下。

1. 延时抖动

信号从一点传输到另一点所经历的延时的变化称为延时抖动。系统的很多部分都可能产生延时抖动。例如从磁盘中提取多媒体数据时,由于存储位置不同导致磁头寻道时间的差异,各数据块经历的提取延时有所不同;在终端中,由于 CPU、存储单元等资源的不足可能导致对不同数据块所用的处理时间不等;在网络传输方面也存在着许多因素使信源到信宿的传输延时出现抖动。

延时抖动将破坏实时媒体内部和媒体之间的同步。图 9-22 给出了网络延时抖动对同步破坏的例子。在信源端、视频流和音频流内各自的 LDU 之间是等时间间隔的,两个流的 LDU 之间在时间上也是对应的。在信宿端,由于各个 LDU 经历的传输延时不同,视频流和音频流内部 LDU 的时序关系出现了不连续,二者之间的对应关系也被破坏。

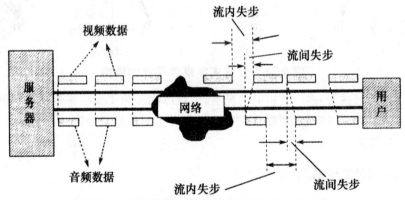

图 9-22 传输延时抖动对多媒体同步的破坏

2. 时钟频率偏差

在无全局时钟的情况下,分布式多媒体系统的信源和信宿的时钟频率可能存在着偏差。多媒体数据的传送是基于发送时钟进行的,而它的播放则是由信宿端的本地时钟驱动的,如果信宿的时钟频率高于信源的时钟频率,经过一段时间后可能在收端产生数据不足的现象,从而破坏了连续媒体播放的连续性;反之,则可能使收端缓存器溢出,图 9-23 描述了这两种情况。图中从原点开始的直线表示 LDU 的发送时刻,箭头的长度表示每个 LDU 的传输延时,T 为播放的起始延时,从 T 开始的直线表示 LDU 开始播放的时刻。两条直线的斜率差反映了收、发时钟的频差,深色区域代表 LDU 在缓存器内停留的时间。从图(a)看出,由于接收时钟频率低于发送端,一段时间后缓存器会溢出。当接收时钟频率高于发送端时,从图(b)看出,一段时间后播放时刻已经早于 LDU 的到达时刻(缓存器变空)。

需要注意,即使在收、发时钟标称频率相同的情况下,二者之间的偏差还是有可能存在的。

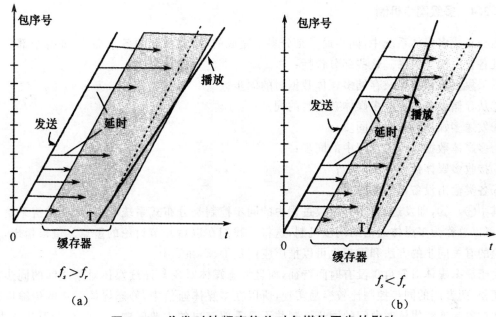

图 9-23　收发时钟频率偏差对多媒体同步的影响

这种偏差可能由于收、发时钟的实际频率不精确地等于其标称频率(精确度问题);或者由于电源电压、温度等因素影响,使其中 1 个或 2 个时钟的频率发生了变化(稳定度问题)。

3. 不同的采集起始时间或不同的延时时间

在多个信源的情况下(如图 9-21(c)和(e)),信源必须同时采集和传输信息。例如一个信源采集图像信号,另一个采集相关联的伴音信号,如果二者的采集的起始时间不同,在接收端同时播放这两个信源送来的媒体单元必然出现唇同步的问题。两个信源到信宿的传输延时不等或者打包/拆包、缓存等时间的不同,也会引起同样的问题。又如会议多个参与者的信号要在信宿端混合成一个信号,如果参与者的发送起始时间不同或传输延时不同,在信宿端则得不到按正确时间关系混合的信号。

4. 不同的播放起始时间

在有多个信宿的情况下(见图 9-21(b)和(e)),各信宿的播放起始时间应该相同。在某些应用中,公平性是很重要的。如果用户播放的起始时间不同,获得信息早的用户较早地对该信息作出响应,这对其他用户就是不公平的了。以上 3 和 4 两个因素通常为组同步中存在的问题。

5. 数据丢失

传输过程中数据的丢失相当于该数据单元没有按时到达播放器,显然会破坏同步。

6. 网络传输条件的变化

在一些重要的网络上,例如 IP 网、ATM 网等,网络的传输延时、数据的丢失率均与网络的负载有关,因此在通信起始时已经同步的数据流,经过一段时间后可能因网络条件的变化而失去同步。

9.3.4　多级同步机制

在分布式多媒体系统中,同步通常是分多步完成的,涉及系统的各个部分,即每个部分要分别保证各自的同步关系。这些部分包括:

①采集多媒体数据及存储多媒体数据时的同步;

②从存储设备中提取多媒体数据时的同步;

③发送多媒体数据时的同步;

④多媒体数据在传输过程中的同步;

⑤接收多媒体数据时的同步;

⑥各类输出设备内部的同步。

其中③～⑤,即发送、传输和接收过程中的同步控制是分布式系统中特有、而单机系统中没有的,可以总称为多媒体通信的同步机制,这将是我们在以后几节讨论的重点。值得指出,本章所讨论的有关同步的方法和思想也可以推广应用到①、②和⑥中。

由于静态媒体对象自身没有时间特征,而且静态媒体对象与连续媒体对象之间的同步容限又较宽松,两者间的同步控制比较容易实现,所以在多媒体通信中,静态媒体对象的传输以及静态媒体对象和连续媒体对象间的同步控制并不是需要解决的主要问题。因此在下面几节中,将主要对连续媒体的流内和流间的同步控制以及收、发时钟的同步问题进行介绍。

9.4　多媒体同步控制机制

9.4.1　连续媒体内部的同步

1. 基于播放时限的同步方法

连续媒体数据是一个由 LDU 构成的时间序列,LDU 之间存在着固定的时间关系。如图 9-22 表示出,当网络传输存在延时抖动时,连续媒体内部 LDU 的相互时间间隔会发生变化。这时,在接收端必须采取一定的措施,恢复原来的时间约束关系。一个最简单的办法是让接收到的 LDU 先进入一个缓存器(见图 9-24),对延时抖动进行过滤,让从缓存器向播放器(或解码器)输出的 LDU 序列是一个连续的流。如果缓冲器的容量为无穷大,相当于把整个数据流全部传送到接收端之后再进行播放,显然无论多么大的延时抖动都可以滤除掉,但这时的起始播放延时却可能达到不可容忍的程度。此外,如果数据流是在通信过程中实时产生的(如可视电话),这种方法也是不可行的。因此,必须适当地设计缓冲器的容量,使它既能消除延时抖动的影响,又不过分地加大起始播放的延时时间。

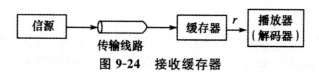

图 9-24　接收缓存器

假设发送端时钟和接收端(播放)时钟是同步的,并且在发送端实时媒体内部是同步的,即各个 LDU 的发送时间间隔为常数。若第 i 个 LDU 的发送时刻为 $t(i)$,则其到达接收端的时刻

$a(i)$ 为

$$a(i)=t(i)+d(i) \tag{9-1}$$

式中，$d(i)$ 为第 i 个 LDU 的传输延时。为了分析的简单，假设延时抖动限定在一个范围之内，即

$$d_{min} \leqslant d(i) \leqslant d_{max} \tag{9-2}$$

要保证播放的不间断，第 i 个 LDU 的播放时刻 $p(i)$ 必须晚于它的到达时刻 $a(i)$，即

$$p(i) \geqslant a(i) \quad (i=1,2,\cdots) \tag{9-3}$$

这就是说，$p(i)$ 规定了第 i 个 LDU 到达的最后期限。

由于播放过程必须保持数据内部原有的（在发送端的）时间约束关系，所以在信源和信宿本地时钟是同步的假设下，每个 LDU 有如下关系：

$$p(i)-p(i-1)=t(i)-t(i-1) \quad (i=2,3,\cdots) \tag{9-4}$$

即

$$p(i)-p(1)=t(i)-t(1) \quad (i=2,3,\cdots) \tag{9-5}$$

其中 $t(1)$ 和 $p(1)$ 分别表示第一个 LDU 的发送和播放时刻。由(9-1)式和(9-5)式得到

$$p(i)-a(i)=p(1)-a(1)-[d(i)-d(1)] \quad (i=2,3,\cdots) \tag{9-6}$$

根据(9-3)式，上式可转化为

$$p(1)-a(1) \geqslant [d(i)-d(1)] \quad (i=2,3,\cdots) \tag{9-7}$$

在最坏情况下，保证上式成立的条件是

$$p(1)-a(1)=Max\{[d(i)-d(1)]\,|\,i \in (2,3,\cdots)\}=d_{max}-d_{min} \tag{9-8}$$

(9-8)式说明，在延时抖动限定在一定范围的条件下，接收端在接收到第 1 个 LDU 之后，必须推迟一段时间 $D=d_{max}-d_{min}$ 再开始播放，才能保持整个播放过程不间断。时间 D 通常称为起始时刻偏移量，或起始延时。图 9-25 给出了上述情况的示意图。图中各 LDU 的发送时刻是等间距的，其接收时刻用倾斜的箭头指出。考虑可能发生的最坏情况是，第 1 个 LDU 的延迟时间最小（如图所示）。如果接收到第 1 个 LDU 时就立即播放，那么对于任何一个传输延时大于 d_{min} 的 LDU，当需要播放它时它都没有到达。如果将播放的起始时间定在 D，则延时最大的第 i 个 LDU 的播放时刻正好与它的到达时刻相同，就消除了播放的不连续。

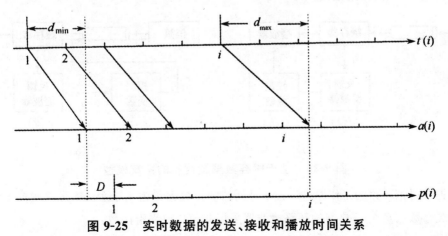

图 9-25　实时数据的发送、接收和播放时间关系

值得注意，接收端缓存器不仅能够滤除延时抖动的影响（保证缓存器不变空），还要保证在任

何情况下不发生溢出。现在根据这一要求来推导缓存器的最大容量。

第 i 个 LDU 在缓存器中缓存的时间为 $[p(i)-a(i)]$,由(9-6)式和(9-8)式得到

$$B_t = \text{Max}\{[p(i)-a(i)] \mid i \in (2,3,\cdots)\}$$
$$= d_{\max} - d_{\min} - \min\{[d(i)-d(1)] \mid i \in (2,3,\cdots)\} \quad (9\text{-}9)$$

式中,B_t 为 LDU 的最大缓存时间。当 $d(1)=d_{\max}$,$d(i)=d_{\min}$ 时,$[d(i)-d(1)]$ 具有最小值,因此缓存器的最大容量 B 为

$$B = |B_t \cdot r| = |2(d_{\max} - d_{\min}) \cdot r| \quad (9\text{-}10)$$

式中,$|\ |$ 为取整,r 为播放速率,它的单位为每秒钟传输的 LDU 的个数。对于变比特率(VBR)的媒体流,如何将以媒体单元为单位的缓存器容量转化为字节数是一个需要慎重处理的问题。对于常速率(CBR)媒体流,原则上讲转化是很简单的,但如果缓存容量只有几帧,而以 H.26X 或 MPEG 等方法压缩的视频流每个 LDU(1 帧)的数据量很不相同,此时如何有效地进行单位转化也是需要注意的。由于同步只与时间有关,对于连续媒体,时间可以间接地用 LDU 的个数表示,因此在讨论同步问题时,我们将只以时间或媒体单元的个数来表示缓存器的容量。

以上介绍的是解决传输延时抖动的方法,由数据提取、数据处理等原因引起的延时抖动问题也可以用类似的方法来解决。

2. 基于缓存数据量的同步方法

图 9-26 给出了采用这种同步方法的两种系统模型,每一种都包括一个控制环路,其区别在于环路是否将信源和传输线路包含在内。与上节中的方法相似,信宿端也有一个缓存器。缓存器的输出按本地时钟的节拍连续地向播放器提供媒体数据单元,缓存器的输入速率则由信源时钟、传输延时抖动等因素决定。由于信源和信宿时钟的频率偏差、传输延时抖动或网络传输条件变化等影响,缓存器中的数据量是变化的,因此要周期性地检测缓存的数据量。如果缓存量超过预定的警界线,例如快要溢出,或者快要变空,就认为存在不同步的现象,需要采取步骤进行再同步。在图(a)中,再同步在信宿端进行,可以加快或放慢信宿时钟频率,也可以删去或复制缓存器中的某些数据单元,使缓存器中的数据量逐渐恢复到警界范围之内的正常水平。在图(b)中,类似的再同步措施是在信源端进行。在需要进行再同步时,通过网络向信源反馈有关的控制信息,让信源加快或放慢自己的发送速率。

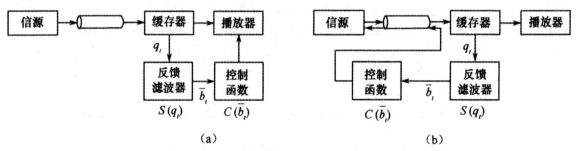

图 9-26 基于缓存数据量控制的系统模型

现在具体讨论环路的工作原理。设 t 时刻的缓存数据量为 q_t,通过环路滤波器 $S(q_t)$ 得到平滑后的缓存数据量 $\bar{b}_t$。典型的环路滤波器采用几何加权平滑函数:

$$\bar{b}_t = S(q_t) = a \cdot \bar{b}_{t-1} + (1-\alpha)q_t \quad (9\text{-}11)$$

式中,$\alpha \in [0,1]$ 为平滑因子。环路滤波器实际上是一个一阶低通滤波器,由(9-11)式很容

易得到它的 Z 变换表达式,要保证滤波器稳定,需要满足 $\alpha \leqslant 1$。在环路中使用低通滤波器的目的是,将由短期(高频)延时抖动而引起的缓存数据量的波动平滑掉,只有由时钟频率偏移、网络传输条件改变等因素导致的长期(低频)缓存量变化才会触发控制函数 $C(\overline{b}_t)$ 的工作。α 的数值直接影响控制的灵敏度。如果 α 过大,再同步的控制机制启动太缓慢,可能导致缓存器的变空、或溢出;如果 α 过小,延时抖动引起的缓存量的微小变化也会不必要地启动再同步机制,导致系统的不稳定或振荡。

控制函数 $C(\overline{b}_t)$ 将 $\overline{b}_t$ 与预先设定的缓存量警界线相比较(见图 9-27),在正常情况下,$\overline{b}_t$ 在上警界线 UW 和下警界线 LW 之间浮动。如果 $\overline{b}_t >$ UW 或者 $\overline{b}_t <$ LW,则分别表示缓存器有溢出、或者变空的危险,必须启动再同步机制。这时以图 9-26(a)所示系统为例,信宿可参照下式调整自己的播放速率:

$$R' = R(1 + R_C) \tag{9-12}$$

$$R_C = \frac{\overline{b}_t - \left[\mathrm{LW} + \dfrac{(\mathrm{UW} - \mathrm{LW})}{2} \right]}{L} \tag{9-13}$$

式中,R 为正常播放速率,R_C 为相对调整比率,L 为再同步的调整期(即在该段时间内改变播放速率)。在调整期 L 结束时,$C(\overline{b}_t)$ 检查 $(\overline{b}_t)$ 是否回到正常水平,如果是,则将 R' 恢复到 R;如果 $\overline{b}_t$ 仍在警界线之外,再启动一个新的再同步调整期。显然,在调整期 L 内,播放的连续性会受到一定程度的破坏,特别是音频速率较大的变化将使人耳感觉到音调变化。另一种调整的方法是通过删去或重复(暂停)缓存器中的数据单元来实现再同步。在每一个调整期内,删去或重复的数据量可以是一个固定值,也可以是一个变化值,该值正比于 $(\overline{b}_t)$ 超出警界线的数据量。如果一次调整不能使 $\overline{b}_t$ 回到正常水平,则再启动一个新的调整周期。

现在来讨论图 9-27 所示的缓存器的容量。(9-10)式给出了在延时 $d \in [d_{\min}, d_{\max}]$ 条件下,保证媒体内部同步所需的缓存器容量 B。在图 9-27 中,用 B 作为 LW 和 UW 之间的容量。这意味着,当延时 d 在预先选定的范围 $[d_{\min}, d_{\max}]$ 内时,其抖动可以通过缓存 B 得到补偿,流内同步能够得到保证;当 d 超过上述范围时,就需要启动再同步机制。由于反馈滤波器的作用,q_t 的变化反映到 $\overline{b}_t$ 的变化需要经过一段时间 τ。例如,q_t 已经高于 UW,$\overline{b}_t$ 则还需要经过 τ 时间后才会高于 UW。我们称 q_t 超过警界线的时刻为产生不同步的时刻,而 $\overline{b}_t$ 超过警界线的时刻为 $C(\overline{b}_t)$ 检测到失步的时刻。图 9-27 中附加的缓存器容量玩(以时间计算)至少应该足够容纳这一段时间之内的数据,否则在 $C(\overline{b}_t)$ 检测到失步状态之前,缓存器就已经溢出而使数据丢失。如果容量 b_a 能履盖从失步的产生、检测和重新再同步的整个时间段,便可以将使失步对播放质量的影响减至最小。同样,q_t 低于 LW 的情况也可以作类似的分析。值得注意,在缓存器容量如图 9-27 所示的情况下,只有第 1 个 LDU 超过了 LW 之后,才能按(9-8)式规定的时间开始播放。因而 b_a 越大,播放的起始延时时间越长。

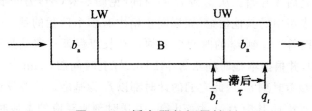

图 9-27　缓存器数据量控制

对于图 9-26(b)所示的系统,由于传输线路被包含在反馈环路之内,使得检测到失步的时刻到再同步调整之间增加了一个传输延时,因此在设计缓存器容量玩时,必须考虑到这个延时。同时应注意,向信源反馈再同步控制信息的时间间隔要长于环路的响应时间(包括上述传输延时),否则容易引起系统的不稳定。

9.4.2 媒体流之间的同步

媒体之间的同步包括静态媒体与实时媒体之间的同步和实时媒体流之间的同步,我们将只讨论后者。对于媒体流之间同步的方法没有通用的模式,许多方法都是基于特定的应用环境而提出的。读者可以通过下面的典型示例,掌握如何实现媒体流之间同步的方法,以便结合自己所遇到的实际问题,加以运用和发展。

1. 基于全局时钟的时间戳方法

假设在图 9-28(a)所示的例子中,有 2 个信源和 1 个信宿。所有信源和信宿的本地时钟都与一个全局时钟同步。信源 A 送出的视频数据流和信源 B 送出的音频数据流应该在接收端 C 同步地播放。从 A 到 C 和从 B 到 C 的传输延时分别为 d_1 和 d_2,且网络没有延时抖动。

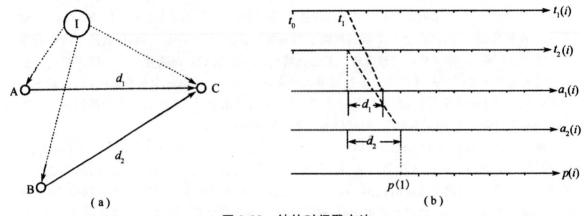

图 9-28　钟的时间戳方法

在这个例子中,不需要考虑时钟频率偏差和延时抖动,影响组同步的主要因素为两个信源不同的发送时间和不同的传输延时。显然,如果 2 个信源能在同一时刻,如 t_1,开始传送数据,而接收端从 t_1 开始等待一个最大延时 $\max\{d_1, d_2\}$ 后才开始播放,就能达到组同步的目的。这个思想虽然简单,但在分布式系统中实现却并不容易。下面给出的作法是使用一个称之为启动器的处理单元来建立起所有成员的共同起始时刻 t_1。

在系统起动时,由启动器 I 向 A、B 和 C 发送有关的控制信息,如参考时刻 t_0、同步区间的起始时间 t_1 等。I 可以安装在任何一个信源或信宿。参考时刻 t_0 必须选在保证所有的信源和信宿都能接收到控制信息之后才开始。从 t_0 到 t_1 的时间(见图 9-28(b))为同步的预备时间,在这段时间里信宿与同一同步组中的其他信宿(如果同步组中有多个信宿的话)相互交换有关信息,例如信源到本信宿的延时等。t_0 到 t_1 的时间也必须足够长以保证这些信息交换的完成。信源从 t_1 开始向外发送 LDU,并根据本地时间给每个 LDU 打上时间戳(Time Stamp)。由于收、发端已经协商好了共同的参考时刻 t_0,因此它们的计时都以 t_0 为基准。信源发送第 i 个 LDU 的时间戳记为 $t_s(i) = [t(i) - t_0]$,其中 $t(i)$ 为该 LDU 发送时刻所对应的本地时钟计数值,t_0 为信源的参考时刻。时间截可以记录在 LDU 的包头中。假设该信源与信宿之间的传输时延为 d,则信宿收到该包的时刻为 $t_0 + t_s(i) + d$。这里的 t_0 是信宿的参考时刻。为了保证从不同信源发送来的第 i 个 LDU 能在信宿同步播放,将各码流的第 i 个 LDU 提交给播放器的时刻 $T(i)$ 应为

$$T(i) = t_0 + t_s(i) + \Delta \tag{9-14}$$

式中,$\Delta = \max\{d_j \mid j \in (1,2,\cdots,n)\}$,$d_j$ 为在 n 个信源和 1 个信宿组成的同步组中,第 j 个信源与信宿之间所需要的传输延时。图 9-28(b)表示出了相应的各个时间关系。

如果在通信过程中延时 $d_j(j = 1,2,\cdots,n)$ 发生变化,同步过程可以分为若干个同步区间自适应地进行。启动器 I 在起始时将同步区间的长度发送给同步组内的所有成员。在一个同步区间内,信宿不仅根据(9-14)式进行同步播放,而且将接收到的 LDU 所携带的时间戳与接收到该 LDU 的本地时间作比较,从而得到对当前延时 d_j 的估计值,将此估值在下一个同步预备时间内发送给组内其他信宿。在下一个同步区间开始时,所有信宿将采用当前估值 d_j 来进行(9-14)式所规定的播放调度。

2. 基于反馈的流间同步方法

假设在图 9-29 所示的多媒体信息查询系统中,各用户查询到的媒体数据流需要同步地播放,例如到达用户 A 的音频流和到达用户 B 的视频流的播放必须符合二者之间的同步要求。由于全局时钟的建立需要借助于有关协议和复杂的电路,为了适应更一般的情况,在图 9-29 所示的例子中,我们假设用户以及服务器的时钟都是相互独立的,各用户的播放起始时间也不精确地相同。还假设服务器到每个用户的传输延时都在 $[d_{\min}, d_{\max}]$ 之内,即它们到服务器的距离是大致相等的。

服务器在存储各条媒体数据流时采用的是虚轴模型,即每条流有自己的时间轴,该流的 LDU 按距自己第 1 个 LDU 起始时刻的相对距离标记时间戳,称为相对时间戳 RTS(Relative Time Stamp)。在不同的媒体流之间,需要同步播放的 LDU 的 RTS 相同。当向用户传送数据时,服务器根据 RTS 来进行提取和发送调度,不同流中具有相同 RTS 的 LDU 被同时提取出来,并送到相应的通信线路上去。虽然服务器的提取和发送是同步的,但由于各用户端的播放速率(即本地时钟频率)、传输延迟抖动和传输过程中数据单元的丢失情况不同,各用户的播放过程可能不同步。为了检测同步状况,用户端在播放某个 LDU 的同时,将该 LDU 的 RTS 反馈给服务器。反馈可以隔一段时间进行一次,且信息量很小,并不会显著加重网络的负担。服务器周期性地比较反馈回来的 RTS 值,就可以检测出各条流之间的同步情况。

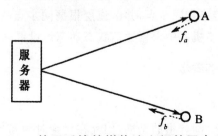

图 9-29　基于反馈的媒体流之间的同步方法

设 f_a 和 f_b 为 A、B 两地返回的反馈单元,它们到达服务器的时刻分别为 τ_a 和 τ_b,它们最早和最晚发送时刻 t^e 和 t^l 则分别为

$$t^e(f_a) = \tau_a - d_{\max} \tag{9-15}$$

$$t^l(f_a) = \tau_a - d_{\min} \tag{9-16}$$

$$t^e(f_b) = \tau_b - d_{\max} \tag{9-17}$$

$$t^l(f_b) = \tau_b - d_{\min} \tag{9-18}$$

既然 f_a 和 f_b 的真正发送时刻 $t(f_a)$ 和 $t(f_b)$ 分别在(9-15)式与(9-16)式、(9-17)式与(9-18)式所定义的区间内,则有

$$t^l(f_b) - t^e(f_a) \geqslant t(f_b) - t(f_a) \quad (\tau_b \geqslant \tau_a \text{ 时}) \tag{9-19}$$

$$t^l(f_a) - t^e(f_b) \geqslant t(f_a) - t(f_b) \quad (\tau_b < \tau_a \text{ 时}) \tag{9-20}$$

由(9-19)式和(9-20)式可得

$$\max\{t^l(f_b) - t^e(f_a), t^l(f_a) - t^e(f_b)\} \geqslant |t(f_a) - t(f_b)| \tag{9-21}$$

只要上式左侧满足

$$\max\{t^l(f_b) - t^e(f_a), t^l(f_a) - t^e(f_b)\} \leqslant \varepsilon \tag{9-22}$$

则

$$|t(f_a) - t(f_b)| \leqslant \varepsilon \tag{9-23}$$

$t(f_a)$ 和 $t(f_b)$ 反映了 A、B 两点的播放进度。如果 A、B 两地的播放已精确地同步,RTS 相同的反馈单元的发送时刻应该相等,即 $t(f_a) = t(f_b)$。服务器根据 RTS 相同的反馈单元的到达时刻 τ_a 和 τ_b 按(9-15)式~(9-18)式进行计算,并判断(9-22)式是否成立。式中 ε 表示流间同步所允许的最大偏差(同步容限)。如果(9-22)式不成立,则说明 A、B 两地的播放不同步,需要进行调整。

在考虑媒体流之间的时间约束关系时,通常选择其中一条流的时间轴作为基准,这条流称为主流,其余流称为从流。当检测到媒体流之间的同步关系遭到破坏时,则保持主流的播放速率不变,调整从流的播放速率。比较从流与主流速率的快慢,然后加速或减缓从流播放速度,也可以暂停、重复或跳过某些从流数据单元,以达到与主流的一致。

主流的选择一般根据媒体流的重要性、时钟的精确程度等因素来确定。对于音频流和视频流而言,由于听觉对声音的不连续性比视觉对图像不连续的敏感程度要高,因而通常选择音频流为主流,视频流为从流。当然,如果具体应用中有某些特殊的调整功能,例如可以调整声音的静默期的长短的话(听觉对静默期长短的变化不敏感),也可以做相反的选择。

检查流与流之间同步的偏差并实施同步控制操作的时刻称为同步点。同步点的多少与同步的服务质量要求有着直接的关系。通常,对同步精度的要求越高,同步点的数目也就越多。用户可以在同步关系的表示中直接指定同步点,并由流层根据同步点的设置来具体地实施同步控制操作。除此以外,也可以在同步机制中根据通信状态动态地设置同步点。

9.4.3 接收与发送时钟的同步

1. 基于接收缓存器的方法

在多媒体系统中,时钟是时间计量的基准,因此在讨论时钟同步问题时我们常常从时间而不是从频率的角度来对两个时钟进行比较。在某个时刻 t,两个时钟显示的时间差别 $\Delta T(t)$ 称为二者的相对时间偏差(offset),单位为秒,即

$$\Delta T(t) = C_1(t) - C_2(t) \tag{9-24}$$

式中,$C_1(t)$ 和 $C_2(t)$ 分别为 t 时刻时钟 1 和 2 显示的时间。由于时间是以时钟脉冲的周期来

计量的,如果两个时钟的频率不同,则二者的时间变化快慢(速度)不同,这个差别 $\Delta T'(t)$ 称为相对计时速度偏差,单位是秒/秒,也可以称为相对频率偏差(skew),即

$$\Delta T'(t) = C_1'(t) - C_2'(t) = \alpha C_2'(t) - C_2'(t) = (\alpha - 1)C_2'(t) \qquad (9-25)$$

式中,α 是时钟 1 和 2 之间的频率之比。两个时钟计时速度(频率)变化率的差别 $\Delta T''(t) = C_1''(t) - C_2''(t)$,称为二者的相对频率漂移(drift)。频率漂移与时钟的稳定性有关。

收、发时钟之间如果只存在固定的时间偏差不会对多媒体同步造成破坏。如果二者之间存在频率偏差,则产生图 9-23 所示的现象。两个时钟之间的频率漂移对多媒体同步的影响比较复杂,而且现代电子技术可以保证振荡器的频率漂移限制在较小的范围之内,因此本节将不考虑频率漂移,而只讨论收、发时钟之间存在固定频率偏差情况下的多媒体同步问题。

一个多媒体系统所能容忍的收发时钟频率偏差由具体应用而定。例如,假设发端实时地向收端发送数据,且收、发两端的时钟偏差为 10^{-3} s/s,对播放一个 90 min 的视频节目来讲,在节目的最后,两端时间之差为 5.4 s,显然播放的质量难以得到保证。如果偏差为每秒 10^{-6} s,节目最后收、发端的时间之差为 5.4 ms,对媒体同步的影响就不易察觉出来了。下面我们来考虑收、发时钟频率偏差不能忽略的情况,即在图 9-23 所示的情况下,设计一个合适的起始时刻偏移量和缓存器容量,以避免出现数据尚未到达或缓存器溢出的问题。

假设媒体流的 LDU 按发送时钟的节拍进入接收缓存器 B,然后以接收时钟的节拍输出进行播放。在不考虑延时抖动的情况下,按发送时钟 C_s 计量的 LDU 到达时间间隔等于其发送的时间间隔

$$a_s(i) - a_s(1) = t_s(i) - t_s(1) \qquad (9-26)$$

第 i 个 LDU 在缓存器中缓存的时间为 $[p_r(i) - a_s(i)]$,其中 $p_r(i)$ 为按接收时钟 C_r 计量的第 i 个 LDU 的播放时刻。为了平滑由收、发时钟频率偏差而引起的数据波动,所需的缓存器容量为

$$B = \max\{p_r(i) - a_s(i) - [p_r(1) - a_s(1)] \mid (i \in 2, 3, \cdots)\} \qquad (9-27)$$

上式 [] 中的项为起始时刻偏移量 D,$\{\cdot\}$ 中的项表示在播放开始之后,第 i 个 LDU 在缓存器中继续缓存的时间。如果收、发时钟是同步的,$p_r(i) - p_r(1) = a_s(i) - a_s(1) = t_s(i) - t_s(1)$,$B = 0$。这说明在接收端的播放速率和发送端的发送速率相同时,数据不会在缓存器中累积(或过快地消耗),因此不必在起始偏移量 D 之外设置额外的缓存器。

假设发、收时钟之间的频率之比为 $\alpha = \dfrac{C_s'}{C_r'}$,那么用发送时钟 C_s 来度量时间间隔 $[p_r(i) - p_r(1)]$,我们有

$$p_r(i) - p_r(1) = \alpha[t_s(i) - t_s(1)] \qquad (9-28)$$

将(9-26)式和(9-28)式代入(9-27)式,得到

$$B = \max\{(\alpha - 1)[t_s(i) - t_s(1)] \mid (i \in 2, 3, \cdots)\}$$
$$= (\alpha - 1)T_N \qquad (9-29)$$

式中,T_N 为媒体流的最长持续时间,$(\alpha - 1)$ 反映了收、发时钟之间的频率偏差。当 $\alpha > 1$ 时,接收时钟慢于发送时钟,上式给出防止缓存器溢出所需要的额外容量(总量为 $D + B$);当 $\alpha < 1$ 时,接收时钟快于发送时钟,此时 B 为负值,代表为了预防缓存器变空在开始播放(起始时刻 D)之前应该预先缓存的数据量。

当 α 偏离 1 较大时,补偿收、发时钟频率偏差所需要的缓存量可能过大,此时可以采用基于

缓存数据量的同步方法来进行同步。当接收时钟慢于发送时钟时,缓存量总是趋于上警界线;反之,则总是趋于下警界线。

2. 基于时间戳的锁相方法

在有些多媒体应用中,对收、发时钟的同步有着严格的要求。例如,中心站通过 ATM 干线或卫星线路接收数字电视,然后转换成模拟电视信号送给模拟有线电视网络。由于模拟电视的同步信号和副载波信号由解码时钟产生,而副载波的相位和幅度代表彩色的色调和饱和度,因此收、发时钟的频率偏差和漂移会造成重建图像的彩色失真或周期性变化(Color Cycling)、声音断续以及画面跳动等。

在需要收、发时钟频率精确同步的时候,锁相是一种通常采用的方法,它能够消除收、发时钟之间的频率偏差和频率漂移。图 9-30 所示是一个典型的锁相环路 PLL(Phase Locked Loop)。它由相位比较器、环路(低通)滤波器和本地压控振荡器 VCO(Voltage Controlled Oscillator)3个部分组成。锁相的基本过程是,将发送端时钟频率(由输入信号所携带)与接收端本地时钟频率在相位比较器中进行相位比较,两端时钟频率的偏差将反映为相位之差;相位比较器的输出参量(如电压大小、或脉冲宽窄等),经环路滤波器滤除高频分量(输入相位的高频抖动)以后,控制VCO 的振荡频率,使之与输入频率相等。锁相环路可以是模拟的,也可以是数字的,数字锁相环路简称为 D-PLL。

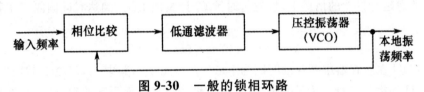

图 9-30 一般的锁相环路

当媒体流采用分组方式传输时,输入信号不是连续的正弦波或脉冲串,无法与本地时钟信号进行相位比较,此时需要有一种合适的方法来检测收、发时钟的频率偏差以控制 VCO 的振荡频率。在分组传输中,接收端可能获得发送时钟信息的途径有两个,包的到达频率和包头携带的表示该包发送时刻的时间戳。如果在接收端设一个输入缓存器,数据包按发送时钟速率到达缓存器,而以接收时钟速率被取出,那么缓存器的充满程度就反映了收、发时钟的频率差异。但是其他原因,如网络传输的延时抖动和包丢失等也会影响缓存器的充满程度,从而干扰锁相环的工作。比较好的获得发送时钟信息的途径是检测时间戳。例如 MPEG-2 标准中规定,编码器必须在不超过 0.1 s 的时间间隔内,在码流中传送一个节目时钟参考 PCR。PCR 的数值等于 PCR 的最后一个字节产生时的时钟计数值,因此我们也可以将其看作为一种时间戳。基于时间戳的"锁相环路"如图 9-31 所示。时间戳检测模块检测所接收的数据包中的 PCR,然后计算 PCR 与本地时钟计数值之间的差值,如果收、发时钟频率没有偏差,该差值为一常数;如果有偏差,该差值经滤波后控制本地时钟频率,使本地时钟达到与发送端时钟频率的一致。

必须注意,在图 9-31 所示的电路中,用来控制本地时钟频率的计数差值实际上是包的发送时刻(PCR)和到达时刻(本地时钟计数)之间的差值,如果传输延时存在抖动的话,即使收、发时钟频率相同,该差值也不是恒定的。因此环路滤波器必须精心设计以便能够滤除传输延时抖动的影响,否则延时抖动将通过环路转化为本地时钟频率的晃动。

当收、发时钟达到同步后,缓存器充满程度的变化仅受传输延时抖动的影响。此时缓存器则可按基于播放时限的同步方法设计。

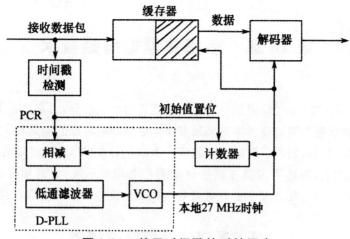

图 9-31　基于时间戳的时钟同步

3. 基于网络时间协议的方法

在因特网中,常常通过网络时间协议 NTP(Network Time Protocol)来解决一对站点、或多个站点间的时钟频率偏差问题。具体作法是,由中央时间服务器维护一个高精确度和高稳定度的时钟(网络时钟),各站点将此信号作为调整本地时钟的基准,图 9-32 说明获得时间基准的过程。客户端在本地时间 A 向 NTP 服务器发送一个带有发送时刻 A 的 NTP 包,服务器在本地时间 B 收到该包,然后在本地时间 C 将一个带有时刻 A、B 和 C 的包发送回客户端,客户端在本地时间 D 收到。假设客户端到服务器的实际单程延时为 d,在这段路程上由收、发时钟频率不向而产生的时间偏差为 $offset$,则 $B-A=d+offset$,且 $D-C=d-offset$,

$$d = \frac{(B+D-A-C)}{2} \tag{9-30}$$

$$offset = \frac{(B+C-A-D)}{2} \tag{9-31}$$

式(9-31)检测到的时间偏差相当于一般锁相环中相位比较器的输出。

在实际应用中,检测到的延时和时间偏差会受到延时抖动的影响。NTP 规定了一个"锁相环路"的结构,在这个结构中,利用滤波、选择和加权等方法得到最为可靠的时间偏差值,然后该值经环路滤波器控制本地的 VCO。经过这样的调整,各站点的时钟同步的精度可保持在 10 ms 之内。

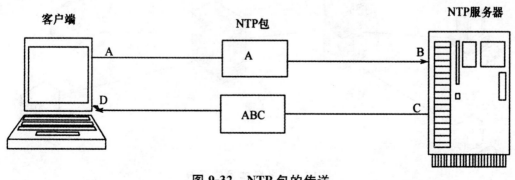

图 9-32　NTP 包的传送

第10章 多媒体通信终端技术

在多媒体通信系统中,多媒体通信终端是一个重要的组成部分,它是具有集成性、交互性、同步性的通信终端,并且随着网络技术的发展和多媒体通信终端标准的制定和完善,多媒体通信终端技术得到了很大的发展,出现了新的发展趋势。本章在对多媒体通信终端的组成、特点及关键技术进行介绍的基础上,描述了多媒体通信终端的几个相关标准,并着重介绍基于 IP 网络的H.323 和 SIP 标准,最后介绍了基于多媒体计算机的通信终端的硬件组成和软件组成。

10.1 多媒体通信终端概述

一般的多媒体系统主要由 4 部分内容组成:多媒体硬件系统、多媒体操作系统、媒体处理系统工具和用户应用软件。

多媒体硬件系统:包括计算机硬件、声音/视频处理器、多种媒体输入/输出设备及信号转换装置、通信传输设备及接口装置等。其中,最重要的是根据多媒体技术标准而研制生成的多媒体信息处理芯片、光盘驱动器等。

多媒体操作系统:也称为多媒体核心系统(Multimedia Kernel System),具有实时任务调度、图形用户界面管理以及通过多媒体数据转换和同步控制对多媒体设备进行驱动和控制等功能。

媒体处理系统工具:或称为多媒体系统开发工具软件,是多媒体系统重要组成部分。

用户应用软件:根据多媒体系统终端用户要求而定制的应用软件或面向某一领域的用户应用软件系统,它是面向大规模用户的系统产品。

多媒体通信系统是指能完成多媒体通信业务的系统,包括了网关(Gateway)、服务器和多媒体通信终端。如图 10-1 所示。

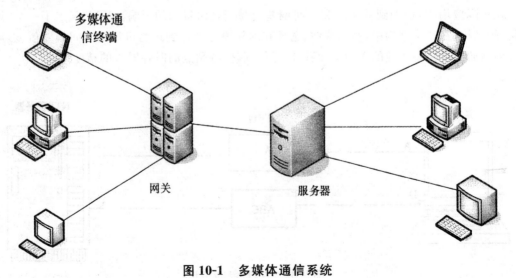

图 10-1 多媒体通信系统

10.1.1　多媒体通信终端基础

多媒体通信终端是多媒体硬件系统中的客户端硬件系统、多媒体操作系统和用户应用软件相互融合形成的系统,是指接收、处理和集成各种媒体信息,并通过同步机制将多媒体数据同步的呈现给用户,同时具有交互式功能的通信终端。

多媒体终端是由搜索、编解码、同步、准备和执行 5 个部分以及接口协议、同步协议、应用协议 3 种协议组成的。

搜索部分是指人机交互过程中的输入交互部分,包括菜单选取等各种输入方式。

编解码部分是指对多种信息表示媒体进行编解码,编码部分主要将各种媒体信息按一定标准进行编码并形成帧格式,解码部分主要对多媒体信息进行解码并按要求的表现形式呈现给人们。

同步处理部分是指多种表示媒体间的同步问题,多媒体终端的一个最大的特点是多种表示媒体通过不同的途径进入终端,由同步处理部分完成同步处理,送到用户面前的就是一个完整的声、文、图、像一体化的信息,这就是同步部分的重要功能。

准备部分的功能体现了多媒体终端所具有的再编辑功能。例如,一个影视编导可以把从多个多媒体数据库和服务器中调来的多媒体素材加工处理,创作出各种节目。

执行部分完成终端设备对网络和其他传输媒体的接口。接口协议是多媒体终端对网络和传输介质的接口协议。同步协议传递系统的同步信息,以确保多媒体终端能同步地表现各种媒体。应用协议管理各种内容不同的应用。

10.1.2　多媒体通信终端与传统终端设备的区别

多媒体通信终端由于要处理多种具有内在逻辑联系的多种媒体信息,与传统的终端设备相比,有以下几个显著的特点。

1. 集成性

指多媒体终端可以对多种信息媒体进行处理和表现,能通过网络接口实现多媒体通信。这里的集成不仅指各类多媒体硬设备的集成,而且更重要的是多媒体信息的集成。

2. 同步性

指在多媒体终端上显示的图、文、声等以同步的方式工作。它能保证多媒体信息在空间上和时间上的完整性。它是多媒体终端的重要特征。

3. 交互性

指用户对通信的全过程有完整的交互控制能力。多媒体终端与系统的交互通信能力给用户提供了有效控制使用信息的手段。它是判别终端是否是多媒体终端的一个重要准则。

10.1.3　多媒体通信终端的关键技术

多媒体通信终端涉及的关键技术包括以下几个。

1. 开放系统模式

为了实现信息的互通,多媒体终端应按照分层结构支持开放系统,模式设计的通信协议要符合国际标准。

2. 人-机和通信的接口技术

多媒体终端包括两个方面的接口：与用户的接口和与通信网的接口。多媒体终端与最终用户的接口技术包括输入法和语音识别技术、触摸屏及最终用户与多媒体终端的各种应用的交互界面。多媒体终端与通信网的接口包括电话网、分组交换数据网、N-ISDN 和 B-ISDN、LAN、无线网络等通信接口技术。

3. 多媒体终端的软、硬件集成技术

多媒体终端的基本硬件、软件支撑环境，包括选择兼容性好的计算机硬件平台、网络软件、操作系统接口、多媒体信息库管理系统接口、应用程序接口标准及设计和开发等。

4. 多媒体信源编码和数字信号处理技术

终端设备必须完成语音、静止图像、视频图像的采集和快速压缩编解码算法的工程实现，以及多媒体终端与各种表示媒体的接口，并解决分布式多媒体信息的时空组合问题。

5. 多媒体终端应用系统

要使多媒体终端能真正地进入使用阶段，需要研究开发相应的多媒体信息库、各种应用软件（如远距离多用户交互辅助决策系统、远程医疗会诊系统、远程学习系统等）和管理软件。

10.2　多媒体通信终端的标准

ITU-T 从 20 世纪 80 年代末期开始制定了一系列多媒体通信终端标准，主要框架性标准如下。

①ITU-TH.323：不保证服务质量的局域网可视电话系统和终端。

②ITU-TH.320：窄带可视电话系统和终端（N-ISDN）。

③ITU-TH.322：保证服务质量的局域网可视电话系统和终端。

③ITU-TH.324：低比特率多媒体通信终端（PSTN）。

④ITU-TH.321：B-ISDN 环境下 H.320 终端设备的适配。

除此之外，国际上的其他标准化组织也制定了一系列的多媒体通信标准。比如 IETF（Internet Engineering Task Force）针对在 IP 网上建立多媒体会话业务而制定的 SIP 协议族。

10.3　基于 N-ISDN 网的多媒体通信终端

H.323 是属于国际电联（ITU）的标准，以 H.323 为标准构建的多媒体通信网很容易与传统 PSTN 电话网兼容，从这点上看，H.323 更适合于构建电信级大网。国际上几乎所有的商业性 IP 电话网或视频会议网都是以 H.323 为基础的。而且，不同版本的 H.323 协议通过不断升级和扩展，已经日趋完善，为基于 H.323 的 IP 多媒体业务提供了很好的保障。

1990 年 12 月 ITU-T 批准了针对窄带 ISDN 应用的 H.320 协议，如图 10-2 所示。它是基于电路交换网络的会议终端设备和业务的框架性协议。它描述了保证服务质量的多媒体通信和业务。它是 ITU-T 最早批准的多媒体通信终端框架性协议，因此，也是最成熟和在 H.323 终端出现前应用最广泛的多媒体应用系统，H.320 系统在 N-ISDN 的 64 kb/s（B 信道）、384 kb/s（H0 信道）和 1536/1920 kb/s（H11/H12 信道）上提供视听业务。

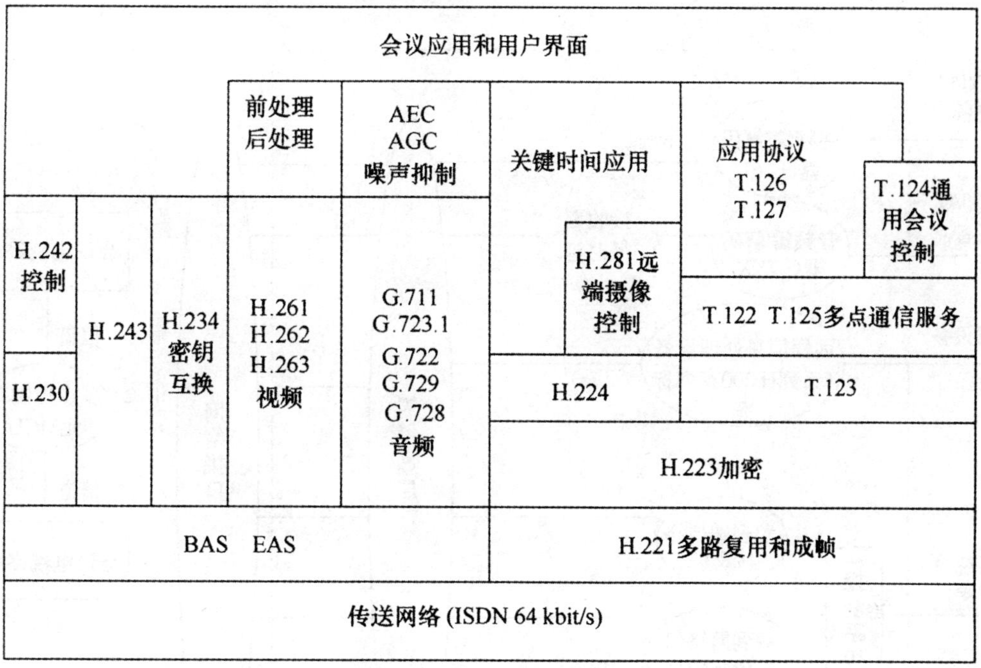

| 会议应用和用户界面 | | | | | | | |

图中各框内容如下：

| 会议应用和用户界面 |
前处理 后处理	AEC AGC 噪声抑制	关键时间应用	应用协议 T.126 T.127	T.124通用会议控制
H.242控制	H.243	H.234密钥互换	H.261 H.262 H.263 视频	G.711 G.723.1 G.722 G.729 G.728 音频	H.281远端摄像控制	T.122 T.125多点通信服务
H.230					H.224	T.123
				H.223加密
BAS EAS			H.221多路复用和成帧
传送网络 (ISDN 64 kbit/s)

图 10-2　H.320 协议栈

会议电视终端的基本功能是能够将本会场的图像和语音传到远程会场,同时,通过终端能够还原远程的图像和声音,以便在不同的地点模拟出在同一个会场开会的情景。因此,任何一个终端必须具备视音频输入/输出设备。视、音频输入设备(摄像机和麦克风)将本地会场图像和语音信号经过预处理和 A/D 转换后,分别送至视频、音频编码器。

视频和音频编解码器依据本次会议开会前系统自动协商的标准(如视频采用 H.261 或者 H.263,音频采用 G.711、G.722 或者 G.728),对数字图像和语音依据相关标准进行数据压缩,然后将压缩数据依据 H.221 标准复用成帧传送到网络上。同时,视频和音频编解码器还将远程会场传来的图像和音频信号进行解码,经过 D/A 转换和处理后还原出远程会场的图像和声音,并输出给视、音频输出设备(电视机和会议室音响设备)。这样,本地会场就可以听到远程会场的声音并看到远程会场的图像。

但是,在完成以上任务以前,系统还需要其他相关标准来支持。如果是两个会场之间,不经过多点控制单元 MCU 开会,就需要用 H.242 标准来协商系统开会时用何种语言或者参数。如果是两个以上会场经过多点控制单元 MCU 开会,终端就需要 H.243、H.231 等标准来协商开会时会议的控制功能,如主席控制、申请发言等功能。如果使用的是可控制的摄像机,一般而言,还需要 H.281 标准实现摄像机的远程遥控。如果系统除开普通的视音频会议之外,还需要一些辅助内容如数据、电子白板等功能,系统就需要采用 T.120 系列标准。

依据网络的不同,所有数据进入网络时需要依据相关的网络通信标准进行通信,如 G.703 或者 I.400 系列协议。

可见,一个完整的 H.320 终端功能和结构相当复杂,图 10-3 为基于 H.320 标准的多媒体电视会议系统终端结构示意图。

从图 10-3 中可以看出,H.320 多媒体通信终端涉及的标准相当多,这些标准主要如表 10-1

所示。

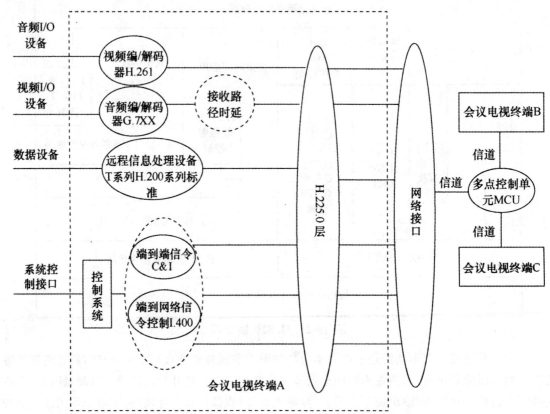

图 10-3　基于 H.320 标准的多媒体电视会议系统终端结构示意图

表 10-1　H.320 多媒体通信终端涉及的标准

协议	作用
H.261	关于 $P \times 64$ kb/s 视听业务的视频编解码器
H.221	视听电信业务中 $64 \sim 1920$ kb/s 信道的帧结构
H.233	视听业务的加密系统
H.230	视听系统的帧同步控制和指示信号(C&I)
H.231	用于 2 Mb/s 数字信道的视听系统多点控制单元
H.242	使用 2 Mb/s 数字信道的视听终端间的通信系统,实际为端到端之间的互通规程
H.243	利用 2 Mb/s 通道在 2 个或 3 个以上的视听终端建立通信的方法,实际为多个终端与 MCU 之间的通信规程
H.281	会议电视的远程摄像机控制规程,它是利用 H.224 实现的
H.224	利用 H.221 的 LSD/HSD/MLP 通道单工应用的实时控制
T.120 系列	作为 H.320 框架内的有关声像(静止图像)会议的相关标准
G.703	脉冲编码调制通信系统网络数字接口参数

续表

协议	作用
G. 728	低时延码本激励线性预测编码(音频编码)
G. 711	脉冲编码调制(音频编码)
G. 722	自适应差分脉冲编码(音频编码)
G. 735	工作在 2 Mb/s 并提供同步 384 kb/s 数字接口和/或同步 64 kb/s 数字接入的基群复用设备的特性
G. 704	用于 2.048 Mb/s 等速率的数字元通信帧结构
H. 332	广播型视听多点系统和终端设备

10.4 基于 IP 网络的多媒体通信终端

10.4.1 H.323

随着 IP 网络通信质量的改善,IP 网络已成为目前最重要的一种网络形式,不论是网络运营商还是增值服务提供商都对 IP 网络情有独钟,因此 ITU-T 制定了基于 IP 网络的多媒体通信的 H.323 标准。

H.323 是 ITU-T 的一个标准簇,它于 1996 年由 ITU-T 的第 15 研究组通过,最初叫做"工作于不保证服务质量的 LAN 上的多媒体通信终端系统"。1997 年年底通过了 H.323V2,改名为"基于分组交换网络的多媒体通信终端系统"。H.323V2 的图像质量明显提高,同时也考虑了与其他多媒体通信终端的互操作性。1998 年 2 月正式通过时又去掉了版本 2 的"V2"称呼,就叫做 H.323。

1999 年 5 月 ITU-T 又提出了 H.323 的第三个版本。由于基于分组交换的网络逐步主宰了当今的桌面网络系统,包括基于 TCP/IP、IPX 分组交换的以太网、快速以太网、令牌网、FDDI 技术,因此,H.323 标准为 LAN、MAN、Intranet、Internet 上的多媒体通信应用提供了技术基础和保障。

H.323 标准协议的分层结构如图 10-4 所示。

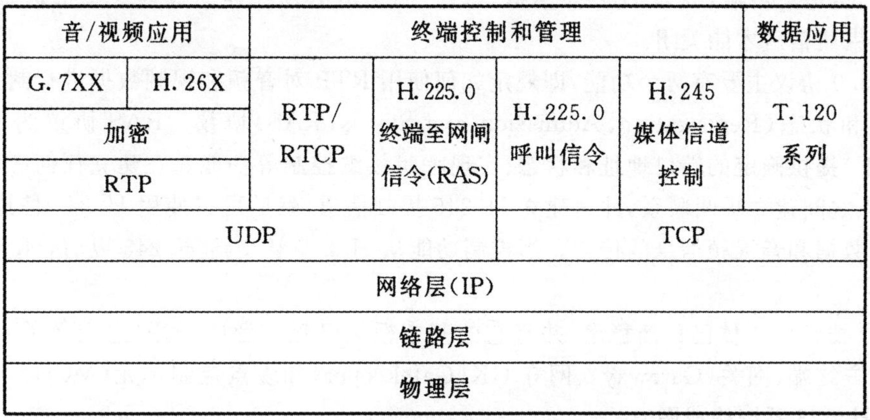

音/视频应用		终端控制和管理			数据应用
G.7XX	H.26X	RTP/ RTCP	H.225.0 终端至网闸 信令(RAS)	H.225.0 呼叫信令	H.245 媒体信道 控制	T.120 系列
加密					
RTP					
UDP			TCP		
网络层(IP)					
链路层					
物理层					

图 10-4　H.323 标准协议的分层结构

音频编码采用 G.7XX 系列协议，可根据应用选择具体的音频编码标准。视频编码采用 H.261 或 H.263 标准。音频和视频数据加密后都采用 RTP 协议进行封装。RTP 协议此时相当于会话层，提供同步和排序功能，对网络的带宽、时延、差错有一定的自适应性。RTP 虽然为实时协议，但只是提供了实时应用的适配功能和质量监视手段，并不提供保证数据实时传输的机制，不能保证 QoS，这些功能是由 RTCP 和多层协议提供的。

实时控制协议 RTCP 主要用于监视带宽和延时，它定期地将包含服务质量信息的控制信息包分发给所有通信节点，一旦所传送的多媒体信息流的带宽发生变化，接收端立即通知发送端，改变识别码和编码参数。

在 H.323 标准中，网络层采用 IP 协议，负责两个终端之间的数据传输。由于采用无连接的数据包，路由器根据 IP 地址(不需信令)把数据送到对方，但不保证传输的正确性。在 IP 的上层 TCP(传输控制协议)保证数据顺序传送，发现误码就要求重发，因此，TCP 不适用于实时性要求较高的场合，而对误码要求高的数据传送，则可以采用 TCP。UDP(用户数据包协议)采取无连接传输方式，它的协议简单，用于视音频实时信息流。如果有误码，则把该包丢掉，因为较少的等待时间对实时信息传输而言比误码纠正更为重要，对实时音频和视频来说，丢掉少量错误的数据包并不影响视听。而对数据需采用 RTCP 协议，如果有误码，为了保持音频和视频等信息包之间彼此正确衔接，则应采用反馈重发方式。视频和音频数据传输采用 RTP 协议，因而 RTP 在每个从信源离开的数据包上留下了时间标记以便在接收端正确重放。为了解决连续媒体的延迟敏感性，可以采取优先控制策略，即连续媒体优先于离散媒体传输，音频连续媒体优先于视频连续媒体传输，利用连续媒体对错误率的不敏感性，在发生传输错误的情况下，可以选择重新传输或者不再重新传输。

数据应用采用 T.120 系列协议，它是 1993 年以来陆续推出的用于声像和视听会议的一系列标准，也称为"多层协议"。该系列协议是为支持多媒体会议系统发送数据而制定的，既可以包含在 H.32X 协议框架下，对现有的视频会议进行补充和增强，也可独立的支持多媒体会议。T.120 系列协议包括了 T.120、T.121、T.122、T.123、T.124、T.125、T.126 和 T.127 等协议。

H.225.0 协议和 H.245 协议是 H.323 中的控制管理协议。H.225.0 协议用于控制呼叫流程，H.245 用于控制媒体信道的占用、释放、参数设定、收发双方的能力协商等；另外，在使用多个逻辑信道的情况下，它还必须控制管理多个信道的协调配合。H.245 的控制信号必须在一条专门的可靠信道上传输，称为 H.245 信道。该控制信道必须在建立任何逻辑信道之前先行建立，并在结束通信后才能关闭。

H.225.0 协议主要有两个功能，即规定如何使用 RTP 对音频和视频数据进行封装，定义了登记、接纳和状态(Registration, Admission and Status, RAS)协议。RAS 协议为网守(Gate Keeper, GK)提供确定的端口地址和状态、实现呼叫接纳控制等功能。在建立任何呼叫之前，首先须在端点之间建立呼叫联系，此时建立 H.245 控制信道，然后可以使用 H.245 信道建立媒体信道，进行数据和音视频信息的传输。当控制功能从 H.225 移交给 H.245 以后，H.225 呼叫即可释放。

H.323 协议的主体已日渐稳定，并且它的基本框架已被广泛的采用，它定义了 4 种基本功能单元：用户终端、网关(Gateway)、网守 GK(Gatekeeper)和多点控制单元(MCU)。如图 10-5 所示即为 H.323 系统构成图。

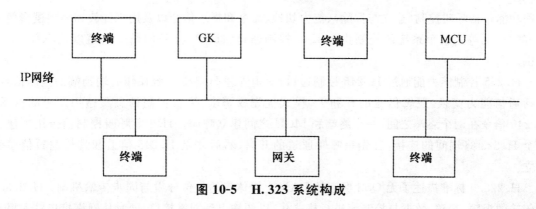

图 10-5　H.323 系统构成

1. H.323 多媒体通信终端

用户终端能和其他的 H.323 实体进行实时的、双向的语音和视频通信,H.323 多媒体通信终端的构成如图 10-6 所示,它能够实现以下的功能。

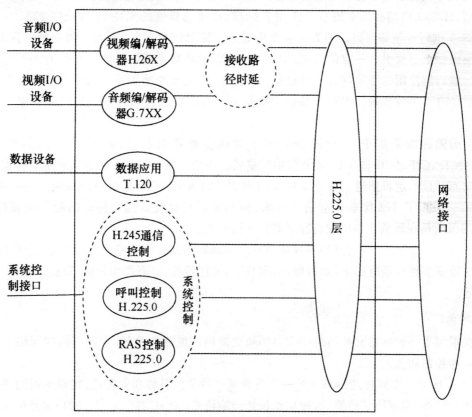

图 10-6　H.323 多媒体通信终端的构成

①信令和控制:支持 H.245 协议,能够实现通道建立和能力协商;支持 Q.931 协议,能够实现呼叫信令通道;支持 RAS 协议,能够实现与网守的通信。

②实时通信:支持 RTP/RTCP 协议。

③编解码:支持各种主流音频和视频的编解码功能。

④系统控制:系统控制功能是 H.323 终端的核心,它提供了 H.323 终端正确操作的信令。

这些功能包括呼叫控制(建立与拆除)、能力切换、命令和指示信令以及用于开放和描述逻辑信道内容的报文等。整个系统的控制由 H.245 控制通道、H.225.0 呼叫信令信道以及 RAS 信道提供。

H.245 控制能力能通过 H.245 控制通道,承担管理 H.323 系统操作的端到端的控制信息,包括通信能力交换、逻辑信道的开和关、模式优先权请求、流量控制信息及通用命令的指示。H.245 信令在两个终端之间、一个终端和 MCU 之间建立呼叫。H.225 呼叫控制信令用来建立两个 H.323 终端间的连接,首先是呼叫通道的开启,然后才是 H.245 信道和其他逻辑信道的建立。

H.225.0 标准描述了无 QoS 保证的 LAN 上媒体流的打包分组与同步传输机制。H.225.0 对传输的视频、音频、数据与控制流进行格式化,以便输出到网络接口,同时从网络接口输入报文中补偿接收到的视频、音频、数据与控制流。另外,它还具有逻辑成帧、顺序编号、纠错与检错功能。

音频信号包含了数字化和压缩的语音。H.323 支持的压缩算法都符合 ITU 标准。为进行语音压缩,H.323 终端必须支持 G.711 语音标准,也可选择性的采用 G.722、G.728、G.729.A 和 G.723.1 进行音频编解码。因为视频编码处理所需时间比音频长,为了解决唇音同步问题,在音频编码器上必须引入一定的时延。H.323 标准规定其音频可以使不对称的上下行码率进行工作。编码器使用的音频算法是通过使用 H.245 的能力交换到的。每个为音频而开放的逻辑信道应伴有一个为音频控制而开放的逻辑信道。H.323 终端可同时发送或接收多个音频信道信息。

视频编码标准采用 H.261/H.263,为了适应多种彩电制式,并有利于互通,图像采用 SQCIF、QCIF、CIF、4CIF、16CIF 等公用中间格式。每个因视频而开放的逻辑信道应伴有一个为视频控制而开放的逻辑信道。H.261 标准利用 $P \times 64$ kb/s($P=1,2,\cdots,30$)通道进行通信,而 H.263 由于采用了 1/2 像素运动估计技术、预测帧以及优化低速率传输的哈夫曼编码表,使 H.263 图像质量在较低比特率的情况下有很大的改善。

由于 T.120 是 H.323 与其他多媒体通信终端间数据互操作的基础,因此,通过 H.245 协商可将其实施到多种数据应用中,如白板、应用共享、文件传输、静态图像传输、数据库访问、音频图像会议等。

2. 网关

网关提供了一种电路交换网络(SCN)和包交换网络的连接途径,它在不同的网络上完成呼叫的建立和控制功能。

网关是 H.323 多媒体通信系统的一个可选项。网关的具体功能包括:实现不同网络之间信令和媒体的转换,实现协议转换,这种功能包括传输格式(如 H.225.0~H.221)和通信规程的转换(如 H.245~H.242);实现 IP 数据分组的打包和拆包;执行语音和图像编解码器的转换,以及呼叫建立和拆除功能;提供静音检测和回音消除,补偿时延抖动,对分组丢失和误码进行差错隐藏。H.323 终端使用 H.245 和 H.225.0 协议与网关进行通信。采用适当的解码器,H.323 网关可支持符合 H.310、H.321、H.322 等标准的终端。

3. 网守

网守也称为关守、网闸,是 H.323 系统中的信令单元,管理一个区域里的终端、MCU 和网关等设备。网守(GK)向 H.323 终端提供呼叫控制服务,完成以下的功能:地址翻译、呼叫控制和管理、带宽控制和管理、呼出管理、域管理等。

网守执行两个重要的呼叫控制功能。第一是地址翻译功能,在 RAS 中有定义。例如,将终端和网关的 PBN 别名翻译成 IP 或 IPX 地址,方便网络寻址和路由选择;第二是带宽管理功能。网守可以通过发送远程访问服务(RAS)消息来支持对带宽的控制功能,RAS 消息包括带宽请求(BRQ)、带宽确认(BCF)和带宽丢弃(BRJ)等,通过带宽的管理,可以限制网络可分配的最大带宽,为网络其他的业务预留资源。例如,网络管理员可定义 PBN 上同时参加会议用户数的门限值,一旦用户数达到此设定值,网守就可以拒绝任何超过该门限值的连接请求。这将使整个会议所占有的带宽限制在网络总带宽的某一可行的范围内,剩余部分则留给 E-mail、文件传输和其他 PBN 协议。

网守的其他功能可能包括访问控制、呼叫验证、网关定位、区域管理功能、呼叫控制功能等。域中所有的设备都要在网守上注册,网守提供对整个域(包括终端、网关、MCU、MC 以及 H.323 设备)的管理功能。

H.323 协议规定终端至终端的呼叫信令有两种传送方式:一种是经由网守转发呼叫信令方式,双方不知道对端的地址,有利于保护用户的隐私权,网守介入呼叫信令过程;另一种是端到端的直接路由呼叫信令,网守只在初始的 RAS 过程中提供被叫的呼叫信令信道传输层地址,其后不再介入呼叫信令过程。

虽然从逻辑上关守和 H.323 节点设备是分离的,但是生产商可以将关守的功能融入 H.323 终端、网关和多点控制单元等物理设备中。

4. 多点控制单元

多点控制单元(Multipoint Control Unit,MCU)完成视频会议的控制和管理功能,它由多点控制器(MC)和多点处理器(MP)组成,MC 和 MP 只是功能实体,并非物理实体,都没有单独的地址。MCU 既可以是独立的设备,也可以集成在终端、网关或网守中。MCU 采用 H.245 协议实现其控制功能。

多点控制器提供多点会议的控制功能,在多点会议中,多点控制器和每个 H.323 终端建立一条 H.245 控制连接来协商媒体通信类型;多点处理器则提供媒体切换和混合功能。H.323 支持集中和分散的多点控制和管理工作方式。在集中工作方式中,多点处理器(MP)和会议中的每个 H.323 终端建立媒体通道,把接收到的音频流和视频流进行统一的处理,然后再送回到各个终端。而在分散工作方式中,每个终端都要支持多点处理的功能,并能够实现媒体流的多点传送。

10.4.2　SIP

SIP(Session Initiation Protocol)是互联网工程任务组(Internet Engineering Task Force, IETF)制定的多媒体通信协议,是基于 IP 的一个文本型应用层控制协议,独立于底层协议,用于建立、修改和终止 IP 网上的双方或多方的多媒体会话。会话可以是终端设备之间任何类型的通信,如视频会晤、即时信息处理或协作会话。该协议不会定义或限制可使用的业务,传输、服务质量、计费、安全性等问题都由基本核心网络和其他协议处理。SIP 得到了微软、AOL 等厂商及 IETF 和 3GPP 等标准制定机构的大力支持。

SIP 最早是由 MMUSICIETF 工作组在 1995 年研究的,由 IETF 组织在 1999 年提议成为的一个标准,主要借鉴了 Web 的 HTTP 和 SMTP 两个协议。SIP 支持代理、重定向、登记定位用户等功能,支持用户移动,与 RTP/RTCP、SDP、RTSP、DNS 等协议配合,可支持和应用于语音、视频、数据等多媒体业务,同时可以应用于 Presence(呈现)、Instantmessage(即时消息,类似于 MSN)等特色业务。

1. SIP 特点

SIP 的最大亮点在于简单,它只包括 7 个主要请求、6 类响应,成功建立一个基本呼叫只需要两个请求消息和一个响应消息;基于文本格式,易实现和调试,便于跟踪和处理。

从协议角度上看,易于扩展和伸缩的特性使 SIP 能够支持许多新业务,对不支持业务信令的透明封装,可以继承多种已有的业务。

从网络架构角度上看,分布式体系结构赋予系统极好的灵活性和高可靠性,终端智能化,网络构成清晰简单,从而将网络设备的复杂性推向边缘,简化网络核心部分。

①独立于接入:SIP 可用于建立与任何类型的接入网络的会晤,同时还使运营商能够使用其他协议。

②会话和业务独立:SIP 不限制或定义可以建立的会晤类型,使多种媒体类型的多个会晤可以在终端设备之间进行交换。

③协议融合:SIP 可以在无线分组交换域中提供所有业务的融合协议。

2. SIP 的体系结构

SIP 体系结构包括以下 4 个主要部件。

用户代理(User Agent):就是 SIP 终端,也可以说是 SIP 用户。按功能分为两类:用户代理客户端(User Agent Client,UAC),负责发起呼叫;用户代理服务器(User Agent Server,UAS),负责接受呼叫并做出响应。

代理服务器(Proxy Server):可以当做一个客户端或者是一个服务器。具有解析能力,负责接收用户代理发来的请求,根据网络策略将请求发给相应的服务器,并根据应答对用户做出响应,也可以将收到的消息改写后再发出。

重定向服务器(Redirect Server):负责规划 SIP 呼叫路由。它将获得的呼叫的下一跳地址信息告诉呼叫方,呼叫方由此地址直接向下一跳发出申请,而重定向服务器则退出这个呼叫控制过程。

注册服务器(Register Server):用来完成 UAS 的登录。在 SIP 系统中所有的 UAS 都要在网络上注册、登录,以便 UAC 通过服务器能找到。它的作用就是接收用户端的请求,完成用户地址的注册。如图 10-7 所示。

这几种服务器可共存于一个设备,也可以分别存在。UAC 和 UAS,Proxy Server 和 Redirect Server 在一个呼叫过程中的作用可能分别发生改变。例如,一个用户终端在会话建立时扮演 UAS,而在主动发起拆除连接时,则扮演 UAC。一个服务器在正常呼叫时作为 Proxy Server,而如果其所管理的用户移动到了别处,或者网络对被呼叫地址有特别策略,则它就成了 Redirect Server,告知呼叫发起者该用户新的位置。

3. SIP 呼叫的建立

SIP 使用 6 种信令:INVITE、ACK、BYE、OPTIONS、CANCEL、REGISTER。INVITE 和 ACK 用于建立呼叫,完成三次握手,或者用于建立以后改变会话属性;BYE 用于结束会话;OP-

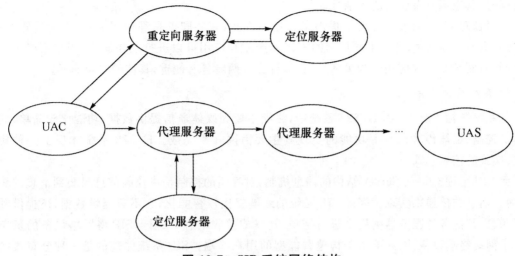

图 10-7　SIP 系统网络结构

TIONS 用于查询服务器能力；CANCEL 用于取消已经发出但未最终结束的请求；REGISTER 用于客户向注册服务器注册用户位置等消息。

SIP 支持 3 种呼叫方式：由 UAC 向 UAS 直接呼叫；由 UAC 进行重定向呼叫；由代理服务器代表 UAC 向被叫发起呼叫。

SIP 通信采用客户机和服务器的方式进行。客户机和服务器是有信令关系的两个逻辑实体（应用程序）。前者向后者构建、发送 SIP 请求，后者处理请求，提供服务并回送应答。例如：SIP-IP 电话系统的呼叫路由过程是先由用户代理发起和接收呼叫，再由代理服务器对呼叫请求和响应消息进行转发，然后注册服务器接受注册请求，并更新定位服务器中用户的地址映射信息。

4. SIP 协议实现的功能

理论上，SIP 呼叫可以只有双方的用户代理参与，而不需要网络服务器。实际中，网络服务器有助于形成一个可运营的 SIP 网络，实现用户认证、管理和计费等功能，并对用户呼叫进行有效的控制，提供丰富的智能业务。

SIP 协议用来形成、修改和结束两个或多个用户之间的会话。这些会话包括互联网多媒体会议、互联网（或 IP 网络）电话呼叫和多媒体信息传输。具体讲，SIP 提供以下功能。

①名字翻译和用户定位：确保呼叫达到位于网络的被叫方，执行描述信息到定位信息的映射。

②特征协商：允许与呼叫有关的组在支持的特征上达成一致。

③呼叫参与者管理：在通话中引入或取消其他用户的连接，转移或保持其他用户的呼叫。

④呼叫特征改变：用户能在呼叫过程中改变特征。

10.4.3　SIP 和 H.323 的区别

H.323 和 SIP 是目前国际上 IP 网络多媒体通信终端的主要标准，两者也同时应用在以软交换为核心的 NGN 中。但两者的设计风格各有千秋：H.323 解决了点到点及点到多点视频会议中的一系列问题，包括一系列协议，协议栈较为成熟；而 SIP 是 IP 网络中实时通信的一种会话协议，其借鉴了互联网协议，其中的会话可以是各种不同类型的内容，例如普通的文本数据、音/视频数据等,其应用具有较大的灵活性。

两者都对 IP 电话系统的信令提出了自己的方案,其共同点是都使用 RTP 作为传输协议。当采用 H.323 协议时,各个不同厂商的多媒体产品和应用可以进行互相操作,用户不必考虑兼容性问题;而 SIP 协议应用较为灵活,可扩展性强。两者各有侧重,具体的差异如下。

1. 系统结构差异

从系统结构上分析,在 H.323 系统中,终端主要为媒体通信提供数据,功能比较简单,而对呼叫的控制、媒体传输控制等功能的实现则主要由网守来完成。H.323 系统体现了一种集中式、层次式的控制模式。

而 SIP 采用 Client/Server 结构的消息机制,对呼叫的控制是将控制信息封装到消息的头域中,通过消息的传递来实现。因此 SIP 系统的终端就比较智能化,它不只提供数据,还提供呼叫控制信息,其他各种服务器则用来进行定位、转发或接收消息。这样,SIP 将网络设备的复杂性推向了网络终端设备,因此更适于构建智能型的用户终端。SIP 系统体现的是一种分布式的控制模式。

相比而言,H.323 的集中控制模式便于管理,像计费管理、带宽管理、呼叫管理等在集中控制下实现起来比较方便,其局限性是易造成瓶颈。而 SIP 的分布模式则不易造成瓶颈,但各项管理功能实现起来比较复杂。

2. 应用领域之分

H.323 和 SIP 都是实现 VoIP 和多媒体应用的通信协议。H.323 协议的开发目的是在分组交换网络上为用户提供取代普通电话的 VoIP 业务和视频通信系统。SIP 的开发目的是用来提供跨越因特网的高级电话业务。这两种协议定位有一定的重合,并且随着协议向纵深发展,这种重合竞争的关系日益加剧。但两者所要达到的目的是一致的,就是构建 IP 多媒体通信网。由于它们使用的方法不同,因此它们是不可能互相兼容的,两者之间只存在互通的问题。

10.5 其他多媒体通信终端

10.5.1 H.321

H.321 终端设备结构如图 10-8 所示。其中 T_b 和 S_b 是终端接入宽带网络的业务参考点,此处 b 是宽带(Broadband)的意思。与 H.320 终端设备不同的之处是:AAL、ATM 和 PHY 单元提供了宽带网络上安置 H.321 终端所需要的适配和接口功能;H.321 终端有与 H.320 终端所支持的同样的带内功能,如在 H.242、H.230、H.221 标准中所定义的功能;同时带外宽带相关信令功能,如协商运用、自适应始终恢复方法等,均由 Q.2931 标准中的消息元来获得。

H.321 系列标准主要涉及的标准除在 H.320 中介绍的外,还有以下几个。

①ITU-TI.363:B-ISDN ATM 适配层(AAL)规范;

②ITU-TI.361:B-ISDN ATM 层规范;

③ITU-TI.413:B-ISDN 用户网络接 VI;

④ITU-TQ.2931:B-ISDN 数字用户信令系统 No.2——基本呼叫/连接控制的用户网络接口三层规范。

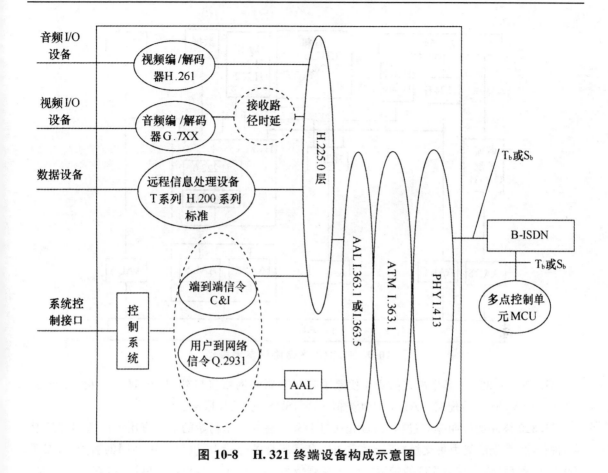

图 10-8　H. 321 终端设备构成示意图

10. 5. 2　H. 310

它定义了 B-ISDN 上的系统和终端,包括一个 H. 320/H. 321 互操作模式和一个 ATM 本地模式(Narive Mode),即完全在 ATM 环境下工作的模式。

图 10-9 给出 H. 310 终端的协议参考模型。图中左起第 1 列是带外呼叫用的 2 号信令(DSS2—Q. 2931)协议栈,第 2 列为带内用于 H. 245 消息的通信控制协议栈,第 3 列为使用 H. 221 进行音频和视频信号复接的 H. 320/H. 321 互操作模式栈,第 4 列为使用 H. 222. 1/H. 222. 0 进行复接的本地模式栈,第 5 列则是应用数据使用的可选 T. 120 栈。

与 H. 320 终端相比,H. 310 终端允许更高质量的视频和音频编码方式。除了 H. 261 外,视频信号可以采用 H. 262 压缩编码标准。在音频信号方面,增加了对音乐信号的压缩编码标准 ISO/11172-3(即 MPEG-1 音频)和 ISO/13818-3(即 MPEG-2 音频)。前者的质量接近于光盘(CD)录制的高质量立体声,后者扩展到多个声道。

B-ISDN 传输速率高,而且不只限定在 64 kb/s 的整数倍速率上传输。但是尽管如此,考虑到系统间的互操作性,H. 310 还是规定其传输速率为 64 kb/s 的整数倍,一般取 $96 \times 64 = 6144$ kb/s 和 $144 \times 64 = 9216$ kb/s 两种,分别对应于 H. 262 标准的中等质量和高质量的 MP@ML 视频信号。如果系统使用其他速率,需要在通信建立时通过 H. 245 与接收者进行协商,以保证接收者具备接收该速率的能力。

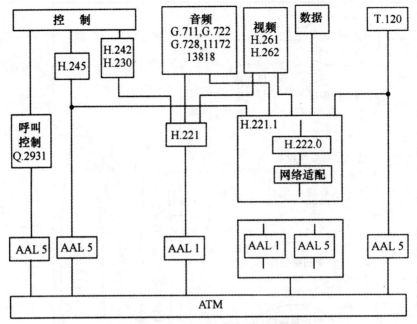

图 10-9　H.310 终端协议参考模型

H.320/H.321 互操作模式的协议栈除了呼叫控制和网络接口外,均与 H.320 相同。在这种模式下,ATM 的适配层 AAL 1 提供类似于 N-ISDN 的 CBR 服务。

H.310 终端的呼叫建立过程为:首先通过 DSS 2 建立一个初始的虚通道用于传送 H.245 信令,进行收、发端的能力集交换,即让对方知道自己所具备的能力,以便采用共同的参数(如带宽等)工作;然后,修改初始 VC 的带宽以传送视频信号(见图 10-10(a)),也可以通过在第 1 条 VC 上运行的 H.245 建立起第 2 条 VC,传送音频和视频信号(见图 10-10(b))。一般来说,前一种方式的费用较低,但是需要对带宽进行再协商;而且当发送端初选的 AAL 与接收端不同时,不能在第一次尝试时就接通。后一种方式则避免了上述两个缺点,它是 H.310 的基本工作模式。

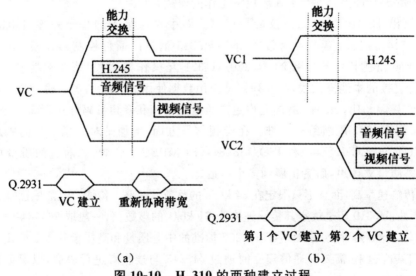

（a）　　　　　　　　　　　　　（b）

图 10-10　H.310 的两种建立过程

H.310 的网络适配层可以采用 AAL 1、AAL 5、或者 AAL 1/AAL 5。AAL 1 提供 CBR 和延时抖动较小的服务,具有时钟恢复,并可以使用前向纠错码。AAL 5 在带宽利用上有更大的灵活性,但延时抖动较大,而且只有 CRC 检错机制而无纠错机制。

10.5.3　H.322

H.322 是为能够保证信道带宽的局域网上的视听业务而制定的标准。一种这样的局域网称为等时以太网(Isochronous Ethernet),也称为 ISLAN16-T。它在以太网原有 10 Mb/s 带宽的基础上,再附加一个 6 Mb/s 信道专门用于实时数据的传输。这 6 Mb/s 构成像 N-ISDN 那样的 96 个 B 信道和一个信令信道。

由于 ISLAN16-T 与 N-ISDN 的相似性,H.322 使用和 H.320 完全相同的编码标准和复接标准,因此 H.322 是一个相当短的协议。图 10-11 给出一个典型的 H.322 的应用。图中 ISLAN16-T 终端的 10 Mb/s 部分通过 ISLAN16-T 集线器和普通 10 Mb/s 以太网相连,而 B 信道部分则从集线器通过一个 H.322 网关与 N-ISDN 的公用网相连。H.322 网关只允许 H.320 信号通过,不允许 LAN 信号通过,除此以外,它并无其他功能。不过,标准允许将 MCU 和广播功能集成到 H.322 网关中。

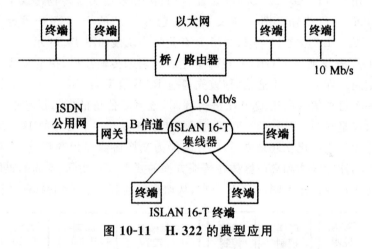

图 10-11　H.322 的典型应用

10.5.4　H.323

H.323 原来是针对没有 QoS 保障的局域网环境的视听业务而制定的,只要带宽和延时满足要求它也可以应用到更大范围,如城域网和广域网。1997 年国际电联重新定义了 H.323,使它成为在不保证 QoS 的分组交换网上的标准。在这种环境下,参加视听会议的所有终端、网关和多点控制单元(MCU),以及对它们进行管理的网守 GK(Gate Keeper)的集合,称为一个带(Zone),或称为域(Domain)。一个域中至少有一个以上的终端,可以有、也可以没有网关或 MCU,但必须有一个、也只能有一个 GK。图 10-12 给出了一个 H.323 系统的域。由于 LAN 对接入没有控制,因此引入 GK 对域内的终端进行接纳控制(接纳准则未标准化)以防止拥塞。同时 GK 还具有限制某个终端所使用的带宽、进行地址翻译和域控制等功能。由此看出,GK 的存在对于改善在无 QoS 保障的分组网上的视听业务的质量是有益的。H.323 网关用于 H.323 与其他类型的终端,如 H.320、H.310/H.321 和 H.324 等之间的连接;MCU 则提供会议管理以及视频、音频信号的混合与切换等功能。我们将在 MCU 中完成音频、视频信号的混合与切换功能的部分称为多点处理器 MP(Multipoint Processor)，完成其余功能的部分称为多点控制器 MC(Multipoint Controller)。由于局域网支持多播，因此在 H.323 域中可以没有 MCU，会议由分布在终端、网关或 GK 上的 MC 进行分布式管理。此时由于没有 MP，每个会议终端利用多播向所有其他终端传送自己的音频和视频信号。

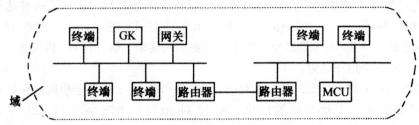

图 10-12　H.323 系统的域

在分组网上的 H.323 终端的协议参考模型如图 10-13 所示。由于缺乏 QoS 保障，H.323 终端使用低码率的音频和视频编码标准，如 G.723.1、G.728 和 H.263 等。在单纯的 LAN 上使用时，音频还可以采用 G.711，G.722，G.729。音、视频信号采用实时传输协议 RTP，并使用非可靠传输层服务 UDP 进行传输。图中涉及媒体打包和控制的 H.225.0 层定义在传输层(如 TCP/UDP/IP，SPE/IPE 等)之上，与 H.225.0 有关的协议栈如图 10-14 示。在进行任何通信之前，H.323 终端必须先找到一个 GK，并在那里注册。用来传输注册、接纳和状态信息的非可靠信道称为 RAS 信道。在启动一次通信时，首先通过 RAS 信道向 GK 传送一个接纳请求。当被接纳后，则通过一个可靠信道利用 Q.931 进行呼叫，该可靠信道的传输层地址可能是接纳被接受时返回的，也可能是呼叫方已知的。呼叫过程结束后建立起一个可靠的 H.245 控制信道。一旦控制信道在收、发端之间建立起来之后，则开始能力交换协商和为音频、视频及应用数据建立子信道。我们知道，连续媒体和离散媒体在传输方面的要求很不相同，不同的媒体采用不同子信道传输，可以对各子信道提出不同的 QoS 要求，从而有效地利用系统和网络的资源。

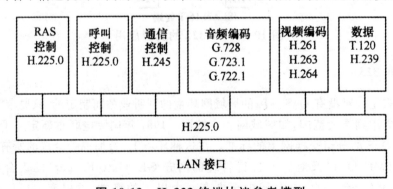

图 10-13　H.323 终端协议参考模型

H.323 建立呼叫的具体过程如图 10-15 所示。

①首先主叫终端向网守发送接入请求(ARQ)消息；

②网守回应接入确认(ACF)或者接入拒绝(ARJ)消息；

③如果呼叫请求被接受，则通话的主叫终端直接向被叫终端发送建立连接请求(Setup)消息；

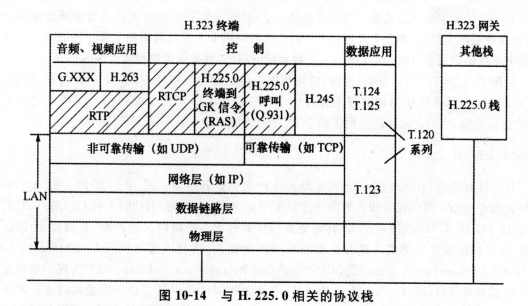

图 10-14　与 H. 225.0 相关的协议栈

④被叫终端直接向主叫终端回复呼叫开始进行(Call Proceeding)的消息,表明收到了请求;

⑤被叫终端为了加入通话,向网守发送 ARQ;

⑥网守回复 ACF 或 ARJ;

⑦如果得到允许,被叫终端直接向主叫终端发送 Alerting 消息,该消息等效于在 PSTN 上建立呼叫时听到的振铃信号;

⑧最后,如果用户接受该呼叫,则被叫终端直接向主叫终端发送建立连接(Connect)的消息。

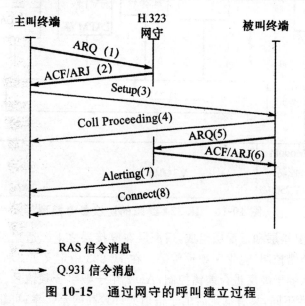

图 10-15　通过网守的呼叫建立过程

两个终端为了得到建立连接的许可而与网守之间交换的信息是注册、认可、状态信令协议(RAS)的一部分,两个终端之间直接交互的有关呼叫建立的消息是 Q. 931 信令协议的一部分,实际上,RAS 和 Q. 931 协议都属于 H. 225 建议的一部分。

H. 225.0 不仅描述了 H. 323 终端之间,也描述了 H. 323 终端与在同一 LAN 上的 H. 323

网关之间的传输方法。在这里,LAN 可以是一个网段,也可以是用桥或路由器连接起来的企业网,但是使用过大的网(如几个互连的 LAN)会导致视听业务质量的明显下降。H. 225.0 给用户提供方法以确定质量下降是不是由 LAN 拥塞而引起的,并提供采取相应对策的步骤。

从图 10-14 可以看到,音频、视频、应用数据和控制信号分别经 UDP 和 TCP 传输,因此,在 H. 323 中这些媒体的复用和解复用操作由 UDP(TCP)/IP 层来完成;而音、视频通过各自的 RTP 会话传输,它们之间的同步则依赖于 RTP 时间戳来建立。

10.5.5　H. 324

H. 324 标准应用于低码率的公共电话网上的视听业务终端。图 10-16 给出了 H. 324 终端的协议参考模型。图中视频和音频信号分别采用低码率压缩算法 H. 263+和 G. 723.1,它们分别是 H. 263 和 G. 723 的改进版本,具有更高的压缩效率。控制协议仍采用 H. 245。为保证可靠性,传输控制消息的子通道具有差错恢复与重传机制,这可以通过使用 LAPM(V. 42 Link Access Procedure for Modems)或 SRP(Simplified Retransmission Protocol)来实现。当建立起 H. 245 控制通道后,可以进行能力集的交换,并为每种媒体建立任意数目的逻辑通道。对于像电子白板等这样共享应用的数据,可以通过 V. 14 和 LAPM 等数据协议提供可靠传输。H. 324 的呼叫部分遵从各国公用电话网的信令协议。各逻辑通道的复接遵循 H. 223 协议。H. 223 是一个面向连接的复接协议,它可将任意数目的逻辑通道复用到一条电路交换的信道上。

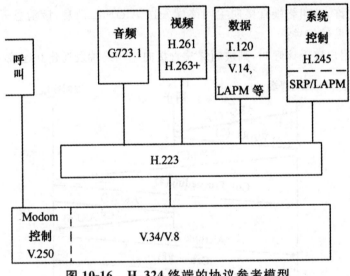

图 10-16　H. 324 终端的协议参考模型

多路复接由多路复接层和适配层组成,适配层在复接层之上。适配层根据不同媒体的需要处理逻辑帧的形成、差错控制、包排序和重传等。在 H. 223 中定义了 3 种适配层,其中 AL 1 用于变速率帧信息,它依赖于高层进行差错控制;AL 2 用于数字音频信号;AL 3 用于数字视频信号。3 种适配层的特性不同,具有低延时的子信道允许较高的差错;可靠的子信道则可能有较长的延时。为了减小延时,在 AL 3 中视频数据通常被打成小的变长包,例如 100 B 左右。每个包加 16 bit CRC 以供检错。AL 3 还允许重传(可选项),但只有重传的信息能在它的解码时刻之前到达时,使用这个可选项才有意义。

在复接层中,经过各个逻辑子信道的适配层打包(逻辑帧)的音频、视频、应用数据和控制信号等按字节交替传送,形成一个流。图 10-17 表示 H.223 的复接原理,其中(a)给出一个复接字节流的结构。该流分为许多独立的段,每段称为一个复接层 PDU(MUX-PDU)。段间由 HDLC 标识 F(01111110)分隔。为防止信息流中出现的 01111110 被误认为标识 F,需要采用字节填充技术,不过在这里填入的不是字节而是比特,因而称为比特填充。此外,每个 MUX-PDU 开头有一个头字节 H,用来说明后面的信息字节 I 是如何排列的,即逻辑子信道的组成方式。图 10-17 (a)表示出其中一个 MUX-PDU 内音频 A、视频 V、应用数据 D 和控制字节 C 的组合情况。值得注意,适配层输出的包并不一定能完整地放入一个 MUX- PDU,换句话说,适配层形成的一个逻辑帧可以拆分封装到几个 MUX-PDU 中去。

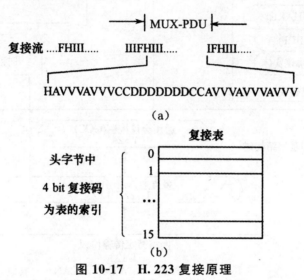

图 10-17　H. 223 复接原理

　　H.223 的复接方式十分灵活,这体现在头字节 H 的使用上。H 中包含一个 4 bit 的复接码。复接码是图 10-17(b)所示复接表的索引,发端和收端都拥有这个表(表由发端决定,在使用前通过 H.245 传送给收端),表的每个条目表示逻辑信道的排列方式及每个信道占用的字节数。在通信过程中,发端通过简单地修改头字节中的复接码,能够很容易地快速改变对可用带宽的分配;收端根据接收到的复接码查表,即可将 MUX-PDU 中的字节正确地拆分成各个媒体流。

　　复接的比特流经 V.34 调制/解调器转换成模拟信号,以便在公用电话网上传送。当调制/解调器中的网络信令与数据传输的启动会话规程是分离的部件时,V.250 用于提供对调制/解调器(或网络)的控制。

10.5.6　T.120 系列

　　ITU-TT.120 系列将数据和图像会议以及高层会议控制标准化,用于数据会议和会议控制。T.120 支持点对点、多点视频、数据和图像会议以及一系列复杂的、灵活的、强有力的特性,包括支持非标准应用协议。T.120 多点数据传输基于层次 的 T.120 MCU,MCU 将数据路由到正确的目的地。

　　在早期的发展中,T.120 被称为多层协议 MLP,因为 H.221 中的数据信道 MLP 打算用来传输 T.120。

　　T.120 是独立于网络的,所以不同类型的终端,如 ISDN 上的 H.320 终端,包交换网络上的

H.323 终端,ATM 上的 H.310 终端,PSTN 上的 H.324 终端,语音/数据调制解调器等,都能加入同样的 T.120 会议。图 10-18 说明了 T.120 协议栈。

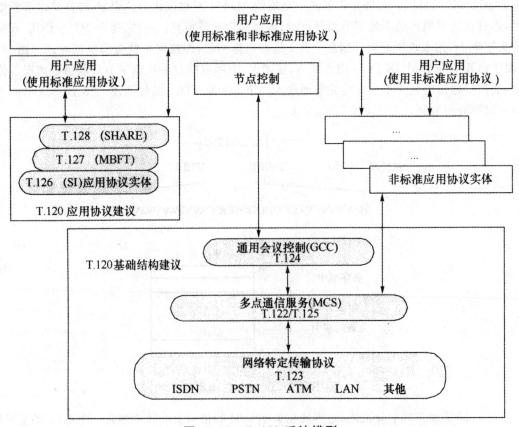

图 10-18　T.120 系统模型

　　T.120 系统并不直接处理音频或视频,而是依赖于传输音频和视频的 H 系列标准。T.120 穿越网络类型协调整个会议。

　　T.120 本身提供了整个系列的概貌,描述了组成 T.120 系列各标准的关系,并且规定与 T.120 相兼容的要求。

　　T.121 称为"常规应用模板",基于 T.120 应用协议提供正确使用 T.120 基础结构的过程和要求,所以不同应用能够无冲突地共存于同一会议中。

　　1. T.120 基础结构

　　T.122~T.125 标准形成 T.120 组成部分的基础结构,它既出现在 T.120 终端中,也出现在 MCU 中。

　　T.123 定义了一系列传输协议栈在多种网络上运行 T.120,为它上面的多点通信服务(MCS)层提供了统一的 OSI 传输层接口。T.120 要求可靠的有保证的消息传输,通常由 T.123 通过可靠的链接层使用重发错误消息来提供。

　　T.122 用于服务定义,T.125 用于多点通信服务(MCS)。MCS 在会议参与者间提供多个信道的一对一、一对多和多对多通信,将消息路由到合适的目的地。MCS 还提供令牌服务,使用令牌协调会议中的事件。

MCS 的一个重要特性是统一顺序的数据传输模式,这保证了从多个站点同时发送的相关数据能够在所有站点上以同样顺序接收。在一个白板协议中的消息必须对所有接收方以同样顺序进行处理,这是通过一个中央站点(最高 MCS 提供者)路由所有这样的数据来完成的。最高 MCS 提供者按统一顺序重新分配数据给所有接收者。

称为"通用会议控制"的 T.124 为建立和管理会议提供服务和过程。它控制会议中站点的增加和离开,协调 MCS 信道和令牌的使用,并且基于每个参与终端的能力保持活动和可用应用协议的登记。

2. T.120 应用协议

在这个基础结构上定义了 T.120 应用协议。应用只出现在终端中,T.120 MCU 只需要支持基础结构协议。

T.126 是"多点静止图片和注释协议"(Multipoint Still Image and Annotation Protocol),1997 年 7 月通过,包括了多点静态图像传输(JPEG、JBIG)和注释,它允许进行实时共享和讨论高分辨率静态图像。一个演讲者利用 T.126 指出图像或幻灯片中的项目,绘出图表或在白板上写注释。不同站点的多个用户能在一个普通的图画工作间中合作工作。

T.127 是"多点二进制文件传送协议"(Multipoint Binary File Transfer Protocol),1995 年 8 月通过,提供多点二进制文件传输协议,支持在会议期间进行二进制文件分发。它用于需要在会议参与者之间共享任何类型文件的情况。

T.128 是"多点应用共享"(Multipoint Application Sharing),1998 年 2 月通过,提供一个 PC 应用共享协议,让两个或更多的会议参与者共同工作在一个基于计算机的设计项目上(如文档上)。

新的 T.120 应用协议正在制定,它包括一个预留协议(允许 MCU 端口和其他会议资源预先保留起来)和 T.130 系列音频/视频控制协议(提供会议中媒体处理管理,远程设备控制和音频视频流的路由)。

10.6　基于计算机的多媒体通信终端

多媒体计算机是指能够对文本、音频和视频等多种媒体进行逻辑互连、获取、编辑、存储、处理、加工和显现的一种计算机系统,并且多媒体计算机还应具备良好的人机交互功能。在普通计算机的基础上,增加一些软件和硬件就可以把普通计算机改造为多媒体计算机。随着社会的发展和网络的普及,多媒体计算机正在进入越来越多的家庭,它的通信功能也日益显现。

10.6.1　基于计算机的多媒体通信终端的硬件部分

在多媒体计算机系统上,增加多媒体信息处理部分、输入/输出部分以及与网络连接的通信接口等部分,就构成了基于计算机的多媒体通信终端。多媒体通信终端要求能处理速率不同的多种媒体,能和分布在网络上的其他终端保持协同工作,能灵活地完成各种媒体的输入/输出、人机接口等功能。从这个意义上可以将基于计算机的多媒体通信终端看成是多媒体计算机功能的扩展。如图 10-19 所示是基于计算机的多媒体通信终端组成框图,它主要包括主机系统和多媒体通信子系统两个部分。

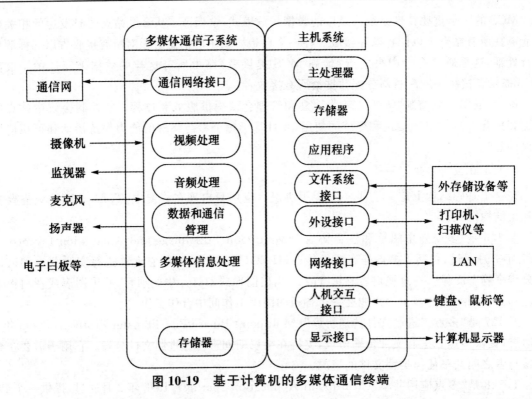

图 10-19　基于计算机的多媒体通信终端

　　主机系统是一台计算机,包括主处理器、存储器、应用程序、文件系统接口、外设接口、网络接口、人机交互接口和显示接口等。

　　多媒体通信子系统主要包括通信网络接口、多媒体信息处理和存储器等部分。其中,多媒体信息处理包括:视频的 A/D、D/A、压缩、编解码,音频的 A/D、D/A、压缩、编解码,各种多媒体信息的成帧处理以及通信的建立、保持、管理等。用这样的终端设备可作为实现视频、音频、文本的通信终端,例如,进行不同的配置就可实现可视电话、会议电视、可视图文、Internet 等终端的功能。

10.6.2　基于计算机的多媒体通信终端的软件平台

　　多媒体通信终端不仅需要强有力的硬件的支持,还要有相应的软件支持。只有在这两者充分结合的基础上,才能有效地发挥出终端的各种多媒体功能。多媒体软件必须运行于多媒体操作系统之上,才能发挥其多媒体功效。多媒体软件综合了利用计算机处理各种媒体的新技术(如数据压缩、数据采样等),能灵活地运用多媒体数据,使各种媒体硬件协调地工作,使多媒体系统形象逼真地传播和处理信息。多媒体软件的主要功能是让用户有效地组织和运转多媒体数据。多媒体软件大致可分成 4 类。

　　1. 支持多媒体的操作系统

　　操作系统是计算机的核心,它控制计算机的硬件和其他软件的协调运行,管理计算机的资源。因此,它在众多的软件中占有特殊重要的地位,它是最基本的系统软件。所有其他系统软件都是建立在操作系统的基础上的。

　　操作系统有两大功能:首先是通过资源管理提高计算机系统的效率,即通过 CPU 管理、存储管理、设备管理和档案管理,对各种资源进行合理的调度与分配,改善资源的共享和利用状况,最大限度地发挥计算机的效率。

其次,改善人-机接口向用户提供友好的工作环境。操作系统是用户与计算机之间的接口。窗口系统是图形用户接口的主体和基础。窗口系统是控制位映像、色彩、字体、游标、图形资源及输入设备。

为多媒体而设计的操作系统,要求具备易于扩充、数据存取与格式无关、面向对象的结构、同步数据流、用户接口直观等特点。这是在操作系统的层次上支持和增设的多媒体功能。

2. 多媒体数据准备软件

多媒体数据准备软件主要包括以下几个部分:数字化声音的录制软件;录制、编辑 MI-DI 文件的软件;从视频源中获得图像的软件;录制、编辑全动视频片段的软件等。

3. 多媒体编辑软件

多媒体编辑软件又称为多媒体创作工具,它的主要作用是支持应用开发者从事创作多媒体应用软件。一套实用的多媒体编辑软件,应具备以下功能。

(1)编程环境

提供编排各种媒体数据的环境,能对媒体元素进行基本的信息控制操作,包括循环分支、变量等价及计算机管理等。此外,还具有一定的处理、定时、动态文件输入/输出等功能。

(2)媒体元素间动态触发

所谓动态触发,是指用一个静态媒体元素(如文字图表、图标甚至屏幕上定义的某一区域)去启动一个动作或跳转到一个相关的数据单元。在跳转时用户应能设置空间标记,以便返回到起跳点。多媒体应用经常要用到原有的各种媒体的数据或引入新的媒体,这就要求多媒体编辑软件具有输入和处理各种媒体数据的能力。

(3)动画

能通过程序控制来移动媒体元素(位图、文字等),能制作和播放动画。制作或播放动画时,应能通过程序调节物体的清晰度、速度及运动方向。此外,还应具有图形、路径编辑,各种动画过渡特技(如淡入淡出、渐隐渐现、滑入滑出、透视分层等)等能力。

(4)应用程序间的动态连接

能够把外面的应用控制程序与用户自己创作的软件连接,能由一个多媒体应用程序激发另一个应用程序,为其加载数据文件,然后返回第一个应用程序。更高的要求是能进行程序间通信的热连接(如动态数据交换),或另一对象的连接嵌入。

(5)制作片段的模块化和面向对象化

多媒体编辑软件应能让用户编成的独立片段模块化,甚至目标化,使其能"封装"和"继承",使用户能在需要时独立取用。

(6)良好的扩充性

多媒体编辑软件能兼顾尽可能多的标准,具有尽可能大的兼容性和扩充性。此外,性能价格比较高。

(7)设计合理,容易使用

应附有详细的文档材料,这些材料应描述编程方法、媒体输入过程、应用示例及完整的功能检索。

由上述可见,多媒体编辑软件的基本思想是将程序的"底层"操作模块化。总之,多媒体编辑软件应操作简便、易于修改、布局合理。

4. 多媒体应用软件

多媒体通信的应用软件是将多媒体信息最终与人联系起来的桥梁,多媒体应用范围极广,包括教育、出版、娱乐、咨询及演示等许多方面。多媒体应用软件的开发,不仅需要掌握现代软件技术,而且需要有很好的创意,需要技术和文化、艺术巧妙结合,才能真正发挥多媒体技术的魅力,达到一种新的意境和效果。可以说,多媒体应用是一个高度综合的信息服务领域。

第11章 超媒体与流媒体技术

计算机网络技术的飞速发展不仅为人类生活带来了很多便利,同时也促进了教育方式的改革,使教育媒体和教育环境逐渐走向多元化。流媒体是近年来新兴的一种网络多媒体形式,在商业和娱乐网站上,流媒体技术的应用也越来越广泛。流媒体市场的扩大与发展是随着 Internet 的发展而发展的,主要包括互联网的用户增加、主干网宽带的增高和接入网的技术发展等诸多因素的影响。流媒体技术使得网络用户在播放存储在服务器上的媒体文件时,当第一组数据到达时,用户端的流媒体播放器就直接开始播放文件,后续的数据源不断地"流"向用户端,直到传输结束。

11.1 超文本与超媒体概述

11.1.1 超文本与超媒体的概念

1945 年,科学家 V. Bush 写了一篇引起争议的文章,提出了二次世界大战后可能的科学研究项目。他明智地察觉到了信息超载问题,并且提出采用交叉索引链技术来帮助解决这个问题。他甚至设计了一种被称为"memex"的系统,来对当时主要的存储方式——缩微胶片进行管理和检索。50 年过去了,问题也真的发生了,但人们解决的方法却是超媒体(Hypermedia)技术。

信息与数据以爆炸的方式不断增长使得人们感到现有的信息存储与检索机制越来越不足以使信息得到全面而有效的利用,尤其不能像人类思维那样以通过"联想"来明确信息内部的关联性,而这种关联却可以使人们了解分散存储在不同地点的信息块之间的连接关系及相似性。正如有的科学家指出的那样,"我们可能已经发现了一种治疗癌症或心脏病的方法,我们可能已经找到摆脱时空限制的途径,我们可能……,这种种问题的答案细分为成百上千个部分,以点滴信息的形式分散在世界各地,有待于搜索起来、联系起来"。今天,我们已经拥有大量的信息,但信息之多,相互关系之复杂,甚至连某学科的专家也不可能掌握该学科的全部知识。因此,迫切需要一种技术或工具,它可以建立起存储于计算机网络中信息之间的链接结构,形成可供访问的信息空间,使各种信息能够得到更广泛的应用。

科学研究表明,人类的记忆是一种联想式的记忆,它构成了人类记忆的网状结构。人类记忆的这种联想结构不同于文本的结构,文本最显著的特点是它在组织上是线性的和顺序的。这种线性结构体现在阅读文本时只能按照固定的线性顺序阅读,先读第一页,然后读第二页、第三页……这样一页一页地读下去。这种线性文本作为一种线性组织表现出贯穿主题的单一路径。但人类记忆的互联网状结构就可能有多种路径,不同的联想检索必然导致不同的访问路径。例如,某人对"夏天"一词可能联想到"游泳",对一幅汽车的照片可能联想到飞机。尽管我们对某一对象具有相同的概念,但由于文化基础和受教育的背景不同,在于不同时间或地点,产生联想的结果也可能是千差万别的。

这种联想方式实际上表明了信息的结构和动态性。显然,这种互联的网状信息结构用普通的文本是无法管理的,必须采用一种比文本更高一层次的信息管理技术,即超文本(Hypertext)。超文本结构就类似于人类的这种联想记忆结构,它采用一种非线性的网状结构组织块状信息,没有固定的顺序,也不要求读者必须按某个顺序来阅读。采用这种网状结构,各信息块很容易按照信息的原始结构或人们的"联想"关系加以组织。例如,一部百科全书有许许多多"条目",它可以按照字母次序进行排列,也可以按照各专业分类用链接加以连接,以便于人们"联想"查找。图 11-1 所示的是一个完整的小型超文本结构。从图中可以看到超文本是由若干内部互连的文本块(或其他信息)组成的,这些信息块可以是计算机的若干屏,也可以是若干窗口、文件或更小块信息。这样一个信息单元就称为一个节点(Node)。不管节点有多大,每个节点都有若干指向其他节点或从其他节点指向该节点的指针,这些指针被称为链(Link)。链有多种,它连接着两个节点,通常是有向的,从一个节点(称之为源节点)指向另一个节点(称之为目的节点)。链的数量通常不是事先固定的,它依赖于每个节点的内容和信息的原始结构。有些节点与其他节点有许多关联,因此它就有许多链;有些节点没有启程链,它就只能作为目的节点。超文本的链通常连接的是节点中有关联的词或词组而不是整个节点。当用户主动点触该词时将激活这条链从而迁移到目的节点。

图 11-1 所表示的超文本结构实际上就是由节点和链组成的一个信息网络,称为 Web。读者可以在这个信息网络中任意"航行"浏览。这里要强调的不仅仅是"阅读",而更重要的是用户可以主动地决定阅读节点的顺序。假如读者是从标记为 A 的文本块开始阅读,与单一路径的文本不同,该超文本结构有 3 条阅读路径摆在读者面前,即可到 B、D 或 E。如果读者选择 B,则可以继续选择到 C 或 E,从 E 又可以到 D。当然读者也可以从 A 选择直接到 D。这个例子表明,在超文本结构中任意两节点之间可以有若干条不同的路径,读者可以自由地选择最终沿哪条路径阅读文本。这同时要求超文本结构的制作者事先必须为读者建立一系列可供选择的路径,或者由超文本系统动态地产生出相应的路径,而不是单一的线性路径。

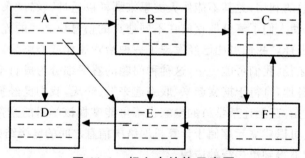

图 11-1　超文本结构示意图

传统印刷文本中的脚注和有许多交叉参考条目的百科全书,同超文本的结构很相似。对于有脚注的文本,当读者遇到一个脚注时,可以做出不同的选择,或者继续阅读正文,或者追踪脚注。百科全书就更加典型了,读者可以根据自己的理解程度和兴趣追踪条目中所含的条目。在条目或词中常会遇到"参见",读者循此指示便找到适当的卷和适当的条目,而在这些参见的条目中又可能出现"参见",因此,阅读的逻辑路径就构成了一个网络。然而,无论脚注文本或百科全书与超文本结构多么相似,超文本与它们有着本质的区别,这就是超文本充分利用了计算机的特点。现代大百科全书中,相互参照往往要在几十卷大部头书之间来回查阅,显然速度很慢,十分费时。而使用超文本文献可以用不到 1 s 的时间从一个节点转移到下一个节点,而且文献所容纳的信息可以印刷成为千百册图书。

早期超文本的表现形式仅是文字的,这就是它被称为"文本"的原因。随着多媒体技术的发展,各种各样多媒体接口的引入,信息的表示扩展到视觉、听觉及触觉媒体。多媒体的表现是具有特定含义的,它是一组与时间、形式和媒体有关的动作定义,多媒体表现的交互式特性可提供用户控制表现过程和存取所需信息的能力。多媒体信息的组织将有助于信息的表达和交互。多媒体和超文本技术的结合大大改善了信息的交互程度和表达思想的准确性。多媒体的表现又可使超文本的交互式界面更为丰富。例如,瑞典的 AVICOM 公司设计了一个用于斯德哥尔摩自然历史博物馆的多媒体化的超文本系统"自然世家",它具有传统超文本的全部特性,节点包含多媒体数据。例如,在对若干行政区域介绍中,配有行政区域地图,并附带介绍了生活在那里的各种鸟类。当用户激活某种鸟的名称时,就会出现这种鸟的照片同时伴有它的叫声。这种超文本系统甚至还能控制一台幻灯机,把一幅背景图像放映在观众站立的地板上。例如,当系统在介绍整个斯德哥尔摩地区尚处于水下的地质时代时,背景便是一片蓝色的海洋,使得用户有身临其境的感觉。正是由于把多媒体信息引入了超文本,这就产生了多媒体超文本,即超媒体(Hypermedia)。创作和管理超媒体的系统就称为超媒体系统。

超媒体系统要负责协助创作和使用超媒体文献。一般的文献组织和相互参照结构在印刷时就已经定型,而超媒体的链和节点则可以动态地改变。各个节点中的信息可以更新,可将新节点加入到超媒体结构中,也可以加入新链路中来反映新的关系,形成新的组织结构,或从旧的文献中产生出新文献。浏览器是超媒体系统的典型工具,它通过导航图帮助用户在网络中定位和使用信息。在一个由千百个节点组成、分散在多台计算机中的超媒体信息网络中,浏览工具就显得十分重要,它可以帮助用户在网络中寻路和定位。所以最终超媒体系统实现的是一个超媒体化的信息空间,这个空间可以由各种信息工具来构筑,用户可以通过专门的浏览器进行访问。

11.1.2　超媒体的发展简史

一般认为,超文本的历史可以追溯到美国著名科学家 V. Bush。早在 20 世纪 30 年代初期,他就提出了一种叫做 Memex(Memory Extender,存储扩充器)机器的设想,并于 1939 年写出了有关的论文稿。由于种种原因,这篇名为《As We May Think》(由于我们可以思考)的著名论文直到 1945 年才发表,但其影响至今。尽管 Bush 还没有使用超文本或超媒体这个术语,实际上 Memex 已经提出了今天所讲的超媒体的思想。Bush 提出 Memex 设想的原因是他担心由于科学信息量迅速增长,即使是某一门学科的专家也不可能跟踪该学科的发展情况。而且 200 多年来印刷技术没有什么突破性的进展,有关共享与表现信息的方法也很少,不敷应用。同时 Bush 也指出了传统的顺序检索方式的缺点,即当要查找某一信息时,就要遍历所有对象逐一查找,而且信息的定位需要繁琐的规则。Bush 试图用 Memex 的联想检索的方法来克服这些缺点。按 Bush 的描述,Memex 是"一种个人文件和图书的管理机制","一种专门存储书籍、档案和信件的设备。由于它是机械的,所以它能快速而灵活地进行查阅。"他设想把信息存在缩微胶片中,并配有一个扫描器,用户可用它来输入新的资料,也可以在页边用手加写注释和说明。所有各种书籍、图片、期刊和报纸等均可方便地输入到 Memex 之中。Bush 的论文发表后曾引起广泛的注意,然而事实上并未制造出任何实际的 Memex 机器。有趣的是,作为早期的计算机专家的 Bush,却没有用计算机技术作为他的设想的基础,这大概与当时的计算机既庞大又昂贵有关。

Bush 的论文发表后一二十年间,在超媒体研究方面没有取得什么重要的进展,Douglas Engelbart 的工作却值得一提。1959 年，Engelbart 在斯坦福研究所开展了 Augment 课题的研究，这是办公自动化和文本处理方面的重要工作。Augment 课题中的一个二实验工具 NLS(On Line System，联机系统)虽然还不是一个超文本或超媒体系统，但已具有若干超文本的特性。设计 NLS 是为了"存储所有的说明书、计划、程序、文献、备忘录、参考文献、旁注等，做所有的琐事，制定计划，进行设计、跟踪等，以及通过控制台进行大量的内部通讯。"

超文本(Hypertext)这个词是由 Ted Nelson 在 20 世纪 60 年代创造的，所以他被认为是早期超文本的创始人。20 世纪 60 年代末期，Nelson 应布郎大学的邀请共同研究超文本问题，他提出了 Xanadu 系统的设想。根据他的想法，任何人任何时候所写的东西都可以存储在通用的超文本中，Xanadu 便是"文字记忆的魔地"的意思。Nelson 把超文本看作是一种文字媒介，他认为："任何事物之间都有很深的联系"，因此可以把它们连在一起。后来，Xanadu 成为了一个实际的系统。

从 Ted Nelson 创立超文本概念之后的十几年中，超文本的研究不断取得可喜的进展。这个阶段出现了许多超文本概念系统，如超文本编辑系统 FRESS、NLS、ZOG、Aapen Movie Map 等。尤其是 Aspen Movie Map(白杨城影片地图)，其想象力之丰富在今天仍被人津津乐道。进入 20 世纪 80 年代，由于技术的进步，超文本研究发生了质的飞跃，达到了实用的水平。这期间最著名的系统有 SDE、NoteCards、Intermedia、Guide 及 HyperCard 等。

1987 年到 1989 年几次国际性的超文本会议最终确定了超文本领域的形成，标志着超文本已进入了成熟期。由于多媒体的产生，超文本技术与多媒体技术发生了融合，从而产生了超媒体的概念。特别是 20 世纪 90 年代兴起的信息高速公路热，以超文本技术实现的 WWW(World Wide Web)系统的广泛应用，使得超文本和超媒体更受瞩目。WWW 的出现，实际上代表着超媒体发展的未来。

国内超文本和超媒体的研究起步较晚，由国防科技大学设计的 HWS 系统(1991)、HDB(1995)系统是最早的工作之一，前者是一个以多媒体创作为主的单机超媒体系统，而后者是一个可以在网络上运行的、具有丰富创作功能的、并且可以进行多媒体数据库管理的超媒体系统，受到同行的重视。后面介绍的许多内容与实例都与它们有关。

11.2　超文本与超媒体系统

11.2.1　超媒体的组成要素

1. 节点

超媒体是由节点和链构成的信息网络，节点是围绕一个特殊主题组织起来的数据集合，这个集合可以是有形的，例如是一个数据块，也可以是无形的，是信息空间中的一个部分。我们可以把一篇文章分解成若干块，这些块就是有形的节点。若对文章不进行分解，而只是根据需要对相应的内容进行定位，则这个定位周围的信息就是一个无形的节点。节点中可以嵌入链，使它能与其他节点相链接。

节点有许多种，而且分类方法也不尽相同。在早期超文本中节点的内容一般是有形的节点，内容主要是文本、符号或数字。现在根据媒体的种类、媒体的内容和功能的不同，节点可以是媒体节点，其中可以包含各种媒体，或数据库、文献等；也可以是动作类节点、组织类节点和推理型节点等。

（1）媒体类节点

媒体类节点中存放各种媒体信息，包括文本、图像、图形、视频和动画等各种媒体，也包括数据库、文献，存放这些媒体信息的来源、属性和表现方法等。在一些情况下，每一个节点中确实包含媒体数据本身，但也有一些情况特别是在网络环境下，许多媒体数据需要临时从网络或机器中得到，所以节点中只有路径、属性等信息，而没有数据本身。

节点中对媒体数据的描述直接关系到多媒体数据的表现，不同的媒体会有不同的属性和表现方法。例如，对文本要能够表现出文本的字体、排版和大小；对图像来说要能够指明位置和大小；对视频要能够定义诸如快进、暂停之类的操作；对数据库这种结构化的数据要能具有符合数据库操作的手段。对混合媒体来说，媒体之间的同步、配合和效果就要有更复杂的描述形式。

（2）动作与操作节点

动作与操作也是一类媒体，因此可以当作一种动态节点，它通过超媒体的按钮来访问，所以有人也称之为按钮节点。在这种节点中常常定义了一些操作，例如电话通信、传真等，通过这种节点为用户提供动作和操作的可能。例如，有些超媒体系统就专门提供了电话通信功能，只要用户选择一个"自动拨号盘"的按钮，就可以开始一次通话。还有一些超媒体系统将传真服务引入，并与电视通信相结合，用户按下"传真"按钮，系统就在当前节点上发送所需传送的内容。实际上这类节点是通过按钮做一些超媒体表现以外的工作，赋以人的操作或动作。但要注意，动作和操作并不一定非要专门的节点，可以嵌入到任何节点中，按钮也一般都与链相连接，只不过动作和操作的按钮连接的是执行链。

（3）组织型节点

组织型节点是组织节点的节点。加索引是描述节点的一种方法，同时也是数据库管理的需要。组织型节点可以实现数据库的部分查询工作，如结构查询。组织型节点包括各种媒体节点的目录节点和索引节点。目录节点包含各个媒体节点的索引指针，指向索引节点。索引节点由索引项组成，索引项用指针指向目的节点，或指向相关的索引项，或指向相关表中相对应的一行，或指向原媒体的目录节点。

（4）推理型节点

推理型节点用于辅助链的推理与计算，它包括对象节点和规则节点。推理型节点的产生是超媒体智能化发展的产物。

需要指出的是，现代的超媒体系统中有的已经没有了节点的概念，或者说节点已经无形了。也有的系统将节点分为原子节点和组合节点，原子节点是不能再进一步分割的对象，如标志、图元、背景和表格的字段等；组合节点由原子节点构成，例如文本的词或段落可以是原子节点，文本就是组合节点。但我们了解了节点的有形概念，还是有利于对超媒体的理解。

2. 链

链，又称超链（Hyperlink），是节点间的信息联系，它以某种形式将一个节点与其他节点连接起来。由于超媒体没有规定链的规范与形式，所以分类方法也不尽相同。但最终达到的效果却是一致的，即建立起节点之间的联系。链是有向的，一般结构可分为 3 个部分：链源、链宿及链的属性。链源是导致浏览过程中节点迁移的原因，可以是热标、媒体对象或节点等。链宿是链的目的所在，可以是节点，也可以是其他任何媒体内容。链的属性决定链的类型。

由于各超媒体系统的链型不完全一样，这里仅介绍一些比较典型的链型，供读者参考。

（1）基本结构链

基本结构链是构成超媒体的主要链形式，它具有固定明确的特点，必须在建立一个超媒体文献时事先由作者连好，是一种实链。基本结构链又包括基本链、交叉索引链和节点内注释链。

①基本链。它是建立节点之间基本顺序的链，这有些类似于一本书中具有的章、节、小节和段落等结构。它使信息在总体上呈现出层次结构，如图 11-2 中的实线所示。基本链的链源和链宿都是节点。在表现时常用"上一节点"、"下一节点"等来表现节点的先后顺序，即链的方向。

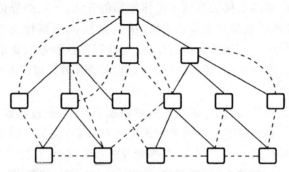

图 11-2　节点中的基本链和交叉索引链

②交叉索引链。它将节点连接成交叉的网状结构，如图 11-2 中的虚线所示。交叉索引链的链源可以是各种热标、单媒体对象及按钮，链宿为节点或任何内容。在表现时常常用热标激活"转移"、"回退"、"返回"等表示先后顺序。要注意的是，这些操作基本链与交叉索引链是不同的，基本链的动作决定节点间的固定顺序，而交叉索引链的动作决定的是访问顺序。

③节点内注释链。它是一种指向节点内部附加注释信息的链，注释源主要通过热标确定，注释体则为一单媒体对象。之所以称其为节点内注释链，是因为链源和链宿均在同一节点内，一般这种节点都是混合媒体节点。采用节点内注释链的好处是不用另设节点，在需要时注释才出现。在表现形式上，注释需要对热标进行激活才能动作。

（2）组织链和推理链

组织链用于节点的组织，推理链则在链的迁移过程中通过推理来决定目标。

①索引链。它将用户从一个索引节点引到该节点相应的索引入口。索引用于文献与数据库的接口及查找共享同一索引项的文献，按钮表现常是"总目录"、"影片索引"等。

②执行链。执行链将一种执行活动与按钮节点相连。执行链使应用程序不再是孤立的，可以激发一个动作或操作。一般的操作系统无法记录程序的功能、目的等，但超媒体的按钮节点与执行链可以通过建立节点方便地解释应用程序的功能和目的，使超媒体成为高层程序的界面。

③推理链将在后面专门介绍。

（3）其他链型

①自动链接。自动链接是超媒体中一个非常重要的概念，它允许系统自动地把当前节点与相似主题或满足某些条件的所有其他节点链接在一起。例如，可以在文本文件中搜寻关键词并报告关键词所在的行数，或是通过基于内容检索确定某些特征，或是通过特殊的通信协议与外部的服务器中的内容建立联系等。但目前能够实现的主要是文本节点间的自动链接，实现其他类型媒体节点间自动链接的超媒体系统还未见到。自动链接的另一个意义在于对超媒体进行基于内容的检索，检索时输入某些主题、特征或条件，超媒体将能满足该主题、特征或条件的节点自动链接起来，提交用户浏览，这样就大大减少了用户在信息海洋中无用的操作。

②类型链。有些超媒体系统允许用户描述存在于两个节点之间的关系，即用户可以定义链的类型。例如，如果节点 B 给出一个例子，来说明节点 A 中的规则或原理，连结 A、B 的链就称为"注释"链。但假设存在另一个节点 C，它对节点 B 有一个更详细的解释，可以称 B、C 之间的链是"扩展"链。对于这种类型链，必须用一个独立的数据实体来描述链。链实体独立于节点，因为任何给定的节点都可以用不同的方式与其他节点链接。采用类型链有以下几点好处。首先，在一条链迁移之前，用户可以预先知道目标节点的自然属性。其次，从理论上讲，它允许用户对节点进行预查询。另外，有了类型链，开发智能超媒体就大大方便了。这是因为关于知识最重要的方面是事实、假设或规则之间的关系。单个的事实、假设或规则都不能说明问题，除非知道它们之间是怎样相互联系的。如果超媒体网络中存储了关于各种节点之间关系的知识，则可以查询这些知识，例如可以询问："显示所有讨论某问题或与之类似问题的节点"，"显示包含与某问题相反论据的节点"等。

3. 热标

热标是确定信息关联的链源，由它将引起向相关内容的转移。很显然，不同的媒体应有不同的形式的热标。根据媒体种类的不同，热标的形式一般有以下几种。

（1）热字

热字是文本中被指定具有特殊含义或需进一步解释的字、词或词组，图 11-3 便是一例。

> **多媒体**是从 20 世纪 80 年代发展起来的综合技术，它集文字、图形、图像、*视频*、声音等各种媒体于一体，使得信息的表现声图文并茂。示意图如**图 2.5**所示。
>
> 　　视频，英文为 Video，是由多帧相关连续图像组成的动态图像序列，一般为每秒 25 帧 *(PAL)* 或 30 帧（*NTSC*）......

图 11-3　带热字的文体

在图中，斜体加底线的词都是热字，点击这些词将会按照设计者的安排出现相应的进一步的解释，或出现更形象的演示，或转移到另外相关内容显示。例如，点击"多媒体"一词，可以转移到另外一段关于"多媒体"的更详细的说明，点击"图 2.5"将会出现一幅图像等。

对于热字的处理关键是热字的识别和按要求进行转移。一个字或词究竟是不是热字，热字如何转移，都要由设计者进行定义。有的系统用特殊的符号标识热字，凡是热字一律用保留字符"@"括起，并用"｜"指明转移的方向或处理的方式。下面是一些不同类型的例子。

①……@图 2.5 ｜ Example. bmp@所示…

②……@视频｜∧18@…（转至第 18 自然段）

③……@多媒体｜∧（节点名或地址）@…

④……@多媒体｜∧（文献名）∧节点名@…

其中，"@"之后"｜"之前的词为热字，在"｜"之后则是相应的转移目的地。在实际显示时，各个保留字及转移目的地等均不显示，热字被赋予特别的颜色，所以仍然可在保持原有媒体的显示风格，并且很容易与一般的文本编辑器相兼容。转移的目的地与转移的处理方法，与超媒体系统本身的设计有关。

（2）热区

热区是在所显示的图像或类似于图像的显示区上指明的一个敏感区域，作为触发转移的源点。在一幅图像上的不同区域可以有不同的信息表现。例如，一幅人体图像中的不同区域可以设置成不同的热区，当触发这些热区时，系统就会按设定好的方法进行表现，介绍该人体部位的详细情况和细节。热区的设定不同于热字，由于图像十分直观但不便于用语言或文字描述，所以一般都采用所见即所得的方式在图中直接指定热区。早期的热区一般使用矩形，但当敏感区域为复杂边缘时，矩形会造成较大的误差，所以近来一般都改用多边形。事实上，当图像都是文字时，也可以用热区的方法模拟热字，但此时系统并不知道热区中的字或词是什么，文本本身也无法滚动；对文本的修改会引起图像位置的改变，从而使热区也不准确；同时也不利于对文本的查询。热区在触发后所引起的转移与文本中的热字相同，所不同的是文本热字必须在文中描述转移的目的地，而热区则需要在生成时指明并存于节点的链中。

（3）热元

在图形媒体中，图元是其最基本的单位，例如：一个图、一条线或一串文字等。为了使这些相对独立的图形单位能够作为信息转移的链源，就引入了热元的概念。这种方式非常适合于在不影响图形本身的变换（例如移位、放大或缩小）的同时，又可以由该图元引发相应的进一步关联信息的表现。例如，在军事态势图上，某图标代表某个部队，该部队的进一步情报都由该图标触发。当图标移位后（如部队调动），仍能引发出相应的信息。这用热区、热字都是无法做到的。同样，热元也可以用在 CAD 工程设计中做建筑图注释、机器设备联机维护手册等方面。由热元而导致的转移与热区相似。

（4）热点

热点是另外一种热标概念，主要用于时基类媒体如动态视频、声音等在时间轴上的触发转移。在应用中常常出现这种情况，例如当用一段视频在介绍某个重大历史事件过程中，往往突然会对其中某个片段更感兴趣，从而希望了解更多的内容。这就要求能从这段视频的相应时间轴处转移到另外有关解释的其他内容处，这个起点处就称为热点。在这一点上它与文本媒体十分相似，帧序列可以像文本段一样在序列内、文献内或文献间进行转移。视频对象可以采用长序列，要由起始帧和结尾帧确定所选定的视频段，从而可以从一个视频段直接跳往另外一个视频段，也就可以实现自我解释。其他时基类媒体也基本相同。

由于时基类媒体是动态的，在使用时不能仅将热点定为时间上的某一时刻，因为用户很难准确地确定这一时间点。热点应是一个由用户设定的时间区间。热点如果定于 a，则在识别时应给出一个 $[b,a,c]$ 的敏感区间，在此区间内的触发都应算作有效。由于时基类媒体有"表现—理解"的滞后效应，往往在理解了某一段内容后才可能有了解其他信息的愿望，而此时该时刻已过。为了正确地对应，热点区间亦往后对应，一般至少区间 $[b,a]$ 要远小于区间 $[a,c]$，以适应该滞后效应。

（5）热属性

这是把关系数据库中的属性作为热源来使用。由于关系框架下的各元组可以根据操作产生许多不同的结果。例如，不同的排序顺序、选择不同元组子集等，但总的来说，数据媒体是一种特定的格式化符号数据，所以大多数情况下可以采用类似于热字的热标方法。热标源单位一般为一个属性，用特定的保留属性字的方法指明热标触发表现的内容，如用！IMAGE 属性表示以下各元组中该属性中字符为图像对象名。属性中的元组有多个,每个元组又都对应不同的内容,所以在把属性当作热源时,就要对每一个元组都能指明不同的链(转移方向)。元组改变,方向也就改变。

4. 宏节点

宏节点是指链接在一起的节点群,更准确地说,一个宏节点就是超文本网络的一个有某种共同特征的子集。当超媒体信息网络十分巨大时,或者该信息网络分散在各个物理地点上时,仅通过一个层次的超媒体信息网络管理会很复杂,因此分层是简化网络拓扑结构最有效的方法。国外有人专门定义了宏文本(Macrotext)和微文本(Microtext)的概念,来表示不同层次的超文本。微文本又称小型超文本,它支持对节点信息的浏览;而宏文本又称大型超文本,由多个微文本(称为宏节点)组成,支持对微文本(即宏节点)的查找与索引。宏文本强调存在于许多文献之间的链,构造出文献相互间的关系,查询与检索将跨越文献进行。例如,在计算机网络上,很多超媒体的 Web 网分散在多台计算机中,这些 Web 网称为宏节点或文献,它们之间通过跨越计算机网络的链进行链接,而多个宏节点或文献将组成宏文献,如图 11-4 所示。很显然,跨越网络的超链将需要更复杂的协议支持。

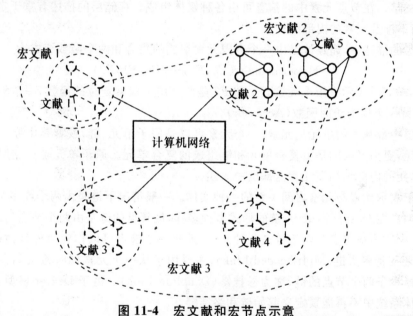

图 11-4　宏文献和宏节点示意

宏节点的引入虽然简化了 Web 网络结构,但增加了管理与检索的层次。宏文本文献的查询与检索也是研究的主要问题之一,现已推出了许多模型系统,如 SMART 宏文本系统(康奈尔大学研制)、电子黄页系统(ETP),同 Guide 超文本系统相结合的宏文本系统 INDEX 系统等。事实上,宏文本与微文本之间的界限是十分模糊的,在应用上却可以令人一目了然,符合常规的信息存取习惯。

11.2.2　超媒体系统的 Dexter 模型

1980 年,由 J. Leggett 和 J. Walker 发起组织了一个研究超文本模型的团体,以后逐渐发展形成了一个超媒体参考模型,并以当时讨论地旅馆的名字 Dexter 命名,简称 Dexter 模型。这个模型的目标是为开发分布信息之间的交互操作和信息共享提供一种标准或参考规范。

如图 11-5 所示,Dexter 模型分为三层:存储层(Storage Layer)、运行层(Runtime Layer)和

元素内部层（Within-component Layer）。各层之间通过两个接口：锚定接 VI（Anchoring）和表现规范（Presentation Specification）相互连接。

图 11-5 Dexter 模型的层次

1. 存储层

Dexter 模型的关键是存储层，因为存储层描述了超媒体系统最基本的也是最重要的元素之间的网状关系。实际上，存储层定义了由元素组成的数据模型。这里，元素是对超媒体系统中基本组成单元的抽象描述，也就是前述的节点和链等。在各个系统中对元素可以采用不同的名称，如在 Note Cards 和 Hyper Card 系统中称节点元素为卡，在 KMS 系统中称为帧，在 Intermedia 系统中称为文献。在节点元素中的信息可由各种媒体组成。存储层的描述着重于定义元素间的连接关系，而不涉及元素的内部结构。

在存储层的描述中，超媒体是由一个有限元素组成的集合和两个函数组成：

$$\text{Hypermedia} = (E1, E2, \cdots, En, F1, F2)$$

其中 $E1, E2, \cdots, En$ 表示有限个元素，$F1$ 和 $F2$ 是两个用于检索定位的函数，一个称为分解函数（Resolver），另一个称为访问函数（Accessor）。

在存储层中最基本的单元是元素，一个元素可以是原子单元、链，或者是由原子单元和链组成的复合单元，更为复杂的是由复合单元和链组成的复合单元。原子单元是存储层中最简单的单元，原子单元的内部结构在元素内部层中描述。

链是用于表示元素与元素之间关系的一种实体。一般情况下链是由两个或多个元素"节点"组成的点序列。在 Dexter 模型中，链的形式多种多样，最常见的链是由两个节点组成的，一个称为源节点，一个称为宿节点。由于链是一种元素，因此一个链也可以作为另外其他链的"节点"。Dexter 模型还支持多头链（Multiheaded Link），主要用于从一个元素同时检索到多个元素的情况。它也支持少于两个节点的链，称为悬挂链（Dangling Link）。由于 Dexter 模型支持悬挂链，因此在超媒体系统中不再需要定义起始链和终结链。

在 Dexter 模型中，每个元素都有一个惟一的标识符，称为 UID。从整个超媒体系统的全局来看，每个元素的 UID 都是不同的。访问函数的功能就是当用户指定某个元素的 UID 时，能够在超媒体系统中成功地定位找到该元素。由于 Dexter 模型中元素的检索定位完全依赖于链，因此有时仅指定某个元素的 UID 并不能马上找到该元素。这时就需要分解函数起作用。分解函数的功能是当用户指定某个元素的 UID 而不能直接找到该元素时，需要将目标元素的 UID 分解为由一个或多个中间 UID 组成的集合，这样访问函数就可根据中间 UID 集合中的成员找到目标 UID 指定的元素。

在存储层中还定义了一个操作集合，它由多个函数组成。这些函数的功能主要是实时地对超媒体系统进行访问和修改。操作集合中的操作包括在超媒体系统中增加一个元素、删除一个元素、修改一个元素的内容及其附加信息等。主要操作函数如下。

· Create Component：创建一个新的元素并把它加到超媒体系统中。

- Create Atomic Component：创建一个仅由原子单元组成的元素。
- Create Link Component：创建一个链。
- Create Composite Component：创建一个复合元素。
- Delete Component：删除一个元素。
- Modify Component：修改一个元素。
- Get Component：当给定元素 UID 时，返回该 UID 对应的元素。
- Attribute Value：当给定元素 UID 和属性时，返回该元素的属性值。
- Set Attribute Value：给定元素 UID、属性和属性值时，将该属性设定为该属性值。
- All Attribute：返回所有元素的属性集合。
- Link To Anchor：给定元素 UID 和内部锚号时，返回所有指向该锚的链。
- Link To：给定元素 UID，返回指向该元素的所有链或由链组成的路径。

2. 元素内部层

元素内部层定义了各个元素内部的不同内容和结构。元素内部层并不是 Dexter 模型的核心，却是必不可少的组成部分。在一个元素中，其内容和结构是没有限制的，从内容来说，可以是任何媒体的任何可用数据模型；从结构上来说，元素可由简单结构和复杂结构组成。简单结构就是每个元素的内部仅由同一种数据媒体组成，而复杂结构的元素内部又由各个子元素组成，而子元素的结构又与元素相同。这种嵌套结构的元素定义为描述复杂的混合类型的元素提供了灵活性和多样性。在 Dexter 模型中，元素内部层是开放的，也就是说，Dexter 模型对元素内部的实现不作硬性规定，可由应用程序根据实际情况做出灵活处理。

3. 运行层

在存储层和元素内部层定义的数据及其时序和链接关系对用户来说是不可见的。运行层则为用户提供了一种可视可听的工具。它可以直接访问和操作在存储层和元素内部层定义的网状数据模型。

在运行层中最基本的概念是元素例示（Instantiation of A Component）。例示的过程实际上就是将元素播放给用户。在实现过程中，首先将元素的内容拷贝到缓冲区，用户可编辑或浏览缓冲区内的内容。当缓冲区的内容被改变后，运行层会定时将缓冲区的内容备份到存储层中。

4. 定位机制

定位机制通过锚定接口完成。由于在 Dexter 模型中，描述元素间链接关系的存储层和描述元素内部结构的元素内部层是各自独立的，在检索定位的过程中就需要一个接口来维护从存储层到元素内部层、元素内部层到存储层的检索定位过程。在 Dexter 模型中，介于存储层与元素内部层之间的接口称为锚定接口，由它来完成定位工作。

锚定接口的基本组成部分是锚（Anchor）。锚由两部分组成：锚号（Anchor Id）和锚值（Anchor Value）。锚号是每个锚的标识符，锚值用来指定元素内部的位置和子结构。从存储层来看锚值是没有意义的，只有元素内部层的应用程序才能解释锚值。锚号不同于元素的 UID，元素的 UID 从整个超媒体系统来看都是不同的，而锚号只是在各个元素内部编号不同。因此，从整个超媒体系统全局来指定一个锚则必须使用（UID，锚号）才行。

在 Dexter 模型中，锚号是一个相对固定的值，而锚值则是一个经常变化的值。由于超媒体系统的元素内部结构在运行过程中可能会改变，因此元素内部层的应用程序必须实时调整锚值的变化,保持它原有的指向。锚与链的不同之处在于链仅指向元素,而锚则可指向元素内部的具体内容。

5. 表现规范

在 Dexter 模型中介于运行层与存储层之间的接口称为表现规范。表现规范规定了同一数据呈现给用户的不同表现性质。比如在一个教学系统中,播放给教师看的习题可以有答案,而播放给学生看的同一习题就没有答案。对操作也是如此,给用户播放的不允许编辑,而播放给系统设计者的就允许对其进行编辑。

Dexter 模型的提出,为超媒体的设计起了重要的指导作用。特别是对 WWW 系统的规范,起到了促进作用。

11.3 Web 超媒体系统

11.3.1 分布式超媒体系统 WWW

1989 年,在位于瑞士日内瓦的欧洲量子物理实验室 CREN,一位叫伯纳斯·李(Tim Berners-Lee)的研究人员,为了能与其他研究机构的研究人员协作探讨高能物理研究的最新成果,在 ARPA 网上建立起了环球信息网(World Wide Web,简称 WWW 或 W3,又译为万维网),很快便在很大范围内传播开来。随后的几年,WWW 取得了极大的成功,成为 Internet 中最佳的信息检索体系结构,得到了广泛地应用。WWW 的资源也成为 Internet 资源的主体,超过了以往在 Internet 上使用的其他信息资源。

WWW 采用客户/服务器(Client/Server)体系结构,支持可以通过 Internet 进行访问的分布式超文本(Distributed Hypertext)。WWW 的客户端软件称为 Web 浏览器(Web Browser),在用户端提供统一管理各种媒体的界面,负责向服务器提出请求,解释和定位资源,利用"统一资源定位符 URL(Universe Resource Locator)"统一管理网络上的所有资源,让用户可以方便地定位到自己所需的资源上进行存取。服务器端软件称办 Web 服务器,它负责将多种媒体集成起来,根据客户端的请求进行相应的回答,以统一的格式传送给客户端。

理论上,Web 超文本系统可以分成 3 层结构。

①表现层:即用户接口层。

②超文本抽象机器层 HAM:存储节点和链。

③超文本信息库层:存储数据,共享数据和网络访问。

WWW 的信息库层,由 Internet 和 Internet 上遍及全球的称为"服务器"的计算机组成。这些所谓的"服务器"负责提供各种各样的资料给 WWW 上其他的计算机。原则上,用户不必关心服务器所处的位置,不必关心它们使用何种的硬件和软件类型,也不必关心它们究竟采用何种的内部数据存储机制。

在 WWW 的超文本抽象机器层,WWW 服务器提供给 WWW 客户软件的数据全部采用 HTML 格式,即所谓的"超文本标记语言"。网络上采用的标准通信协议是 HTTP,即"超文本传输协议"。

HTML 和 HTTP 组成了所谓的"超文本抽象机",WWW 服务器端计算机和客户端计算机都遵从这一点。这样,用户可以使用不同的计算机和不同的软件来浏览 WWW,只要这些计算机和软件可以用 HTTP"交谈",可以解释 HTML 格式的文件就可以了。这就是计算机界常常提到的"开放"原则。

共享统一标准的真正好处是,任何的前端客户计算机和客户软件,都可以和任何的后端服务器连接,不论它们是大型机、UNIX 工作站,还是个人计算机。

WWW 的表现层由运行在用户计算机上的客户浏览器管理。WWW 上有许许多多不同的客户浏览器,它们分别由不同的计算机公司和科研组织开发,较著名的有微软的 Internet Explore、美国 Netscape 计算机通信公司的 Netscap Navigator,及美国国家超级计算应用中心的 NCSA Mosaic 等。

11.3.2　WWW 中的超媒体协议与标记语言

WWW 中以 HTTP(超文本传输协议)作为传输超文本的通信协议,用 HTML(超文本标记语言)描述超媒体。SGML(通用标记语言标准 ISO 8879:1986)是 HTML 的前身技术,它是文件和文件中信息的构成主体。SGML 与 HTML 不同,它允许用户扩展标记集合,允许用户建立一定的规则。SGML 所产生的标记集合是用来描述信息段特征的,而 HTML 仅仅只是一个标记集合,所以我们可以说 HTML 是一个 SGML 的子集。

XML 开发者源于 SGML 的设计和应用者。他们已经在 SGML 上投入了大量精力,但 SGML 已不适用于网络社会的需要。W3C 提出了"网络上的 SGML"计划,打算让 SGML 以全新的面目出现在网上,给 SGML 以全新的面貌,故给它命名为"可扩展标识语言",即 XML。下面我们重点介绍 HTTP、HTML 和 XML。

1. HTTP:超文本传输协议

超文本传输协议(HTTP)最初只是一个面向对象的应用级协议,并非专用于超文本/超媒体的传输,但它精巧快速,特别是通用、无状态性以及面向对象的特点,使之非常适合于分布式协作化超文本/超媒体系统,因此取名为超文本传输协议。其实 HTTP 经过扩展可用于许多任务当中,如名字服务、分布式对象管理系统等。

(1)HTTP 的运作方式

HTTP 采用请求/响应的握手方式,其运作的基本过程如图 11-6 所示。一个请求程序(称之为"客户")首先与接收程序(称之为"服务器")建立一条连接,并向"服务器"发送请求服务的消息,"服务器"接到请求后发一个响应消息给"客户",然后关闭连接。其中"客户"与"服务器"是一个相对概念,只存在于某个特定的连接期间,而非专用程序,即在某个连接中的"客户"在另一个连接中可能作为"服务器",这也就是说对于 HTTP 中的程序它应具有"客户"与"服务器"双重功能。HTTP 的"服务器"还可以是其他类型的信关,通过这样的服务器代理,HTTP 允许超媒体访问现存的 Internet 协议,如 SMTP、NNTP、FTP、Gopher 和 WAIS 等。

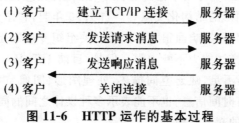

图 11-6　HTTP 运作的基本过程

　　在 Internet 上的通信一般是建立在 TCP/IP 连接上的，HTTP 的连接也不例外。正常的握手过程要求"客户"在每次请求之前先建立连接，并由"服务器"在发送响应之后关闭，但"客户"和"服务器"都还必须具有处理任意一方因突发情况（如用户强制、自动超时或程序失败等）的发生而关闭连接的能力，在这些情况下通常不论当前状态怎样都中止当前请求。

　　（2）HTTP 的消息结构

　　HTTP 的消息有两类，即"客户"发出的请求消息与"服务器"发出的响应消息。HTTP 的请求消息采用了开放式的方法库形式，即方法可以扩充。用方法表示请求的目的，用 URL(Uniform Resource Locator)表示某个方法用在哪个资源上，即链接。消息的传送格式与 Internet Mail(Internet 邮件)和 MIME(Multipurpose Internet Mail Extersions，多用途 Internet 邮件扩展)的相似。完整的请求消息格式如下：

　　　　请求消息＝请求行*（通用信息头|请求头|实体头） CRLF [实体内容]

　　　　请求行＝方法　　请求 URL　　HTTP 版本号　CRLF

　　　　方法＝"GET"|"HEAD"|"POST"|扩展方法

　　　　URL＝协议名称＋宿主名＋目录与文件名

　　下面就是一个仅含请求行的简单请求消息的例子：

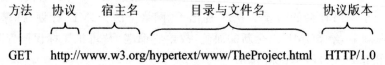

　　方法　协议　宿主名　　目录与文件名　　　　协议版本

　　GET　　http://www.w3.org/hypertext/www/TheProject.html　HTTP/1.0

　　HTTP 的响应消息以状态码来表示响应类型。状态码可以扩充，用三位数字表示，其中第一位标识不同的响应类型。目前共有 5 种类型：$1\times\times$，表示保留，HTTP 未用；$2\times\times$，表示请求成功地接收；$3\times\times$，表示为了完成请求"客户"必须进一步细化请求；$4\times\times$，表示"客户"错误；$5\times\times$，表示"服务器"错误。完整的响应消息格式如下：

　　　　响应消息＝状态行*（通用信息头|响应头|实体头） CRLF [实体内容]

　　　　状态行＝HTTP 版本号　　状态码　　原因叙述

　　2. HTML：超文本标记语言

　　超文本标记语言（HTML）是一种用于建立超文本/超媒体文献的标记语言，是 SGML(Standard Generalized Markup Language，标准通用标记语言)的一种应用。它具有特定的语义，适合于表示各种领域的信息。HTML 通过 URL 语法，可以描述跨越 Internet 节点的超链，简单而实用地实现了以整个 Internet 空间为操作背景的超文本/超媒体的数据存取，且具有易于在不同表现系统上移植而保持文献的逻辑完整性的特点。

　　HTML 的应用相当广泛，它可用于描述超文本化的新闻、邮件及文献；超媒体文献；操作菜单；数据库查询结果；嵌入图形的结构化文献等。自 1990 年起，它作为 WWW 的支撑协议之一，在 Internet 中得以广泛的应用，影响面很大。为此有关组织专门制定了 HTML 规范，并且此规范仍在不断地更新与完善，描述能力不断增强。但是，目前 HTML 还不稳定，未成为国际标准。此外，HTML 对链的支持还不足，缺乏空间描述，处理图形、图像、声音及视频等媒体能力也较弱，图文混排功能简单，没有时间信息，也不能表示多种媒体之间的同步关系等，因此，HTML 很难用于表示大规模的、复杂的超媒体数据。

（1）HTML 语法

HTML 语法着重描述文献的逻辑结构，它提供了两类元语法：

①文献类型定义（Document Type Definition，DTD）。HTML DTD 定义了 HTML 文献的标准类型和若干属性变量，语法遵从 SGML DTD 的形式。

②文献标记语法。文献标记语法包括文献结构语法；字符、词与段语法；超链语法以及格式语法等。

（2）HTML 的文献结构

HTML 文献逻辑结构分为两大部分：DTD 声明和文献内容，如图 11-7 所示。具体的 HTML 的例子可以参考有关 Internet 的书籍。

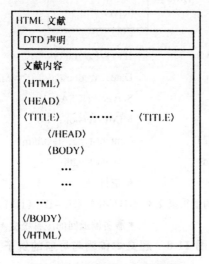

图 11-7　HTML 文献结构

（3）超文本传输与导航

从上面可知，在 WWW 上多个超文本文献是分散在网络的多个机器节点上的。若用户要传输远地超文本文献，则要激活连接。如图 11-8 所示，系统 A 运行 WWW 的客户程序，系统 B、C 是运行 HTTP 的 WWW 服务器。HTML 文献 docu1. html 和 docu2. html 分别存放于系统 B、C 上。激活连接后，客户 A 根据 HTTP 向系统 B 发出请求，说明客户想要传送 docu1. html，以及客户使用 HTTP 的版本。同时要说明客户能够接收的扩展类型、客户本身的地址和程序类型（例如 Netscape）。如果连接成功，服务器返回的应答报文报告成功（用 200 表示），说明发送文件的类型和长度，空行后传送超文本数据。传送结束后，便显示在客户 A 的浏览器中。若文件 docu1. html 中含有指向 docu2. html 的连接，URL 为 http://SystemC. domain/docu2. html 并且用户激活了此连接，则客户进程将向系统 C 发送与上述类似的请求报文。系统接到请求后，发送 docu2. htm 文件给客户。需注意的是，上述过程对用户来说是透明的，用户的操作十分简单。

3. XML：可以延伸或扩展的标记语言

（1）XML 概述

XML 是互联网联合组织（W3C）创建的一组规范，以便于软件开发人员和内容创作者在网页上组织信息，其目的不仅在于满足不断增长的网络应用需求，同时还希望借此能够确保在通过

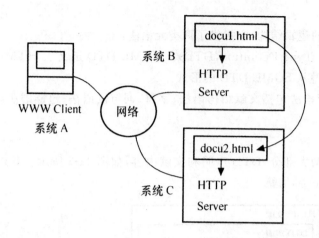

GET/docul.htm/HTTP/1.0   HTTP/1.0 200,OK

Accept：www/source   Date：Wednesday，024-Aug-96 10：03：12 GMT

Accept：text/html   Server：NCSA/1.1

Accept：mage/gif   MIME-version：1.0

User-Agent：Netscape/2.0   Content-type：text/html

From：hxf@nudt.edu.cn   Content-length：235

＊空行＊   ＊空行＊

＊客户 A 向系统 B 发的请求报文＊   〈HTML〉〈HEAD〉〈TITLE〉...〈/TITLE〉......

                                          ＊服务器返回的应答报文＊

图 11-8　超文本传输与导航的例子

网络进行交互合作时,具有良好的可靠性与互操作性。

　　与 HTML 一样,XML 也源自 SGML,它保留了 SGML 80% 的功能,使复杂程度降低了 20%,尽管如此,XML 却有着 HTML 语言所欠缺的巨大的伸缩性与灵活性。XML 不再像 HT-ML 那样有着一成不变的格式。XML 实际上是一种定义语言,即使用者可以定义无穷无尽的标记来描述文件中的任何数据元素,从而突破了 HTML 固定标记集合的约束,使文件的内容更丰富、更复杂,并组成一个完整的信息体系。

　　XML 可以让信息提供者根据需要,自行定义标记及属性名,也可以包含描述法,从而使 XML 文件的结构可以复杂到任意程度。XML 主要有 3 个要素:文档定义(DTD/XML Schema)、XSL(eXtensible Stylesheet Language,可扩展样式语言)和 XLink。Schema 规定了 XML 文件的逻辑结构,定义了 XML 文件中的元素、元素的属性以及元素和元素的属性之间的关系,它可以帮助 XML 的分析程序校验 XML 文件标记的合法性;XSL 是用于规定 XML 文档样式的语言,它能在客户端使 Web 浏览器改变文档的表示法,从而不需要再与服务器进行交互通信;XLink 将进一步扩展目前 Web 上已有的简单链接。

　　良好的数据存储格式、可扩展性、高度结构化、便于网络传输是 XML 主要的 4 大特点,决定了其卓越的性能表现。由于 XML 能针对特定的应用定义自己的标记语言,这一特征使得 XML 可以在电子商务、政府文档、报表、司法、出版、联合、CAD/CAM、保险机构、厂商和中介组织信息交换等领域中一展身手,根据不同的系统、厂商提供各具特色的独立解决方案。

XML 的应用一般可分为以下 4 类。

①应用于客户需要与不同的数据源进行交互时。数据可能来自不同的数据库，它们都有各自不同的复杂格式。但客户与这些数据库间只通过一种标准语言进行交互，那就是 XML。由于 XML 的自定义性及可扩展性，它足以表达各种类型的数据。客户收到数据后可以进行处理，也可以在不同数据库间进行传递。总之，在这类应用中，XML 解决了数据的统一接口问题。但是，与其他的数据传递标准不同的是，XML 并没有定义数据文件中数据出现的具体规范，而是在数据中附加 tag 来表达数据的逻辑结构和含义。这使 XML 成为一种程序能自动理解的规范。

②应用于将大量运算负荷分布在在客户端，即客户可根据自己的需求选择和制作不同的应用程序以处理数据，而服务器只需发出同一个 XML 文件。仍以上例为论，如按传统的"客户/服务器"工作方式，客户向服务器发出不同的请求，服务器分别予以响应，这不仅加重服务器本身的负荷，而且网络管理者还需事先调查各种不同的用户需求以做出相应不同的程序，但假如用户的需求繁杂而多变，则仍然将所有业务逻辑集中在服务器端是不合适的，因为服务器端的编程人员可能来不及满足众多的应用需求，也来不及跟上需求的变化，双方都很被动。应用 XML 则将处理数据的主动权交给了客户，服务器所作的只是尽可能完善、准确地将数据封装进 XML 文件中，正是各取所需、各司其职。XML 的自解释性使客户端在收到数据的同时也理解数据的逻辑结构与含义，从而使广泛、通用的分布式计算成为可能。

③应用于将同一数据以不同的面貌展现给不同的用户。这一应用也可在上例中体现出来。它又类似于同一个剧本，我们可以用电视剧、电影、话剧和动画片等不同形式表现出来。这一应用将会为网络用户界面个性化、风格化的发展铺平道路。

④应用于网络代理对所取得的信息进行编辑、增减以适应个人用户的需要。有些客户取得数据并不是为了直接使用而是为了根据需要组织自己的数据库。比方说，教育部建立一个庞大的题库，考试时将题库中的题目取出若干组成试卷，再将试卷封装进 XML 文件，接下来便是最精彩部分，在各个学校让其通过一个过滤器，滤掉所有的答案，再发送到各个考生面前，未经过滤的内容则可直接送到老师手中，当然考试过后还可以再传送一份答案汇编。此外，XML 文件中还可以包含进诸如难度系数、往年错误率等其他相关信息，这样只需几个小程序，同一个 XML 文件便可变成多个文件传送到不同的用户手中。

综合以上 4 种不同类型的应用，我们可以总结出，XML 其实源自一种"数据归其主，用户尽其欢"的哲学。具体说来便是数据制作者并不考虑日后这些数据具体会有哪些用途，只是尽量全面地考虑今后有可能会被用到的信息，并将其完整、规范地制作成 XML 文件，服务商则不会被拘禁于特定的脚本语言、制作工具及传输引擎的囚笼内，而是提供一种标准化、可独立销售、有级别操作的领域，在那里不同的制作及传输工具将各显神通，一决雌雄，从而极大限度地满足客户的需求，成为"最信得过"的服务商。

(2)XML Schema

XML 必须有其严格的规范，以适应广泛的应用。XML 文档必须符合 XML 的语法限制，这是很容易被验证的。与此同时，在特定的应用中，数据本身有含义上、数据类型上、数据关联上的限制，也就是语义限制。例如，在 FOML（一种描述数学公式的 XML）中，每种函数都有其特定的组成部分。积分函数必须包含积分上限、积分下限和被积分项，同时不可包含其他非法成分。这种限制不是 XML 语法所能规定的，必须用其他方式告诉用户和计算机。

微软的 Schema 成为现今的 W3C 定义的 Schema 的原型。但是 W3C 发展了一套不同于

DTD 方法来定义 XML 数据类型,并给出了自己的定义。

Schema 相对于 DTD 的明显好处是 XML Schema 文档本身也是 XML 文档,而不是像 DTD 一样使用特殊格式。这大大方便了用户和开发者,因为他们可以使用相同的工具来处理 XML Schema 和其他 XML 信息,而不必专门为 Schema 使用特殊工具。DTD 对用户来说是一种神秘的黑色艺术;Schema 却简单易懂,人人都可以立刻理解。

Schema 是一种描述信息结构的模型,它是借用数据库中一种描述相关表格内容的机制,为一类文件树立了一个模式。这个模式规范了文件中 tag(标签)和文本可能的组合形式。例如,假设要知道什么是一个合法的邮政地址,如下所示:

<address>
<name>Namron H. Slaw</name>
<street>256 Eight Bit Lane</street>
<city>East Yahoo</city>
<state>MA</state>
<zip>12481-6326</zip>
</address>

当我们自己判断时,实际上也是在经过一个 Schema 的检查。大致的过程是这样的:一个邮政地址包括一个人名、一个公司或组织名、一行或多行地址、一个城市名、一个省区名、一个邮政编码,另外还可以有选择的加上一个国家名。依照这个标准,上面的邮政地址是合法的。在 Schema 中规范了两种限制:一种是内容模式限制,用来规定文件中 element(元素)的顺序;另一种是数据类型限制,用来限制数据单元的合法性。

就上面的例子,Schema 要规定一个合法的<address>,就必须包括一个<name>元素、一个或多个<street>元素,有且仅有一个<city>、<state>或<zip>元素。<zip>元素还要加上其他的限制,它必须是连续的 5 位数字或是在连续的 5 位数字后加连字符,再接连续的 4 位数字。Schema 的目的就是让机器识别什么是正确的邮政地址。只要文件通过了 Schema 的检查,它就是合法的,否则就是非法的。例如,下面的邮政地址就是非法的:

<address>
<name>Namron H. Slaw</name>
<street>256 Eight Bit Lane</Street>
<city>East Yahoo</city>
<state>MA</state>
<state>CT</state>
<zip>blue</zip>
</address>

它违反了两条限制:第一,它没有包括一个<state>;第二,<zip>的内容形式不对。Schema 能检查出这些错误,这对于网上数据交换是非常必要的,不符合一定标准的数据可以不被接受。

(3)XLS

HTML 网页使用预先确定的标识,这就是说所有的标记都有明确的含义,例如<p>是另起一行,<h1>是标题字体。所有的浏览器都知道如何解析和显示 HTML 网页。然而,XML 没有固定的标识,我们可以建立我们自己需要的标识,所以浏览器不能自动解析它们。例如,<table>可以理解为表格,也可以理解为桌子。由于 XML 的可扩展性,使我们没有一个标准的办法来显示 XML 文档。为了控制 XML 文档的显示,我们有必要建立一种机制,CSS 就是其中的一种,但是 XSL 是显示 XML 文档的首选样式语言,它比 CSS 更适合于 XML。

XSL 由两部分组成:一是转化 XML 文档;二是格式化 XML 文档。换句话说,XSL 是一种可以将 XML 转化成 HTML 的语言,一种可以过滤和选择 XML 数据的语言,一种能够格式化 XML 数据的语言。

XSL 可以被用来定义 XML 文档如何显示,可以将 XML 文档转换成能被浏览器识别的 HTML 文件,通常的,XSL 是通过将每一个 XML 元素"翻译"为 HTML 元素,来实现这种转换的。

XSL 能够向输出文件里添加新的元素,或者移动元素。XSL 也能够重新排列或者索引数据,它可以检测并决定哪些元素被显示,显示多少。

(4)XLink

XLink 是说明如何在网络上做到识别、定址及连接的规格文件。XLink 有一重要功能就是建立[Topicmaps],这是一种依据 metadata 连接到不同网络资源的方式。Topicmaps 允许不同的资料有外在的注解(External Annotation)。因此,我们可以说 Topicmaps 是有结构性的 metadata,而依据各特性关联主题,可以连接到不同的网络资源。

XLink 定义了几种常用的连接型态:Simple、Extended、Group 和 Document。

①Simple 的用法比较接近在 HTML 内 a 标志的用法。

②Extended 的用法包含 arc 和 locator 的元素,并允许各种种类的扩充连接。

③Group 和 Document 的用法,是让群组连接到一些特别的文件。

11.4　流媒体概述

11.4.1　流媒体定义及结构

1. 流媒体定义

流媒体是从英语 Streaming Media 中翻译过来的,它是一种可以使音频、视频和其他多媒体文件能在 Internet 上以实时的、无需下载等待的方式进行播放的技术。简单来说就是应用流技术在网络上传输的多媒体文件。流媒体是为解决 Internet 为代表的中低带宽网络上的对媒体信息传输问题而产生、发展起来的一种网络新技术。

在网络上传输音/视频等多媒体信息目前主要有下载和流式传输两种方案。A/V 文件一般都较大,所以需要的存储容量也较大;同时由于网络带宽的限制,下载常常要花数分钟甚至数小时,所以这种处理方法延迟也很大。流式传输时,声音、影像或动画等多媒体采用流域由音视频服务器向用户计算机的连续、实时传送,用户不必等到整个文件全部下载完毕,而只需经过几秒或十数秒的启动延时即可进行观看。当声音等时媒体在客户机上播放时,文件的剩余部分将在后台从服务器内继续下载。流不仅使启动延时成十倍、百倍地缩短,而且不需要太大的缓存容量。流传输避免了用户必须等待整个文件全部从 Internet 上下载才能观看的缺点。

流媒体实现的关键技术就是流式传输,它将动画、音/视频等多媒体压缩成一个个压缩包,由视频服务器向客户端连续地、实时地传送数据。"流媒体"实际上存在广义和狭义两种涵义。广义上的流媒体是使音频和视频形成稳定和连续的传输流和回放流的一系列技术、方法和协议的总称，即"流媒体技术"。而狭义上的流媒体是相对于传统的"下载—回放"方式而言的一种新的从因特网上获取音频和视频等流媒体数据的方式，这种方式支持多媒体数据流的实时传输和实时播放。即服务器端向客户机端发送稳定的和连续的多媒体流，客户机则一边接收数据一边以一个稳定的流回放，而不是等数据完全下载后再回放。

2. 流媒体的结构

原始视/音频经过压缩算法的预压存储在存储设备中；流服务器根据客户端的请求，从存储设备中获取压缩好的视/音频数据；应用层 QoS 控制模块根据网络的拥塞状态和 QoS 要求来调整视/音频比特流，然后通过传输协议把压缩过的比特流打包并且发送到网上。通过网络传输到客户端，由于网络拥塞，数据包可能出现丢包或者过度时延现象，可通过缓存系统来弥补延迟和抖动的影响，并保证数据包的顺序正确，从而使媒体数据能连续输到解码器端进行解码，还需要媒体同步机制实现播放中的视/音频的同步。需要注意的是，不同的流媒体标准和解决方案会在某些方面有所不同。

流媒体的实现包含着制作、发布、传输、播放四个环节。其中需要解决一系列的技术问题。首先，数字媒体数据必须进行预处理，主要是采用高效的压缩算法减小数字媒体文件的数据量和在文件中加入流式信息，以解决网上传输以及存储问题和支持流式传输。其次，由于互联网是以数据包传输为基础进行断续的异步传输，实时视/音频源或存储的视/音频文件被分解为许多数据包在动态变化的网络上传输，各个包选择的路由可能不同，到达客户端的时间延迟也就不等，甚至可能先发的包后到，为此需要使用缓存系统来弥补延迟和抖动的影响，并保证数据包的顺序正确，从而使媒体数据能连续输出，而不会因为网络暂时拥塞使播放出现停顿。再次，由于 TCP 需要较多的开销，不太适合传输实时数据，因此流式传输的实现还需要建立合适的传输协议。最后，由于目前互联网只提供尽力而为的服务，要实现流媒体的实时传输，获得良好的视频质量，还需要建立 QoS 控制机制。

它在发送端和接收端之间以独立于网络负载的以给定速率传输的音、视频信息的一种传输技术，流媒体具有隐含的时间维、传输的实时性、等时性和高吞吐量等特点。流媒体在播放前并不下载整个文件，只将开始内容部分存入内存。流媒体的数据流随时传送、随时播放，只是在开始有一些延迟。面对因特网有限的带宽和拥挤的拨号网络，实现窄带网络的音、视频传输最好的解决方案就是流媒体的传输方式。采用这种流媒体技术可以提供视频点播、音频点播、MTV 点播、多媒体广告发布等服务。

11.4.2 流媒体的特点及传输方式

1. 流媒体的特点

流媒体采用了特殊的数据压缩/解压缩技术。与传统的单纯的下载相比较，流媒体具有显著的特点：

（1）等待时间短

由于不需要将全部数据下载，因此用户等待时间可以大大缩短。

（2）文件体积小

流媒体运用了特殊的数据压缩/解压缩技术，数据压缩方式和 JPEG 图像的压缩格式很相像,在播放时,流媒体播放器进行实时的解压缩。文件被压缩时,在不影响播放质量的前提下,会丢失一些不必要的数据,比如一帧视频图像中前一帧相同的部分,这样,流媒体的文件体积要比其他类型的媒体文件小很多。

（3）特殊的数据格式

流媒体的数据个数 ASF 极为特殊,它将媒体文件分为众多小数据包,媒体服务器不会发送用户收不到的数据包,在用户通过媒体播放器对播放进行控制,如快进、快退或跳跃到文件中某一时间点时,媒体服务器才会发送出相关内容的数据包。

（4）采用特殊的传输协议

流媒体在 Internet 上的传输必然涉及网络传输协议,其中包括 Internet 本身的多媒体传输协议,以及一些实时流式传输协议等。现在常见的流式传输协议主要用于 Internet 上针对多媒体数据流的实时传输协议 RTP、实时传输控制协议 RTCP 和实时流协议 RTSP。

（5）利于多媒体的集成

由 W3C 组织于 1998 年 6 月开始推广的一种和 HTML 具有相同结构的标记语言——同步多媒体集成语言 SMIL(Synchronized Multimedia Integration Language),是目前集成流式多媒体最常用的工具。目前流行的多媒体集成软件 Authorware、ToolBook 和 PowerPoint 等,都是将所有要集成的媒体文件重新组合成一个新的文件,是真正意义上的集成。

2. 流媒体的传输方式

实现流式传输有两种方法:实时流式传输和顺序流式传输。

（1）实时流式传输

实时流式传输指保证媒体信号带宽与网络连接配匹,使媒体可被实时观看到。这种传输方式需要专用的流媒体服务器与传输协议。实时流式传输总是实时传送,特别适合现场事件,也支持随机访问,用户可快进或后退以观看前面或后面的内容。实时流式传输必须配匹连接带宽,这意味着在以调制解调器速度连接时图像质量较差。

（2）顺序流式传输

顺序流式传输是顺序下载,在下载文件的同时用户可观看在线媒体,在给定时刻,用户只能观看已下载的那部分,而不能跳到还未下载的部分,顺序流式传输不像实时流式传输在传输期间根据用户连接的速度做调整。顺序流式文件是放在标准 HTTP 或 FTP 服务器上,易于管理,基本上与防火墙无关。顺序流式传输不适合长片段和有随机访问要求的视频,如:讲座、演说与演示。

11.4.3　流媒体的文件格式

1. 压缩媒体文件格式

压缩格式有时被称为压缩媒体格式,包含了描述一段声音和图像的同样信息。很明显,压缩过程改变了数据比特的编排。在压缩媒体文件再次成为媒体格式前,其中数据需要解压缩。由于压缩过程自动进行,并内嵌在媒体文件格式中,通常在存储文件时没有注意到这点。压缩过程是将大文件尺寸的标准媒体格式经过压缩软件或硬件变成较小文件尺寸的压缩的媒体文件格式。表 11-1 列举一些视频和音频文件格式。

表 11-1　常用音、视频压缩文件类型

文件格式扩展民	媒体类型与名称	压缩情况
MOV	Quick Time Video V2.0	可以
MPG	MPEG 1 Video	有
MP3	MPEG Layer 3 Audio	有
WAV	Wav Audio	没有
AIF	Audio Interchange Formant	没有
SNDAU	Sound Audio File Formant	没有
AU	Audio File Formant(Sun OS)	没有
AVI	Audio Video Interleaved V1.0(Microsoft Win)	可以

2. 流文件格式

流文件格式经过特殊编码,使其适合在网络上边下载边播放,而不是等到下载完整个文件才能播放。可以在网上以流的方式播放标准媒体文件,但效率不高。将压缩媒体文件编码成流文件,必须加入一些附加信息,如计时、压缩和版权信息。编码过程是将大文件尺寸的标准媒体文件格式经过流编码软件或硬件变成较小文件尺寸的高效流数据的流媒体文件格式。表 11-2 列举了常用的流文件类型。

表 11-2　常用流文件个数

文件格式扩展	媒体类型与名称
ASF	Advanced Streaming Format(Mircrosoft)
RM	Real Video/Audio 文件
RA	Real Audio 文件
RP	Real Pix 文件
RT	Real Text 文件
SWF	Shock Wave Flash
VIV	Vivo Movie 文件

3. 媒体发布格式

媒体发布格式不是压缩格式,也不是传输协议,其本身并不描述视听数据,也不提供编码方法。媒体发布格式是视听数据安排的唯一途径,物理数据无关紧要,用户仅需要知道数据类型和安排方式。以特定方式安排数据有助于流媒体的发展,因为用户希望有一个开放媒体发布格式为所有商业流产品应用,为应用不同压缩标准和媒体文件格式的媒体发布提供一个事实上的标准方法。用户也可以从相同格式同步不同类型流中获益。常用媒体发布格式如表 11-3 所示。

表 11-3 常用媒体发布格式

媒体发布格式	媒体类型和名称
ASF	Advanced Streaming Formant
SMIL	Synchronised Multimate Integration Languange
RAM	RAM File
RPM	Embedded RAM File

11.4.4 流媒体技术原理

流传输的实现需要缓存,因为 Internet 是以分组传输为基础进行断续的异步传输的,对一个实时 A/V 源或存储的 A/V 文件,在传输中它们要被分解为许多分组,由于网络是动态变化的,各个分组选择的路由可能不尽相同,故到达客户端的时间延时也就不等,甚至先发的数据分组还有可能后到。为此,可以使用缓存系统来弥补延时和抖动的影响,并保证数据分组的顺序正确,从而使媒体数据能连续输出,而不会因为网络暂时拥塞导致播放出现停顿。通常高速缓存所需容量并不大,因为高速缓存使用环形链表结构来存储数据。所谓环形链表结构是指通过丢弃已经播放的内容,流可以重新利用空出的高速缓存空间来缓存后续尚未播放的内容。

流式传输的实现需要合适的传输协议。由于 TCP 需要较多的开销,故不太适合传输实时数据。在流传输的实现方案中,一般采用 HTTP/TCP 来传输控制信息,而用 RTP/UDP 传输实时声音数据。

流式传输的过程一般是这样的:

①用户选择某一流媒体服务后,Web 浏览器与 Web 服务器之间使用 HTTP/TCP 交换控制信息,以便把需要传输的实时数据从原始信息中检索出来;然后客户机上的 Web 浏览器启动 A/V Helper 程序,使用 HTTP 从 Web 服务器检索相关参数对 Helper 程序初始化。这些参数可能包括目录信息、A/V 数据的编码类型或与 A/V 检索相关的服务器地址。

②A/V Helper 程序及 A/V 服务器运行实时流控制协议(RTSP),以交换 A/V 传输所需的控制信息。与 CD 播放机或 VCRs 所提供的功能相似,RTSP 提供了操纵播放、快进、快倒、暂停及录制等命令的方法。

③A/V 服务器使用 RTP/UDP 协议将 A/V 数据传输给 A/V 客户程序(一般可认为客户程序等同于 Helper 程序),一旦 A/V 数据抵达客户端,A/V 客户程序即可播放输出。

需要说明的是,在流式传输中,使用 RTP/UDP 和 RTSP/TCP 两种不同的通信协议与 A/V 服务器建立联系,是为了能够把服务器的输出重定向到一个不同于运行 A/V Helper 程序所在客户机的目的地址。

实现 HTTP/TCP 传输一般都需要专用服务器和播放器。

11.4.5 流媒体技术的应用领域及发展前景

1. 流媒体技术的应用领域

Internet 的迅猛发展和普及为流媒体业务发展提供了强大的市场动力,流媒体业务正变得日益流行。流媒体技术广泛用于 IPTV、数字电视与交互电视等数字家庭应用、手机电视 3G 技术等移动流媒体应用、P2P 流媒体应用、互联网直播/点播/影视分享等流媒体宽频应用、VOIP/视频会议/视频监控等流媒体增值应用以及视频采集/压缩技术的应用。

(1)视频点播

最初的视频点播应用于卡拉 OK 点播,随着计算机技术的发展,VOD 技术逐渐应用于局域网及有线电视网,此时的 VOD 技术趋于完善,但音视频文件的庞大容量仍然阻碍了 VOD 技术的进一步发展。由于服务器端不仅需要大容量的存储系统,同时还要承担大量数据的传输,因而服务器根本无法支持大规模的点播。同时,由于局域网中的视频点播覆盖范围小,用户也无法通过 Internet 等网络媒介收听或观看局域网中的节目。

由于以下的原因使得基于流媒体技术的 VOD 完全可以从局域网转向 Internet。

①流媒体经过了特殊的压缩编码后很适合在 Internet 上传输;

②客户端采用浏览器方式进行点播,基本无需维护;

③采用先进的服务器集群技术可以对大规模的并发点播请求进行分布式处理,使其能适应大规模的点播环境。

随着宽带网和信息家电的发展,流媒体技术会越来越广泛地应用于视频点播系统。目前,很多大型的新闻娱乐媒体,如中央电视台、北京电视台等,都在 Internet 上提供基于流媒体技术的节目。

(2)远程教育

电脑的普及、多媒体技术的发展以及 Internet 的迅速崛起,给远程教育带来了新的机遇。在远程教学过程中,最基本的要求就是将信息从教师端传到远程的学生端,需要传送的信息可能是多元的,如视频、音频、文本、图片等。将这些信息从一端传送到另一端是实现远程教学需要解决的问题,在当前网络带宽的限制下,流式传输将是最佳选择。学生在家通过一台计算机、一条电话线、一个调制解调器就可以参加远程教学。教师也无须另外做准备,授课的方法基本与传统授课方法相同,只不过面对的是摄像头和计算机而已。

目前,能够在 Internet 上进行多媒体交互教学的技术多为流媒体技术,如 Real System、Flash、Shockwave 等技术就经常被应用到网络教学中。远程教育是对传统教育模式的一次革命,它集教学和管理于一体,突破了传统面授的局限,为学习者在空间和时间上都提供了便利。

除了实时教学外,使用流媒体的 VOD 技术还可以进行交互式教学,达到因材施教的目的。学生可以通过网络共享学习经验。大型企业可以利用基于流媒体技术的远程教育对员工进行培训。

(3)视频会议

市场上的视频会议系统有很多,这些产品基本上都支持 TCP/IP 协议,但采用流媒体技术作为核心技术的系统并不占多数。虽然流媒体技术并不是视频会议的必须选择,但对视频会议的发展起了重要的推动作用。采用流媒体格式传送音视频文件,使用者不必等待整个影片传送完毕就可以实时、连续地观看,这样不但解决了观看前的等待问题,还达到了即时的效果。虽然在画面质量上有一些损失,但就一般的视频会议来讲,并不需要很高的图像质量。

视频会议是流媒体技术的一个商业用途,通过流媒体可以进行点对点的通信,最常见的就是可视电话。只要两端都有一台接入 Internet 的电脑和一个摄像头,在世界任何地点都可以进行音视频通信。此外,大型企业可以利用基于流媒体的视频会议系统来组织跨地区的会议和讨论,从而为企业节省大量的额外费用和开销。

（4）网络课件

网络课件是以视频点播为基础制作的一种视频多媒体课件，它具有更加丰富的表现力。这类课件在播放时，学生不但能看到教师讲课的视频，而且还能看到教师讲课的讲稿、演示及课件等相关辅助信息，学习更加方便。实现的方法主要是将教师授课过程用摄像机拍摄下来，通过视频采集卡及 Windows Media Encoder 软件制作成流媒体格式，然后用 Windows Media Netshow ASF Indexer 工具对 ASF 流进行编辑，主要是对流文件添加标记（marker）和描述（script），播放时可以使章节标题、视频与讲稿同步播放，课件播放时还必须有一个网页界面，可用网页制作工具制作出由视频、章节标题和讲稿三部分框架组成的课件模板，合成流媒体课件网页，以便在游览器中播放，最后编制指引文件，上传到服务器上，以供学生学习时通过网上浏览课件。

（5）Internet 直播

随着 Internet 技术的发展和普及，在 Internet 上直接收看体育赛事、重大庆典、商贸展览成为很多网民的愿望，同时很多厂商也希望借助网上直播的形式将自己的产品和活动传遍全世界。这些需求促成了 Internet 直播的形成，但是网络的带宽问题一直困扰着 Internet 直播的发展，不过随着宽带网的不断普及和流媒体技术的不断改进，Internet 直播已经从实验阶段走向实用，并能够提供较满意的音视频效果。

流媒体技术在 Internet 直播中充当着重要角色，主要表现在：流媒体技术实现了在低带宽环境下提供高质量的音视频信息；智能流媒体技术可以保证不同连接速率下的用户能够得到不同质量的音视频效果；流媒体的组播技术可以大大减少服务器端的负荷，同时最大限度地节省带宽。

无论是直播点播、P2P 流媒体、IPTV，还是视频监控、可视电话、视频会议、音乐视频网站、游戏，流媒体在音视频应用领域中到处开花结果。到 2007 年，流媒体发展的重点已经从以"流"应用为中心转移到以"媒体"为中心，IPTV 以新媒体的身份出场，将流媒体的价值体现得淋漓尽致。

（6）其他应用

流媒体在教学中除以上应用外，也通常用于实现网络的实时交互式教学，目前，有许多基于流媒体技术的视频会议系统硬件产品，使用 H323 协议通过网络实现多方互动教学，再配上电子白板、投影仪和录像等设备，就可以实现较好的网络实时教学，实现教师与学生的远程交互功能，同时，可以利用这些视频设备上的视、音频出口输入到有媒体处理功能的计算机上，利用流技术进行处理，就可满足网络教学过程中多方面的需求。

总之，流媒体技术已经成为影响 Internet 教育应用的重要技术之一。在学习和研究的基础上，我们可以利用流媒体技术开发出各种适于现代远程教育的网络多媒体教学资源和网络课程，进一步推动基于网络教学资源的新型教学模式改革与发展，新技术应用所带来的现代远程教育变革成果就会展现在我们的面前。

2. 流媒体的发展前景

Internet 的发展，决定了流媒体市场的广阔发展前景。流媒体技术及其相关产品将广泛应用于远程教育、网络电台、视频点播、收费播放等。所以，各相关厂商彼此间展开了激烈的竞争。Microsoft 公司称已经有 45 家企业选择 Windows Media 媒体播放器作为自己选用的流媒体软件，并参加了 Microsoft 发起的"Windows 媒体宽带启动协议"，这是一个支持 Windows Media

媒体播放器软件的企业联盟。这说明已经有越来越多 Internet 媒体内容提供商开始选择 Microsoft的技术,以取代 RealNetworks 公司暂且处于领先地位的流媒体技术。Windows Media 媒体播放器的三大支持者就是 HP 公司、TI 公司和通用仪器公司。此外,为了更好地推广自己的流媒体技术,Microsoft 还开设了一个"Windows Media. com 宽带指南"的网站,提供新闻、体育和娱乐等宽带内容。

RealNetworks 公司新近发布的一份调查报告显示,RealNetworks 的 RealPlayer 的用户数目是 Apple 公司 Quick Time 的 4 倍,是 Microsoft 公司 Windows Media Player 的 10 倍。而 RealNetworks公司最新版的 RealPlayer 7.0 发布仅 1 个月就有 700 万套被用户下载,目前其 RealPlayer 的用户已经达到9200 万。此外,RealNetworks 公司近期还推出了 RealPresenter G2 的流媒体软件,供公司通过 Internet 传输流式幻灯片显示。Apple 公司的流媒体播放软件 Quick Time 具有自动插播广告的新技术,这种技术将大大增强该软件的电子商务能力。此外,Apple 公司还为 Quick Time 提供更多的工具,使 ICP 能够通过采用 Quick Time 为用户提供更多的内容。

11.5　流媒体传输协议

11.5.1　实时传输协议 RTP

实时传输协议 RTP(Real-time Transport Protocol)是用于 Internet 上针对多媒体数据流的一种传输协议。它与 HTTP 和 FTP 类似,但是适应实时流的特殊需要。RTP 是在点对点通信和多点广播网络上实时传输流媒体数据的实时传输协议。RTP 通常使用 UDP 来传送数据,它比用 TCP/IP 协议更快更高效。RTP 是一个独立于应用程序的协议规范,在具体应用中有不同的独立框架,它也可以在 TCP 或 ATM 等其他协议上工作。RTP 和 RTCP 都是基于 IP 的应用层协议。RTP 为实时音/视频数据提供端到端的传送服务,包括有效载荷类型标识、序列标号、时间标签和源标识,可以提供时间信息和实现流同步。

RTP 协议由 RTP 数据协议和 RTP 控制协议 RTCP 两个紧密相关的部分组成。RTP 本身并不能为按顺序传送数据包提供可靠的传送机制,也不提供流量控制或拥塞控制,而是通过与 RTCP 配合使用,能以有效的反馈和最小的开销使传输效率最佳化,因而特别适合传送网上的实时数据。RTCP 用来监视服务质量和在会话过程中交换信息,提供 QoS 反馈、参与者标识、控制包缩放、媒体间同步等服务。服务器可以根据 RTCP 包中包含的已发数据包的数量、丢失数据包等统计资料,动态的改变传输速率甚至有效载荷类型。

1.RTP 头部格式

RTP 数据协议对流媒体数据进行包封装以实现媒体流的实时传输。每个 RTP 数据分组都由一个头部和一个有效数据部分组成。RTP 分组头部的前 12 个字节是固定的,有效数据可以是音频或视频数据。

版本域:版本域的长度是 2 bit,用来标识 RTP 协议的版本。当前版本为 2,而 1 表示第 1 版草案,0 表示是指最开始使用的 VAT 声音协议。

填充域:填充域长度是 1 bit,用作标记,表示分组中是否包含 8 bit 比特组串,这些比特组串不是实际有效负荷的一部分,尽管它们是追加在有效负荷域中,只是用来填充字节长度的。这些比特的设置表示采用一些加密算法,这些算法要求加密数据块必须有固定长度,或者表示采用低层协议数据单元来传输几个 RTP 分组。

扩展域:扩展域的长度也是 1 bit,也是作为标记位,用来指示固定头部之后是否有头部的扩展部分。头部的扩展部分给开发者提供了一种实验机制,通过该实验开发者可以将本来要求有另外的头部信息来表示的功能与格式独立的有效负载添加在扩展部分。提供源资源标识记数域:提供源资源标识记数域的长度是 4 bit,该域用来表示 CSRC 标识的数目,CSRC 标识域紧跟在固定头部之后,"提供源资源"这一术语主要表示 RTP 分组的数据流来源,因为这些分组通过 RTP 混合器将其组合为一个数据流。这个混合器会插入一个称为 CSRC 列表,CSRC 列表是一个资源的同步资源标识列表,而这些资源提供了产生 RTP 分组的必要信息。例如产生一个 CSRC 列表表示有一个音频会议,在这个会议有一个混合器将所有的讲话者的语音组合为传输分组。

标记域:标记域的长度是 1 bit,该标记的意义对于不同的有效负荷类型有不同的意义。当该比特被设置时,表示有效负荷类型域承载的特定信息被定义为适合不同要求,例如,当传输视频数据时,标记域用来指示帧的结束,相反,对于传输音频时,它用来标识在两个静音之间的语音开始位置。

有效负荷类型域:该域的长度是 7 bit,用来标识 RTP 有效负荷的格式,一个应用程序是根据该域的值来解释分组的内容。有效负荷类型域的代码代表分组所采用的音频和视频的编码算法、采样速率或时钟,如果适合的话,还包括音频的承载通道。例如,有效负荷类型域的值为 2 表示分组采用语音编码算法是 ITUG.721,采样频率为 8000 HZ,使用单通道。

顺序号域:这 16 bit 的顺序号域给接收方提供了探测分组丢失率的机制。然而,如何补偿丢失的分组则是应用软件的事。

时间戳:32 bit 的时间戳域记录了 RTP 数据分组中第 1 个 8 bit 比特串的采样时刻,接收方能根据该域来确定分组的到达是否受到了延迟抖动的影响。然而至于如何来补偿延迟抖动则是要在应用程序中来完成。

通过使用统一的时间戳域,开发者可以采用随意的空间来接收分组,并在语音重构之前将它们缓冲起来。然后每个分组根据时间戳域的值大小从缓冲区中移出、提供统一的语音重构方法,从而来减少损害语音质量的延迟抖动。

RTP 协议包含的时间戳机制对双向通信语音通信不是最好的方法。这是因为 99% 的电话呼叫不是会议呼叫,如果强迫这些呼叫使用 RTP,则会由于本来可以不需要 32 bit 时间戳域而带来额外的延时,这种延时通过采用 RTP 为两路通信开发的改进版是可以得到消除的。当采用较短的头部流经低速率的链路时,可以节省几微秒或更长时间。

同步资源标识域:同步资源标识域的长度是 32 bit,在实际应用时,有一种算法用来产生随机的标识符,可以使得在同一 RTP 会话中的两个同步资源有相同的标识符。

从 RTP 数据分组格式可以看出,它包含了传输媒体的类型、格式、序列号、时间戳以及是否有附加数据等重要信息。这为 RTCP 进行相应监测和控制提供了服务。RTP 提供实时数据(如交互式的音频和视频)的端到端传输服务。但 RTP 不是典型意义上的传输层协议,因为它并不具备一个典型传输协议的所有特点。例如,RTP 没有连接的概念,它必须建立在底层的面向连接的或无连接的传输协议之上;RTP 不依赖于特别的地址格式,而仅仅需要底层传输协议支持成帧和分段;RTP 本身不提供任何可靠性机制,而由传输层协议或应用程序保证传输的可靠性。

RTP 一般是在传输层协议之上作为应用程序的一部分加以实现。由于要分别传输 RTP 数据分组和 RTCP 控制分组,下层传输协议必须具备多路复用能力,RTP/RTCP 通常利用 UDP 的复用能力。

2. RTP 头部特定格式的修改

现用数据包头对 RTP 支持的所有应用类共同需要的功能集可以认为是完整的。然而,为维持 ALF 设计原则,头可通过改变或增加设置来裁剪,并仍允许设置无关监控和记录工具起作用。标记位与载荷类型段携带特定设置信息,但由于很多应用需要它们,否则要容纳它们,就要增加另外 32 位字,故允许分配在固定头中。包含这些段的八进制可通过设置重新定义以适应不同的要求,如采用更多或更少标记位。如有标记位,既然设置无关监控器能观察包丢失模式和标记位间关系,我们就可以定位八进制中最重要的位。

其他特殊载荷格式(视频编码)所要求的信息应该携带在包的载荷部分。可出现在头,总是在载荷部分开始处,或在数据模式的保留值中指出。如特殊应用类需要独立载荷格式的附加功能,应用运行的设置应该定义附加固定段跟随在现存固定头之后。这些应用将能迅速而直接访问附加段,同时,与监控器和记录器无关设置仍能通过仅解释开始的 12 个八进制处理 RTP 包。如证实附加功能是所有设置共同需要的,新版本 RTP 应该对固定头作出明确改变。

RTP 协议的主要功能可总结如下:
- 有效数据类型标识;
- 序列号;
- 时间戳;
- 流媒体数据传输的服务质量监控。

11.5.2 实时传输控制协议 RTCP

1. RTCP 控制分组格式

TCP 控制协议与 RTP 数据协议配合使用。RTCP 采用与 RTP 数据分组相同的分发机制,向媒体会话中的所有成员周期性地发送控制分组。应用程序接收 RTCP 控制分组,从中获取会话参加者的有关信息和网络状况、分组丢失数等反馈信息,可以用于服务质量控制和网络状况诊断。

RTCP 协议的功能是通过不同的 RTCP 控制分组实现的。RTCP 协议规范定义了五种不同类型的 RTCP 控制分组:
- SR (Sender Report)控制分组;
- RR (Receiver Report)控制分组;
- SDES (Source Description)控制分组;
- BYE (Goodbye)控制分组;
- APP (Application defined)控制分组。

下面就分析一下不同类型的 RTCP 分组格式及其功能。

(1)SR 控制分组

SR 控制分组是由发送端发出的 SRTCP 控制分组,其分组类型代码是 200。所谓发送端是指发出音频或视频 RTP 数据分组的应用程序或终端。发送端也可以是接收端,即接收音频或视频 RTP 数据分组的应用程序或终端。SR 控制分组一般由三部分组成,在某些情况下可能有第四部分,即特定框架扩展部分。

第一部分是 4 个字节的头部。其中 2 bit 的 V 域表示该分组所用 RTP 协议的版本号,目前是 2;8 bit 的 PT 域表示该 SRTCP 分组的类型;16 bit 的 length 域表示 SRTCP 分组除去 32 bit 头部后剩余的 A 字(32 bit)数;SSRC 是该 SR 控制分组源端的同步资源标识符,指示该分组来自哪个媒体源。

第二部分是发送端信息。共 20 个字节,其中包含了该分组产生的绝对时间,RTP 时间戳、发送端发出的分组数和有效数据字节数(不包括 RTP 头部和填充域)。发送端信息域主要用于向接收端提供计算服务质量参数的基本信息。

第三部分是一个到多个接收端报告块。该报告块在 RR 控制分组中也存在,主要反映应用程序接收媒体数据流的服务质量统计信息。不同的报告块由不同数据源的 SSRC 标识符来区别。该报告块含有重要的应用程序服务质量参数,如累计分组丢失数、传输延迟抖动等。这些参数是服务质量监测和控制的重要依据。

第四部分是特定协议框架扩展部分。由于协议中并未具体定义该部分的格式,因此这一部分给协议实现者提供了发挥的空间。作者认为,与特定应用程序有关的私有信息也可以包含在这一部分。在动态服务质量监控中,可以在这一部分包含会话成员感兴趣但 RTP 协议本身未涉及的有关服务质量反馈信息。

(2)RR 控制分组格式

RR 控制分组是由接收端发出的 RTCP 控制分组,其分组类型是 201。这里所谓的接收端是指仅仅接收音、视频 RTP 数据分组而不发出数据分组的应用程序或终端。RR 控制分组与 SR 控制分组的格式基本相同,唯一的区别是 RR 控制分组没有发送端信息域。RR 控制分组的功能主要是向媒体发送端反馈服务质量监测参数,以使发送端进行相应服务质量控制。

(3)SDES 控制分组

SDES 控制分组的主要功能是作为媒体会话成员有关标识信息的载体,例如它可以包含用户名、电子函件地址等。此外,该控制分组还有向会话成员传达最小会话控制信息的功能。例如,在一个松弛控制会议中,该控制分组可以传达某用户加入或离开会议的控制信息。SDES 控制分组的类型代码是 202。

(4)BYE 控制分组

BYE 控制分组的主要功能是指示某一个或几个媒体源不再有效,即通知媒体会话的其他成员这些媒体源将离开会话。这也是一种不需要协商的松弛控制方式。在 BYE 控制分组中可以指明媒体离开的原因,会话成员或第三方监控器收到这一消息后即可诊断当前的会话状态。BYE 控制分组的类型代码是 203。

(5)APP 控制分组

APP 控制分组用于试验新开发的应用或特征。某一新的应用可以采用 APP 控制分组定义一种新的 RTCP 分组类型。经过广泛的测试和评估后,如果该类型的 RTCP 分组具有重要意义,就可向 IANA(Internet Assigned Numbers Authority)申请注册一个新的 RTCP 分组类型码,使该分组成为正式的 RTCP 控制分组。

2.RTCP 传输间隔

RTP 设计成允许应用自动扩展,连接数可从几个到上千个。例如,音频会议中,数据流量是内在限制的,因为同一时刻只有一两个人说话;对组播,给定连接数据率仍是常数,独立于连接数,但控制流量不是内在限制的。如每个参加者以固定速率发送接收报告,控制流量将随参加者数量线性增长,因此,速率必须按比例下降。

对每个连接,假定数据流量受到"连接带宽"的总量限制。选择连接带宽是根据费用或网络带宽的先验知识,与媒体编码无关,但编码选择会受到连接带宽的限制。当调用一个媒体应用时,连接带宽参数由连接管理应用提供,但媒体应用也可根据单个发送者数据带宽设置缺省值。应用可根据组播范围规则或其他标准强制带宽限制。由于这是资源预订系统需要知道的,对控制与数据流量的带宽计算包括低层传输与网络协议。应用也需要知道在使用哪个协议。在传输途中,因为包将包含不同连接层头,所以连接层头不计算在内。控制流量应限制为连接带宽中已知的一小部分:小,传递数据的传输协议主要功能才不致受损;"已知",控制流量才能包含在所给资源预订协议的带宽规范中,这样,每个参加者就可单独计算其共享量。建议分配给 RTCP 的连接带宽固定为 5%,而这个数值与间隔计算中其他常量并不重要,连接中所有参加者必须使用相同数值,因此,使用相同间隔计算。

计算 RTCP 包间隔依赖连接中地址加入数量的估计。当新地址被监听到,就加到此计数,并在以 SSRC 或 CSRC 标识索引的表中为之建立一个条目,用来跟踪它们。直到收到带有多个新 SSRC 包,新条目才有效。当收到具有相应 SSRC 标识的 RTCP BYE 包,条目就可从表中删除。如果对少量 RTCP 报告间隔没有接收到 RTP 或 RTCP 包,参加者可能将另外一个地址标记成未活动,如还未生效就删除掉。这为防止包丢失提供了强大支持。为了"超时"正常工作,所有地址必须对 RTCP 报告间隔记入大致相同的数值。

一旦确认地址有效,如后来标记成未活动,地址的状态应仍保留,地址应继续计入共享 RTCP 带宽地址的总数中,时间要保证能扫描典型网络分区,建议为 30 min。注意,这仍大于 RTCP 报告间隔最大值的五倍。

3.RTCP 的主要功能

(1)服务质量动态监控和拥塞控制

RTCP 控制分组含有服务质量监控的必要信息。由于 RTCP 分组是多播的,所有会话成员都可以通过 RTCP 分组返回的控制信息了解其他参加者的状况。发送音频视频流的应用程序周期性地产生发送端报告控制分组 SR。该 RTCP 控制分组含有不同媒体流间的同步信息以及已发送分组和字节的计数,接收端可以据此估计实际的数据传输速率。接收端向所有所知的发送端发送接收端报告控制分组 RR。该控制分组含有已接收数据分组的最大序列号、丢失分组数目、延时抖动和时间戳等重要信息。发送端应用程序收到这些分组后可以估计往返时延,还可以根据分组丢失数和时延抖动动态调整发送端的数据发送速率,以改善网络拥塞状况,实现公平带宽共享,并根据网络带宽状况平滑调整应用程序的服务质量。

(2)媒体流同步

RTCP 控制分组中的 NTP 时间戳和 RTP 时间戳可用于同步不同的媒体流,例如音频和视频间的唇同步。从本质上说,如果要同步来源于不同主机的媒体流,则必须同步它们的绝对时间基准。

(3)资源标识和传达最小控制信息

RTP 数据分组并没有提供有关自身来源的有效信息,而 RTCP 的 SDES 控制分组含有这些信息,且通常以文本文字的形式出现。例如,SDES 分组的 CNAME 项包含主机的规范名,这是一个会话中全局唯一的标识符。其他可能的 SDES 项可用于传达最小控制信息,如用户名、电子函件地址、电话号码、应用程序信息和警告信息等。其中,用户名可以显示在接收端的屏幕上,其他的信息项可用于调试或出现问题时与相应用户联络。

在一个松弛控制的会话应用中,会话参加者加入或离开时并不需要与其他成员进行参数和控制协商。RTCP 提供了一个方便的途径传达有关参加者的状态信息和最小会话控制信息,这对松弛控制会议来说已经足够。

(4)会话规模估计和扩展

应用程序周期性地向媒体会话的其他成员发送 RTCP 控制分组。应用程序可以根据接收到的 RTCP 分组估计当前媒体会话的规模,即会话中究竟有多少活动的用户,并据此扩展会话规模。这对网络管理和服务质量监控都非常有意义。

11.5.3　实时流协议 RTSP

1. RTSP 的简介

实时流协议(Real Time Streaming Protocal,RTSP)最早是由 RealNetworks 公司、Netscape Communications 公司和哥伦比亚大学等联合提出的因特网草案。该草案于 1996 年 10 月被提交 IETF 工作组进行标准化,1998 年 4 月被 IETF 正式采纳为标准 RFC 2326。目前已有 50 多家著名的软硬件厂商宣布支持 RTSP。一些公司基于 RTSP 协议和相应技术已实现了一些系统,其中比较著名的有 Real Networks 公司的 Realplayer,Microsoft 公司的 Netshow 等。该协议定义了一对多应用程序如何有效地通过 IP 网络传送多媒体数据。RTSP 在体系结构上位于 RTP 和 RTCP 之上,是 RTP 的伴随协议,允许双向通信,它使用 TCP 或 RTP 完成数据传输。HTTP 与 RTSP 相比,HTTP 传送 HTML,而 RTP 传送的是多媒体数据。HTTP 请求由客户机发出,服务器作出响应;使用 RTSP 时,客户机和服务器都可以发出请求,即 RTSP 可以是双向的。

RTSP 是一个流媒体表示控制协议,用于控制具有实时特性的数据发送,但 RTSP 本身并不传输数据,而必须利用底层传输协议提供的服务。它提供对媒体流的类似于 VCR 的控制功能,如播放、暂停、快进等。也就是说,RTSP 对多媒体服务器实施网络远程控制。RTSP 中定义了控制中所用的消息、操作方法、状态码以及头域等,此外还描述了与 RTP 的交互操作。RTSP 在语法和操作上与 HTTP/1.1 类似,因此 HTTP 的扩展机制大都可以加入 RTSP。协议支持的操作如下:

(1)从媒体服务器上回取数据

用户可通过 HTTP 或其他方法提交一个演示描述。如演示是组播,演示式就包含用于连续媒体的组播地址和端口。如演示仅通过单播发送给用户,用户为了安全应提供目的地址。

(2)媒体服务器邀请进入会议

媒体服务器可被邀请参加正进行的会议,或回放媒体,或记录其中一部分或全部。这种模式在分布式教育应用上很有用,会议中几方可轮流按远程控制按钮。

(3)将媒体加到现成讲座中

如服务器告诉用户可获得附加媒体内容,对现场讲座显得尤其有用。如 HTTP/1.1 中类似,RTSP 请求可由代理、通道与缓存处理。

2. RTSP 协议特点

· 可扩展性：新方法和参数很容易加入 RTSP。

· 易解析：RTSP 可由标准 HTTP 或 MIME 解析器解析。

· 安全：RTSP 使用网页安全机制。

· 独立于传输：RTSP 可使用不可靠数据报协议（UDP）、可靠数据报协议（RDP），如要实现应用级可靠，可使用可靠流协议。

· 多服务器支持：每个流可放在不同服务器上，用户端自动与不同服务器建立几个并发控制连接，媒体同步在传输层执行。

· 记录设备控制：协议可控制记录和回放设备。

· 流控与会议开始分离：仅要求会议初始化协议提供，或可用来创建唯一会议标志号。特殊情况下，SIP 或 H.323 可用来邀请服务器入会。

· 适合专业应用：通过 SMPTE 时标，RTSP 支持帧级精度，允许远程数字编辑。

· 演示描述中立：协议没有强加特殊演示或元文件，可传送所用格式类型；然而，演示描述至少必须包含一个 RTSP URI。

· 代理与防火墙友好：协议可由应用和传输层防火墙处理。防火墙需要理解 SETUP 方法，为 UDP 媒体流打开一个"缺口"。

· HTTP 友好：此处，RTSP 明智的采用 HTTP 观念，使现在结构都可重用。结构包括 Internet 内容选择平台（PICS）。由于在大多数情况下控制连续媒体需要服务器状态，RTSP 不仅仅向 HTTP 添加方法。

· 适当的服务器控制：如用户启动一个流，他必须也可以停止一个流。

· 传输协调：实际处理连续媒体流前，用户可协调传输方法。

· 性能协调：如基本特征无效，必须有一些清理机制让用户决定哪种方法没生效。这允许用户提出适合的用户界面。

3. RTSP 状态机

RTSP 状态机包括客户机状态机和服务器状态机。状态描述了 RTSP 连接会话从初始化到结束整个过程的全部协议行为。状态是基于每一基本流对象定义的。而每一对象流由统一资源定位器 URL 和连接会话标识符唯一标识。

(1)客户机状态机

客户机存在以下状态：

Init：初始化状态，发出了 SETUP 命令，等待应答。

Ready：准备状态，接收到 SETUP 命令的应答或在 Playing 状态下接收到 PAUSE 命令的应答。

Playing：播放状态，接收到 PLAY 命令的应答。

Recording：录制状态，接收到 RECORD 命令的应答。

通常，客户机在收到请求应答后改变状态。注意有些请求在将来的某个时刻或位置才有效（例如 PAUSE），因而状态也随之改变。如果没有向对象显式地发出 SETUP 请求，状态将从 Ready 开始：在这种情况下，只有 Ready 和 Playing 两种状态。

(2)服务器状态机

服务器存在以下状态：

Init：初始化状态，还没收到有效的 SETUP 命令。

Ready：准备状态，正确收到上一个 SETUP 命令，送出应答；或者开始播放时，正确收到上一个 PAUSE 命令，送出应答。

Playing：播放状态，正确收到上一个 PLAY 命令，送出应答，开始发送数据。

Recording：录制状态，服务器开始录制媒体数据。

同样，服务器也在收到请求后改变状态。服务器在 Playing 或 Recording 状态下且工作于点对点模式时，如果它在一段规定的时间内，没有收到从客户机通过 RTCP 报告或 RTSP 命令送来的"满意"消息，它将回复到 Init 状态，然后拆除 RTSP 连接会话。

4. RTSP 与其他协议的关系

RTSP 在功能上与 HTTP 有重叠，与 HTTP 相互作用体现在与流内容的初始接触是通过网页的。目前的协议规范目的在于允许在网页服务器与实现 RTSP 媒体服务器之间存在不同传递点。但是，RTSP 与 HTTP 的本质差别在于数据发送以不同协议进行。HTTP 是不对称协议，用户发出请求，服务器作出响应。RTSP 中，媒体用户和服务器都可以发出请求，且其请求都是无状态的；在请求确认后很长时间内，仍可设置参数，控制媒体流。重用 HTTP 功能至少在两个方面有好处，即安全和代理。要求非常接近时，在缓存、代理和授权上采取用 HTTP 功能是有价值的。当大多数实时媒体使用 RTP 作为传输协议时，RTSP 没有绑定到 RTP。RTSP 假设存在演示描述格式可表示包含几个媒体流的演示的静态与临时属性。

5. RTSP 系统

RTSP 的实现采用客户机/服务器体系结构，主要包括编码器、播放器和服务器三个组成部分。

(1) 服务器系统

RTSP 服务器与 HTTP 服务器有很多共同之处，如对并发和 URL 请求的支持。

RTSP 服务器的工作过程：数据源的获取是 RTSP 服务器实现的第一步。数据源可包括由音频视频捕获设备（麦克风、摄像头）获得的现场数据流和预先制作好并存储在服务器上的流文件。对于现场数据流，则类似于 H.323 视频会议系统，必须选择合适的编解码方式。例如，视频方面可以采用 H.261.1、H.263、MPEG 等，音频方面可以采用 G.729、G.723.1 等。考虑到实际的因特网环境下可利用的带宽较窄且波动较大，系统在实现中仅采用了码率较低的 H.263 和 G.723.1 进行视频和音频的压缩。目前并没有一个专门适合于 RTSP 的编解码方式，这样就使得 RTSP 的效率受到了影响。一般来说，编解码方式的选择与可利用带宽的关系很密切，服务器应能根据带宽的使用情况和客户机的要求采用不同码率的方式。对于流文件，则必须采用某一种流文件格式作为其容器或载体，如 Microsoft 公司提出的 ASF 是一种存储同步媒体数据的可扩展的文件格式，它的目标是给异类网络和协议提供流媒体的存储解决方案以支持多媒体的互操作性。由于 RTSP 支持对媒体流对象的 VCR 操作，因此对流文件格式有特殊的要求，如要求文件格式支持媒体流的定位和检索等。

为了等待客户机的连接请求，服务器一启动就处于监听状态。服务器可以接受客户机的可靠（TCP）或不可靠（UDP）的连接请求，无论对于哪一种请求，服务器均采用默认端口号 554 进行处理。在连接建立后，服务器接收客户机的控制请求和传送媒体数据均采用 UDP。这是因为 RSTP 控制命令的数据量通常较小，TCP 控制重传命令分组的意义不大，反而会给服务器和客户机带来额外的时间延时；而音频和视频数据发生传输错误时一般是由于网络拥塞，这时在客户机端差错控制机制进行相应处理即可，TCP 重传在这里不仅会给客户端带来延时，而且还会加重网络的拥塞程度。此外，由于 RSTP 一般都基于 RTP/RTCP 实现，因此就更倾向于采用 UDP 作为传输层协议。

（2）客户机系统

客户机的数据流向与服务器相反。在客户机的结构中，多了一个缓冲区管理模式块和一个媒体流同步处理模块。对客户机而言，由于其与用户直接交互，因此缓冲区管理和媒体流同步处理就显得特别重要。客户机连接服务器时，首先将常用连接带宽、最大连接带宽、客户端缓冲区大小、CPU 处理能力和所需服务质量等级等信息通知服务器，服务器再据此优化相应的传输策略，以使用户获得满意的服务质量。服务器通过因特网传送到客户机的音频/视频数据首先存放在客户机的缓冲区中，以便于进行流媒体处理从而使媒体流连续。在播放器播放音频和显示视频之前，还要对媒体流进行同步处理。

客户机向服务器发出请求的基本命令如下：

设置音频：SETUP　rtsp：//example.com/movie/StarWar/audio RTSP/1.0

设置视频：SETUP　rtsp：//example.com/movie/StarWar/video RTSP/1.0

播放：PLAY　rtsp：//example.com/movie/StarWar/RTSP/1.0

其中，rtsp 表示所使用的协议，example.com/movie 表示要访问的资源在因特网上的位置，StarWar 表示资源名称，audio/video 表示要访问音频或视频，最后 RTSP/1.0 表示协议版本。RTSP 的实现中，其数据分组封装和服务质量控制仍然是基于前文所论的 RTP/RTCP，因此其服务质量监控的方法和策略实质上与 H.323 频会议系统相同。

在 RTSP 的实现中还应采用下面的流媒体技术。

1）基于速率的流控技术

即发送端以接收端播放帧的速率来发送帧。采用基于速率的流控机制可以保证发送端发送的数据不会淹没接收端，也不会使接收端处于等待状态。在客户机与服务器建立连接后，客户机和服务器协商所需服务的带宽。服务器根据协商的带宽决定发送的数据分组的大小。在系统运行过程中，网络和终端负载是动态变化的，因此服务器和客户机之间还必须通过 RTCP 动态交换信息。客户机应在 RTCP 分组中通知服务器目前所需的播放速度，并反馈分组丢失率、播放时延等服务质量信息。

2）数据缓冲技术

为了使客户端连续播放媒体流，必须采用数据缓冲技术。在服务器端，应根据 RTCP 反馈的传播延时和延时抖动等参数将数据分割成适合网络带宽的大小合适的分组。在客户机端必须足够快地接收这些分组，以一个速率稳定的流传送给播放程序实时播放出来。对于来不及处理的分组，则存入缓冲区中。客户机实现中采用了多线程处理方式，播放、解压缩、接收各用一个线程，使客户机可以播放一个分组，解压缩另一个分组，同时接收第三个分组。这样，客户不用等待存储在服务器上的数据文件完全下载即可播放。当然，客户机必须在开始播放数据之前预先接收一部分数据存放在缓冲区中，缓冲区的大小由接收端的处理能力和网络带宽综合决定。一般来说，缓冲区至少应能存放大约 3 s 以上的数据量。为了使缓冲区的大小匹配接收端的处理能力和网络带宽，最好是动态分配缓冲区。缓冲和回取策略的设计是一个复杂的问题，其最终目标是使用户获得最优的服务质量。

11.6 典型的流媒体系统

11.6.1 Real System 流媒体系统

1. Real System 的系统组成

RealNetworks 公司是世界领先的网上流式音视频解决方案的提供者,公司最新的网上流式音视频解决方案叫 Real System IQ。它极易安装,在高低带宽均可提供良好的音视频质量。Real Syestem 被认为是在窄带网上最优秀的流媒体传输系统,通过 Real System 的流媒体技术,可以将所有的媒体文件整合成同步媒体,整个语言通过 Real Syestem 基于 TCP/IP 的因特网上以流形式发布。

Real Syestem IQ 由服务器端流播放引擎、内容制作端、客户端播放三个方面的软件组成。

(1)服务器端产品

服务器端软件 RealServer 用于提供流式服务。根据应用方案的不同,RealServer 可以分为 Basic、Plus、Internet 和 Professional 几种版本。代理软件 Real System Proxy 提供专用的、安全的流媒体服务代理,能使 ISP 等服务商有效降低带宽需求。

(2)制作端产品

RealProducer 有初级版(Basic)和高级版(Plus)两个版本。RealProducer 的作用是将普通格式的音频、视频或动画媒体文件通过压缩转换为 RealServer 能进行流式传输的流格式文件。它也就是 Real System 的编码器。RealProducer 是一个强大的编码工具,它提供两种编码格式选择:HTTP 和 SureStream,能充分利用 RealServer 服务器的服务能力。

(3)客户端产品

客户端播放器 RealPlayer 分为 Basic 和 Plus 两种版本,RealPlayer Basic 是免费版本,但 RealPlayer Plus 不是免费的,能提供更多的功能。RealPlayer 既可以独立运行,也能作为插件在浏览器中运行。个人数字音乐控制中心 RealJukebox 能方便地将数字音乐以不同格式在个人计算机中播放并且管理。

2. Real System 的通道

RealServer 使用两种通道与客户端软件 RealPlayer 通讯:一种是控制通道,用来传输诸如"暂停"、"向前"等命令,使用 TCP 协议;另一个是数据通道,用来传输实际的媒体数据,使用 UDP 协议。RealServer 主要使用两个协议来与客户端联系:RTSP(Real Time Streaming Protocol)和 PNA(Progressive Networks Audio)。

(1)Encoder 与 RealServer 之间的通讯

当 Encoder 需要向 RealServer 传输压缩好的数据时,通常使用 One-way(UDP)与 Real Server 通讯。而一些防火墙通常禁止 UDP 数据包通过,因此,RealProducer 可以设置成使用 TCP 协议的方式向服务器传输数据。

(2)RealServer 与 RealPlayer 之间的通讯

当用户在浏览器上点击一个指向媒体文件的链接时,RealPlayer 打开一个与 RealServer 的双路连接,通过这个连接与 RealServer 之间来回传输信息。一旦 RealServer 接受了客户端的请求,它将通过 UDP 协议传输客户请求的数据。

3. Real System 的系统需求

(1)支持的操作系统和硬件

Real Server 7.0 系统对操作系统及硬件需求见表 11-4。

表 11-4　支持的操作系统及硬件

微处理器	操作系统
Intel Pentium	Windows NT 4.0 or 2000 Workstation or Server、Linux 2.2、glibc6、SCO 7.0.1、7.1.0、7.1.1、FreeBSD 3.0
Sun SPARC	Solaris 2.6、2.7
IBM RS/6000 PowerPC	AIX 4.3
HR PA-RISC2.0	HP-UX 11.x
R4000 running MIPS3 instruction set	HRIX 6.5

(2)内存需求

RealServer Basic 和 RealServer Plus 运行较好时最小内存需求 256 MB。RealServer Professional 推荐使用 512 MB,可以用更多的内存增加同时服务的机器和用户数。同时服务 1000 或更多用户需要 768 MB 或更多。常见的算法的内存需求量如表 11-5。

表 11-5　常见的算法的内存

数据流速率	每流所需内存	最大流数	总共内存需求
20 kb/s	240 kB	60	64＋14.4＝78.4 MB
80 kb/s	960 kB	100	64＋96＝160 MB
20 kb/s	240 kB	2000	64＋480＝544 MB

(3)带宽需求

所需带宽是根据以下方法来计算的:每 kb/s 数据速率×最大流数。表 11-6 是各种流量下的所需带宽。

表 11-6　带宽需求

数据速率流	最大流数	带宽需求	连接示例
20 kb/s	60	1.2 Mb/s	T1
60% 20 kb/s 40% 80 kb/s	100	4.4 Mb/s	Fractional T3
80 kb/s	100	8 Mb/s	10 Mb/s,FractionalT3
20 kb/s	2000	400 Mb/s	T3

(4)存储需求

RealServer 8.0 需要 14 MB 硬盘空间外加媒体内容的存储空间。RealServer 7 本身大约需要 8 MB 的存储空间和另外的媒体数据流所需空间,具体的存储需求如表 11-7 所示。

表 11-7 存储需求

数据速率流	媒体所需时间	存储时间
20 kb/s	180 s	450 kB
20 kb/s 20 kb/s 12 kb/s 8 kb/s	180 s	900 kB

(5)服务器需求

为了更好地利用 RealAudio 和 RealVideo,RealServer 8.0 需要安装在一个已注册的 Web 站点上。RealServer 8.0 与任何支持配置 MIME types 的 Web 服务器兼容,已经测试过的有:

- Apache 1.1.1
- CERN HTTPD version 3.0
- EMWC HTTPS version 0.96
- HTTPD4 Mac
- Mac HTTP
- Microsoft Internet Information Server
- NCSA HTTPD version 1.3 or 1.4
- Netscape Netsite and Netscape Enterprise Server
- O'Reilly Website NT
- Spinner version 1.0b12 through 1.0b15
- Webstar and Webstar PS

4. 制作技术

RealNetworks 提供的流式视频和音频生成软件为 RealProducer,目前最新的版本为 8.5 Plus。通过这个工具软件,可以将预先制作好的数字音频视频文件 WAV、AVL、MPEG 和 MOV 等经过压缩编码生成“.rm”文件,也可以将由声音和视频采集设备,如声卡和视频捕捉卡等采集的实时信号直接转换生成“.rm”文件。如果运行 RealProducer 的计算机和 Real 服务器相连,还可以将生成的“.rm”文件直接实时传送到 RealServer,进行流媒体的广播。在生成“.rm”文件时,还可以定义该文件对应的用户类型,其实就是定义了文件的数据传输速率。

RealProducer 8.0 及其以后的版本支持 SureStream 技术,即采用特殊的编码方式,可以使一个“.rm”文件同时具有多种数据传输速率,同时适应多种不同的用户类型。当然,也可以定义它们只具有一种数据传输速率,这样文件体积较小,但只能适应单一的用户类型。在生成“.rm”文件时,还可以定义声音和图像的质量、图像的大小以及帧速率等。

RealNetworks 提供专门用于编写流式文本文件的标记性语言——RedText。通过该语言,可以定义所需显示的文本内容、文本显示窗口的风格,以及文字在显示窗门中运动的方式等。用 RealText 编写的流式文本文件属于纯文本文件,它的体积通常很小,非常适合网络传输。可以说,RealText 是目前的流媒体系列技术中,唯一可以编辑生成文本文件的工具。由于它进行网络传输时占用的带宽很小,也常常被用来作为调节流式多媒体带宽消耗的有力工具。这些都是 RealNetworks 提供的流媒体技术的过人之处。

此外,RealNetworks 提供了专门用于编写流式图片文件的标记性语言——RealPix,通过该语言,可以将要显示的一组静止图片文件关联组合到一起,定义每张图片进入显示窗口的方式、在窗口中保留的时间以及其他一些特殊的显示效果,包括图片间的切换效果、图片后部的缩放、移动和旋转等。用 RealPix 编写的“.rp”文件本身属于纯文本文件,文件体积很小。“.rp”文件和它所关联的图片文件一起,组成了流式图片文件。在 RealPix 文件的头部,还可以定义整个文件组的数据传输速率。当然,它不可能像“.rp”文件那样同时具有多种传输速率。

5. 播放技术

RealNetworks 的流媒体播放器 RealPlayer 是目前应用较为广泛的网络多媒体格放软件,它可以支持播放 RealSystem 系列的所有流媒体格式,包括 Real 音/视频、RealPix、RealText、Flash 动画和 SMIL 文件等。同时,它还支持播放其他系列的媒体类型,比如 MPEG 音、视频文件、MP3、Quick Time 文件、WAV 和 AVI 等传统的数字文件格式。它的播放有两种方式:一种是本地机的播放,即播放存储在本机上的媒体文件,这种方式不足以体现它的优越性;另一种是通过网络格放存储在服务器上的媒体文件,或是接收网络广播的文件数据,这种方式,尤其是播放 RealSystem 系列的流媒体文件时,如果和 RealServer 结合在一起使用,将会把流媒体卓越的网络传输和播放性能体现得淋漓尽致。

RealPlayer 软件在安装时,会同时在 Web 浏览器中加入相应的播放插件(plug-in)。因此,它不但可以作为媒体播放器单独播放媒体文件,也支持播放作为插件或 ActiveX 控件结合到 Web 页面中的媒体文件。目前比较流行的 Web 浏览器,如 Internet Explorer 和 Netscape,都已经在它们的新版本中加入了 RealPlayer 播放插件。和其他播放器相比,RealPlayer 正在逐渐成为网络多媒体的主流播放器。

6. 发布技术

RealNetworks 的 RealServer 是目前功能最为强大、应用最为广泛的流媒体服务器软件,目前最新的版本为 8.0 Plus,它可以在网络上发布实时的或是预先制作好的流媒体文件。它的文件发布方式有 3 种。

(1)点播

将预先制作好的 RealSystem 系列的流媒体放在服务器上,由用户通过点击超链接向服务器发出数据发送的请求。服务器接到请求信息后,向用户发送相应的数据。点播方式通常在某一时间点上只针对一个用户,而且在任何时候都可以进行。用户还可以自由选择所需播放的某一片断。

(2)实时广播

将音、视频采集设备实时采集的信号由编码压缩软件实时生成流媒体文件数据,传送到 RealServer,再由 RealServer 当场向预定的一组用户发送。广播方式通常在某一时间点上要针对多个用户,并且用户只能在特定的时间内接收服务器发送的数据,自己不能有任何选择。实时广播就是指服务器发送的是实时采集的现场实景,没有经过任何的加工。

(3)非实时广播

将预先制作好并存放在服务器上的流媒体文件,由 RealServer 在特定的时间里向固定的用户组发送。和实时广播相比,除了 RealServer 发送的数据性质不同以外,其他的特性完全相同。

RealServer 和用户端的播放器,比如 RealPlayer,它们之间的通讯是双向的。也就是说,RealServer 在发送数据的同时,也在接收着 RealPlayer 的反馈信息,根据反馈信息会及时调整数据的发送。比如,它接到 RealPlayer 播放某一片断的请求,它会及时发送相应的数据。RealServer 采用的数据传输协议主要有两种,RTSP(Real Time Streaming Protocol)和 PNA(Progressive NetWork Audio)。当然,RealServer 也支持 HTTP 协议,但要完全体现 RealServer 流媒体服务器的功能,还是应该使用 RTSP 协议。RealServer 是唯一支持 SureStream 技术的流媒体服务器。它必须安装在 Windows NT Server 的工作环境中,同时还必须安装相应的 Web 服务器软件,如 IIS(Internet Information Server)等。RealServer 还提供了相当强大的安全认证系统和文件保护装置。通过对其 Administrator 的设置,可以要求用户通过身份验证后才能进入点播或广播系统,也可以设置存储在它上面的媒体文件是否允许用户下载。这样既可以保证资源的共享,也可以保护媒体制作者的劳动成果。

11.6.2 Windows Media 流媒体系统

Microsoft 公司是三家之中最后进入这个市场的,并且利用其操作系统的便利很快便赢得了市场。Windows Media 的核心是 MMS 协议和 ASF 数据格式,MMS 用于网络传输控制,ASF 则用于媒体内容和编码方案的打包。视频方面采用的是 MPEG-4 视频压缩技术,音频方面采用的是微软自己开发的 Windows Media Audio 技术。

1. Windows Media 文件格式

ASF 是一种数据格式,音频、视频、图像以及控制命令脚本等信息通过这种格式以网络数据包的形式传输,从而实现流媒体内容发布。ASF 最大优点就是体积小,因此适合网络传输,使用 Microsoft 公司的媒体播放器可以直接播放该格式的文件。用户可以将图形、声音和动画数据组合成一个 ASF 格式的文件,也可以将其他格式的视频和音频转换为 ASF 格式。另外,ASF 格式的视频中可以带有命令代码,用户指定在到达视频或音频的某个时间后触发某个事件或操作。

(1)ASF 的特征

①可扩展的媒体类型。ASF 文件允许制作者很容易地定义新的媒体类型。ASF 格式提供了非常有效地、灵活地定义符合 ASF 文件格式定义的新的媒体流类型。任一存储的媒体流逻辑上都是独立于其他媒体流的,除非在文件头部分明显地定义了其与另一媒体流的关系。

②部件下载。特定的有关播放部件的信息(如,解压缩算法和播放器)能够存储在 ASF 文件头部分,这些信息能够为客户机用来找到合适的所需的播放部件的版本——如果它们没有在客户机上安装。

③可伸缩的媒体类型。ASF 是设计用来表示可伸缩的媒体类型的"带宽"之间的依赖关系。ASF 存储各个带宽就像一个单独的媒体流。媒体流之间的依赖关系存储在文件头部分,为客户机以一个独立于压缩的方式解释可伸缩的选项提供了丰富的信息。

④流的优先级化。现代的多媒体传输系统能够动态地调整以适应网络资源紧张的情况(如,带宽不足)。多媒体内容的制作者要能够根据流的优先级表达他们的参考信息,如最低保证音频

流的传输。随着可伸缩媒体类型的出现,流的优先级的安排变得复杂起来,因为在制作的时候很难决定各媒体流的顺序。ASF 允许内容制作者有效地表达他们的意见(有关媒体的优先级),甚至在可伸缩的媒体类型出现的情况下也可以。

⑤多语言。ASF 设计为支持多语言。媒体流能够可选地指示所含媒体的语言。这个功能常用于音频和文本流。一个多语言 ASF 文件指的是包含不同语言版本的同一内容的一系列媒体流,其允许客户机在播放的过程中选择最合适的版本。

⑥目录信息。ASF 提供可继续扩展的目录信息的功能,该功能的扩展性和灵活性都非常好。所有的目录信息都以无格式编码的形式存储在文件头部分,并且支持多语言,如果需要,目录信息既可预先定义(如作者和标题),也可以是制作者自定义。目录信息功能既可以用于整个文件也可以用于单个媒体流。

(2)ASF 的文件格式

ASF 文件基本的组织单元叫作 ASF 对象,它是由一个 128 位的全球唯一的对象标识符、一个 64 位整数的对象大小和一个可变长的对象数据组成的。对象大小域的值是由对象数据的大小加上 24 bit 之和。

这个文件组织单元有点类似于 RIFF(Resource Interchange File Format)字节片。RIFF 字节片是 AVI 和 WAV 文件的基本单位。ASF 对象在两个方面改进了 RIFF 的设计。首先,无需一个权威机构来管理对象标识符系统,因为计算机网卡能够产生一个有效的唯一的 GUID。其次,对象大小字段已定义得足够处理高带宽多媒体内容的大文件。

ASF 文件逻辑上由三个高层对象组成:头对象、数据对象和索引对象。头对象是必需的,并且必须放在每一个 ASF 文件的开头部分;数据对象也是必需的,且一般情况下紧跟在头对象之后;索引对象是可选的,但是一般推荐使用。在具体实现过程中可能会出现一些文件包含无序的对象,ASF 也支持,但在特定情况下,将导致 ASF 文件不能使用,如从特定的文件源如 HTTP 服务器读取该类 ASF 文件。同样地,额外的高层对象也可能被运用并加入到 ASF 文件中。一般推荐这些另加的对象跟在索引对象之后。

ASF 数据对象能够被解释的一个前提条件是头对象已被客户机接收到。ASF 没有声明头对象信息是如何到达客户端的,"到达机制"是一个"本地实现问题",显然已超过了 ASF 的定义范围。头对象先于数据对象到达有三种方式:

·包含头对象的信息作为"会话声明"的一部分。

·利用一个与数据对象不同的"通道"发送头对象。

·在发送 ASF 数据对象之前发送头对象。

1)ASF 头对象

在 ASF 的三个高层对象中,头对象是唯一包含其他 ASF 对象的对象。头对象可能包含以下对象:

·文件属性对象(File Properties Object)——全局文件属性。

·流属性对象(Stream Properties Object)——定义一个媒体流和其属性。

·内容描述对象(Content Description Object)——包含所有目录信息。

·部件下载对象(Component Download Object)——提供播放部件信息。

·流组织对象(Stream Groups Object)——逻辑上把多个媒体流组织在一起。

·可伸缩对象(Scalable Object)——定义媒体流之间的可伸缩的关系。

- 优先级对象(Prioritization Object)——定义相关流的优先级。
- 相互排斥对象(Mutual Exclusion Object)——定义排斥关系,如语言选择。
- 媒体相互依赖对象(Inter-Media Dependency Object)——定义混合媒体流之间的相互依赖关系。
- 级别对象(Rating Object)——根据 W3C PICS 定义文件的级别。
- 索引参数对象(Index Parameters Object)——提供必要的信息以重建 ASF 文件的索引。

头对象的作用是在 ASF 文件的开始部分提供一个众所周知的比特序列,并且包含所有其他头对象信息。头对象提供了存储在数据对象中的多媒体数据的全局的信息。

2)ASF 数据对象

数据对象包含一个 ASF 文件的所有多媒体数据。多媒体数据以 ASF 数据单元的形式存储,每一个 ASF 数据单元都是可变长的,且包含的数据必须是同一种媒体流。数据单元在当它们开始传输的时候在数据对象中自动地排序,这种排序来自于交叉存储的文件格式。

3)ASF 索引对象

ASF 索引对象包含一个嵌入 ASF 文件的多媒体数据的基于时间的索引。每个索引进入表现的时间间隔是在制作时设置的,并且存储在索引对象中。由于没有必要为一个文件的每一个媒体流建立一个索引,因此,通常利用一个时间间隔列表来索引一系列的媒体流。

2. Windows Media 协议

(1)MMS(Microsoft Media Server)协议

MMS 是用来访问并进行流式接收 Windows Media 服务器中 .asf 文件的一种协议。

MMS 协议用于访问 Windows Media 发布点上的单播内容。MMS 是连接 Windows Media 单播服务的默认方法。若观众在 Windows Media Player 中键入一个 url 地址来连接内容,而不是通过超级链接访问内容,则他们必须使用 MMS 协议引用该流。

当使用 MMS 协议连接到发布点时,使用协议翻转以获得最佳连接。"协议翻转"始于试图通过 MMSu 连接客户端。MMSu 是 MMS 协议结合 udp 数据传送。如果 MMSu 连接不成功,则服务器试图使用 MMSt。MMSt 是 rams 协议结合 tcp 数据的传送。

如果连接到编入索引的 .asf 文件,想要快进、后退、暂停、开始和停止流,则必须使用 MMS。不能用 unc 路径快进或后退。

若您从独立的 Windows Media player 连接到发布点,则必须指定单播内容的 url。若内容在主发布点点播发布,则 url 由服务器名和 .asf 文件名组成。例如:

MMS://Windows Media server/sample.asf

其中 Windows Media server 是 Windows Media 服务器名,sample.asf 是你想要使之转化为流的 .asf 文件名。

当有实时内容要通过广播单播发布,则该 url 由服务器名和发布点别名组成。例如:

MMS://Windows Media server/Liveevents

这里 Windows Media server 是 Windows Media 服务器名,而 liveevents 是发布点名。

(2)MSBD 协议

MSBD(Media Stream Broadcast Distribution)协议用于在 Windows Media 编码器和 Windows Media 服务器组件之间分发流,并在服务器间传递流。该协议还可以在从 Windows Media 广播站服务流向内容储存服务器时使用。MSBD 是面向连接的协议,对流媒体最佳。MSBD 对于测试客户端、服务器连接和 .asf 内容品质很有用处,但不能作为接收 .asf 内容的主要方法。Windows Media 编辑器最多可支持 15 个 MSBD 客户端,一个 Windows Media 服务器最多可支持 5 个 MSBD 客户端。而在 Windows Media 编辑器 7.1 版本中已不再支持 MSBD 协议,而改用 HTTP 协议了。

(3)HTTP 协议

可以配置 Windows Media 服务器使用 HTTP 协议将内容转化为流。使用 HTTP 流可以帮助克服防火墙障碍,因为大多数防火墙允许 HTTP 通过。HTTP 流可用来由 Windows Media 编码器通过防火墙到 Windows Media 服务器,并可以用以连接被防火墙隔离的 Windows Media 服务器。若以同一计算机既作为 Web 服务器又运行 Windows Media 服务,例如 Microsoft Internet 信息服务(IIS)时,则须确保在端口 80 无冲突。

(4)协议翻转

有时 Microsoft Windows Media Player 不能连接 Windows Media 服务器并访问单播,这是因为网络问题、服务器维护或其他原因。当使用 MMS 协议发布 .asf 文件,协议翻转自动从 UDP 的 MMS 协议跳转到 TCP 的 MMS 协议,最后到 HTTP。在试图连接到流源时,Windows Media Player 依次尝试每种协议直至连接完成。这确保 Windows Media Player 能访问到该数据。

在 .asf 文件中使用 REF 标记可显示协议翻转如何工作。REF 标记可用来指定访问同一来源的不同协议。例如,若第一个 REF 标记指定 MMS 协议而第二个 REF 标记指定 HTTP 链接,则无法用 MMS 连接的客户会自动尝试用 HTTP 连接。若在创建单播发布点时指定 MMS 协议,则 Windows Media Player 自动执行此类翻转。

URL 翻转也可用来指定包含同一内容的 Windows Media 服务器。例如,若第一个 REF 标记指定了服务器"server"上的一个 .asf 文件,而第二个 REF 标记指定"server 2"服务器上该文件的一个拷贝。Windows Media Player 可使用其中任一服务器取得该文件。若"hound1"正处于忙碌中或出错,Windows Media Player 自动连接"hound2"。

3. Windows Media 工作方式

Windows Media Service 系统能用于多种网络环境,基本的应用方式有如下几种。

(1)On-Demand Unicast(点播服务)

这种应用方式适合多媒体信息的点播服务。因为 ASF 技术支持任意的压缩、解压缩编码方式,可以使用任何一种底层网络传输协议,使它既能在高速的局域网内使用,也可以在拨号方式连接的低带宽因特网环境下使用,并且对具体的网络环境进行优化。在点播服务方式下,用户相互之间互不干扰,可以对点播内容的播放进行控制,最为灵活,但是占用服务器、网络资源多。

(2)Broadcast Unicast/Multicast(单点或多点广播服务)

应用广播服务方式,用户只观看播放的内容,不进行控制。可以使用 ASF 文件作为媒体内容的来源,但实时的多媒体内容最适合使用广播服务方式。通过视频捕捉卡把摄像机、麦克风记录的内容输入到 Media Encoder,进行编码生成 ASF 流,然后送到 Media Server 上发布。在支持广播的网络中,可以使用 Station Service 节约网络带宽,减轻服务器负载,在不支持广播的网络中,可以使用 Broadcast Unicast Server,用 Unicast 的方式实现广播。

(3)Distribution(服务器扩展)

通过 Distribution 方式可以把一个 Media Server 输出的 ASF 流输出到另外一个 Media,再向用户提供服务。一种应用是，可以通过 Distribution 使 Media Server 跨越非广播的网络，提供广播服务。另外，Windows Media Service 还支持 HTTP Stream 方式，使用通用的 HTTP 协议，可以更好的工作在因特网上，如跨越防火墙进行媒体内容的传输。

4. Windows Media 服务器组件

Windows Media 服务器组件由 Windows Media 组件服务和 Windows Media 管理器组成。Windows Media 组件服务是运行于 Microsoft Windows 2000 Server 上的一系列服务，这些服务通过单播和组播广播视频和音频内容给客户端。组件服务是指 Windows Media 监视器、节目、广播站和单播服务。

Windows Media 监视器服务（Windows Media Monitor Service）提供服务以监视客户端和服务器与 Windows Media 服务的连接。

Windows Media 节目服务（Windows Media Program Service）用于将 Windows Media 流组合至 Windows Media 广播站服务的连续节目内。

Windows Media 广播站服务（Windows Media Station Service）为传输 Windows Media 内容提供组播和分发服务。

Windows Media 单播服务（Windows Media Unicast Service）将 Windows Media 流点播内容提供给网络客户，为客户提供了点对点连接方式的服务。

Windows Media 管理器是一系列运行于 Microsoft Internet Explorer 5 浏览器窗口的 Web 页，用来管理 Windows Media 组件服务。通过 Windows Media 管理器您可以控制本地服务器，也可以控制一个或多个远程 Windows Media 服务器。若要管理多个服务器，需将这些服务器添加到服务器清单，并连接到您想要管理的服务器。

Windows Media 管理器可运行于 Microsoft Windows 2000 Server、Microsoft Windows 2000 Professional、Microsoft Windows 98 或 Microsoft Windows NT 4 SP4 或以后版本。Windows Media 管理器运行于 Internet Explorer 4.01 或 Microsoft Windows 95 上是可能的，但不支持这些平台。

5. Windows Media 技术

Microsoft Windows Media 技术是一个能适应多种网络带宽条件的流式多媒体信息的发布平台，提供密切结合的一系列服务和工具用以创造、管理、广播和接收通过 Internet 和企业 Intranet 传送的极其丰富的流式化多媒体演示内容，包括了流式媒体的制作、发布、播放和管理的一整套解决方案。另外，还提供了开发工具包（SDK）供二次开发使用。

（1）Windows Media 内容

Windows Media 大致有下面六个方面的内容：

· Windows Media 工具创建 .asf 文件；
· Windows Media 编码器创建 .asf 文件；
· Windows Media 编码器将实况流发布到 Window Media 中，用作单播或组播内容；
· Windows Media 服务器使用 .asf 文件作为单播或组播内容源；
· Windows Media 服务器通过单播方式把内容播放到客户端；
· Windows Media 服务器通过组播方式把内容播放到客户端。

Windows Media 服务使用 ASF，一种支持在各类网络和协议下进行数据传递的公开标准。

ASF 用于排列、组织、同步多媒体数据以通过网络传输。ASF 是一种数据格式；然而，它也可用于指定实况演示的格式。ASF 不但最适于通过网络发送多媒体流，也同样适于在本地播放。任何压缩、解压缩运算法则（编解码器）都可以用编码 ASF 流。在 ASF 流中存储的信息可用于帮助客户决定应使用何种编解码器解压缩流。另外，ASF 流可按任何基础网络传输协议传输。Windows Media 音频带有 .wma 扩展名，是用 Windows Media 音频编解码器压缩的只限于音频的 ASF 文件。此类媒体与 .asf 文件只有扩展名不同。Windows Media 服务器能分流 .wma 文件，而且可以使用程序管理器通知 .wma 文件（称为 .wax 文件）。Microsoft 创建 .wma 文件便于只播放音频的客户使用。

Windows Media 音频文件是用 Windows Media 音频编解码器压缩的只限于音频的 .asf 文件，改为 .wma 扩展名。Windows Media 工具和 Windows Media 服务器并不创建 Windows Media 音频内容，而是将 ASF 内容转换为 Windows Media 音频内容，将文件扩展名由 .asf 改为 .wma。所有 .wma 文件都有自己的流转向器文件，称为 .wax 文件。这些 .wax 文件功能非常类似 ASF 流转向器文件（.asx 文件），不同之处只在于 .wax 文件是用来通知 Windows Media 音频内容的。可以通过将 .asf 文件改为 .wax 文件扩展名来创建 .wax 文件。

（2）Windows Media 关键技术

1）单播

单播是客户端与服务器之间的点到点连接。"点到点"指每个客户端都从服务器接收远程流。仅当客户端发出请求时，服务器才发送单播流。Windows Media 可通过点播和广播两种方式有之一向客户端发布单播流。

在 Windows Media 服务中，使用单播发布点发布 ASF 文件，以 Windows Media 服务器传送流式化内容到 Microsoft Windows Media Player。有两种类型的单播发布点：点播发布点和广播发布点。点播单播发布点是指到 Windows Media 服务器上目录的指针。这些目录和子目录中的 .asf 文件可用于发布。安装好 Windows Media 服务器组件后，可以用于传送流式化点播内容。广播单播发布点用于发布由 Windows Media 编码器、远程 Windows Media 广播站或远程发布点生成的实况流。Windows Media Player 用于访问广播单播发布点以及实况流。

单播的步骤如下：

· 使用 Windows Media 管理器流化单播
· 创建单播发布点
· 使用点播单播发布点
· 使用广播单播发布点

2）组播

Windows Media 服务器组件可以配置为向客户端发送组播流，从而避免使用大量的网络带宽。广播站用来向客户端 Microsoft Windows Media Player 发送组播流。如果没有广播站，则只能通过单播发送流，这意味着接收 ASF 流的每个客户端都必须连接到服务器。组播站将 ASF 流传递到许多客户端，但只使用单个流的带宽。

广播站中包含用于将 ASF 流传递到 Windows Media Player 的所有必要信息，包括 IP 地址、端口、流格式、生存时间（TTL）值等。该信息存储在 .nsc 文件中。Windows Media Player 访问 .nsc 文件，定位广播站发送 ASF 内容流时使用的 IP 地址。.nsc 文件通常存储在共享的网络目录或 Web 服务器目录中，以便 Windows Media Player 使用。当 Windows Media Player 打开通过电子邮件消息收到的通知时,将通过 UNC 路径或 Web 页链接提取指向 .nsc 文件的 URL。

组播的步骤如下:

- Windows Media Player 访问组播 ASF 流的过程
- 创建组播广播站
- 配置组播文件传输

3)分发播放

Windows Media 服务允许在 Windows Media 服务器间分发 ASF 流。Windows Media 服务器可以将流从单播服务器进行分发,由其他单播服务器、组播服务器或者这些服务器的组合所接收。Windows Media 中分发是将 ASF 流从一个服务器发送到另一个服务器。

Windows Media 服务器间分发 ASF 流要建立分发广播站,分发广播站是一个帮助作用的广播站,用于将 Windows Media 服务器 A 中的 ASF 流分发到 Windows Media 服务器 B 中的广播站,这样 Windows Media 服务器 B 可以组播 ASF 内容。其他广播站如果要访问分发广播站,需要使用 MSBD 协议创建与分发广播站 .nsc 文件的连接。

分发具有很多用途,例如:将流分发到其他服务器,然后单播该流,允许网络中那些未启用组播的客户接收该流;将流分发到启用 HTTP 流的服务器。允许防火墙后面的用户接收以其他方式无法接收的流;将流从一个 Windows Media 服务器分发到另一个 Windows Media 服务器,目的是创建多个单播流。例如,如果已经达到服务器单播流的最大数目,可以将流发送到其他的服务器,在那里再将该流单播给更多的客户端。

6. Windows Media 系统需求

(1)服务器

根据情况可设一台或多台服务器,服务器硬件配置一般是 P4,1.2 GHz 以上 CPU,内存在 128~512 MB 左右。软件安装 Windows 2000 Server 和 Windows Media 服务。如果点播内容较多,可以将 ASF 文件放在一个服务器上。如果是一个广域网(或者用户较多),可在每个局域网设立一个服务器,由中心服务器输出 ASF 流,先输出到另外一个 Media Server,再向用户提供服务。

(2)制作计算机

制作计算机硬件配置一般是 P4,1 GHz 以上 CPU,内存在 128~512 MB,需要声卡,视频采集卡以及 VCD 或录像机。软件为 Windows 98 或 Windows 2000 Professional,安装 Windows media 编辑工具。

(3)客户计算机

客户计算机是一般的 Windows 95/98/2000 的计算机,配声卡,需要 Windows Media Player 软件。

11.6.3　Quick Time 流媒体系统

Apple 公司的 Quick Time 是最早的视频工业标准,几乎支持所有主流的个人计算平台和各种格式的静态图像文件、视频和动画格式。在交互性方面是三者之中最好的,例如,在一个 Quick Time 文件中可同时包含 MIDI、动画 GIF、Flash 和 SMIL 等格式的文件,配合 Quick Time 的 Wired Sprites 互动格式可设计出各种互动界面和动画。

除了上述三种主要格式外,在多媒体课件和动画方面的流媒体技术还有 Macromedia 公司的 Shockwave 技术和 Meta Creation 公司的 Meta Stream 技术等等。

1. Quick Time 组成

Quick Time 4 是 Apple 公司最新的流视频平台,对于使用 Mac OS X 的用户来说是一个比较理想的流视频方案选择。目前 Quick Time 4 播放器已经在全世界被众多 Mac 及视窗用户所采用,是仅次于 Real Player、Windows Media Player 的流视频播放器。Quick Time 4 支持开放标准 RTP、RTSP 协议及 HTTP 流。

Quick Time 4 由三个产品组成:Quick Time Pro,客户端播放、编码、编辑的高级工具;Quick Time 4 播放器,客户端播放、编码、编辑工具;Quick Time Streaming Server 2.0.1,流视频服务器。

2. Quick Time 文件格式

Quick Time 系列流媒体主要文件格式为 MOV 文件。当然,它也支持其他格式的媒体文件,比如,图片文件 JPEG、GIF 和 PNG,数字视频文件 AVI、MPEG,数字声音文件 WAV、MIDI 等。在新版本的 Quick Time 软件中,增加了许多新的特征和功能,它可以支持多种的音频、视频与图像格式。其中包括了对于 Apple 公司的 Macintosh 和微软公司的 Windows 两种操作系统都适用的 MPEG-1 视频格式和 AVI、AVR、H.263、H.264 等一些专属的视频格式。除了可以让使用者浏览 MPEG-1 压缩格式文件的内容外,还支持数据流的监视功能,同时,Quick Time 数据流服务器还提供了 MPEG-1 文件格式的传输功能。

Apple 公司的 Quick Time 电影文件现已成为数字媒体领域的工业标准。Quick Time 电影文件格式定义了存储数字媒体内容的标准方法,使用这种文件格式不仅可以存储单个的媒体内容(如视频帧或音频采样),而且能保存对该媒体作品的完整描述;Quick Time 文件格式被设计用来适应为与数字化媒体一同工作需要存储的各种数据。因为这种文件格式能用来描述几乎所有的媒体结构,所以它是应用程序间(不管运行平台如何)交换数据的理想格式。

Quick Time 文件格式中媒体描述和媒体数据是分开存储的,媒体描述或元数据(Meta Data)叫作电影(Movie),包含轨道数目、视频压缩格式和时间信息。同时 movie 包含媒体数据存储区域的索引。媒体数据是所有的采样数据,如视频帧和音频采样,媒体数据可以与 Quick Time Movie 存储在同一个文件中,也可以在一个单独的文件或者在几个文件中。

3. Quick Time 协议

Quick Time 流媒体的传播是建立在 RTP(Real Transport Protocol)实时估输协议基础上的,RTP 协议类似于 HTTP 和 FTP 文件传输协议,但是它是符合流式数据传输特殊需要的。

那么流式数据是怎样被处理的呢? 这个问题其实不难。当用户收听现场广播时,Quick Time 客户端比如 Quick Time Player 或者 Quick Time Plug-in 会向流式服务器发出一个信号,流式服务器以 SPD(Session Description Protocol)文件形式加以体现,当 SPD 文件被找到后,流式服务器就会以 RTP 为传输协议把多媒体传输到客户端。SPD 文件是有关将数据怎样流化的文本文件,Quick Time Player 或者 Quick Time Plug-in 在播放流媒体时会将 SPD 文件自动打开。

流媒体的传输协议 RTP 与 RTSP 协议是不同的,区分这两种协议的不同十分重要,当用户以单点传输方式对媒体进行传输时所使用的协议是 RTSP,RTSP 协议有两种传输方式:其一,用户可以和流式服务器相连接，并且可以利用 Chapter 轨道把流式影片分成若干影片片断；其二，用户可以使用 Quick Time 对流式影片实行真正意义上的管理，具有交互功能。与之相对的 RTP 协议只能被用于从流式服务器向观众单方向地发送流式影片。

4. 制作技术

Quick Time 系列的媒体制作软件是 Quick TimePro。通过这个软件，可以将其他格式的媒体文件转换成 Quick Time 系列的流媒体文件（MOV 文件），也可以将通过音、视频捕捉设备获得的实时信号直接转换成流媒体文件数据，用于实时广播或存储为 MOV 文件。

Quick Time Pro 还可以制作 Slide Show，这有点类似于 Real 系列的 RealPix 文件，也是将一组图片文件根据一定的播放次序、播放时间以及切换效果组合到一起。但和 RealPix 不同的是，它是将所有的图片集合在一起，生成一个 MOV 文件。由于采用了特殊的编码方式，这种类型的文件体积不算很大，还是适合于网络传输的。

Quick Time 还提供了一种制作全浸入式虚拟环境的工具软件叫 Quick Time VR。通过这个软件，可以模拟真实的或虚拟的物体和环境。和其他虚拟现实应用所不同的是，进入 Quick Time VR 的虚拟环境，不需要专用的手套和头盔，也不需要传统的 3D 插件。由于所生成的文件是 MOV 文件，所有支持 Quick Time 电影文件的媒体播放器都可以实现这个环境。

将一组经过横向和纵向校准拍摄而成的某个场所的照片，比如一个广场，通过 Quick Time VR 排列和融合在一起，生成 Quick Time VR Panorama 电影文件。用媒体播放器播放时，观众只要上下左右拖拽鼠标，就会产生本人置身其中，360 度环视以及 120 度仰视和俯视的感觉，通过点击缩放按钮，还可以产生在该场所中前进和后退的效果。这在网络教学、电子商务以及网上展示会等方面都会有较高的实用价值。Quick Time VR Object Movies 通过将某个物体的一组照片组合在一起，可以使用户通过拖拽鼠标，感受到搬动、旋转该物体，或从各个不同角度观察这个物体的感觉。

5. 发布技术

Quick Time Streaming Server 是 Quick Time 系列的流媒体服务器，它被包含在 Mac OS 系列的服务器软件中。它所采用的数据发布方式也是分三种，即点播、实时和非实时广捅。它使用的数据传输协议为 RTP/RTSP 协议。同时也支持 HTTP 协议。但是和 Real Server 相比，它没有那么强大的流媒体发布功能，比如，它不支持 SureStream 技术。一般来讲，对于连接带宽较低的用户，比如 Modem 拨号用户，它采用 HTTP 协议，将整个媒体文件下载到用户端；对于高带宽用户，它才采用 RTP/RTSP 协议，让数据"流"到用户端。其实，它可以看成是 Web 服务器和流媒体服务器的组合体，只是两种功能都不那么强大。

6. 播放技术

Quick Time Player 是 Quick Time 系列的媒体播放器，目前最新的版本是 Quick Time 5。和 RealPlayer 一样，它既可以作为独立的应用程序播放媒体文件，也可以作为浏览器插件播放结合在 Web 页面中的媒体文件。它所支持播放的除了 Quick Time 的 WOV 文件外，还包括 AVI、MPEG 等格式的视频文件和 WAV、MP3 等声音文件，以及几乎所有格式的图片文件等。

7. Quick Time 系统需求

（1）Quick Time 流服务器

硬件：Power Macintosh G4、Power Macintosh G3、Macintosh Server G3 和 Macintosh Server G4。

最少 64 MB 内存,推荐 512 MB 的 RAM 和 350 MHz 以上的处理器,3 Ultra Wide SCSI 卡、DEC 芯片组网卡。

系统平台:目前 Quick Time Streaming Server 只支持 Mac OS X;Quick Time 公开源代码的产品 Darwin Streaming Server 支持其他系统如 FreeBSD,Red Hat Linux,Solaris,Windows NT 和 2000。

(2)Quick Time 4 播放器系统要求

Macintosh 平台:Quick Time 4 要求的运行环境为:68020,68030,68040 或 Power PC 处理器;在 68020,68030 或 68040 处理器系统中至少 8 MB 内存,在 Power PC 处理器系统中则至少需要 16 MB 的内存;Mac OS7.1 以上的操作系统版本;数据流需要运行在基于 Power PC 处理器的系统上。

Windows 平台:Quick Time 4 的运行环境要求为:基于 486/66 以上的 Intel 或 Intel 兼容处理器的 PC,或任何 MPC2 PC;至少 16 MB 内存;Windows 98 或 Windows NT 4.0 操作系统;声霸卡、扬声器和 DirectX 3.0 或更新版本;运行数据流需要 Pentium 处理器。

第 12 章　多媒体数字水印技术

　　信息时代的多媒体数字水印技术,对于版权保护和信息安全非常重要。它是目前信息安全技术领域的一个新方向,是一种有效的数字产品版权保护和认证来源及完整性的新型技术,创作者的创作信息和个人标志通过数字水印系统以人所不可感知的水印形式嵌入到数字媒体中,人们无法从表面上感知水印,只有专用的检测器或计算机软件才可以检测出隐藏的数字水印。

　　在数字媒体中加入数字水印可以确立版权所有者、认证数字媒体来源的真实性、识别购买者、提供关于数字内容的其他附加信息、确认所有权认证和跟踪侵权行为。它在篡改鉴定、数据的分级访问、数据跟踪和检测、商业和视频广播、Internet 数字媒体的服务付费、电子商务认证鉴定等方面具有十分广阔的应用前景。

12.1　概述

　　信息时代的多媒体数据迅速而广泛的传播,带来了版权保护和信息安全的严重问题,解决这一问题的有效方法就是进一步研究与应用多媒体数字水印技术。

12.1.1　多媒体数字水印技术的基本概念

1. 数字水印技术的需求背景

　　自从 1993 年 11 月因特网上出现了 Marc Andersen 的 Mosaic 网页浏览器,人们很快便开始喜欢从因特网上下载图片、音乐和视频。对数字媒体而言,因特网成了最出色的分发系统,因为它不但便宜,而且不需要仓库存储,又能实时发送。因此,数字媒体很容易借助 Internet 网或 CD-ROM 被复制、处理、传播和公开。这样就引发出数字信息传输的安全问题和数字产品的版权保护问题。如何在网络环境中实施有效的版权保护和信息安全手段,已经引起了国际学术界、企业界以及政府有关部门的广泛关注。其中,如何防止数字产品(如电子出版物、音频、视频、动画、图像产品等)被侵权、盗版和随意篡改,已经成为世界各国急需解决的热门课题。

　　数字产品的实际发布机制的详细描述是相当复杂的,它包括原始制作者、编辑、多媒体集成者、重销者和国家官方等。它的一个简单的发布模型,如图 12-1 所示。

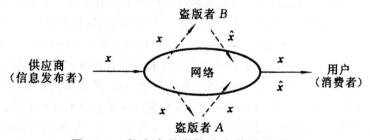

图 12-1　数字产品网络发布的简单模型

　　图中的"供应商"是版权所有者、编辑和重销者的统称,他们试图通过网络发布数字产品 x。

图中的"用户"也可称为消费者(顾客),他们希望通过网络接收到数字产品 x。图中的"盗版者"是未授权的供应者,他们未经合法版权所有者的许可重新发送产品 x 或有意破坏原始产品并重新发送其不可信的版本 $\hat{x}$。这使得消费者难免间接收到盗版的副本 x 或 $\hat{x}$。盗版者对数字多媒体产品的非法操作行为,一般包括以下三种情况。

(1)非法访问:未经版权所有者的允许从某个网站中非法复制或翻印数字产品。

(2)故意篡改:盗版者恶意地修改数字产品以抽取或插入特征并进行重新发送,从而使原始产品的版权信息丢失。

(3)版权破坏:盗版者收到数字产品后未经版权所有者的允许将其转卖。

为了解决信息安全和版权保护问题,数字产品所有者首先想到加密和数字签名等技术。基于私用或公共密钥的加密技术可以用来控制数据访问,它将明文消息变换成旁人无法理解的密文消息。加密后的产品是可以访问的,但只有那些具有正确密钥的人才能解密。除此之外还可以通过设置密码,使得数据在传输时变得不可读,从而可以为处于从发送到接收过程中的数据提供有效的保护。数字签名是用"0"、"1"字符串来代替书写签名或印章,它可以分为通用签名和仲裁签名两种方式。数字签名技术已经用于检验短数字信息的真实可靠性,并且形成了数字签名标准(DSS)。但这种数字签名在数字图像、视频或音频中的应用并不实际,因为在原始数据中需要加入大量的签名。另外,随着计算机软硬件技术的迅速发展以及基于网络的具有并行计算能力的破解技术的日渐成熟,这些传统系统的安全性已经受到质疑。单靠通过密钥增加长度以增强保密系统的可靠性已不再是唯一可行的办法。因此,需要寻求一种更加有效的手段来保障数字信息的安全传输和保护数字产品的版权。

为了弥补密码技术的缺陷,人们开始寻求另一种技术来对加密技术进行补充,从而使解密后的内容仍能受到保护。数字水印技术有希望成为这样一种补充技术,因为它在数字产品中嵌入的信息不会被常规处理操作去除。数字水印技术一方面弥补了密码技术的缺陷,因为它可以为解密后的数据提供进一步的保护。另一方面,数字水印技术也弥补了数字签名技术的缺陷,因为它可以在原始数据中一次性嵌入大量的秘密信息。人们可设计某种水印,它在解密、再加密、压缩、数/模转化以及文件格式变化等操作下保持完好。数字水印技术主要用于拷贝控制和版权保护。在拷贝控制应用中,水印技术可通过软件或硬件指出当前的拷贝行为是被禁止的。而在版权保护应用中,水印可用来标识版权所有者,保证版税的合理支付。此外,水印技术还应用到了一些其他的场合,如广播监控、交易跟踪、真伪鉴别以及设备控制等。

2. 数字水印的定义

"水印"原本是印刷业使用的术语,是指在造纸生产过程中改变纸浆纤维的密度,制成有明暗纹理的图标或文字,表征造纸生产的版权。

数字水印(Digital Watermarking)是指在数字化的数据内容中嵌入不明显的记号,嵌入的记号通常是不可见或不可擦抹的,但是通过一些计算,可以检测或者提取被嵌入的相应记号。

多媒体数字水印是将具有特定意义的标记(水印)利用数字嵌入的方法,隐藏在数字图像、声音、文本、视频等数字产品中,用以证明创作者对其作品的所有权或证明产品的完整可靠性。

多媒体数字水印的特点是水印与多媒体源数据紧密结合,并隐藏在媒体源数据中,成为源数据不可分离的一部分,而且可以经历一些不破坏源数据使用价值或商用价值的操作,具有较强的鲁棒性、安全性和透明性。因此,多媒体数字水印在当前的信息安全领域里具有非常大的魅力。

3. 数字水印的基本框架

数字水印系统包含嵌入器和检测器两大部分。嵌入器至少具有两个输入量:一个是原始信息,它通过适当变换后作为待嵌入的水印信号;另一个就是要在其中嵌入水印的载体作品。水印嵌入器的输出结果为含水印的载体作品,通常用于传输和转录。之后这件作品或另一件未经过这个嵌入器的作品可作为水印检测器的输入量。大多数检测器试图尽可能地判断出水印存在与否,如果存在,则输出为所嵌入的水印信号。图 12-2 是数字水印处理系统基本框架的示意图。

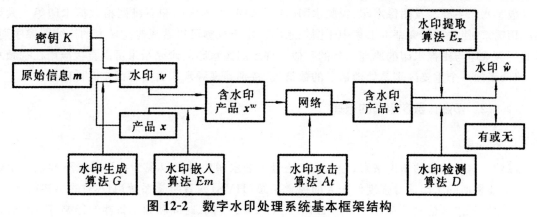

图 12-2　数字水印处理系统基本框架结构

它可以定义为九元体 $(M, X, W, K, G, Em, At, D, Ex)$,分别定义如下。

①M 代表所有可能原始信息的集合。

②X 代表所要保护的数字产品 x(或称为作品)的集合,即内容。

③W 代表所有可能水印信号 w 的集合。

④K 代表水印密钥 K 的集合。

⑤G 表示利用原始信息 m,密钥 K 和原始数字产品 x 共同生成水印的算法,即

$$G: M \times X \times K \to W, \quad w = G(m, x, K)$$

原始数字产品不一定参与水印生成过程,因此图 12-2 中用虚线表示。

⑥Em 表示将水印 w 嵌入数字产品 x 中的嵌入算法,即

$$Em: X \times W \to X, \quad x^w = Em(x, w)$$

其中 x 代表原始产品, x^w 代表含水印产品。为了提高安全性,有时在嵌入算法中包含嵌入密钥。

⑦At 表示对含水印产品 x^w 的攻击算法,即

$$At: X \times K \to X, \quad x = At(x^w, K')$$

其中 K' 表示攻击者伪造的密钥, x 表示被攻击后的含水印产品。

⑧D 表示水印检测算法,即

$$D: X \times K \to \{0, 1\}, D(\hat{x}, K) = \begin{cases} 1, 若 \hat{x} 中存在 w\ (H_1) \\ 0, 若 \hat{x} 中不存在 w\ (H_0) \end{cases}$$

其中 H_1 和 H_0 代表二值假设,分别表示水印的有无。

⑨Ex 表示水印提取算法,即

$$Ex: X \times K \to W, \quad \hat{w} = Ex(\hat{x}, K)$$

4. 数字水印技术的研究现状

当前,国内外出现了一系列数字版权管理产品,但缺乏核心的数字水印技术,存在很多问题。除了为解决数字版权问题而提供法律上的保证外,随着电子商务的兴起,更需要从根本上解决版权保护和信息安全问题,数字水印技术则是很有潜力的解决问题的一项技术。

基于多播的数字多媒体应用,如视频会议、付费电视、视频点播、数字影院、传播股票信息等,其安全体系研究的一个很重要的方面,是版权保护和信息安全。又如机密视频会议,如果有人后来泄密将视频录像出卖,即使查到视频录像也没有证据。因此,在视频内容中嵌入水印,还要研究如何在现有多播系统中,针对不同的用户嵌入不同的水印。

数字水印主要涉及图像水印、视频水印、音频水印、文本水印和三维网格数据水印等。大量的应用需求,使水印研究基本上集中于图像水印。由于视频可以看成时空域上的连续图像序列,因此视频水印与图像水印的原理非常的类似。许多图像水印的研究结果可以直接应用在视频水印,但两者的一个重要区别是处理信号的数量级,特别是视频水印需要考虑实时性问题。

12.1.2 多媒体数字水印的原理

1. 基本原理

以数字信号处理的角度来看,嵌入数字信号中的水印信号可以视为在强背景下叠加一个弱信号,只要叠加的水印信号强度低于人的视觉系统(HVS)或者听觉系统(HAS)的感知门限,人就无法感知到水印信号的存在。由于 HVS 或 HAS 受空间、时间和频率特性的影响,因此,通过对原始信号作一定的调整,就有可能在不改变视觉或听觉效果的情况下嵌入一些水印信息。从数字通信的角度看,水印嵌入可理解为在一个宽带信道上用扩频通信技术传输一个窄带的水印信号。尽管水印信号具有一定的能量,但分布到信道中任何频率上的能量是难以检测到的。水印检测则是一个在有噪声信道中进行弱信号检测的问题。

数字水印一般包括三个方面的内容:水印的生成、水印的嵌入和水印的提取或检测。数字水印技术实际上是通过对水印载体媒质的分析、嵌入信息的预处理、信息嵌入点的选择、嵌入方式的设计、嵌入调制的控制等几个相关技术环节进行合理优化,寻求满足不可感知性、安全可靠性、稳健性等诸条件约束下的准最优化设计问题。而作为水印信息的重要组成部分——密钥,则是每个设计方案的一个重要特色所在。往往可以在信息预处理、嵌入点的选择和调制等不同环节入手来完成密钥的嵌入。

数字水印一般过程基本架构如图 12-3 和图 12-4 所示。图 12-3 示意了水印的嵌入过程。该系统的输入是水印信息 W、原始载体数据 I 和一个可选的私钥/公钥 K。其中水印信息可以是任何形式的数据,如随机序列或伪随机序列,字符或栅格,二值图像、灰度图像或彩色图像,3D图像等等。水印生成算法 G 应保证水印的唯一性、有效性、不可逆性等属性。水印的嵌入算法很多,从总的来看可以分为空间域算法和变换域算法。水印信息 W 可由伪随机数发生器生成,另外基于混沌的水印生成方法也具有很好的保密特性。密钥 K 可用来加强安全性,以避免未授权的恢复和修复水印。所有的实用系统必须使用一个密钥,有的甚至需要使用多个密钥的组合。

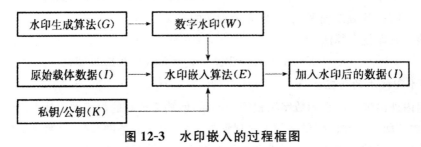

图 12-3 水印嵌入的过程框图

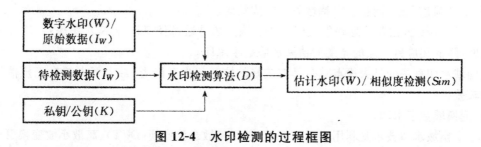

图 12-4　水印检测的过程框图

水印嵌入的过程的表达式为：

$$I_w = E(I, W, K)$$

其中 I_w 表示嵌入水印后的数据（即水印载体数据），I 表示原始载体数据，W 表示水印集合，K 表示密钥集合。这里密钥 K 是可选项，一般用于水印信号的再生。

在某些水印系统中，水印可以被精确地提取出来，这一过程被称为水印的提取。对于有些水印系统，由于受到某种数字处理或攻击的隐藏对象，不可能精确地从中提取出嵌入的原始水印，此时就需要一个水印检测过程。一般来说，水印检测中首先是进行水印的提取，然后是水印的判决。水印判决的通行做法是相关性检测。图 12-4 是水印的检测过程框图，可以用如下的表达式来描述：

①有原始载体数据 I 时：

$$\hat{W} = D(\hat{I}_w, I, K)$$

②有原始水印 W 时：

$$\hat{W} = D(\hat{I}_w, W, K)$$

③没有原始信息时：

$$\hat{W} = D(\hat{I}_w, K)$$

其中，$\hat{W}$ 表示估计水印，D 为水印检测算法，I_w 表示在传输过程中受到攻击后的水印载体数据。检测水印的手段有两种：一种是在有原始信息的情况下，可以做嵌入信号的提取或相关性验证；另一种是在没有原始信息情况下，必须对嵌入信息做全搜索或分布假设检验等。如果信号为随机信号或伪随机信号，证明检测信号是水印信号的方法一般就是做相似度检验。水印相似度检验的通用公式为：

$$Sim = \frac{W \cdot \hat{W}}{\sqrt{W \cdot W}}$$

其中 $\hat{W}$ 表示估计水印，W 表示原始水印，Sim 表示不同信号的相似度。

2. 实现手段

(1)空间域数字水印

比较早的数字水印算法从本质上来说都是空间域上的，通过改变某些像素的灰度将要隐藏的信息嵌入其中，将数字水印直接加载在数据上。空间域方法具有算法简单、速度快、容易实现的优点，特别是它几乎可以无损地恢复载体图像和水印信息，可以分为如下几种方法：

①最低有效位法（LSB）。该方法就是利用原始数据的最低几位来隐蔽信息，具体取多少位以人的听觉或视觉系统无法察觉为原则。

②文档结构微调方法。在通用文档图像中隐藏特定二进制信息的技术，主要是通过垂直移

动行距、水平调整字距、调整文字特性等来完成编码。

③Patchwork方法及纹理映射编码方法。该方法是通过任意选择N对图像点,增加一点亮度的同时,降低相应另一点的亮度的值来加载数字水印。

空间域水印算法的最大优点就是具有较好的抗几何失真能力,最大弱点就在于抗信号失真的能力较差。

(2)变换域数字水印

基于变换域水印技术是利用常用的变换,包括离散余弦变换(DCT)、离散小波变换(DWT)、离散傅氏变换(DFT或FFT)以及哈达马变换(Hadamard Transform)等等,将空间域变数据转化为相应的频域系数,对要隐藏的信息进行适当编码或变形后,再以某种规则算法,去修改选定的频域系数序列,经相应的反变换转化为空间数据。频域方法具有以下几个优点:(1)在频域中嵌入的水印的信号能量可以分布到所有的像素上,有利于保证水印的不见性;(2)利用人类视觉系统的某些特性,可以更方便、更有效地进行水印的编码。不过,频域换和反变换过程中是有损的,同时其运算量也很大,对一些精确或快速应用的场合不适合。

基于分块的DCT是常用的变换之一,其稳健性比空间域水印更强,且与常用的图像压缩标准兼容,因而得到了广泛的应用。它们的数字水印方案是由一个密钥随机地选择图的一些分块,在频域的中频上稍稍改变一个三元组以隐藏二进制序列信息。选择在中频量编码是因为在高频编码易于被各种信号处理方法所破坏,而在低频编码则由于人的视力对低频分量很敏感,对低频分量的改变易于被察觉。这种数字水印算法对有损压缩和低通波是稳健的。

离散小波变换不仅可以较好地匹配HVS的特性,而且与JPEG2000、MPEG4压缩标准兼容,利用小波变换产生的水印具有良好的视觉效果和抵抗多种攻击的能力,因此基于DWT域的数字水印技术是目前主要的研究方向,正逐渐代替DCT成为变换域数字水印算法的主要工具。DWT是一种时间-尺度(时间-频率)信号的多分辨率分析方法,在时频两域都具有表征信号局部特征的能力。根据人类视觉系统的照度掩蔽特性和纹理掩蔽特性,将水印嵌入到图像的纹理和边缘等不易被察觉。相应于图像的小波变换域,图像的纹理、边缘等信息主要表现在HH、HL和LH细节子图中一些有较大值的小波系数上。这样就可以通过修改这些细节子图上的某些小波系数来嵌入水印信息。

DFT方法是利用图像的DFT的相位嵌入信息的方法。因为Hayes研究表明一幅图像的DFT的相位信息比幅值信息更为重要。通信理论中调相信号的抗干扰能力比调幅信号抗干扰的能力强,同样在图像中利用相位信息嵌入的水印也比用幅值信息嵌入的水印更稳健,而且根据幅值对RST(旋转(Rotation)、比例缩放(Scale)、平移(Translation))操作的不变性,所嵌入的水印能抵抗图像的RST操作。这是针对几何攻击提出的方法。DFT方法的优点主要是可以把信号分解为相位信息和幅值信息,具有更丰富的细节信息。但是DFT方法在水印算法中的抗压缩的能力还是比较弱的。

另外,还有利用分形、混沌、数学形态学、奇异值分解等方法来嵌入水印,以及在压缩嵌入水印的方法。当前人们正在寻找新的更合适的变换域,来进行水印的嵌入与检测。

3. 数字水印的攻击与对策

数字水印技术在实际应用中必然会遭到各种各样的攻击。人们对新技术的好奇、盗版带来的巨额利润都会成为攻击的动机(恶意攻击);而且数字制品在存储、分发、打印、扫描等过程中,也会引入各种失真(无意攻击)。所谓水印攻击分析,就是对现有的数字水印系统行攻击,以检验其鲁棒性,通过分析它的弱点及其易受攻击的原因,以便在以后数字水印系统的设计中加以改进。攻击的目的在于使相应的数字水印系统的检测工具无法正确地恢复水印信号,或不能检测到水印信号的存在。

按照攻击原理可以将攻击分为四类:简单攻击、同步攻击、迷惑攻击和删除攻击。

(1)简单攻击(Simple Attacks)

简单攻击也称为波形攻击或噪声攻击,即只是通过对水印图像进行某种操作,削弱或删除嵌入的水印,而不是试图识别或分离水印。常见的攻击方法有线性或非线性滤波、基于波形的图像压缩(JPEG、MPEG)、添加噪声、图像裁减、图像量化、模数转换等。

简单攻击中的操作会给水印化数据造成类噪声失真,在水印提取和校验过程中将得到一个失真、变形的水印信号。抵抗这种类噪声失真可以采用增加嵌入水印的幅度和冗余嵌入的方法。通过增加嵌入水印幅度的方法,可以大大地降低攻击产生的类噪声失真现象,在大多数应用中是有效的。嵌入的最大容许幅度应该根据人类视觉特性决定,不能影响水印的不可感知性。冗余嵌入是一种更有效的对抗方法。在空间域上可以将一个水印信号多次嵌入,采用大多数投票制度实现水印提取。另外,采用错误校验码技术进行校验,可以更有效地根除攻击者产生的类噪声失真。实际应用中应该折中鲁棒性和增加水印数据嵌入比率两者之间的矛盾。

(2)同步攻击(Synchronization Attacks)

同步攻击也称检测失效攻击,即试图使水印的相关检测失效或使恢复嵌入的水印成为不可能。这类攻击的一个特点主要是水印还存在,但水印检测函数已不能提取水印或不能检测到水印的存在。同步攻击通常采用几何变换方法,如缩放、空间方向的平移、时间方向的平移、旋转、剪切、像素置换、二次抽样化、像素或者像素簇的插入或抽取等。

同步攻击比简单攻击更加难以防御。它能破坏水印化数据中的同步性,使得水印提取时无法确定嵌入水印的确切位置,造成水印很难被提取出来。比较可取的对抗同步攻击的对策是在载体数据中嵌入一个参照物。在提取水印时,首先对参照物进行提取,得到载体数据所有经历的攻击的明确判断,然后对载体数据依次进行反转处理。这样可以消除所有同步攻击的影响。

(3)迷惑攻击(Ambiguity Attacks)

迷惑攻击也称 IBM 攻击,即试图通过伪造原始图像和原始水印来迷惑版权保护。一个例子是倒置攻击,虽然载体数据是真实的,水印信号也存在,但是由于嵌入了一个或多个伪造的水印,混淆了第一个含有主权信息的水印,失去了唯一性。

在迷惑攻击中,同时存在伪水印、伪源数据、伪水印化数据和真实水印、真实源数据、真实水印化数据。要解决数字作品正确的所有权,必须在一个数据载体的几个水印中判断出具有真正主权的水印。一种对策是采用时间戳(Timestamps)技术。时间戳由可信的第三方提供,可以正确判断谁第一个为载体数据加了水印。这样就可以判断水印的真实性;另一种对策是采用不可逆水印(Noninvertible Watermarking)技术。构造不可逆的水印技术的方法是使水印编码互相依赖。如使用单向散列函数(One-way Hash Function)。

(4)删除攻击(removal attacks)

删除攻击是针对某些水印方法通过分析水印数据,估计图像中的水印,然后将水印从图像中分离出来并使水印检测失效。常见的方法有:合谋攻击(Collusion Attacks)、去噪、确定的非线性滤波、采用图像综合模型的压缩(如纹理模型或 3D 模型等)。针对特定的加密算法在理论上的缺陷,也可以构造出对应的删除攻击。合谋攻击,通常采用一个数字作品的多个不同的水印化复制实现。针对这种基于统计学的联合攻击的对策是考虑如何限制水印化复制的数量。当水印化复制的数量少于四个的时候，基于统计学的合谋攻击将不成功，或者不可实现。

对于特定的水印技术采用确定的信号过滤处理，可以直接从水印化数据中删除水印。另外，如果在知道水印嵌入程序和水印化数据的情况下，还存在着一种基于伪随机化的删除攻击。其原理是，首先根据水印嵌入程序和水印化数据得到近似的源数据，利用水印化数据和近似的源数据之间的差异，将近似的源数据进行伪随机化操作，最后可以得到不包含水印的源数据。为了对抗这种攻击，必须在水印信号生成过程中采用随机密钥加密的方法。

数字水印技术是一个新兴的研究领域，还有许多没有触及的研究课题，现有技术也需要进一步的改进和提高。当前第二代的数字水印技术主要的研究方向是基于内容特征、算法理论分析、非对称(公钥)数字水印系统、多水印问题、安全有效的应用框架、针对实际应用提出适合的算法和应用系统框架、数字水印与基于内容的图像检索等。

12.1.3　多媒体数字水印的特点与分类

1. 数字水印技术的特点

(1)数字水印系统的模型

数字水印系统的典型模型包括：水印信号嵌入模型和水印信号检测模型。嵌入模型用以完成将水印信号加入到原始数据中；检测模型用以判断某一数据中是否含有指定的水印信号。现在以图像水印的嵌入和检测为例，说明这种模型的架构，如图 12-5 和图 12-6 所示。

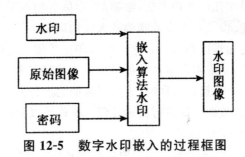

图 12-5　数字水印嵌入的过程框图

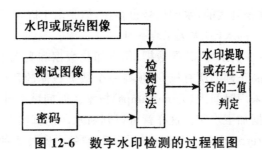

图 12-6　数字水印检测的过程框图

(2)数字水印特性

针对不同的应用，水印系统应具备 10 种特性。每种特性的相对重要性取决于应用要求和水印所起的作用，甚至对水印特性的解释也会随着应用场合变化。首先介绍几种同水印嵌入过程有关的特性：有效性(Effectiveness)、逼真度(Fidelity)和容量(Payload)；然后再介绍几种同检测有关的特性：盲检测与明检测(Blind and Informed Detection)、虚检行为(False Positive Behavior)和鲁棒性(Robustness);另两种性质——安全性(Security)和密钥(Secret keys)则紧密相关,因为密钥的使用总是评估水印方案安全特性不可分割的一部分;接下来将探讨水印的修改和多重水印问题;最后讨论水印嵌入和水印检测过程的各种耗费。

①嵌入有效性。如果把一件作品输入水印检测器得到一个肯定结果,人们就可以将这件作品定义为含水印作品。根据此定义,水印系统的有效性指嵌入器的输出含有水印的概率。换言之,有效性指在嵌入过程之后马上检测得到肯定结果的概率。在一些情况下,水印系统的有效性可以通过分析确定,也可以根据在大型测试图像集合中嵌入水印的实际结果确定。只要集合中的图像数目足够大而且同应用场合下的图像分布类似,输出图像中检测出水印的百分比就可以近似为有效性的概率。

②逼真度。通常来说,水印系统的逼真度指原始作品同其嵌入水印版本之间的相似度。但如果含水印作品在被人们观赏之前,在传输过程中质量有所退化,那么应该使用另一种逼真度定义。人们可以将其定义为在消费者能同时得到含水印作品和不含水印作品的情况下,这两件作品之间的相似度。在使用 NTSC 广播标准传输含水印视频或者使用 AM 广播传输音频时,由于广播质量相对较差,经过信道质量退化后的原始作品与其含水印版本之间的差异几乎无法让人察觉。但在 HDTV 和 DVD 的视频和音频中,信号质量非常高,则需要高逼真度的含水印作品。

③数据容量。水印系统的数据容量指在单位时间或一幅作品中能嵌入水印的比特数。对一幅照片而言,数据容量指嵌入在此幅图像中的比特数。对音频而言,数据容量即指在一秒钟的传输过程中所嵌入的比特数。对视频而言,数据容量既可指每一帧中嵌入的比特数,也可指每一秒内嵌入的比特数。一个以 N 比特编码的水印称为 N 比特水印。这样的系统可以用来嵌入 2^N 个不同的消息。许多场合要求检测器能执行两个功能。首先确定水印是否存在,如果存在,则继续确定被编码的是 2^N 个消息中的哪一个。这种检测器有 2^N+1 个可能的输出值:2^N 个消息和"不存在水印"。

④盲检测与明检测。我们将需要原始不含水印的拷贝参与的检测器称为明检测器。它也可指那些只需要少量原始作品的遗留信息而不需要整件原始作品参与的检测器。而我们把那些不需要原始作品任何信息的检测器称为盲检测器。水印系统使用盲检测器还是明检测器决定了它是否适合某一项具体应用。明检测器只能够用于那些可以得到原始作品的场合。

⑤虚检率。虚检指在实际不含水印的作品中检测到水印的情况。关于这个概率有两种定义,区别在于作为随机变量的是水印还是作品。在第一种定义下,虚检概率指给定一件作品和随机选定的多个水印的情况下,检测器报告作品中发现水印的概率。在第二种定义下,虚检概率指在给定一个水印和随机选定的多个作品的情况下,检测器报告作品中发现水印的概率。在许多的应用中,人们对第二种定义的虚检概率更感兴趣。但在少数应用中,第一种定义也同样重要,例如在交易跟踪的场合,在给定作品的情况下,检测一个随机水印,常会发生虚假的盗版指控。

⑥鲁棒性。鲁棒性指在经过常规信号处理操作后能够检测出水印的能力。嵌入了水印的数字产品经过各种正常的操作或恶意的攻击后,水印信息仍然能够存在。正常操作包括传输过程中的信道噪声、滤波、增强、有损压缩、几何变换、D/A 或 A/D 转换等。针对图像的常规操作包括空间滤波、有损压缩、打印与复印、几何变形(旋转、平移、缩放及其他)等等。在某些情况下,鲁棒性毫无用处甚至被极力避免,如水印研究的另一个重要分支就是脆弱水印,它具有和鲁棒性相反的特点。例如,用于真伪鉴别的水印就应该是脆弱的,即对图像做任何信号处理操作都会将水

印破坏掉。在另一类极端应用中,水印必须对任何不至于破坏含水印作品的畸变都具有鲁棒性。

⑦密码与水印密钥。在现代加密算法中,安全性只取决于密钥的安全性,而不是整个算法的安全性理想情况下,如果密钥未知,即使水印算法已知,也不可能检测出作品中是否有水印。其至在部分密钥被对手得知时,也不可能在完好保持含水印作品感官质量的前提下成功去除水印。由于在嵌入和检测过程中使用的密钥同密码术中的密钥所提供的安全性不同,人们经常在水印系统中使用两种密钥。消息编码时使用一个密钥,嵌入过程中则使用另一个密钥。为区分两种密钥,分别称为生成密钥和嵌入密钥。

⑧安全性。安全性表现为水印抵抗恶意攻击的能力。恶意攻击指任何意在破坏水印功用的行为。攻击类型可归纳为三大类:非授权去除、非授权嵌入和非授权检测。非授权去除和非授权嵌入会改动含水印作品,因而可看成主动攻击;而非授权检测不会改动含水印作品,可看成被动攻击。非授权去除是指通过攻击可以使作品中的水印无法检测。非授权嵌入,也指伪造,即在作品中嵌入本不该含有的非法水印信息。非授权检测,可以按严重程度分为三个级别:最严重级别为对手检测并破译了嵌入的消息;次严重攻击为对手检测出水印,并辨认出每一点印记,但却不能破译这些印记的含义;非严重攻击为对手可以确定水印的存在,但却不能够对消息进行破译,也无法分辨出嵌入点。

⑨内容修改与多重水印。当水印被嵌入到作品中时,水印的传送者可能会关心水印的修改问题。在一些应用场合不希望水印能够被轻易修改,但在另一些场合修改水印又是必须的。在拷贝控制中,广播内容会被标明"一次拷贝",经过录制后,则被标明"禁止再拷贝"。在一件作品中嵌入多重水印的场合是交易跟踪领域。内容在被最终用户获得之前,一般要通过多个中间商进行传播。拷贝标记上首先包括版权所有者的水印。之后作品可能会分发到一些音乐网站上,每份作品的拷贝都可能会嵌入唯一的水印来标识每个分发者的信息。最后,每个网站都可能会在每件作品中嵌入唯一的水印用来标识对应的购买者。

⑩耗费。对水印嵌入器和检测器的部署作经济考虑是件很复杂的事情,它主要取决于所涉及的商业模式。从技术观点看,两个主要问题是水印嵌入和检测过程的速度以及需要用到的嵌入器和检测器的数目。其他一些问题还包括嵌入器和检测器是作为特定用途的硬件设备实现还是作为软件应用程序实现,或者是作为一个插件来实现。

2. 数字水印的分类

(1)按特性划分

鲁棒数字水印:在多媒体内容的数据中嵌入创建者、所有者的标示信息,或者嵌入购买者的标示(即序列号)等信息。当发生版权纠纷时,创建者或所有者的信息用于标示数据的版权所有者;而序列号用于追踪违反协议,为盗版提供多媒体数据的用户。它主要用于数字作品中标识著作权信息,要求必须有很强的鲁棒性和安全性,也能抵抗一些恶意攻击。

易损数字水印:主要用于完整性保护,在内容数据中嵌入不可见的信息。当内容发生改变时,水印信息会随着发生相应的改变,从而可以鉴定原始数据是否被篡改。要求具有较强的免疫能力和较强的敏感性。根据易损水印的状态,人们可以判断数据是否已被篡改。

(2)按内容划分

有意义水印:水印本身也是数字图像(如商标图像)或数字音频片段的编码。如果受到攻击或使解码后的水印破损,人们仍然可以通过感觉观察,确认是否有水印。

无意义水印:只对应于一个序列号。如果解码后的水印序列有若干码元错误,则只能通过统计决策,确定信号中是否含有水印。

（3）按水印所附载的媒体划分

包括图像水印、音频水印、视频水印、文本水印以及用于三维网格模型的网格水印等。随着更多种类的数字媒体的出现,还会产生新的媒体的水印技术。

（4）按检测过程划分

明水印:在检测过程中需要原始数据。鲁棒性较强,但应用受到存储成本的限制。

盲水印:在检测过程只要密钥,不要原始数据。目前研究的水印,多数是盲水印。

一般来说,明水印的鲁棒性比较强,但应用受到存储版本的限制。

（5）按水印隐藏的位置划分

时(空)域数字水印:直接在信号空间上叠加水印信息。频域数字水印、时/频域数字水印和时间/尺度域数字水印,则分别是在 DCT 变换域、时/频变换域和小波变换域上隐藏水印。

随着数字水印技术的不断发展,只要构成一种信号变换,就有可能在其变换空间上隐藏水印。

（6）按用途划分

票证防伪水印:它是比较特殊的水印,主要用于打印票据和电子票据、各种证件自防伪。必须考虑票据破损、图案模糊等情形,以及快速检测的要求。用于票证防伪的数字水印算法不能太复杂。

版权标识水印:数字作品既是商品又是知识作品的双重性,决定了版权标识水印主要强调隐蔽性和鲁棒性,对数据量的要求相对较小。当前,这类研究比较多。

隐蔽标识水印:将保密数据的重要标注隐藏,限制非法用户对保密数据的使用。

篡改提示水印:来标识原文件信号的完整性和真实性,是一种脆弱水印。

12.1.4 数字水印主要的应用领域

水印技术的应用非常的广泛。主要有以下七种应用领域:广播的监控、所有者的识别、所有权的验证、真伪的鉴别、交易跟踪、拷贝控制以及设备控制。下面具体介绍每一种应用。

（1）广播的监控

广告商希望他们从广播商处买到的广告时段能够按时全部播放,广播者则希望从广告商处获得广告收入。为了实现广播监控,可雇佣监控人员对所播出的内容直接进行监视和监听,但这种方法不但花费昂贵而且容易出错;也可以用动态监控系统将识别信息置于广播信号之外的区域,如视频信号的垂直空白间隔（Vertical Blanking Interval,VBI）,但是该方法涉及兼容性问题。水印技术可以对识别信息进行编码,是一个能够替代动态监控技术的方法。它利用自身嵌入在内容之中的特点,无需利用广播信号的某些特殊片段,因而能够完全兼容于所安装的模拟或数字的广播基础设备。

（2）所有者的识别

文本版权声明用于作品所有者识别具有一些局限。首先,在拷贝时这些声明很容易被去除。例如,一位教授对一本书的某几页进行拷贝时,很可能会忽略复印主题页上的版权声明。另一个问题是它可能会占据一部分图像空间,破坏原图像的美感且易被剪切除去。由于水印既不可见,也同其嵌入的作品不可分离,所以水印比文本声明更利于使用在所有者识别中。如果作品的用户拥有水印检测器,他们就能够识别出含水印作品的所有者,即使用能够将文本版权声明除去的方法来改动它,水印也依然能够被检测到。

(3)所有权的验证

除了对版权所有者信息进行识别外,利用水印技术对其进行验证也是一项应用。传统的文本声明极易被篡改和伪造,无法用来解决该问题。针对此问题的一个解决办法是建立一个中央资料库,对数字产品的拷贝进行注册,但人们可能会因费用高而打消注册念头。为了省去注册费用,人们可以使用水印来保护版权,而且为了使所有权验证达到一定安全级别,可能需要限制检测器的发放。攻击者没有检测器的话,清除水印是十分困难的。然而,即使水印不能被清除,攻击者也可以使用自己的水印系统,让人觉得数字产品里好像也具有攻击者的水印。因此,人们无须通过所嵌入的水印信息直接证明版权,而是要设法证明一幅图像从另一幅得来这个事实。这种系统能够证明有争议的这幅图像更有可能为版权所有者所有而不是攻击者所有,因为版权所有者拥有创作出含水印图像的原始图像。这种证明方式类似于版权所有者可以拿出底片,而攻击者却只能够伪造受争议图像的底片,而不可能伪造出原始图像的底片来通过测试。

(4)真伪的鉴别

当前以难以察觉的方式对数字作品进行篡改已经变得越来越容易。消息真伪鉴别问题在密码学中已有比较成熟的研究。数字签名是最常用的加密方法,它实际上是加密的消息概要。如果将经过篡改的消息同原始签名相对照,便会发现签名不符,说明消息被篡改过。这些签名均为源数据,须同它们所要验证的作品一同传送。一旦签名遗失,作品便无法再进行真伪鉴别。在签名嵌入作品中使用水印技术可能是一种比较好的解决方法。人们将这种被嵌入的签名称为真伪鉴别印记。如果极微小改动就能造成真伪鉴别印记失效,这种印记便可称为"脆弱水印"。

(5)交易跟踪

利用水印可以记录作品的某个拷贝所经历的一个或多个交易。例如,水印可以记录作品的每个合法销售和发行的拷贝的接收者。作品的所有者或创作者可在不同的拷贝中加入不同水印。若作品被滥用(透露给新闻界或非法传播),所有者可找出责任人。

(6)拷贝控制

前面描述的大多数水印都只能在不合法行为发生之后起作用。例如,广播监控系统只能够在广播商没有播出客户付费广告的情况下被认定为不诚实,而交易跟踪系统也只能够在对手散发非法拷贝之后被识别出身份。显然,能够制止非法行为的发生是最好的。在拷贝控制的应用中,人们致力于防止他人对受版权保护的内容进行非法拷贝。防止非法拷贝的第一道防线就是加密。使用特定密钥对作品加密后,可以使没有此密钥的人完全无法使用该作品。然后可以将此密钥以难以复制或分发的方式提供给合法用户。但是,人们通常希望媒体数据可以被观赏,却不希望它被人拷贝。这时人们可以将水印嵌于内容中,与内容一同播放。如果每个录制设备都装有一个水印检测器,设备就能够在输入端检测到"禁止拷贝"水印的时候禁用拷贝操作。

(7)设备控制

拷贝控制实际上属于范围更广的一个应用——设备控制的范畴。设备控制是指设备能够在检测到内容中的水印时作出反应。例如,Digimarc 的"媒体桥"系统可将水印嵌入到经印刷、发售的图像中,如杂志广告、包裹、票据等。若这幅图像被数字摄像机重新拍照,那么 PC 机上的"媒体桥"软件和识别器便会设法打开一个指向相关网站的链接。

12.2　文本数字水印技术

12.2.1　文本数字水印技术的原理

印刷品的电子化传送可以通过在线数据库、电子图书馆、CD ROM 等方式，这就使得版权的保护尤为重要。当前数字水印的研究大多数集中在图像视频和音频方面，文本数字水印的研究很有限。

最原始的文档，包括 ASCII 文本文件或计算机原码文件，是不能被插入水印的，因为这种类型的文档中不存在可插入标记的可辨认空间（Perceptual Headroom）。然而，一些高级形式的文档通常都是格式化的（如 PostScript，PDF，RTF，WORD，WPS），对这些类型的文档可以将一个水印藏入版面布局信息（如字间距或行间距）或格式化编排中。可以将某种变化定义为 1，不变化定义为 0，这样嵌入的数字水印信号就是具有某种分布形式的伪随机序列。

一个英文文本文件一般由单词、行和段落等有规律的结构组合而成，对它作一些细微的改动是很难察觉的。这种方式既可以修改文档的图像表示，也可以修改文档的格式文件。后者是一个包含文档内容及其格式的文件，基于此可以产生出可供阅读的文字（图像）。而图像表示则是将一个文本页面数字化为二值图像，其结果是一个二维数组：

$$f(x,y) = 0 \text{ 或 } 1 \quad x = 1, 2, \cdots, W; y = 0, 1, \cdots, L$$

其中，$f(x,y)$ 表示在坐标 (x,y) 处的像素强度；W 和 L 的取值取决于扫描解析度，分别表示一页的宽度和长度。

轮廓是文本图像的一维投影，单个文本行的水平轮廓表示为

$$h(y) = \sum_{x=0}^{w} f(x,y) \quad y = t, t+1, \cdots, b$$

其中，t 和 b 分别是图像中处于该文本行最上方和最下方的像素行坐标。使用这种方法可以只修改第 2、4、6、…行，而使第 1、3、5、…行保持不变。这种方法能够防止在传输过程中出现的意外或故意的图像损坏。

数据隐藏需要一个编码器和一个解码器。如图 12-7 所示，编码器的输入是原始文件，输出是加了标记的文件。首先对原始文档进行预处理，将所得到的图像页按照从码本中选取的码字进行修改。编码器的输出即为修改过的文件并被分送出去。解码器输入修改过的文件，输出其中所嵌入的数据信息，图 12-8 表示解码过程。

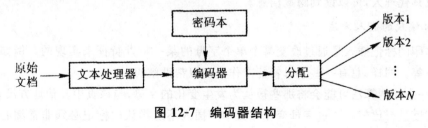

图 12-7　编码器结构

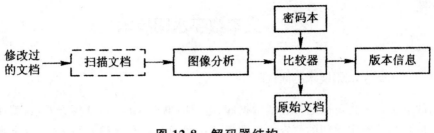

图 12-8　解码器结构

在图像中隐藏信息主要有三种方法:行移编码、字移编码和特征编码,下面我们将进行详细的介绍。

12.2.2　文本数字水印的嵌入方式

文本数字水印有:信息隐含在句法中的水印和隐藏在文本格式中的水印。前者是字符的不同排列和组合,体现出不同的意义;后者将水印隐藏在文本的格式中,即不同的层次和表现之中。

1. 行移编码的嵌入方法

数字水印的标记插入是将文本的某一整行垂直移动。通常,当一行被上移或下移时,与其相邻的两行或其中的一行保持不动。不动的相邻行被看做是解码过程中的参考位置。大部分文档的格式有一个特点,一段内的各行的间距是均匀的。

根据视觉区分不均衡的经验,当垂直位移量≤1/300 英寸时,我们将无法辨认。这种方法的主要特点体现于解码过程中。既然一个文本最初的行间距是均匀的,那么一个被接收文档是否被作为标记,可以通过分析行间距来判断,而不需要任何有关这个文档最初未被作标记时的附加信息。

2. 字移编码的嵌入方法

数字水印的标记插入是将文本的某一行中的一个单词水平移位。通常在编码过程中,某一个单词左移或右移,而与其相邻的单词并不移动。这些单词被看做是解码过程中的参考位置。

对于格式化的文档,一般使用变化的单词间距,这样使得文本在外观上吸引人。读者可以接受文本中单词间距在一行上的广泛变化,因为人眼无法辨认 1/150 英寸以内的单词的水平位移量。由于在最初的文档中单词间距是不均匀的,检测一个单词的位移量,需要对最初文档的单词间距有所了解,所以提取隐藏信息时必须掌握未作标记文档的单词位置。因此,只有拥有最初文档的组织或其代理人,可以读到隐藏信息。

3. 特征编码的嵌入方法

数字水印的标记插入是通过改变某个单个字母的某一特殊特征来实现的。例如,改变字母的高度特征等。同样,总有一些字母特征未作改变以帮助解码。

例如,一个检测算法可能会将那些被认为发生变化的字母,与该页中其他地方没有变化的相同字母的高度进行比较。通过字母变化在文本中插入不易辨认的标记必须非常细心,以不改变该字母和上下文的结合关系。如果有一个发生变化的字母,又有与其相邻而未作变化的相同字母,读者就易于识别出该字母的变化。检测一个标记是否存在,需不需要掌握最初的未作标记的原文,由标记技术以及选择将要被变化的字母的规律共同决定。

4. 编码方式综合运用的嵌入方法

综合使用以上方法的编码方式,可以增加水印的鲁棒性。在水印受到严重破坏的情况下,仍然能够比较容易地检测到水印的存在。一个文档在被处理的过程中,在水平与竖直方向可能会受到不同程度的破坏。对同一行同时使用行移和字移进行编码,可以结合控制行与被标记行,估计出水平与竖直轮廓中哪一个破坏较小,从而确定是进行行移检测还是字移检测。

综上所述,特征编码只是稍微改变行结尾的字符长度;行移位编码中,文本的每一行向上或向下移动很小的位移量,嵌入的信息则以每行之间距离的不同来表示;同样,字符移位编码是水平移动字符调节每个字符间的距离,从而嵌入水印信息。但行移位编码是以文本每行的间距相同作为假设条件,所以它并不需要原始文本,就可以提取水印,而字符移位编码方案则需要原始文本。这几种方法对打印、照相以及扫描等都具有一定的鲁棒性。

格式化的文本水印也许容易被破坏,如通过手工完成或用字符识别算法(OCR),用新的字形或格式重新将文本输入一遍。但是,只要使删除水印后导致字符错误,或者使移去水印的代价比从版权所有者得到原始正版文献的代价要高得多,这样的文本水印,它的删除也是有意义的。

12.2.3　文本数字水印的检测方法

1. 文本数字水印检测的预处理

文本图形一般是由一些设备再生的,复印机、扫描仪等都可以看成是一个有扰信道,产生的噪声可以认为主要是椒盐噪声。对扫描的文本图像进行水印检测之前,需要进行预处理。预处理的主要功能是尽量去除因椒盐噪声、旋转、二值化、过度偏移、明显扭曲等引起的文本失真。

处理椒盐噪声的办法是中值滤波,根据字体的特征等定义不同大小的模板。为了去除因扫描和复印的过程中出现图像的倾斜,一定要检测倾斜度。例如,使用投影分布图重复计算倾斜角度。

2. 行移和字移检测法

通过创建并分析一个页面图形的映射轮廓来检测水印。一个页面图形数字化后的结果是一个二维数组 $f(x,y)$,其中 $x = 0,1,\cdots,W$; $y = 0,1,\cdots,L$; $f(x,y)$ 表示在坐标 (x,y) 处的像素强度。对于一个黑白图像 $f(x,y) \in \{0,1\}$,由扫描结果决定的 W 和 L 的取值分别是像素图形的宽度与长度。每一个数组行对应着扫描结果的一个水平行。

一个包括单个文本行的子图像被表示为 $f(x,y), x = 0,1,\cdots,W$; $y = t,t+1,\cdots,b$;其中 t 和 b 是图形中分别处于该文本行最上方和最下方的像素行坐标。

轮廓是一个二维数组到单维的映射。一个文本行的子数组的水平轮廓如下式,即数组元素对每一行 y 求和。

$$h(y) = \sum_{x=0}^{w} f(x,y) \qquad y = t,t+1,\cdots,b$$

一个文本行的水平轮廓有明显的"柱"与"谷"。其中"柱"对应于文本行,"谷"则对应于两行间的空白。水平轮廓中每一个柱的宽度对应于该文本行中所有字母的本身高度。通过轮廓我们就可以检测到行移和字移。

3. 相关检测器法

文本是通过复印、扫描等过程迭加的噪声,通过相关检测器在加性高斯白噪声存在的情况下,可以很好的检测信号。这种方法将文章轮廓看成离散时间信号,接收图形轮廓 $g(y)$ 作为接收信号,将文本轮廓 $h(y)$ 作为发射信号,通过相关检测器,根据参考位置,用最大似然检测法,直接判断出行移和字移最有可能的移动方向。

4. 特征检测法

通过辨认轮廓中柱的特征所在位置,识别该柱。对于英文文本,每个柱有 2 个明显的峰,这些峰对应扫描线通过了文本行的中间线和基线。左边的峰产生于字母中间的水平线,如 A、e;右边的峰则对应于字母在衬线字体下的基线。通过基线可以获得行间距,使那些最初行间距固定的文本,可以不需要最初的文档轮廓而检测到行移。

5. 质心检测法

水平轮廓中有明显的高而窄的柱,可以采用一个柱的质心处的坐标近似表示该柱。从单个文本行的垂直轮廓中可以看到,单词之间的间距远远大于同一单词的字母间距。因此,可以用单词的质心坐标,近似代表该词的轮廓。该种方法可以减弱某些失真对检测性能的影响。

字移和行移的规则意味着中间块的质心轻微移动的同时,还要保持两个控制块的质心保持不变。质心检测的判断依据是中间块的质心,相对相邻的两个控制块的质心间距离的变化。其检测需要原始的未做标记的文本轮廓。

12. 2. 4 文本数字水印技术的研究内容

文本数字水印的嵌入方法主要是依据文本的特征。对于英文提出的字移,因其各单词之间的间隔是不同的,可将间距最大的调小一些,将间距最小的调大一些。

汉字不存在英文意义下的字间距,汉字排版时基本上是没有字间距的,汉字之间的距离主要来自于汉字字身宽度与字心宽度之差。所以,一般需要根据汉字的特征,提出相对应的水印嵌入方法。

行移编码方式的鲁棒性较好,而拥有的编码密度较小。英文字移的不可见性要好于行移,且所拥有的编码密度较大,但在有噪声时一般很难检测。特征编码拥有的编码密度相当大,检测的难度却很大。显然,大的编码密度提供的冗余可以用于错误纠正。

上面几种文本水印嵌入方案并不是很理想,所以需要更好的水印嵌入方案。例如,可检测性好而且能够提高一定的编码密度的方案。汉字因为不存在英文意义上的基线,特征检测法(基线检测)并非可行。汉字的质心几乎就在几何中心,其质心检测的效果可能比英文的好。此外,对于新的水印嵌入方法要有对应的新的检测方法。

水印的自动嵌入,需要以最常用中文格式文本为基础,开发出自动嵌入系统,主要用于电子文本的网络发行。目前用于网络发行的主要文件格式是 PDF 文件。自动嵌入系统应该能够实现对每一个发送对象嵌入一组不同的标记,同时能自动记录各组标记的接收者。

自动嵌入系统相当于一个编码器,对每份文件都加上一个编码。对应的解码器在解码过程中可能需要人工干预,但希望实现机器自动化,通过解码器,从处理过的图像中提取出文本中的编码,并同原来的编码进行对比,得到与编码本上最相近的编码,以获取接收者的姓名等。如果发现盗版文件,系统将从该文件中检测出标记,并确认其原始接收者的身份。

12.3　图像数字水印技术

12.3.1　图像数字水印技术的原理

数字水印技术的基本原理是通过一定的算法将一些标志性信息直接嵌入到多媒体内容中，但不影响原内容的价值和使用，而且不会被人感知或注意。水印信息可以是作者的序列号、公司标志、有特殊意义的文本、图形、图像标记等。其作用是可用于识别文件、图像或音乐制品的来源、版本原作者、拥有人、发行人以及合法适用人对数字产品的所有权。数字水印技术包含嵌入水印和提取水印两个过程。

首先来看水印的嵌入过程，即将水印信息隐藏到宿主数据中，从图像处理的角度看，嵌入水印可以看成在原始图像下叠加一个水印信号，由于人的视觉系统分辨率受到一定的限制，只要叠加信号的幅度低于对比度门限，就无法感觉到信号的存在，对比度门限受视觉系统的空间、时间和频率特性的影响。因此，通过对原始图像做一定的调整，有可能在不改变视觉效果的情况下嵌入一些信息。设 I 为待嵌入水印的数字图像，W 为水印信号，I' 为加入水印信号后的图像，那么处理后的水印函数表示为：

$$I' = f(I, W) \tag{12-1}$$

其中的 f 函数包含了原始图像以及水印信号的预处理、嵌入水印处理和图像恢复处理。如图 12-9 所示为图像水印嵌入的一般过程。

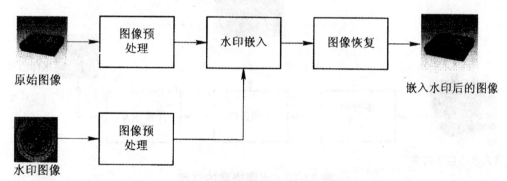

图 12-9　图像数字水印嵌入过程

图 12-9 中，图像的预处理包含图像是为了保证水印嵌入算法的高效而采取的变换，如图像为了适应人类视觉系统而进行的颜色模型的调整、时频域转换等。图像恢复则是指在将水印信号嵌入原始图像以后对原始图像进行恢复显示的过程，使得它转换到我们通常所看到的时域信号，或者转换到计算机所能进行一般处理的颜色模型中来。

在图 12-9 中最重要的部分是水印嵌入，也就是水印嵌入函数 f 的作用。一般在水印嵌入的时候都是将水印信号转换成二进制码流嵌入到原始图像中，如果二进制码为 0，则对原始图像相应像素位进行一定处理；如果二进制码为 1，则对原始图像进行另外的处理，这样做的主要目的是方便将来的提取过程。我们用(12-2)表示嵌入函数作用。

$$B(W) = \begin{cases} 0, P1(I) \\ 1, P2(I) \end{cases} \tag{12-2}$$

其中 I 和 W 是经过预处理以后的数据,函数 B 是取水印图像的一位,$P1$ 和 $P2$ 是分别对原始图像的相应像素位进行函数处理。

经过这样的处理,最后得到的是不完全等同于原始图像,也不同于水印信息,但又同时包含原始图像信息和水印信息的一幅新图像。它在视觉上与原始图像相比几乎没有变换,而在能量上不仅具有原始图像的能量,还具有水印信息的能量。单纯水印嵌入的过程不是一个完整的数字水印处理过程,只有在嵌入水印信息后的图像中提取出预期的水印信息才能达到保护版权、保护完整性的目的。下面来看一下水印的提取过程。与嵌入过程十分相似,水印提取过程也可以用式(12-3)来表示。

$$I = f'(I', W) \tag{12-3}$$

其中 f' 为提取水印函数,其他定义跟式(12-1)完全相同。

在对水印图像提取水印信息以前需要先对水印图像进行必要的预处理。在提取算法上,有两种,一种是盲提取,即提取水印信息的算法在应用过程中不需要原始图像的参与;另外一种就是明文水印,即在水印信息提取算法中需要原始图像才能正确的提取出水印信息。当前的水印算法研究的重点越来越趋向于盲水印。

如图 12-10 所示为图像水印提取的一般过程。其中的虚线部分对于不同算法是可有可无的,如果是明文水印算法则需要原始图像才能正确提取出水印信息;如果是盲水印算法,则不需要原始图像就能够完成水印信息的提取过程。

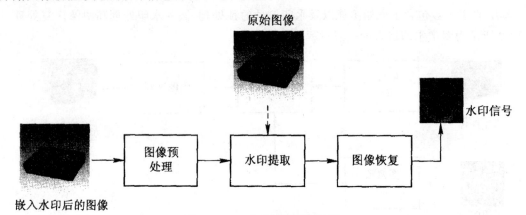

原始图像

水印信号

图像预处理 → 水印提取 → 图像恢复

嵌入水印后的图像

图 12-10　水印提取的过程

在图 12-10 中最为重要的部分是水印提取函数,用式(12-4)来表示水印提取函数。

$$B(W) = \begin{cases} 0, & P1(I) == \text{True} \\ 1, & P2(I) == \text{True} \end{cases} \tag{12-4}$$

在检测水印图像的过程中,当像素值符合 $P1(I) == \text{True}$ 条件时,则相应的水印信号二进制位为 0,当像素值符合 $P2(I) == \text{True}$ 条件时,相应的水印信号二进制位为 1。经过对二进制流重新组合后就能恢复出水印信息,以确保图像的版权或者图像是否完整。

图像水印技术是当前数字水印技术研究的重点,相关的一些文章很多,而且也取得了非常多的成就,但大部分水印技术采用的原理基本相同。即在空/时域或频域中选定一些系数并对其进行微小的随机变动,改变的系数的数目远大于待嵌入的数据位数,这种冗余嵌入有助于提高鲁棒性。事实上,许多图像水印方法是相近的,只是在局部有差别或只是在水印信号设计、嵌入和提取的某个方面域有所差别。下面我们将分别介绍频域和空域两个方面,并给出一些算法。

12. 3. 2　频域图像数字水印技术

频域算法指的是在嵌入或者提取水印的过程中,需要进行频域的变换操作,这样做的主要目的是增强水印算法的鲁棒性,使得图像在有损压缩和滤波后仍能很好地提取出水印信息。NEC实验室的 COX 等人提出的基于扩展频谱的水印算法在数字水印算法中占有重要地位,这一算法提出了鲁棒型水印算法的两个原则:

①水印信号应该嵌入数据中对人的感觉最重要的部分。在频率域中这个重要部分就是低频分量,通常图像处理技术并不去改变这部分数据。

②水印信号应该由具有高斯分布的随机实数序列构成。这样会使水印经受多拷贝联合攻击的能力大大增强。

NEC 的实现思想是:对整幅图像做 DCT(离散余弦变换)变换,选取除 DC 分量外的 1000 个最大的 DCT 系数插入由 N(0,1)所产生的一个实数序列水印信号。

静止图像通用压缩标准 JPEG(Joint Photographic Experts Group,联合图像专家小组)的核心部分是 DCT 变换,它根据人眼的视觉特性把图像信号从时域空间转换到频率域空间。由于低频信号是图像的实质而高频信号是图像的细节信息,因此,人眼对于细节信息即高频信号部分的改变并不是很敏感,JPEG 压缩通过丢弃高频部分来最大程度的满足压缩和人眼视觉的需要。这里针对 JPEG 压缩标准提出根据 DCT 变换系数性质来植入水印的算法。

Cox 等曾经提出了鲁棒型水印算法的重要准则:为了使水印强壮,水印信号应该嵌入原始数据中对人的感觉最重要的部分,在频率域空间中,这种重要部分就是低频分量。因为攻击者在破坏水印的过程中,将会不可避免地引起图像质量的严重下降,所以,一般的图像处理技术也并不去改变这部分数据,这样会使水印的鲁棒性大大提高。但是此类鲁棒算法在实现水印信息嵌入低频系数的过程中却破坏了图像本身的质量。而 Turner 也在其文章中提到将水印信息添加至图像中最不重要的位置,显然这样的水印算法鲁棒性不足,但是却能够保证图像质量最低限度的损失。综合考虑这两类算法的优缺点,同时为了保证水印算法的鲁棒性和在嵌入水印信息后保证图像的质量不会受到大的损坏的情况下,基于 DCT 域水印算法将水印信息添加至图像的中频系数中。

下面我们就系统的介绍一下水印的嵌入过程。

首先把图像和水印信息图像进行颜色模型转换,再从 RGB 颜色空间转换到 YUV 颜色模型空间,然后再将经过颜色模型转换后的图像分成 8×8 的块。

对每一个 8×8 图像块用滤波矩阵进行滤波来实现 FDCT(快速离散余弦变换)变换。离散余弦变换是将信号从空间域转换到频率域的一种方法。

提取原始图像的中频系数,即将原始图像的频率域系数经过量化后自适应选取中频系数作为将来嵌入水印信息的载体位。同时选取水印信息图像频率域系数的低频和中频部分,并将其转换为二进制码流,作为嵌入的对象。

将水印信息嵌入到原始图像信息中,具体的过程是,首先先判断水印信息二进制码,如果其值为1,而且待嵌入水印系数比其下一个系数的值小,则交换这两个系数的值;如果其值为 0,而待嵌入水印系数比其下一个系数的值大,则交换这两个系数。也就是说要保证嵌入 1 时,此系数大于下一个系数值,嵌入 0 时相反。

最后对嵌入水印信息的原始图像进行反离散余弦变换(IDCT),再将其从 YUV 颜色模型空间转换到 RGB 颜色空间,最终得到嵌入水印后的图像。具体的算法流程图如图 12-11 所示。

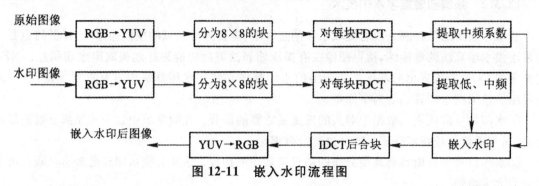

图 12-11　嵌入水印流程图

其水印的提取算法为:

①将嵌入水印信息后的图像从 RGB 颜色模型空间转换到 YUV 颜色模型空间,紧接着将其分成 8×8 的小块;对每一个 8×8 的小块进行 FDCT 操作;提取出经过 FDCT 变换后的中频系数。

②从中频系数中提取出水印信息,将二进制码流恢复为字节信息,得到其在频率域中的低频、中频系数,具体提取过程是,对于待提取水印信息的系数如果其值大于下一个系数值,则证明此系数中嵌入的水印信息位为 1,否则为 0。

③对提取出来的水印信息首先进行 IDCT,再将其变换回空间域中,然后将所有块整合,最后从 YUV 颜色模型空间转换到 RGB 颜色空间,即得到提取出的水印图像。如图 12-12 为提取算法的过程图。

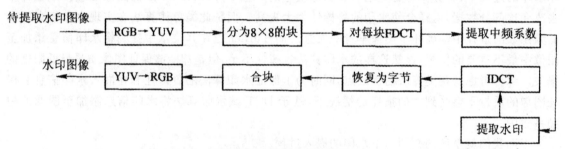

图 12-12　取水印过程

下面我们给出上述算法的实验结果图:如图 12-13~图 12-17 所示。

(a)嵌入水印后的图像　　　　　　　(b)提取出的水印图像

图 12-13　基于 DCT 方法提取水印

图 12-14　中心截剪 75% 后提取的水印图　　图 12-15　图像旋转后提取的水印图

图 12-16　JPEG 压缩后提取的水印图　　图 12-17　亮度、对比度调整后提取的水印图

12.3.3　空域图像数字水印技术

空域算法指的是实现数字水印嵌入和提取的过程全部在空域中完成,不需要进行频率域的变换。最早提出的空域算法就是著名的 LSB(Least Significant Bits)方法,它是将水印信息安排在像素的最低位,也就是最不容易引起图像有较大视觉变换的位置。几个比较实用的软件包之一的 Stego 就采用了改变图像最低位信号实现图像水印的目的。其算法鲁棒性不够强,目前对于这种方法提出了很多改进,Lippman 曾经提出将水印信号隐藏在原始图像的色度通道中。Bender 曾经提出了两种方法,一种是基于统计学的"Patchwork"方法,另一种是纹理块编码方法。

空域水印算法以其简洁、高效的特性而在水印研究领域占有重要地位,在过去的十几年中,水印的空域算法也有很多。其经典的 LSB 算法就是将水印信息放置在原始图像中对于人类视觉最不敏感的地方。在空域中,通常选择改变原始图像中像素的最低位来实现水印的嵌入和提取。下面用一个具体的算法来加以说明。

①嵌入过程即把水印信号经过颜色模型转换后再转化为二进制数据码流;原始图像同样经过颜色模型转换后,再将其每个字节的高 7 位依次异或;最后再用原始图像像素字节位异或结果与二进制数码流异或后写入其最低位。如图 12-18 所示为基于 LSB 算法的水印嵌入过程。

②提取过程即把待提取的水印图像(以下称为水印图像)经过颜色模型转换后每个字节 8 位依次异或,并保存其结果;再将其结果每 8 位组成一个字节;最后得到的数据经过颜色模型转换后就得到水印图像。如图 12-19 为基于 LSB 算法的水印提取过程。

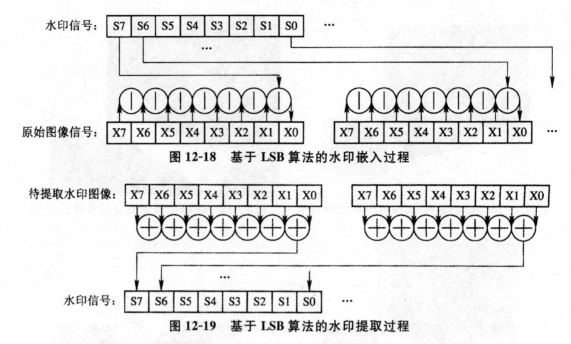

图 12-18　基于 LSB 算法的水印嵌入过程

图 12-19　基于 LSB 算法的水印提取过程

例如,三个像素的原始数据为:(00100111,11101001,11001000),(00100111,11101000,11001001),(11001000,00100111,11101001)

所存的水印数据为:010001011

嵌入过程为:

$$0 \oplus 0 \oplus 1 \oplus 0 \oplus 0 \oplus 0 \oplus 1 \oplus 1 = 1 \qquad 1 \oplus 0 = 1;$$
$$1 \oplus 1 \oplus 1 \oplus 0 \oplus 0 \oplus 1 \oplus 0 \oplus 0 = 0 \qquad 0 \oplus 1 = 1;$$
$$1 \oplus 1 \oplus 0 \oplus 0 \oplus 0 \oplus 1 \oplus 0 \oplus 0 = 1 \qquad 1 \oplus 0 = 1;$$
$$0 \oplus 0 \oplus 1 \oplus 0 \oplus 0 \oplus 0 \oplus 1 \oplus 1 = 1 \qquad 1 \oplus 0 = 1;$$

......

将水印嵌入后,像素数据变为:(00100111,11101001,11001001),(00100111,11101000,11001000),(11001001,00100110,11101001)

水印数据的提取过程:

$$0 \oplus 0 \oplus 1 \oplus 0 \oplus 0 \oplus 0 \oplus 1 \oplus 1 \oplus 1 = 0; \qquad 1 \oplus 1 \oplus 1 \oplus 0 \oplus 0 \oplus 1 \oplus 0 \oplus 0 \oplus 1 = 1;$$
$$1 \oplus 1 \oplus 0 \oplus 0 \oplus 0 \oplus 1 \oplus 0 \oplus 0 \oplus 1 = 0; \qquad 0 \oplus 0 \oplus 1 \oplus 0 \oplus 0 \oplus 0 \oplus 1 \oplus 1 \oplus 1 = 0;$$

......

最后,提取出的水印数据为:010001011

作为一个技术体系,数字水印还不够完善,每个研究人员的研究角度各不相同,所以研究方法和设计策略也各不相同,但都是围绕着实现数字水印的各种基本特性来进行设计的。同时,随着该技术的推广,一些其他领域的先进技术和算法也将被引入,从而完善和充实数据水印技术。

12.4　音频数字水印技术

数字水印技术是把数据(水印)嵌入到多媒体文件中去,用来保护所有者对多媒体所拥有的版权,以便实现拷贝限制、使用跟踪、盗用确认等功能。当所有者权益被侵犯时,可通过对水印的检测来得到证明。由于人的听觉系统(HAS,Human Auditory System)要比视觉系统(HVS,Human Visual System)更加敏感,相对于静止图像和视频文件,在音频文件中嵌入数字水印就更加的困难。

在音频文件中嵌入数字水印的方法主要利用了人类听觉系统的特性。人类听觉系统对音频文件中附加的随机噪音十分敏感,并能察觉出微小的扰动。人的听觉系统作用于很宽的动态范围之上。HAS 能察觉到大于 100000000:1 的能量,也能感觉到大于 1000:1 的频率范围,对加性的随机干扰也同样敏感。可以测出音频文件中低于 1/10000000(低于外界水平 80 dB)的干扰。

在音频文件中嵌入数据最为普通的方法就是加入噪音,这种方法是在载体的最不重要的位置中引入秘密数据,该方法对原始信号质量降低的程度必须低于 HAS 可以感知的程度。较好的方法是在信号中较重要的区域里隐藏数据,在这种情况下,改动是不可感知的,因此可以抵御一些有损压缩算法的强攻击手段。

音频数字水印的算法可以分为两类:一类是直接在时域或空间域内嵌入水印;另一类是在变换域中嵌入水印。

12.4.1　音频数字水印概述

音频信号的数据量与图像和视频数据相比,其数据量很小,意味着嵌入的水印信息量、水印的鲁棒性都会比视觉媒体水印算法要小得多。同时人的听觉系统要比视觉系统敏感得多,所以要使嵌入的水印听不见,相应也比较困难。

基于扩展频谱技术的音频水印方法:对伪随机(Pseudorandom Noise,PN)序列在不同阶段进行滤波,并得到人类听觉系统长时和短时的掩蔽特性。对长时掩蔽效应,互相重叠的每 512 个样本块,采用十阶全极点滤波器进行计算和逼近,并将其应用于 PN 序列。短时掩蔽则通过加权的经过滤波的 PN 序列,在音频信号弱的地方,降低水印信号的能量。

音频水印使用全音频压缩/解压缩策略:采用滤波器进行低通滤波,保证水印在经过音频压缩后不会丢失。在音频的高通部分也嵌入水印,以提高对未压缩音频数据的可检测性。这两部分的水印分量分别称为"低频水印分量"和"水印的编码误差"。水印的检测,采用原始音频数据和 PN 序列,通过有关的假设检验来完成。这种方法对 MP3 压缩有一定的抵抗力。

回声编码:利用多层衰减回波在音频信号倒谱的某个位置嵌入一个峰值。其水印嵌入相当的信息量,且对音频信号的模拟传输有一定的抵抗力。

直接序列的扩展频谱编码:使用二进制码流和伪随机噪声,完成对载波码流的双相位移位。编码将可察觉的噪声引入到原始音频信号中,但通过自适应和冗余编码,可以消减噪声的强度。

相位编码:对音频信号进行傅立叶变换后,得到信号的相位信息,并排成一个矩阵,然后修改矩阵的值以便嵌入水印。因为人对声音的相位信息相对不敏感,可以利用这种特性嵌入一些信息,而不会对原始音频产生太大的影响。

12.4.2 时域音频数字水印技术

时间域算法主要有最低比特位方法和回声隐藏算法。对于其他算法都可看成是在此算法基础上改进的。

1. 最低比特位方法

时域中通过修改数字音频信号数据的最低比特位,轻微改变音频信号的幅度,在音频信号中嵌入水印。最低比特位法是将秘密数据嵌入到载体数据中最简单的一种方法。任何的秘密数据都可以看做是一串二进制位流,而音频文件的每一个采样数据也是用二进制数来表示的。这样,可以将部分采样值的最不重要位用代表秘密数据的二进制位替换,以便实现在音频信号中嵌入秘密数据的目的。

为了增强对秘密数据的水印的抗攻击能力,可采取两种策略:

①将秘密数据在被嵌入到载体数据之前,进行混沌加密处理,将加密方法和信息隐藏方法有效地结合。这种方法与控制秘密数据嵌入位置的伪随机信号的产生方法相似,可用伪随机序列发生器的一个初始值,作为收发双方共享的密钥。非法用户即使在秘密位置提取数据,如果没有解密的密钥,也无法得到秘密数据。

②采用一段伪随机序列,控制嵌入秘密二进制位的位置。伪随机信号可以独立地产生,也可用伪随机序列发生器的初始值来产生,以减小在秘密通道中传输的数据量。由于收发双方只需秘密地传送一个值,因此不需要传送整个伪随机序列值。此外,产生伪随机序列的初始值,只有发送方和接收方知道。任何一个企图提取秘密数据的第三方,在不知道密钥的情况下,很难达到其目的。

最低比特位的算法简单且容易实现,音频信号里可编码的数据量大,信息嵌入和提取算法简单且速度快。但它的主要弱点是对信道干扰及数据操作的抵抗力很差。信道干扰、数据压缩、滤波、重采样、时域缩放等都会破坏编码信息。

2. 基于回声的水印算法

回声嵌入水印的算法利用人类听觉系统中,音频信号在时域的向后屏蔽作用特性,也就是,弱信号在强信号消失之后 50 ms～200 ms 的作用而不被人耳所察觉。这样,音频信号就像是从耳机里听到的声音,没有回声;经过回声隐藏的水印数据,好像是从扬声器里听到的声音,有处于空间的物体产生的回声。

回声隐藏是利用载体数据的环境特征(回声)来嵌入水印信息,并不是将水印数据当做随机噪声嵌入到载体数据,因而对一些有损压缩的算法,具有一定的稳健性。

回声隐藏算法中的编码器将载体数据延迟,并叠加到原始的载体数据以产生回声。编码器用两个不同的延迟时间来嵌入"0"和"1"。实际操作是用代表"0"或"1"的回声内核与载体信号进行卷积,达到添加回声的效果。要使嵌入后隐秘数据不被怀疑,并能使接收方以较高的正确率提取数据,主要是回声内核的选取。

每个回声内核具有四个可调整的参数,即原始幅值、衰减率、"1"偏移量和"0"偏移量。偏移量必须选在人耳可分辨的阈值之内,对隐秘的效果十分重要。偏移量的取值范围通常在 50 ms～200 ms 之间,大于 200 ms 会影响秘密数据的不可感知性,小于 50 ms 会增加数据提取的难度。所以,"1"偏移量和"0"偏移量都在这个阈值的范围内。如果嵌入多比特数据,可先将载体数据分段,然后按上述方法将各段分别与"0"内核或"1"内核卷积,嵌入相应的数据位"0"或"1",最后将嵌入数据组合。

3. 回声隐藏算法嵌入的步骤

①将音频信号按照嵌入的比特数进行分段,如果要在一段音频信号中嵌入"1011001",就将信号分为 a,b,c,d,e,f,g 共 7 段,如图 12-20 所示。

②将原始的载体信号分别与"1"内核及"0"内核作卷积。操作过程如图 12-21 所示,其中"1"内核将原始信号延时 δ_1,"0"内核延时 δ_2。

③根据待嵌入的数据构造,如图 12-22 所示的"1"提取信号和"0"提取信号,并相应与②获得的信号相乘。应注意的是构造提取信号,当"1"变"0"及"0"变"1"时,提取信号构造为斜坡形,避免产生人耳分辨出的突变信号,起到平滑的作用。

④将两个信号相加。整个过程如图 12-23 所示。

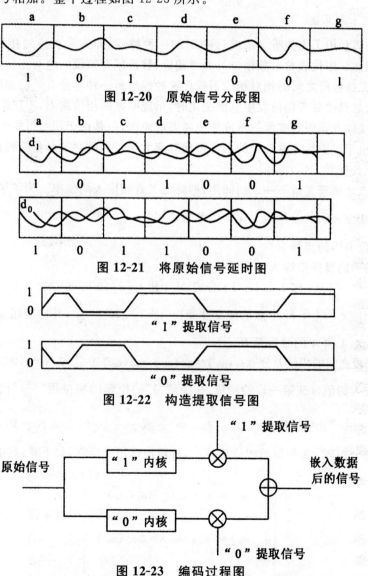

图 12-20　原始信号分段图

图 12-21　将原始信号延时图

图 12-22　构造提取信号图

图 12-23　编码过程图

4. 回声算法的一般提取过程

回声算法的提取过程与嵌入过程相似，具体过程如下：

①将音频信号按照嵌入的比特数进行分段。

②求各段的倒谱自相关，比较峰值出现的位置，根据偏移量判断嵌入的是"1"还是"0"。

回声算法具有较好的不可感知性，但是提取率不太令人满意，而且信道噪声、人为篡改都会降低正确提取率。因此，回声内核参数的选取很重要，一般通过变化衰减率，提高正确提取率。当音频信号较为安静时，降低衰减率；当音频信号较为嘈杂时，适当地增大衰减率。

回声隐藏方法本身的限制，使其数据嵌入量比较低，嵌入量一般为 2 b/s～64 b/s，典型为 16 b/s。如何在嵌入量和鲁棒性之间折中，是当前仍需考虑的问题。

12.4.3 变化域音频数字水印技术

1. 音频相位水印算法

音频相位编码利用了人类听觉系统（HAS）的一种特性，即人耳对绝对相位的不敏感性，对相对相位的敏感性。用代表秘密数据位的参考相位，替换原音频段的绝对相位，并对其他的音频段加以调整，以保持各段之间的相对相位不变。这种编码是一种十分有效的编码方法。

当代表秘密数据的参考相位发生急剧变化时，出现明显的相位离差，不仅影响秘密信息的隐秘性，还会增加接收方译码的难度。造成相位离差的原因，一是由于用参考相位代替原始相位带来了变形；二是由于对原始音频信号的相位改动频率太快。因此必须尽量使转换平缓，以减小相位离差带来的声音变形。

通常，数据点之间需要留下一定的间距，但降低了音频嵌入的位率。为了增强编码的抗干扰能力，应将参考相位之间的差异最大化。因此常选用" $-\frac{\pi}{2}$ "表示"0"，" $-\frac{\pi}{2}$ "表示"1"。

（1）音频相位编码的步骤

音频相位编码的具体步骤为：

①将音频文件 $s[i]$（$0 \leqslant i \leqslant I-1$）分成 N 个段 $s_n[i]$（$0 \leqslant n \leqslant N-1$）。

②对第 n 个段 $s_n[i]$ 作 K 个点的傅立叶变换（DFT），$K = \frac{I}{N}$，并构造相位矩阵 $\phi_n(tok)$ 及幅值矩阵 $An(\omega_k)$，ϕ 和 A 的维数是 $K \cdot N$。

③存储相邻段之间的相位差分 $\Delta\phi_n(\omega_k) = \phi_n(\omega_k) - \phi_n'(\omega_k)$，$0 \leqslant n \leqslant N-1$，$0 \leqslant k \leqslant K-1$。

④根据要嵌入的值改变第一段的相位，在隐藏"1"的位置的相位用" $\frac{\pi}{2}$ "代替，在隐藏"0"的位置的相位用" $-\frac{\pi}{2}$ "代替，即 $\phi_0 = \phi_{data}$，$\phi_{data} = \frac{\pi}{2}$ 或 $-\frac{\pi}{2}$（$0 \leqslant k \leqslant K-1$）。

⑤用相位差分矩阵 $\Delta\phi$ 和原始相位矩阵 ϕ，重新构建相位矩阵，如下式，其中 $0 \leqslant n \leqslant N-1$，$0 \leqslant k \leqslant K-1$。

$$\begin{bmatrix} \phi_1^{\cdot}(\omega_k) = \phi_0^{\cdot}(\omega_k) + \Delta\phi_1(\omega_k) \\ \cdots\cdots \\ \phi_n^{\cdot}(\omega_k) = \phi_{n-1}^{\cdot}(\omega_k) + \Delta\phi_n(\omega_k) \\ \cdots\cdots \\ \phi_N^{\cdot}(\omega_k) = \phi_{N-1}^{\cdot}(\omega_k) + \Delta\phi_N(\omega_k) \end{bmatrix}$$

⑥用修改后的相位矩阵 $\phi_n(\omega_k)$ 和原始幅值矩阵 $An(\omega_k)$ 通过傅立叶反变换,重构音频文件。

（2）音频相位编码的解码过程

接收方必须知道发送方分段的长度、傅立叶变换的点数以及数据间隔。在完成这种序列的同步化之后,具体解码的步骤为:

①已知发送方分段的长度,将接收到的音频信号分段。

②提取第一段,对它作傅立叶变换,并计算相位值。

③根据相应的阈值,判断秘密数据是"1"还是"0",恢复嵌入的秘密信息。

2. 扩频水印

常规通信信道为保持有效的带宽和降低能量,总是要把信息集中在尽可能窄的频谱范围内。基本的频谱扩展技术是将编码数据分布到尽可能多的频谱中,以便对信息流进行编码。这样,即使某些频率存在干扰,也不会影响数据的接收。扩频通信方式主要有直接序列扩频编码 DSSS。DSSS 需要用一个伪随机数发生器进行编码,用相同的伪随机数发生器来解码。好的伪随机码的性质类似于白噪声,在频率范围内有较好的频率响应,而 m 序列或称最长序列是常用的性能优良的伪随机码。m 序列是由多级二进制线性移位反馈寄存器产生的周期性伪随机序列,由 0 和 1 组成。

在当前音频水印算法中,变换域水印算法的优越性还没得到充分发挥。对离散傅立叶变换,可以在其频域的幅值上和相位上嵌入水印,并且有快速算法;离散余弦变换是实变换,具有良好的能量压缩能力和解相关能力,并且计算量小;离散小波变换的多分辨率特性与人的听觉系统十分相似,基于离散小波变换的音频水印算法可提高水印嵌入的不可感知性。

12.5　视频数字水印技术

12.5.1　视频数字水印概述

1. 视频数字水印的概念

当前,国外数字视频的水印技术发展比较迅速,并取得一些成果,而国内仍然处于刚刚起步阶段。例如 Alphatee 公司已推出的数字视频水印软件 Video Mark, Me. diasec 公司的 Syscop 视频版权保护软件,微软亚洲科学院研究的视频水印技术也有一定的成果。

视频水印技术是在静止图像水印技术的基础上逐渐发展起来的。最初的视频水印是将视频看做一个个单幅的画面,再运用图像水印的方法嵌入水印,但是并没有考虑到视频在短时间内画面内容是高度相关的,水印是很容易被画面平均的方法去除的。

如今已有许多针对视频水印的不同用途,提出的视频水印算法分别作用在不同的域中,如空间域、DCT 域、DFT 域、DWT 域等。静止图像水印的许多思想方法,如扩频、图像自适应、水印不可逆、人类视觉模型、同步检测机制等,还依然被应用到视频水印系统。我们对视频水印的要求与图像水印一样,依然是不可见性和稳健性,对大多数视频水印还有实时性的要求。

当前,数字视频水印的研究已提出了一些比较完善的视频水印算法,按照嵌入水印的位置归纳为:

①在视频的像素平面上嵌入水印。

②在 MPEG 流的可变长码字上嵌入水印。

③在小波域系数上嵌入水印。

④在运动矢量上嵌入水印。

⑤在 DFT 域系数上嵌入水印。

嵌入算法有：基于扩频和基于参数替换。基于扩频思想的水印方法有着很好的性能，几乎可以适用于所有的多媒体水印系统，所以在视频水印中也较多地采用基于扩频的水印方法。水印数据可以嵌入到未被压缩的或已压缩过的视频中。

2. 视频数字水印的特点

设计视频水印算法一般要考虑到数字视频水印的特殊要求。例如，视频水印的不可感知性和鲁棒性、隐藏能力和不可感知性，运算量和鲁棒性等，但其中的一些要求之间是相互矛盾的，如果加强一方必然会减弱另一方。因此，水印技术研究的重点就是如何对这些要求做合理的折中。

视频水印比图像水印有更多的特点，因此，其嵌入和检测的复杂性会更高，存在的攻击方法也更多，这就要求视频水印有更高的鲁棒性。因此，数字视频水印研究和实现的问题，必然是更加具有挑战性的问题。

(1)不可感知性和鲁棒性

视频水印要求视频的质量在水印加入前后不会有明显的区别，使消费者不会因水印的存在而影响其视觉享受，否则将影响视频的商业价值。

视频在传播过程中必然会受到各种干扰，视频水印必须能够抵抗各种攻击，包括图像处理的滤波、增强、噪声干扰等操作和抖动，以及帧内的数据冗余的攻击等。因此，视频水印需要更好的算法，确保其安全性。

(2)压缩编码和无歧义性

针对视频数据存在大量冗余的特点，现有的视频一般都采用了压缩编码技术，如 MPEGx 和 H.26x。如果在压缩域中加入水印，就需要针对不同的编码方式，设计不同的水印嵌入和检测策略。恢复出的水印或水印判决的结果，应该能够确定地表明所有权，不会发生所有权的纠纷。视频水印即使经过剪切、扫描、有损压缩、A/D、D/A 转换等信号处理，也应能存在。视频水印的通用性就意味着易用性，好的水印算法应适用于多种文件格式和媒体格式。

(3)隐藏能力和运算量

隐藏能力是指在不影响视频质量的前提下，加入水印的信息量。为了加入足够的版权信息以作为合法证据，视频水印算法应具有合理的隐藏能力。由于视频采用了压缩编码，就使得压缩域的数据隐藏能力降低，因而要有足够大的视频水印的容量。

视频的数据量非常大，帧间和帧内存在大量的信息冗余，但是水印技术的实时性要求是运算量要尽可能的小，因此视频水印的嵌入和检测都需要借助快速算法。提高水印的处理速度同时保证其鲁棒性，是视频水印目前研究的热点问题。

3. 视频数字水印技术的原理

视频数字水印技术的研究是目前数字水印技术研究中的一个热点和难点，热点是因为大量的消费类数字视频产品的推出，如 DVD、VCD，使得以数字水印为重要组成部分的数字产品版权保护更加迫切。难点是因为数字水印技术虽然近几年得到了发展，但方向主要是集中于静止图像的水印技术。然而在视频水印的研究方面,由于包括时间域掩蔽效应等特性在内的更为精确的人眼视觉模型尚未完全建立,使得视频水印技术相对于图像水印技术发展滞后,同时现有的标准视频编码格式又造成了水印技术引入上的局限性。另一方面,由于一些针对视频水印的特殊攻击形式(如帧重组,帧间组合等)的出现,给视频水印提出了与静止图像水印相区别的独特要求。主要有以下几个方面:

(1)随机检测性

可以在视频的任何位置、在短时间内(不超过几秒种)检测出水印。

(2)实时处理性

水印嵌入和提取应该具有低复杂度。

(3)与视频编码标准相结合

相对于其他的多媒体数据,视频数据的数据量非常大,在存储、传输中一般先要对其进行压缩,现在最常用到的标准是一组由国际电信联盟和国际标准化组织制定并发布的音、视频数据的压缩标准(MPEG-1、MPEG-2、MPEG-4)。如果我们在压缩视频中嵌入水印,应该与压缩标准相结合;但如果是在原始视频中嵌入水印,水印的嵌入是利用视频的冗余数据来携带信息的,而视频的编码技术则是尽可能的除去视频中的冗余数据,如果不考虑视频的压缩编码标准而盲目地嵌入水印,则嵌入的水印很可能丢失。

(4)盲水印方案

如果检测时需要原始信号,则此水印被称为非盲水印,否则称为盲水印(Blind Watermark)。由于视频数据量非常大,采用非盲水印技术是很不现实的。因此,除了极少数方案外,当前主要研究的是盲视频水印技术。通过分析现有的数字视频编解码系统,可以将当前的视频水印分为以下几种视频水印的嵌入与提取方案,如图 12-24 所示。

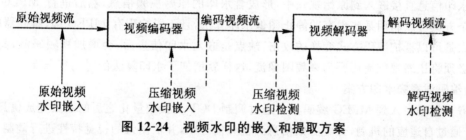

图 12-24　视频水印的嵌入和提取方案

嵌入方案一:水印直接嵌入在原始视频流中。此方案的优点主要有:水印嵌入的方法比较多,原则上数字图像水印方案均可以应用于此。缺点主要有:会增加视频码流的数据比特率;经MPEG-2 压缩后会丢失水印;降低视频质量;对于已压缩的视频,需先进行解码,然后嵌入水印后,再重新编码。

嵌入方案二:水印嵌入在编码阶段的离散余弦变换(DCT)域中的量化系数中。此方案的优点有:水印仅嵌入在 DCT 系数中,不会增加视频流的数据比特率;很容易设计出抵抗多种攻击的水印。缺点有:会降低视频的质量,因为一般它也有一个解码、嵌入、再编码的过程。

嵌入方案三:水印直接嵌入在 MPEG-2 压缩比特流中。此方案的优点有:没有解码和再编码的过程,因而不会造成视频质量的下降,同时计算复杂度低。缺点是由于压缩比特率的限制而限定了嵌入水印的数据量的大小。

12.5.2 视频数字水印的嵌入和提取

1. 视频水印嵌入和提取的位置

视频数字水印技术一般是从水印的嵌入与提取的角度进行研究的。通常,视频水印有三个水印嵌入和提取位置:即非压缩的原始视频中、MPEG 编码过程中和压缩后的视频流中,如图 12-25 所示。

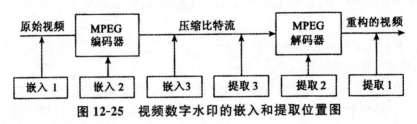

图 12-25 视频数字水印的嵌入和提取位置图

2. 视频水印的三类方案

按水印嵌入域分类,可将视频水印划分为压缩域视频水印、非压缩域视频水印和编码域视频水印三类。

(1)压缩域视频水印方案

直接将水印信息嵌入到 MPEG 压缩码流中。不需要完全的解码和再编码过程,对视频信号的影响较小。但视频系统对视频压缩码率的约束,将限制水印的嵌入信息量,同时可能对运动补偿环路造成影响,为抵消这种影响而采取的措施,明显增加了该算法的复杂度。

(2)非压缩域视频水印方案

将水印信息直接嵌入到原始视频中,形成含水印的原始视频信息,然后进行 MPEG 视频编码。这个方案可以利用某些现有的静止图像水印算法,且不影响现有 MPEG 编、解码器的使用。最大优点是可以抵抗编码方式变换的攻击;缺点是嵌入水印信息后,会增加视频码流,而且水印解码也必须将压缩视频流还原为视频图像流,这样就增加了水印算法的时间复杂度。

(3)编码域视频水印方案

将嵌入过程引入到 MPEG 编码器。通过调制 DCT 变换或量化之后的系数完成信息嵌入过程,便于通过自适应的机制,分配隐藏信息到视频信号中,并依据人的视觉特性进行调制,在得到较好的主观视觉质量的同时,得到较强的抵御攻击的能力。

这个方案虽然增加了引入水印算法的局限性,并且水印信息一旦嵌入到编码码流中,在相应的编、解码过程后可能对视频信号质量产生不良影响,但这种嵌入策略实现较为容易,因此仍然受到了研究者的重视。

3. 视频数字水印的嵌入框图

将视频载体和水印分别进行预处理后,根据一定的算法选择水印的合适嵌入位置以及合理嵌入策略,从而得到含水印的视频数据。视频数字水印的嵌入框图如图 12-26 所示。

嵌入水印的各个环节,通常采用一些关键技术,以提高视频水印的鲁棒性。用相应的视频水印检测策略,可以提取出水印或判断出水印的有无,从而实现视频的保护。

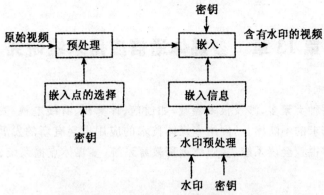

图 12-26　视频数字水印的嵌入框图

第13章 多媒体通信应用系统研究

网络多媒体应用种类繁多,涉及很多领域,如通信、计算机、有线电视、安全、教育、娱乐和出版业等。随着用户需求的不断增长,网络多媒体技术的应用也会有新的发展。常见的网络多媒体应用系统有多媒体视频会议系统、多媒体远程教育系统、多媒体点播系统、IP电话系统、IPTV系统等。

13.1 概述

信息系统的含义从广义上讲包含所有与信息获取、信息处理、信息分发、信息传输、信息接收以及信息显示等完整过程有关的设备和处理,也就是说,多媒体信息系统中也包括计算机设备、数据库系统、多媒体网络与通信、用户接口等部分。整个系统可划分为两部分:多媒体计算机系统和网络通信系统。

多媒体计算机系统作为网络终端进行多媒体信息的处理、显示和与网络通信系统的接口处理;网络通信系统则看作是支持信息系统的信息分发、信息传输的通道,这样的系统称为网络多媒体系统。

随着网络的普及和多媒体技术的迅速发展以及IT的大力推广,网络多媒体系统的应用日趋广泛,可以说它包含了所涉及信息、娱乐、生活、工作等的各个方面,从亚洲到欧洲、大西洋洲、美洲等,甚至于远到太空宇宙、近在家庭厨房的菜谱等都应有尽有。

现在电子商务正在兴起,我们通过互联网就可以不出家门购买到我们所需要的东西。正如比尔·盖茨在《未来之路》中写道:"在不远的将来会有那么一天,我们不用离开办公桌和扶手椅子,就可以工作、学习、探索世界及其文化、享受各种娱乐、交朋友、逛附近的商店以及给远方的亲戚看照片。在办公室和教室,人们离不开网络的互连。这不仅是携带的东西或者购买的器具,还是进入一种新的媒介生活方式的护照。"

13.2 多媒体会议系统

13.2.1 视频会议系统概述

1. 什么是视频会议系统

视频会议又称会议电视或视讯会议,是一种多媒体通信系统,它融计算机技术、通信网络技术、微电子技术等于一体,将各种媒体信息数字化,利用各种网络进行实时传输,并能与用户进行友好的信息交流。视频会议的基本特征是可以在两个或多个地区的用户间实现双向全双工音频、视频的实时通信,并可附加静止图像等信号传输。通过视频会议系统,可以将远距离的多个会议室连接起来,使各方与会人员如同在面对面进行通信、交流,使与会人员具有真实感和亲切感。一般来说,实现一个视频会议需要系统具备高质量的音频信息、高质量的实时视频编/解码图像、友好的人机交互界面、多种网络接口(ISDN、DDN、PSTN、Internet、卫星等接口)、明亮的会议室布局和设计。

2. 视频会议系统的分类

视频系统种类繁多,其分类根据不同的划分标准,有不同的种类。

根据会议节点数目不同,可将视频会议系统分为点对点视频会议系统和多点视频会议系统。其中,点对点视频会议系统应用于两个通信节点间。多点视频会议系统应用于两个以上节点之间的通信。

根据业务需求来分,有教学型的双向视频会议系统、会议型双向视频会议系统、商务型视频会议系统(即桌面型视频会议系统);按使用频度分类,又分为连续型视频会议系统、一般性会议系统;按设备结构分类,可分为硬件视频会议系统和软件视频会议系统。

还有根据使用的信息流类型,可划分为音频图形会议系统、视频会议系统、数据会议系统和多媒体会议系统。这里基于网络环境来划分。

(1)电话网上的会议

目前应用最为广泛的传送媒介是标准的模拟电话系统。在传统的电话系统上,用 V.34 调制解调器,用户可以获得 28.8 kb/s 的数据传输速率。以目前的 CPU 性能和数据压缩技术,这个带宽可以支持音频、视频和数据的会议通信。公共交换电话网(PSTN)上会议的能力相似于 N-ISDN。由于电话网的调制解调器的传输速率比 ISDN 小许多,故在视频方面的性能较低。

(2)ISDN 会议

这种方式的会议是大部分远程会议所采用的形式,主要应用于窄带 ISDN 上。窄带 ISDN 的基本速率带宽为 128 kb/s,虽不足以提供电视质量的视频,但对于会议系统中的头部图像,还是可以接受的。与之相较的采用 ATM 交换技术的 B-ISDN 则可以提供广播级视频,由于 ATM 适合多媒体数据的传输,因此广泛应用于要求较高的远程会议中。

(3)局域网(LAN)会议

现有的 LAN 具有足够的带宽,支持桌面会议连接。如果在广域连接上可以获得相应的带宽,那么局域网上的会议就可以在全世界的 LAN/WAN 环境上运行。然而局域网当初是为传送常规数据设计的,其资源争夺和缺乏等时性是个重要问题。在 LAN 环境中,每个呼叫者共享传输介质,当会议会话增多时,需要新的带宽管理机制。

(4)Internet 上的会议

由于 Internet 发展迅猛,近年来在 Internet 已可查看多媒体信息、打长途电话等。由于 Internet 基于的 TCP/IP 协议对多媒体数据的传输没有根本性的限制,通过协议的增强,Internet 适合作为广泛的远程多媒体通信介质。目前已有一些 Internet 上的会议系统推出。但限于各地 Internet 的传输速率不平衡,会议中的视频质量还不能保证较高。

13.2.2　多媒体会议系统的结构

视频会议系统一般是由具有不同功能的实体组成,其主要的功能实体有终端、网守、多点控制单元(Multipoint Control Unit,MCU)和网关。

1. 终端

终端是为会议提供基本的视频会议业务,它在接入网守的控制下完成呼叫的建立与释放,接收对端发送的音视频编码信号,并在必要时将本地(近端)的多媒体会议信号编码后经由视频会议业务网络进行交换。终端可以有选择地支持数据会议。

终端属于用户数字通信设备,在视频会议系统中处在会场的图像、音频、数据输入/输出设备和通信网络之间。由于终端设备的核心是编解码器,所以终端设备常常又称为编解码器。来自摄像机、麦克风、数据输入设备的多媒体会议信息,经编解码器编码后通过网络接口传输到网络;来自网络的多媒体会议信息经编解码器解码后通过各种输出接口连接显视器、扬声器和数据输出设备。

会议终端主要包括音频和视频的编解码器及其附属设备,主要功能是完成视频信号的采集、编辑处理及显示输出、音频信号的采集、编辑处理及输出、视频音频数字信号的压缩编码和解码,最后将符合国际标准的压缩码流经线路接口送到信道,或从信道上将标准压缩码流经线路接口送到会议终端中。图 13-1 所示为 H.323 终端的结构图。

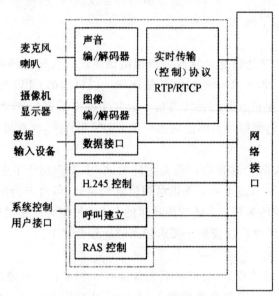

图 13-1　H.323 终端结构图

2. 网守

网守有时也称为网闸,是视频会议系统的呼叫控制实体,主要负责提供对端点和呼叫的管理功能,主要包括呼叫控制、地址翻译、带宽管理、拨号计划管理。它是一个任选部件,但是对于公用网上的视频会议系统来说,网守是一个不可缺少的组件。在逻辑上,网守是一个独立于端点的功能单元,物理实现上可配装在终端、MCU 或网关中。

3. 多点控制单元 MCU

MCU 是多点视频会议系统的媒体控制实体,是多点视频会议的核心设备,由单个多点控制器(Multipoint Controller,MC)组成,也可以由一个 MC 和多个多点处理器(Multipoint Processor,MP)组成。多点控制单元对视频图像、语音和数据信号进行交换和处理,即对宽带数据流(384~1920 kb/s)进行交换,而不对模拟话音信号或 64 kb/s 数字话音信号进行切换。

在进行多点会议时,除视频会议终端外,还需要设置一台中央交换设备,用来实现视频图像及语音信号的合成、分配及切换。此外,MCU 可以是独立的设备,也可以集成在终端、网关或网守中。MC 和 MP 只是功能实体,而并非物理实体,都没有单独的 IP 地址。

4. 网关

对于不同会议系统间的互通便需要通过网关这一连接实体来实现。如图 13-2 所示,要实现一个基于 PSTN 的 H.324 终端和基于 ISDN 的 H.320 终端等之间的互通就需要一个 H.323/H.320 网关。

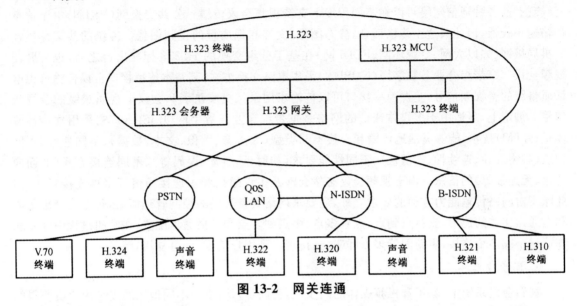

图 13-2　网关连通

13.2.3　视频会议系统的关键技术

视频会议技术不是一个完全崭新的技术,也不是一个界限十分明确的技术领域,它是随着现有通信技术、计算机技术、芯片技术、信息处理技术的发展而发展起来的。如果没有这些技术的发展,多媒体通信、视频会议、可视电话等都只能停留在理论研究上,更没有视频会议实用系统。通常可将视频会议系统的关键技术概括为以下几个方面。

1. 数据压缩与编码技术

计算机中对结构化数据(如文字、数值)都是经过编码存放的。同样,对于非结构化数据,如图形、图像、语音,也必须转化成计算机可以识别和处理的编码。

视频会议采用数字信号传送,而图像、视频和音频等多媒体元素经数字化以后数据量很大,例如,一路电视模拟信号传输占 6 MHz~8 MHz 的带宽,数字化以后生成 200 Mb/s 以上的数据流,这将占用大量的长途通信的信道。因此,近年来人们不断研究在保证一定质量和压缩比的前提下的数据压缩与编码技术。一般从方法上来看有两大类:一是无损压缩与编码,这类统计编码也称为可逆编码。典型的有霍夫曼(Huffman),这类编码不丢失任何信息,但压缩比有限,通常不可能超过 8。另一类是有损压缩的编码,其方法包括预测、变换、模型,基于重要性和基于内容的编码,以及基于上述的混合编码,比较成熟的如离散余弦变换(DCT)编码。对静态图像以 DCT 为基础压缩的压缩比达到 20 仍然保持相当好的图像质量,加上运动估值与运动补偿等技术所形成的动态图像编码技术,压缩比在 120 左右。

2. 网络传输技术

由于多媒体视频会议系统的运行环境种类很多，例如，LAN、WAN、PSTN、N-ISDN、B-IS-DN、ATM等。每种网络具体的带宽和传输协议都不相同，且多媒体视频会议传送的信号也不同，如音频、视频、数据、同步信号对传输有不同的要求。因此，目前市场上生产的产品化的虚拟会议系统都有很强的针对性和一定的局限性。

现有的各种通信网络可以在不同程度上支持视频会议传输。公共交换网（PSTN）由于信息传输速率较低，因此只适于传输话音、静态图像、文件和低质量的视频图像。传统的共享介质计算机局域网（如以太网、令牌环网、FDDI网）在基于分组交换的 H.323 标准出台之后，也可胜任视频会议。窄带综合业务数字网（N-ISDN）采用电路交换方式，其基本速率接口可以传输可视电话质量级的音视频信号，基群速率接口可以传输家用录像机质量级和会议电视质量级的音视频信号。理论上，最适用于多媒体通信的网络是宽带综合业务数字网（B-ISDN），它采用异步传输模式（ATM）技术，能够灵活地传输和交换不同类型（如声音、图像、文本、数据）、不同速率、不同性质（如突发性、连续性、离散性）、不同性能要求（如时延、抖动、误码等）、不同连接方式（如面向连接、无连接等）的信息。由于视频会议必然会涉及多点通信和多连接通信等多种连接方式，因此除了对网络传输能力方面的要求之外，还要求网络具备灵活的控制管理能力，包括控制虚信道和虚通道连接的能力，支持点到点、点到多点、多点到多点和广播通信配置，在呼叫过程中建立和释放一个或多个连接，重新配置多方呼叫，支持用户到用户信令、信道复用，等等。

3. 同步技术

视频会议系统中，除了音视频媒体的同步（唇音同步）外，由于不同地区的多个用户所获得的不同媒体信息也需要同步显示，因而一般采用存储缓冲和时间戳标记的方法来实现信息的同步。存储缓冲法在接收端设置一些大小适宜的存储器，通过对信息的存储来消除来自不同地区的信息时延差。时间戳标记法把所有媒体信息打上时间戳（RTS），只要具有相同 RTS 的信息将被同步显示，从而实现不同媒体间的同步。

4. 人机交互与协同技术

现代社会是个信息共享的社会，人们通过网络利用计算机相互交流和共享信息，人们之间的合作越来越重要，传统的个人只利用单一媒体方式，而今人们协同利用多媒体技术来共同解决一个问题，进行协同设计、研究和工作。计算机支持协同工作 CSCW（Computer Supported Cooperative Work）作为一个新的交叉学科崭新的研究领域，其涉及的学科包括计算机、通信、分布式系统、人工智能、社会学、心理学等诸方面。多媒体视频会议利用 CSCW 的理论和技术，为空间中相互隔离的人们提供"Face To Face"和"WYSIWIS"（What You See is What I See，称为你所见即我所见）的网络信息技术为依托的多媒体协同工作环境。实际上通信、合作、协调也是分布式处理的要求，正是交互式多媒体协同工作系统（CSCW）的基本内涵。

13.2.4 视频会议系统的标准

标准化是一切产业走向繁荣的必经之路，任何产业的产品必须符合相应的标准互相之间兼容，才能真正实现该行业的兴旺。视频会议系统也一样，其配套的各种设备必须符合相应的标准互相连接通信，这样才能使视频会议系统产品市场迅速发展。

瑞士日内瓦的国际电信联盟（ITU），正是这样一个制定通信标准，以便世界范围内通信的相互操作的机构。它包括著名的国际电报电话咨询委员会(CCITT),即如今的国际电信联盟-电信标准化部门(ITU-T),ITU 的成员来自不同的国家和公司。

关于视频会议最著名的标准是 H.320 系列和 T.120 系列建议,这两种协议将使多媒体会议的通信有更完善的理论依据。其中前者主要是针对交互式电视会议业务而制定的,后者则是对其他媒体的管理功能做出规定。此外,1994 年以 Intel 为首的 90 多家计算机和通信公司联合制定了一个个人会议标准(Personal Conferencing Specification,PCS)。

1. H 系列标准

(1)H.320 系列标准

图 13-3 所示为 H.320 系列标准。H.320 系列标准是会议系统中应用最早、最为成熟的协议,支持 ISDN、E1、T1,几乎所有会议系统厂家都支持。H.320 系列标准包括了视频、音频的压缩和解压缩,静止图像,多点会议,加密及一些改进的特性。具体可将其分为五个部分:通用体系,音频,多点会议,加密,数据传送等。

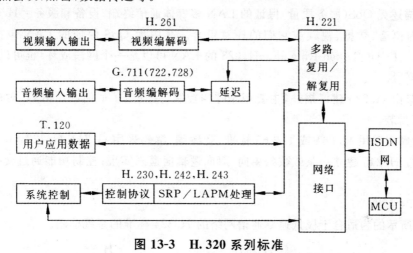

图 13-3　H.320 系列标准

H.221 定义了视听服务中 64～1920K 信道的帧结构,可将不同媒体信息进行集成,复接,后又增加了多点会议及加密的内容。

H.230 主要负责处理基于 H.320 的 CODEC 设备之间传送的控制信息,传递帧同步控制和指示信号。

H.242 定义了基于 H.320 设备之间传送压缩视频和音频信号的协议,规定了数字信道上会议电视终端之间建立通信和设置呼叫的流程。

H.243 定义了 H.320 CODEC 与 MCU 之间控制过程,针对视听业务,对数据仅提供初步的支持,主要处理多个终端之间建立通信的过程。

H.261 是视频编解码器的标准,采用中间格式兼容不同电视制式间的差异,是一种有运动补偿的帧间预测编码＋变换编码(ZDDCT)＋量化＋可变长编码＋传输缓存器控制的混合编码方式。视频编码器按照图像内容进行帧内/帧间判决和处理。

G.711,G.722 或 G.728 主要用来建议规范音频编/解码单元完成音频的编/解码、回声抵消和噪声去除工作。

(2)H.323 协议

H.323 是基于分组网络的视频会议系统协议,目前主要适用于 IP 网络。符合 H.323 建议的多媒体视频会议系统由终端、网守(GK)、网关(GW)、多点控制单元(MCU)四个部分组成。图 13-4 所示即为 H.232 终端新的功能框图。

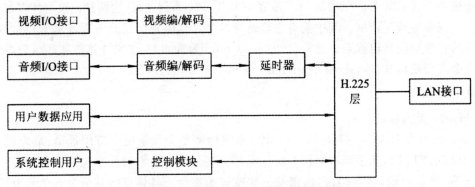

图 13-4　H.232 终端新的功能框图

　　H.323 描述无 QoS(服务质量)保证的 LAN 多媒体通信终端、设备和服务。H.323 终端、设备可携带实时语音、数据、视频或它们的任意组合。其中无 QoS 保证的 LAN 包括 Ethernet、Fast Ethernet、FDDI、Token Ring 等。H.323 的 LAN 可以是一个网段或环,也可以是复杂拓扑结构的多个网段。

　　网络接口由 H.225 建议描述,主要用于呼叫控制,并规定了如何利用 RTP 对视/音频信号和 RAS 进行封装。

　　视频编/解码采用 H.261 或 H.263 标准,音频编/解码采用 G.711、G.722、G.728 等标准;数据功能通过 H.245 建立一条或数条单向/双向逻辑信道来实现;控制功能通过交换 H.245 消息来实现。

　　(3)H.324 标准

　　图 13-5 所示的为适合于极低速率通信网络的 H.324 标准的系统框图。

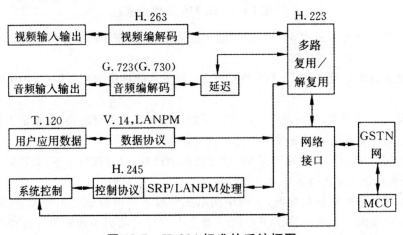

图 13-5　H.324 标准的系统框图

　　H.324 低速率多媒体通信终端(terminal for low bitrate multimedia communication)用于在 GSTN 上用 V.34 Modem 传输实时语音、视频、数据的会议系统标准,它包括 5 部分:H.263 是低速率通信的视频编解码器;H.223 低速率多媒体通信复用协议;H.245 多媒体通信控制协议;

H. 233/4 分别是视听服务的安全系统/视听服务的密钥管理和验证系统。

关于更多的 H 系列国际标准的组成部分及应用场合可见表 13-1 所示。

表 13-1　H 系列国际标准的组成部分及应用

终端类型	H. 320 系列	H. 324 系列	H. 323/H. 32 系列	H. 321 系列	机顶盒
支撑环境	N-ISDN	PSTN|PSDN	LAN	ATMB-ISDN	HFC. PTTC
音频编码	G. 711 G. 722 G. 728	G. 723 AV. 25Y	G. 711,G. 722 G. 728	G. 711,G. 722 G. 728 H. 262	H. 262
视频编码	H. 261	H. 263H. 264	H. 261	H. 261　H. 262	
复用	H. 221	H. 223		H. 221　H. 222.0 H. 222.1	H. 222.0 H. 222.1
网络接口	N-ISDN	V. 34	LAN	AALATM	电缆 Modem

2. T 系列标准

T. 120 是为多点和多媒体会议系统中发送数据而制定的。T. 120 也为连接白板和非会议电视应用及文件传输提供了应用规范。

T. 120 模型遵循 ISO 开放系统互连七层模型,每一层向上一层提供业务并向上一层发送由低层提供业务使用的数据。T. 120 通信基础结构设计灵活,它能同时处理多个独立的应用,允许与电路交换的通信网络和基于分组的局域网以及数据网任意组合进行连接。表 13-2 所示为 T 系列的国际标准。

表 13-2　T 系列国际标准

建议	内容
T. 120	多媒体数据传输规程
T. 122	声像会议多点通信业务规程
T. 123	声像会议的通信规程栈
T. 124	通用会议控制
T. 126	允许用户在多点文件会议中查阅图像或对它作诠释、共享应用和交换传真图像
T. 127	为用户提供同时初始化多点文件传输能力

3. PCS 标准

由 Intel、AT&T、Lotus、HP、DEC 和另外 11 个主要软硬件公司,以及 96 个计算机和通信公司联合制定的 PCS,适合于任何网络(数字、模拟、LAN 或 WAN)。此标准包括 PCS'S T120、ITU-T 桌面系统多点电视会议视频压缩协议。与 H. 320 不同,PCS 是专为个人计算机制定的,并与各种个人计算机标准兼容,其中包括 TAPI 和 TSAPI 两种电话 API,Intel 公司的 Indeo 编码和解码器及 Microsoft 公司的 DVI 图形/图像标准接口。

13.3 视频点播(VOD)系统

13.3.1 多媒体点播系统概述

随着网络和多媒体技术的发展,电视、电话和计算机也拓宽了网络上应用和服务的范围。

多媒体视频点播系统是分布式多媒体系统,主要应用于视频点播(Video on Demand, VOD),这是一种随着计算机技术、网络通信技术和多媒体技术的发展而出现的新的应用,它集计算机技术、通信技术、多媒体技术于一身,彻底改变了过去被动收看电视节目的方式,利用VOD系统,用户可以按照自己的需要和兴趣选择服务内容,还可以控制其播放过程;还可以通过电话网络、有线电视网络、局域网、蜂窝电视系统(Cellular Telephone System)向用户提供质量较好的数字压缩 VOD 电视节目。

VOD 不仅应用在收看电视节目,而且可以应用在远程教学、远程培训、远程购物、多媒体图书馆等方面。可以说,VOD 的出现将在不远的将来改变人们的生活方式。

VOD 视频点播系统可以为用户提供的业务:

• 电影点播服务(MOD:Movie on Demand):可以向用户提供家庭 VCR 播放功能,用户可以按照自己的需要对电影节目进行选择、预看和交互式浏览;可以对节目内容进行暂停、快进、快退、前后查看、重置存储、计数器显示等。系统还会向用户提供收费账单等数据服务。

• 新闻点播服务:用户可以交互式的选择每天重要的新闻进行浏览,可以对新闻的类别进行选择,如文本或视频图像。

• 互联网接入服务:用户通过机顶盒 STB 可以实现互联网接入。按照机顶盒 STB 的不同设置完成不同的接入服务。

• 游戏:不同于传统的游戏,用户可以从菜单中选择游戏并选定游戏中的某个角色,用户还可以对进行中的游戏进行某种操纵。

• 卡拉 OK 点播服务(KOD:Karaoke on Demand):用户可以在家中从提供的菜单中选择自己喜欢的卡拉 OK 歌曲,可以选择改变音调或节奏。

• 远程购物:商家采用多媒体技术,以视频、音频、文本、图像的方式向用户展示其产品,用户可以浏览商品目录选择定购的商品和服务。

• 电视列表(TV Listing):用户可以看到电视节目的安排,还可以查询到节目的相关信息,如演员、节目制作等的信息。

视频点播系统可以通过有线电视网向用户提供服务,也可以通过普通电话线采用非对称用户线(ADSL)技术实现交互式电视节目的传送。由于电话用户和有线电视用户的数量都很庞大,因此交互式电视的应用前景是很广阔的。

13.3.2 VOD 的分类

1. 按业务的实现方式分类

VOD 按业务的实现方式可分为以下几种:

(1)交互式点播系统 (IVOD,Interactive Video-On-Demand)

IVOD 不仅能够实现即点即放,而且使用户在播放过程中对视频流进行控制,用户真正掌握了主动权。

（2）最近式点播系统（NVOD，Near Video-On-Demand）

这种点播系统的工作方式是由多个频带同时用于同一个节目的播放，但是每个频带节目的起始时间不同，都间隔一定的时间，比如用 12 个频带每隔 10 min 发送同样的两小时的节目，如果用户想要观看这个节目，最大等待时间不会超过 10 min。在这种方式下，每个频带内的视频流以广播的形式传输，可以为多个用户服务。

（3）真实点播系统（TVOD，True Video-On-Demand）

TVOD 支持即点即放，当用户提出请求时，视频服务器能够立即响应并传送用户所点播的节目。当有另一个用户提出相同的请求时，视频服务器能够响应新的用户并为新用户启用另一个同样内容的视频流。TVOD 没有控制功能，一旦视频开始播放，就会不受用户控制连续不断地播放下去，直到结束为止。TVOD 的每一个视频流只能为一个用户服务。

2. 按业务的承载网络分类

VOD 按业务的承载网络又可分为基于广域网络的 VOD 系统、基于局域网络的 VOD 系统和基于 HFC 的 VOD 系统。严格地说，HFC 也是一种宽带网络技术，但有其自身的特殊性，所以单独分为一类。

（1）基于 HFC 网络的 VOD

HFC(Hybrid Fiber-Coaxial)是混合光纤同轴电缆网，是一种发展前景广阔的通信技术，主要用于有线电视广播的网络。HFC 通常由光纤干线、同轴电缆支线和用户配线网络三部分组成，HFC 网络采用光纤作为主干线，由同轴电缆构成树状的分配网络。从有线电视台出来的节目信号先变成光信号在干线上传输；到用户区域后把光信号转换成电信号，经分配器分配后通过同轴电缆送到用户。

从 20 世纪 90 年代初，全国各省相继建立了省内的有线电视传输网络，并对城市内部 HFC 网络进行双向改造。HFC 网络也可以利用已经铺设的光纤实现光纤到小区或大楼(FTTC，FTTB)，然后采用局域网技术接入用户。所以，借助 HFC 网络也可以方便地建成宽带 IP 城域网络。VOD 业务是 HFC 网络上的主要应用，可以为一个城市内的个人用户和集团用户提供 VOD 业务。

（2）基于局域网络的 VOD

目前，机关、企业等大多建设了自己的内部局域网络，网络带宽达到 10 Mb/s、100 Mb/s，甚至更宽，完全可以满足 VOD 业务的带宽需求。

（3）基于广域网络的 VOD

电信运营企业经过近十年的快速发展，建设了分布全国的光纤干线网络，普遍采用 SDH 传输技术，数据业务多采用 ATM、帧中继等宽带交换技术以及吉比特路由器，骨干节点之间的带宽可达到 2.5 Gbps，省内节点之间带宽可达 622 Mb/s 或更高，建成了连接各城市的宽带的传输和交换网络。经过近几年电信运营企业大规模的宽带 IP 城域网的建立，部分城市实现了 100 M 到大楼、10 M 到桌面的宽带接入网络。宽带网络用户的接入一般采用 FTTB＋LAN 或 ADSL 技术。FTTB＋LAN 方式采用光纤从局端路由器连接到小区或大楼的 100 Mb/s 交换机，然后通过双绞线采用 10Base-T 技术到用户。在不具备光纤的地方，用户可以采用 ADSL 技术，ADSL 技术可以将用户连接到局端的路由器或 ATM 交换机。ADSL 下行速率可以达到 512 kb/s～8 kb/s，根据用户距离的远近和线路质量，距离越近，线路质量越高，下行速率就越高。

基于电信网络的 VOD 系统可以为较大范围内的电信用户提供 VOD 业务,而且可以通过专线方式为酒店或小区等集团用户提供 VOD 业务。

13.3.3 VOD 的组成

VOD 系统是由在分布式环境中具有不同功能的一些子系统组成的。这些子系统包含一个 VOD 管理工作站、一个或多个控制器和多个数据源。控制器是系统的核心,主要作用是为优化视频流而完成复杂的算法、处理类似 VCR 的用户请求等。管理工作站完成所有管理功能,数据源提供视频信息内容的存储和提供高速的数据连接通道。只有管理工作站对外部用户是开放的,其他的子系统都因为安全原因而隐藏在防火墙之后,可见这是一个典型的分布式系统。

如图 13-6 所示,VOD 系统是由信源、信道及信宿组成的。它们分别对应于 CATV 系统的前端机房、传输网络和用户终端。用户根据电视机屏幕上的菜单提示,利用机顶盒选择出所喜爱的节目,并向前端发出点播请求指令。在具有双向传输功能的 CATV 系统中,利用频率分割方式将用户点播的请求信息通过系统的上行通道传输到前端子系统的控制系统。控制系统将点播的节目和主系统的电视信号混合后,由 CATV 系统的下行通道传送到用户终端,经机顶盒解调后观看。

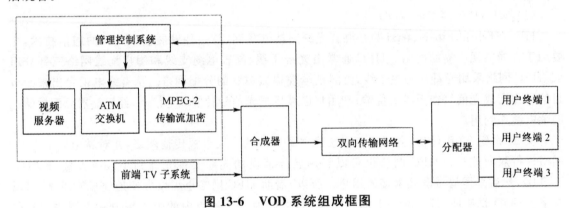

图 13-6　VOD 系统组成框图

图 13-7 所示为前端模拟信号的 VOD 子系统的组成示意图。前端系统作为 VOD 点播系统的核心部分应该满足以下几个方面的要求:

· 系统扩展方便灵活,能够根据用户需求平滑扩展,原有投资能够得到保护。

· 高的系统稳定性能。作为 VOD 系统的核心前端系统,必须保证系统稳定性高,应该做到双机热备份、重要部分热插拔、媒体库采用容错备份技术和可热插拔硬盘等。

· 支持多种媒体格式,支持常用的 MPEG-1、MPEG-2、MPEG-4、MP3、WMV、RM 等数字音、视频格式,能够方便快捷地制作流媒体节目。

· 系统功能完整,应具有较强的新业务扩展能力。整个系统应具备节目采集、制作、存储点播、统计、计费等功能。在较大型的应用中,应具备分布功能和负载均衡功能。另外,前端系统要具有应用开发接口,便于系统应用的二次开发,适应不断出现的新业务。

· 支持并发用户数量大。在 VOD 系统中,用户会同时点播相同或不同的节目,前端系统根据用户数量要满足几十甚至上百、上千的用户同时点播节目的需求,要求视频点播服务器和媒体库有较高的吞吐量。

· 严格的用户认证和节目级别管理。在特殊应用环境中的 VOD 系统,例如政府等部门中的 VOD 系统,对用户身份等级认证和相应节目权限级别有较为严格的管理。系统管理服务器应能够方便制定严格的用户认证和节目级别管理策略。

 ·完善的系统监控功能。前端系统是 VOD 系统的核心,要具备完善监控功能,系统运行情况要反映全面;要求管理界面友善,系统配置步骤简单;具备自诊断功能,能够帮助维护人员对系统故障做出迅速准确的判断;具备完善统计功能,使维护人员对系统运行、用户使用情况有清晰的了解。

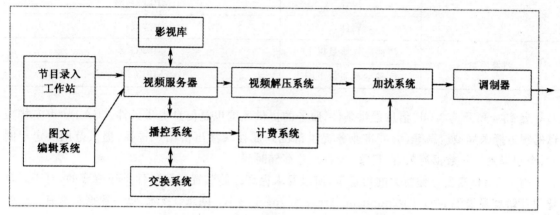

图 13-7　前端模拟信号的 VOD 子系统组成

 VOD 所提供的服务条件是与用户、信息提供者(IP)和设备提供(系统运用)者都是息息相关的。

 表 13-3 所示的为 VOD 的人机界面条件示意,采用数字视频服务器的系统检索应答时间能达到 1 s 以下,可以进行短时间对话形式的视频信息通信;在 VOD 服务方面可以实现节目任意位置的瞬时跳变、快放、慢放暂停等重放功能;对于特长的节目可以快速寻找,特殊资料场景会话的提取,还可以进行多个场景的比较评价;检索的容易程度,直接与应答时间等系统性能有关,还与节目分类、检索方法、节目的组合等有关。

表 13-3　VOD 的人机界面条件

分类	项目	内容例子
系统性能(功能)	应答时间	从检索指示开始到开始提供信息的时间
	特殊重放	跳动、停止、慢放、快放
	输入指示	键盘、键(十进位)鼠标、触摸板
	用户接口	图形用户接口
	显示性能	像素数,等级
检索法	关键字检索	利用关键字指定
	分类检索	逐次分解类别选择
	节目表检索	由节目表取得检索码

分类	项目	内容例子
信息类别	文字	英语、假名(日文)、汉字
	图形	
	视频	MPEG 视频
	声音	MPEG 声音
	软件	游戏
图像质量	广播电视质量以上	MPEG.2
	广播电视质量下限	MPEG.1

表 13-4 所示为 VOD 信息提供条件,服务的提供范围也是信息提供条件。CATV 可安排独自的频道播送局域信息等,也可将业务提供范围列成目录播出供用户选择,提供范围决定于同时、个别提供 AV 数据流数目、目录(内容)、总存储时间。

由于 VOD 需要存储特大的信息量,所以要求提高存储装置的可靠性是很重要的,对于磁盘阵列存储装置采用 RAID(Redundant Array of Inexpensive Disks)技术,每一数据盘都有自己的镜像盘驱动,数据盘成为备用盘,一旦镜像盘损坏,盘阵列控制器就自动地切换到相应数据盘上,从而可靠性大大地提高。

表 13-4   VOD 信息提供条件

服务项目	服务例子	服务项目	服务例子
提供服务	VOD 服务项目	可靠性	系统的二重化、文件的 RAID 化
提供范围	广域网/局域网	保密	用户确认、资格审查、密码
提供规模	存储时间/AV 节目流数	收费	冻结、加密等机能费用
提供品质	视频传输速度、视频编码方式	—	—

而作为系统运行所必需的机能,要包括:根据用户提出的服务范围进行登记及相关的管理机能;用户收费计账、收费管理;系统运转维修、故障诊断;系统各部分运转状态显示。

13.3.4　VOD 系统的关键技术

由于 VOD 系统所传输的是交互多媒体信息,尤其是视频信息,故需要大量的技术支持,其中关键技术有网络支持环境、视频服务器、用户访问控制技术等。

1. 网络支持环境

VOD 系统是点对点实时多媒体应用系统,并且是基于 C/S 结构,由于要通过传输网络实时传送大量的视频和音频信息,为获得较高的视频和音频质量,要求传输网络应当具有高带宽、低延时和对 QOS 传输特性的支持。VOD 系统所适用的网络环境可以是局域网(LAN),也可以是广域网(WAN),甚至是 Internet。在局域网环境中应用的 VOD 系统可以保证视频和音频信息的传送质量。而在广域网环境下,特别是在互联网环境中,难以保证质量。从发展的角度来看,互联网为 VOD 的发展提供了广阔的发展空间,但必须解决互联网对 QoS 支持的问题。利用有线电视网 CATV 可以较好地提供 VOD 业务,但也要解决两个问题:有线电视网的双向改造和使用适当的用户接入设备。用户接入设备一般就是机顶盒加电视机。利用 ADSL 接入设备也可以提供 VOD 业务,但要解决实时视频信息高质量的传输的问题。

2. 视频服务器

VOD 系统的核心部件——视频服务器中存储着大量的多媒体信息,此外还要支持许多用户的并发访问。对视频服务器的性能要求主要体现在下面几个方面。

(1)存储容量问题

视频信息和音频信息经过压缩编码处理后存储在视频服务器中。即使经过压缩处理,视频信息和音频信息所占用的存储容量仍然很大。由于用户对存储节目的需求也具有突发性特点。如受欢迎的视频节目总是集中在若干个热门节目上,用户对热门节目的点播也总是集中在某个时间段。视频服务和音频服务实时性的特点,对多媒体信息的存储和传输提出了很高的要求。在视频服务器中多媒体信息的组织和磁盘的输入输出吞吐量会对整个 VOD 系统的响应时间造成很大的影响。

视频服务器承载视频节目的数量受服务器存储容量的限制。由于硬盘的存储容量有限,即使采用多盘和 RAID 技术,仍存在管理、成本等方面的问题,因此,扩展视频服务器的存储系统,建立层次结构的存储模型是扩展视频服务器存储容量的主要技术。

经过研究其分布规律,得出视频服务器的层次存储结构模型,例如,按照节目的冷热门程度的不同,将热门节目放置在硬盘上,而冷门节目放置在外存储设备上,使大部分用户的点播直接通过硬盘得到服务,而少数点播冷门节目的用户需要一定的时间等待视频服务器将节目从外存储设备转到硬盘上,然后再观看节目。但这种模型仍存在问题,如,如何确定冷、热门节目,节目在外存储设备与硬盘间切换的方式和时机等。可见层次结构存储模型的管理结构设计是影响视频服务器服务质量的关键因素,必须慎重考虑。

(2)信息获取机制

在保证服务质量 QoS 的前提下,视频服务器应当提供一系列优化机制,以使多媒体信息流的吞吐量达到最大程度。在客户端和服务器端对服务的要求有所不同。在客户端,用户从服务器获取多媒体信息的速度必须大于用户播放信息的速度;在服务器端,视频服务器必须为系统中的每个用户在服务质量 QoS 运行的范围内提供服务。为了实现这两点要求,通常采用两种机制来获取多媒体信息流:服务器"推"(Server-push)和客户"拉"(Client-Pull)。

在服务器"推"机制中,服务器利用需要回放的多媒体流的连续性和周期性的特点,在各服务周期内为多个媒体流提供服务。服务器"推"机制允许服务器在一个服务周期内对并发的多个信息流作出批处理,并可以从整体上对批处理作出优化。对客户"拉"机制,服务器需要为用户提供的媒体单元只要满足突发性的要求。客户"拉"机制很适合对处理器和网络条件经常变化的环境。

3. 用户访问控制

由于是为了向众多用户提供视频服务功能,故视频服务器必须能够保证在很多用户向服务器提出请求的时相互之间不会产生影响。为了实现这一点,视频服务器就需要采用适当的接纳控制算法。如,确定型接纳控制算法、统计型接纳控制算法和测量型接纳控制算法等。

13.4　视频监控系统

随着通信技术和编码理论的飞速发展,多媒体监控系统广泛应用在机场、宾馆、银行、仓库、交通、电力等各种重要场所和机构。传统的监控系统,其终端与传输设备大多采用模拟技术,设备庞大、连线复杂、操作维修不便,不利于系统的程序化控制,更难以利用现有的通信网络(LAN、PSTN、ISDN 等)进行数据传输,实现远距离监控。随着 Internet 网络技术和多媒体通信技术的发展,一种以数字化、智能化为特点的多媒体远程监控系统应运而生,它实现了由模拟监控到数字监控的质的飞跃,能将监控信息从监控中心释放出来,监控的视频、音频、现场告警与控制信号可传至网络所及的每一个节点,人们可以利用计算机网络在不同地点同时监视、控制远程某一或某些场所,同时控制云台、镜头等设备并获得各种报警信号,进行远程指挥。

远程监控系统主要采用点对点和多址广播两种传输技术,多数情况下以点对点方式为主。它的主要特点是实时性要求高,延迟小,而且往往要求可控制、可切换视频源。另外,因被监控的对象运动幅度不同,所以要求的图像质量也不一样。一般像道路监控这样的场合,被监控的对象是高速运动的车辆,而且要求至少能看清车牌,因而要求的图像质量相当高,采用 MPEG-1 格式还难以满足要求,必须采用高码流的 MPEG-2 格式才行;而对楼宇监控这样的场合,在多数情况下被监控的对象是静止不动的,因而图像质量可适当降低些,一般采用 MPEG-1 格式就能满足要求。

13.4.1　系统结构

图 13-8 是多媒体远程监控系统的结构示意图。系统由监控现场、传输网络和监控中心三部分组成。

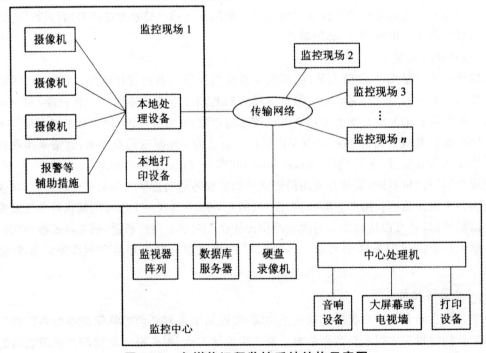

图 13-8　多媒体远程监控系统结构示意图

1. 监控现场

监控现场的核心是本地处理设备,是监控远端必配的设备,其主要功能是对摄像机采集到的图像信息和声音信息进行 A/D 变换和压缩编码。

监控现场的工作方式有两种。

第一种工作方式是由本地的主机对所设置的不同地点进行实时监控,适合于近距离监控。摄像机捕获的视频信号既可以实时存储到本地的硬盘中,也可以只供观察,一旦有报警触发,便自动将高质量的画面记录到硬盘中。本地端的主机可以无需外加画面分割器,同时监视多个流动画面(根据需要设置其数量)。录制在硬盘中的视频画面有较高的清晰度,图像的压缩比可调。硬盘中的数据循环存放,硬盘满后可覆盖最开始的记录,这样可以保证存储的数据是最新的。

存储在硬盘中的画面可供工作人员随时回放、搜索、图像调整(局部放大、调光等)等,同时可接打印机打印视频画面,也可以按照数据库方式查询检索。用户在软件中可设置捕捉图像的时间和长度,以及在无人值守时可分不同情况、时段进行不同的系统设置,并采取不同的处理措施。本地主机装有摄像机控制器,其主要作用是调控摄像机参数,如上、下、左、右地摇镜头,拉近、拉远镜头,调整光圈大小,聚焦等。云台的转动及可变焦镜头的控制也可由摄像机控制器通过本地主处理设备接收监控中心的指令来控制。

报警探头可根据现场需要配置不同的类型以满足多种监测需求,如红外、烟雾、门禁等。报警采集器将报警探头传来的报警信号收集起来并上传至本地处理设备,本地处理设备接到报警信号后按照用户设置采取一系列措施,如拨打报警电话、录像、灯光指示、关闭大门、开灯等。

第二种工作方式是由本地处理设备将采集的图像通过线路接口送入通信链路并传至监控中心,同时把本地端报警采集器采集到的报警信息打包成一定格式的数据流,通过传输网络传到监控中心;监控现场则把监控中心传来的控制信令抽取出来,进行命令格式分析,并按照命令内容执行相应的操作。

2. 监控中心

监控中心的核心设备是中心主处理机,其任务是将监控远端传来的经过压缩的图像码流解码并输出至监视器,选择接收任意一个远端的声音解码输出到扬声器,并把监控中心下行的声音编码传送给所选择的任意一个远端,也可用广播方式把声音传送给多个远端,同时它还能接收远端上传的报警信息,下达控制指令给远端处理设备,控制远端的各种设备。由于系统需要存储大量的视频信息,因此专门建立了一个硬盘录像机,用来存储现场传输过来的各摄像机拍摄的视频信号。系统中使用了大量的数据库表,包括摄像头信息表、地图和子地图信息表、报警器信息表、报警器预设信息表、视频通道的设置信息表、硬盘录像机的信息设置表、硬盘录像的定时时段设置表、操作日志记录表、硬盘录像存放位置表等。为了方便用户对这些数据进行操作和管理,专门增加了一台数据库服务器。

通过地理信息系统,监控中心可以显示监控地点信息的地图,在需要时也可以随时将某地点的图像信息传送过来。

监控中心的显示设备包括监视器阵列和大屏幕监视器。监视器阵列用以显示各个监控远端的图像,在条件允许的情况下,可使用与监控远端数目相同数量的监视器;当监视器数量少于监控远端的数目时,可在后台通过软件设置轮询功能,定时在各个监视器上轮流播放所有远端的图像。如果某个远端传来报警信号,监控中心就把整个带宽都分配给该远端用于图像传输,这样会得到高速率的图像传输,监控人员可以立即采取相应的措施。在事件发生后,监控中心还可以将存储在该远端处理设备硬盘上的视频图像文件上载过来,回放高质量的监控图像。在监控中心,大屏幕监视器用以显示当前最为关心的一路视频。它主要有两种情况:一种是操作人员在当前想观看的视频画面;另一种是当远端发生告警时,大屏幕上的画面自动切换到报警现场,并自动产生一系列动作,如记录报警时间、地点、场所、类型等参量,启动警铃,遥控远端切换图像至报警源,显示闪烁告警标志等。

13.4.2 系统特点

多媒体远程监控系统与传统的模拟监控系统相比,有无可比拟的优势,主要表现在以下几个方面:

1. 音频和视频数字化

能够实现活动多画面视窗,完成任意分割,静态存盘及视频捕捉;能够实现长时间大容量、多通道硬盘录像,完成单路/多路回放及检索;能够实现多路视频报警、动态跟踪、图像识别,并能适应各种条件;能够支持多种视频压缩标准,满足各种不同层次的需要。

2. 监控网络化

由于多媒体远程监控系统的传输网络是基于 LAN/WAN 的数字通信网络,因此,系统可以实现点对点、一点对多点、多点对多点的任意网络监控组合,并能通过建立网络间不同级别的安全权限,满足大型网络监控的需求。

3. 管理智能化

由于系统模块化强,便于扩展,方便维护,能根据需要生成与之相匹配的多级监控系统,并辅助以强大的软件控制,因此,系统能自动跟踪、记录在监控中发生的一切信息并存储起来,进行统计分类,定时完成输出打印工作,实现全自动化管理。

13.4.3 远程监控基于宽带接入网的实现

1. 基于 ADSL/Cable Modem 的点对点实现方式

基于 ADSL/Cable Modem 点对点方式的远程监控系统的结构如图 13-9 所示。住户家庭若有 PC 机,则在 PC 上增加一视频捕获卡,可接入 1~4 路模拟摄像信号。而 ADSL 用户传输单元 ATU-R 可充当视频处理的网络接口,经双绞线与 ISP 机房内的 DSLAM 数字用户线访问多路复用器中的 ATU-C。远端用户采用 ADSL/CM/LAN/Modem 等接入方法接入 Internet,再根据住户 ADSL 下的 IP 地址找到家庭内的 PC 或视频服务器,提取经 MPEG 压缩的图像信号,对家中老人、小孩、病人进行图像观察和语言交流。因住户需将数字图像上传至 Internet,故速率将受限于 ADSL 的上行速率(64~640 kb/s)。通过 Cable Modem 作时,情况基本相同,只是 ATU-R 换成 Cable Modem,DSLAM 换为 CMTS,而且 HFC 传输图像的上行速率最大可达 1.5 Mb/s,速率将高于 ADSL 的最大上行速率,但 HFC 传输存在带宽共享的问题。

由于服务提供商不同,ADSL 与 Cable Modem 所提供的 IP 地址可能是动态的,但每次开机后 IP 地址将是不变的,因此远端用户根据这一 IP 地址可以找到住户家庭内的视频服务器,也可由住户家庭 PC 开机后固定地向远端用户发送告知 IP 地址的方法来实现互联。若住户 PC 内安装有专用安防控制软件,通过串行口接收家庭报警主机的 RS232 上传信号,可同时实现家庭安防系统的远程监视和控制(设防/撤防等)。

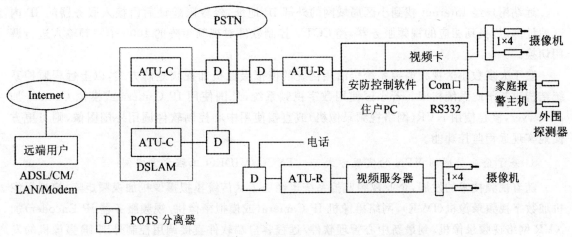

图 13-9　ADSL 方式的家庭远程控制系统的结构图

2. 基于宽带智能小区的局域网实现方式

利用 FTTX＋LAN 的方式,宽带智能小区向住户提供了多种服务。同样,借助于小区局域网,亦可向住户提供远程监控的新业务。基于宽带智能小区的局域网方式的远程监控系统结构如图 13-10 所示。可在小区局域网上根据用户图像数量设置多台视频服务器,与视频矩阵经 RS232 接口相连。利用 CCTV 控制软件可经视频服务器对视频矩阵的 1000 路摄像机输入进行视频切换,即可由视频服务器 4 个视频输入通路调用 1000 路摄像机输入中的任意一个图像,这样便大大扩展了可监视的图像数量。而家庭安防系统的监控则可由局域网上的安防系统服务器来完成。当然,同时亦允许通过住户自身 PC 机来完成单独的视频图像输入和家庭安防情况的上传。

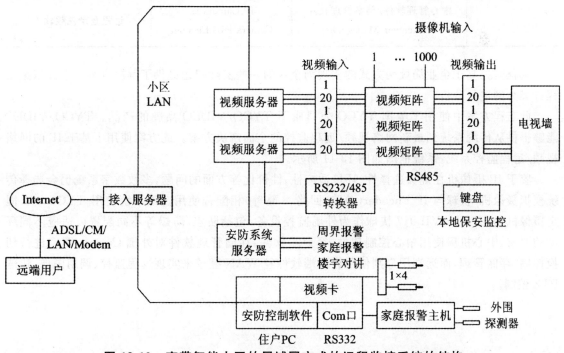

图 13-10　宽带智能小区的局域网方式的远程监控系统的结构

远端用户经 Internet 找到小区局域网的外部 IP 地址,经权限验证后由接入服务器的 IP 内部地址绑定,找到相应的视频服务器,经 CCTV 控制软件对视频矩阵的 1000 个视频输入进行调用切换。

鉴于大多数小区视频监控系统仍沿用传统的模拟摄像机加视频矩阵方式,以上远程监控系统结构也基于此系统构架。若小区使用数字视频系统,外围使用 IP Camera 或模拟 Camera 加 IP Server,核心使用 NVR(网络视频录像机)或直接使用中心控制软件调用外围图像,则可更方便地实现远程监控功能。

3. 基于企业局域网 VPN 的实现方式——TYCO/VIDEO 工程方案实例

随着视频技术的发展,企业视频监控系统也经历了从传统模拟摄像机加视频矩阵、模拟摄像机加数字视频录像机(DVR)、网络摄像机 IP Camera(或模拟摄像机/视频服务器 IP Encoder)加 NVR 网络视频录像机,到最新中心管理软件/远程客户端软件直接调用控制外围 IP 摄像机的发展过程。具体参数见表 13-5。

表 13-5　企业视频监控系统参数

视频技术发展	中心设备	外围摄像机	远程监控
1	视频矩阵/长时间录像机	模拟摄像机	
2	视频矩阵/DVR	模拟摄像机	客户端软件
3	NVR/IP Decoder＋TV WALLI	IP Camera 或 Camera＋IP Encoder	NVR 客户端软件
4	中心管理软件/档案管理软件 (Achiver Manager)	IP Camera 或 Camera＋IP Encoder	远程登录视频软件

远程监控基于企业局域网方式的实现为企业的一些实际问题提供了解决方案。下面以某工程方案为例进行分析。

此工程方案中使用了美国 TYCO 公司旗下 TYCO/VIDEO 品牌的产品。TYCO/VIDEO 能够提供从传统系统到最新网络视频/远程监控的全面解决方案。此方案使用了基于 IP 的网络视频/远程监控系统,系统框图如图 13-11 所示。

鉴于 IP 摄像机在镜头选择性、环境适应性、性价比等方面的问题,多数数字系统仍会选择传统模拟摄像机/快球与 IP Encoder(单路、回路、8 路等)相配合使用。该系统使用 TYCO 470 固定摄像机和 ULTLAVII 917 快球作为外围监控设备,包括防水/防爆等不同配置以适应不同环境的要求,中心机房使用中心控制软件、客户端软件、存储管理软件对外围 Camera 图像进行切换控制、存储管理,而远端用户则使用客户端软件经 WAN 登录来实现远程监控、调用图像、快球 PTZ 控制。

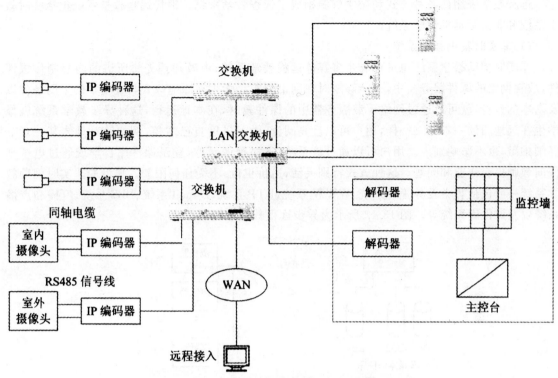

图 13-11　基于 IP 的网络视频/远程监控系统

13.5　远程教育系统

13.5.1　远程教育的概述

远程教育(Distance Education)是指处于不同地点的知识提供者和学习者之间通过适当的手段进行交互的教育行为。从最早的函授教育到广播电视教育,再到今天以计算机网络和多媒体技术为基础的现代远程教学系统,远程教育已经经历了很长的发展历史。

1. 远程教育的分类与特征

远程教育通过函授、广播、电视等途径打破时间和空间的限制,将教学信息传送给校园内外。现代远程教育通过通信网络、计算机网络等实现实时和非实时的、双向交互的教学环境,为校园外学生提供虚拟学习过程的教育形式。现代远程教学大量采用先进的计算机技术、通信技术和多媒体技术,与大型数据库、课件库、教学中心相连,实现各类资源的共享和重复利用,为各类学生提供了一个无围墙、无距离的虚拟学校,无论身处何处都能及时地进行学习。具体可归纳现代远程教育特征如下。

- 师生并非实地面对面,存在地域上的距离。
- 实时交互式的信息交流功能。
- 授课和学习条件以现代通信技术、计算机网络技术和多媒体技术为基础。
- 学生可以根据个人的需要或自选时间上课,不受时空的限制。
- 政府行政管理部门对教育机构的资格认证。

远程教学采用的各种方式和教学资源构成了远程教学系统。现代远程教学系统包括实时教学系统和非实时辅助教学系统。

(1)非实时辅助教学系统

非实时辅助教学系统也可称异步多媒体远程教学系统,由教师预先将所讲的内容制作成课件,放在网络的课件服务器中,并能够随时在网上发布。学生在原地只要具备基本的上网条件以及基本的设备,就可以通过网络下载服务器中的课件教材,在本地运行,这种异步教学系统就像学生在远地阅读一本好书一样,用户可以反复阅读,学习进度自己掌控,例如针对具体某一章节仔细推敲,也不影响别人。用户可以通过该系统,点播授课录像,登录课件库自学或通过电子邮件向教师提交作业和问题。这种方式特别灵活,造价也低,不受任何限制。典型的非实时辅助教学系统一般包括教学教务管理系统、WWW 系统、FTP 系统、E-mail 系统、BBS 系统、广播和点播系统以及课件库系统等。图 13-12 所示为异步远程教学系统图。

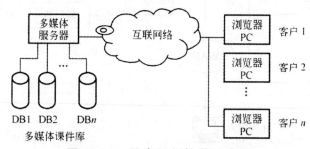

图 13-12　异步远程教学系统图

(2)实时教学系统

所谓同步教学是指实时地进行网络教与学。利用不同的带宽高速网络基础设施,将现场正在教学的教学过程、教学内容实时播放出去,从某种意义上来说就是把教学的课堂通过网络扩大到网络所能达到的地方,图 13-13 所示为实时同步远程教学系统。

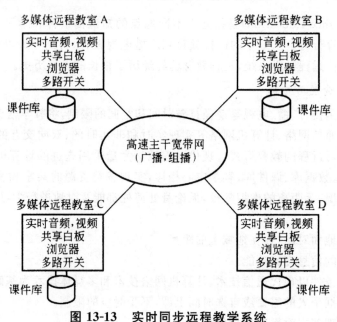

图 13-13　实时同步远程教学系统

实时同步远程教学具有特点：

·实时音频、视频传输。教师讲课的声音要同步传输到网络的端点，可以是多媒体教室，也可以是个人网络上多媒体的终端，通过大屏幕教室的投影设备或显示器，可以基本上达到和教师面对面交流的教学环境。

·共享白板功能。通过共享白板，教师在黑板上写的教学内容不但可以通过白板功能看到，还可以达到相互交流意见的目的。

·共享浏览器。当教师在选择教学课程内容以及各种图表时，学生可以在本地浏览器共享空间同步地看到。

当学生有问题可以向主控节点（教师为主控节点）提出问题，教师可以看到听到学生的意见（通过多路开关）。教师也可以有效地转播某节点广播到各节点或组播到相关的节点上。可见这种方式突出教学的临场感和交互性，教学效果比较好，但易受时间限制。

2．远程教育的构架

图 13-14 所示的是层次框架构造的现代远程教育系统图。

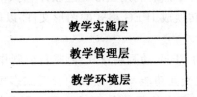

教学实施层

教学管理层

教学环境层

图 13-14　现代远程教育系统框架模型

教学环境层主要包括构成系统的硬件、软件环境，远程网络的接入，远程站点的组织以及多媒体信息的运用等。这一层不但为教学提供环境，还为学生进一步学习和自学的条件提供必要的保证，是远程教育系统提供必要的技术基础和应用环境。

教学管理层是提供远程教育系统中的教学组织与管理，包括教学计划安排、学生学籍管理、课程考试组织、学生成绩管理以及网络教学平台建设、教学方法探讨、教学内容和手段改进等。

教学实施层在网络的支持下，通过多媒体化知识表现形式以多种交互手段完成教与学的任务。主要作用是实现知识的传授和共享。

上述框架中，教学环境是基础，教学管理是核心，教学实施是目标。各层次相互独立并有一定的联系，不同角色人员通过分工和协作，共同实现面向特定目标的现代远程教育系统。

13.5.2　远程教育系统关键技术

远程教育系统是以高速宽带网络为基础，以多媒体技术为核心，以课件制作为主线，以学生为主的教学模式。

1．高性能课件服务器

高性能的课件服务器在远程教育系统中是极其重要的，教学内容在传输以前都要经过压缩处理并存入发送的服务器当中。因此发送端服务器的处理能力、检索速度、吞吐能力、内存空间、CPU 速度和 I/O 处理能力都会对整个教学系统产生决定性影响。因为在实施教学过程中，会发生相当数量的用户同时登录实时课程教学活动，以及同时点播相同或不同课件的情况。此时各种请求会在服务器端排队等候处理。如果服务器性能差，在任何一个环节上出现瓶颈，即使网络拥有足够的带宽,其传输速率也上不去,很可能就是因为服务器的缘故。

2. 构建高速宽带的网络教学环境

基于网络的远程教育系统,目前最广泛的是由 Internet 服务器、远端客户和 Internet 网络组成。该系统采用浏览器/服务器(B/S)模型,综合运用 Web、FTP、E-mail、BBS 等多种 Internet 服务实现一种全新的教学模式。教学系统可提供网上课件、虚拟教室、视频点播等多种形式的教学服务。通常要求 1000 Mbit 以太网或者光纤网提供高速宽带和 QoS 保障,提供双向实时、交互式教学环境,支持一点到多点和组播的支持环境。

3. 多媒体教学课件的制作技术

运行在网络上的多媒体课件应制做成 HTML 网页的形式,以 Web 网页的方式在 Internet 和 Intranet 上发布。常用的制作技术有以下几种。

(1)制作图形文件

利用数码相机或扫描仪将外部图形录入计算机制成图形文件,或者利用计算机屏幕抓取软件将计算机屏幕图制成图形文件。然后利用图形处理软件(例如 Adobe 公司的 Photoshop)进行处理,再加工成所需要的形式,转换成 JPEG 格式的图形文件,以便在网上传输。

(2)制作动画

由 Macromedia 公司推出的 Flash 动画制作软件,是目前制作网络交互式动画的最有效的制作工具。它支持动画、声音以及交互功能,具有强大的交互式多媒体编辑能力,并且可以直接生成主页代码。用 Flash 制作的动画文件非常小,适合于网上远程教学使用。

(3)制作音频视频文件

可以利用计算机视频输入设备(视频头)将现场实况录入计算机并制成视频文件(如 MPEG)。

可利用屏幕捕捉软件将连续动作的计算机屏幕操作以及通过传声器录入的实时讲解同步制成 AVI 视频文件。这种方法特别适合于制作计算机类的教学课件。

利用 Premiere 及 After Effect 等视频编辑软件可以将多个分离的图像、声音文件组合在一起,并可以加入特级效果,从而生成最终的视频文件。

13.5.3 远程教育规范

图 13-15 所示是以 ATM 为主骨干网,以卫星传输为辅的大型课堂式多媒体远程教育网络结构图。

上述系统的端点主要由终端主机、外接设备、MCU、网络管理系统组成。终端主机设备符合 H.320 技术标准,基于开放式 PC 平台和 Windows 操作系统;符合 H.261/H.263 视频编解码标准;支持 T.120、高速 T.120(H-MLP),符合 T.126 多点静态图像和注释规范、T.127 多点二值文件传输规范和 T.128 应用程序共享规范。外接设备有电子白板、摄像机、图文摄像等。多点控制单元(MCU)支持 H.321,H.243 标准;支持 T.120、高速 T.120 标准;支持 H.281 标准的远端摄像机控制规程。

而基于 IP 网络的远程教育系统(包括 LAN 系统)则如图 13-16 所示。当课堂人数不多时,采用 PC 机终端,可分布在 LAN 或 Internet,通过网关的协议转换,实现在 ISDN 上的传输,其传输速率为(128～384) kb/s。

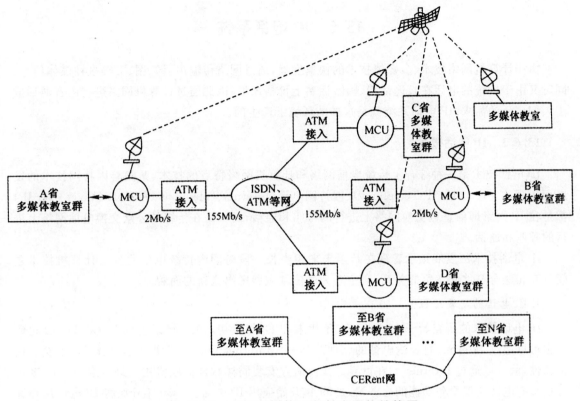

图 13-15　大型多媒体远程教育网络结构图

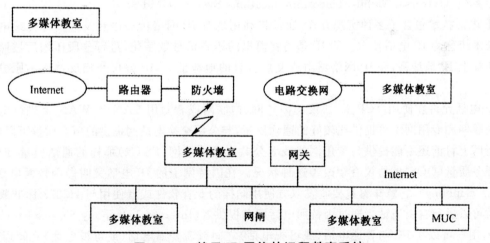

图 13-16　基于 IP 网络的远程教育系统

　　终端主机设备。符合 H323V2 的 PC 型终端,其速率为(128～3848) kb/s;符合 H-323V2 的会议室型终端,速率为 512 kb/s～2 Mb/s;视频编码符合 H.261/H.263 标准。网关能提供 H.320 与 H.323 之间视频、音频、数据协议的转换。网闸,提供地址转换以及许可控制。

　　随着我国信息基础设施的迅速发展,宽带光纤网络的全面建设,远程教学费用将会大大降低,这样将推动基于宽带网络的远程教育的发展。基于 IP 的多媒体远程教育必将彻底突破时空限制,提供多形式、多功能、全方位的教学服务。

13.6 IP 电话系统

由于计算机网络技术、多媒体技术的快速发展,通过网络传输声、像、图、文等多种媒体信息,同时又由于传统的电话在长途话费、国际话费上价格昂贵,因此通过计算机网络进行语音通话成了人们广泛的需求,IP 电话系统就是这样的环境下产生的。

13.6.1 IP 电话概述

IP 电话技术是一种综合了传统电信网络和计算机网络特点的技术,是随着因特网技术的发展而出现的。IP 电话(IP Telephony)、因特网电话(Internet Telephony)和 VoIP(Voice over IP)都是在 IP 网络即信息包交换网络上进行的呼叫和通话,而不是在传统的公众交换电话网络上进行的呼叫和通话。

IP 电话技术的发展预示着现在乃至未来相当长一段时间内传统电信业务与计算机技术之间既互相融合又彼此竞争的关系,必定会为通信领域展现出全新的面貌。

1. IP 电话的发展历程

IP 电话技术的研究始于 20 世纪 70 年代末和 80 年代初,1995 年以色列 Vocal Tec 公司研制出可以通过 Internet 打长途电话的软件产品——Internet Phone,只要在多媒体 PC 上安装这个软件,就可以通过 Internet 和在世界上任何地方安装同样软件的联机用户进行通话。1998 年出现具有电话会议服务功能的会务器,1999 年开始应用 IP 电话。2000 年开始将 IP 电话用在移动 IP 网络上,例如,通用信息包交换无线服务(General Packet Radio Service,GPRS)或者通用移动电话系统(Universal Mobile Telecommunications System,UMTS)。

IP 电话技术包含了多种实现方式,通常将利用现有 IP 网络传输语音及传真等传统电信业务的技术统称为 IP 电话技术。VoIP 是指将模拟的语音信号数字化,进行分段压缩后按照一定的规律加上 IP 地址头,经 IP 网络路由或交换至目的地地址后,IP 包再经相反过程还原成语音信息。

IP 电话允许在使用 TCP/IP 协议的因特网、内联网或者专用 LAN 和 WAN 上进行电话交谈。内联网和专用网络可提供比较好的通话质量,与公用交换电话网提供的声音质量可以媲美;在因特网上目前还不能提供与专用网络或者公共交换电话网(PSTN)那样的通话质量,但支持保证服务质量(QOS)的协议有望改善这种状况。在因特网上的 IP 电话又叫做因特网电话(Internet Telephony),它意味着只要收发双方使用同样的专有软件或者使用与 H.323 标准兼容的软件就可以进行自由通话。通过因特网电话服务提供者(Internet Telephony Service Providers,ITSP),用户可以在 PC 与普通电话(或可视电话)之间或者普通电话(或可视电话)之间通过 IP 网络进行通话。从技术上看,VoIP 比较侧重于声音媒体的压缩编码和网络协议,而 IP Telephony 比较侧重于各种软件包、工具和服务。

专门的电话软件阶段通信的双方只能在了解对方网络地址且要约定同时上网的点对点的通话,而不能进入公共通信领域或商用化。

随着 IP 电话的优点越来越突出,许多电信公司在此基础上进行了开发,从而实现了计算机与普通电话之间的通话,具体如图 13-17 所示。

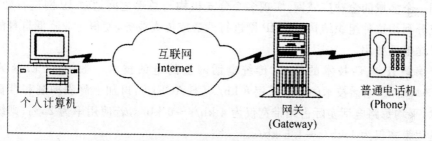

图 13-17　PC 到电话的方式

计算机需要装有声卡和送话器及扬声器和 IP 电话的软件,并且连通 Internet。

计算机(PC)方呼叫远端电话:先通过 Internet 登录到网关,进行账号确认,提交被叫号码,然后由网关完成呼叫。

电话呼叫远端计算机(PC):计算机(PC)应当向 Internet 提供一个固定的地址,并且在电话所在网关上进行登记,电话向网关呼叫,通过网关自动呼叫被叫计算机(计算机平时不能关机)。

但这种方式还是非常不方便,无法满足公众随时通话的需要。由于众多的 PSTN 用户,最终促成了 IP 电话网关的出现,IP 电话的语音质量不断改善,也出现了专门经营 IP 电话业务的 Internet 电话业务提供商(ITSP)。

在上述基础上,开始出现普通电话到普通电话的通信方式具体可见图 13-18 所示。

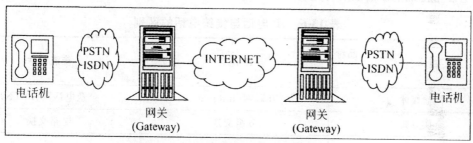

图 13-18　普通电话到普通电话方式

具体过程:普通电话客户通过本地电话拨号上本地互联网电话的网关(Gateway),输入账号、密码,确认后键入被叫号码,这样本地与远端的网络电话通过网关与 Internet 网络进行连接,远端的 Internet 网关通过当地的电话网呼叫被叫用户,从而完成普通电话客户之间的电话通信。

作为网络电话的网关,一定要有专线与 Internet 网络相连,而网络电话可以看作是 Internet 网上的一台主机,目前双方的网关必须用同一家公司的产品。这种通过 Internet 网从普通电话到普通电话的通话方式就是人们通常讲的 IP 电话,也是目前发展得最快而且最具有商业化前途的电话。

2. IP 电话的优劣势

(1)IP 电话的优势

随着技术和标准的不断成熟,伴随着"三网合一"的实现,IP 电话可能成为下一代电信基础设施结构的核心,使未来各电信业务综合统一在 IP 网络上成为可能,并将导致语音与数据的融合和未来电信市场的重组,带来新的经济模式和价值链。

IP 系统的网络构成从规模上可分为企业级和电信级,其应用可从一个单域的企业内部网络应用扩展到一个多域的全球广域网,实现多个分支机构与总部之间通过 IP 网进行数据的传输。企业可以充分利用这种组织结构通过 IP 网进行话音或传真业务,使得企业降低自身的成本并节省大量的长途电话费用。

话音压缩是 IP 电话技术的核心,传统电话网上的电话技术一般为 32 kb/s ADPCM 或 64 kb/s PCM,而 IP 电话技术的标准采用 8 kb/s CS-ACELP,再加上静噪抑制和带宽共享与动态分配技术,平均每路电话实际占用带宽仅为 4 kb/s~6 kb/s,若使用率为 25%,则统计意义上每路电话占用带宽仅为 1 kb/s~1.5 kb/s。

(2)IP 电话的劣势

由于因特网不是实时通信网,所以存在"时延"问题。所谓"时延"就是指从发话人开始讲话到收话人听到讲话所经过的时间,时延超过限度就会使人感到不自然,一般来说,时延超过 250 ms,就会难以忍受。传统的电话通信人是感觉不到时延的,而 IP 电话则要把通话人说话的声音信号变换为数字的编码信号,再把数字化的信号"分组"、"打包",还要用"存储-转发"的方式传送,在接收端还要解码、合成、复原等等,因此增加了更长时延(如解码时延,缓存时延等)。如果发生电路拥挤的情况,等待转发可能导致更长的时延,甚至还会造成数据分组丢失,使收话人听不清或听不懂发话人的语音。

3.IP 电话与传统电话的区别

IP 电话与传统电话的区别可见表 13-6 所示。

表 13-6　IP 电话与传统电话的区别

性能　　品种	IP 电话	传统电话
传输媒体	互联网(Internet)	公众电话网(PSTN)
交换方式	分组交换	电路交换
带宽利用率	高	低
使用费	低	高
话音质量	低	高

IP 电话与传统电话存在很多差异:首先,二者语音传输的媒介完全不同,IP 电话的传输媒介为 Internet 网络,而传统电话的传输媒介为公众电话交换网(PSTN)。其次,二者交换方式也完全不同,IP 电话主要是分组交换技术,信息根据 IP 协议分成一个一个的分组进行传输,每个分组上都有目的地址与分组序号,到目的地后再还原成原来的信号,而且分组可以沿不同的途径到达目的地,而传统电话用的是电路交换的方式,没有 IP 电话交换功能。

从占用信道或带宽上来看,IP 电话有信息才传送,否则不传送,可见,其语音信息不占用固定信道,并且通过压缩技术,IP 电话的话音信息可以压缩到 8 kb/s。而传统电话则要占用 64 kb/s 的固定信道,且只要不挂机,始终占用这一信道。

从成本上看,IP 电话的费用组成是:Internet 通信资费＋市内电话通话资费＋IP 电话相关设备费用。我国 Internet 资费和市话费普通较低,加上 IP 电话所占带宽比较低,所以与传统的国际长途电话费的成本比较相对较低。有些国家或地区对传统的国际长话还要加收一定的税金。所以费用上，IP 电话要比普通电话便宜得多。

13.6.2　IP 电话的原理及实现

IP 电话泛指在以 IP 协议为网络层协议的计算机网络中进行的语音通信，其实现原理如图 13-19 所示。

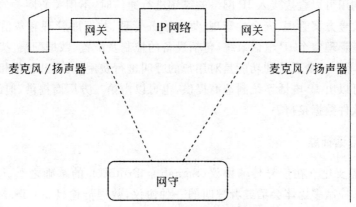

图 13-19　IP 电话业务实现原理

目前，国内应用最广泛的是基于 ITU-TH.323 标准的 IP 电话技术。该系统一般由 IP 电话终端、网关（Gateway）、网守（Gatekeeper）、网管系统、计费系统等几部分组成。图 13-20 所示为基于 H.323 的电话到电话形式的 IP 电话系统结构图。

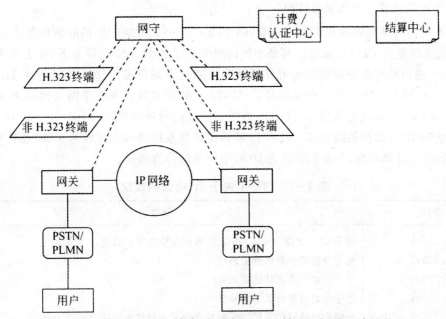

图 13-20　基于 H.323 的电话到电话形式的 IP 电话系统结构图

IP 电话终端包括传统的语音电话机、PC、IP 电话机，同时也可以是集语音、数据和图像于一体的多媒体业务终端。不同种类的终端的数据源结构不同，若要在同一个网络上传输，就需要由网关或者是通过一个适配器进行数据转换，形成统一的 IP 数据分组。IP 电话网关处在电路交换网(PSTN/PLMN)和 IP 网(如因特网或专网)之间,普通电话用户通过 PSTN/PLMN 本地环路连接到 IP 网络的网关,网关负责把模拟信号转换为数字信号并压缩打包,成为可以在 IP 网络上传输的 IP 分组语音信号,由 IP 电话网守进行地址解析和身份认证后,通过 IP 网络传送到被叫网关,由被叫网关对 IP 数据分组进行解包、解压和解码,还原为可被识别的模拟语音信号,再通过 PSTN 传到被叫方的终端。于是一个完整的电话到电话的 IP 电话的通信过程就完成了。通话双方在利用可以直接接入 IP 网络的终端进行通信时,不用关心网关的配置和维护。网守提供的功能有拨号方案管理、安全性管理、集中账务管理、数据库管理和备份、网络管理等等。网管系统的功能是管理整个 IP 电话系统,包括设备的控制及配置、数据配给、拨号方案管理及负载均衡、远程监控等。计费系统的功能是对用户的呼叫进行费用计算,并提供相应的单据和统计报表。计费系统可以由 IP 电话系统制造商提供,也可以由第三方厂商提供,但此时需 IP 电话系统制造商提供其软件数据接口。

13.6.3 IP 电话标准

IP 电话服务需要建立在信号传输协议(Signaling Protocol)的基础之上。所谓信号传输协议是指用来建立和控制多媒体会话或者呼叫的一种协议,数据传输(Data Transmission)不属于信号传输协议。这些会话包括多媒体会议、电话、远距离学习和类似的应用。IP 信号传输协议用来创建网络上客户的软件和硬件之间的连接。多媒体会话的呼叫建立和控制的主要功能包括用户地址查找、地址转换、连接建立、服务特性磋商、呼叫终止和呼叫参与者的管理等。附加的信号传输协议包括账单管理、安全管理、目录服务等。

1. 国际电信联盟电信标准局(ITU-T)

ITU-T 的前身是国际电报咨询委员会(CCITT),是一个影响广泛的电信标准化组织,侧重于从电信的角度制定 IP 电话标准。其最主要的研究成果是 H.323 协议方案,并于 1996 年通过了 H.323v1,内容重点是局域网中的可视电话会议系统全局标准。1998 年通过了 H.323v2 标准,将内容推广到了一般的分组交换网络。H.323v3 的研究重点集中于网关控制协议、管理域间(即网守间)协议、移动管理协议、H.323 系统和协议的管理信息库(MIB)等。表 13-7 列出了 H.323 系统和 IP 电话相关的建议。其中 H 系列建议为系统协议和控制协议,G 系列建议为 IP 电话使用的语音编码标准,T 系列建议为 IP 网中使用的传真协议。

表 13-7　ITU-T 关于 IP 电话的建议

协议	协议名
H.323v1	用于 QoS 无保证的 LAN 上的可视电话系统和设备
H.323v2	基于分组的多媒体通信系统
H.323v3	基于分组的多媒体通信系统
H.323v4	基于分组的多媒体通信系统
H.225.0	分组多媒体通信系统的呼叫信令协议和媒体流分组化
H.245	多媒体通信的控制协议
H.235	H 系列(H.323 和其他基于 H.245 的)多媒体终端的安全和保密
H.450.1	支持 H.323 补充业务的通用功能协议
H.450.2-x	H.323 各类补充业务

续表

协议	协议名
H. 332	关于松弛耦合会议的 H. 323 扩展
H. 248	媒体网关(MG)和媒体网关控制器(MGC)之间的通信协议
G. 711	话音频率的脉冲编码调制
G. 723.1	多媒体通信 5.3/6.3 kb/s T2 速率语音编制器
G. 728	采用低时延码激励线性预测的 16 kb/s 语音编码
G. 729	采用共扼结构代数码激励的 8 kb/s 语音编码
G. 729Annex A	低复杂度 CS-ACELP 8 kb/s 语音编码
T. 37	IP 网络端点间存储转发方式的传真通信
T. 38	IP 网络端点间实时三类传真通信过程

2. Internet 工程任务组(IETF)

很多与 IP 电话有关的标准都是在 IETF 被首先提出,主要侧重 IP 标准,它作为 IP 网络各类标准的制定者,在 IP 电话标准的开发过程中具有举足轻重的作用。IETF 与 IP 电话相关的工作组有 IPTEL、MEGACO、PINT、SRIRITS、MMUSIC 和 AVT,各工作组研究的重点有所不同。表 13-8 所示为 IETF 开发的主要协议。

表 13-8　IETF 开发的主要协议

协议	协议文件	协议名
SIP	RFC2543	会话初始协议
SDP	RFC2327	会话描述协议
RTP	RFCl889	实时传送协议
RTSP	RFC2326	实时流协议
PINT	Internet draft	PINT 服务协议
RADIUS	RFC2138/RFC2139	拨号用户远程鉴权服务协议/RADIUS 计费协议
MGCP	Internet draft	媒体网关控制协议
SCTP	RFC2999	流控制传输协议

3. 欧洲电信标准协会 (ETSI)

ETSI 成立了一个专门研究 IP 电话的"电信和因特网协议网络协调",即 TIPHON(Tele-communications and Internet Protocol Harmonization Over Network),它反映了众多电信制造厂商和运营商的想法,侧重商业实现,TIPHON 本身并不开发任何协议,只是提出对已有协议的选用或增强建议,据此形成技术报告,提供给 ITU-T、IETF 等标准化组织参考。

4. 国际多媒体电信会议联合会(IMTC)

IMTC 的研究侧重于解决各厂商的产品互通性问题,注重互操作性,由北美、欧洲和亚太地区的 150 多个成员组成。其宗旨是建立开放的国际标准,推动交互式多媒体远程会议解决方案的应用和实现。

13.7　网络电视(IPTV)系统

13.7.1　IPTV概述

IPTV称为网络电视,也称为交互式电视,是利用电信宽带网或广电有线网,主要采用互联网协议向用户提供多种交互式多媒体服务。IP属于电信运营商,TV属于广电运营商,而IPTV技术集通信技术、多媒体技术、互联网技术等多种技术于一身,通过IP宽带网络向家庭用户提供多种交互式数字媒体服务。

相较于传统的电视业务,IPTV最大的特点是能够进行个性化和实时交互特点的点播服务,还可以开展类似于传统电信业务和互联网业务的其他增值服务。IPTV利用IP网络,或者同时利用IP网络和DVB(Digital Video Broadcasting)网络,把来源于电视传媒、影视制片公司、新闻媒体机构、远程教育机构等各类内容提供商的内容,通过IPTV宽带业务应用平台(该平台往往不仅支持TV,也支持其他业务)整合,传送到用户个人电脑、机顶盒+电视机、多媒体手机(用于移动IPTV)等终端,使得用户享受IPTV所带来的丰富多彩的宽带多媒体业务内容。

图13-21所示为IPTV业务属性,和其他多媒体业务相比,IPTV业务主要有以下特征。

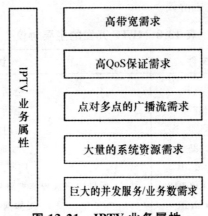

图 13-21　IPTV 业务属性

图中内容:IPTV 业务属性

- 高带宽需求
- 高QoS保证需求
- 点对多点的广播流需求
- 大量的系统资源需求
- 巨大的并发服务/业务数需求

1. 巨大的并发服务/业务数需求

原本的电视机用户群已经十分巨大,而并发用户数多本就是电视业务的特点,加上计算机和手机终端的用户后,这一特点尤为突出。

2. 大量的系统资源需求

图像和视频数据文件通常都非常大,并且处理起来非常繁琐,因此不仅存储时需要大量存储空间,且编解码时还需要大量交换空间。

3. 点对多点的广播流需求

在IPTV业务中,电视节目直播(LTV)、视频点播业务(VOD)、准视频点播(NVOD)、时移电视点播(TSTV)等服务都需要支持从广播源到用户终端的流传输。由于这些服务一般都是在同一时刻有许多用户需要相同的数据,因此需要提供点对多点的广播流。

4. 高 QOS 保证需求

IPTV 业务主要是流媒体业务,涵盖电视节目直播(LTV)、视频点播业务(VOD)、准视频点播(NVOD)、时移电视点播(TSTV)以及视频即时通信等服务,而微小的时间延时都能够被人眼所感知。因此,这些服务都需要相当高的实时性保证。另外,如果输出的图像和视频过于粗糙,也直接影响到用户的感受。

5. 高带宽需求

IPTV 业务涉及大量的图像和视频数据,在传输这些数据时往往需要占用大量带宽资源,有些视频业务需要实时传输,且 IPTV 的用户将比以往任何时候都多得多。因此,IPTV 业务对带宽的需求尤其强烈。

IPTV 业务的上述特点要求 IPTV 节目的编码必须能够提供尽可能大的压缩比,编解码速度要尽可能快,解码后输出的图像和视频质量尽量保持与原图像和视频相近。

13.7.2　IPTV 关键技术

IPTV 作为一种流媒体技术,其主要的技术有:流媒体技术、视频编解码技术、VDN(Video Distribution Network)技术、数字版权管理技术、组播技术等。

1. 流媒体技术

流媒体技术能够大大缩短放时的启动延时,并降低了对缓存容量的要求。它采用流式传输方式使音频、视频及三维动画等多媒体信息在互联网上传输。流媒体系统由前端的视频编码器和发布服务器以及客户端的播放器组成。

2. 视频编解码技术

国际上视频编解码标准的种类繁多,不同的标准适合于不同的环境。目前宽带网络环境下适用的编码标准有 MPEG-4、WMV、Real 和 H.264 等格式。

3. VDN 技术

IPTV 的服务质量要求很高,要保证画面质感很好、播放流畅等,这些在 LAN 中易于实现,但在 WAN 中从客户端到流媒体服务器,其间经过了一个复杂的 IP 网后,其播放的流畅度即难以保证。

鉴于 IPTV 系统的特点,IPTV 必须采用视频内容分发技术来提高用户访问的响应速度及播放质量。通过布放边缘媒体服务器(Edge Serve)来实现最终用户的点播服务。人们通常将内容从中心媒体服务器分发到边缘服务器的网络体系,称为内容分发网络(Content Delivery Network,CDN)。由于 IPTV 系统中分发的内容是视频,故 IPTV 系统中的 CDN 就是 VDN(视频分发网络)。

VDN 通过在现有的 Internet 中增加一层新的网络架构,将中心服务器的内容发布到最接近用户的网络"边缘",使用户可以就近取得所需的内容,提高用户访问视频的响应速度。可见,VDN 从技术上全面解决由于网络带宽不足、用户访问量大、网点分布不均等带来的问题,可以提高 Internet 中视频信息流动的效率。

VDN 的基本要求:

•系统具有良好的伸缩性和兼容性。

·能够实现跨越网络地址转换部署,解决全局负载均衡不能跨越 NAT 转到私有网络的问题。

·完整的服务认证、计费体系,包括系统管理、用户管理、配置管理、监控统计、内容管理、ICP 管理和开通管理。

·管理中心、分发中心和缓存服务点呈层次化网络结构,多个分布式节点之间进行负载均衡和备份,方便地支持性能和功能的扩展。

·基于应用层方案,支持基于 RTSP、HTTP 协议的应用层重定向,将用户导向至边缘节点,并通过远程节点的媒体服务系统为最终用户提供流媒体服务。

4. 数字版权管理技术

数字版权管理(Digital Rights Management,DRM)是一项涉及技术、法律和商业各个层面的系统工程。DRM 是保护多媒体内容免受未经授权的播放和复制的一种方法。DRM 将使各个平台的内容提供商们,无论是因特网、流媒体还是交互数字电视,提供更多的内容,采取更灵活的节目销售方式,同时有效地保护知识产权。

DRM 技术的工作原理是:建立数字节目授权中心,编码压缩后的数字节目内容,利用密钥可以被加密保护,加密的数字节目头部存放着 KeyID 和节目授权中心的 URL。用户在点播时,根据节目头部的 KeyID 和 URL 信息,就可以通过数字节目授权中心的验证授权,获得相关的密钥解密,节目方可播放。需要保护的节目被加密,即使被用户下载保存,没有得到数字节目授权中心的验证授权也无法播放,从而保护了节目的版权。

5. 组播技术

分布式 IPTV 系统中,TV 节目源和 IPTV 系统只在中心平台有接口,而不会和每个边缘媒体服务器有接口。因此用户收看 TV 节目的视频流是从 IPTV 中心媒体服务器穿透宽带网络到达用户。若通过点播来传输,则随着用户数量的增加,骨干网上的带宽消耗也随之增加。而组播技术则可以解决该问题,组播技术是 TCP/IP 协议的扩展,是 TCP/IP 传送方式的一种。它允许一个或多个发送者(组播源)一次、同时发送单一的数据包到多个接收者的网络技术。组播源把数据包发送到特定组播组,而只有属于该组播组的地址才能接收到数据包。在 IPTV 里,组播源的个数就是 TV 的频道数。在网络的任何一条主干链路上一个 TV 频道只传送单一视频流,即所谓"一次发送,组内广播"。

组播技术提高了数据传送效率,降低了主干网出现拥塞的可能性,即使用户数量成倍增长,主干带宽不需要随之增加。

13.7.3 IPTV 系统架构

IPTV 系统是一个涉及内容提供/运营商、电信运营商和最终用户的综合系统,流媒体数据、用户认证/授权信息、账务信息等要在这几个参与者之间实时地交互。

组成 IPTV 的平台在结构上分为四层:用户接入层、业务承载层、业务应用层和运营支撑层,平台结构如图 13-22 所示。

　　用户接入层通过机顶盒完成用户向 IP 业务的接入,可以采用 ADSL、HFC 和手机接入方式。承载层涉及运营和业务的承载网络,还有内容分发的承载网络,IPTV 对承载网有很高的要求。IPTV 的承载网络可以是 IP 网、有线电视网和移动网。业务应用层使用户通过节目目录享受多种多媒体服务,涉及多种网络增值业务。运营支撑层完成运营商对业务及用户的管理,如接入认证授权、计费结算、平台管理和数字版权的管理等。

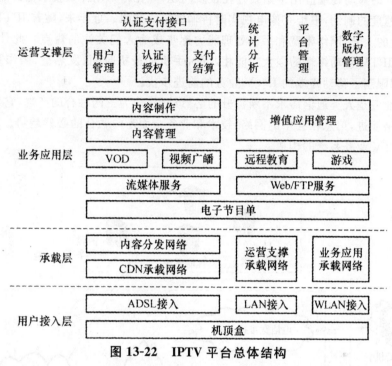

图 13-22　IPTV 平台总体结构

　　可将 IP 终端大致分为:PC 终端、电视＋机顶盒终端和手机移动终端。

1. 基于 PC 的终端系统

　　基于 PC 的终端系统是沿用互联网视频的应用形式,利用网络流媒体技术传送某种格式的数据流,用户可在计算机上利用相应的播放器对压缩的视音频流媒体文件解压后进行播放。这种形式的终端硬件比较简单,只需要一台具有以太网卡的计算机安装相应的播放器应用软件就可以播放音视频节目和上网浏览。

　　PC 机终端系统优点是简单、方便、成本低等。缺点是每一种播放器软件都局限于厂商私有的文件格式,通用性差。利用 PC 显示器观看电视节目相对于电视机观看屏幕小并且舒适度差。

2. 电视＋机顶盒终端

　　机顶盒 STB(Set-top-Box)就是放在电视机上的盒子,起源于数字电视,是一种将数字电视信号转换成模拟信号的变换设备。由于 IPTV 的发展,出现了基于 IP 协议的机顶盒(简称 IP-STB)。IP-STB 既提供与大多数有线或卫星电视机顶盒相同的功能,还可使用低成本的互联网和基于 IP 的网络设施,并支持一系列的应用和交互式服务。

　　基于 STB 的终端系统是兼顾 PC 和电视机的功能,以电视机作为显示器,利用专用的 IP-STB 对网络音视频媒体数据接收和解压,转换为电视信号格式输送给 TV 播放。

3. 手机移动终端

IPTV 的移动终端系统是指借助于 3G 手机,处理图像、音乐、视频流等多媒体,并利无线通信网络和互联网相结合提供网络电视、视频电话、网页浏览、电视会议、电子商务等多种媒体服务。

但是 IPTV 的移动终端应用中始终存在很多问题,如无论采用什么技术播放的图像,其速度都会受到网络速度的制约,很难有像电视实时传输的平滑效果。近年来,随着 IPTV 业务的发展和普及、用户量的上升,网络带宽和手机处理能力逐步成为人们关注的焦点。此外,目前手机电源技术无法与 IPTV 移动终端的强大功能相匹配,手机的待机时间、发热量、操作系统的稳定性等各种因素,都限制了移动终端的 IPTV 业务的前进步伐。

但 IPTV 业务是人类通信需求不断提升的必然结果,作为三网融合的产物,它体现了现有网络向下一代网络演进,信息社会中的网络、技术和业务全面走向融合的必然趋势。图 13-23 所示即为典型的 IPTV 业务系统的构成。

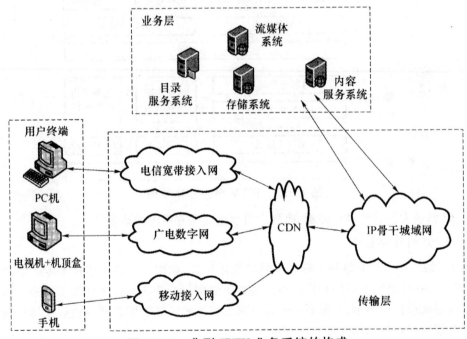

图 13-23　典型 IPTV 业务系统的构成

13.8　远程医疗系统

远程医疗从医学的角度又可以称为远程医学(Telemedicine)。从广义上讲,是使用远程通信技术和计算机多媒体技术提供医学信息和服务,包括远程诊断、远程会诊及护理、远程医学信息服务等所有医学活动;从狭义上讲,主要指会诊、指导手术、医疗资料、图像传输等具体的医疗活动。远程医疗从通信的角度理解为通信技术和计算机技术、多媒体技术在医学上的综合应用技术。随着医学、通信、计算机和多媒体技术的发展,远程医疗也在不断地更新和拓展。随着信息高速公路在我国的发展,远程医疗在国内逐渐被人们所了解和接受。

13.8.1　远程医疗的概述

随着通信技术的发展,远程医疗不断地变换自己的形式。从使用卫星、微波的窄带、小信息量的医疗信息交互到宽带、大信息量的集声音、图像、数据于一体的多媒体交互式系统,通信技术的发展起到了重要的推动作用,可以说远程医疗是伴随着通信技术的发展而不断进步的。

1. 远程医疗的发展历程

（1）远程医疗在国外的发展历程

20 世纪 50 年代末,美国率先将远程通信技术应用于医疗,出现了远程放射学,并诞生了一个新名词 Telemedicine,即远程医疗。除了美国以外,加拿大、澳大利亚也先后开展了远程医疗计划和活动。从 20 世纪 60 年代到 20 世纪 80 年代,各个远程医疗项目都是利用卫星和微波等建立单向或双向的通信渠道,信息传送量非常有限,覆盖范围较小,通信质量难以保证。在当时的通信条件下,远程医疗的发展受到限制,被认为是远程医疗的早期阶段。

到了 20 世纪 80 年代后期,语音通信、数据通信、多媒体通信相继发展,通信质量和容量不断提高,从而极大地促进了远程医疗的发展,远程医疗迎来了大发展时期。在这一时期,美国和西欧等国家的远程医疗发展迅猛。尤其是美国,非常重视远程医疗的发展,以战略的眼光重新给远程医疗做了定义:远程医疗是一个开放的分布式的系统,是一个包括医学技术、通信和计算机技术的整体,是以通信技术和计算机技术为基础,实现远程的音频、视频、数据信息的共享和利用。

进入 20 世纪 90 年代,美国首先在军事行动中广泛采用远程医疗系统。在 1991 年的海湾战争和 1993 年的索马里维和行动中,美军的远程医疗系统发挥了不小的作用,提高了前线医疗水平,减少了伤员的痛苦。

1996 年,澳大利亚关于医疗信息管理及远程医疗的提案获得通过,由此远程医疗在放射医学、肿瘤、血液及肾脏等疾病诊断中得到应用。

1998 年 9 月,英国政府公布了涉及医药卫生信息化的 NHS 项目,计划利用信息和通信技术向广大病人提供最方便、快捷的医疗服务。该项目通过在英国全国建立电话网关,使用户通过电话线直接连接 NHS 网络以获得医疗服务。

截止到 2002 年,挪威的远程医疗系统已经延伸到三百多家医疗机构。基于可视电话设备的远程医疗系统的带宽是 384K,因而可应用于皮肤科、耳鼻喉科、精神病科、超声心动、放射科及病理科等的医疗诊断。挪威计划在几年的时间里采用因特网技术将国内所有的医院和诊所纳入远程医疗系统网络中。

（2）我国远程医疗的发展历程

我国是一个幅员辽阔的国家,各地区医疗水平有着明显的差距,特别是在广大农村和边远山区,医疗水平尚有待提高,因此,打破地域限制的远程医疗在我国有更加迫切的发展需要。但是,由于受我国通信技术发展的限制,远程医疗在我国起步较晚。

我国的远程医疗开始于 20 世纪 80 年代,当时国内的通信技术快速发展,依托这个有利条件,出现了通过各种通信手段进行的远程医疗的尝试。1986 年,广州远洋航运公司一艘远洋货轮上的船员突患急症,其他船员通过拍电报的形式进行了跨海会诊,这可以认为是我国最早的远程医疗活动。1995 年 3 月,山东小姑娘杨晓霞的手臂发生不明原因的腐烂,国内医院无法确诊,最后通过因特网向国际社会寻求帮助,很快 200 多条信息从世界各地汇集到北京,帮助医生确诊为一种噬肉病菌引起的感染,经过治疗最终保住了杨晓霞的手臂。同年 4 月,北京大学女大学生突发不明原因的昏迷,生命垂危,同样通过因特网收到上千封 E-mail,为最后确诊提供了宝贵的建议。这三个事件在当时引起了国内对远程医疗的广泛关注,地方和军队医院及医学科研单位进行了各种方式的远程医疗尝试。当时,在远程医疗过程中主要使用电话线路,只能传输语音、静态图像和数据等小容量的信息。

中国金卫医疗网络是国家卫生部医疗卫生卫星专网,利用卫星频道已开通了全国 15 个中心城市的 20 家医院。金卫公司与中华医学会及众多著名医学教学、科研单位合作,通过金卫卫星网提供远程异地的专家会诊、手术观摩、远程医学教育、学术交流和讲座、信息查询和共享等现代化的医疗手段和途径。由于采用卫星通信技术,易受恶劣的自然环境影响。同时,其进行远程医疗的资费也比较高,主要适合于复杂病情、疑难病例的远程诊断。

1997 年,中国远程医学网开始运营,该网络是依托于中华医学会资源成立的面向全球服务的专业医学网络。中国远程医学网拥有两大业务中心,即中华医学会远程医疗会诊中心、中华医学会远程医学继续教育中心。其中远程医疗会诊中心是目前国内开展远程会诊服务最好的中心之一,自开通以来累计会诊了 500 多例疑难病例,全国入网医院已达 100 多家。目前,该网络准备经过十年三个阶段,即电话线阶段—DDN、ISDN、光纤通信联网阶段—卫星通信阶段,逐步在我国推行以农村乡镇卫生院(所)为基点的乡、县、市三级远程医疗网络计划。

随着国内远程医疗活动的日趋增加,国家卫生部等部委相继出台了关于远程医疗的相关法规措施,对管理体制、人员素质、医师和患者之间的关系做了规定。从目前国内的相关法规措施看,国内的远程医疗系统较多地应用在医师之间对疑难病症的会诊、医学观摩和医学图像信息的共享上,在医师之间建立了沟通的桥梁,患者并没有直接参与进来。远程医疗的倡导者认为,不久的将来,远程医疗系统将使医生直接面对计算机,根据屏幕显示远方病人的各种信息对患者进行诊断和治疗。我国的远程医疗与这个目标还存在着较大的差距,还有待在技术、政策法规、实际应用等方面不断地努力。

2. 远程医疗的应用领域

远程医疗自初次登上医学的舞台起,日渐引起人们的重视。最初的远程医疗,处理数据的能力很低,因而局限于传递静止的图像。随着现代通信技术的发展,远程医疗可以远距离传输外科手术中病人的病理切片图像,用于诊断疾病。现在,先进的远程医疗设备不仅可以适时传输数据,而且可以传输电视图像。多媒体的应用使远程医疗更加生动、形象。远程医疗在提高和扩大高质量的医疗服务中越来越显示出重要的地位。

(1)远程放射学和 PACS 系统

远程放射学(Teleradiology)和 PACS(Picture Archiving and Communication System)系统是为了解决医学影像的有效管理和及时调用而提出的,是远程医疗中两个紧密联系的研究热点。

PACS 系统是专门为图像管理而设计的图像存档和传输系统,它受多种技术的影响,如计算机技术、通信技术、存储媒介、数据识别、显示技术、图像的压缩、人工智能、通信的标准化接口、软件有效性、系统集成等。目前 PACS 系统中的四个重要研究领域为:系统结构设计、网络通信、数据库集成和访问以及数据和知识的获取。系统设计中注重的是系统的标准化、开放性和系统之间的互联性,国际上的两个通用标准分别为图像格式的 DICOM 3 标准(Digital Imaging and

Communication in Medicine 3)和病人数据的 HL 7 标准(Health Level 7)。只有标准化的系统才可以保证系统的开放和系统之间的互联性。

在进行远程会诊或远程教学时,常需要将多幅图像进行对比,因此,PACS 系统对网络的要求较高,一般要求宽带网络。目前,初步的临床测试表明,应用 TCP/IP 的 ATM(Asynchronous Transfer Mode)在局域网和广域网上传送速率能达到 60 Mb/s,即传送一幅大小为 10 MB 的数字化胸片需要 1.3 s,传送一幅大小为 40 MB 的 CT 图像需要 5.3 s。

数据库的集成和访问与从数据库中获取数据和知识是密切关联的两个研究领域。放射科医生、研究人员和医学教师需要使用医院信息系统和远程放射学中的不同类型的数据,需要从位于不同硬件平台上的数据库中获取数据并在不同的软件下显示,所以,如何集成这些数据库并从中获取数据和知识是远程医疗中的一个重要的课题。因此,PACS 系统的发展趋势是系统的集成,特别是要重视医疗保健意义上的系统集成(HI-PACS,Health Care Integrated PACS)。

在医院中建成一个 PACS 系统的价格非常昂贵。为了建设 PACS 系统,要求:

①医院现有的各种成像设备具有符合国际标准(DICOM 3)的接口。

②建立一个高速宽带局域网。

③有数字化数据和图像的海量存储库。

④有图像处理工作站和位于不同科室的图形终端。

⑤有对非数字化图像进行数字化处理的设备。

⑥有软件系统,包括数据库管理和终端控制系统。

远程放射学中,如果传送时间不是至关重要的因素,可以用较低的通信网来实现图像的远距离传送,如将图像送到影像专家家中浏览,图像在医院之间进行传送等。在瑞士,人们将窄带 ISDN(速率为 64 kb/s)用于这种对传送时间要求不高的场合。

(2)远程会诊和远程诊断

远程会诊(Teleconsulation)和诊断(Telediagnosis)是远程医疗研究中应用最广泛的技术,在提高边远地区医疗水平,对灾难中的受伤者等特殊病人实施紧急救助方面都具有重要作用。

远程会诊是参加会诊的专家对病人的医学图像和初步的诊断结果进行交互式讨论,其目的是给远地医生提供参考意见,帮助远地医生得出正确的诊断结果。在这个过程中,具有双向的同步音频和视频信号的视频会议系统是支持专家间语言和非语言的面对面对话的重要工具。由于视频仅用于讨论,因此,对视频图像质量要求不高,而音频信号要求清晰,没有延迟。远程会议系统的一个例子是连接美国的 Washington、Alaska、Montana 和 Idaho 四州的农村远程医疗网,每个州的一个诊所都配备一台基于 PC 的会议系统,包括一个数字扩音器、一台传真机、数字录像机、X 光数字化仪和监视器,这样,远地诊所医生就能与位于华盛顿医疗中心具备相似会议系统的专家进行远程会诊。目前,远程会诊系统的会诊专家能在看和交谈的同时向远端传送图像和其他的文件,并使用电子白板传送文字信息和图像。

远程诊断是医生通过对远地病人的图像和其他信息进行分析做出诊断结果,即最后的诊断结论是由与病人处于不同地方的远地医生做出的。远程会诊与诊断的显著区别在于远程诊断对医学图像的要求较高,即要求经过远程医疗系统经图像识别、压缩、处理和显示的医学图像不能有明显的失真。远程诊断系统有同步(交互式)和异步之分。同步系统具有与远程会诊系统类似的视频会议和文件共享的设备,但是要求更高的通信带宽以支持传送交互式图像和实时的高质量诊断图像。异步的远程诊断系统基于存储转发机制,需将各种信息如图像、视频、音频和文字组成的多媒体电子邮件,在方便的时候发送给专家,专家将诊断结论发给相关的医护人员。在远程诊断使用不多的场合,异步远程诊断系统可降低对带宽的要求,可采用比同步远程诊断和远程会诊低的通信网络。

整个远程医疗系统包括以下几部分:

①视频电话,使参加远程会诊各方人员能进行面对面的讨论。

②远程出席系统,使在中心医院的专家能够从远端医生或护理人员的"肩膀上"看到他们对当地病人的检查并进行指导。

③远程放射学。在许多场合 X 光片是一个重要的诊断依据,当地的医护人员使用数字化仪和具有高分辨率显示的计算机将放射影像数字化并通过通信网络传送给中心医院,然后专家对图像进行讨论。

④重要生理参数的远程监护,如 ECG 远程监护是将本地的 ECG 信号通过 PC 的数据口经过 ISDN 送到中心医院。

(3)远程监护和家庭护理

远程监护(Telemonitoring)和家庭护理(HHC,Home Health Care)技术是近年来远程医疗中非常重要而又相对薄弱的研究领域。

远程监护提供了一种通过对生理参数进行连续监测来研究远地对象生理功能的方法。最早应用远程监护的是美国航天局,于 20 世纪 70 年代,运用远程监护技术对太空中的宇航员进行生理参数监测。目前,美国军方正在研究一种供战时使用的人体状态监护仪(PSM,Personnel Status Monitor),这种微型仪器由士兵携带,用于监护佩带者的呼吸、体温、心率和其他的生理参数,其作用在于估计受伤者是否活着,并可确定受伤者的所在地。PSM 的通信方式是采用突发的发射方式以迷惑敌人,并运用传感技术监护血压和其他的血参数、心电图等重要生理参数。现在,远程测量和远程监护技术广泛地应用于家庭护理和急救系统中。

家庭护理技术是运用远程监护技术对家中患者的重要参数进行监测,并在发生意外时实施紧急救助。家庭监护中运用远程测量或远程监护技术,一般采用便利的、便宜的通信方式,如普通电话、N-ISDN、电视和交互电视等。目前,家庭护理系统研究的服务对象主要为:

①手术后在家中的恢复病人。

②残疾人和老年人。

③高发病人群的家庭监护。

④健康人的家庭监护。

由于心脏病发病时一般具有突发性和危险的特点,因此,将心电图的远程监护和报警作为家庭监护的一个重要应用。目前研究的家庭心电图远程监护报警系统一般有两种类型。

①心电 BP 机系统。BP 机系统的家庭端一般包括一个类似 BP 机大小的心电图监护记录单元和通信单元。监护记录单元的功能是对佩带者的心电图进行监护,当发现心电异常或佩带者感到不适时按下按钮可记录下 6~240 s 的心电图,然后使用者将监护记录单元放在通信单元上,将记录的心电图通过接口转换经电话线送往医院。位于医院或诊所的中心端一般为一台计算机,能完成一对一的心电图接收、显示、归档等管理功能。传输方式基本为声耦合方式,即将 0.5~100 Hz 的心电图经过频率调制到语音频段后再通过电话话筒送出,在医院中心经过反变

换恢复心电图数据。

②心电长时间实时监护系统,如清华大学研制的家庭心电/血压监护网系统。该系统的家庭端单元由一个便携式心电检测仪和一台智能心电实时监护仪器构成。检测仪以无线电方式发送心电图,由智能心电监护仪接收,并对接收的心电图进行实时处理。当异常心电图超过报警阈值时自动拨号,将当时的心电图通过调制解调器实时送往医院。该系统在病人不适时具有手动按键报警功能和类似 Holter 的心电图长时间记录发送功能。清华大学的家庭心电/血压监护网系统除了具有心电图远程监护功能外,还可以配备血压计实现血压的远程监护。位于医院的中心端是一台基于 UNIX 操作系统的工作站,能实现同时对多个家中患者的心电图进行实时监护、归档、信号处理和病案管理等功能。

随着传感技术和远程监护的发展,健康者也会成为家庭监护的监护对象,通过对健康者的生理参数进行监护,有助于疾病的早期发现和及时的治疗。日本东京医科大学研究所通过监护一家三口的心电图来跟踪使用者的健康状况,以发现心脏病的早期症状。

(4)远程教育

远程教育包括对医护人员的专业教育(基础和继续教育)、获取远地信息(数据库、文献和专家)和社区医疗保健教育三部分。

远程教育通过远程通信网络提供多种多样的医学资源,如远程放射学和 PACS 提供的各种影像资料,远程会议系统提供了面对面的交流机会。目前,迅速发展的虚拟现实技术,在解剖、生理和病理学等教学中,对急救医护人员的培训中,以及在缩短外科医生实习期等方面具有重要作用。远程教育为医护人员提供了继续教育的机会,有利于学习新的医疗知识,掌握新的医疗技术。

对一般居民的医学教育和保健教育,从疾病的一次预防的观点看是非常重要的,从疾病的二次预防或三次预防的观点看也非常重要。因此,国外开发了采用多媒体技术的家庭医疗、看护的教育系统,具有针对家庭患者、高危疾病患者、老年人的疾病预防和防止疾病恶化的健康生活教育,以及针对家庭患者进行护理人员的护理教育功能。

(5)医院信息管理系统

医院信息管理系统(HIS)从名称上看包含的信息范围很广,但就最初建立这项系统的目的和目前系统的现状看,主要担负的是医院电子化管理的功能。30 年前,人们开始将计算机技术应用于医疗保健,建立了医学信息管理系统和医院信息管理系统,使医护人员能随时查询医院每天的临床活动及相关记录,其优点在于能及时了解医院内的医疗活动。随着通信技术和计算机技术的发展,医院信息管理系统到 20 世纪 80 年代迅速发展,成为分布式网络结构的系统,主要用于付款和病人计费管理。目前的医院信息管理系统管理功能全面,覆盖了门诊(病人挂号、预约和收费)、住院(病人的登记、收费及病房管理)、药品信息、医疗设备和医院财务等管理工作。国外医院信息管理系统发展早,普及率高。由于购买国外医院信息管理系统费用高,国内的一些大型医院都开发了自己的医院信息管理系统,但缺乏统一的标准,各医院之间的信息难以沟通。

鉴于这一形势,由国家投资的国家金卫工程——中国医院信息管理系统,已由卫生部医院管理研究所和众邦慧智计算机系统集成有限公司联合开发,并在北京人民医院等 13 家甲级医院投入使用。同时,中国人民解放军总后勤部卫生部、解放军总医院等医院、中国 HP 公司和微软公司也在联合开发为部队医院使用的医院信息管理系统。

计算机化的病人病历(CPR,Computer-based Patient Record)的发展为医院信息管理系统真正管理医疗信息提供了可能。目前,医院信息管理系统的发展趋势是与 PACS、RIS 等系统连接,实现医疗信息的共享。

3. 远程医疗对社会的影响

远程医疗的应用,首先会让病人不必长途跋涉去看专科医生,克服了距离上的障碍,从某种程度上降低了病人的医疗费用。其次,远程医疗减少了疾病的诊断和治疗在时间上的延误,减轻了病人的痛苦。第三,通过远程医疗,病人与专家之间"面对面"的交流增多,病人对自身病情的了解增多,战胜疾病的信心增强,有助于患者的治疗。这些无疑是患者的福音。

远程医疗对医生的影响也是不容忽视的。一方面,远程医疗将明显扩大医护人员与同事交流的范围与深度。远程医疗系统将病例报告和图像发送到参与讨论的同事,或需要参考文献的同事,或提供参考文献的同事的终端,这种交互式交流方式,大大方便了医生获取信息和交流信息。另一方面,系统提供的数据库中,有教学文档和教学工具。通过系统,即使边远地区的医生也可进行继续教育,可及时、准确地获取最新的医疗动态及治疗计划,增加临床知识,以便在同样的情况下更好地治疗和护理病人。同时,通过系统的反馈,也使中心地区的专家更多地了解边远地区的需求,促进他们为边远地区的医生提供更佳的教学。因此,社会医疗的整体水平也就随之提高,体现了信息化社会的丰硕成果。

4. 远程医疗面临的障碍

远程医疗是近几年兴起的新技术,它为广大医务人员所理解还需要一个过程。目前,远程医疗的广泛应用仍存在不少障碍。

(1)有些医生拒绝使用这项新技术

在他们看来,这是个未证实的技术,这项技术是否有效也是未知数。他们认为,过去行医多年没有远程医疗可以做好医生,现在没有它照样可以做个好医生。还有一些医生愿意使用远程医疗,但没有时间学习如何使用它。这些医生大多是边远地区医生,由于医护人员缺乏,少数几个医生却要服务很大一片地区,使他们无法利用远程医疗。

(2)费用昂贵

建立一个远程医疗系统的硬件费用很昂贵,安装和维护数据库传输线路的费用同样令人望而生畏,在网上与专家交谈的费用也不令人乐观。虽然硬件的费用会随着科技发展降低,但这仍然是远程医疗在发展中国家广泛应用的障碍之一,更不用说其他费用了。美国学者 Smiths 研究过应用于美国 Texas 的远程医疗系统,发现该系统每周只用一次。她认为,"每周做 50 次远程医疗很难支付线路费用"。发达国家尚且如此,发展中国家的远程医疗更是举步维艰。

(3)远程医疗诊断的准确性偏低

有报道表明,远程医疗的准确性比亲临现场会诊的准确性低,这可能是因为对远程医疗不熟悉造成的。根据屏幕诊断的远程医疗还需要总结、实践,这些实践包括标本采集技术和处理技术、图像处理技术、屏幕诊断经验的积累等。

(4)远程医疗还涉及隐私问题

在系统内,个人资料特别是首脑人物资料的安全性、可靠性会降低。突飞猛进的网络技术使人们从一个节点获取另一个节点的信息变得越来越容易,甚至修改另一个节点数据也变为可能。

在网上，也许没有秘密可谈。保密性差、安全性差，使有些人不愿使用远程医疗。

此外，远程医疗在法律上的意义有待确定。远程医疗在法律上是否合法，医生是否应获取远程医疗执照，公众为此进行的一系列讨论也使有些人不愿利用远程医疗。

13.8.2 基于 IP 的远程医疗系统

基于 IP 的远程医疗解决方案，采用计算机网络作为远程医疗系统的传输网络。由于计算机网络在医院中的普及率较高，在已有的计算机网络上搭建远程医疗系统可以大大地节省投资，便于实现。用户（医院）在内部的计算机局域网中，使用基于 H.323 标准的远程医疗视频终端和 MCU 及流媒体服务器等设备，可以在内部局域网中实现手术指导、观摩和多科室之间的会诊等功能。

医院可以通过路由器接入宽带城域网，与城域网内的多家医院构成多点远程医疗系统，在城域网范围内开展远程医疗活动。宽带城域网一般都是基于 IP 的计算机网络，因此，医院基于 IP 的远程医疗设备可以方便地接入城域网。

医院基于 IP 的远程医疗设备，可以通过 H.323/H.320 网关连接本地的 ATM 或 DDN 交换机，然后通过专线连接到远程医疗系统中心控制器 MCU，组成多点远程医疗系统。

对于已建成内部局域网的医院，可将 H.323/H.320 网关一端与电信局 ATM 网的接入设备（一般为 HDSL）相连，另一端与医院的 LAN 相连，H.323 标准的远程医疗视频终端可根据需要放在内部局域网所能达到的任何地点，通过呼叫 H.323/H.320 网关的 IP 地址即可建立与 ATM 网的连接，具有很大的灵活性。如果尚没有建设自己的内部局域网，可简单地直接把视频终端与 H.323/H.320 网关相连即可。

1. 基于 IP 方式的优点

通过简单地在医院内部局域网上增加 H.323 标准的 MCU 和在有关科室增加 H.323 标准的视频终端，可以将基于 IP 方式的远程医疗系统加以扩展应用。

统一地为远程医疗视频终端和 MCU 分配 IP 地址，各终端通过呼叫 MCU 的 IP 地址可建立起多点的相互连接。

基于 IP 方式远程医疗系统的扩展方案具有以下优点：

①可方便地实现一个医院内多个科室（或会议室、教室）同时参加同一个远程医疗活动，如远程手术观摩、参加远程教学和医疗技术培训等。

②会诊室根据需要可方便地放在内部局域网所能到达的任何一个地方，通过呼叫连接在 LAN 上的 H.323/H.320 网关，即可建立与远端医院的连接。

③同一套系统支持多个会诊室或手术室的设置和使用，医院可根据需要安排不同科室进行远程会诊的时间表，满足不同类型病人看病的要求和充分提高系统的利用率。

④已建成的医院内部交互式医疗系统，可以用来在手术室外实时观摩本院专家的手术过程，也可以满足医院接收更多的医学院校学生进行实习的需要。

⑤通过 H.323 标准的远程医疗视频终端可以实现通过医院内部网络调取病人的电子病历或通过 Internet 医学网站获取相关资料，用于远程会诊、远程学术研讨及交流等远程医疗活动。

⑥已建成的医院内部交互式医疗系统，如有需要也可方便地作为本院的视频会议系统，以用

来召开院内的视频会议,或参加召开卫生系统的远程会议。

2. 设备选择

对于基于 H.323 标准的视频终端设备,要求设备能够实现 H.323 标准内的以下系列协议和标准:

H.225　呼叫控制协议

H.245　媒体控制协议

H.243　多点会议的控制协议

H.281　远端摄像机的控制协议

H.261　p×64 kb/s(p=1,…,32)速率的视频压缩标准

H.26　3 小于 64 kb/s 速率的视频压缩标准

G.711　PCM 语音编码标准

G.722　AD-PCM 语音编码标准

G.723　压缩率为 5.3 kb/s 或 6.4 kb/s 的语音压缩标准

G.728　LD-C ELP 语音编码标准

G.729　压缩率为 8/13 kb/s 的语音压缩标准

Q.931　数字呼叫信令协议

T.120　实时数据会议通信协议

基于 H.323 标准的视频终端设备可以实现视频会议系统各终端之间的高质量音频和视频交换、应用程序共享、文件资料发送和接收、白板讨论等功能。

另外,如果系统采用 Interactive Multicast(交互式多点广播)技术召开多点双向会议,可以不需要 MCU 设备的支持。相比之下,一个 MCU 可管理的视频终端有数目的限制,而从理论上来讲,采用 Interactive Multicast 技术所接视频终端的数目不受限制,因此在系统建设初期可以减少设备投资的同时,可提高系统的利用率。同时,由于采用了 Interactive Multicast 技术,可减少视频会议系统所需的网络带宽的大小。

并且,为克服 IP 网络无 QoS 保证的缺陷,各个设备厂商也提出了各自的通过 IP 网络的 QoS 服务质量保证机制,包括:

①ABA 带宽自动调节,可以根据网络的状况自动地调节视频传输的速率,避免视频图像中断现象的发生。

②支持 RSVP(资源预留协议)。

③定义 IP 包的优先级。

④包序重排、抖动校正和通过拥塞的路由器后的唇音同步,保证音、视频到达远端的连续性。

⑤定义服务质量类型 TOS(Type Of Service)。

⑥支持用于通信管理的策略服务器 Policy Server 功能。

在建设医院内部的交互式医疗系统时,建议在一些专用的较大的远程会诊室,采用会议室型视频终端产品;在医院内个别的小会诊室或有关科室内,使用桌面型视频终端产品。

13.8.3　基于专线方式的远程医疗系统

基于专线的远程医疗系统,主要采用电信运营商提供的点对点专线作为通信手段。由于专

线方式传输质量高,性能稳定,适合于需要高质量画面的远程医疗系统。每个远程医疗手术室和会诊室都需要安装一套视频会议终端设备,终端设备通过专线连接到 MCU。基于专线的远程医疗系统主要采用 H.320 视频会议标准。

电信运营商可以在 ISDN、DDN、帧中继、ATM 网络上提供专线,专线带宽可从 64 kb/s 到 2 Mb/s,甚至更高,在组建远程医疗系统时可以根据具体应用需要采用不同的速率。一般专线速率在 768 kb/s 时,通过采用合理的视频、音频压缩算法,就可以满足远程医疗对高清晰图像和声音的需要,从而进行远程手术指导、观摩和教学。如果远程医疗系统用于远程会诊、远程诊断等应用,主要传输病历、X 光片、显微图像等,可以采用 ISDN 线路。384 kb/s(三条 ISDN 线路)的带宽就能满足远程会诊、远程诊断的需要,能够实现声音、图像、数据的交互。

基于专线的远程医疗系统如图 13-24 所示。

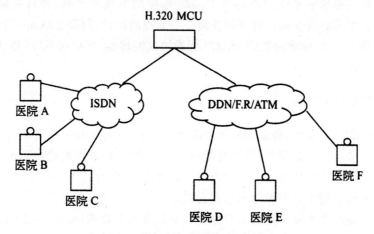

图 13-24　基于专线的远程医疗系统

13.8.4　用户接入的方式

由于医院在医疗、人才、设备等各方面的水平不一样,一般在大医院建立远程医疗中心,具备较完善的远程医疗网络,其他医院采用不同的形式连接到远程医疗中心,实现远程医疗。本节主要介绍接入远程医疗中心的方式。

1. 专线接入方式

利用电信提供商的网络构建远程医疗系统,是实现远程连接的方式之一。远程医疗中心采用基于 H.320 的远程医疗系统,配备 H.320 MCU 用于召开多点的远程医疗。其他医院采用电路交换的专线接入中心的 MCU 端口。能够提供专线的网络包括 ISDN、DDN、ATM 等网络。如果采用 DDN、ATM 网络作为传输网络,远程医疗系统的终端设备和 MCU 主要采用 HDSL 连接传输网络。HDSL 可以在 3 km 范围内提供最高到 2 Mb/s 的接入速率,完全可以满足远程医疗对传输速率的要求。电信局端的 HDSL 与用户端(医院手术室或会诊室)HDSL 之间使用 2 对 0.4 mm 或 0.5 mm 线径的双绞线连接,提供 768 kb/s 的接入速率。局端 HDSL 使用机架式 HDSL 或单体 HDSL 均可,它提供 V.35 接口与 ATM 交换机或 DDN 节点机相连。用户端 HDSL 也提供 V.35 接口与远程医疗视频终端相连。

另外,目前已有通过使用 1 对双绞线提供高达 2 Mb/s 速率接入的 HDSL 设备,通过 1 对 0.4 mm 线径的双绞线连接局端和用户端的 HDSL。当支持速率为 2 Mb/s 时,有效传输距离为 3 km 左右。

2. IP 方式的接入

基于 IP 方式的远程医疗系统,用户接入采用"HDSL+路由器"方式,局端 HDSL 可采用机架式或单体式,提供 V.35 接口与 ATM 交换机或 DDN 节点机相连。用户端 HDSL 也提供 V.35 接口与路由器相连,路由器与医院内局域网交换机连接。局端 HDSL 与用户端 HDSL 之间采用 1 对或 2 对双绞线连接。

远程医疗视频终端如果采用的是基于 H.323 标准的 IP 产品,则通过 RJ45 形式的以太网口直接与院内的任何一个局域网节点相连即可,具体位置可根据手术观摩和远程会诊的需要决定。

远程医疗视频终端如果采用的是基于 H.320 标准的专线式产品,并且希望具有像 H.323 标准产品可根据需要随意放在医院局域网任何一个节点的特性,则需要增加一个 H.320/H.323 网关。该网关提供 H.320 标准协议到 H.323 标准协议的转换,并提供 RJ45 以太网接口与医院内的局域网节点相连。

13.8.5　远程医疗的环境

在开展远程医疗的医院里,通常设有远程医疗会诊室、远程医疗手术室和远程医疗教室。远程医疗视频终端可采用同一套设备,使用灵活的小推车,既可以方便地放在手术室内用于手术观摩、学习或指导,也可以方便地放在会诊室内用于远程会诊、医疗技术协作和讨论。另外,也可以放在专用会议室和教室用于远程教学和远程会议。

对于各地会诊室和手术室的建设和装修应尽量符合以下要求:满足局端 HDSL 设备与用户端(医院)HDSL 设备能有效传输数据的距离要求。

1. 远程医疗手术室

远程医疗视频终端设备放置于手术室中,因此,除手术室原有布置外有以下要求。

(1)电源要求

要求对远程医疗视频终端提供独立供电系统,满足线性电压 220 V~230 VAC,50 Hz,经 UPS 输出,可支持 2000 W 供电。

(2)接地要求

建议在控制室或机房设置的接地体上引接。如果是单独设置接地体,接地电阻不应大于 4 Ω。

(3)布线要求

1)终端传输线的布放

①局端机架式 HDSL 设备与用户端单体式 HDSL 间用 2 根 0.5 mm 或 0.4mm 线径的双绞线作为传输介质,距离小于 3 km。

②在用户端,用 V.35 接口电缆将用户端单体式 HDSL 与远程医疗视频终端连接。

2)电力线缆的布放

电力线缆至手术室,并经 UPS 输出,在远程医疗视频终端附近提供多功能插座。

（4）环境要求

须给远程医疗视频终端设备提供干燥通风、利于散热的环境，温度 10 ℃左右，湿度为 10％～80％无凝结。

（5）其他

预留与会诊室相连的电缆走线槽位置——该部分走线可采用综合布线的方式。

2. 远程医疗会诊室

（1）会诊室的位置大小要求

会诊室应可容 10 人左右。会诊室的大小可根据会诊室容纳人数多少确定，除摄像机距第一排的距离为 3～7 m，作为必要摄像空间外，每人占用 2～2.5 m²，天花板高度至少为 3 m。

（2）会诊室的内部环境要求

具体照度要求：

1）温度和湿度

会诊室内的温度，通常考虑为 18 ℃～22 ℃，湿度为 60％～80％，保证室内空气新鲜，每人每时换气量不小于 18 m²。

2）噪声

会诊室噪声要求小于 40 dB。严格控制噪声源，在室内铺设地毯，采用分体式空调等。

3）照度

会诊室应采用人工光源，使用三基色灯（R、G、B），所有窗户都应用深色窗帘遮挡。

①对于摄像区，诸如人的脸部应为 500 Lux 左右，合理布置三基色灯使光线均匀，无阴影。对于图表区（图文摄像机处），照度不大于 700 Lux。

②对于监视器和投影区，它们周围的照度宜为 50～80 Lux，不能高于 80 Lux，避免直射光。摄像机周围照度不低于 7 Lux。

③灯光分组控制。

4）布局

①会场四周的景物和颜色，包括背景墙、周边墙、天花板、桌椅、窗帘的色调采用均匀单一的浅颜色（忌用"白色"、"黑色"之类的色调以及画面）。建议采用米黄色、浅绿、浅咖啡色等，南方宜用冷色，北方宜用暖色。

②监视器置于相对于会者中心的位置，距地面高度大约 1 m，人与监视器的距离大约为屏幕尺寸的 6 倍（大约 4.5 m），主监视器采用 29 英寸电视机，大型会诊室配置专业监视器作为辅助监视器。

③摄像机距第一排的距离为 3 m～7 m，为必要摄像空间。

④座椅要求不采用沙发式或高靠背式。

5）会诊室的声学要求

会诊室内的混音时间要求为 0.3～0.5 s，要求会诊室内地毯、天花板、墙壁都装有隔音材料，窗户采用双层玻璃，进出门采取隔音措施。

6）会诊室供电系统

要求提供三套供电系统，分别用于会诊室照明、空调等设备和会诊显示终端。

（3）布线要求

①要求提供电源接线板，电缆经走线槽连至手术室中的远程医疗视频终端。

②布放电缆应距离尽量短而整齐。

③通信电缆与电力电缆分别铺设,如相互间距离较近,也应保持至少 100 cm 距离。

④电源线和信号线不得穿越或放入空调通风管道。

⑤电缆铺设应符合邮电部 1995 年制定的"邮电部防火安全基本要求有关规定",对布放的通信电缆必须有保护措施。

参考文献

[1] 胡晓峰,吴玲达等．多媒体技术教程(修订版)．北京:人民邮电出版社,2008.

[2] 刘海疆,周培祥等．网络多媒体应用技术．北京:清华大学出版社,2005.

[3] 马华东．多媒体技术原理及应用(第2版)．北京:清华大学出版社,2008.

[4] 彭波,孙一林．多媒体技术及应用．北京:机械工业出版社,2006.

[5] 马武．多媒体技术及应用．北京:清华大学出版社,2008.

[6] 胡泽,赵新梅．流媒体技术与应用．北京:中国广播电视出版社,2006.

[7] 蔡安妮．多媒体通信技术基础(第二版)．北京:电子工业出版社,2008.

[8] Ze-Nian Li,Mark S. Drew 著;史元春等译．多媒体技术教程．北京:机械工业出版社,2007.

[9] 张文俊．数字媒体技术基础．上海:上海大学出版社,2007.

[10] 冯广超．数字媒体概率．北京:中国人民大学出版社,2002.

[11] 鄂大伟．多媒体技术基础与应用(第2版)．北京:高等教育出版社,2003.

[12] 冯博琴,赵英良,崔舒宁．多媒体技术及应用．北京:清华大学出版社,2005.

[13] 鲁宏伟．多媒体计算机技术．北京:电子工业出版社,2002.

[14] 张丽．流媒体技术大全．北京:中国青年出版社,2001.

[15] 黄孝建．多媒体技术．北京:北京邮电大学出版社,2000.

[16] 朱虹等．数字图像处理基础．北京:科学出版社,2009.

[17] 匡松,梁庆龙．大学计算机基础．四川:西南财经大学出版社,2007.

[18] 齐从谦．多媒体技术及其应用．北京:机械工业出版社,2008.

[19] 冯博琴等．大学计算机基础．西安:西安交通大学出版社,2007.

[20] 何东键．多媒体技术应用教程(第3版)．北京:机械工业出版社,2003.

[21] 孙力．流媒体技术与创作．北京:中国青年出版社,2002.

[22] 吴国勇．网络视频·网络视频:流媒体技术与应用．北京:北京邮电大学出版社,2001.

[23] 孙玉琴等．教学研究与教学实践．沈阳:东北大学出版社,2005.

[24] 黄永锋等.IP网络多媒体通信技术．北京:人民邮电出版社,2003.

[25] 王静．现代电信技术概要(下册)．北京:北京邮电大学出版社,2000.

[26] 周长发．多媒体计算机原理与应用．北京:电子工业出版社,1998.

[27] 张有权．计算机文化基础．武汉:武汉理工大学出版社,2006.

[28] 王岚．计算机多媒体技术．天津:南开大学出版社,2001.

[29] 吴玲达．计算机多媒体应用基础．北京:国防工业大学出版社,2000.